陆表能量与水分交换过程的遥感观测与模拟

施建成 贾 立 卢 麾 蒋玲梅 等 著

科学出版社

北京

内 容 简 介

本书以国家重大科学研究计划项目"全球陆表能量与水分交换过程及其对全球变化作用的卫星观测与模拟研究"为基础，以解决"如何提高对全球和区域陆表能量和水分交换过程的时空分布特征及变化规律的观测、机理认识、模拟和预估能力及其对全球变化作用的认识"这一关键科学问题为目标。本书首先介绍了陆表能量和水分交换过程的五大主要关键状态变量(地表辐射平衡、土壤水分、积雪、冻融及动态水体等)高时空高精度的遥感反演理论和方法；其次介绍了适合多时空尺度陆表能量水分交换过程模拟的高分辨率复杂地表蒸散发遥感估算模型、水热通量观测和模拟的尺度效应及尺度转换研究；最后介绍了基于遥感观测的陆面模式"面源"参数优化方法，将优化后的参数应用到陆面模式中以改进模式的模拟性能，并在青藏高原开展了高分辨率的区域陆-气耦合模拟应用，探究了陆面模式改进对改善陆-气交互作用模拟的贡献。

本书可供从事陆表能量和水分交换过程模拟、卫星遥感反演、模式与遥感相结合等研究领域的科技工作者、高等院校相关专业的师生参考使用。

审图号：GS 京（2023）0635 号

图书在版编目（CIP）数据

陆表能量与水分交换过程的遥感观测与模拟 / 施建成等著. —北京：科学出版社，2023.4

ISBN 978-7-03-074897-3

Ⅰ. ①陆… Ⅱ. ①施… Ⅲ. ①遥感技术-应用-陆面过程-水循环-研究 Ⅳ. ①P339

中国国家版本馆 CIP 数据核字(2023)第 030049 号

责任编辑：彭胜潮　赵　晶／责任校对：郝甜甜
责任印制：肖　兴／封面设计：图阅盛世

科 学 出 版 社 出版
北京东黄城根北街 16 号
邮政编码：100717
http://www.sciencep.com

北京汇瑞嘉合文化发展有限公司 印刷
科学出版社发行　各地新华书店经销

*

2023 年 4 月第 一 版　开本：787×1092　1/16
2023 年 4 月第一次印刷　印张：30 3/4
字数：730 000

定价：330.00 元

序　一

陆表能量与水分交换过程是地球系统科学和全球变化研究的关键过程之一，其过程和要素的时空分布、变化特征直接影响着陆面、水文和生态系统的格局及其变化演替。在气候变化和人类活动等因素影响下，陆表能量与水分交换过程及相关要素的时空分布与变化特征呈现出不同的区域响应特征，并对全球气候系统产生重要的反馈作用，相关研究成果在水资源、水旱灾害、粮食安全以及生态安全等涉及国家重大需求的领域发挥着重要作用。可以说，在全球变化背景下，提高对陆表能量与水分交换过程的科学认知、观测、模拟能力，对国家可持续发展有重要价值。

21 世纪以来，随着新型星载传感器的涌现和地球系统要素反演方法的发展，卫星遥感对地观测技术得到长足发展，已经从区域走向全球、从定性走向定量，为陆表能量与水分交换过程研究提供了强有力的技术支撑。从研究趋势来看，将卫星对地观测和地球系统各模式结合起来，是提高陆表能量与水分交换过程研究的重要手段。如何从地球系统科学的角度，将这方面研究提升到新的层次，需要卫星遥感观测、反演研究和陆面过程模拟研究等多学科交叉和共同协作才能回答。

在多学科交叉和共同协作方面，我很高兴看到，由施建成研究员牵头的该项目打破按学科划分的研究方式，从地球系统科学的视角，通过卫星遥感和模型模拟等研究手段，融合大气、陆面、水文等学科，利用多要素相互联系与作用的方式来进行研究，在项目 5 年实施期间取得良好的研究进展和成果。项目组从利用新型观测技术和先进反演方法提高各关键控制变量的时空分辨率、精度及变量间的一致性，到通过对尺度特征及转换研究来建立观测与模拟的桥梁，最后将卫星反演的不同尺度信息与模拟紧密结合，进而改进和优化模型参数，提升模型的模拟精度和能力。可以说，施建成研究员及其团队在这方面做了开创性工作。与此同时，我们也欣喜地看到，在他们即将出版的新作中，对这些内容都进行了较系统和详细地介绍。

我与施建成研究员相识多年，见证了他归国子承父业、深耕地学的各个重要阶段。现在看到他提携和启用青年人，带领着一支充满朝气和战斗力的队伍，在卫星遥感提升地球系统能量与水交换过程模拟方面，再次取得了丰硕、可观、先进的研究成果，我由衷地为他感到庆喜。

这本新作倾注了施建成研究员及其团队大量的心血。我希望该著作能为从事卫星观测与陆面过程模拟研究的同志提供有益的参考，同时在提升卫星遥感在地球系统科学基本规律认知和新知识发现中发挥更大作用。

中国科学院院士
科技部原部长

序　二

　　陆表能量与水分交换同气候系统的水圈、大气圈、冰冻圈、生物圈关系密切，对其深入研究全球变化、提升对气候变化科学的认知都有重要意义。水资源安全、应对气候变化、防灾减灾、生态环境保护等国家重大需求，都与地球表面的能量和水分变化有关，在全球变暖背景下，急需对地表能量与水分交换的过程、机理、时空分布及其演变规律等进行深入研究。能量和水分的变化涉及气候系统多个圈层，其过程和机理十分复杂，需要进行综合分析和研究，这也是当前国际地球环境科学研究的趋势。长期以来，遥感科学和技术以其宽覆盖、周期性、动态性等特点，在此类研究中发挥了重要作用，对社会经济做出了重大贡献。

　　施建成研究员长期从事空间遥感及地球科学研究，围绕地球科学中的基本问题，在遥感探测机理和应用方面开展了大量基础性、系统性的研究，取得了丰硕成果。在他的带领下，团队经过五年的努力，出色完成了国家重大科学研究计划项目"全球陆表能量与水分交换过程及其对全球变化作用的卫星观测与模拟研究"的全部内容。该项目聚焦陆表能量与水分交换过程及其与全球变化相互作用这一科学问题，将卫星遥感和模式模拟联系起来，从气候系统科学出发，研究了陆表能量与水分循环五大关键要素的特征，分析了能量与水循环的转换机理，实现了基于遥感的陆面模式改进和模拟等，极大地深化了对气候系统中陆表能量与水分循环的科学认知，尤其是积雪参数遥感估算和积雪升华等内容，对发展冰冻圈科学也做出了贡献。此外，相关研究方法和成果也有力地推动了空间观测支撑下的地球科学研究。

　　简而言之，该书是施建成研究员对其主持完成的国家重大科学研究计划项目的梳理和总结，可供高等院校相关专业高年级学生和研究生以及相关领域的研究人员参考。借此机会，祝贺施建成研究员及其团队在陆表能量与水分交换过程及其与全球变化相互作用领域取得的创新性成果，期待他们未来有更大的成绩。

中国科学院院士　姚大河

2022 年 2 月 12 日

前　言

地球表层系统是由大气圈、水圈(含冰冻圈)、岩石圈和生物圈组成的有机整体。如何更好地了解人类赖以生存的自然环境,以及人类活动对地球其他子系统的影响,这是地球系统科学研究的重要内容。全球能量平衡是全球气候形成和变化的基本驱动力,直接影响了全球碳循环与水循环。地球上的水循环是水在太阳辐射、地球引力和其他能量作用下周而复始循环转化的过程,是大气圈、岩石圈、土壤圈、生物圈之间及其内部物质与能量循环的中间纽带,是地球系统中最活跃的物质循环过程。它是地球系统各种物质与能量的传输转化过程、地球系统演化、气候和环境变化等地球系统科学中的核心基础科学问题。深刻认识能量和水分交换过程的特征和变化规律是带动整个地球系统科学发展的至关重要的龙头问题。

由于陆表的复杂性和控制状态变量时空分布的异质性,使得全球变化背景下的地表能量和水分交换过程更为复杂,变化机制难以确定,这种变化与全球变化的相互作用也尚不明晰。因此,在全球变化背景下对地表能量与水分交换过程的认识和理解是全新且最具挑战的研究机遇。只有在准确认识和刻画地表能量、水分交换过程关键控制状态变量的时空分布及其变化特征的前提下,才能揭示其变化规律与机理、完善能量水分交换过程模型,从而实现模拟和预估地球表层能量水分交换过程对全球变化的作用。而模式模拟和遥感观测是其中最重要的两种手段。

鉴于此背景,在科技部的支持下,项目组开展了国家重大科学研究计划"全球陆表能量与水分交换过程及其对全球变化作用的卫星观测与模拟研究"项目的研究。为了实现上述关键科学问题在机理认识上的提高,并实现模拟和预估地球表层水分交换过程及其对全球变化的作用影响,项目组提出针对当前全球和区域不同尺度上的陆表能量和水分交换过程模型中存在的主要问题,将观测与陆面模式这两大研究工具有机地结合起来,缺一不可,才能够实现这一科学问题认识和模拟能力上的创新性的突破进展。如何解决当前存在的关键瓶颈问题也正是本专著涉及的三大内容。

项目组围绕"全球陆表能量与水分交换过程及其对全球变化作用的卫星观测与模拟研究"的国家重大需求和国际科学前沿问题,突破了陆表能量和水分交换过程的五大主要关键状态变量(地表辐射平衡、土壤水分、积雪、冻融及动态水体等)高时空高精度的遥感反演理论和方法;发展了高分辨率复杂地表蒸散发遥感估算模型,更适于复杂地表、多时空尺度陆表能量水分交换过程的模拟;开展了水热通量观测和模拟的尺度效应及尺度转换研究,构建了从地面观测尺度–卫星像元尺度–陆面模型粗网格尺度之间水热交换模拟和验证的桥梁;研发了基于遥感观测的陆面模式"面源"参数优化方法,增强了陆面模式对地球表层系统时空异质性的表达能力,有效提高了陆面模式的模拟能力和模拟精度;开发了遵循能量和水分守恒的弱约束陆面数据同化系统,利用遥感观测进一步提高陆表能量和水分通量的模拟精度,为数值预报模型提供更优的初始场,以改善预报精度。此外,在青藏高原开展高分辨率的陆–气耦合模拟应用，探究了陆面模式改进对改善陆–气交互作用模拟的贡献。

本专著内容介绍如下。

第 1 章　绪论。总结了全球陆表能量和水分交换过程及其与全球变化相互作用的卫星观测与模拟研究的国家重大需求等科学问题，分析了全球陆表能量和水分交换过程及其与全球变化相互作用的卫星观测与模拟的国内外研究现状及发展趋势，阐述了本专著主要研究内容的必要性及其科学价值。

从第 2 章起，将分三部分，介绍项目组所取得的研究成果。

第一部分　陆表能量与水循环关键要素的遥感观测。本部分包括第 2～6 章，针对陆面模式的需求和当前遥感观测中存在的问题，综合多源遥感观测，发展和改进陆表能量水分交换过程各关键控制状态变量(地表辐射平衡、土壤水分、积雪、冻融及动态水体等)的高时空分辨率和高精度的监测方法，以提高对其时空分布特征和变化规律的认识，并将这些控制状态变量作为边界条件直接引入不同尺度的陆面模式以避免或减小由于这些控制状态变量的不确定性所造成的模拟误差和不确定性。

第二部分　陆表蒸散发遥感估算及尺度转换研究。本部分包括第 7～8 章，针对当前遥感地表感热通量、潜热通量和蒸散发算法只适合于简单地表条件、不考虑关键控制状态变量(如土壤水分、积雪、冻融和动态水体)的缺点，从能量平衡和水分平衡等基本机理出发，开发了陆表蒸散发过程参量遥感估算方法，以及评估了陆表关键状态变量对地表蒸散发估算的影响。并总结和分析了地表蒸散发在观测和模拟方面存在的尺度效应，阐述了将地面观测升尺度到遥感像元尺度(公里级)、再升尺度到陆面过程模型粗网格尺度(公里至百公里网格尺度)的蒸散发尺度转换方法。

第三部分　基于遥感观测的陆表能水循环模拟研究。本部分包括第 9～12 章，针对当前陆面模式模拟中存在的参数设置与模拟网格尺度不匹配的问题，开展了基于遥感观测的陆面模式优化研究，研发了全球参数优化方法、系统和数据集，并在区域尺度开展了应用分析，探究了如何通过遥感观测与模式模拟两大研究工具的有机结合，以提升在全球变化背景下的陆表能量和水分交换过程的研究能力。

本书由施建成拟定大纲，组织撰写。各部分主要执笔人为：第 1 章施建成、王天星、卢麾、蒋玲梅等；第一部分(第 2～6 章)蒋玲梅、赵天杰、王天星、江波、计璐艳、姚盼盼、潘方博等；第二部分(第 7～8 章)贾立、郑超磊、胡光成、陈琪婷、徐同仁、刘绍民、卢静等；第三部分(第 9～12 章)卢麾、龚伟、吴国灿、陈莹莹、张翀、李成伟、周旭等。全书由施建成、卢麾、蒋玲梅等统稿，由施建成审定。

本书是在国家重大科学研究计划"全球陆表能量与水分交换过程及其对全球变化作用的卫星观测与模拟研究"项目(2015CB953700)资助下完成的。项目开展期间，得到了国内相关单位和同行的无私帮助，作者在此表示衷心感谢。由于水平有限，书中难免有不足之处，恳请读者提出宝贵意见。

作　者
2021 年 12 月 13 日

目　　录

第二部分　陆表蒸散发遥感估算及尺度转换研究

第三部分　基于遥感观测的陆表能水循环模拟研究

第1章 绪 论

1.1 研 究 背 景

发生在地球表层的能量和水分交换过程直接控制了地球系统中三大自然循环(能量、水、生物地球化学循环)系统的时空分布特征,是地球系统科学研究中的重要科学前沿问题之一。地球表层的能量和水分交换是大气水热的重要源汇项,很大程度上决定了近地面的温湿度等大气状态变量;同时也影响了陆表状态(如土壤水分和温度等)的演变,是局地天气、气候的重要驱动因素。陆表能量和水分条件是控制生态系统发展的关键要素,其时空分布特征直接决定了全球生态系统的格局及其变化和演替,并影响了生物地球化学循环的进程。陆表是人类赖以生存和发展的主要空间,一系列的人类活动(如城市扩张、水利工程、土地覆盖/土地利用变化、大气成分变化等)直接影响了地球表层的能量和水分交换过程,并进而对地球系统和全球变化产生相互作用与影响。

地球表层的能量和水分交换过程是连接大气圈、水圈、岩石圈、生物圈之间及其内部物质和能量交换以及生物地球化学循环的中间纽带,因此也成为水文气象学、生态水文学、生物地球化学、环境化学和地理学等相关学科的中心和基础。深刻认识能量和水分交换过程的特征和变化规律是带动整个地球系统科学发展的至关重要的龙头问题。

人类活动造成的大气化学成分的变化使得 1880~2012 年的全球表面平均温度升高 0.85℃(IPCC AR5 报告)。依据 Clausius-Clapeyron 方程,地球系统的大气持水能力在温度每上升 1℃时会增加 7%,因此温室气体的排放造成的全球变暖意味着更多的大气水分含量,而增加的水汽又会进一步强化温室效应。这将引起能量和水循环过程发生显著变化,从而影响陆表能量和水分交换过程。例如,北半球在全球变暖背景下年蒸发量逐步增加,而南半球蒸发量却在不断减少;全球平均陆地蒸散发在 1998 年之后却显示下降趋势。此外,在气候变化影响下发生变化的陆表能量和水分交换过程也会反馈给地-气系统,在不同的时空尺度上影响着区域和全球气候变化。一些关键陆表过程的变化可以触发气候系统发生不可逆转性的变化,如北极冰盖消融、多年冻土融化导致全球变暖加剧和生态系统的变化和演替。全球气候变化已经对地球系统和人类社会经济产生了明显深远的影响,威胁着人类的生存与社会经济的可持续发展。对全球气候变化的研究已经成为国际社会共同关注的重大环境问题和热点问题,也是人类社会面临的共同挑战之一(丁一汇和孙颖,2006;秦大河,2007)。深入研究不同覆盖类型的陆表与大气间的能量和水分交换过程,已成为全球气候变化研究的迫切需求。

近年来,随着全球变暖加剧,陆表能量和水分交换过程也在发生变化(区域降水机制的改变、蒸发作用的增强或减弱),使得极端气象灾害的发生越来越频繁,成灾强度越来越严重。干旱、洪涝、暴雪以及热浪等灾害对人类社会构成了巨大威胁。极端气候事件的变化与水循环过程的加速密切相关,直接受水循环关键因素(大气水汽含量、降水强度、降雪和降雨转化出现的概率)变化的影响。地球表层的能量和水分交换过程研究是定量认识和理解全球能量和水循环过程的时空变异性、导致极端事件的机制及其时空变化特征的核心问题之一。

陆表的能量和水分交换过程通过改变区域气候和影响水文过程直接控制了陆表水和地下水的自我更新和淡水资源的可利用率,即水资源的可再生性。水资源是直接关系到国家的粮食安全的战略性资源。我国的水资源人均占有量不足世界平均水平的 1/3,随着社会经济发展、人口增加以及水污染加剧,我国未来的水资源压力将成倍增加,水资源时空分布不均和短缺已成为制约社会经济可持续发展的瓶颈。因此,陆表的能量和水分交换过程研究关系到水资源可持续利用、粮食安全以及社会经济可持续发展等国家重大需求。

1.2　面向的科学问题和国家重大需求

本书所面向的科学问题就是:如何提高对全球和区域陆表能量和水分交换过程的时空分布特征及变化规律的观测、机理认识、模拟和预估能力及其对全球变化作用的认识?

为解决该科学问题,需要将观测与陆面模型这两大研究工具有机地结合起来,缺一不可。具体地,可以将上述科学问题细化为以下几个问题。

1. 陆表能量和水分交换过程的关键控制状态变量的遥感监测科学问题

如何实现针对陆面过程模型的需求和当前遥感观测中存在的问题,综合多源遥感观测,发展和改进陆表能量和水分交换过程各关键控制状态变量(辐射平衡、土壤水分、积雪、冻融及动态水体等)的高时空分辨率和高精度的监测方法,以提高对其时空分布特征和变化规律的认识,并将这些控制状态变量作为边界条件直接引入不同尺度的陆面过程模型,以避免或减小这些控制状态变量所造成的模拟误差和不确定性?

2. 陆表能量和水分交换过程的尺度转换问题

如何利用遥感观测的高时空分辨率关键控制状态变量,从主控陆表能量和水分交换过程的能量平衡、水分平衡及植物生理过程的机理出发,克服当前遥感陆表感热通量、潜热通量和蒸散发算法只适合于简单陆表条件、对关键控制状态变量(如土壤水分、积雪、冻融和动态水体)考虑不足等的缺点,提升模型对陆表能量和水分交换过程的模拟能力?

如何利用高时空分辨率的控制状态变量观测及陆表能量和水分交换过程模型的模拟,探究复杂非均一陆表环境下不同时空尺度对能量和水分交换模拟中的影响,揭示不同区域、不同尺度下能量和水分交换过程的特征和主控因子的尺度效应?如何提高对不同尺度转换机理的认识和发展尺度转换方法?

3. 基于遥感观测的模式改进问题

如何利用高精度高时空分辨率的遥感观测解决耦合气候系统模式(FGOALS-g2，BNU-ESM 等)中的陆面模式"点源、静态"的参数设置且与模型时空尺度不匹配问题，以及主观性误差的问题？如何综合利用多尺度遥感观测资料及尺度转换方法，发展基于遥感数据与模型时空尺度匹配的陆表面源参数优化方法？如何开发遵循能量和水量守恒的陆面数据同化方法，实现全球及区域不同时空尺度下陆表能量与水分交换过程的模拟能力和精度的提高？

4. 对国家重大需求的贡献

实现全球和区域陆表能量和水分交换过程与全球变化的相互作用及其与地球系统能量和水循环相关的科学问题认识上的突破，有效提高解决国家重大需求的能力，在为解决我国重大的水资源问题提供前沿性科学基础，提高水资源可持续利用及生态与环境建设的宏观决策水平，增强可持续发展以及应对洪涝干旱、气候变化中的极端天气等自然灾害的能力等方面做出贡献。

1.3　国内外研究现状和发展趋势

陆地表面的能量和水分交换主要包括如下两个方面。

(1)陆表能量交换过程，包括垂直方向上(如上下行短波辐射、上下行长波辐射、热量湍流输送过程等)的物理交换过程以及水的相态变化(固态、液态、气态)所涉及的能量再分配及传输过程。陆表接收到的净辐射能量以湍流交换和热传递的方式分配到陆表感热、潜热通量以及用于陆表加热、深层土壤加热之中。全球地表辐射平衡是全球气候形成和变化的基本驱动力，直接决定了碳、水等生物地球化学循环过程，辐射平衡是研究一系列全球变化问题的基础，同时辐射各个分量也在检测和表征陆表变化、驱动全球及区域气候系统模式方面发挥着至关重要的作用(IPCC，2007)。

(2)陆表水分交换过程，包括水分在垂直方向(如蒸散发、凝结、降水、下渗等)和水平方向(如陆表径流、地下径流等)上的物理交换过程，以及水的相态变化过程(固态、液态、气态)。其驱动因素是太阳辐射和重力作用，两者为水循环提供了水的物理状态变化和运动的能量。大气降水会转化为陆表蒸散发、储存于土壤水中、补给地下水，形成陆表径流，并通过陆表蒸散发等过程进行水汽交换。陆地表面的能量和水分交换过程发生在占地球表面 1/3 的下垫面上，但由于下垫面条件复杂多变，因此其远比发生在海洋表面的海-气交互作用过程复杂，是地球气候系统的重要组成部分。

在全球变化背景下，陆表能量和水分交换过程及相关要素的时空分布状态及变化过程会表现出不同的响应特征。这种交换过程也会改变局地大气温度及湿度条件，因此对全球气候变化具有反馈作用(Jung et al.，2010)。由于能量和水分交换过程在全球气候和生态环境变化中的重要作用，一系列的国际科学研究计划[如国际水文计划(IHP)、世界气候研究计划(WCRP)及其子计划全球能量与水循环实验(GEWEX)、国际地圈生物圈计划(IGBP)及其子计划水文循环的生物圈方面(BAHC)、全球水系统计划(GWSP)、综合全球观测战略(IGOS)的全球水循环一体化观测研究计划(IGWCO)等]以大尺度水循环过程、陆面能量和水分循环过程、云与降水过程为研究目标,通过对地球表层能量和水分交换及循环的观测、模拟和分析,对全球能量和水循环开展了系统研究,取得了丰硕的研究成果。

但同时科学家也认识到目前存在的主要问题:对陆表能量与水分交换关键控制状态变量的时空分布及其变化特征的了解有限,从而阻碍了对各组分之间的物理过程以及人类活动对陆表能量和水分交换过程的影响机制的认识。一方面,最新的研究发现,地球系统中的一部分能量消失不知去向,这已经成为一个世界性的难题(Trenberth and Fasullo,2010)。全球气候模型研究表明,现有辐射产品中的误差导致全球蒸散发量被高估了20%左右(Yuan et al.,2010)。另一方面,IPCC AR4 模拟结果表明(Waliser et al.,2007),对于全球及区域尺度上温度的变化趋势,不同气候模式的模拟结果比较一致,仅在数值上存在一些差异;而对于一些缺乏观测的陆表水循环的状态变量(如土壤水分、降雨等),不同气候模式的模拟结果在全球和不同区域都差异较大,其变化趋势(增加或减少)也不一致。可见,陆地表面的复杂性和控制状态变量时空分布的异质性,使得全球变化背景下的陆表能量和水分交换过程更为复杂,变化机制难以确定,这种变化与全球变化的相互作用也尚不明晰。因而,在全球变化背景下,对陆表能量与水分交换过程的认识和理解是全新且最具挑战的研究机遇。只有在准确认识和刻画陆表能量、水分交换过程关键控制状态变量的时空分布及其变化特征的前提下,才能揭示其变化规律与机理,完善能量水分交换过程模型,合理地模拟和预估地球表层能量水分交换过程对全球变化的作用。模拟和观测是解决该难题的两个最重要的手段,其研究现状和面临的主要问题如下所述。

1.3.1　陆面模式发展及能量和水分交换过程的模拟研究现状及问题

1. 陆面模式的模拟研究现状与进展

自 20 世纪 60 年代发轫以来,陆面模式经历了三个发展阶段:第一代陆面模式以简单的半经验的能量分配"水桶"(bucket)模型(Manabe,1969)为代表,没有考虑植被的作用且假设全球陆地具有一致的土壤理化性质和土壤深度。第二代陆面模式中引入了土壤-植被-大气传输方案(Deardorff,1978),发展了包括生物圈-大气圈传输模型(BATS)(Dickinson et al.,1986)和简单生物圈模型(SiB)(Sellers et al.,1986)在内的超过 20 个应用于全球大气环流模式(GCMs)的陆面模式。然而,第二代陆面模式存在以下不足:①忽略了网格之间水平方向上的相互作用;②将冠层简化为一片"大叶";③仅考虑了土壤、雪和植被,而忽略了大陆冰川和湖泊;④预先给定植被类型以及覆盖度等信息。基于第二代陆面模式,通过结合植物生理学、生态学、水文学等学科的最新研究成果,第三代陆面模式对生物物理化学过程实现了更加合理的描述,对全球的陆表状态有了更加真实的表现。第三代陆面模式可以在统一的模型框架内描述陆表动量、能量、水分和碳通量的交换过程，解决了之前模式中存在的一些问题，如改进的简单生物圈模型(SiB2)(Sellers et al.，1996)考虑了光合作用与蒸散的联系；CoLM 模型(Dai et al.，2003，2004)考虑了叶片的光照面和背光面，发展了"二叶模型"；CLM3.5 模型加入了碳同化模块、动力植被模块以及考虑了地形影响的陆表产汇流和下渗的模块；CLM4.0(Oleson et al.，2010)则进一步加入了碳-氮循环的生物地球化学模型、城市峡谷模型、可即时变化的土地覆盖与土地利用数据(Lawrence et al.，2011)。

最近陆面模式的发展主要集中在对子物理过程的改进上，包括：①在模型中考虑更多更真实的子过程，如引入或者改进湖泊与湿地、积雪与冻土、农业种植与灌溉、城市、地下水动态等子过程；②对现有子过程进行集合处理，通过多参数化方案选择与组合方式(Niu et al.，2011；Yang et al.，2011)以及用多种方程/约束条件同时描述相同的物理过程(Luo et al.，2013)等来提高陆面模式的适用性和模拟能力。尤其是戴永久等主导研发的 CoLM 通过不断引入子物理过程(如冰川、湖泊、湿地、动态植被等)、改进陆地水文描述(Ye et al.，2012)、发展辅助数据集(Dai et al.，2013；Yuan et al.，2011)等工作，已跻身世界先进模式行列，并已耦合到北京师范大学地球系统模式(BNU-ESM)中，并参与了第五次耦合模式比较计划(CMIP5)(吴其重等，2013)。

2. 陆面模式面临的问题

虽然陆面模式的模拟能力已经有了显著的提高，但也还存在许多有待解决的问题。以下列举其在陆表能量与水分交换过程计算中的几个主要问题。

1)陆面模式在对各关键控制状态变量模拟中的不确定性问题

驱动数据、陆面模式参数化方案在不同区域的适用性以及陆表的非均一性，造成一些关键控制状态变量(如陆表辐射能量平衡、降雨、土壤水分、积雪、冻土和动态水体)在陆面模式模拟中具有很大的不确定性，其是产生模拟误差的主要原因之一。一个典型的案例就是陆面模式中的积雪覆盖参数化方案问题。积雪覆盖是陆表能量和水分循环的关键控制状态变量，它通过影响陆表反照率来调节陆表和大气之间的能量和水分交换过程。由于积雪的反照率高，因此积雪的覆盖与否对陆表辐射平衡影响很大；而由于积雪的低热扩散能力对陆表的水热通量有着显著影响，积雪覆盖的存在几乎隔绝了土壤对大气的水分输出，因而积雪覆盖对陆表的能量和水分交换过程起着关键性的控制作用。但是，当前的陆面模式中常用的积雪覆盖面积参数化方案，通常是利用积雪深度和陆表粗糙度来计算积雪覆盖度。在全球尺度的粗网格下，积雪深度和粗糙度的误差较高，造成积雪覆盖面积模拟具有很大的不确定性(Wu T W and Wu G X，2004)；而这种误差随着模型空间分辨率的提高将会快速放大，到公里级尺度上积雪深度和积雪覆盖度已几乎不存在相关性，该参数化方案不再成立。

再如，陆面模式中关于土壤冻融状态的模拟问题。陆表的冻融状态是陆面模式中的关键控制状态变量之一。土壤的热导率和热容量在冻结和融化状态下具有明显差异，影响着陆表感热和潜热的分配。水分的固、液态变化影响水分运动，也会影响陆表的能量交换过程和能量平衡；同时土壤冻融过程在陆表向大气的水分输送过程中也起着一个关键的调控作用。虽然陆面模式在一个计算网格内利用次网格来考虑模型网格内的空间非均匀性,但是在每一个次网格内模型只设置同一套物理状态参数,模型只能通过次网格的土壤温度来判断该网格中的土壤是否冻结或者融化。事实上,在冻融循环转换时期(初春和初冬季),受更小尺度的地形地貌(如南北坡)和其他环境因素所造成的水热条件差异的影响,土壤冻融状态的时空分布具有很大的变异性。因而,当前的陆面模式在冻融循环转换时期通常会误判土壤的冻融状态,造成陆表能量水分通量的计算存在很大的不确定性。

2)陆面模式"稳态"参数设置问题

陆面模式通常是在不同尺度下每一个陆面网格上运行的,并主要根据植被功能型分类图、土壤分布图等预先准备好的数据集来描述每一个网格与次网格。在大多数陆面模式中,陆表覆盖类型、土壤质地等是固定不变的,这将导致陆面模式中的一些关键参数设置为"稳态"参数。例如,在计算陆表能量平衡时,陆面模式中的土壤和积雪的长波发射率直接设置为常数(0.98 和 0.97),不能反映其时空变异性,这将降低模式模拟的向上长波辐射的精度。此外,裸土的反照率主要是依据土壤类型、颜色以及土壤含水量,利用土壤数据库里预先给定了的每一类土壤饱和状态以及干燥状态下的反照率进行计算,而模型预报的土壤水分时空分布信息通常具有较大的不确定性。已有的研究(Wei et al.,2001;Wang et al.,2004)表明,这样计算出来的反照率与观测相比误差很大。

再如,水体面积是通过土地覆盖/土地利用图来确定的,在模拟期间通常固定不变。事实上,由于降雨或干旱的影响,许多地区陆表覆盖中的水体面积或在不同时空尺度下的覆盖度会发生显著变化。由于水体和非水体在陆表能量和水分交换过程中的显著差异,这种固定不变的设置方式也是当前陆面模式产生不确定性的一个重要原因。由于许多陆表覆盖类型具有动态变化的特征,新发展的模型也在尝试融入动态植被模型,但其植被动态规律通常是预先设定的,与长期发生的全球变化事实相差依然很大。这样的"静态"设置通常会导致模拟的不确定性。

3)陆表属性及能量水分交换的空间异质性与模型网格"平均态"参数参量的设置问题

模型中的物理机理大多是基于均质下垫面条件和小尺度的观测资料发展起来的,当被应用到大尺度复杂下垫面时,由于复杂陆表非均一性和陆面过程的高度非线性特征,用平均参数和小尺度上建立的方程来求解大尺度网格内的物理方程将导致较大失真。空间变异性是目前陆面模式模拟中最重要的误差来源之一。尽管陆面模式可在一个计算网格内利用次网格来考虑模型网格内的空间非均匀性,但忽略了次网格内陆表属性的空间异质性及其相关的能量、水分交换的空间非均匀性。在同种植被类型的次网格内,植被疏密、生长变化和关键控制状态变量时空分布的差异性(如陆表净辐射、降雨、土壤水分、积雪、融冻状态等),都对陆表的能量和水分交换过程的计算产生重要影响。另外,目前的陆面模式对植被生长的气候条件、水热环境差异而导致的同类植被在地理空间上分布的差异有所忽略。

为了克服上述参数的问题,在实际应用中,研究人员通常采用参数校正和参数优化来解决次网格内的空间异质性所导致的误差问题。在模式的研发和验证过程中，当前通常利用站点观测资料，通过多目标全局优化算法[如 MOCOM（Yapo et al.，1998）和 MOSCEM（Vrugt et al.，2003）]开展模式的参数率定。一方面，这些站点数目有限且空间分布不均；另一方面，由于缺失次网格内的高时空分辨率的观测资料，这种利用站点观测资料对陆面模式参数优化的结果仍然只能用于次网格内的属性空间分布均匀的情况，并未解决次网格内的空间异质性所产生的误差问题；同时陆面模式参数众多，直接使用多目标优化方法需要模型运行数万次以上（Liu et al.，2005）。因此，在全球或者区域尺度上，受到实测资料和计算资源的限制，用多目标优化算法率定陆面模式参数目前还难以实现。

1.3.2 遥感观测驱动的陆表能量与水分交换过程模拟研究现状及问题

1. 遥感观测驱动的陆表能量与水分交换过程模拟研究现状

如前文所述，一方面，当前陆面模式在模型结构、参数以及驱动数据等方面存在着不确定性，使得在大尺度上单纯通过陆面模式模拟地-气间的能量和水热交换通量仍存在很大不确定性。另一方面，传统的气象、水文、生态等台站观测虽然能够提供陆表能量、水分交换过程中的主要变量及关键参数较为精确的观测并可作为基础数据，但是地面观测站空间分布上的局限性制约了其空间扩展的精度及空间代表性，难以满足全球尺度陆表能量及水分交换过程研究的需求。遥感观测数据则为解决次陆表能量和水分交换过程的模拟困境提供了重要支撑。

自 20 世纪 80 年代以来发展起来的对地卫星观测技术，推动了遥感观测在地球系统能量及水分交换过程研究中的应用。卫星遥感观测具有空间覆盖范围广的优势，多时相、多分辨率、多光谱、多角度的卫星遥感资料能够客观地反映下垫面的几何结构、覆盖状态和湿热状况，是刻画区域乃至全球陆表能量及水分交换过程的有效手段。随着多种星载传感器的发射，卫星遥感观测已经具有在全球尺度上监测整个地球系统中许多要素的能力。"全球气候观测系统"（global climate observing system，GCOS）根据现有观测能力及对《联合国气候变化框架公约》（UNFCCC）和政府间气候变化专门委员会（IPCC）需求的影响等，定义了 50 个"基本气候变量"（essential climate variables，ECV），其中与陆表能量水分交换过程密切相关且可由卫星观测反演得到的"基本气候变量"包括地表辐射、地表反照率、土壤水分、地表冻融、积雪面积、大气水汽和降水等。

随着全球覆盖的卫星遥感观测能力的提高，人们开始发展以卫星遥感反演的陆表参数作为驱动数据的陆表感热通量、潜热通量和蒸散发的模型（Kalma et al.，2008）。与传统的复杂陆面模式相比，此类方法通常是模拟卫星过境时刻瞬时的通量，通过某种方式的时间尺度变换得到日尺度的平均值，其具有如下特点：①通过引入遥感观测的不同分辨率的陆表参数来考虑陆表状态及能量水分交换的时空变异性，如反映陆表状态的反照率、植被覆盖度、叶面积指数等可做到逐像元、逐日更新。②通过引入遥感观测，将传统陆面模式中的一些预报变量变成了直接输入的已知参数（如土壤水分、地表温度、雪盖、地表冻融状态的判别等），减少了模型中未知变量的个数。③能够在较高空间分辨率下模拟计算陆表能量及水分通量，更易于和地面的通量观测数据相比较，同时可为陆表水热通量模拟的尺度效应及尺度转换提供方法和数据，为全球尺度陆面模式的参数及参数化优化方法提供理论和方法依据，进而实现模型网格尺度的验证。同时，其存在的劣势主要包括：在时间分辨率方面无法实现陆面模式的高频率时间连续的模拟，只能做到瞬时或者日尺度的计算；模拟精度和时空分辨率受遥感观测的陆表参数精度和时空分辨率的限制。

2. 遥感观测驱动陆表能量和水分交换过程模拟研究面临的问题

目前，利用遥感观测驱动的陆表通量模型模拟全球尺度不同陆表的能量水分交换方面，仍然存在很多问题，这包括模型本身的问题及当前遥感观测能力和反演精度的问题。研究现状及问题主要表现如下。

1) 基于遥感观测的陆表能量及水分通量模型研究现状及存在的问题

(1) 模型机理及对多物理过程和不同陆表条件的模拟能力有待提高。

已有的遥感观测驱动的陆表通量模型根据其建立时依赖的假设条件，适用性和优缺点各不相同。非参数化的统计模型或者特征空间模型机理性较弱且算法中的参数和相关关系对遥感图像依赖性大，不适于大尺度上不同陆表的模拟。能量平衡模型对陆表温度过于敏感，易受云的影响，且模型不适于干旱-半干旱、森林、冰雪等表面。结合能量水分交换与植被生理的参数化模型物理机制明确，但对一些过程的模拟仍然不够完善，如模型对于土壤水分胁迫对蒸发、蒸腾的影响没有考虑或者考虑不够充分，导致灌溉或者降水后的陆表蒸散发明显低估，且在无植被区不进行计算。另外，模型没有考虑冰雪表面的通量交换，对于冠层截留蒸发方法也过于简化。因此，还无法满足全球尺度不同陆表的能量水分交换研究的需求。

当前遥感技术在拥有其显著优势的同时仍存在反演精度的问题，当前卫星观测和反演的土壤水分精度低，无法捕捉土壤水分的动态变化；积雪覆盖产品受云影响精度较差；辐射通量只在晴天条件下计算、忽略有云时的计算等，这些都会对模型模拟结果带来较大误差，甚至无法实现模拟。因此，迫切需要提高遥感观测陆表参数的精度和能力。

(2) 陆表能量及水分通量的尺度效应和尺度转换研究现状及存在问题。

在非均匀以及地形起伏陆表，单点上的地面观测无法表达模型网格空间的异质性，与陆面模式粗网格尺度相匹配的观测值难以获取，给模型参数优化及验证带来困难，由单点尺度转换到模型网格尺度是当前的一个热点难题。一系列多尺度的综合观测试验包括 FIFE(Sellers et al., 1988)、BOREAS(Sellers et al., 1995)及国内的黑河试验 HiWATRER(Li et al., 2013)等，为探讨陆表通量和模型参数的尺度效应及尺度扩展方法提供了较好的数据基础，认为在非均一下垫面，需要更加详细反映下垫面水热状况的信息和方法，如利用卫星观测的较高时空分辨率的陆表参数以及陆表通量的模拟，建立地面单点观测与陆面模式网格/次网格尺度之间的桥梁，这就要求遥感观测及反演必须在高精度前提下且具有高时空分辨率。

然而，对于一些主控陆表能量、水分交换过程的陆表要素，以往的卫星观测和反演存在空间分辨率较低的问题，如常用的 TRMM 降水数据及 AMSR-E 的土壤水分数据的空间分辨率只有 25 km，限制了在高分辨率下模拟陆表能量、水分通量的能力和精度，导致对从单点到大尺度之间不同尺度下地-气相互作用的特征及主导过程的认识不足，对其中的尺度效应和尺度转换方法的研究仍然欠缺。因此，迫切需要通过新型卫星传感器以及多源数据融合等手段，提高当前遥感观测反演陆表参数的空间分辨率。

2) 陆面能量及水分交换过程关键控制状态变量的遥感观测现状及存在的问题

陆表能量及水分交换过程关键控制状态变量可分为：①地表辐射相关的变量，如地表辐射收支、地表反照率等；②陆表水分循环与交换相关的变量，如大气降雨、土壤水分、地表冻融、积雪和水体等。

当前陆面能量、水分交换过程关键控制状态变量的遥感观测和反演的主要问题，涉及精度和时空分辨率皆不足，不能满足陆面能量与水分交换模拟的需要。当前各关键控制状态变量的核心问题详述如下。

(1) 地表辐射相关变量的遥感观测现状和问题。

陆表能量交换与地表辐射收支密切相关，地表辐射包括短波下行辐射、短波上行辐射、长波下行辐射、长波上行辐射，四个分量算术之和构成净辐射。这些辐射量是关乎全球变化研究的关键参量，是陆表能量水分交换模型、遥感蒸散发模型，乃至全球水分、能量循环的关键驱动变量。

目前，国内外主流辐射能量数据主要包括三大类：①地面台站观测。地面台站能提供最准确的观测数据，但台站数量有限 (如中国已经共享的仅 120 个站)、分布不均 (缺乏半干旱、高原等气候敏感区观测数据)。②气候系统模式模拟和再分析数据 (如 ISCCP、GEWEX 等)。该类数据空间分辨率低 (ISCCP 为 280 km×280 km；GEWEX 为 1°×1°)、精度低 (某些区域误差 40% 以上) (Zhao and Qualls，2005)。③卫星反演数据。国内外学者针对遥感反演辐射做了大量研究，如科技部 863 计划重点项目"全球陆表特征参量产品生成与应用研究"生产了 5 种"全球陆表特征参量"的产品算法及产品 (global land surface satellite，GLASS)，其中包括短波辐射 (每 3 小时) 和光合有效辐射、反照率及发射率等。长波发射率产品是目前世界首个全球宽波段发射率产品；两种辐射产品是目前国际上空间分辨率最高的全球产品 (5 km)，比国际同类产品至少提高了一个数量级。

尽管利用遥感反演辐射量有了长足进步，但目前的辐射能量产品在精度、时空分辨率等诸多方面存在较大缺陷，无法满足陆面模式等对辐射平衡控制参量的需求，极大地限制了其在模型模拟领域的应用。具体体现在：当前陆表辐射量的估算主要依靠光学卫星观测，绝大多数的辐射反演算法都针对晴空条件，在有云条件下的辐射量，尤其是对长波辐射的估算是目前辐射反演的难点，也是无法形成模型所需的时空连续性产品的关键原因。联合多源遥感各自的优势 (微波与光学、极轨与静止卫星的结合等)，解决全天候和复杂地形的影响，发展获取能满足模型需求的高精度、较高时空分辨率的辐射平衡参量，已成为当前研究的热点和未来发展的趋势 (Liang et al.，2010；Chen et al.，2012)。

(2)陆表水分交换过程相关变量遥感观测现状和存在的问题。

土壤水分控制着陆表净辐射通量到感热通量和潜热通量的转化，影响着降雨和渗透、径流和蒸发等过程，是陆地能量和水分交换过程的关键控制状态变量之一，也是全球气候和环境变化的重要指示因子。当前土壤水分遥感产品存在的主要问题包括：①土壤水分遥感反演精度不足并存在较大不确定性，目前的微波遥感土壤水分产品基本集中在高频观测，容易受到植被和复杂陆表的影响；反演模型建立在零阶辐射传输模型基础上，未考虑植被的散射作用以及不同植被对极化特征的影响。②陆面过程模拟的精细化发展需求，需要更高空间分辨率的土壤水分观测。当前土壤水分的观测主要是利用被动微波的观测，并只能提供 25～50 km 尺度上的信息。这仅适用于与水文气候有关的研究和应用，而不能为水文气象研究(5～15 km)提供有价值的信息。如何综合利用不同分辨率的卫星观测，形成高分辨率的高精度土壤水分观测是目前国际上的研究热点。

积雪通过影响陆表反照率来调节地-气之间的能量和水分交换过程。目前，基于极轨卫星的传感器(如 AVHRR、MODIS 等)已形成积雪制图能力。但每日观测次数有限，并受云影响较为严重。当前广泛应用的 MODIS 8 天合成积雪产品最大化地去除了云的影响，但这种产品的生成方式没有考虑陆表能量和水分交换过程研究上的需求。例如，合成产品采用最大化积雪，即 8 天中只要有一天有雪便定为积雪，这导致对积雪面积估算的普遍高估，从而引起陆表能量和水分交换过程计算上的误差。如何提高积雪探测精度和时间分辨率已成为国际上的热点问题。

地表冻融过程也是控制陆表能量分配、蒸散发等水分交换过程的关键状态变量之一。当前卫星融冻监测方法主要是利用粗分辨率(25km)的被动微波观测的地表温度信息判断融冻过程的转变(Zhang and Armstrong，2001；Jin et al.，2009；Zhao et al.，2011)。但由于陆表覆盖类型、分布特征和物理属性的高度非均一性，粗分辨率被动微波观测和混合像元的影响常会造成对冻区覆盖面积过高的判断。当前 L 波段传感器能够提供更为敏感的水分冻融相变信息，但由于缺少温度波段以及空间分辨率过低，判别精度仍然无法保证。因此，综合利用多种数据优势，提高冻融状态判别的精度和空间分辨率，是当前研究的难点。

陆表水体也是陆表水分和能量交换的重要影响因素。当前陆表水体面积遥感监测方法包括光学和雷达遥感法，但高空间分辨率光学和雷达传感器由于受到卫星重访周期长、云阴影和浓密植被等影响，很难实现高精度动态水体面积监测。中分辨率光学传感器具有高重访频率的观测能力和全覆盖，但是该方法面临粗空间分辨率带来的水陆边界出现混合像元等问题。

总之，如何提高对这些关键控制变量的观测精度和时空分辨率，以减小观测误差引起的模型模拟不确定性，是当前能量和水分交换过程研究中面临的首要问题。

1.3.3　数据同化研究中的问题和发展趋势

陆面数据同化是实现观测与模型有机结合的重要工具，是地球系统科学方法论的重要组成部分，对于观测和理解全球变化具有重要意义。模型和观测都存在各自的误差和问题(Entin et al., 1999)，通过建立陆面数据同化系统，将模型和观测有机地融合起来，实现更高精度的、具有物理一致性和时空一致性的陆表状态估计(Reichle and Koster, 2005)，已成为陆面过程和遥感反演研究中的热点和前沿。当前，已逐步建立几大区域陆面同化系统，包括北美陆面数据同化系统(NLDAS)(Mitchell et al., 2004)、全球陆面数据同化系统(GLDAS)(Rodell et al., 2004)、欧洲陆面数据同化系统(ELDAS)(van den Hurk, 2005)，以及中国陆面数据同化系统(李新等, 2007)。

对于陆表能量水分交换过程模拟而言，现有的陆面数据同化系统面临能量水分不守恒的问题。因为同化系统着眼于改进系统的状态变量，在进行模型状态更新时，通常需要更改状态变量的模拟值，从而造成一定程度的能量水分不平衡。由于陆表能量水分交换过程直接影响到气候，因此这种能量水分的不平衡对天气预报和气候预测结果有着显著影响。而且，如果将一个不平衡的陆面能量水分交换过程耦合到气候系统模式中，则可能造成气候漂移(周天军等, 2005)。Pan 和 Wood(2006)在传统的 Kalman 滤波同化系统基础上，附加了一个水量平衡的限制条件，从而在提高土壤水模拟精度的同时，保证了同化系统的水量平衡。在此基础上，Yilmaz 等(2011, 2012)发展了弱约束集合 Kalman 滤波系统(WCEnKF)和弱约束集合变形 Kalman 滤波系统(WCETKF)，从而在水分守恒条件下进行数据同化。相关的研究目前刚刚起步，仍有很大的发展空间。因此，如果通过数据同化系统既能提高相关状态变量的模拟精度，又能同时准确地描述陆表的水分收支状态，则对理解全球能量水分交换过程及其变化机理、提高模型表现、改善气候模式并提高其预测能力等方面具有重要作用。

1.4　展望与小结

地球系统科学的视野以全球性、整体性、系统性的研究方法，从多时空尺度研究地球系统的整体行为及其各组分间的相互作用，其是地学发展的必然趋势。在研究地球表层的能量水分交换过程中，气象学家往往更关注大气模式对大气物理和化学过程的描述，对于陆表水文过程则采用简化处理，这是影响气候和天气预报精度的一个重要因素；而水文学家则更关注水文模型对产汇流和蒸散发等过程的描述，而对驱动水文过程的气象条件及降雨数据的时空分布和误差了解不足，其成为目前水文预报不确定的一个重要原因。为打破按学科划分的传统研究方式，必须以地球系统科学的视野，综合交叉大气、水文、生态等传统学科，利用系统的、多要素相互联系、相互作用的观点，研究地球表层的能量和水分交换过程。

卫星观测与模型的有机结合。遥感作为地球综合观测的主要手段，已融入地球系统科学研究中，与地球系统模型相互促进、不断发展。国际上主要的地球系统模拟计划均把观测系统及其处理技术(特别是多源数据同化)作为地球系统模拟的一个重要组成部分(Qin et al., 2007；Sapucci et al., 2013)。近年来，遥感与地面观测数据的融合，以及多源遥感数据与地球系统各分量模型的同化(Langlois et al., 2012；Yilmaz et al., 2012；Hancock et al., 2013)，导致了地学的研究领域和技术方法发生重大变化，推动了地球系统科学的发展。

高分辨率观测和模拟。由于地球系统过程的高度复杂性和非线性，当前大气环流模式和陆面过程模型中使用参数化来描述复杂的次网格内部规律。这样的假设和概化，造成模型对个别过程描述过于简单而影响模拟精度，也反映了观测数据的普遍缺乏，特别是缺少精细的更高时空分辨率的观测以支持更细致的建模，阻碍了地球系统科学发展的进程。由于高分辨率（10 km 级）甚至超分辨率（千米级）的大气模型能够显著提高预报预测精度并延长预见期（Wood et al.，2011），高分辨率已成为模式的一个重要发展趋势。但是，高分辨率模式需要高分辨率的参数，这是传统的观测数据无法提供的，必须通过发展高分辨率的遥感观测来突破这一瓶颈。另外，随着模型网格尺度的变化，主导陆表能量、水分交换的物理过程有可能产生变化，进而需要基于新的观测来发展新的参数化方案和参数数据集。这些需求促进了全球范围内各种卫星计划、新型传感器和反演方法的发展。例如，2014 年发射的 GPM 卫星提供全球时空分辨率为 0.1° 半小时的降水观测，而 2015 年发射的 SMAP 卫星可以在几千米的尺度上估算土壤水分，这些前所未有的观测为模式发展提供新的发展机遇，也为突破当前陆表能量水分交换过程研究困境提供了可能性。

总之，要解决陆表能量和水分交换过程中的重要科学问题，必须站在地球系统科学的高度上，通过新型观测技术和先进反演方法，大力提高陆表过程中各关键控制变量的时空分辨率及其一致性和精度，并把遥感观测与地球系统各耦合分量模型有机结合，研究多时空尺度下的陆表能量和水分交换的物理机制，才有可能进一步加深对陆表能量水分交换过程的认识，并减少现有模式对全球气候变化模拟预报的不确定性。

参 考 文 献

丁一汇, 孙颖. 2006. 国际气候变化研究新进展. 气候变化研究进展, 2(4): 161-167.

李新, 黄春林, 车涛, 等. 2007. 中国陆面数据同化系统研究的进展与前瞻. 自然科学进展, 14: 163-173.

秦大河. 2007. 气候变化对我国经济、社会和可持续发展的挑战. 外交评论, (97): 6-14.

吴其重, 冯锦明, 董文杰, 等. 2013. BNU-ESM 模式及其开展的 CMIP5 试验介绍. 气候变化研究进展, 9(4): 291-294.

周天军, 宇如聪, 王在志, 等. 2005. 大气环流模式 SAMIL 及其耦合模式 FGALS-s 亚洲季风区海陆气相互作用对我国气候变化的影响 第四卷. 北京: 气象出版社.

Chen L, Yan G J, Wang T X, et al. 2012. Estimation of surface shortwave radiation components under all sky conditions: modeling and sensitivity analysis. Remote Sensing of Environment, 123: 457-469.

Dai Y J, Dickinson R E, Wang Y P. 2004. A two-big-leaf model for canopy temperature, photosynthesis, and stomatal conductance. Journal of Climate, 17: 2281-2299.

Dai Y J, Shangguan W, Duan Q, et al. 2013. Development of a china dataset of soil hydraulic parameters using pedotransfer functions for land surface modeling. Journal of Hydrometeorology, 14: 869-887.

Dai Y J, Zeng X, Dickinson R E, et al. 2003. The common land model. Bulletin of the American Meteorological Society, 84: 1013-1023.

Deardorff J W. 1978. Efficient prediction of ground surface temperature and moisture, with inclusion of a layer of vegetation. Journal of Geophysical Research, 83: 1889-1903.

Dickinson R E, Henderson-Sellers A, Kennedy P J, et al. 1986. Biosphere atmosphere transfer scheme

(BATS) for the NCAR community climate model. University Corporation of Atmospheric Research Technical Note, NCAR/TN-275 + STR.

Entin J K, Robock A, Vinnikov K Y, et al. 1999. Evaluation of global soil wetness project soil moisture simulation. Journal of Meteorological Society of Japan, 77(1B): 183-189.

Hancock S, Baxter R, Evans J, et al. 2013. Evaluating global snow water equivalent products for testing land surface models. Remote Sensing of Environment, 128: 107-117.

IPCC. 2007. IPCC Fourth Assessment Report: Climate Change 2007(AR4). http: //www.ipcc.ch/publications_ and_data/publications_and_data_reports.shtml.

Jin R, Li X, Che T. 2009. A decision tree algorithm for surface soil freeze/thaw classification over China using SSM/I brightness temperature. Remote Sensing of Environment, 113: 2651-2660.

Jung M, Reichstein M, Ciais P, et al. 2010, Recent decline in the global land evapotranspiration trend due to limited moisture supply. Nature, 467: 951-954.

Kalma J D, McVicar T R, McCabe M F. 2008. Estimating land surface evaporation: a review of methods using remotely sensed surface temperature data. Surveys in Geophysics, 29(4-5): 421-469.

Langlois A, Royer A, Derksen C, et al. 2012. Coupling the snow thermodynamic model SNOWPACK with the microwave emission model of layered snow packs for subarctic and arctic snow water equivalent retrievals. Water Resources Research, 48: W12524.

Lawrence D M, Oleson K W, Flanner M G, et al. 2011. Parameterization improvements and functional and structural advances in version 4 of the community land model. Journal of Advances in Modeling Earth Systems, 3: 1-27.

Li X, Cheng G D, Liu S M, et al. 2013. Heihe watershed allied telemetry experimental research(HiWATER): scientific objectives and experimental design. Bulletin of the American Meteorological Society, 94(8): 1145-1160.

Liang S, Kustas W, Schaepman-Strub G, et al. 2010. Impacts of climate change and land use changes on land surface radiation and energy budgets. IEEE Journal of Special Topics in Applied Earth Observations and Remote Sensing, 3: 219-224.

Liu Y Q, Gupta H V, Sorooshian S, et al. 2005. Constraining land surface and atmospheric parameters of a locally coupled model using observational data. Journal of Hydrometeorology, 6(2): 156-172.

Luo X, Liang X, McCarthy H R. 2013. VIC+ for water-limited conditions: a study of biological and hydrological processes and their interactions in soil-plant-atmosphere continuum. Water Resources Research, 49(11): 7711-7732.

Manabe S. 1969. Climate and ocean circulation: 1. the atmospheric circulation and the hydrology of the earth's surface. Monthly Weather Review, 97: 739-805.

Mitchell K E, Lohmann D, Houser P R, et al. 2004. The multi-institution North American land data assimilation system(NLDAS): utilizing multiple GCIP products and partners in a continental distributed hydrological modeling system. Journal of Geophysical Research, 109(D07).

Niu G Y, Y, Yang Z L, Mitchell K E, et al.2011. The community Noah land surface model with multiparameterization options(Noah-MP): 1. Model description and evaluation with local-scale measurements. Journal of Geophysical Research: Atmospheres, 116: D12109.

Oleson K W, Lawrence D M, Bonan G B, et al. 2010. Technical description of version 4.0 of the community land model. NCAR Technical Note, NCAR/TN-478+STR. Boulder, CO: National Center for

Atmospheric Research.

Pan M, Wood E F. 2006. Data assimilation for estimating land water budget using a constrained ensemble Kalman filter. Journal of Hydrometeorology, 7(3): 534-547.

Qin J, Liang S, Liu R, et al. 2007. A weak constraint based data assimilation for estimating surface turbulent fluxes. IEEE Geosciences and Remote Sensing Letters, 4(4): 649-665.

Reichle R H, Koster R D. 2005. Global assimilation of satellite surface soil moisture retrievals into the NASA catchment land surface model. Geophysics Research Letters, 32: L02404.

Rodell M, Houser P R, Jambor U, et al. 2004. The global data assimilation system. Bulletin of American Metrological Society, 85(3): 381-394.

Sapucci L F, Herdies D L, Mendonca R, et al. 2013. The Inclusion of IWV Estimates from AIRS/AMSU and SSM/I sensors into the CPTEC/INPE Global Data Assimilation System. Monthly Weather Review, 141: 93-111.

Sellers P J, Hall F G, Asrar G, et al. 1988. The First ISLSCP Field Experiment(FIFE). Bulletin of the American Meteorological Society, 69(1): 22-27.

Sellers P J, Mintz Y, Sud Y C, et al. 1986. A simple biosphere model(SiB) for use within general circulation models. Journal of the Atmospheric Sciences, 43: 305-331.

Sellers P J, Randall D A, Collatz G J, et al. 1996. A revised land surface parameterization(SiB2) for atmospheric GCMs, Part I: Model formulation. Journal of Climate, 9: 676-705.

Trenberth K E, Fasullo J T, 2010. Tracking earth's energy. Science, 328(5976): 316-317.

van den Hurk B. 2005. ELDAS final report. KNMI, ECMWF.

Vrugt J, Gupta H V, Bastidas L A, et al. 2003. Effective and efficient algorithm for multiobjective optimization of hydrologic models. Water Resources Research, 39(8): 1214.

Waliser D, Seo K W, Schubert S, et al. 2007. Global water cycle agreement in the climate models assessed in the IPCC AR4. Geophysical Research Letters, 34: L16705.

Wang Z, Zeng X, Barlage M, et al. 2004. Using MODIS BRDF and Albedo Data to evaluate global model land surface albedo. Journal of Hydrometeorology, 5: 3-14.

Wei X, Hahmann A N, Dickinson R E, et al. 2001. Comparison of albedos computed by land surface models and evaluation against remotely sensed data. Journal of Geophysical Research, 106(D18): 20687-20702.

Wood E F, Roundy J K, Troy T J, et al. 2011. Hyperresolution global land surface modeling: meeting a grand challenge for monitoring Earth's terrestrial water. Water Resources Research, 47: W05301.

Wu T W, Wu G X. 2004. An empirical formula to compute snow cover fraction in GCMS. Advances in Atmospheric Sciences, 21(4): 529-535.

Yang Z L, Niu G Y, Mitchell K E, et al. 2011. The community Noah land surface model with multiparameterization options(Noah-MP): 2. evaluation over global river basins. Journal of Geophysical Research: Atmospheres, 116(D12): D12110.

Yapo P O, Gupta H V, Sorooshian S. 1998. Multi-Objective global optimization for hydrologic, models. Journal of Hydrology, 204(1-4): 83-97.

Ye A Z, Duan Q, Zhan C, et al. 2012. Improving kinematic wave routing scheme in community land model. Hydrology Research, 44: 886.

Yilmaz M T, DelSole T, Houser P R, et al. 2011. Improving land data assimilation performance with a water budget constraint. Journal of Hydrometeorology, 12: 1040-1055.

Yilmaz M T, DelSole T, Houser P R, et al. 2012. Reducing water imbalance in land data assimilation: ensemble filtering without perturbed observations. Journal of Hydrometeorology, 13: 413-420.

Yuan H, Dai Y J, Xiao Z Q, et al. 2011. Reprocessing the MODIS leaf area index products for land surface and climate modelling. Remote Sensing of Environment, 115(5): 1171-1187.

Yuan W P, Liu S G, Yu G R, et al. 2010. Global estimates of evapotranspiration and gross primary production based on MODIS and global meteorology data. Remote Sensing of Environment, 114(7): 1416-1431.

Zhang T, Armstrong R L. 2001. Soil freeze/thaw cycles over snow-free land detected by passive microwave remote sensing. Geophysical Research Letters, 28: 763-766.

Zhao T, Zhang L, Jiang L, et al. 2011. A new soil freeze/thaw discriminant algorithm using AMSR-E passive microwave imagery. Hydrological Processes, 25: 1704-1716.

Zhao W, Qualls R J. 2005. A multiple-layer canopy scattering model to simulate shortwave radiation distribution within a homogeneous plant canopy, Water Resources Research, 41: W08409.

第一部分

陆表能量与水循环关键要素的遥感观测

　　本部分主要针对陆面模式的需求和当前遥感观测中存在的问题，综合多源遥感观测，发展和改进陆表能量水分交换过程各关键控制状态变量(辐射平衡、土壤水分、积雪、冻融及动态水体等)高时空分辨率和高精度的监测方法，以提高对其时空分布特征和变化规律的认识，并将这些控制状态变量作为边界条件直接引入不同尺度的陆面模式，以避免或减小这些控制状态变量的不确定性造成的模拟误差和不确定性。本部分的主要内容是开展陆表能量和水分交换过程的关键控制状态变量的高时空分辨率和高精度的观测，为第二部分的陆表蒸散发估算及尺度转换研究提供陆表关键参数信息，同时也为第三部分的全球和青藏高原陆面模式改进提供必要的边界条件和初始条件，并将对复杂非均一陆表环境下的参数优化和同化研究起到重要的改进作用。

　　本书开展了陆表能量和水分交换过程关键控制状态变量(土壤水分、积雪、冻融状态、动态水体和辐射等)遥感反演理论与方法研究，提出了多源传感器联合的关键变量反演理论机制与方法，建立了主被动微波遥感结合、被动微波与热红外遥感联合、多模式遥感协同的陆表能量和水分交换过程关键控制状态变量反演方法。下面第2～第6章将分别从陆表土壤水分、积雪、冻融、辐射和动态水体的遥感监测展开进行介绍。

第 2 章　陆表土壤水分的遥感观测

土壤水分是陆地水循环中最为活跃的部分,是影响水文过程、生物生态过程、生物地球化学过程的关键变量,特别是在陆表水蒸散发与渗流中扮演着重要的角色。例如,土壤水分控制着陆表显热通量和潜热通量的比例,以及陆表水量分配,前期土壤水分含量对后期降水有一定的反馈作用。在气候时间尺度上,土壤水分和海洋表面温度一起,作为边界条件控制着进入大气的通量,在水文和陆面模式中必须精确表达。因此,土壤水分成为气象学、水文学、农学、林学等研究中重点观测的参数,其有效观测有助于提高天气预报和气候预测中各种数值模型的计算精度(Entekhabi et al.,2010)。

微波遥感利用水与干土之间介电特性的巨大差异反演陆表土壤水分含量,是目前获取大尺度土壤水分的主要途径。虽然目前国际上土壤水分遥感产品众多,但在产品精度、空间分辨率以及时间跨度等方面仍然存在诸多问题。

微波遥感信号受到土壤和植被参数的共同影响。土壤粗糙度的增加一般会引起陆表辐射的增加或者减弱,这种影响随着频率、角度和极化特性发生改变,理论模型由于计算过程复杂,一般不用于反演过程,而半经验模型的参数化方案及其模型参数的设定往往影响土壤水分反演的精度。零阶模型忽略植被的多次散射效应,往往用于目前的土壤水分反演过程中,如何定量描述植被的贡献,有效分离土壤-植被信号,并减缓遥感反演过程中的多解问题,仍然是土壤水分微波遥感中的难点问题。

被动微波遥感的空间分辨率(几十千米)一直以来是限制其应用的主要因素,土壤水分的空间降尺度是近年来的热点问题。结合光学遥感的降尺度手段容易受到云雨天气的影响,而主被动微波结合的方式具有更强的机理性,但其面临着不同传感器配置下的主被动微波协同机制问题。长时间序列的土壤水分产品在陆表能量与水分交换过程研究中具有重要作用,但是需要注意保证不同传感器之间的精度一致性。因此,如何提升土壤水分产品的空间分辨率和时间跨度是土壤水分遥感在陆表过程研究中应用的瓶颈问题。

本章首先介绍陆表土壤水分的观测方法和遥感原理,以及近期被动微波遥感研究的进展;其次介绍最新发展的多角度联合、多波段协同的土壤水分遥感方法;最后阐述在土壤水分空间降尺度以及时间尺度扩展方面的研究进展。

2.1　土壤水分遥感概述

2.1.1　土壤水分观测方法与遥感原理

1. 土壤水分观测方法

土壤水分(土壤湿度)是吸附于土壤颗粒和存在于土壤孔隙中的水(晋锐等,2021),

土壤一般由土壤基质、空隙中的水和空气组成，水又包含自由水和束缚水。土壤水分一般用比值表达，可以通过将土样在烘箱中烘干后称重得到，可表达为重量含水量和体积含水量。

重量含水量：定义为土壤中所含的水分重量与烘干土样重量的比值，可直接将土样在 105℃烘箱烘干获得：

$$\theta_g(\%) = \frac{W_1 - W_2}{W_2} \times 100\% \tag{2.1}$$

式中，θ_g 为土壤重量含水量；W_1 为样土的重量；W_2 为样土的烘干重量。

体积含水量：定义为给定土壤体积中所含水分体积与土壤体积的比值：

$$\theta_v(\%) = \frac{V_1 - V_2}{V_2} \times 100\% \tag{2.2}$$

式中，θ_v 为土壤体积含水量；V_1 为样土的体积；V_2 为样土的烘干体积。

重量含水量和体积含水量有以下换算关系：

$$\theta_v(\%) = \theta_g(\%) \times \rho_b / \rho_w \tag{2.3}$$

式中，ρ_b 为土壤容重，是土壤的干土体密度；ρ_w 为水密度，为 1 g/cm^3。

测量地面土壤水分有多种方法，包括人工重量烘干法、介电传感器法、中子探测法，近来还出现了一些新的技术，如宇宙射线中子探测法等。

1）重量法

重量法是一种直接测量土壤水分的方法，其过程包含土壤的重量或者体积取样、土壤称重，土壤烘干（将土样在 105℃情况下烘干至少 24 h），然后重新称重，以确定烘干失去的水分。土壤重量含水量 θ_g 和土壤体积含水量 θ_v 的定义见式（2.1）和式（2.2），大部分卫星产品用土壤体积含水量作为参考（Montzka et al.，2020）。

重量法是在大规模野外试验和其他密集观测期间能够提供地面参考土壤水分的主要方法，但它耗费大量人力和时间来采集信息，取样会破坏土壤，不能实现在线快速测量，对于长期监测来说是不可能的。因此，基于电子设备的自动化测量更有效、更适合长期持续的验证观测。

2）放射法

放射法是通过测量 γ 射线或者中子射线在土壤中的变化确定土壤含水量。

中子法采用中子散射方法，放射源发出的快中子与土壤中的氢原子核碰撞被热化或者减速，由于土壤中大部分氢原子来自水分子，所以热化的中子比例与土壤含水量有关。该方法是一种非破坏性方法且精度高，响应时间为 1～2 min，能够测量大体积的土壤，并能够测量不同深度并形成湿度廓线。但其费用较高，存在放射物质的危害性，设备移动困难（Elder and Rasmussen，1994；Jarvis and Leeds-Harrison，1987；冯磊等，2017；邵长亮和吴东丽，2019）。

利用 γ 射线法测量土壤含水量的原理是，γ 射线的散射和吸收与其路径上物质的密度有关，当土壤中水分增加或减少导致土壤饱和密度变化时，由 γ 透射技术测得饱和密度的变化，从而得到水分含量。这是一种非破坏性现场测量体积含水量的方法，响应时间约小于 1 min，γ 射线法对表层土壤水分敏感，其测量土壤深度仅限于 25 mm 以内，具有高分辨率。但是 γ 射线存在潜在危险，其运营成本也较高（邵长亮和吴东丽，2019）。

3）介电法

目前，常用的土壤水分传感器是介电传感器，利用土壤的介电特性测量土壤含水量，干土的介电常数为 3～5，湿土的介电常数能达到 78 左右，土壤的介电常数随土壤含水量的变化而变化，而且在土壤含水量为自由水时，介电常数与土壤体积含水量呈线性关系，有时域反射（time domain reflectometry，TDR）传感器、频域反射（frequency domain reflectometry，FDR）传感器、传输线振荡器（TLO）、时域透射（TDT）计、驻波率（standing-wave ratio，SWR）法、电容传感器（capactiance sensors）、探地雷达（ground penetrating radar，GPR）等。

TDR 是一种通过高频电磁波在土壤中的传输时间来计算介电常数，从而计算土壤体积含水量的方法（Topp et al.，1980；Dasberg and Dalton，1985；Dalton and van Genuchten，1986）。在现场测量中，TDR 传感器探头多为探针式、圆柱式等，可根据需要的土壤深度直接插入土壤中进行测量，仅需要几秒就可以完成测量并可以重复测量，其可以埋设在土壤剖面并连接到数据采集器连续自动化测量。TDR 传感器能在结冰情况下测定土壤水分，这是其他方法无法比拟的。TDR 传感器测量结果可靠、精度高，但是价格昂贵，且需要复杂的波形分析。

FDR 根据电磁波脉冲在不同介质中的传播频率来测量土壤的表观介电常数 ε，从而得到土壤体积含水量 θ_v（Hilhorst，1992）。由于 FDR 传感器的工作频率较低，相比于 TDR 传感器，FDR 传感器更容易受到土壤质地、导电性和温度影响而引起误差（Robinson et al.，2008），使用过程需要进行标定。FDR 传感器也需要小心安装，以避免传感器和土壤之间出现空隙（Woszczyk et al.，2019），通常仅限于非盐（<1 dS/m）土壤和非变性土壤中使用（Thompson et al.，2007），FDR 传感器对较干土壤的体积含水量更为敏感。因为 TDR 传感器设备昂贵，20 世纪 80 年代后期许多公司（如 AquaSPY、Sentek.Delta-T、Decagon）开始用比 TDR 更为简单的方法来测定土壤的介电常数——FDR 型。近年来，许多低成本的 FDR 传感器已经得到发展和商业化。

与 TDR 传感器一样，传输线振荡器（TLO）和时域透射（TDT）计通过测量电磁脉冲的传播时间测量土壤水分含量，但其频率通常较低（～100 MHz），技术成本也较低。TLO 使用电磁脉冲振荡时间和方波的衰减推断电导率（electrical conductivity，EC）和土壤体积含水量 θ_v（Caldwell et al.，2018；Campbell and Anderson，1998）。TDT 计与之类似，只是传感器沿着嵌入土壤中传输线的给定长度形成回路（Blonquist et al.，2005）。TDT 计不需要像 TDR 传感器那样的复杂波形分析。

SWR 法是基于无线电射频技术中的驻波率原理的土壤水分测量方法,与 TDR 和 FDR 等两种土壤水分速测方法一样,同属于介电法(张志勇,2005)。SWR 法不再利用高速延迟线测量入射-反射时间差 Δt 和拍频(频差),而是测量它的驻波比,试验结果表明,三态混合物介电常数 Ka 的改变能够引起传输线上驻波比的显著变化。由驻波比原理研制出的仪器在成本上有很大幅度的降低。SWR 传感器的探头多为探针式,使用方法与针式 TDR 计类似,可以埋设在土壤剖面连续测量,也可以与专用测量仪表配合进行移动巡回测量。

电容传感器通过测量土壤电容,将多相介质的介电常数转化为电压信号,实现对土壤含水量的测量(Schmugge et al.,1980;马孝义等,1993;Bogena et al.,2007)。这种传感器常见的是 METER Group 公司的电容传感器系列(如 EC-5、5TE、TEROS12)。电容传感器相对便宜且易操作,但土壤成分变异性较大,电压输出值与含水量的关系存在不稳定性,导致精度较低。

探地雷达是基于介质的电磁特性,通过介电常数和速度的变化来反映近陆表含水量。土壤中含水量发生变化,电导率及介电常数随之发生较大的变化,同时也会引起电磁波速度发生较大的变化。所以,可以利用探地雷达测量电磁波在土壤中传播的速度,然后计算土壤的相对介电常数,最后根据土壤介电常数与含水量的关系得出土壤的含水量(Bogena et al.,2015)。其作为一种中尺度的精确的探测土壤含水量的方法,越来越多地应用于农业和水文地质等领域。与其他方法相比,它具有采样体积大、测量速度快、分辨率高、探测深度较大、测量准确、无损、适用于多种地质条件等优点。因此,探地雷达为小尺度和大尺度测量土壤含水量之间搭起了一座桥梁。

4) 其他方法

宇宙射线中子感应(cosmic ray neutron sensing,CRNS)法是一种通过监测近陆表宇宙射线中子流变化来预测土壤含水量的方法,其能够在野外或者小流域尺度对整体土壤水分进行无损监测(Zreda et al.,2008;Zreda et al.,2012)。该方法的工作原理主要是根据陆表以上宇宙射线快中子强度与土壤含水量呈反比关系的原理,利用架设在陆表上方的中子探头测量宇宙射线快中子强度,从而反演出土壤含水量(Kodama,1977)。CRNS 测量的是传感器周围某一范围内土壤含水量的加权均值,通常定义为 86%快中子来源的贡献区域,其大小以 CRNS 探测器为轴心,水平足迹为 150~210 m 不等(Köhli et al.,2015)。测量深度强烈依赖于土壤含水量(干土约 75 cm,湿土约 12 cm)。该方法的突出特点在于百米范围的监测尺度,填补了传统点测量和遥感大范围监测间的尺度空缺,有监测频率高、自动化测量、无损观察和准确性高等优点,并为中小尺度农田、环境和水文等方面研究提供一种新的土壤水监测新技术(贾晓俊等,2014;赵原等,2019)。

全球导航卫星系统(GNSS)最初用于定位和导航,而后也用于估算土壤水分(Larson et al.,2008b)。单个 GNSS 接收器的土壤湿度反演算法基于 GNSS 信号的功率变化(Larson et al.,2008a)。天线同时接收来自 GNSS 卫星的直接信号和在地面反射的信号,并将其相加为观测到的信号功率。由于直接信号和反射信号从卫星到天线的移动距离不同,同时接收直接信号和反射信号会形成信号的干涉模式。干涉模式信号的振幅和相位受土壤介电常数的影响，土壤介电常数与土壤含水量有关(Larson et al.，2010)。GNSS 信号包括两个波长分别为 19.05 cm 和 24.45 cm 的 L 波段频率。对于土壤水分估计，可以使用永久安装在大地测量网络中的双频 GNSS 传感器以及只接收一个频率的低成本传感器。

5) 遥感观测方法

传统的方法很难大范围、高效率地对土壤水分等水文参数进行常规观测，当前迅速发展的卫星遥感技术，为实现大空间尺度和长时间序列的土壤水分观测提供了途径。与传统观测手段不同，遥感把传统的"点"测量方法获取的有限代表性的信息扩展为更加符合客观世界的"面"信息(区域信息)，这使我们真正地对土壤水分进行定量分析成为可能。利用遥感手段获取的不同尺度大范围、高精度的土壤水分参数不仅能改善当前的陆表观测系统，而且为开展定量的、陆-气相互作用的、具体的气候模式及时空特性提供科学依据和技术支撑。

按照传感器获取能量时采用的波段分类，获取陆表参数信息的卫星传感器有三种：可见光传感器、红外波段传感器、微波波段传感器。可见光和红外波段传感器易受大气影响，因此在云雨天无法获取陆表信息。而微波波段传感器具有全天时、全天候的监测能力，以及对云、雨、大气有较强的穿透能力；在过去十年，随着多种星载微波波段传感器的发射，微波波段传感器已经具有在全球尺度上精确监测整个地球系统中许多要素的能力。当前的和正在计划发展的国内和国际上的卫星传感器，提供大量与陆地状况相关的高精度和多种空间分辨率的数据。并且微波波段传感器对植被特性的变化、陆表土壤水分参数十分敏感，利用干燥土壤和液态水分在介电特性上的巨大差异进行土壤水分估计，是一种更为直接的测量(赵天杰等，2009)，已被广泛应用于植被和土壤水分等参数的监测和反演中。被动微波传感器受地物形状和结构影响较小，并且具有重访周期短、时间序列长、覆盖范围宽等优点，是当前土壤水分大尺度监测的主要手段(赵天杰，2012)。

被动微波中的 L 波段被认为是获取表层土壤水分的最佳波段，它可以穿透稀疏和中等浓密植被，并能获取一定深度的土壤信息，但其面临的技术挑战为：如何在卫星平台上实现空间分辨率要求。在硬件技术日趋成熟之后，各种星载传感器不再仅仅局限于传统的多频段真实孔径辐射计，如地球观测系统先进微波扫描辐射计(advanced microwave scanning radiometer for EOS，AMSR-E)、风场卫星(windsat)、风云三号/微波辐射成像仪(FY-3/microwave radiation imager，MWRI)和先进微波扫描辐射计 2(AMSR2)(Njoku et al.，2003；Imaoka et al.，2007；Li et al.，2010；Yang et al.，2011)，而是向对陆表土壤水分具有更高敏感性的 L 波段发展，发展了第一颗采用合成孔径技术获取陆表 L 波段微波辐射亮温的土壤水分和海洋盐度(soil moisture and ocean salinity，SMOS)卫星(Kerr et al.，2010)，同时也发展了主被动协同观测的星载传感器，包括水瓶座卫星(Aquarius/SAC-D)(Le Vine et al.，2007)和土壤水分主动被动(soil moisture active passive，SMAP)卫星(Entekhabi et al.，2010)，以期获得更高的产品精度和空间分辨率。新型 L 波段传感器的相继升空，使得土壤水分微波遥感成为对地观测中的热点研究领域。先进的卫星传感器和技术为土壤水分反演带来了新的发展机遇，但同时也涌现出诸多问题，值得深入研究。

2. 土壤水分被动微波遥感原理

微波发射的能量，通常以亮度温度（简称"亮温"）（brightness temperature，TB）表示。微波传感器接收到的总亮温来自土壤辐射、植被辐射、宇宙背景辐射 TB_{sk}、大气上行辐射 TB_{atu}、大气下行辐射 TB_{atd}，具体如图 2.1 所示。

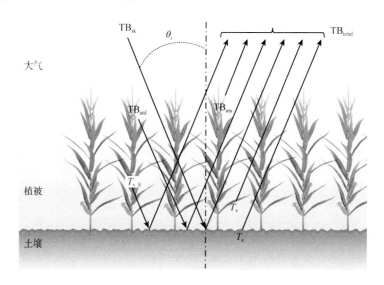

图 2.1　辐射传输过程

辐射传输过程中，在 L 波段等低频微波波段，大气基本是透明的，大气透过率 τ_{atm} 约等于 1。宇宙背景辐射 TB_{sk} 大约为 2.7 K。大气辐射比较小，约为 2.5 K。土壤水分反演中用到的亮温均为大气校正过的亮温。在 L 波段等低频波段，通常忽略植被层的多次散射影响，常用以下零阶近似模型来表达辐射传输过程。

$$TB_{p,\theta,f}^{total} = F_v \cdot \left[e_{p,\theta,f}^v \cdot T_v + e_{p,\theta,f}^v \cdot \left(1 - e_{p,\theta,f}^s\right) \cdot \Gamma_{p,\theta,f} \cdot T_v + e_{p,\theta,f}^s \cdot \Gamma_{p,\theta,f} \cdot T_s \right] \\ + \left(1 - F_v\right) \cdot e_{p,\theta,f}^s \cdot T_s \tag{2.4}$$

式中，下标 p、θ 和 f 分别为极化、角度和频率；下标和上标 v 和 s 分别代表植被和土壤；θ_i 为入射角；$TB_{p,\theta,f}^{total}$ 为观测亮温；F_v 为植被覆盖度；T_v 和 T_s 分别为植被和土壤的真实物理温度；$e_{p,\theta,f}^v$ 和 $e_{p,\theta,f}^s$ 分别为植被和粗糙地表的发射率；式中植被发射率 $e_{p,\theta,f}^v$ 和衰减因子 $\Gamma_{p,\theta,f}$ 可表示为

$$e_{p,\theta,f}^v = \left(1 - \omega_{p,\theta,f}\right)\left(1 - \Gamma_{p,\theta,f}\right) \tag{2.5}$$

$$\Gamma_{p,\theta,f} = \exp\left(-\tau_{p,\theta,f} / \cos\theta\right) \tag{2.6}$$

式中，ω 为植被单次散射反照率；τ 为植被光学厚度，在经验模型中表示植被含水量

VWC（kg/m²）的线性函数（Jackson and Schmugge，1991），如以下公式，式中 b 是经验系统。VWC 可以利用光学归一化植被指数 NDVI 计算得到。

$$\tau = b \cdot \text{VWC} \tag{2.7}$$

土壤的发射率和反射率之和为 1。对于光滑表面，反射率采用菲涅尔公式计算：

$$e_p = 1 - r_p \tag{2.8}$$

式中，e_p 为发射率；r_p 为反射率。

通常情况下，自然的土壤表面不是光滑的，而是粗糙的。当电磁波入射到光滑表面时，产生镜面反射，也称相干散射，其可由菲涅尔反射率计算得到。当电磁波入射到粗糙表面时，散射分量分为两部分：一部分是相干项；另一部分是非相干项。其中，相干项可由菲涅尔反射率计算得到，非相干项通过计算双站散射系数在上半球空间积分得到：

$$R_p^{\ e} = R_p^{\ \text{coh}} + R_p^{\ \text{non}} = r_p \cdot \exp\left[-\left(2ks \cdot \cos\theta_i\right)^2\right]$$
$$+ \frac{1}{4\pi\cos\theta_i} \int_0^{2\pi} \int_0^{\pi/2} \left(\sigma_{pp} + \sigma_{pq}\right) \cdot \sin\theta_j \cdot \mathrm{d}\theta_j \mathrm{d}\varphi_j \tag{2.9}$$

式中，$R_p^{\ e}$ 为陆表有效反射率；$R_p^{\ \text{coh}}$ 为相干项；$R_p^{\ \text{non}}$ 为非相干项；p、q 为极化状态，r 为光滑表面菲涅尔反射率；k 为波数；s 为陆表粗糙度中均方根高度；下标 i 表示入射方向；下标 j 表示散射方向。

随着微波理论研究的发展，目前有很多微波辐射和散射的理论模型。应用比较广泛的有基尔霍夫（KA）模型和小波扰动模型（SPM）。基尔霍夫模型又可分为几何光学模型（GOM）和物理光学模型（POM）。这些理论模型适用于不同的粗糙陆表，但适用范围较窄，且模型之间没有连续性，因此需要一个连续的模型来刻画粗糙度连续的自然陆表情况。Fung 等（1992）发展了积分方程模型（integral equation model，IEM）。IEM 能在一个很宽的地表粗糙度范围内，较为准确地刻画陆表散射情况，在微波地表辐射和散射模拟中得到了广泛的应用。然而，IEM 在和真实地表测量值相比时，精度还是存在一些问题。Chen 等（2003）在 IEM 模型的基础上，发展了高级积分方程模型（advanced integral equation model，AIEM）。

AIEM 等理论模型一般基于麦克斯韦方程，形式复杂，计算较慢，很难应用到实际的土壤水分反演中。而半经验模型，相比于理论模型，形式更为简单，计算量小，适用性好，通常用于实际土壤水分反演中，常见的有 Q-H 模型、Hp 模型和 Qp 模型。

Q-H 模型（Choudhury et al.，1979；Wang and Choudhury，1981）是描述裸土地表有效反射率的半经验模型，也是应用最广泛的半经验模型，粗糙度参数 Q 描述了陆表粗糙度对正交极化的影响，参数 H 表达的是粗糙度对有效反射率的影响。在低频波段，尤其是 L 波段，参数 Q 对陆表发射率的影响较小，可假设 Q 为 0，只使用参数 H 来描述陆表粗糙度，发展为 Hp 模型（Wang et al.，1983；Mo and Schmugge，1987；Wigneron et al.，2001）。以上基于试验数据建立的半经验模型，往往只在研究使用的试验数据中效果较好，不能覆盖更大范围的粗糙度条件。Shi 等（2005）基于 AIEM 模型，针对 AMSR-E 的传感器入射角和波段设置，发展了一种裸土参数化辐射模型。

　　土壤水分微波遥感反演中,电磁波从介质 1 入射到介质 2,通常情况介质 1 为空气,空气的介电常数为 1,菲涅尔反射率在 h 极化和 v 极化表示为

$$r_{\mathrm{h}} = \left| \frac{\cos\theta_i - \sqrt{\varepsilon_2 - \sin^2\theta_i}}{\cos\theta_i + \sqrt{\varepsilon_2 - \sin^2\theta_i}} \right|^2 \tag{2.10}$$

$$r_{\mathrm{v}} = \left| \frac{\varepsilon_2\cos\theta_i - \sqrt{\varepsilon_2 - \sin^2\theta_i}}{\varepsilon_2\cos\theta_i + \sqrt{\varepsilon_2 - \sin^2\theta_i}} \right|^2 \tag{2.11}$$

式中,θ_i 为入射角;ε_2 为土壤介电常数。

　　土壤的介电常数是土壤、空气和水等各个组分的复合结果,各组分介电常数值差异巨大,干燥土壤的介电常数为 3～5,而水的介电常数约为 80,土壤水分的变化会决定性地影响土壤介电常数的大小。在不同土壤含水量、不同观测角度和不同陆表粗糙度下,土壤的发射率变化情况如图 2.2 所示。目前,土壤介电常数模型可以分为经验(Topp et

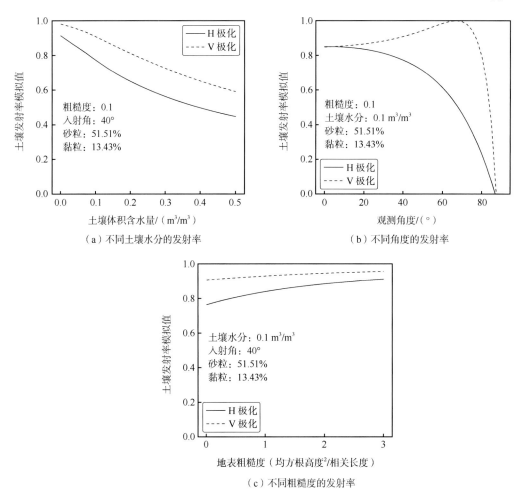

（a）不同土壤水分的发射率　　　　　　　（b）不同角度的发射率

（c）不同粗糙度的发射率

图 2.2　不同土壤含水量、不同观测角度和不同陆表粗糙度下的发射率变化

al.，1980)、半经验(Dobson et al.，1985；Wang and Schmugge，1980)和物理模型(Mironov et al.，2004；Mironov et al.，2009；Mironov et al.，2010；Mironov et al.，2013)。不同的模型对土壤的复杂程度考虑不同，最简单的模型只对单一类型的土壤考虑土壤水分的影响，建立介电常数和含水量之间的经验关系(Topp et al.，1980)。半经验模型同样建立在观测数据的基础上，但是加入土壤质地、容重等变量，以适用不同的土壤条件而得到广泛应用。与经验半经验模型相比，物理模型更为复杂，如 Mironov 等发展的通用折射率混合介电模型，其弱点在于部分基础物理量难以获得。

2.1.2　土壤水分被动微波遥感研究进展

自 20 世纪 70 年代 SkyLab 发射以来，多个微波辐射计相继发射，如 SMMR、SMM/I 以及 TRMM。从 21 世纪开始，在各国空间技术的强力竞争下，星载微波传感器迅猛发展，土壤水分反演算法日趋成熟，目前国内外主流的土壤水分反演算法总结在表 2.1 中，目前土壤水分反演算法可归纳为以下三类(赵天杰，2018)。

1. 基于辐射传输方程的逆向求解

基于辐射传输方程的逆向求解的代表性方法如单通道算法(single-channel algorithm，SCA)(Jackson，1993)，是迄今为止发展最完善的算法。首先，该算法假设土壤温度与植被冠层温度相等，计算混合发射率。然后，利用陆表覆盖分类图，确定每种植被类型及其对应的参数 b，得到植被光学厚度，完成植被影响的校正。土壤粗糙度的影响通过 Choudhury 模型进行校正，获取光滑表面的反射率。最后，利用菲涅尔方程确定土壤介电常数，通过 Wang-Schmugge 模型估算陆表土壤水分。该算法需要引入很多辅助数据分离土壤和植被的贡献。例如，为了计算得到土壤-植被的混合发射率，则需要陆表温度数据的输入；为了去除植被的影响，则需要植被含水量或者植被指数的输入，同时还要土壤质地、粗糙度等辅助数据。这些辅助数据的精度直接影响了单通道算法的反演精度，因而在使用单通道算法制作全球土壤水分图时，辅助数据的使用需要得到一定的质量控制。

2. 基于辐射传输方程的迭代反演

基于辐射传输方程的迭代反演的代表性方法如利用多频率观测的 AMSR-E 算法(Njoku et al.，2003)、利用多角度观测的 SMOS 算法(Kerr et al.，2012)，通过构建辐射传输模型模拟与实际观测之间的代价函数，采取迭代方法获取土壤水分反演结果；其弊端在于迭代算法容易产生多解，从而对土壤水分或植被光学厚度产生误判，因此算法中通常对反演参数加以约束(初始值或上下界)。

以 SMOS 官方算法为例，SMOS 土壤水分反演算法是基于 L-MEB 正向模型(Wigneron et al.，2007，2011)的迭代算法。L-MEB 模型根据不同的陆表分类集成了多种模型，如土壤介电常数模型、低矮植被 τ-w 模型、森林模型、陆表发射率模型等。SMOS 算法在 123 km×123 km 的足迹内，依据土地利用分类，对每一类地物使用 L-MEB 模型反演，再对模拟亮温进行面积加权，在 123 km×123 km 的尺度上构建代价函数。SMOS

表 2.1　土壤水分反演算法及其描述总结

算法/模型	辐射传输方程的解法	关键思路	主要假设	参考文献
单通道算法 (single-channel algorithm: SCA) SMAP 基准算法 (SMAP baseline algorithm)	逆向求解	使用辅助数据（如土地分类和 NDVI 等）进行植被校正	热力平衡；对于每种地类，采用固定的植被参数（如 ω 和 b 参数）、粗糙度参数	Jackson, 1993
多频率算法 (multi-frequency algorithm)	迭代求解	使用多频率（H 和 V 极化的 6.9 GHz、10.6 GHz 和 18 GHz）信息迭代反演土壤水分、植被含水量和陆表温度	热力平衡；植被参数（如 ω 和 τ）是极化独立的，粗糙度参数	Njoku et al., 2003; Njoku and Li, 1999
双通道算法 (dual-channel algorithm, DCA) (SMAP option algorithm)	迭代求解	使用 H 和 V 极化双通道信息迭代反演土壤水分和植被光学厚度	热力平衡；植被参数（如 ω 和 τ）是极化独立的；每个像元对应一个固定地表粗糙度	Chaubell et al., 2020; O'Neill et al., 2020a/b
多时相双通道算法 (multi-temporal dual-channel algorithm, MT-DCA)	迭代求解	使用多时相信息（两个相邻的过境）获得更稳定的反演结果，并反演了 ω	热力平衡；植被参数（如 ω 和 τ）是极化独立的；每个像元对应一个固定地表粗糙度	Konings et al., 2017, 2016
约束多通道算法 (constrained multi-channel algorithm, CMCA)	迭代求解	使用基于土壤类型和植被的先验知识对土壤水分反演过程进行约束限定	热力平衡；植被参数（如 ω 和 τ）是极化独立的；每种地类对应一个固定地表粗糙度和植被参数（ω 和 b 参数）	Ebtehaj and Bras, 2019; Gao et al., 2020
陆表参数反演模型 (land parameter retrieval model, LPRM)	遍历求解	植被 τ 可表示为与土壤发射率和 MPDI 的解析形式	热力平衡；植被参数（如 ω 和 τ）是极化独立的	de Jeu and Owe, 2003; Owe and Walker, 2001
双频算法 (dual-frequency algorithm)	迭代求解	使用 X 波段的极化指数初始化植被 τ	热力平衡；植被参数（如 ω 和 τ）是极化独立的；忽略粗糙度效应	Paloscia et al., 2006, 2001
土壤湿度指数 (index of soil wetness algorithm (AMSR2 标准算法))	查找表	使用土壤水分和极化指数同时反演土壤水分和植被含水量，考虑了植被覆盖度的影响	热力平衡；全球尺度使用固定的温度、植被 b 参数和粗糙度参数	Fujii et al., 2009; Koike et al., 2004
归一化极化差算法 (normalized polarization difference) (algorithm: NPD (AMSR-E 标准算法))	回归算法	使用微波极化差异指数和植被粗糙度参数估计计算土壤水分	热力平衡；植被参数（ω=0, τ）是极化独立的	Njoku and Chan, 2006

续表

算法/模型	辐射传输方程的解法	关键思路	主要假设	参考文献
陆表反演算法 (land surface retrieval algorithm)	迭代求解	使用陆地-水体的发射率斜率指数反演植被 τ, 进行了水体校正	热力平衡; 植被参数 (如 ω 和 τ) 是极化独立的; 忽略土壤反射和粗糙度效应	Jones et al., 2009, 2011
2 参数算法 (2-parameter algorithm (SMOS-IC algorithm))	迭代求解	使用多角度双极化信息同时反演土壤水分和 τ, 使用预生成的结果作为初始值	每种地类对应一个固定的地表粗糙度和 ω, H 和 V 极化的 τ 是相同的	Wigneron et al., 1995; Femandez-Moran et al., 2017
多角度算法 (multi-angular algorithm (SMOS standard algorithm))	迭代求解	使用多角度双极化信息同时反演土壤水分, 考虑了天线的角度特征和地表的异质性	低矮植被和森林使用不同的 ω 和粗糙度, H 和 V 极化的 τ 是相同的	Al Bitar et al., 2017; Kerr et al., 2012

算法根据 L-MEB 模型考虑了植被的极化特性，对于含有均一植被类型的像元，考虑了极化和观测角度对植被光学厚度的影响，其初始值由叶面积指数(LAI)数据计算得到。对于裸土，SMOS 算法使用一个半经验的参数化模型(Escorihuela et al.，2007)描述粗糙土壤对发射率的影响，在实际反演过程中，粗糙度参数在全球尺度下设为单一值。将辅助数据提供的校正参数以及待反演参数的初始值代入相应的模型中，得到不同角度下的模型模拟值，再利用 SMOS L1C 多角度观测亮温数据构建代价函数，通过循环迭代最小化代价函数，进而确定土壤水分和植被光学厚度。

3. 基于微波遥感指数的解析反演

基于微波遥感指数的解析反演的代表性方法如陆表参数反演模型(land parameter retrieval model，LPRM)算法，其利用微波极化差异指数(极化信息)推导建立土壤水分和植被光学厚度之间的解析关系，进而在模拟和观测对比过程中确定对应的土壤水分(de Jeu and Owe，2003)；在该算法中，通过 37 GHz V 极化亮温与陆表有效温度的关系计算得到陆表有效温度。假设陆表粗糙度参数为 0，植被光学厚度通过微波极化差指数(MPDI)被表示成土壤介电常数的函数，这样，给定植被单次散射反照率，辐射传输方程中就只有土壤介电常数这一个未知量了。因此，只要给定一个土壤水分初始值，然后通过土壤水分和植被光学厚度之间的解析关系求出初始植被光学厚度，再使用正向模型模拟出水平极化亮温，与实测水平极化亮温做比较；若两者相差较大，则更新输入的土壤水分初值，进行迭代，直到模拟亮温与实测亮温相差最小时，最后输入的土壤水分即反演结果。该算法的弊端在于辐射传输方程的解析求解必须进行相应的假设，进而对反演结果造成不同程度的影响。

这三类不同的土壤水分反演算法涉及各种假设。一些常用的假设包括忽略大气影响，将植被温度设置为土壤温度，使用极化独立的植被参数和不随时间变化的标定好的参数，如有效单次散射反照率和陆表粗糙度；未来需要研究这些假设的适用性，以改进土壤水分反演精度。

2.2 多角度数据联合反演土壤水分

近几十年，随着被动微波遥感的发展，利用被动微波遥感监测土壤水分的研究迅速展开。被动微波具有全天时、全天候的特点，传感器空间分辨率与区域生态、水文、陆面模型相一致，而且其重访周期短，十分满足对全球尺度土壤水分监测的需要。在微波波段中，L 波段被认为是监测土壤水分的最佳波段(Jackson et al.，1999)，其优势包括以下几点：①对陆表 0~5 cm 深度的土壤水分比较敏感；②对陆表粗糙度的敏感性更小；③植被和大气的影响相对更小(Wigneron et al.，2003)。L 波段中的 1.4 GHz 是一个受保护的无线电频段，这个频率受射频干扰(RFI)影响比较小，并且该频段已经在很多应用研究中使用。目前，搭载 L 波段传感器的卫星包括 SMOS 卫星和 SMAP 卫星。L 波段传感器的相继升空，使得土壤水分微波遥感成为对地观测中的热点研究领域。先进的卫星传感器和技术为土壤水分反演带来了新的发展机遇，但同时也涌现出诸多问题值得深入研究。

以 SMOS 卫星的土壤水分反演算法为例，其是主要基于 L 波段生物圈微波发射

（L-band microwave emission from the biosphere，L-MEB）模型（Wigneron et al.，2007）的多角度迭代算法。该算法主要基于 τ-ω 模型，考虑了低矮植被与森林对陆表发射辐射影响的不同校正方法，并且针对垂直植被引入了 C_{pol} 参数校正极化和观测角度的影响。此外，该算法校正陆表粗糙度的模型使用了 Q-H 模型，并且 Q（描述表面粗糙度引起的正交极化能量变化）和 H（描述表面粗糙度对陆表有效反射率的影响）参数为给定经验参数。SMOS 迭代算法将土壤水分和植被光学厚度作为待反演参数。为了得到未知参数的精确值，该算法给定了待反演参数的先验知识，并构建了代价函数，将模拟的多角度亮温与实际观测亮温进行比较，通过不断迭代，使得代价函数的值最小，此时输入模型的参数为最终反演结果。之后，Fernandez-Moran 等（2017）优化算法并生成了一套新的 SMOS 土壤水分和植被光学厚度产品：IC 产品。SMOS-IC 产品生成算法与现有的 SMOS L2 和 SMOS L3 产品反演算法的不同之处在于：不再考虑像元内不同土地利用类型的贡献，而是将像元看作同质的整体反演土壤水分和植被光学厚度；使用的亮温数据是 SMOS L3 固定角度亮温；迭代反演过程中，植被光学厚度的初始值不再由叶面积指数（leaf area index，LAI）计算，而是将前期反演的年平均值作为初始值；基于 Fernan dez-Moran 等（2017）和 Parrens 等（2016）的研究结果，根据国际地圈生物圈计划（international geosphere-biosphere programme，IGBP）陆表分类，重新设置植被有效散射反照率和陆表粗糙度参数的值。在全球尺度上，与 SMOS L3 的产品相比，SMOS-IC 的土壤水分产品与欧洲中期天气预报中心（European Center for Medium range Weather Forecasting，ECMWF）土壤水分数据的相关性更强，SMOS-IC 的植被光学厚度产品与 MODIS NDVI 的相关性更强。本章旨在利用 SMOS 卫星多角度观测特征，再利用 SMOS 多角度微波植被指数反演植被光学厚度，并利用改进的陆表粗糙度方法反演土壤水分。在全球和区域尺度上将反演结果进行了验证分析。

2.2.1　SMOS 多角度亮温数据优化处理方法

本书研究中所使用的 SMOS 亮温数据是 Level 1c（L1c）（V5.04）数据。SMOS L1C 亮温数据以二十面体的等面积固定网格（ISEA-4H9）组织，这种网格是指相距 15 km 的离散全球网格节点（DGG）（Kerr et al.，2012），分为升轨（地方时 6：00 AM）和降轨（地方时 18：00 PM）。SMOS L1C 数据是星上 X 和 Y 方向的亮温，使用前需要将其转换到陆表（准确地说，应该是大气层表面）观测到的 V 和 H 极化亮温。但是，由于受到无线射频干扰（radio frequency interference，RFI）的影响，有时 SMOS L1C 亮温数据不符合理论：V 极化下的亮温随着观测角度的增大而升高；H 极化下的亮温随着入射角度的增大而降低。而且，SMOS L1C 亮温数据的观测角度并不是固定的，不能满足我们应用的需求。为了尽可能减小 RFI 的影响，获得固定角度的多角度亮温数据，本书研究基于双步回归统计优化算法（Zhao et al.，2015）对 SMOS L1C 数据进行了预处理。

第一步　为了确定天顶角处的亮温，取 H 和 V 极化亮温的和。通过模拟的亮温数据，发现观测角为 0°～20°时，V 和 H 极化亮温和的变化很小，而且其总体变化趋势可以近似为一个二次函数：

$$\mathrm{TB}_{\mathrm{V}}(\theta) + \mathrm{TB}_{\mathrm{H}}(\theta) = a \cdot \theta^2 + c \tag{2.12}$$

式中，参数 a 和 c 可以通过对实际卫星观测亮温数据拟合得到。式(2.12)说明，在小观测角度时，电磁波的总强度受观测角影响很小。c 参数的一半$(c/2)$即 V 和 H 极化下天顶角处的亮度温度。

$$\mathrm{TB}_{\mathrm{V}}(\theta) = a_{\mathrm{V}} \cdot \theta^2 + \frac{c}{2} \cdot \left[b_{\mathrm{V}} \cdot \sin^2\left(d_{\mathrm{V}} \cdot \theta\right) + \cos^2\left(d_{\mathrm{V}} \cdot \theta\right) \right] \tag{2.13}$$

$$\mathrm{TB}_{\mathrm{H}}(\theta) = a_{\mathrm{H}} \cdot \theta^2 + \frac{c}{2} \cdot \left[b_{\mathrm{H}} \cdot \sin^2\theta + \cos^2\theta \right] \tag{2.14}$$

第二步　利用式(2.13)、式(2.14)所示的复杂目标函数分别拟合 V 和 H 极化的亮温数据。发展这个目标函数是为了保证 V 和 H 极化亮温数据在天顶角处相同，并且随着观测角度增大，V 和 H 极化的亮温变化方向相反。

对每一个 DGG 格网点的多角度亮温数据进行上述双步回归统计优化，提高数据质量。图 2.3 展示了上述优化算法对 SMOS L1C 亮温数据的改进效果。可以看到，经过优化的 SMOS L1C 亮温数据弥补了一些观测角下的数据缺失，也更加平滑，符合我们应用的需要。

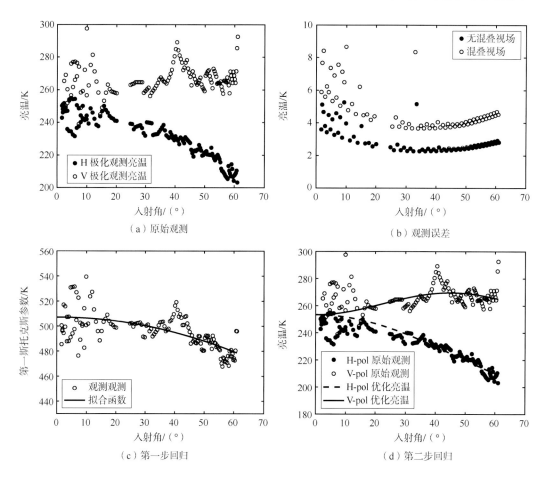

图 2.3　双步回归统计优化算法对 SMOS L1C 亮温数据的改进效果(Zhao et al.，2015)

2.2.2　SMOS 植被光学厚度与土壤水分反演算法

1. 植被光学厚度反演方法

已有的研究表明，被动微波遥感是大尺度植被监测的有效手段，较之光学遥感可以提供不同的植被信息(Shi et al.，2008；Jones et al.，2011，2012)。植被光学厚度(vegetation optical depth，VOD)是一个与微波频率有关的植被特性参数，它与植被含水量或植被地上生物量高度相关(Ulaby et al.，1981)。它与光学植被指数如 NDVI 的区别在于：①在茂密植被地区不易达到饱和；②不仅对光合生物量敏感，而且也对非光合生物量敏感；③不易受到大气条件的影响。SMOS 卫星可以提供 L 波段多角度的观测量，L 波段波长更长，可以穿透更深的植被。本书研究将利用 SMOS 卫星的多角度观测信息，发展出一种监测全球植被变化的新方法。

被动微波遥感土壤水分反演方法主要是基于零阶辐射传输方程的 $\tau-\omega$ 模型[式(2.4)]。其中的主要参数包括土壤发射率、植被光学厚度和植被有效单次散射反照率。在微波植被指数理论基础上，崔倩等提出了一种利用 SMOS 多角度 H 极化观测亮温反演植被光学厚度的方法(Cui et al.，2015)，避免了 NDVI 等辅助数据的使用。首先，将 $\tau-\omega$ 模型变换形式，变换为亮温跟陆表发射率之间的线性关系，如式(2.15)所示，V_{eH} 表示植被发射部分，V_{aH} 表示植被衰减部分。然后，利用 AIEM 模型(Chen et al.，2003)，模拟了不同入射角、不同土壤水分、不同陆表粗糙度[在 3 种表面自相关函数(指数相关、高斯相关和 1.5-N)]条件下 L 波段的裸土发射率。通过对模拟数据的分析，发现相邻入射角(10°间隔)的裸土发射率呈近似线性关系(图 2.4)。该线性关系与土壤的介电特性和陆表粗糙度无关，仅与入射角有关。并且 H 极化下的相关性比 V 极化下的相关性更强。将 H 极化两个间隔 10°的邻近亮温代入式(2.18)化简便消除了陆表发射率参数，得到了两个亮温之间的线性关系[式(2.19)]。其中式(2.19)中的斜率和截距为 H 极化多角度微波植被指数，它们仅与植被特性和温度有关，与土壤水分信息无关。式(2.18)中的 α 和 β 参数是根据 AIEM 模型的模拟数据拟合得到的(表 2.2)，利用 SMOS 三对角度[(30°，40°)、(35°，45°)和(40°，50°)]，给定陆表有效温度和植被有效单次散射反照率，便可以反演得到植被光学厚度。

$$\mathrm{TB}_{\mathrm{H}}(\theta) = V_{\mathrm{eH}}(\theta) \cdot T_{\mathrm{c}} + V_{\mathrm{aH}}(\theta) \cdot E_{\mathrm{p}}^{\mathrm{s}}(\theta) \tag{2.15}$$

$$V_{\mathrm{eH}}(\theta) = [1 - \gamma_{\mathrm{H}}(\theta)] \cdot (1 - \omega_{\mathrm{H}}) \cdot [1 + \gamma_{\mathrm{H}}(\theta)] \cdot T_{\mathrm{c}} \tag{2.16}$$

$$V_{\mathrm{aH}}(\theta) = \gamma_{\mathrm{H}}(\theta) \cdot T_{\mathrm{s}} - [1 - \gamma_{\mathrm{H}}(\theta)] \cdot (1 - \omega_{\mathrm{H}}) \cdot \gamma_{\mathrm{H}}(\theta) \cdot T_{\mathrm{c}} \tag{2.17}$$

$$E_{\mathrm{p}}^{\mathrm{s}}(\theta_2) = \alpha_{\mathrm{p}}(\theta_1, \theta_2) + \beta_{\mathrm{p}}(\theta_1, \theta_2) \cdot E_{\mathrm{p}}^{\mathrm{s}}(\theta_1) \tag{2.18}$$

$$\mathrm{TB}_{\mathrm{H}}(\theta_2) = \alpha_{\mathrm{H}}(\theta_1, \theta_2) \cdot V_{\mathrm{aH}}(\theta_2) + V_{\mathrm{eH}}(\theta_2) - \beta_{\mathrm{H}}(\theta_1, \theta_2) \cdot \frac{V_{\mathrm{aH}}(\theta_2)}{V_{\mathrm{aH}}(\theta_1)} \cdot V_{\mathrm{eH}}(\theta_1)$$

$$+ \beta_{\mathrm{H}}(\theta_1, \theta_2) \cdot \frac{V_{\mathrm{aH}}(\theta_2)}{V_{\mathrm{aH}}(\theta_1)} \cdot \mathrm{TB}_{\mathrm{H}}(\theta_1) \tag{2.19}$$

式中，TB 为卫星观测亮温；E 为陆表有效发射率；θ 为观测角；γ 为植被透过率，是植被光学厚度（τ 或 VOD）与 θ 的函数；下标 p 表示极化（H 或 V）；下标 c 表示植被；下标 s 表示土壤；T_s 和 T_c 分别为土壤和植被冠层的温度[假设二者等效，用有效温度（T_{eff}）表示]；ω 为单次散射反照率；V_e 为植被发射部分；V_a 为植被衰减部分。

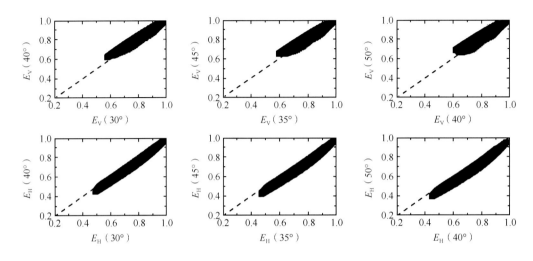

图 2.4　AIEM 模型模拟的 V 和 H 极化间隔 10° 的邻近入射角度土壤有效发射率之间的关系

表 2.2　H 极化邻近角度发射率之间线性关系的拟合参数 α 和 β

(θ_1, θ_2)	α_H	β_H	R	RMSE
(30°，40°)	−0.0514	1.0208	0.9979	0.0082
(35°，45°)	−0.0632	1.0069	0.9962	0.0096
(40°，50°)	−0.0577	1.0163	0.9972	0.0110

2. 土壤参数反演方法

在反演获得植被参数后，可以利用 SMOS 观测亮温 TB 获得 5 个通道的粗糙土壤发射率，其中土壤水分和土壤表面粗糙度为未知量。本书研究中，这两个土壤参数使用了崔倩（2015）提出改进的多角度裸土反射率参数化模型进行反演。该模型较好地描述了依赖极化和入射角的粗糙度效应，更适合用于 SMOS 多角度观测数据。

$$E_p^s(\theta) = [1 - r_p^s(\theta)] \cdot A_p(\theta) \cdot \exp\left[B_p(\theta) \cdot \text{Sr}_s^{D_p(\theta)} + C_p(\theta) \cdot \text{Sr}_s^{2 \cdot D_p(\theta)} \right] \quad (2.20)$$

$$A_p, B_p, C_p, D_p = e_p + f_p \cdot \theta + g_p \cdot \theta^2 + h_p \theta^3 \quad (2.21)$$

$$\text{Sr} = (k \cdot \text{RMS})^{2-N} \cdot (\text{RMS}/d)^N \quad (2.22)$$

式中，Sr 为土壤粗糙度参数，是土壤表面均方根高度（RMS）和相关长度（d）的函数；p 表示极化（H 或 V）；k 是波数；A_p，B_p，C_p 和 D_p 都是拟合回归得到的系数（表 2.3）。

表 2.3   式(2.22)中各参数的值

参数	e	f	g	h
A_V	1.0031	0.2740	−0.8280	0.7279
B_V	−2.1635	−0.1055	2.5297	−0.3719
C_V	0.5763	0.0015	0.5909	0.0038
D_V	0.6926	2.4224	−7.4422	6.9841
A_H	1.0225	0.0303	−0.1550	0.1217
B_H	−2.2110	0.4824	0.1569	1.3219
C_H	0.6285	−0.6073	1.0226	−1.3638
D_H	0.9214	−0.3925	0.7734	−0.9355

当获得辅助数据(土壤有效温度、土壤质地)后,利用 30°、40°和 45°的裸土发射率,结合 Mironov 介电常数模型(Mironov et al.,2009)和菲涅尔公式,当代价函数最小时,就可以反演得到土壤水分和土壤粗糙度参数 Sr:

$$\min_{X=\mathrm{SM,Sr}} \mathrm{COST_s}\left(X\right) = \sum_{i=1}^{K}\left[E_H(X_i) - E_H^o(X_i)\right]^2 \tag{2.23}$$

2.2.3   算法验证分析

1. 植被光学厚度反演结果

基于优化的 2010~2011 年的 SMOS L1c 亮温数据,反演全球植被光学厚度。由于缺失 2010 年 DOY(day of year)1 到 DOY 40 的温度数据,反演的起始数据来自 2010 年 DOY 41。另外,SMOS L1C 亮温数据也有部分缺失,尤其是在 2010 年。因此,本书研究一共反演了 2010~2011 年 614 天的全球植被光学厚度。为了减小积雪和冻土对反演过程可能产生的误差,仅对陆表温度大于 0 ℃的 DGG 格网点进行了反演。考虑到早上 06:00 时,陆表能量活动处于相对平衡的状态,土壤温度与植被冠层温度相等的假设所造成的误差较小,因此,我们只使用升轨数据进行反演。选择 MODIS 陆表类型数据 MOD12C1 产品作为辅助数据,该产品使用 IGBP 分类体系,将陆表分成 16 类。对于水体、贫瘠土地、冰川、湿地和城市建筑用地等 5 个陆表类型,没有进行植被参数的反演。

图 2.5(a)和图 2.5(b)显示了 2011 年 4 月和 7 月全球植被光学厚度月平均值,反演结果投影到经纬度坐标,重采样为 0.25°。4 月北美洲北部和俄罗斯北部地区的陆表温度仍处于 0°C 以下,因此没有进行植被光学厚度的反演。4~7 月,北美洲中部和欧亚大陆中部的草地以及农作物地区的植被光学厚度显著升高,反映了北半球植被的季节性变化;南美洲和非洲的热带草原及农作物地区的植被光学厚度降低,反映出南半球植被的季节性变化。赤道附近的常绿阔叶林地区的植被光学厚度最大,并且在 7 月数值更高一些。中国南部地区以及越南、缅甸等被常绿林覆盖的南亚国家,植被光学厚度反演值偏小,造成低估的主要原因是,这些地区均受到强烈的 RFI 影响。另外,7 月的北美洲森

林地区的植被光学厚度值也相对较低，可能的原因是，该地区分布着大量的开阔水域，造成了对植被光学厚度的低估。应该注意的是，反演算法中的一个假设是植被冠层与陆表温度相等。当早上 06：00 卫星过赤道时，植被刚开始进行光合作用与蒸腾作用，这个假设基本成立。但是在全球范围内反演植被光学厚度，尤其是在高纬度地区，卫星过境的时间并不是早上 06：00，越往北过境时间越晚，此时植被冠层的温度会低于陆表温度。因此，两者温度的差异可能会给反演带来一定的影响。图 2.5(c)和图 2.5(d)显示了 2011 年 4 月和 7 月 SMOS L2 植被光学厚度产品。与本书研究的反演结果对比，可以看到，两者的空间分布大致相同。SMOS 产品中中国南部地区的反演值也偏低。SMOS 在一些茂密森林地区不做反演，且总体上森林地区植被光学厚度比本书反演的低。

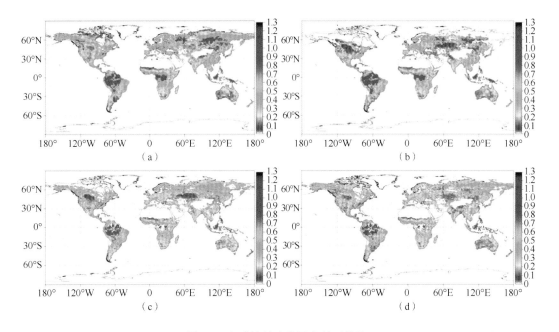

图 2.5　全球植被光学厚度月平均值
(a)本书研究中的方法(2011 年 4 月)；(b)本书研究中的方法(2011 年 7 月)；
(c)SMOS L2 植被光学厚度产品(2011 年 4 月)；(d)SMOS L2 植被光学厚度产品(2011 年 7 月)

　　将 2010～2011 年的 MODIS 16 天合成 NDVI 产品，包括 MOD13C1 和 MYD13C1，组合为 8 天合成数据，重采样到空间分辨率为 0.25°。再将两年间(2010～2011 年)反演的全球植被光学厚度处理成 8 天平均数据，并重采样到 0.25°。然后计算全球每个 0.25°像元内 NDVI 和植被光学厚度的相关系数(图 2.6)。从图 2.6 中可以看到，位于北美洲和南美洲的农作物地区呈现很高的相关性($R>0.75$)，南美洲和非洲热带草原、北美洲和亚洲北部的部分森林地区呈现中等相关性($0.25<R<0.75$)。低相关的地区要在亚马孙、非洲中部以及南亚地区，这些地方主要被常绿阔叶林覆盖，植被光学厚度与 NDVI 没有呈现出季节变化。而整个中国以及印度都呈现了低相关甚至是负相关，原因可能是 RFI 影响了植被光学厚度的反演结果。从全球尺度上来说，本书中基于 SMOS 数据反演的植被光学厚度与 NDVI 相关性，要比基于 AMSR-E 数据反演的植被光学厚度与 NDVI 之间的相关性(Jones et al.，

2011)低。这是由于 AMSR-E 的高频(18.7 GHz)设置，其信号更多来自植被冠层的顶层。而 SMOS 的工作频率(1.4 GHz)低、波长长，能够穿透更深的植被冠层，它能够获取更深层的植被信息，对植被木质部的敏感性要比 AMSR-E 高。而 NDVI 主要反映植被一薄层叶片的信息，因此，基于 AMSR-E 反演的植被光学厚度与 NDVI 有更高的相关性。

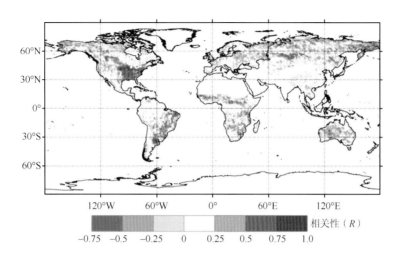

图 2.6　基于 SMOS 数据反演的 VOD 与 MODIS-NDVI 2010～2011 年全球相关性

　　微波植被光学厚度与光学植被参数的不同之处在于，植被光学厚度不仅对叶片生物量敏感，也对木质生物量敏感。因此，本书展示了一个新颖有趣的对比：将植被光学厚度、NDVI 分别与地上生物量进行了对比。本书中使用的热带地上生物量(AGB)分布密度图由美国加州理工学院喷气推进实验室 Saatchi 研究组提供(Saatchi et al.，2011)，其覆盖范围是拉丁美洲、非洲和南亚，空间分辨率为 1 km。它利用 ICESat(ice，cloud，and land elevation satellite)卫星的 GLAS(geoscience laser altimeter system)数据和森林清查数据，以及 MODIS、SRTM(shuttle radar topography mission)和 QSCAT(quick scatterometer)等数据联合反演得到。该生物量图的生成过程如下。

1)数据处理

　　收集 1995～2005 年研究区域内 4079 个站点的森林清查数据，覆盖多种植被类型，确定其生物量。选取 2003～2004 年的 GLAS 数据，根据激光雷达数据的波形参数获取树高信息，然后计算 Lorey's Height 参数。一共有 493 个站点位于激光雷达脚印内，利用这些实测数据，建立 AGB 与对应的 Lorey's Height 的关系。利用这种关系，将所有 GLAS 数据转换为 AGB。

2)生物量数据的尺度扩展

　　收集多种光学与微波遥感数据和产品，包括 MODIS NDVI 和 LAI 产品、ASCAT 后向散射系数及 SRTM 数字高程数据，利用最大熵法，将获取的生物量进行尺度扩展，得到 1 km 分辨率的地上生物量图。

虽然该生物量数据在时间上与 SMOS 数据不匹配，但是它的空间尺度却基本符合 SMOS 的尺度要求，因此本书选取其与植被光学厚度和 NDVI 比较。为了与植被光学厚度、NDVI 数据相匹配，本书将 AGB 数据的空间分辨率重采样为 0.25°[图 2.7(a)]。

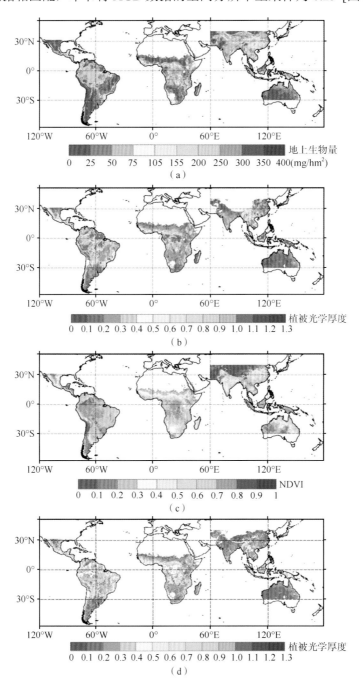

图 2.7　本书反演的 SMOS 植被光学厚度与 SMOS L2 官方产品的对比
(a)地上生物量分布图；(b)基于 SMOS 反演的植被光学厚度；
(c)MODIS-NDVI；(d)SMOS L2 植被光学厚度产品，分辨率均为 0.25°

图 2.7(b)为基于 SMOS 反演的植被光学厚度,图 2.7(c)为 MODIS 的 NDVI 数据,图 2.7(d)为 SMOS L2 的植被光学厚度产品,它们均为 3 个月(2010 年 12 月、2011 年 1 月和 2 月)的平均值,代表南半球夏季植被情况,并且分辨率被重采样到 0.25°。通过比较图 2.7(a)和图 2.7(b)、图 2.7(c)可以看到,AGB 和植被光学厚度总体上呈现森林地区值高、低矮植被区值低的分布特征。例如,AGB 和植被光学厚度在亚马孙森林地区的北部和东部、秘鲁西南部和南非的刚果盆地地区呈现最高值。但是,在亚马孙河沿岸地区,AGB 与植被光学厚度的差别非常大:AGB 值高而植被光学厚度的值很低。产生这一现象的原因可能是开阔的水域造成了对植被光学厚度的低估(Jones et al.,2011)。在拉丁美洲落叶阔叶林地区,植被光学厚度与 NDVI 的值较高,而 AGB 值却很低。其可能是由 AGB 制图过程中空间尺度扩展造成的。在南亚地区,包括越南、缅甸西北部以及中国南方地区,植被光学厚度与 ABG 和 NDVI 的差别更加显著。这些地区都覆盖着常绿阔叶林,AGB 和 NDVI 值都很高,但是相应的植被光学厚度值却比较低。原因是这些地区受到强烈的 RFI 影响,亮温数据的优化方法没有有效地去除 RFI 影响(Zhao et al.,2015)。也可以看到,新算法反演的植被光学厚度与 SMOS L2 的植被光学厚度产品[图 2.7(d)]在空间分布上具有较高的一致性,但是 SMOS 算法没有反演热带雨林等茂密森林地区的植被光学厚度,造成其产品出现很多空值。

2. 土壤水分反演结果

我们将上述陆表土壤水分反演算法应用在 SMOS L1c 的 H 极化多角度亮温数据上,进行全球陆表土壤水分监测。图 2.8(a)为 2011 年 7 月全球陆表土壤水分月平均值。可以看到,从全球范围看,陆表土壤水分的空间分布基本合理,与地理环境特征一致。在非洲撒哈拉沙漠、中东和澳大利亚中部地区,陆表土壤水分含量较低;加拿大东北部以及亚洲北部地区,气候湿润,土壤水分含量较高。本书反演结果最大的问题出现在中国地区,土壤水分含量被高估,原因是强烈的 RFI 严重影响植被光学厚度的反演,继而影响到陆表土壤水分的反演。为了进行对比,图 2.8(b)给出 SMOS L2 土壤水分产品,可以看到,其与本书反演结果在空间分布和数值大小上基本一致。在非洲、澳大利亚等地区,两者局部的纹理特征十分吻合,这在一定程度上说明了本书反演结果具有较高的可信度。对于热带雨林等茂密森林地区,SMOS 官方算法没有进行陆表参数的反演;虽然本书尝试进行森林土壤水分的反演,但是可以看到,这些地区的土壤水分含量偏低,原因是没有或者少量的土壤信号可以穿透浓密的森林到达传感器。

澳大利亚 Yanco 地区和美国 Little Washita Watershed 地区的实测陆表土壤水分数据的时间段为 2010 年 1 月 1 日~2011 年 12 月 31 日。图 2.9 为研究区 2010 年 1 月~2011 年 7 月陆表土壤水分反演结果的时间序列图,分别显示了升轨和降轨数据的结果。从图 2.9 中可以看到,本书研究的土壤水分反演值基本可以反映实测值的动态变化。但是,若干个反演值明显被高估,偏差较大。一方面,可能是降雨的影响,当有降雨时,陆表土壤水分会陡然升高,随着雨水的下渗,土壤水分迅速下降。另外,有降水时,陆表土壤含水量迅速增大,出现饱和状态,此时微波信号的有效深度减小,也就是说,此时传感器得到的信号来自非常薄的一层陆表,表层含水量非常高。而实测土壤水分是地下 5cm 处的数据。因此,其与实测值相比,反演结果偏高。另一方面,则是出现在冬季的一些高估的反演值，可能的原因受到陆表冻融的影响。

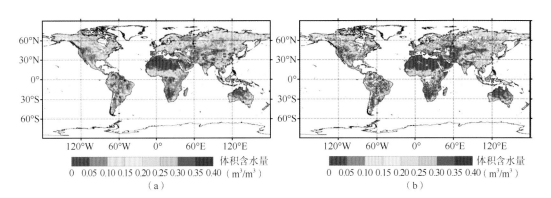

（a）　　　　　　　　　　　　　　　　　（b）

图 2.8　2011 年 7 月全球陆表土壤水分分布

(a)本书研究反演结果；(b)SMOS L2 土壤水分产品

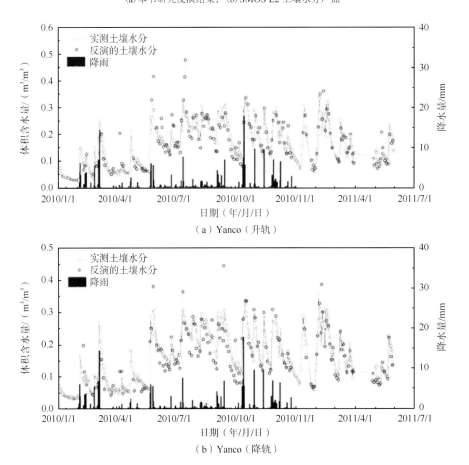

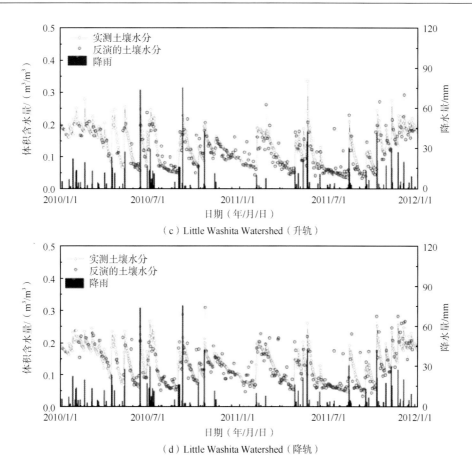

图 2.9　陆表土壤水分反演结果的时间序列图

　　图 2.10 为 Yanco 和 Little Washita Watershed 地区陆表土壤水分反演值与实测值的对比图。图 2.10 中还加入了 SMOS L2 土壤水分产品进行对比。可以看到，反演值与实测值比较吻合，相关性较强。本书研究中，澳大利亚 Yanco 地区[图 2.10(a) 和图 2.10(b)]反演结果的 RMSE 分别为 0.0455 m³/m³(升轨) 和 0.0407 m³/m³(降轨)，相关系数 R 分别为 0.829(升轨) 和 0.865(降轨)，基本上可以达到 RMSE 为 0.04 m³/m³ 的目标精度。而 SMOS L2 土壤水分产品的 RMSE 为 0.0450 m³/m³(升轨) 和 0.0581 m³/m³(降轨)，相关系数 R 分别为 0.881(升轨) 和 0.824(降轨)，降轨数据的 RMSE 较大。美国 Little Washita Watershed 地区[图 2.10(c) 和图 2.10(d)]的土壤水分反演结果的 RMSE 分别为 0.0308 m³/m³(升轨) 和 0.0345 m³/m³(降轨)，相关系数 R 分别为 0.8323(升轨) 和 0.8091 (降轨)。而 SMOS L2 土壤水分产品的 RMSE 分别为 0.0464 m³/m³(升轨) 和 0.0491 m³/m³ (降轨)，相关系数 R 分别为 0.771(升轨) 和 0.8223(降轨)。与 SMOS L2 产品相比，本书研究的土壤水分反演结果分散度更小，而 SMOS 反演结果随着土壤水分的增加，偏差明显增大。

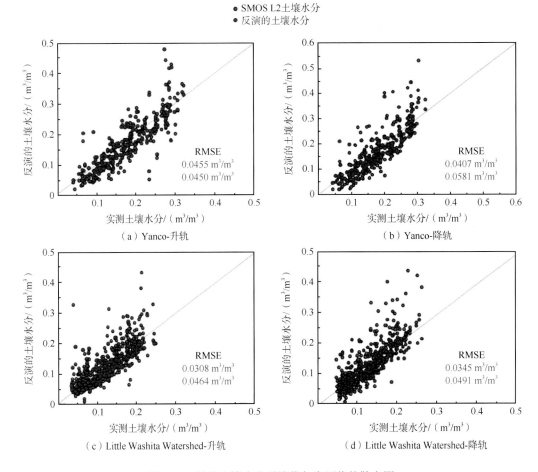

图 2.10　陆表土壤水分反演值与实测值的散点图

2.3　多通道数据协同反演土壤水分

2.3.1　多通道数据的信息度

遥感参数反演通常是一个"病态"的过程，因为相同的观察结果可能会被不同的环境因素解释。为了提高反演结果的鲁棒性，需要增加观测中包含的信息，信息可用香农信息熵衡量，又称信息度(degree of information，DoI)：

$$\mathrm{DoI} = N - \frac{T(X_{1:N})}{H(X_{1:N})} \tag{2.24}$$

式中，N 是观测个数；X 是变量，即观测亮温；$T(X_{1:N})$ 为多通道观测亮温之间的相关熵；$H(X_{1:N})$ 为多通道观测亮温之间的联合熵。

本节分析了包含在多角度和多频率观测中的 DoI。研究表明，输入数据的 DoI 越大，反演结果越鲁棒(Konings et al.，2015)，这取决于待反演的参数是否随观测而变化。图 2.11 表示了在滦河土壤水分实验(SMELR)中 2017 年观测玉米的 L、C 和 X 波段，H 和 V 极化，双角度组合的 DoI 变化。通常，由于极化差的增加，DoI 随着入射角的增加而增加。较大的 DoI 出现在角度间隔较大时，尤其是在 X 波段。两个较远角度穿透的路径/深度方面的植被特性与两个相互靠近的角度穿透的植被特性存在较大差异。相反，从两个较近的角度进行的观测包含的独立信息较少(DoI 较小)，这意味着两个观测角度差异较大的相关性更高。值得注意的是，使用双角度组合，L 波段比 C 波段或 X 波段包含更多信息(更大的 DoI)。这可能表明，对于多角度的卫星(如 SMOS)，L 波段对整个植被和土壤水分具有更大的敏感性，与 C 波段和 X 波段相比，土壤水分反演波段效果更佳。

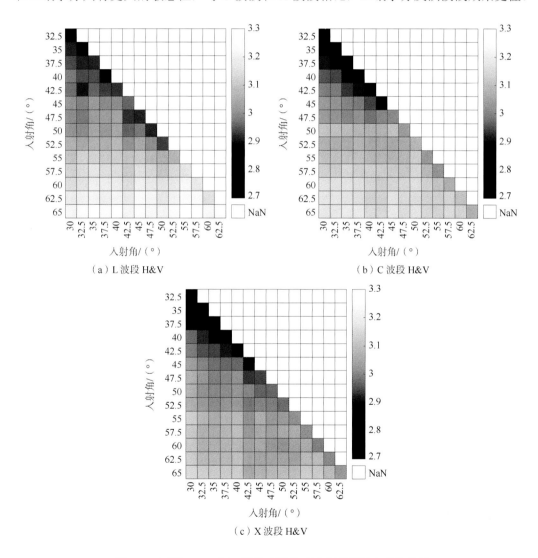

图 2.11　玉米 L、C 和 X 波段双极化双角度观测组合的信息度

(颜色代表信息度取值，无量纲)

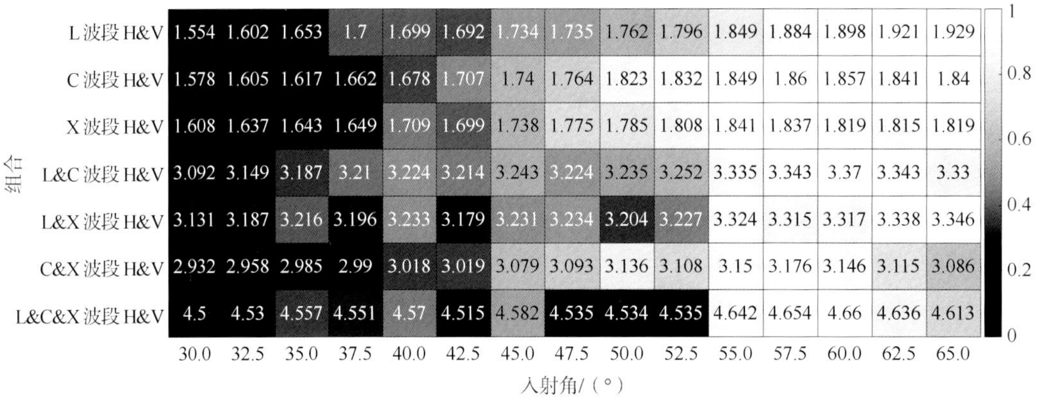

组合
L 波段 H&V 1.554 1.602 1.653 1.7 1.699 1.692 1.734 1.735 1.762 1.796 1.849 1.884 1.898 1.921 1.929
C 波段 H&V 1.578 1.605 1.617 1.662 1.678 1.707 1.74 1.764 1.823 1.832 1.849 1.86 1.857 1.841 1.84
X 波段 H&V 1.608 1.637 1.643 1.649 1.709 1.699 1.738 1.775 1.785 1.808 1.841 1.837 1.819 1.815 1.819
L&C 波段 H&V 3.092 3.149 3.187 3.21 3.224 3.214 3.243 3.224 3.235 3.252 3.335 3.343 3.37 3.343 3.33
L&X 波段 H&V 3.131 3.187 3.216 3.196 3.233 3.179 3.231 3.234 3.204 3.227 3.324 3.315 3.317 3.338 3.346
C&X 波段 H&V 2.932 2.958 2.985 2.99 3.018 3.019 3.079 3.093 3.136 3.108 3.15 3.176 3.146 3.115 3.086
L&C&X 波段 H&V 4.5 4.53 4.557 4.551 4.57 4.515 4.582 4.535 4.534 4.535 4.642 4.654 4.66 4.636 4.613
30.0 32.5 35.0 37.5 40.0 42.5 45.0 47.5 50.0 52.5 55.0 57.5 60.0 62.5 65.0
入射角/（°）
1 0.8 0.6 0.4 0.2 0

图 2.12　玉米不同入射角下双极化观测的多频组合信息度

（无量纲，颜色栏表示信息度的值；按行缩放为 0～1 的值，无量纲）

图 2.12 显示了针对不同入射角的不同频率组合发生的 DoI 变化。DoI 在布鲁斯特角附近(55°～62.5°)达到最大值，此时极化差异最大。这表明卫星(如 SMAP 或 CIMR)围绕布鲁斯特角的固定视角运行可能是最佳的；但是必须进行权衡，因为茂密植被更容易达到饱和。除布鲁斯特角外，V 极化和 H 极化测量值的差别较小，因此包含的独立信息量较低(DoI 较小)。当入射角减小时，对于单频率和单入射角的配置，L 波段在 DoI 方面没有明显优势，而 L 波段的频率组合(L 波段和 C 波段、L 波段和 X 波段)显示出比 C 波段和 X 波段组合更大的 DoI。

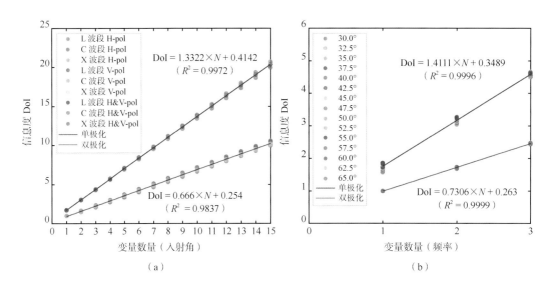

L 波段 H-pol
C 波段 H-pol
X 波段 H-pol
L 波段 V-pol
C 波段 V-pol
X 波段 V-pol
L 波段 H&V-pol
C 波段 H&V-pol
X 波段 H&V-pol
单极化
双极化
DoI = 1.3322×N + 0.4142
（R^2 = 0.9972）
DoI = 0.666×N + 0.254
（R^2 = 0.9837）
信息度 DoI
变量数量（入射角）
（a）
30.0°
32.5°
35.0°
37.5°
40.0°
42.5°
45.0°
47.5°
50.0°
52.5°
55.0°
57.5°
60.0°
62.5°
65.0°
单极化
双极化
DoI = 1.4111×N + 0.3489
（R^2 = 0.9996）
DoI = 0.7306×N + 0.263
（R^2 = 0.9999）
信息度 DoI
变量数量（频率）
（b）

图 2.13　DoI 与变量数量的关系

变量是不同入射角(a)或频率(b)下亮度温度的观测值。彩色点表示不同组合(入射角或频率)下的信息程度。对于双极化观测，红线是信息度与变量数量之间的拟合线性关系，而黑线是单极化观测

当变量数量(不同入射角或频率下的观测)增加时，DoI 应相应增加。图 2.13 给出了在各种组合下出现的 DoI 值及其与变量数量的关系。如图 2.13(a)所示，从一组 15 个入射角(30°~65°，以 2.5°为间隔)中挑选 5 个入射角，则总共有 C_{15}^{5} 个可能组合。计算所有这些可能组合的 DoI，可以发现，DoI 与变量数量之间存在明确的线性关系；同时根据实验数据，未发现 DoI 饱和的现象。线性可能意味着，除了土壤水分和植被含水量之外，还应该有更多的环境变量/参数，如叶半径、叶厚度、茎长度、茎密度等，以及这些介电元素的分布，影响从地面发射的总亮温。此外，由于穿透能力、观测视野和角度的不同，辐射计在不同通道下"看到"的地面物质(介电元素)及其特征实际上是不同的。地物的差异和地物本身的复杂性导致 DoI 线性增加。需要注意的是，双极化具有明显大于单极化的 DoI。另外，当更多角度时，DoI 也会相应增加。此外，增加频率数(单极化为 0.7306、双极化为 1.4111)的线性关系斜率略高于增加入射角数(单极化为 0.666、双极化为 1.3322)的线性关系斜率。这意味着，对于来自给定卫星的相同数量的变量/观测，多频率配置(如 CIMR)可能会提供更多的独立信息，而不是多角度配置(如 SMOS)。然而，SMOS 卫星可以很容易地获得几十个入射角的观测，并且应该比 CIMR 任务提供更多的独立信息，这是因为 DoI 随着通道数量的增加而线性增加，CIMR 任务的频率数量有限。就土壤水分反演而言，无法保证能够针对较高的 DoI 值反演更稳健的结果，因为反演的稳健程度取决于未知量的特征、辐射传输方程和所使用的反演算法。

在本节中，我们旨在利用 SMELR 实验期间获得的新实验数据，探索多角度和多频率微波观测中包含的独立信息及其对土壤水分的敏感性，并发展了一种新的算法，用于联合多频率、多角度和多极化策略组合反演土壤水分和植被光学厚度(Zhao et al.，2021)。

2.3.2　多通道协同反演算法

目前，被动微波反演土壤水分主要使用的是零阶微波辐射传输模型(又称 τ-ω 模型)，见式(2.4)，Shi 等(2008)通过重新组合将其改写成双组分的形式：

$$\text{TB}_{\text{ch}}^{\text{total}} = V_{\text{ch}}^{\text{e}} + V_{\text{ch}}^{\text{t}} \cdot e_{\text{ch}}^{\text{s}} \tag{2.25}$$

其中：

$$V_{\text{ch}}^{\text{e}} = \left[F_{\text{v}} \cdot e_{\text{ch}}^{\text{v}} \cdot (1 + \Gamma_{\text{ch}}) \right] \cdot T_{\text{v}} \tag{2.26}$$

$$V_{\text{ch}}^{\text{t}} = [(1 - F_{\text{v}}) + F_{\text{v}} \cdot \Gamma_{\text{ch}}] \cdot T_{\text{s}} - (F_{\text{v}} \cdot \Gamma_{\text{ch}} \cdot e_{\text{ch}}^{\text{v}}) \cdot T_{\text{v}} \tag{2.27}$$

式中，用下标 ch 替代式(2.4)中的 p、θ 和 f；V_{ch}^{e} 为植被发射项；V_{ch}^{t} 为植被透射项。Shi 等基于 AMSR-E 传感器(多频率、双极化、55°入射角)配置提出了微波植被指数(MVIs)，有效去除了背景(土壤)信号的影响。在此之后，该算法原理成功应用于 SMOS 的多角度亮温联合反演土壤水分。在此基础上进一步拓展，发展了多通道协同反演算法(MCCA)。对式(2.25)进行变换，则 e_{ch}^{s} 可改写为

$$e_{ch}^{s} = \frac{TB_{ch}^{total} - V_{ch}^{e}}{V_{ch}^{t}} \tag{2.28}$$

联合任意两个通道的 e_{ch}^{s}，则有

$$TB_{ch(2)}^{total} = V_{ch(2)}^{e} - S_r V_r \cdot V_{ch(1)}^{e} + S_r V_r \cdot TB_{ch(1)}^{total} \tag{2.29}$$

式中，$S_r = e_{ch(2)}^{s} / e_{ch(1)}^{s}$ 为土壤贡献比；$V_r = V_{ch(2)}^{t} / V_{ch(1)}^{t}$ 为植被的贡献比。在已知主通道观测亮温的情况下，对于特定的土壤和植被参数，可以实现对另一任意通道(协同通道)下的亮温估计。同时，由于零阶微波辐射传输模型是高阶辐射传输模型简化而来的，在土壤水分反演的时候，$\tau_{p,\theta,f}$ 和 $\omega_{p,\theta,f}$ 作为一个等效值，在反演过程中，仅能反演某一通道的等效值。而目前的土壤水分反演算法通常忽略了其通道依赖性，认为不同通道的 $\tau_{p,\theta,f}$ 和 $\omega_{p,\theta,f}$ 一样。MCCA 算法结合了前人研究，提出以下不同通道之间 τ_{ch} 的关系用于估算协同通道亮温：

$$\frac{\tau_{ch(1)}}{\tau_{ch(2)}} = \left(\frac{f_1}{f_2}\right)^{C_f} \cdot \frac{\sin^2 \theta_1 \cdot C_{p_1} + \cos^2 \theta_1}{\sin^2 \theta_2 \cdot C_{p_2} + \cos^2 \theta_2} \tag{2.30}$$

式中，C_f 和 C_p 为针对频率和极化的参数。基于此，本算法结合多角度、多频率以及多极化的任意通道组合后，即可在反演过程中，通过代价函数引入该组合的观测进行土壤水分反演：

$$\min \Phi : \sum_{i=2}^{N} W_i \cdot \frac{\left[TB_{ch(i)}^{estimated} - TB_{ch(i)}^{total}\right]^2}{TB_{ch(i)}^{total}} \tag{2.31}$$

当前主流算法中如 SMOS 和 SMAP 团队生产的被动微波土壤水分产品，均采用先验知识对代价函数进行求解约束，如在代价函数中添加待反演参数的初始值进行约束。MCCA 算法使用土壤-植被参数间的自约束关系对其进行求解，公式如下。

$$\tau_{ch} = -\ln\left(\frac{-b' - \sqrt{b'^2 - 4 \cdot a' \cdot c'}}{2 \cdot a'}\right) \cdot \cos\theta \tag{2.32}$$

对于特定的陆表粗糙度 Rou 和 $\omega_{ch(1:N)}$，待反演参数为土壤水 SM 和 $\tau_{ch(1)}$，MCCA 的土壤水分反演流程如图 2.14 所示。

(1) 生成候选参数：如假设一系列的土壤水 SM(变化范围为 0.001 cm³/cm³ 到孔隙度)，则可依据主通道的亮温 $TB_{ch(1)}^{total}$ 与给定的参数 Rou 和 $\omega_{ch(1)}$，使用土壤-植被参数间的自约束关系得到与 SM 对应的 $\tau_{ch(1)}$；再根据不同通道之间 τ_{ch} 的关系即可得到其他通道的 $\tau_{ch(2:N)}$。

(2) 根据主通道参数和(1)中生成的一系列候选参数：Rou、SM、$\omega_{ch(2:N)}$ 和 $\tau_{ch(2:N)}$，则可计算协同通道的亮温。

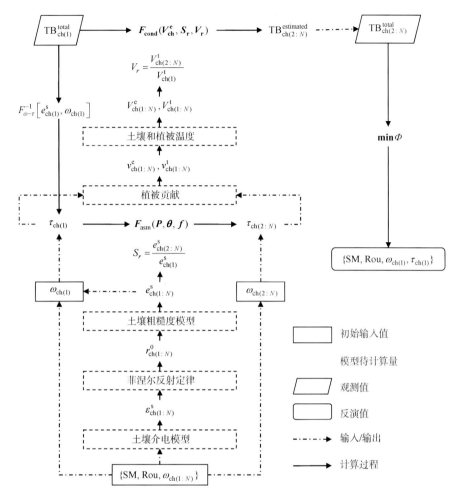

图 2.14　MCCA 土壤水分反演流程图

（3）用（2）中模拟的协同通道亮温和观测的协同通道亮温最小化代价函数，即可得到最终反演的土壤水分和植被光学厚度。

2.3.3　算法验证分析

1. 地基微波辐射计观测玉米结果

本小节根据 SMELR 实验（Zhao et al.，2020）的玉米地基微波辐射计和土壤水分观测数据，对本算法的优势进行了分析，不同通道的组合反演结果见表 2.4。

表 2.4　基于玉米的多通道组合土壤水分反演验证结果

反演通道组合	反演个数	R	Bias	ubRMSD
L 波段 H 极化 40° 和 55°	536	0.965	−0.099	0.033
L 波段 双极化 40° 和 55°	536	0.912	−0.088	0.033
L 波段 H 极化 45° 和 60°	536	0.966	−0.093	0.029
L 波段 双极化 45° 和 60°	536	0.923	−0.070	0.027
L 波段 H 极化 50° 和 65°	536	0.973	−0.088	0.026
L 波段 双极化 50° 和 65°	536	0.91	−0.037	0.033
L 波段 H 极化 40°~65°	536	0.962	−0.099	0.034
L 波段 双极化 40°~65°	536	0.951	−0.097	0.034
L 和 C 波段 H 极化 45°	536	0.964	−0.059	0.018
L 和 C 波段 双极化 45°	536	0.954	−0.059	0.02
L 和 X 波段 H 极化 45°	536	0.966	−0.071	0.02
L 和 X 波段 双极化 45°	536	0.945	−0.071	0.023
C 和 X 波段 H 极化 45°	536	0.31	−0.138	0.064
C 和 X 波段 双极化 45°	536	0.047	−0.115	0.085
L、C 和 X 波段 H 极化 45°	536	0.965	−0.065	0.018
L、C 和 X 波段 双极化 45°	536	0.956	−0.067	0.02

注：R 为相关系数；Bias 为偏差；ubRMSD 为无偏均方根偏差。

　　首先基于 L 波段的多角度方法，通过单 H 极化的多角度观测进行土壤水分和植被 τ 值反演。采用 40° 和 55°、50° 和 65°，以及 40°~65° 每 2.5° 一个间隔的 L 波段 H 极化亮温反演结果分别见图 2.15、图 2.16 和图 2.17。可以看出，土壤水分和植被 τ 可以与两个不同入射角的亮度温度同时反演，尽管结果可能不够稳健，因为 DoI 小于 2。然而，对于仅具有双通道信息的情况，也可以进行可靠的反演，因为 MCCA 首先使用主通道的亮度温度生成一系列成对的候选参数(土壤水分和 τ)，然后使用协同通道的代价函数排除误差较大的参数。与 2.5 cm 处的地面观测相比，双通道观测的土壤水分反演(40° 和 55° 亮温反演，H 极化的 L 波段和 C 波段 45° 亮温反演)有最小的无偏均方根误差(ubRMSD)为 0.028 cm³/cm³。随着入射角的增加，反演的土壤水分变得更加湿润，H 极化和双极化的偏差从负值向正值移动，使用 50° 和 65° H 极化亮温反演的 ubRMSD 增加至 0.037 cm³/cm³。在大的入射角反演的土壤水分值较大可能是由于辐射计在较大入射角下观测到的亮度温度接收到来自天空的辐射信号，使得观测值较低，从而导致土壤水分更大。这也可能部分归因于较大入射角下散射效应的增加，而低估有效单次散射反照率(本节设置其为定值 0)会导致对土壤水分的高估。由于只选择了一个位置来测量每个作物田的土壤水分和温度，土壤和植被特性的空间异质性也可能是造成这种不确定性的原因之一。

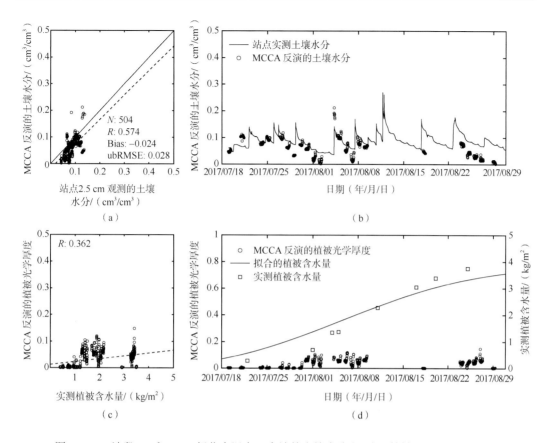

图 2.15　L 波段 40°和 55°H 极化亮温在玉米地的土壤水分(a, b)和植被 τ(c, d)反演结果

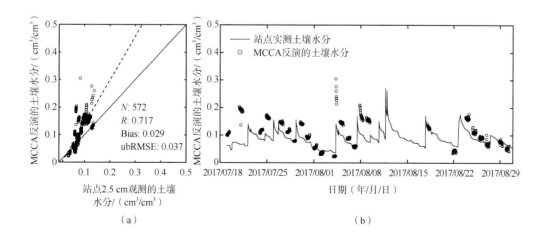

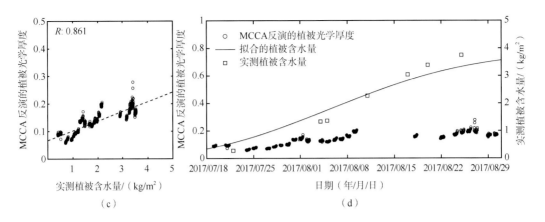

图 2.16　L 波段 50°和 65°H 极化亮温在玉米地的土壤水分(a,b)和植被 τ(c,d)反演结果

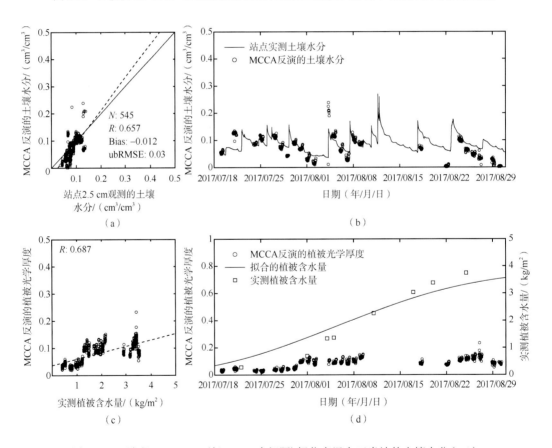

图 2.17　L 波段 40°～65°H(每 2.5°一个间隔)极化亮温在玉米地的土壤水分(a,b)
和植被 τ(c,d)反演结果

　　从时间序列比较来看，与 2.5 cm 处的站点测量相比，辐射计观测/反演的土壤水分在下渗时期都显示出更陡的斜率(主要表现为变干和变湿更快)。当辐射计捕获降水/灌溉事件时，该现象更为显著，这可以合理推测为辐射计的穿透深度达不到 2.5 cm。当降雨

或灌溉发生时，表层土壤立即变湿，而下层土壤水分传感器显示的值更为干燥。与双通道反演相比，在所有入射角下反演的土壤水分为 40°～65°(间隔为 2.5°，H 极化)，土壤水分反演效果处于中等水平(偏干 0.012 cm³/cm³，ubRMSD 为 0.03 cm³/cm³)，因为所有协同信息都由代价函数获得。

综合图 2.15、图 2.16 和图 2.17，与植被含水量测量值相比，可以看出，主通道反演的植被 τ (入射角为 40°、45° 和 50°)值随着主通道入射角的增加而增加。较高入射角反演的土壤水分偏高，可能是由于观测到的亮温混入了天空信号，因此，对于亮温信号而言，较少的土壤贡献(即较高的土壤水分)会导致较多的植被贡献(即较高的植被 τ)，这一结果是合理的。此外，该结果可能表明，植被信号与入射角无关的假设(C_p=1)由于结构效应，对玉米田无效，与提供大尺度平均值卫星相比，地面辐射计观测到的小空间尺度可能特别重要。植被 τ 反演呈现出合理的变化，且随测量/拟合的植被含水量而变化，并在实验结束时达到最大值(约 2017 年 8 月 27 日)。值得注意的是，反演的植被 τ 值和测量的植被含水量之间的相关性随着入射角的增大而增大，在 50° 和 65° (H 极化)双角度反演时相关性达到最大值 0.861。此外，植被 τ 的反演结果非常稳定，不因为土壤水分波动而产生剧烈变化，表明土壤和植被的贡献已成功分离。

根据玉米地 H 极化或双极化观测的多频率协同在 45° 下反演土壤水分和植被 τ 值(图 2.18)。分析仅在 45° 入射角下进行是因为与其他入射角相比，45° 受卡车和天空辐射的影响较小(Zhao et al.，2020)。有四种组合，包括 L 和 C 波段、L 和 X 波段、C 和 X 波段以及 L、C 和 X 波段。其中，L 和 C 波段的组合(H 极化)具有最佳反演精度(偏差为− 0.024 cm³/cm³，ubRMSD 为 0.028 cm³/cm³)，可达到 40° 和 55° 双角度组合的精度。然而，当植被含水量大于 3 kg/m² 时，土壤水分的反演效果通常随着频率的增加而下降。这可能是由于随着波长变短，穿透能力减弱和植被内部散射增加，对土壤水分的敏感性降低。因此，辐射计观测的土壤水分和植被条件在不同频率之间存在一定差异。因此，在使用 MCCA 时，仅针对主通道土壤水分和植被 τ 进行反演，其他协同通道的信息仅用于帮助找到最优解。这些结果似乎与之前的发现相悖，即土壤水分在很大程度上解释了 C 和 X 波段之间亮温的差异，但应注意，MCCA 利用主通道的亮温来模拟其他通道的亮温，并不直接使用两个通道之间的亮温差。该结果还表明，所有通道组合使用同一个 C_f 或 C_p 参数可能并不合适，因为不同通道之间植被 τ 使用同一参数的假设可能变弱。类似地，对于 H 极化反演，所有三个频率下估算的土壤水分具有中等表现(偏干 0.019 cm³/cm³，ubRMSD 为 0.034 cm³/cm³)，但是反演结果的数量占优。

在玉米地的反演结果表明，基于 MCCA 的多角度或多频率方法都可反演土壤水分和植被 τ。与使用多角度观测获得的土壤水分反演相比，使用多频率观测获得的土壤水分反演通常表现出较低的鲁棒性和略低的精度。尽管如上所述，多频率观测包含更多的信息，应注意的是，双极化观测获得的反演并非纯粹来自多角度或多频率信息，因为还包含了极化信息。与仅使用 H 极化相比，这种组合通常能反演出更多的结果，但是精度不具备优势。这可能说明"各向同性"假设不能完全解释玉米的实际结构。先前研究(Zhao et al.，2020)对比了目前主流的土壤水分反演算法(每小时观测一次，共 286 组观

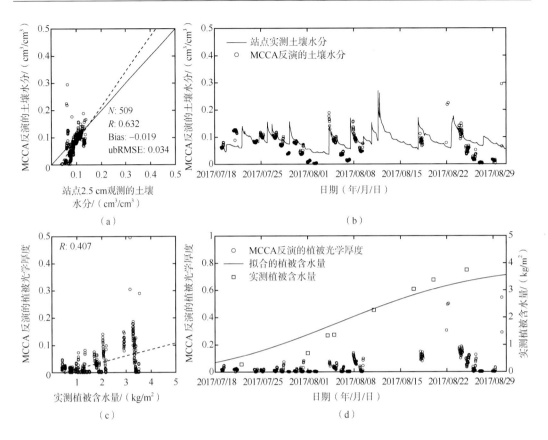

图 2.18　L、C 和 X 波段 45°H 极化亮温在玉米地的土壤水分(a, b)和植被 τ(c, d)反演结果

测)，发现所有算法均达到了卫星发射的任务精度 ubRMSD 小于 0.04 cm³/cm³(ubRMSD 值为 SCA-V：0.017～0.033 cm³/cm³；SCA-H：0.025～0.032 cm³/cm³；DCA：0.025～0.031 cm³/cm³；LPRM：0.021～0.032 cm³/cm³)。MCCA 的多角度方法反演的土壤水分精度(每半小时观测一次，共 572 组观测，ubRMSD：0.028～0.037 cm³/cm³)与以上算法具有可比性。MCCA 反演的植被 τ 值通常显示出比土壤水分的反演值具有更大的波动，这是因为土壤水分是 L、C 和 X 波段被动微波遥感中最敏感的参数，在给定亮温的反演过程中，土壤水分的小扰动对应于植被 τ 值比较大的变化。这对所有反演算法都是一样的，因此建议在将 τ 应用于其他场景前，先对其进行滑动平均。

2. 多通道协同反演算法的优势

综上，多通道协同反演算法的优势包括以下 3 个方面。

(1)多通道协同反演算法，可以将任意两个通道亮温的解析表达关系作为条件限制，因此其可以使用任意两个或更多通道的亮温进行反演。

(2)多通道协同反演算法不需要关于植被的先验信息，主要假设植被光学厚度在不同极化、入射角和波长/频率之间存在转换关系，在反演中对不同通道的植被光学厚度进行换算。例如，分别使用地基实验的 L、C 和 X 波段 H 极化 40°～60°的亮温，通过 MCCA

算法进行反演，得到的植被光学厚度见图 2.19，可以看出，多通道协同算法能够获取不同波段的植被光学厚度，并且能够显示出植被光学厚度的频率差异。不同频率的植被光学厚度与实际采用烘干法测量的植被含水量（VWC）具有良好的相关性。

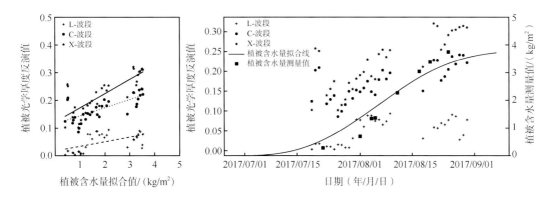

图 2.19　使用 L、C 和 X 波段 H 极化 40°～60°亮温反演的不同频率的植被光学厚度

（3）在使用多通道协同反演算法时，使用成对/分组候选参数，这样可以避免在代价函数最小化过程中获得多个最小值，也可以有效减少土壤水分反演中的不确定性。采用与 SMAP 观测同样的 40°H 和 V 极化观测作为输入，但是给定的初始值不一样，均使用相同的迭代算法反演土壤水分，根据不同初始值得到的结果计算标准差，结果见图 2.20。从图 2.20 中可以看出，MCCA 算法的不确定性较 DCA 算法有极大的降低。多通道协同算法利用主反演通道构建土壤和植被参数间的物理关联，形成参数间的自约束关系以减少多解情况，从而将土壤水分迭代反演的不确定性降低了 66%（由 0.05 cm³/cm³ 降低至 0.017 cm³/cm³）。

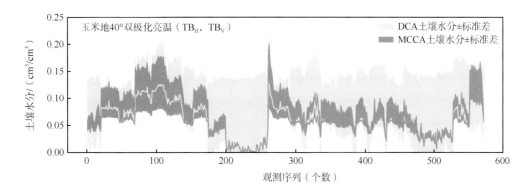

图 2.20　在玉米地使用 40°双极化亮温，给定不同初始值对 MCCA 和 DCA
算法反演土壤水分的不确定性

2.4　土壤水分产品的空间降尺度

被动微波中的 L 波段被认为是获取表层土壤水分的最佳波段，可以穿透稀疏和中等

浓密植被，并能获取一定深度的土壤信息，SMOS 和 SMAP 等搭载 L 波段传感器的卫星能提供目前最高精度的土壤水分卫星产品(Jackson et al.，2016；Chan et al.，2016；Colliander et al.，2017)。目前，由于传感器和天线等硬件技术的限制，被动微波一般能提供 25～50 km 空间分辨率的数据，而 L 波段的传感器只能够提供约 40 km 分辨率的全球土壤水分产品,该空间分辨率只能满足全球尺度的应用，并不能满足区域和地方等应用，如气象预报、洪水预测及水资源管理等区域水文和农业活动应用对空间分辨率的需求(Entekhabi et al.，2010；Peng et al.，2017；Sabaghy et al.，2018)。需要通过降尺度方法，将 SMAP/SMOS 等高精度的 L 波段土壤水分的分辨率提高到 1～10 km 来满足应用需求。

2.4.1　主被动微波降尺度

针对微波遥感土壤水分空间分辨率低的应用局限性问题，引入高分辨率雷达信息，主被动微波降尺度方法研究随之展开。2015 年 1 月美国国家航空航天局(NASA)发射了 SMAP 卫星，主要目的之一就是联合高分辨率的雷达主动观测(3 km)和低分辨率的辐射计被动观测(36 km)，通过主被动微波遥感观测降尺度的方法获取一种空间分辨率优于 10 km 的土壤水分数据(Entekhabi et al.，2010)。然而，SMAP 的雷达传感器在 2015 年 7 月之后由于故障停止工作，但是通过收集到的全球主被动微波观测数据已经很好地证明了利用主被动微波降尺度方法获取较高分辨率土壤水分数据的潜力(Das et al.，2018)。

1. 主被动微波降尺度原理

主被动微波降尺度的理论基础是辐射计观测的亮温和雷达观测的后向散射系数之间可以基于理论模型建立一种联系。

在频率较低时，辐射计观测到的 p 极化的亮温及其对陆表特性的依赖可以通过 τ-ω 模型来描述：

$$\text{TB}_p = [1 + R_p^e \cdot \Gamma] \cdot (1 - \Gamma) \cdot (1 - \omega) \cdot T_v + (1 - R_p^e) \cdot \Gamma \cdot T_s \tag{2.33}$$

式中，T_s、T_v 分别为土壤和植被冠层的温度(一般假设两者相等，等于有效地表温度，$T_v \approx T_s = T_{\text{eff}}$)；$R_p^e = 1 - (1 - \omega) \cdot (1 - \tau)$，$\Gamma = \exp(-\tau / \cos\theta)$；$\omega$ 为单次散射反照率；τ 为植被光学厚度。一般假设 T_{eff}、ω 和 τ 与极化无关。

当卫星在早晨过境时，陆表下层—陆表—植被冠层处于等温状态，因此有 $T_s = T_c = T_e$。在植被覆盖度较低情况下，单次散射反照率 $\omega \ll 1$，可以忽略。陆表粗糙度的影响可以使用一个简单的参数化模型进行校正(Choudhury et al.，1979)，式(2.33)可以简化为

$$\text{TB}_p = T_e[1 - r_p \cdot f_1^P(\text{roughness}) \cdot (\Gamma^P)^2] \tag{2.34}$$

式中，r_p 为光滑表面的菲涅尔反射率；$f_1^P(\text{roughness})$ 为陆表粗糙度校正函数；上标 P 代表和辐射计相关的参数。

对于同极化(pp)下的雷达后向散射可以通过一阶的辐射传输方程表示为

$$\sigma_{pp}^t = \sigma_{pp}^{\text{surf}} \cdot (\Gamma^A)^2 + \sigma_{pp}^{\text{vol}} + \sigma_{pp}^{\text{int}} \tag{2.35}$$

式中，第一项 σ_{pp}^{surf} 为陆表土壤后向散射，利用光学厚度校正植被层的双程衰减；第二项 σ_{pp}^{vol} 为植被的直接后向散射，是植被特性的复杂函数；第三项 σ_{pp}^{int} 代表植被和陆表相互作用，是与植被特性、土壤粗糙度和菲涅尔反射率相关的复杂函数，因此，式(2.35)可以表示为

$$\sigma_{pp}^{t} = f_1^{A}(\text{roughness}) \cdot r_p \cdot (\varGamma^{A})^2 + f_2^{A}(\text{roughness, vegetation}) \cdot r_p + f_3^{A}(\text{vegetaion}) \quad (2.36)$$

式(2.34)和式(2.36)可以通过菲涅尔反射率建立起被动观测亮温和主动后向散射观测之间的一种关系。

当主被动传感器的入射角不同时，由式(2.34)得到

$$r_p(\theta_1) = \frac{1 - \dfrac{TB_p}{T_e}}{f_1^{P} \cdot (\varGamma^{P})^2} \quad (2.37)$$

式中，θ_1 为辐射计的入射角。

由式(2.36)得到菲涅尔反射率：

$$r_p(\theta_2) = \frac{\sigma_{pp}^{t} - f_3^{A}}{f_1^{A} \cdot (\varGamma^{A})^2 + f_2^{A}} \quad (2.38)$$

式中，θ_2 为雷达的入射角；上标 A 代表和雷达相关的参数。

当主被动微波传感器的入射角度不相同时，首先利用模拟数据分析了在不同土壤水分含量($0.02\sim0.44$ m³/m³)不同入射角度($0°\sim65°$)时，菲涅尔反射率之间的关系，结果如图 2.21 所示，结果证明，不同角度下菲涅尔反射率之间也存在很好的线性相关，可以表示为

$$r_p(\theta_1) = a \cdot r_p(\theta_2) + b \quad (2.39)$$

这样，当入射角不同时，主被动观测之间的线性关系仍然是存在的，只是不同角度线性关系中的截距和斜率不同。

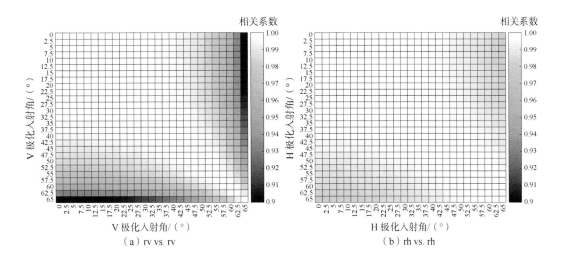

（a）rv vs. rv　　　　　　　　　　　（b）rh vs. rh

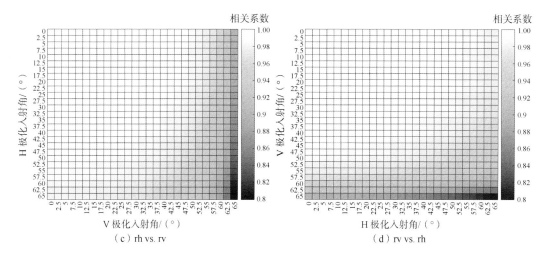

图 2.21　0°～65°入射角下(间隔 2.5°)菲涅尔反射率线性关系的相关系数

为了探索不同入射角度下主动被动微波观测之间的关系,经以上分析,在不同入射角下菲涅尔反射率呈现线性关系(Guo et al.,2021),进而得出主被动观测之间的线性关系:

$$\mathrm{TB_p} = T_e\left[1 + \frac{a \cdot f_3^A \cdot f_1^P \cdot (\varGamma^P)^2}{f_1^A \cdot (\varGamma^A)^2 + f_2^A} - b \cdot f_1^P \cdot (\varGamma^P)^2\right] + T_e\left[-\frac{a \cdot f_1^P \cdot (\varGamma^P)^2}{f_1^A \cdot (\varGamma^A)^2 + f_2^A}\right] \cdot \sigma_{\mathrm{pp}}^t \quad (2.40)$$

当主被动传感器都是以固定相同的入射角度进行观测时(如 SMAP 卫星),即上述公式中的特殊情况,$\theta_1 = \theta_2$,$a=1$,且 $b=0$,则主被动观测之间的关系变为

$$\mathrm{TB_p} = T_e\left[1 + \frac{f_1^P \cdot (\varGamma^P)^2}{f_1^A \cdot (\varGamma^A)^2 + f_2^A}\right] + T_e\left[-\frac{f_1^P \cdot (\varGamma^P)^2}{f_1^A \cdot (\varGamma^A)^2 + f_2^A}\right] \cdot \sigma_{\mathrm{pp}}^t \quad (2.41)$$

2. 主被动微波降尺度方法

1)基于时间序列回归(TSR)分析降尺度方法

式(2.41)表明,在有植被覆盖时,辐射计观测的亮温和雷达后向散射之间存在一种线性依赖关系(式中省略了括号中的陆表变量),且线性关系的表达与陆表的粗糙度和植被有关。

假设这种线性关系不受尺度的影响,即在粗尺度(C)和中尺度(M)下线性关系同时存在,即系数相同。同时,考虑到中尺度和大尺度下土壤粗糙度和植被状况的差异性,引入同极化和交叉极化之间的关系对其进行修正(具体算法可参考:Das et al.,2014):

$$T_{\mathrm{Bp}}(M_j) = T_{\mathrm{Bp}}(C) + \beta(C)\cdot\{[\sigma_{\mathrm{pp}}(M_j) - \sigma_{\mathrm{pp}}(C)] - \varGamma[\sigma_{\mathrm{pq}}(M_j) - \sigma_{\mathrm{pq}}(C)]\} \quad (2.42)$$

式中,p 表示辐射计观测的 H 或 V 极化;pp 表示同极化的雷达后向散射观测,包括 hh 或 vv 极化;pq 表示雷达的交叉极化;$T_{\mathrm{Bp}}(M_j)$ 为 M 分辨率下像元 j 的亮温值;$\sigma_{\mathrm{pp}}(M_j)$ 是相应的 M 分辨率下像元 j 的雷达后向散射观测值。本书中,M 和 C 分辨率下的 σ_{pp}(单位是 dB)是通过粗分辨率(C)脚印下所有的 100 m 雷达后向观测聚合得到的。C 分辨率下的 $T_{\mathrm{Bp}}(C)$ 是通过 1 km 的辐射计观测升尺度而形成的。$\beta(C)$ 依赖于陆表植被覆盖和陆表粗糙度，假设在 C 分辨率下不受时间和异质性的影响，就可以通过 $T_{\mathrm{Bp}}(C)$ 和 $\sigma_{\mathrm{pp}}(C)$ 的时间序列得到。雷达交叉极化的后向散射观测(hv 极化)对陆表的植被和粗糙度敏感，在每个粗分辨率 C 像元下定义 $\Gamma=[\delta\sigma_{\mathrm{pp}}(M_j)/\delta\sigma_{\mathrm{pq}}(M_j)]_C$，并用 $\Gamma[\delta\sigma_{\mathrm{pq}}(M_j)-\delta\sigma_{\mathrm{pq}}(C)]$ 对 C 分辨率下的异质性进行改正，这一项通过与因子 $\beta(C)$ 相乘转换为亮温，如式(2.42)所示。

2)基于谱分析(SA)方法的主被动微波降尺度

该方法的基本思想是，通过对高分辨率图像频谱域空间特征的正确模拟，估算更高分辨率图像的值。遥感图像经过频谱变换到频率域后，频率域的频谱特征可以由振幅 $A_V(s)$ 和相位 $\Psi_V(s)$ 表示：

$$F_V(s) = A_V(s) \cdot \mathrm{e}^{-j \cdot \psi_V(s)} \tag{2.43}$$

在图像的频率域，图像的功率谱密度与空间频率之间存在特定的幂指数关系：

$$\phi_V(s) = \left\langle \left| F_V(s) \right|^2 \right\rangle = \left\langle A_V(s) \right\rangle^2 \approx s^{-\nu} \tag{2.44}$$

式中，$F_V(s)$ 为图像频率域的频谱；$\Phi_V(s)$ 为功率谱密度；s 为空间频率。假设图像的整个空间分辨率范围内可以分成已知的低空间分辨率 s_{kn} 和未知的高空间分辨率 s_{un}。对于同一地区，式(2.44)在低空间分辨率与高空间分辨率图像中同时成立，那么就可以根据低空间分辨率的图像确定式(2.44)的函数关系，估算高空间分辨率图像的频率域的振幅，即首先通过低空间分辨率的图像确定式(2.44)中的参数 ν，然后根据高空间分辨率图像的空间频率计算高空间分辨率的振幅。如果再通过某种方法能准确估算出高分辨率图像频率域的相位信息，就可以根据式(2.43)估算出高空间分辨率图像的频率域，最后经过频谱逆变换得到高空间分辨率的图像。

$$V_d = \mathfrak{I}^{-1}\{F_V(s)\} = \mathfrak{I}^{-1}\{F_{V_{\mathrm{kn}}}(s_{\mathrm{kn}}) + F_{V_{\mathrm{un}}}(s_{\mathrm{un}})\} \tag{2.45}$$

主动的雷达后向散射与被动的辐射计亮温之间存在式(2.42)所示的近似线性关系。傅里叶变换有以下分配性质：

$$\mathfrak{I}\big[a \cdot f_1(x,y) + b \cdot f_2(x,y)\big] = a \cdot \mathfrak{I}\big[f_1(x,y)\big] + b \cdot \mathfrak{I}\big[f_2(x,y)\big] \tag{2.46}$$

式中，$\mathfrak{I}$ 表示频谱变换过程。那么可以用雷达垂直极化 σ_{VV} 频率域的相位来近似代替待求高分辨率频率域的相位，即由雷达观测值确定相位(determine phase from radar observations)。这样由原始的粗分辨率的亮温观测估算得到高分辨亮温的振幅，由雷达观测来确定高分辨率亮温的相位，就可以经过频谱逆变换得到高分辨率的图像。

利用 SMEX 02 的实验数据对两种方法进行验证的对比结果如图 2.22 所示。

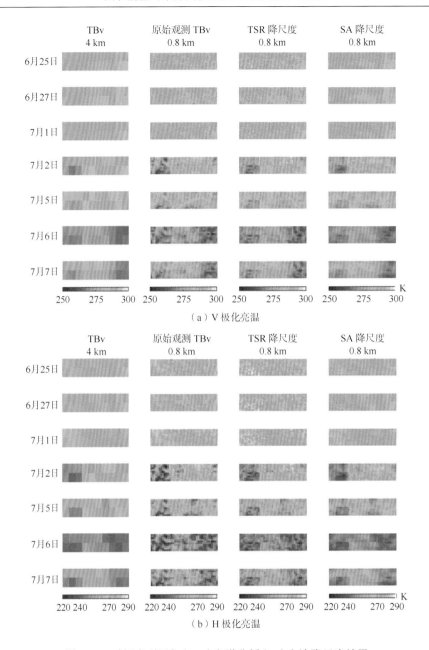

图 2.22　时间序列回归(TSR)和谱分析(SA)方法降尺度结果

　　从图 2.22 中可以看出,两种降尺度方法都可以反映原始观测的空间分布情况,但是从细节信息来看,时间序列回归方法因为进行了大网格的归一化处理,会存在较明显的斑块现象,空间过渡不够平滑。而谱分析降尺度方法降尺度后的细节不够明显,会存在一定的模糊性。从精度上看,时间序列回归方法 H 和 V 极化均方根误差(RMSE)分别为 6.28 K 和 3.56 K,而谱分析方法分别为 5.82 K 和 3.06 K,谱分析方法的结果在 H 和 V 极化降尺度的均方根误差分别降低了 0.46 K 和 0.5 K。

3. 降尺度结果验证分析

利用 2018 年闪电河流域遥感综合试验多角度的航空飞行数据对不同入射角时的两种降尺度方法进行验证，如图 2.23 所示。从降尺度结果看，两种方法在主被动微波观测角度不同时，仍然能获得较好的降尺度结果。对于 TSR 算法，相同的辐射计入射角度，降尺度结果随着雷达入射角度的增加误差变小，其主要原因是 TSR 算法中同时利用了同极化和交叉极化的观测，雷达后向散射的观测质量在角度较大时相对较好。对于 SA 算法，对雷达观测的角度则没有明显的依赖，其原因可能是 SA 算法仅仅用到了同极化观测频率域中的相位信息，因此降低了其对角度的依赖性。从空间格局上来看，TSR 算法可以获取更多的空间细节，而 SA 算法的斑块现象比较明显，但从误差精度上看，SA 的均方根误差比 TSR 的小。根据降尺度的原理进行分析，虽然两种方法都利用了主被动微波之间的线性关系，但是 TSR 算法需要利用时间序列观测回归出进行降尺度的必要参数，而谱分析方法仅仅是利用线性关系对主被动观测进行联系，而不需要进行实际的回归就可以进行降尺度，因此，当时间序列观测较短时对 TSR 算法的影响较大，可能会造成较大误差，而 SA 算法的影响较小。

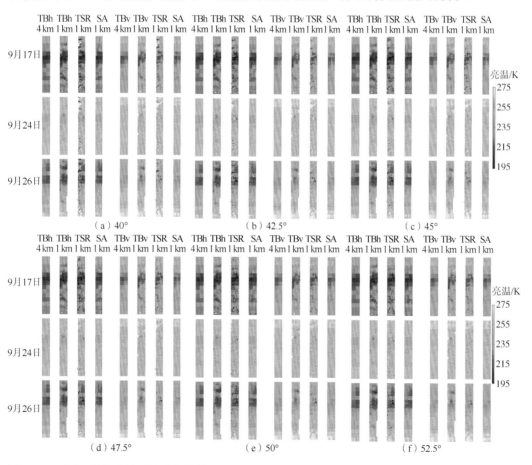

图 2.23　不同入射角度的雷达后向散射观测[40°(a)、42.5°(b)、45°(c)、47.5°(d)、50°(e)、52.5°(f)]
对辐射计入射角为 27.5°时亮温(TB)降尺度结果对比

2.4.2 高低频微波亮温降尺度

主被动微波联合降尺度方法在改善空间分辨率上有很大潜力,但是其挑战在于主被动微波传感器的观测时间的不一致性和雷达的低重访率。SMAP 任务同时搭载主动和被动 L 波段传感器,期望解决该问题,卫星设计通过主被动结合降尺度得到中分辨率(9 km)的土壤水分产品,但遗憾的是,SMAP 搭载的雷达工作三个月后在 2015 年 7 月出现故障。SMAP 的 L 波段辐射计和 Sentinel 的 C 波段雷达结合降尺度的方法能提供高分辨率的土壤水分产品(Das et al.,2016, 2018),但主被动观测之间巨大的时间滞后问题仍有待解决。

同一卫星的多频辐射计的观测幅宽、时间和空间覆盖度等一致,使得被动微波多频降尺度更有优势。有学者尝试采用光学图像融合处理的方法(SFIM 方法),利用 AMSR 的高频波段 X/Ka 波段,将 25 km 的 C 波段土壤水分降尺度到 10 km(de Jeu and Holmes,2014;Parinussa et al.,2014)。该方法通过图像处理方法能够提高产品分辨率,但是降尺度结果在干旱和湿润地区浮动达到 10%~15%,故对水文模型应用产品影响较大,包括在干旱区影响蒸散通量、在湿润区影响径流系数等。Yao 等(2019)发展了 L 波段和 S 波段的多频段辐射计亮温降尺度方法,从土壤发射率等物理机制出发,通过降尺度方法能够提高 L 波段亮温分辨率,引入的高分辨率信息是对土壤水分信息同样敏感的辐射亮温。

1. 降尺度原理

L 波段能反演得到高精度的土壤水分,但是分辨率比与之相邻的 S 波段的分辨率和 C 波段的分辨率低。该降尺度方法的原理是根据两个相邻波段辐射亮温信号之间的线性关系发展降尺度模型,利用更高分辨率的 S 波段(C 波段)亮温对 L 波段亮温进行降尺度,并引入植被指数来校正降尺度模型中的植被影响。

当模拟微波辐射传输方式时,特别是像 L 波段和 S 波段这样的低频波段,植被层的多次散射效应经常被忽略,一般采用零阶近似模型($\tau - \omega$ 模型),见式(2.4)。

为了描述不同频段发射率的特征,首先要评估 L 波段和 S 波段在裸土上的发射率,频率设置见表 2.5。利用改进的积分方程模型(AIEM)模拟 L 波段和 S 波段的裸土陆表发射率数据集。该数据集包含了大范围的土壤水分,以 2% 为间隔,为 2%~44%。陆表粗糙度参数中均方根高度以 0.25 cm 为间隔,为 0.25~3.50 cm,相关长度以 2.5 cm 为间隔,为 2.5~30 cm。模拟中相关函数采用高斯相关。

表 2.5　AIEM 模型输入参数

参数	范围	间隔
均方根高度/cm	0.25~3.50	0.25
相关长度/cm	2.5~30	2.5
土壤水分/%	2~44	2
入射角/(°)	45	
频率/GHz	L/1.41　S/2.69	
自相关函数	高斯函数	

　　得到发射率模拟数据库后，进而拟合 L 波段和 S 波段发射率之间的关系，如图 2.24 所示，x 轴为 S 波段发射率，y 轴为 L 波段发射率。从图 2.25 中可以看到，L 波段和 S 波段的裸土发射率相关性很高，在给定极化情况下，二者可以近似看成是相等的。这是因为在这两个波段相同入射角情况下，介电和粗糙度的影响不会带来重大差异。这种关系既不受土壤水分影响，也不受陆表粗糙度影响，能够适用于大范围的土壤情况。

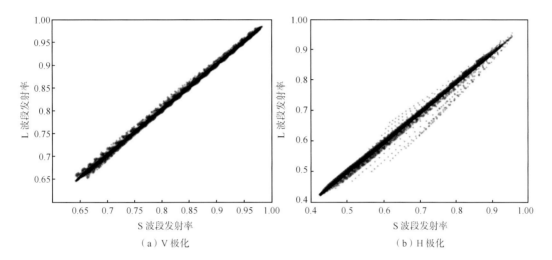

图 2.24　AIEM 模型模拟的 L 波段和 S 波段发射率关系图
x 轴为 S 波段，y 轴为 L 波段；图(a)为 V 极化，图(b)为 H 极化(两波段的入射角均为 45°)

　　由于 L 波段和 S 波段的裸土发射率非常相近，在给定极化情况下，二者可以近似为相等，即 $e_p^s(\mathrm{L}) \approx e_p^s(\mathrm{S})$，所以式(2.29)中 $S_r = e_{ch(2)}^s / e_{ch(1)}^s$ 为 1，可得出 L 波段亮温(TBL)和 S 波段亮温(TBS)有如下线性关系：

$$\mathrm{TBL}_p = \left[V_p^e(\mathrm{L}) - \frac{V_p^t(\mathrm{L})}{V_p^t(\mathrm{S})} \cdot V_p^e(\mathrm{S}) \right] \cdot T_v + \frac{V_p^t(\mathrm{L})}{V_p^t(\mathrm{S})} \cdot \mathrm{TBS}_p \qquad (2.47)$$

即

$$\mathrm{TBL}_p = \alpha + \beta \cdot \mathrm{TBS}_p \qquad (2.48)$$

　　即对于某一研究区域，短时期内 L 波段和 S 波段观测亮温近似呈线性关系，斜率 β 和截距 α 主要依赖于温度和植被。

2. 降尺度方法

　　植被信号在农业领域是随时间变化的，尤其是在农作物的生长季节，植被信号的变化很大。为了增加对植被变化的表达，更准确地表达 L 波段亮温 TBL 和 S 波段亮温 TBS 之间的关系，引入了微波植被指数 MVI(Shi et al., 2008)来校正线性关系中的斜率和截距，该指数对植被和陆表特征都敏感，可以由相近的两个频段的亮温差值比来表达，具体表达如下。

$$MVI = \frac{TBS_V - TBS_H}{TBL_V - TBL_H} \tag{2.49}$$

$$TBL_p = \left(a + c \cdot \frac{MVI^t}{\overline{MVI}^t} \right) + \left(b + d \cdot \frac{MVI^t}{\overline{MVI}^t} \right) \cdot TBS_p \tag{2.50}$$

式中，$\overline{MVI}^t$ 为时间序列 t 内的平均；$\dfrac{MVI^t}{\overline{MVI}^t}$ 代表在时间序列 t 内植被信息的变化性。根据传感器载荷配置，L 波段的分辨率认为是粗尺度 C，S 波段的分辨率认为是中尺度 M。所以式 (2.50) 在粗尺度 C 上可表达为

$$TBL_p(C) = \left[a(C) + c(C) \cdot \frac{MVI^t}{\overline{MVI}^t} \right] + \left[b(C) + d(C) \cdot \frac{MVI^t}{\overline{MVI}^t} \right] \cdot TBS_p(C) \tag{2.51}$$

即

$$TBL_p(C) = Intercept + Slope \cdot TBS_p \tag{2.52}$$

式中，$TBS_p(C) = 1/nm \sum\limits_{nm}^{i=1} TBS_p(M_i)$，为在粗尺度网格内的所有中尺度网格的平均值；$M_i$ 为中尺度网格；nm 为在粗尺度网格 C 内的中尺度网格 M 的数量。

在粗尺度 C 上，通过对网格 C 内时间序列观测值进行回归，统计得到关系系数 a、b、c 和 d。公式的斜率和截距与 L 波段亮温 TBL 和 S 波段亮温 TBS 有关，其主要依赖于植被和粗糙度特征，所以这些系数随着季节变化和陆表覆盖生长会有所变化。有学者在研究主动被动 L 波段观测和陆表特征相关函数的敏感性时，估计农田的时间窗口为 6~8 个月。在一个指定区域的短时间范围内，陆表粗糙度可以看作是常数，植被有可能会有一些变化，在粗尺度 C 和中尺度 M 上，认为斜率和截距是不变的。

通过引入微波植被指数 (MVI)，对时间序列 t 内增加植被校正以后，斜率和截距的值有了一个更大的范围，这可能超过了合理的范围。为了筛除一些异常的斜率值，计算了斜率的累积分布函数 (cumulative distribution function，CDF)，将斜率值在 CDF 5% 到 95% 范围之外的删除。

通过斜率校正，获得线性方程的斜率和截距，将中尺度 M 的 S 波段亮温 TBS 代入线性方程，计算得到该算法的目标，即降尺度的 L 波段亮温 $TBL_p(M)$：

$$TBL_p(M) = Intercept + Slope \cdot TBS_p \tag{2.53}$$

为了确保该算法得到的降尺度的 $TBL_p(M)$ 和原始的粗尺度 C 上的 L 波段观测亮温 TBL 一致，做了如下处理：

$$TBL_p(C) = 1/nm \sum\limits_{nm}^{i=1} TBL_p(M_i) \tag{2.54}$$

3. 降尺度结果验证分析

到目前为止，没有 S 波段辐射计的星载数据，因此也没有 L 波段和 S 波段同步观测

的辐射计卫星数据。只有少量大尺度的野外飞行试验的 L 波段/S 波段机载辐射计数据来验证本章的降尺度算法。L 波段/S 波段可得的数据来自被动和主动 L 波段系统(Passive and Active L-band System，PALS)数据，有 SMEX02、CLASIC、SMAPVEX08 等飞行试验包含该数据。这里选择 SMEX02 试验中的 PALS 数据来验证本章节所发展的降尺度算法的精度。在众多 PALS 数据中，SMEX02 试验中的 PALS 数据的优势在于，在整个试验阶段发生了降雨事件，PALS 飞行区域包含了湿的和干的土壤水分情况，土壤水分在试验阶段内存在动态变化趋势。PALS 传感器的 400 m 分辨率要比卫星分辨率高很多，为了检验本章节发展的降尺度方法，PALS 数据被重采样至 800 m 和 4 km。

为了将稀疏的地面站点土壤水分观测扩展到流域甚至全球尺度，验证 AMSR-E 等星载传感器土壤水分产品的精度，从 2002 年开始，美国农业部(United States Department of Agriculture，USDA)和 NASA 展开合作，开展了土壤水分探测试验(SMEX)，包括 SMEX02、SMEX03、SMEX04 三次试验，这些实验为 AMSR-E、SSM/I、SMAP 等卫星载荷的验证或预演提供了大量宝贵数据。SMEX02 试验是 2002 年 6 月中旬到 7 月中旬在 Walnut Creek 流域开展的机载试验。Walnut Creek 流域是坐落在美国爱荷华州埃姆斯市(Ames，IA，USA)的一个小流域。该地区 75%的地方是农田，以玉米和大豆为主要农作物。该地区的气候是比较湿润的，年降水量是 835 mm。

PALS 传感器的微波辐射计工作波段是 1.41 GHz(L 波段)和 2.69 GHz(S 波段)，入射角为 45°，有多极化观测。在 SMEX02 试验期间，PALS 仪器搭载在 C-130 飞机上观测研究区，飞行高度为 1 km，有效的飞行观测时间为 2002 年 6 月 25 日、27 日，7 月 1 日、2 日、5~8 日，总共有 8 天时间的数据。在数据分析中去除了 7 月 1 日的数据，当天由于试验仪器的原因只有少量的几条航线，只覆盖了试验区域的一小部分。在经过数据预处理后，7 天的 PALS V 极化和 H 极化的亮温数据被重采样至 800 m 和 4 km 的分辨率。

在 PALS 机载数据观测的同时，试验还观测了土壤水分的地面测量数据和辅助数据，如土壤温度、土壤质地、植被含水量和土壤容重等。在算法验证阶段去除了 7 月 2 日的数据，因为这天没有相对应的地面采样数据。在采样区总共采用了 10 个气象站的数据，这些气象站能提供满足评估土壤水分算法的所有必要信息。每一个采样站覆盖 800 m×800 m 的矩形区。在这 10 个采样站同时利用 Delta-T 探头测量了体积含水量 (vsm，0~6 cm)。每个采样站有 14 个采样点，在试验的每一天将每个采样站上这 14 个采样点的土壤水分数据进行平均。在每个采样站上还测量了空气温度和红外表皮温度。去除了 3 个站的亮温数据，因为这 3 个站矩形框内为混合像元。

在算法验证过程中，SMEX02 数据被重采样至 4 km 和 800 m 两种分辨率上，它们分别对应降尺度算法的粗尺度 C 和中尺度 M。在粗尺度 C 上(4 km)，通过粗尺度 C 上的时间序列观测数据回归线性关系，得到回归系数。之后通过累积分布函数限定了斜率的范围。然后在中尺度 M 上(800 m)利用回归系数、回归方程和 800 m 分辨率的 S 波段亮温，计算得到降尺度的 L 波段亮温(800 m)。流程图(图 2.25)和步骤如下：

(1)在粗尺度 C 上利用时间序列 PALS 数据建立和调整线性关系；

(2)在中尺度 M 上利用 S 波段亮温得到降尺度的 L 波段亮温并进行验证；

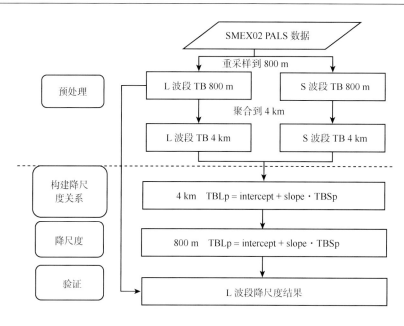

图 2.25　降尺度方法流程图

(3)在中尺度 M 上利用降尺度的 L 波段亮温反演土壤水分。

在粗尺度 4 km 分辨率上利用 SMEX02 试验 PALS 辐射计数据进行了线性关系构建。对 4 km 分辨率降尺度关系的斜率的累积分布函数和统计直方图进行了分析。回归得到的斜率存在一些异常值，甚至出现了负值。为了保证结果的合理性，将斜率限定在累积分布函数的 5%~95%。对于 H 极化，斜率被限定到 0.9513~1.5697；对于 V 极化，斜率被限定到 0.5176~1.4445。斜率调整之后，我们去除了斜率中的异常值，使斜率值在一个更合理的范围内。

利用 SMEX02 试验中的 PALS 传感器 L 波段亮温 TBL 和 S 波段亮温 TBS 验证该降尺度方法。降尺度结果如图 2.26 和图 2.27 所示。图 2.26 是利用 TBS 对 TBL 亮温降尺度的结果，图 2.27 是在 800 m 尺度上降尺度的 L 波段亮温和原始的 L 波段观测值之间的散点图。

在图 2.26 中，降尺度过程利用第一列 4 km 的 TBL 和第二列 800 m 的 TBS 得到降尺度 800 m 的 TBL(第三列)。为了验证该算法，比较了降尺度 800 m 的 TBL(第三列)与 800 m 的原始观测 TBL(最后一列)和 4 km 的原始观测 TBL(第一列)。通过比较可以看到，800 m 分辨率的降尺度 TBL 基本上能够呈现 800 m 分辨率的原始观测 TBL 的空间结构和空间分布情况；而与 4 km 的原始观测 TBL 相比，800 m 分辨率的降尺度 TBL 在粗网格 C 内有更多中尺度 M 的细节和异质性。尤其是在降雨后的四天数据中，降尺度的 TBL 基本体现了亮温空间变化和异质性，亮温从低到高，从蓝色到绿色、黄色和红色，而这一点在 4 km 的原始观测 TBL 中没有这么明显的空间变化性。但是和 800 m 分辨率的原始观测 TBL 相比，降尺度的亮温 TBL 还存在一些斑块现象和不平滑的过渡区。从精度上来看，如图 2.27 所示，均方根误差 RMSE 在 H 极化和 V 极化分别是 2.60K 和 1.63K。作为对比，L 波段原始观测亮温在 4 km 和 800 m 之间的均方根误差在 H 极化和 V 极化分别是 6.33 K 和 3.44 K。降尺度结果将 TBL 的空间分辨率从 4 km 提高到 800 m，亮温误差从 6.33 K 提高到 2.60 K 和从 3.44 K 提高到 1.63 K，这些改进一方面是因为 S 波段亮温 TBS 较高的分辨率；另一方面是因为考虑了在粗尺度 C 内植被和陆表粗糙度异质性，引入了校正因子 MVI。更高分辨率的降尺度亮温 TBL 可以反演得到更高分辨率的土壤水分。

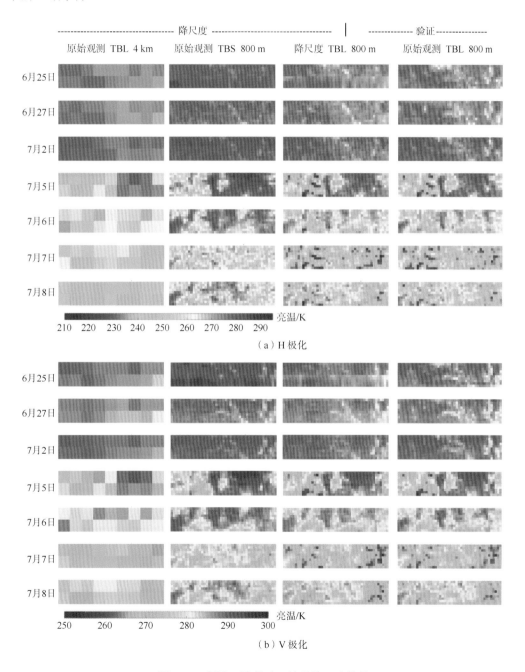

图 2.26　利用 S 波段对 L 波段降尺度结果

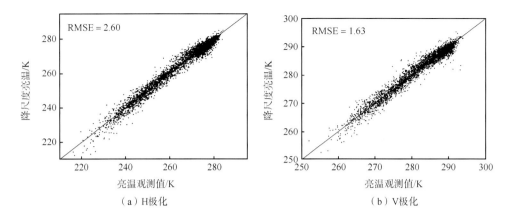

（a）H极化　　　　　　　　　　　　　　（b）V极化

图 2.27　降尺度后的 L 波段亮温和原始的 L 波段观测值之间的散点图

2.5　土壤水分长时序产品构建

陆表土壤水分是地球环境和气候系统中的重要变量之一，被认定为基本气候变量（Oki and kanae，2006；Seneviratne，2010；Fischer et al.，2007；GCOS，2016；Bojinski et al.，2014）。稳定且连续一致的长时间序列土壤水分数据对全球环境和气候变化监测十分关键。虽然目前有多种土壤水分被动微波遥感卫星产品（图 2.28），但在众多应用领域中，需要更长时间跨度的土壤水分产品，这超过了单个卫星传感器的寿命。因不同卫星的轨道参数和载荷配置等不同，且土壤水分反演算法不同，各卫星土壤水分产品的精度和空间分辨率不尽相同，卫星产品质量各异，存在精度和空间分辨率不一致、产品时间跨度范围不连续等问题，不能满足应用需求。例如，L 波段对土壤水分更敏感，搭载有 L 波段辐射计的 SMAP 和 SMOS 卫星（Entekhabi et al.，2010；de Jeu et al.，2015；Mecklenburg et al.，2016）能提供目前最高精度的土壤水分卫星产品（Jackson，2016；Chan et al.，2016；Colliander et al.，2017），但其数据产品时间跨度短，至今约有十几年（SMAP 从 2015 年至今，SMOS 从 2009 年至今）；而 C、X 和 K 波段辐射计，如 AMSR-E 和 AMSR2 系列、SSM/I 系列和我国风云三号 FY-3 卫星搭载的微波成像仪 MWRI 等，对于植被和土壤的穿透性差于 L 波段（Entekhabi et al.，2010）、土壤水分产品精度略差于 L 波段的产品，且不同卫星产品质量各异，但能够提供更长时序的历史数据，且系列卫星具有更好的延续性。例如，AMSR3 是 AMSR-E 和 AMSR2 的后继传感器，其搭载在 GOSAT-GW 卫星上，预计在 2023 年发射，AMSR 系统能提供从 2002 年开始的数据；微波成像仪 MWRI 搭载在我国的 FY-3 卫星系列上，该系列已经发射了 A-D 四颗星，该系列后续有替代卫星发射。美国国防气象卫星（DMSP）系列搭载有 SSM/I 传感器，从 1987 年的 F08 卫星到如今仍在轨的 F16、F17 和 F18 卫星，能提供长达 35 年的数据。为了充分利用在轨卫星资料和历史卫星资料，将其服务于各应用领域，对多源卫星遥感土壤水分数据进行历史数据重构，得到高精度、高分辨率的连续一致性的长时间序列产品，从而为水文、气象、灾害和农业等应用领域对于长时间序列土壤水分产品的需求提供技术支持，其具有重要的科学意义和应用价值。

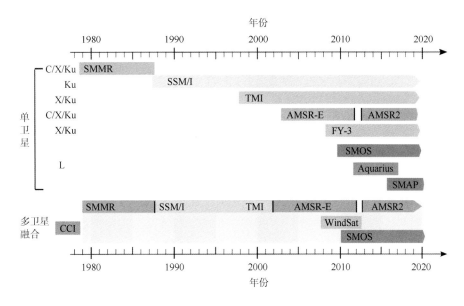

图 2.28　土壤水分被动微波遥感卫星产品

2.5.1　时间尺度扩展方法

目前，L 波段土壤水分卫星产品时间序列较短，不能满足应用需求。而在轨和历史的 C 和 X 以及 Ku 等波段反演的土壤水分容易受到大气、植被和土壤背景等影响产生误差。如何将 L 波段土壤水分的高精度特征向前扩展和传递到 C 和 X 波段传感器，得到更长时间序列且高精度的土壤水分产品，是目前土壤水分遥感中亟待解决的问题。

SMAP 卫星能够提供从 2015 年 4 月起早晚 6∶00 的 36 km 分辨率的土壤水分产品，而 AMSR-E 数据从 2002 年 5 月～2011 年 10 月，其后继卫星传感器 AMSR2 数据开始于 2012 年 7 月，两传感器数据存在将近 9 个月的空缺。AMSR-E 在停止工作后天线又重新启动，官方发布了其慢速扫描模式(L1S)的数据，数据非常稀疏，但可以用作传感器的交叉校正，该数据 2012 年 12 月～2015 年 12 月共计 3 年时间的数据。

本章研究首先将传感器 AMSR-E 和 AMSR2 多频亮温数据进行逐网格校正的一致性处理，然后以此作为人工神经网络(ANN)模型训练的输入数据，以较高精度 SMAP 卫星土壤水分产品为训练目标，在不依赖其他卫星和地面观测等辅助数据的情况下，进行人工神经网络的训练；然后将校正一致后的 AMSR-E 和 AMSR2 亮温输入人工神经网络模型，得到时空连续一致的长时序土壤水分微波遥感产品数据集，并利用卫星官方土壤水分产品和地面密集观测网的数据对该产品数据集的精度进行验证和比较(Yao et al.，2017；Yao et al.，2021)。本书研究的技术路线如图 2.29 所示。

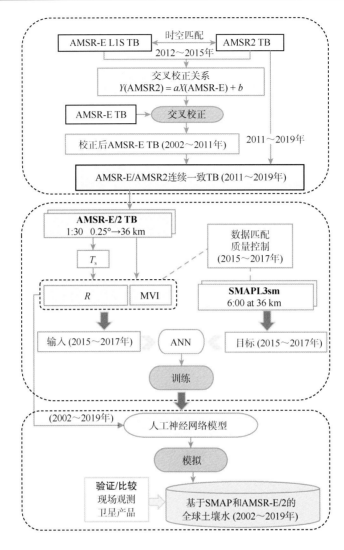

图 2.29　技术路线图

AMSR-E 的慢速扫描模式数据和 AMSR2 数据有 3 年的重叠观测，为了将两种传感器做交叉校正，对于每个频段和每个极化，在每一个网格上构建线性回归模型，将 AMSR-E 亮温数据校正到和 AMSR2 亮温数据一致。

$$\mathrm{TB}_{\mathrm{amsr2}} = a \cdot \mathrm{TB}_{\mathrm{amsre}} + b \tag{2.55}$$

人工神经网络的方法是功能强大的非线性模型，选择 AMSR2 各通道亮温数据和由亮温数据计算得到的微波植被指数（MVI）（Shi et al.，2008）作为输入层，经过一个隐层，训练目标是 SMAP 的 L3 级土壤水分产品。引入微波植被指数作为输入参量，是为了进行植被影响的校正，微波植被指数可由相邻频率的两波段亮温计算得到。训练阶段选择 2015～2017 年，将输入数据和训练目标进行时空匹配，并利用这三年的匹配数据对每一个网格训练人工神经网络模型，进而利用该模型反演土壤水分。

2.5.2　产品验证分析

1. 亮温数据一致性处理

以 Little Washita(LW)站点所在网格为例，对三年所有数据进行时空匹配，建立二者之间的线性校正关系，结果如图 2.30 所示。图 2.30(a)是该网格上所有数据，星号点为 AMSR2 数据，空心圆为 AMSR-E 的 LIS 数据，共匹配到的数据对 $N=46$。建立得到的线性关系如图 2.30(b)所示，两者线性关系很强，校正斜率为 0.97。图 2.31 是 AMSR-E 亮温数据校正前后全球分布图。

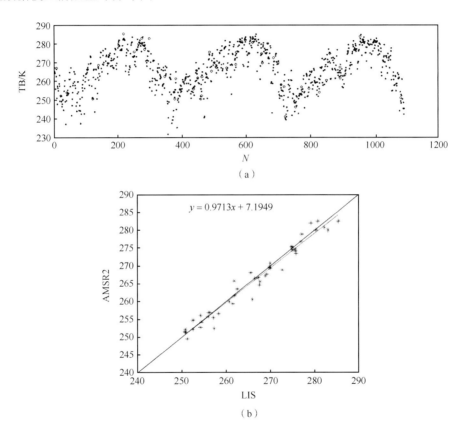

图 2.30　LIS-AMSR2 在 Little Washita 网格数据匹配和校正关系图

(a)数据时间序列图；(b)校正关系

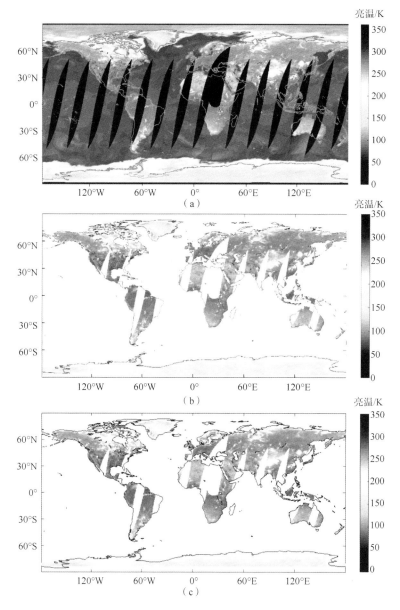

图 2.31　AMSR-E 校正前后全球亮温分布图

(a)校正前亮温分布图 0.25°；(b)校正后亮温分布图 0.25°；(c)校正后亮温分布图 36 km

2. 人工神经网络模型精度评价

对训练结果 NNsm 和训练目标 SMAPL3sm 之间的误差进行评估，分别通过相关系数 CC、均方根误差 RMSE 和偏差 Bias 进行定量评估，结果如图 2.32 所示。如图 2.32(a)所示，训练得到的土壤水分在全球范围内大部分地区和参考土壤水分相关性很强，相关系数全球平均值为 CC = 0.80。在高植被覆盖地区，包括亚马孙和刚果热带雨林，由于植被影响相关系数很低，这些地区 AMSR2 减弱了植被穿透力，在高植被含水量区域微波频段的反演存在不确定性。图 2.32(b)展示了 RMSE 的空间分布情况，全球平均值 RMSE = 0.029 m³/m³。较小的 RMSE 值主要分布在干旱、半干旱和植被矮小稀疏的荒漠区域，而较高的 RMSE 值(~0.06 m³/m³)主要分布在中等到高大植被或者高山植物覆盖地区。从全球整体来说，相关系数主要为中等到高，RMSE 值为中等，在可接受和合理范围内。结果表明，人工神经网络训练得到的土壤水分 NNsm 和原始 SMAPL3sm 土壤水分相比基本无偏，这保证了长时间序列土壤水分的稳定性。

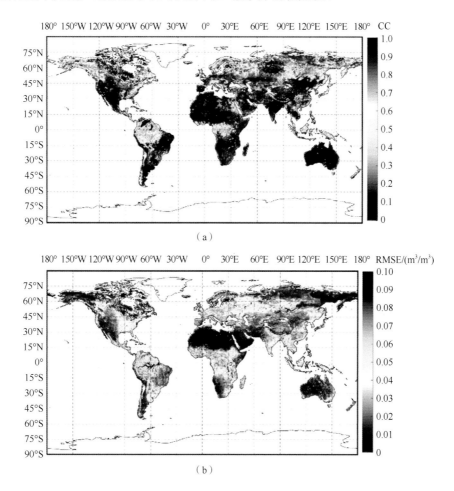

图 2.32　训练阶段(2015~2017 年)网络训练的土壤水分 NNsm 和 SMAPL3sm 之间的统计关系图
(a)相关系数 CC；(b)均方根误差 RMSE

3. 长时序产品精度验证

在得到可靠的全球人工神经网络模型的基础上，将经过交叉校正得到连续一致的 AMSR-E/AMSR2(2002~2019 年)亮温，将其输入全球逐网格人工神经网络模型中，得到 2002~2019 年全球长时间序列土壤水分遥感数据集。

国际土壤水分网络(ISMN)网站发布了验证站点的土壤水分地面观测数据(Dorigo

et al.，2011），一些代表性站点，如美国农业部 USDA 流域站点（Walnut Gulch、Little Washita、Fort Cobb、Little River，Saint Joseph's、South Fork 和 Reynolds Creek），青藏高原站点（Pali 和 Naqu），OZNET 站点（Yanco 和 Kyeamba），REMEDHUS 站点和 AMMA 站点（Benin 和 Niger）等的站网数据，可以作为地面土壤水分数据，很好地评估卫星遥感土壤水分产品。

利用以上 14 个代表性地面站点的现场观测数据，对该长时间序列土壤水分产品 NNsm 进行了评估，评估结果以时间序列图的形式展现，如图 2.33 所示。由于篇幅限制，14 个站点分别分布在五个大洲，在每个大洲选取了一个站点来展示。NNsm 的趋势和 SMAPsm 以及现场观测土壤水分数据（Obs-sm）一致，且 NNsm 能捕捉到现场观测数据的时间动态和年际变化。神经网络模型在训练阶段和更长的模拟阶段表现稳定。由于训练目标是 SMAPsm，相对于现场观测土壤水分，在多数站点上，NNsm 的性能表现和 SMAPsm 相似，但当 SMAP 卫星产品和现场观测数据存在偏离时，NNsm 不会比 SMAPsm 表现好。

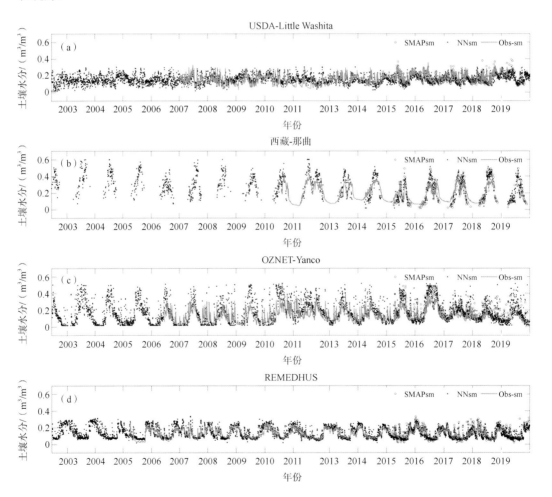

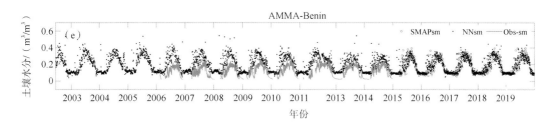

图 2.33　NNsm（星号点）、SMAPsm（空心圆）和现场观测土壤水分（Obs-sm，实线）2002～2019 年的
时间序列图

现场观测站：(a) USDA-Little Washita；(b) Tibet-Naqu；(c) OZNET-Yanco；(d) REMEDHUS；(e) AMMA-Benin

4. 长时序产品精度比较

为了阐明该算法和产品的优势，将该算法的长时序产品 NNsm 与 JAXA 和 LPRM 提供的 AMSR-E/AMSR2 卫星标准产品（JAXAsm 和 LPRMsm）进行了比较，结果如图 2.34 所示。从图 2.34 的时间序列中可以看出，NNsm 在整体上能和现场数据保持一致，但在个别站点上会有略微的高估或者低估。NNsm 整体上表现优于 JAXA 和 LPRM 提供的 AMSR-E/AMSR2 卫星标准产品。在大多数站点上，LPRM 产品高估了土壤水分，而 JAXA 产品低估了土壤水分产品，特别是 LPRM 产品在时间序列上存在变异性。

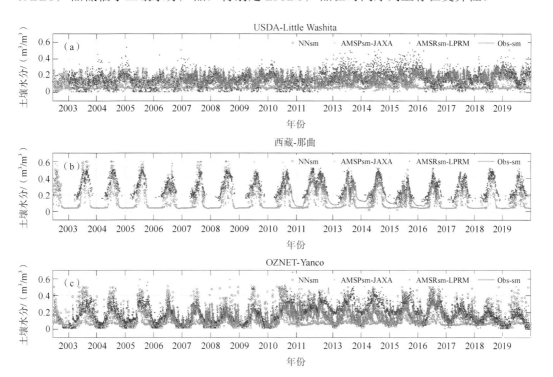

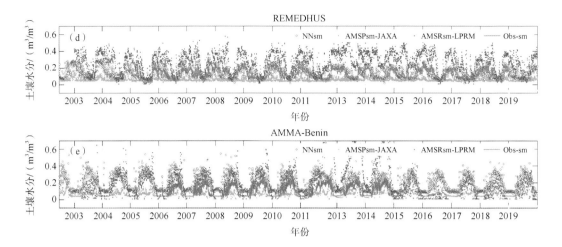

图 2.34　NNsm(蓝色点)、AMSRsm-JAXA(绿色点)、AMSRsm-LPRM(品红色点)和现场观测土壤水分
(Obs-sm,灰色线)2002～2019 的时间序列图

现场观测站：(a)USDA-Little Washita；(b)Tibet-Naqu；(c)OZNET-Yanco；(d)REMEDHUS；(e)AMMA-Benin

　　稳定且连续一致的长时间序列土壤水分对全球环境和气候变化研究都十分重要。SMAP 卫星的 L 波段辐射计能提供目前最为精确的全球土壤水分观测。将 SMAP 的优势向前传递到 AMSR-E 和 AMSR2 系列卫星(C 波段、X 波段、K 波段等)，发展了全球日尺度 36 km 分辨率的连续一致的土壤水分产品数据集(2002～2019 年)。该数据集拥有和 SMAP 类似的精度，表现效果优于 JAXA 和 LPRM 的 AMSR-E/AMSR2 官方产品。考虑 AMSR2 的持续运行和将要发射的 AMSR3，该数据集能够延伸至 20 多年，为气候变化尤其是趋势分析和极端事件的研究提供有用信息。

参 考 文 献

崔倩. 2015. 基于 SMOS 卫星数据的植被光学厚度和土壤水分反演研究. 北京: 中国科学院大学.

冯磊, 杨卫中, 石庆兰. 2017. 基于时域传输原理的土壤水分测试仪研究. 农业机械学报, 48(3): 181-187.

贾晓俊, 施生锦, 黄彬香, 等. 2014. 宇宙射线中子法测量土壤水分的原理及应用. 中国农学通报, 30(21): 113-117.

晋锐, 亢健, 马春锋, 等. 2021. 土壤水分遥感产品真实性检验(GB/T 40039—2021). 全国遥感技术标准化技术委员会.

马孝义, 熊运章, 孙明勤, 等. 1993. 电容式土壤水分传感器的研制. 传感器技术, (1): 4-8.

邵长亮, 吴东丽. 2019. 土壤水分测量方法适用性综述. 气象科技, 47(1): 1-9.

孙彦龙, 赵天杰, 李恩晨, 等. 2021. 星载 L 波段主被动一体化微波探测仪辐射计定标. 遥感学报, 25(4): 918-928.

阎广建, 赵天杰, 穆西晗, 等. 2021. 滦河流域碳、水循环和能量平衡遥感综合试验总体设计. 遥感学报, 25(4): 856-870.

张志勇. 2005. 基于驻波率原理的土壤水分测量方法的研究. 太原: 山西农业大学.

赵天杰, 施建成, 徐红新, 等. 2021. 闪电河流域水循环和能量平衡遥感综合试验. 遥感学报, 25(4):

871-887.

赵天杰, 张立新, 蒋玲梅, 等. 2009. 利用主被动微波数据联合反演土壤水分. 地球科学进展, 24(7):
769-775.

赵天杰. 2012. 被动微波遥感土壤水分. 北京: 北京师范大学.

赵天杰. 2018. 被动微波反演土壤水分的 L 波段新发展及未来展望. 地理科学进展, 37(2): 198-213.

Al Bitar A, Mialon A, Kerr Y H, et al. 2017. The global SMOS Level 3 daily soil moisture and brightness
temperature maps. Earth System Science Data, 9: 293-315.

Blonquist J M, Jones S B and Robinson D A. 2005. A time domain transmission sensor with TDR
performance characteristics. Journal of Hydrology, 314(1-4): 235-245.

Bogena H R, Huisman J A, Hübner C et al. 2015. Emerging methods for non-invasive sensing of soil
moisture dynamics from field to catchment scale: A review. WIREs Water, 2(6): 635-647.

Bogena H R, Huisman J A, Oberdörster C et al. 2007. Evaluation of a low-cost soil water content sensor for
wireless network applications. Journal of Hydrology, 344(1-2): 32-42.

Bojinski S, Verstraete M, Peterson T C, et al. 2014. The concept of essential climate variables in support of
climate research, applications, and policy. Bulletin of the American Meteorological Society, 95(9):
1431-1443.

Caldwell T G, Bongiovanni T, Cosh M H, et al. 2018. Field and Laboratory Evaluation of the CS655 Soil
Water Content Sensor. Vadose Zone Journal, 17(1): 1-16.

Campbell G S, Calissendorff C, Williams J H. 1991. Probe for measuring soil specific-heat using a heat-pulse
method. Soil Science Society of America Journal, 55(1): 291- 293.

Campbell G S, Anderson RY, 1998. Evaluation of simple transmission line oscillators for soil moisture
measurement. Computers and Electronics in Agriculture, 20(1): 31-44.

Chan S K, Bindlish R, O'Neill P E, et al. 2016. Assessment of the SMAP passive soil moisture product. IEEE
Transactions on Geoscience and Remote Sensing. 54(8): 4994-5007.

Chaubell M J, Yueh S H, Dunbar R S, et al. 2020. Improved SMAP dual-channel algorithm for the retrieval
of soil moisture. IEEE Transactions on Geoscience and Remote Sensing, 58: 3894-3905.

Chen K S, Wu T D, Tsang L, et al. 2003. Emission of rough surfaces calculated by the integral equation
method with comparison to three-dimensional moment method simulations. IEEE Transactions on
Geoscience and Remote Sensing, 41(1): 90-101.

Choudhury B J, Schmugge T J, Chang A, et al. 1979. Effect of surface-roughness on the microwave emission
from soils. Journal of Geophysical Research-Oceans and Atmospheres, 84(C9): 5699-5706.

Colliander A, Jackson T J, Bindlish R, et al. 2017. Validation of SMAP surface soil moisture products with
core validation sites. Remote Sensing of Environment. 191: 215-231.

Cui Q, Shi J, Du J, et al. 2015. An approach for monitoring global vegetation based on multiangular
observations from SMOS. IEEE Journal of Selected Topics in Applied Earth Observations and Remote
Sensing, 8(2): 604-616.

Dalton F N, van Genuchten M T. 1986. The time-domain reflectometry method for measuring soil water
content and salinity. Geoderma, 38: 237-250.

Das N N, Entekhabi D, Dunbar R S, et al. 2018. The SMAP mission combined active-passive soil moisture
product at 9 km and 3 km spatial resolutions. Remote Sensing of Environment. 211: 204-217.

Das N N, Entekhabi D, Kim S, et al. 2016. Combining SMAP and sentinel data for high-resolution soil

moisture product. 2016 IEEE International Geoscience and Remote Sensing Symposium (IGARSS).
　　129-131.

Das N N, Entekhabi D, Njoku E G, et al. 2014. Tests of the SMAP combined radar and radiometer algorithm
　　using airborne field campaign observations and simulated data. IEEE Transactions on Geoscience and
　　Remote Sensing, 52(4): 2018-2028.

Dasberg S, Dalton F N. 1985. Field measurement of soil water content and bulk electrical conductivity with
　　time-domain reflectometry. Soil Science Society of America Journal, 49(2): 293-297.

de Jeu R A, Holmes, Parinussa R M, et al. 2014. A spatially coherent global soil moisture product with
　　improved temporal resolution. Journal of Hydrology, 516: 284-296.

de Jeu R A, Kerr Y, Wigneron J P, et al. 2015. The integration of SMOS soil moisture in a consistent soil
　　moisture climate record. EGU General Assembly Conference Abstracts. 7286.

de Jeu R A, Owe M. 2003. Further validation of a new methodology for surface moisture and vegetation
　　optical depth retrieval. International Journal of Remote Sensing, 24: 4559-4578.

Dobson M C, Ulaby F T, Hallikainen M T, et al. 1985. Microwave dielectric behavior of wet soil-part II:
　　dielectric mixing models. IEEE Transactions on Geoscience and Remote Sensing, (1): 35-46.

Dorigo W A, Wagner W, Hohensinn R, et al. 2011. The International Soil Moisture Network: a data hosting
　　facility for global in situ soil moisture measurements. Hydrology and Earth System Sciences. 15(5):
　　1675-1698.

Ebtehaj A, Bras R L. 2019. A physically constrained inversion for high-resolution passive microwave retrieval
　　of soil moisture and vegetation water content in L-band. Remote Sensing of Environment, 233: 111346.

Elder A N, Rasmussen T C. 1994. Neutron probe calibration in unsaturated tuff. Soil Science Society of
　　America Journal, 58(5): 1301-1307.

Entekhabi D, Njoku E G, O'Neill P E, et al. 2010. The Soil Moisture Active Passive (SMAP) Mission.
　　Proceedings of the IEEE, 98(5): 704-716.

Escorihuela M J, Kerr Y H, De Rosnay P, et al. 2007. A simple model of the bare soil microwave emission at
　　L-band. IEEE Transactions on Geoscience and Remote Sensing, 45(7): 1978-1987.

Fernandez-Moran R, Al-Yaari A, Mialon A, et al. 2017. SMOS-IC: an alternative SMOS soil moisture and
　　vegetation optical depth product. Remote Sensing, 9(5): 457.

Fischer E M, Seneviratne S I, Vidale P L, et al. 2007. Soil moisture-atmosphere interactions during the 2003
　　European summer heat wave. Journal of Climate, 20(20): 5081-5099.

Fujii H, Koike T, Imaoka K. 2009. Improvement of the AMSR-E algorithm for soil moisture estimation by
　　introducing a fractional vegetation coverage dataset derived from MODIS data. Journal of the Remote
　　Sensing Society of Japan, 29(1): 282-292.

Gao L, Sadeghi M, Ebtehaj A. 2020. Microwave retrievals of soil moisture and vegetation optical depth with
　　improved resolution using a combined constrained inversion algorithm: application for SMAP satellite.
　　Remote Sensing of Environment, 239: 111662.

Gaskin G J, Miller J D. 1996. Measurement of soil water content using a simplified impedance measuring
　　technique. Journal of Agricultural Engineering Research, 63(2): 153-159.

Gianotti D J, Akbar R, Feldman A F, et al. 2020. Terrestrial evaporation and moisture drainage in a warmer
　　climate. Geophysical Research Letters, 47(5): 1-12.

Gianotti D J, Rigden A J, Salvucci G D, et al. 2019. Satellite and station observations demonstrate water availability's effect on continental-scale evaporative and photosynthetic land surface dynamics. Water Resources Research, 55 (1): 540-554.

Guo P, Zhao T, Shi J, et al. 2021. Assessing the active-passive approach at variant incidence angles for microwave brightness temperature downscaling. International Journal of Digital Earth, 14 (10): 1273-1293.

Hilhorst M A. 1992. Water content measurements in soil and Rockwool substrates: dielectric sensors for automatic in situ measurements. Sensors in Horticulture, (304): 209-218.

Imaoka K, Kachi M, Shibata A, et al. 2007, October. Five years of AMSR-E monitoring and successive GCOM-W1/AMSR2 instrument. In Sensors, Systems, and Next-Generation Satellites XI. 6744: 67440.

Jackson T J, Schmugge T J. 1991. Vegetation effects on the mi- crowave emission of soils. Remote Sensing of Environment, 36 (3): 203-212.

Jackson T J, Vine D M L, Hsu A Y, et al. 1999. Soil moisture mapping at regional scales using microwave radiometry: the Southern Great Plains Hydrology Experiment. IEEE Transactions on Geoscience and Remote Sensing, 37 (2): 2136-2151.

Jackson T J. 1993. III. Measuring surface soil moisture using passive microwave remote sensing. Hydrological Processes, 7: 139-152.

Jackson T, O'Neill P, Njoku E, et al. 2016. Soil Moisture Active Passive (SMAP) project calibration and validation for the L2/3_SM_P version 3 data products. Jet Propulsion Laboratory, California Institute of Technology, Pasadena, California: JPL Publication, JPL D-93720.

Jarvis N J, Leeds-Harrison P B. 1987. Some problems associated with the use of the neutron probe in swelling/shrinkling clay soils. Journal of Soil Science, 38 (1): 149-156.

Jones L A, Kimball J S, Podest E, et al. 2009. A method for deriving land surface moisture, vegetation optical depth, and open water fraction from AMSR-E//2009 IEEE International Geoscience and Remote Sensing Symposium, 916-919.

Jones M O, Jones L A, Kimball J S, et al. 2011. Satellite passive microwave remote sensing for monitoring global land surface phenology. Remote Sensing of Environment, 115 (4): 1102-1114.

Jones M O, Kimball J S, Jones L A, et al. 2012. Satellite passive microwave detection of North America start of season. Remote Sensing of Environment, 123 (123): 324-333.

Kerr Y H, Waldteufel P, Richaume P, et al. 2012. The SMOS soil moisture retrieval algorithm. IEEE Transactions on Geoscience and Remote Sensing, 50 (5): 1384-1403.

Kerr Y H, Waldteufel P, Wigneron J-P, et al. 2010. The SMOS mission: New tool for monitoring key elements of the global water cycle. Proceedings of the IEEE, 98 (5): 666-687.

Kodama M. 1977. Application of cosmic ray for water utilization purpose: measurement of snow volume and soil water. Water Science, 21 (4): 19-32.

Köhli M, Schrön M, Zreda M, et al. 2015. Footprint characteristics revised for field-scale soil moisture monitoring with cosmic-ray neutrons. Water Resources Research, 51 (7): 5772-5790.

Koike T, Nakamura Y, Kaihotsu, et al. 2004. Development of an advanced microwave scanning radiometer (AMSR-E) algorithm for soil moisture and vegetation water content. Proceedings of Hydraulic Engineering, 48: 217-222.

Konings A G, McColl K A, Piles M, et al. 2015. How many parameters can be maximally estimated from a set of measurements? IEEE Geoscience and Remote Sensing Letters, 12: 1081-1085.

Konings A G, Piles M, Das N, et al. 2017. L-band vegetation optical depth and effective scattering albedo estimation from SMAP. Remote Sensing of Environment, 198: 460-470.

Konings A G, Piles M, Rötzer K, et al. 2016. Vegetation optical depth and scattering albedo retrieval using time series of dual-polarized L-band radiometer observations. Remote Sensing of Environment, 172: 178-189.

Larson K M, Braun J J, Small E E, et al. 2010. GPS Multipath and Its Relation to Near-Surface Soil Moisture Content. Ieee Journal of Selected Topics in Applied Earth Observations and Remote Sensing, 3(1): 91-99.

Larson K M, Small E E, Gutmann E, et al. 2008a. Using GPS multipath to measure soil moisture fluctuations: initial results. Gps Solutions, 12(3): 173-177.

Larson K M, Small E E, Gutmann E, et al. 2008b. Use of GPS receivers as a soil moisture network for water cycle studies. Geophysical Research Letters, 35(24).

Le Vine D M, Lagerloef G S E, Colomb F R, et al. 2007. Aquarius: An instrument to monitor sea surface salinity from space. IEEE Transactions on Geoscience and Remote Sensing, 45(7): 2040-2050.

Li L, Gaiser P W, Gao B C, et al. 2010. WindSat global soil moisture retrieval and validation. IEEE Transactions on Geoscience and Remote Sensing, 48(5): 2224-2241.

Mecklenburg S, Drusch M, Kaleschke L, et al. 2016. ESA's Soil Moisture and Ocean Salinity mission: from science to operational applications. Remote Sensing of Environment. 180: 3-18.

Mironov V L, Bobrov P P, Fomin S V. 2013. Dielectric model of moist soils with varying clay content in the 0.04 to 26.5 GHz frequency range. IEEE International Siberian Conference on Control and Communications(SIBCON), 1-4.

Mironov V L, De Roo R D and Savin I V. 2010. Temperature-dependable microwave dielectric model for an Arctic soil. IEEE Transactions on Geoscience and Remote Sensing, 48(6): 2544-2556.

Mironov V L, Dobson M C, Kaupp V H, et al. 2004. Generalized refractive mixing dielectric model for moist soils. IEEE Transactions on Geoscience and Remote Sensing, 42(4): 773-785.

Mironov V L, Kosolapova L G, Fomin S V. 2009. Physically and mineralogically based spectroscopic dielectric model for moist soils. IEEE Transactions on Geoscience and Remote Sensing, 47(7): 2059-2070.

Mo T, Schmugge T J. 1987. A parameterization of the effect of surface-roughness on microwave emission. IEEE Transactions on Geoscience and Remote Sensing, 25(4): 481-486.

Montzka C, Cosh M, Bayat B, et al. 2020. Soil Moisture Product Validation Good Practices Protocol. Good Practices for Satellite Derived Land Product Validation.

Njoku E G, Chan S K. 2006. Vegetation and surface roughness effects on AMSR-E land observations. Remote Sensing of Environment, 100(2): 190-199.

Njoku E G, Jackson T J, Lakshmi V, et al. 2003. Soil moisture retrieval from AMSR-E. IEEE Transactions on Geoscience and Remote Sensing, 41: 215-229.

Njoku E G, Li L. 1999. Retrieval of land surface parameters using passive microwave measurements at 6-18 GHz. IEEE Transactions on Geoscience and Remote Sensing, 37(1): 79-93.

O'Neill P E, Bindlish R, Chan S, et al. 2020a. SMAP Algorithm Theoretical Basis Document. Level 2 & 3 Soil Moisture(Passive) Data Products.

O'Neill P E, Chan S, Njoku E G, et al. 2020b. SMAP L3 Radiometer Global Daily 36 km EASE-Grid Soil Moisture, Version 7. NASA National Snow and Ice Data Center Distributed Active Archive Center.

Oki T, Kanae S. 2006. Global hydrological cycles and world water resources. Science, 313: 1068-1072.

Owe M, Walker J. 2001. A methodology for surface soil moisture and vegetation optical depth retrieval using the microwave polarization difference index. IEEE Transactions on Geoscience and Remote Sensing, 39: 1643-1654.

Paloscia S, Macelloni G, Santi E, et al. 2001. A multifrequency algorithm for the retrieval of soil moisture on a large scale using microwave data from SMMR and SSM/I satellites. IEEE Transactions on Geoscience and Remote Sensing, 39: 1655-1661.

Paloscia S, Macelloni G, Santi E. 2006. Soil moisture estimates from AMSR-E brightness temperatures by using a dual-frequency algorithm. IEEE Transactions on Geoscience and Remote Sensing, 44: 3135-3144.

Parinussa R M, Yilmaz M T, Anderson M C, et al. 2014. An intercomparison of remotely sensed soil moisture products at various spatial scales over the Iberian Peninsula. Hydrological Processes, 28(18): 4865-4876.

Parrens M, Wigneron J-P, Richaume P, et al. 2016. Global-scale surface roughness effects at L-band as estimated from SMOS observations. Remote Sensing of Environment, 181: 122-136.

Peng J, Loew A, Merlin O, et al. 2017. A review of spatial downscaling of satellite remotely sensed soil moisture. Reviews of Geophysics. 55(2): 341-366.

Reece C F. 1996. Evaluation of a line heat dissipation sensor for measuring soil matric potential. Soil Science Society of America Journal, 60(4): 1022-1028.

Robinson D A, Campbell C S, Hopmans J W, et al. 2008. Soil moisture measurement for ecological and hydrological watershed-scale observatories: a review. Vadose Zone Journal. 7(1): 358-389.

Saatchi S S, Harris N L, Brown S, et al. 2011. Benchmark map of forest carbon stocks in tropical regions across three continents. Proceedings of the national academy of sciences, 108(24): 9899-9904.

Schmugge T J, Jackson T J, McKim H L. 1980. Survey of methods for soil moisture determination. Water Resources Research, 16(6): 961-979.

Seneviratne S I. 2010. Investigating soil moisture-climate interactions in a changing climate: A review. Earth-Science Reviews, 99(3-4): 125-161.

Shi J C, Jiang L M, Zhang L X, et al. 2005. A parameterized multifrequency-polarization surface emission model. IEEE Transactions on Geoscience and Remote Sensing, 43(12): 2831-2841.

Shi J, Jackson T, Tao J, et al. 2008. Microwave vegetation indices for short vegetation covers from satellite passive microwave sensor AMSR-E. Remote Sensing of Environment, 112(12): 4285-4300.

The Global Observing System for Climate: Implementation Needs. 2016. GCOS. World Meteorological Organization.

Thompson R B, Gallardo M, Fernández M D, et al. 2007. Salinity effects on soil moisture measurement made with a capacitance sensor. Soil Science Society of America Journal, 71(6): 1647-1657.

Topp G C, Davis J L, Annan A P. 1980. Electromagnetic determination of soil water content: measurement in coaxial transmission lines. Water Resources Research, 16: 574-582.

Ulaby F T, Moore R K, Fung A K. 1981. Microwave Remote Sensing Active and Passive: Microwave Remote Sensing Fundamentals and Radiometry. London: Addison-Wesley.

Wang J R and Schmugge T J. 1980. An Empirical Model for the Complex Dielectric Permittivity of Soils as a Function of Water Content. IEEE Transactions on Geoscience and Remote Sensing, (4): 288-295.

Wang J R, Choudhury B J. 1981. Remote-sensing of soil-moisture content, over bare field at 1.4 GHz frequency. Journal of Geophysical Research-Oceans and Atmospheres, 86(C6): 5277-5282.

Wang J R, Oneill P E, Jackson T J, et al. 1983. Multifrequency measurements of the effects of soil-moisture, soil texture, and surface-roughness. IEEE Transactions on Geoscience and Remote Sensing, 21 (1): 44-51.

Wigneron J P, Laguerre L, Kerr Y H. 2001. A simple parameterization of the L-band microwave emission from rough agricultural soils. IEEE Transactions on Geoscience and Remote Sensing, 39 (8): 1697-1707.

Wigneron J P, Calvet J C, Pellarin T, et al. 2003. Retrieving near-surface soil moisture from microwave radiometric observations: current status and future plans. Remote Sensing of Environment, 85 (4): 489-506.

Wigneron J P, Chanzy A, Calvet J C, et al. 1995. A simple algorithm to retrieve soil moisture and vegetation biomass using passive microwave measurements over crop fields. Remote Sensing of Environment, 51: 331-341.

Wigneron J P, Chanzy A, Kerr Y H, et al. 2011. Evaluating an improved parameterization of the soil emission in L-MEB. IEEE Transactions on Geoscience and Remote Sensing, 49 (4): 1177-1189.

Wigneron J P, Kerr Y, Waldteufel P, et al. 2007. L-band microwave emission of the biosphere (L-MEB) model: Description and calibration against experimental data sets over crop fields. Remote Sensing of Environment, 107 (4): 639-655.

Wigneron J P, Laguerre L, Kerr Y H. 2001. A simple parameterization of the L-band microwave emission from rough agricultural soils. IEEE Transactions on Geoscience and Remote Sensing, 39 (8): 1697-1707.

Woszczyk A, Szerement J, Lewandowski, et al. 2019. An open-ended probe with an antenna for the measurement of the water content in the soil. Computers and Electronics in Agriculture, 167: 1-8.

Yang H, Weng F Z, Lv L Q, et al. 2011. The FengYun-3 microwave radiation imager on-orbit verification. IEEE Transactions on Geoscience and Remote Sensing, 49 (11): 4552-4560.

Yao P, Lu H, Shi J, et al. 2021. A long term global daily soil moisture dataset derived from AMSR-E and AMSR2 (2002-2019). Scientific data, 8 (1): 1-16.

Yao P, Shi J, Zhao T, et al. 2017. Rebuilding long time series global soil moisture products using the neural network adopting the microwave vegetation index. Remote Sensing, 9 (1): 1-27.

Yao P, Shi J, Zhao T, et al. 2019. An L-band brightness temperature disaggregation method using s-band radiometer data for the water cycle observation mission (WCOM). IEEE Journal of Selected Topics in Applied Earth Observations and Remote Sensing. 12 (9): 3184-3193.

Zhao T, Hu L, Shi J, et al. 2020. Soil moisture retrievals using L-band radiometry from variable angular ground-based and airborne observations. Remote Sensing of Environment, 248: 111958.

Zhao T, Shi J, Bindlish R, et al. 2015. Refinement of SMOS multiangular brightness temperature toward soil moisture retrieval and its analysis over reference targets. IEEE Journal of Selected Topics in Applied Earth Observations and Remote Sensing, 8 (2): 589-603.

Zhao T, Shi J, Entekhabi D, et al. 2021. Retrievals of soil moisture and vegetation optical depth using a multi-channel collaborative algorithm. Remote Sensing of Environment, 257: 112321.

Zhao T, Shi J, Lv L, et al. 2020. Soil moisture experiment in the Luan River supporting new satellite mission opportunities. Remote Sensing of Environment, 240 (20): 111680.

Zreda M, Desilets D, Ferre T P A, et al. 2008. Measuring soil moisture content non- invasively at intermediate spatial scale using cosmic-ray neutrons. Geophysical Research Letters, 35 (21): 1-5.

Zreda M, Shuttleworth W J, Zeng X, et al. 2012. COSMOS: the cosmic-ray soil moisture observing system. Hydrology and Earth System Sciences, 16 (11): 4079-4099.

第 3 章　陆表积雪的遥感观测

积雪是地球表面十分活跃的自然要素之一，其分布与变化深刻影响着水循环、辐射能量平衡、气象和气候变化。作为冰冻圈中一个活跃的组成要素，积雪以其大面积分布，以及高反照率和低热扩散能力的特点，显著地影响着地球辐射平衡，对陆表与大气的能量和水分交换过程起着关键性的作用(Pomeroy et al.，1998；Ling and Zhang，2004)。积雪作为重要的水文要素，其增减与消融影响着水循环过程；积雪覆盖面积和雪水当量是山区水文模型中的两个重要变量(Martinec，1975；闫玉娜等，2016)，作为气象要素，其近实时的空间分布是数值天气预报的重要输入变量(Siljamo and Hyvärinen，2011；Romanov，2017)。由于积雪对温度的高敏感性，积雪也是气候变化的重要指示器(Bavay et al.，2013)。另外，季节性积雪变化过程的时空连续监测对陆表能量收支、融雪径流估算十分必要。

卫星遥感观测，具有实时、频繁、持久的特点，为大范围积雪面积监测提供了有效工具。由于积雪在可见光波段具有很高的反射率，从卫星影像上区分冰雪与地面其他地物较为容易；在短波红外波段，由于其反射率对雪粒径十分敏感，积雪是该波段范围内"颜色"最丰富的地物之一(Dozier et al.，2009)；基于此，目前国际已发展了多种光学遥感积雪制图方法，主要包括积雪指数法(Dozier，1989；Wang et al.，2021)、线性插值方法(Slater et al.，1999)、光谱混合分析方法(Painter et al.，2003；施建成，2012)和人工神经网络方法(Dobreva and Klein，2011；Czyzowska-Wisniewski et al.，2015；Moosavi et al.，2014)等。

基于极轨卫星的传感器(如 AVHRR、MODIS 等)已形成积雪制图能力。但每日观测次数有限，并受云影响较为严重。当前广泛应用的 MODIS 8 天合成积雪产品最大化地去除了云的影响，但这种产品的生成方式没有考虑陆表能量和水分交换过程研究上的需求，如合成产品采用最大化积雪，即 8 天中只要有一天有雪便定为积雪，这导致积雪面积估算的普遍高估，从而引起陆表能量和水分交换过程计算上的误差。如何提高积雪覆盖探测精度和时间分辨率已成为国际上的热点问题。

静止气象卫星对地球特定的大范围地区进行高时频的观测(每小时乃至 10 min 常规观测，特殊时期可以加密观测)，可以利用云移动而地物不动的变化性质来区分云雪，同时获取更多无云条件下的陆表信息。各国的研究者根据不同静止气象卫星载荷的特点和观测区域的陆表特点，发展了不同的积雪判识算法，在保持较高精度的同时，取得了较好的去云效果(Romanov and Tarpley，2007；de Wildt et al.，2007；Siljamo and Hyvärinen，2011；Yang et al.，2014a)。

目前已有的多源积雪产品以获得时空连续积雪覆盖度为目的，多是考虑极轨平台的光学和被动微波成像仪器得到的积雪产品，如对 MODIS 积雪产品和粗分辨率 AMSR-E 雪深产品进行融合，而 IMS 多源积雪产品是二值积雪产品，其他融合积雪产品如邱玉宝(2018)发布的积雪产品，则是以 MODIS 官方积雪产品为基准，在此基础上通过时空融合后处理方法以获取积雪信息。针对第一代静止气象卫星(如 FY-2)和新一代静止气象卫星(如 Himawari-8 和 FY-4A),本书发展了动态积雪指数算法和基于混合像元分解的静止气象卫星积雪覆盖度算法,利用高分辨率影像训练静止星的积雪覆盖度算法,能有效获取小区域 1 km 和大区域 5 km 空间分辨率的连续无云条件下的积雪覆盖度,为 MODIS 积雪覆盖度多云条件下的积雪监测提供很好的补充。通过 MODIS 与静止星融合,有望提供每日连续无云的积雪覆盖度产品,为积雪灾害和气象、气候、水文模型等提供必要的积雪参数,为陆表能量与水交换过程研究提供数据支撑。

　　下面将分别从积雪光学遥感原理、积雪覆盖度验证数据集构建、三种 MODIS 积雪覆盖度产品验证、MODIS 积雪指数改进、风云二号静止气象卫星的积雪覆盖度监测算法研究、新一代静止气象卫星积雪覆盖度反演算法研发,以及静止气象卫星与 MODIS 融合的积雪覆盖度算法等展开介绍。

3.1　积雪光学遥感原理

　　冰雪拥有一种独特的光谱特征,即可见光高反射、短波红外低反射,除了部分云尤其是冰云以外,从卫星影像上区分冰雪与其他地物较为容易,这成为光学遥感积雪制图的物理基础。

　　积雪的反射特征主要依赖于冰晶的吸收系数(取决于复折射系数的虚部)(Hale et al., 1973;Warren et al., 2008)。如图 3.1 所示,冰晶的吸收系数在 0.4~2.5 μm 的变化幅度达到 7 个数量级,这是积雪反射率从可见光到近红外、短波红外谱段骤降的主要原因。

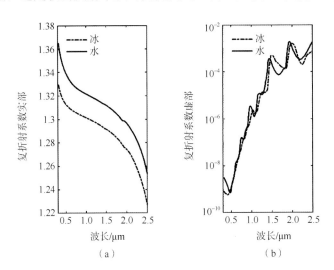

图 3.1　冰晶、液态水的复折射系数(Picard et al., 2016)

　　雪面以及雪层中有时会存在一些沙尘和黑碳,这两种物质对积雪光学散射特征也有影响(Zender et al., 2006)。图 3.2 显示了沙尘与黑碳的复折射系数。注意到沙尘的复折射系数的实部基本不随波长变化,介于 1.55 与 1.56 之间,黑碳的复折射系数的虚部比沙尘要大 2 个数量级，对光线有更强的吸收作用。

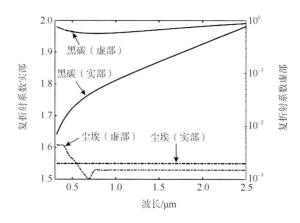

图 3.2　黑碳与尘埃的复折射系数 (Petzold et al.，2009)

　　依据雪粒形状、大小、冰晶复折射系数等信息，利用适用于球形粒子假设的 Mie 散射理论或其他适用于非球形粒子的散射理论，计算雪粒的单次散射特性，并通过辐射传输模型，模拟积雪的反射特性 (Dozier，1989；Green et al.，2002；Wiscombe，1980；Xiong and Shi，2014)。

　　如图 3.3 所示，积雪特殊的反射特性使其比较容易与其他陆表物体相区分。由于冰晶对可见光的吸收十分微弱，且变化很小，另外雪层中大量的空气/冰晶界面造成强烈的散射，所以纯净的积雪在人眼看起来为白色。而积雪反射率随着波长的变长迅速降低，在 1.0～1.3 μm 对粒径十分敏感，并在 1.6 μm 附近形成一个反射谷，这与水体、土壤、植被的反射性质形成了鲜明的对比。

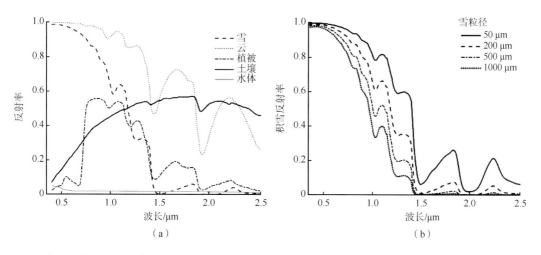

图 3.3　积雪、云、植被、土壤、水体的反射特征 (a) 及不同粒径的积雪的光谱反射曲线 (b)
(Dozier，1989；Dozier et al.，2009)

3.2　构建积雪覆盖度验证数据集

积雪是水文、气候气象、能量平衡等研究中一项重要的输入参数，积雪的变化影响着全球的能量平衡和物质转换。积雪的验证工作受到许多专家学者的关注，但"真值"验证数据量较大或者获取途径不同，会给结论带来一定差异。为了统一验证"真值数据"源，规范积雪产品的验证，本书以青藏高原地区为例，利用空间分辨率较高的Landsat-8 OLI 影像，建立了一套积雪覆盖度验证数据集，用于对中低分辨率的积雪产品验证。

3.2.1　Landsat-8 OLI 积雪覆盖度"真值数据"算法说明与精度检验

本书收集了 2013 年 5 月～2018 年 12 月共计 364 幅 Landsat-8 OLI 陆表反射率产品，该数据空间分辨率为 30 m，时间分辨率 16 天，范围为青藏高原地区 26°N～40°N，73°E～105°E。此外收集了建立验证数据集所需的陆表覆盖类型数据以及 MODIS 官方第六代陆表反射率产品 MOD09GA 波段 1～波段 7 陆表反射率、质量控制数据。数据量约1T，包含约 3000 个文件。

为了解决混合像元的问题，本书采用线性混合像元分解算法(施建成，2012)反演得到 30 m 空间分辨率的积雪覆盖度数据。随后利用像元聚合法将其升尺度至 500 m，即计算 500 m 分辨率尺度像元内包含的所有 30 m 分辨率像元积雪覆盖度平均值，得到空间分辨率 500 m 的 Landsat-8 OLI 积雪覆盖度"真值"数据。为了验证该积雪覆盖度"真值"数据是否满足作为真值的精度要求，本书利用空间分辨率更高的高分二号(GF-2)卫星数据积雪制图并用于验证 Landsat-8 OLI 积雪覆盖度精度。

下面介绍 GF-2 积雪数据验证 Landsat-8 OLI 积雪覆盖度的步骤。首先，对 GF-2 数据进行辐射定标和大气校正等预处理，得到 GF-2 陆表反射率数据。然后，利用极大似然监督分类法对 GF-2 进行二值化积雪判识，得到空间分辨率为 3.2 m 的 GF-2 二值化积雪数据。最后，利用像元聚合法将其重采样至 30 m，即统计 30 m 分辨率尺度下包含的3.2 m 分辨率总像元个数以及其中积雪像元个数，后者与前者的比值则为该 30 m 分辨率尺度像元的积雪覆盖度，将其用于验证 Landsat-8 OLI 积雪覆盖度精度。验证数据选取了 13 景 2015 年青藏高原区域的 GF-2 图像，图像分布范围、位置和陆表覆盖类型情况如图 3.4 和图 3.5 所示。图像所覆盖的陆表类型包括农田、森林、草甸、水体和裸土。验证结果显示，Landsat-8 OLI 积雪覆盖度整体精度可达到 0.946，RMSE 仅为 0.094。图 3.6是 GF-2 积雪覆盖度与 Landsat-8 OLI 积雪覆盖度的对比图，两者相关系数可达 0.9371，相关性较高，证明 Landsat-8 OLI 积雪覆盖度可以满足作为真值数据的精度要求。图 3.7是 2015 年 7 月 5 日图像编号 918657 的积雪判识对比图。图 3.7(a)为 GF-2 假彩色合成图，图 3.7(b)为 GF-2 积雪覆盖度(已聚合至空间分辨率 30 m)，图 3.7(c)为对应地理位置的 Landsat-8 OLI 积雪覆盖度反演结果。

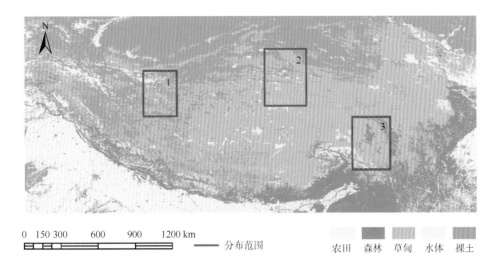

图 3.4　青藏高原地区陆表覆盖类型和 GF-2 图像分布范围

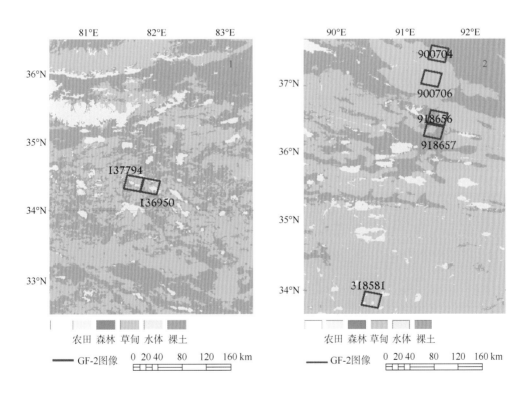

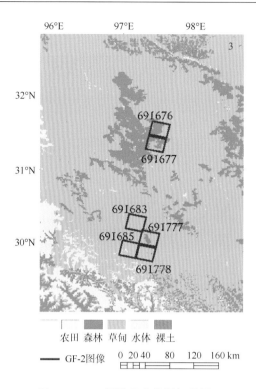

图 3.5　GF-2 图像分布位置细节图

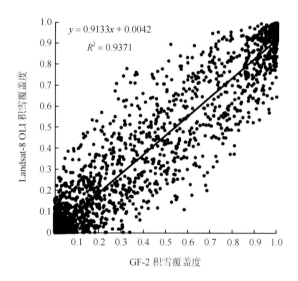

图 3.6　GF-2 与 Landsat-8 OLI 积雪覆盖度对比图

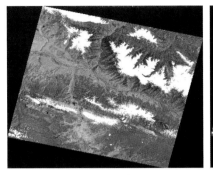

（a）GF-2 假彩色合成图

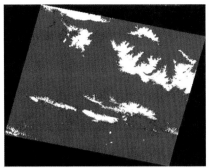

（b）GF-2 积雪覆盖度图

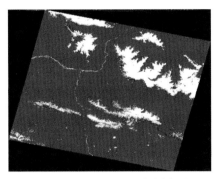

（c）Landsat-8 OLI 积雪覆盖度图

图 3.7　2015 年 7 月 5 日 GF-2（景 918657）和 Landsat-8 OLI 积雪覆盖度对比图

3.2.2　验证数据集建立流程及内容

建立验证数据集流程如图 3.8 所示，配准陆表覆盖类型数据（GlobalLand30）（Chen et al.，2014a）、Landsat-8 OLI 积雪覆盖度真值数据和 500 m 空间分辨率 MOD09GA（第六代 MODIS 官方陆表反射率产品）的地理位置。分别记录每个像元的数据获取时间、经纬度、陆表覆盖类型、MOD09GA 波段/质量控制数据及 Landsat-8 OLI 积雪覆盖度真值，按照表 3.1 所示输出即得到验证数据集。图 3.9 以景 148036 为例，展示了验证数据集中的内容。图 3.9（a）利用 MOD09GA 波段 1，2，4 数据合成了假彩色图像，图 3.9（b）为该景的验证数据真值 Landsat-8 OLI 积雪覆盖度，图 3.9（c）则为该景陆表覆盖类型分布情况。

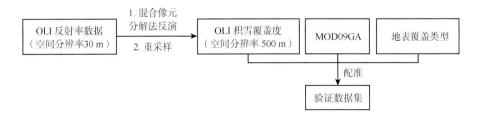

图 3.8　验证数据集建立流程

表 3.1　　验证数据集内容

日期	纬度	经度	陆表覆盖类型	质量控制	波段1反射率	…	波段7反射率	云覆盖面积比例及可信度	Landsat-8 OLI积雪覆盖度

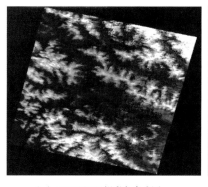 

（a）MOD09GA假彩色合成图　　　　（b）Landsat-8 OLI 积雪覆盖度

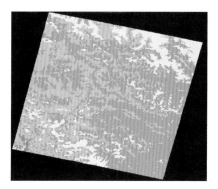

（c）地表覆盖类型

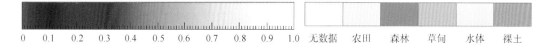

0　0.1　0.2　0.3　0.4　0.5　0.6　0.7　0.8　0.9　1.0　　无数据　农田　森林　草甸　水体　裸土

图 3.9　　验证数据集内容示例

　　本节主要介绍了青藏高原研究区的基本情况，验证数据集的数据量、分布位置、数据内容、建立流程。青藏高原研究区陆表覆盖类型多样，地形条件复杂，该地区积雪具有破碎度较高、雪量变化较快的特点。选择该研究区可以更好地分析不同积雪覆盖度产品在不同地理环境下的反演结果和精度特点。此外，介绍了验证数据集中积雪覆盖度"真值数据"的计算方法与精度检验。下节将选取数据集中云量小于 10% 的图像评价三种 MODIS 积雪覆盖度产品精度。

3.3　三种 MODIS 积雪覆盖度产品验证

　　利用 Landsat-8 OLI 积雪覆盖度验证数据集作为"真值"对比评估 MOD10A1、

MODSCAG 和 MODAGE 三种积雪覆盖度产品,并对结果进行精度评价与误差分析(Hao et al.,2017,2019)。评价包括二值化积雪判识精度和覆盖度反演精度两方面,对比了产品高估、低估、整体误差以及反演结果的均方根误差(RMSE)。此外,从不同的陆表覆盖类型、有效太阳入射角、观测尺度、积雪破碎程度等因素,分析每种产品的精度表现特征,总结其算法特点。

选取验证数据集中 2013 年 5 月～2015 年 4 月 33 景共 149 幅云量小于 10%的 Landsat-8 OLI 积雪覆盖度数据作为"验证数据真值"。研究区陆表覆盖类型有农田、森林、草甸、水体和裸土。喜马拉雅山脉海拔高、地形异质性大,可能会为积雪覆盖度的反演带来较大的难度,因此将其单独设置为一类陆表覆盖类型。图 3.10 为青藏高原区的陆表覆盖类型情况和 33 景 Landsat-8 OLI 图像分布位置。表 3.2 列出了各景图像所属的下垫面类型、条带号(path/row) 以及经纬度信息。

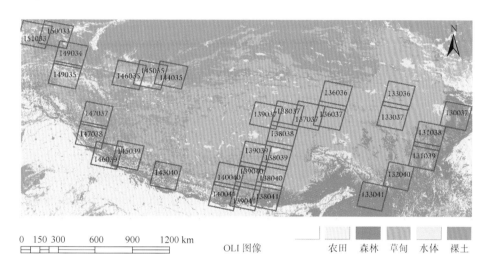

图 3.10　青藏高原地区陆表覆盖类型和 Landsat-8 OLI 图像分布

表 3.2　Landsat-8 OLI 图像下垫面类型、条带号以及经纬度信息

陆表覆盖类型(图幅数)	行列号	纬度(°N)	经度(°E)
山区森林(15)	130037	34.22	102.50
	131038	32.80	100.66
	131039	30.30	101.45
	132040	28.86	99.55
	133041	28.47	96.43
草甸(30)	133036	34.10	99.55
	133037	33.17	99.14
	136036	35.67	93.68
	136037	34.23	93.29
	137037	34.22	91.72

续表

陆表覆盖类型(图幅数)	行列号	纬度(°N)	经度(°E)
草甸(30)	138037	34.21	90.12
	138038	31.73	91.01
	138039	31.34	89.39
	138040	28.86	90.27
	139037	34.24	88.69
	139039	30.30	89.10
	139040	28.86	88.74
喜马拉雅山脉(53)	138041	28.49	88.77
	139041	28.48	87.22
	140040	28.86	87.17
	140041	27.42	86.81
	143040	28.86	82.55
	145039	31.34	78.58
	146039	31.34	77.00
	147038	32.80	75.94
裸土(51)	144035	36.03	82.97
	145035	36.03	81.42
	146035	36.03	79.84
	147037	34.23	76.33
	149034	38.52	74.33
	149035	37.03	73.94
	150033	38.89	74.55
	151033	39.89	71.59

3.3.1 产品精度评价方法

本书将验证数据集中 Landsat-8 OLI 积雪覆盖度"真值数据"分别与三种 MODIS 积雪覆盖度产品配准的地理位置。利用 MOD09GA 数据中的质量控制文件去除云与水体等地物，逐像元比较"真值数据"和 MODIS 产品的积雪覆盖度数值。从二值化积雪判识精度和覆盖度反演精度两方面分析 MODIS 产品的估算误差。

1. 二值化积雪判识精度评价参数

本书使用一系列二值化评价指标评判三种 MODIS 积雪覆盖度产品的积雪过判、漏判误差。首先利用四个指标表示"估值"数据和"真值"数据对积雪像元的判识情况，包括 true positive(TP)、true negative(TN)、false positive(FP)和 false negative(FN)。表 3.3 是对四个二值化评价指标的含义说明。

表 **3.3** 二值化积雪判识精度评价指标说明

MOD（估值）	Landsat-8 OLI（真值）	
	有雪	无雪
有雪	TP	FP
无雪	FN	TN

在统计过程中，将积雪覆盖度数据转换为二值化积雪判识数据时，阈值设置为 0.15。积雪覆盖度≥0.15 的像元划定为有雪，<0.15 的像元则为无雪。随后分别利用 OE、UE、Accuracy 和 OU score 四个参数评估产品精度，计算公式如下：

$$OE = \frac{FP}{TN + FP} \tag{3.1}$$

$$UE = \frac{FN}{TP + FN} \tag{3.2}$$

$$Accuracy = \frac{TP + TN}{TP + TN + FP + FN} \tag{3.3}$$

$$OU\ score = (OE + UE) / 2 \tag{3.4}$$

式中，OE 为"估值"数据的过估误差，OE 越大，过估越严重；UE 为数据的低估误差，UE 越大，低估越严重；Accuracy 为整体精度，该指标主要是用于统计所有对积雪判识和非雪判识正确的像元所占比例。整体精度评价指标为 OU score，该指标是对 OE 和 UE 指标的平衡。

2. 覆盖度反演精度评价参数

本书利用均方根误差（RMSE）评估三种 MODIS 积雪覆盖度产品的反演精度。

计算 RMSE 时，仍然仅将 MODIS 产品和 Landsat-8 OLI 图像像元值同时介于 0～100 的像元纳入运算范围，其公式为

$$RMSE = \sqrt{\frac{1}{N}\sum_{1}^{N}(f_{FSC}^{MOD} - f_{FSC}^{Landsat})^2} \tag{3.5}$$

式中，f_{FSC}^{MOD} 为 MODIS 产品中单个像元的积雪覆盖度数值大小；$f_{FSC}^{Landsat}$ 为 Landsat-8 OLI 图像中单个像元的积雪覆盖度数值大小；N 为参与评价的像元个数。

3.3.2 精度评价结果

1. 二值化积雪判识精度评价结果

表 3.4 显示了 500 m 空间分辨率下三种积雪覆盖度产品在不同陆表覆盖类型地区的二值化积雪判识精度。积雪与非雪的划分阈值设置为 15%（Rittger et al.，2013）。MOD10A1、MODSCAG 和 MODAGE 的整体精度（accuracy）均较高，分别可达到 0.916、0.920 和 0.932。三种产品的过判误差均小于其漏判误差，过判误差介于 0.033～0.075，说明算法

可以准确地判识非雪陆表。其中，MODAGE 过判误差最小。然而，在研究区所有地形条件下，算法均出现了较严重的漏判现象。其中，MODSCAG 漏判误差相对较小，获得了较高的 OU score 精度。

表 3.4 二值化数据精度评价结果

陆表覆盖类型 （图幅数）	低 FSC 值像元 占比/%	精度指标	MOD10A1	MODSCAG	MODAGE
山区森林(15)	67.3	OE	0.105	0.100	0.043
		UE	0.190	0.153	0.271
		OU score	0.148	0.126	0.157
		Accuracy	0.875	0.889	0.914
草甸(30)	73.2	OE	0.030	0.060	0.030
		UE	0.330	0.198	0.324
		OU score	0.180	0.129	0.177
		Accuracy	0.911	0.918	0.920
喜马拉雅山脉 (53)	42.2	OE	0.051	0.059	0.025
		UE	0.068	0.054	0.136
		OU score	0.060	0.056	0.080
		Accuracy	0.944	0.942	0.951
裸土(51)	52.5	OE	0.096	0.112	0.050
		UE	0.102	0.099	0.200
		OU score	0.099	0.105	0.125
		Accuracy	0.902	0.891	0.910
研究区总和 (149)	54.3	OE	0.068	0.075	0.033
		UE	0.136	0.100	0.200
		OU score	0.102	0.087	0.116
		Accuracy	0.916	0.920	0.932

从研究区类型和产品的精度表现综合来看，积雪破碎度是引起漏判的最主要因素，而不是地形异质程度。本书将积雪覆盖度<50%的像元定义为低覆盖度像元并分别计算每种陆表覆盖类型下平均低 FSC 像元占比（表 3.4），可以看出低 FSC 像元占比越大，产品对积雪的漏判越严重。可以推测，积雪破碎程度越高，产品漏判积雪越严重。

青藏高原地区积雪破碎度高，FSC 产品漏判积雪较严重。图 3.11 对比了同一景（path No.149，row No.034.青藏高原西北部裸土区）时间分辨率为 16 天的积雪分布情况和 MODAGE FSC 产品误差。其中，图 3.11(a)和图 3.11(b)分别为 2014 年 9 月 10 日成像的 Landsat-8 OLI 假彩色合成图和误差分布图。图 3.11(c)和图 3.11(d)分别为 2014 年 9 月 26 日成像的 Landsat-8 OLI 假彩色合成图和误差分布图。图 3.11(c)中的积雪比图 3.11(a)更为破碎且雪深较浅。图 3.11(d)的积雪漏判现象也比图 3.11(b)更为严重。同时，在图 3.11(b)中，积雪和非雪的交界处仍然出现积雪漏判。该示例说明 MODAGE 的二值化积雪判识精度对积雪的分布状况较为敏感。积雪斑块越破碎，算法反演时越容易出现漏判。

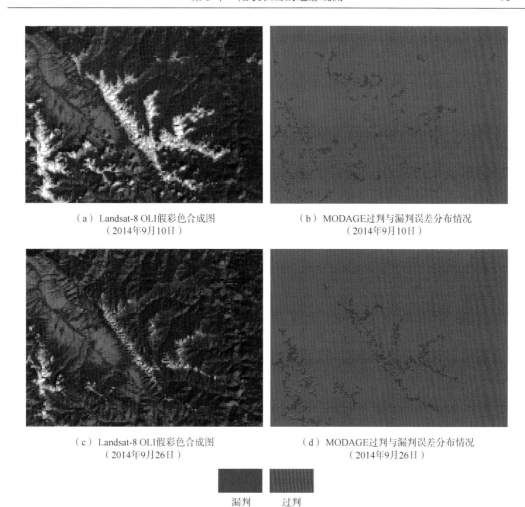

（a）Landsat-8 OLI假彩色合成图　　　　　　　（b）MODAGE过判与漏判误差分布情况
（2014年9月10日）　　　　　　　　　　　　　（2014年9月10日）

（c）Landsat-8 OLI假彩色合成图　　　　　　　（d）MODAGE过判与漏判误差分布情况
（2014年9月26日）　　　　　　　　　　　　　（2014年9月26日）

漏判　　过判

图 3.11　Landsat-8 验证 MODAGE 产品结果图(裸土地区，2014 年 9 月 10 日；图像编号：149034)

MOD10A1 产品利用依赖于归一化差值积雪指数(NDSI)的经验算法估算积雪覆盖度。Crawford(2015)和 Metsämäki 等(2015)验证发现，第五代 MOD10A1 产品中的陆表温度质量控制条件会导致算法低估融雪季时高海拔山区积雪。因此，在第六代产品中，本书摒弃了该质量控制条件。然而，验证结果显示，MOD10A1 仍然会在斑块化积雪处出现漏判。在混合像元总反射率中，积雪并不占据主要成分，陆表其余地物的反射信号干扰了算法对积雪的识别，较低的 NDSI 值使得 FSC 反演结果低于真值。图 3.12 展示了位于草甸地区一景(path No. 133，row No. 037)雪层浅且破碎度极高的区域，MOD10A1 在此处出现较为严重的漏判。

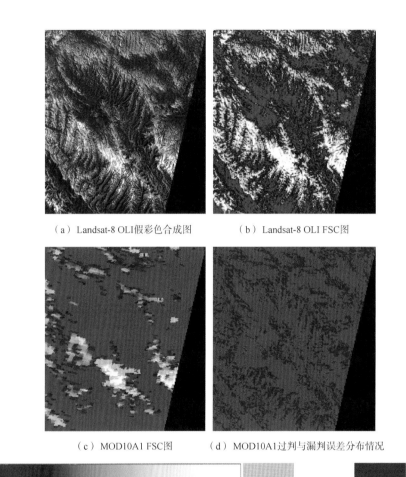

（a）Landsat-8 OLI假彩色合成图　　　　　　（b）Landsat-8 OLI FSC图

（c）MOD10A1 FSC图　　　　　　（d）MOD10A1过判与漏判误差分布情况

| 0 | 0.1 | 0.2 | 0.3 | 0.4 | 0.5 | 0.6 | 0.7 | 0.8 | 0.9 | 1.0 | 云 |

漏判　　　过判

图3.12　Landsat-8验证MOD10A1产品结果图(草甸地区，2013年12月28日；图像编号：133037)

　　本书评价的第六代 MOD10A1 产品和 MODAGE 产品均利用 MODIS 第六代陆表反射率产品 MOD09GA 中的云掩膜图层去除云干扰。而 MODSCAG 云掩膜数据来源于第五代 MOD09GA 产品。为了消除云掩膜数据不同带来的差异，本书利用第六代 MOD09GA 云掩膜数据重新标识 MODSCAG 云信息。但如图 3.13 所示，云判识算法仍会漏判一些较为明显的云层。由于云和积雪的反射特性较为相似，三种产品均易错判云为积雪，其反演结果出现过判误差。

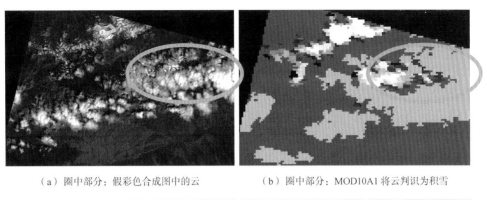

（a）圈中部分：假彩色合成图中的云　　　　　（b）圈中部分：MOD10A1 将云判识为积雪

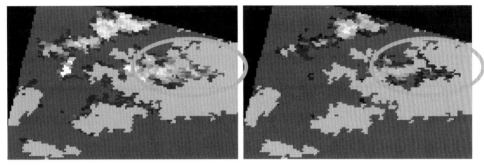

（c）圈中部分：MODSCAG 错判云为积雪　　　　（d）圈中部分：MODAGE 错判云为积雪

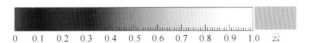

0　0.1　0.2　0.3　0.4　0.5　0.6　0.7　0.8　0.9　1.0　云

图 3.13　Landsat-8 验证 MODSCAG 产品结果图(裸土地区，2013 年 7 月 19 日；图像编号：151033)

　　图 3.14 和图 3.15 显示了一些植被覆盖区域的积雪和非雪交界处，三种产品一定程度上容易误判非雪像元为积雪。MOD10A1 和 MODSCAG 过判程度相对于 MODAGE 更严重。

　　图 3.14 是三种产品反演山区森林区一景图像(path No. 131，row No. 038)的结果及产品误差情况。图 3.14(a)所示的 Landsat-8 OLI 假彩色合成图像显示整景图像几乎全被植被覆盖，而产品过判误差主要出现在积雪边缘。MOD10A1 过判主要归因于 MOD10A1 反演 FSC 时，线性经验回归算法中的自变量 NDSI 介于 0.0～1.0 值域范围均参与运算，而在积雪与植被背景构成的混合像元中，积雪的反射信号仍然较强，使得混合像元的 NDSI 较大，利用 MOD10A1 Version 5 全球通用 FSC 计算公式可以推算，当 NDSI>0.11 时，反演所得 FSC 值即超过 0.15，在二值化精度评价中，被视为"有雪"。因此，MOD10A1 的线性经验回归算法使得其在植被地区的积雪边缘易出现过判误差。这个结果与 Riggs 和 Hall (2011)验证 MOD0A1 产品得到的结论一致。

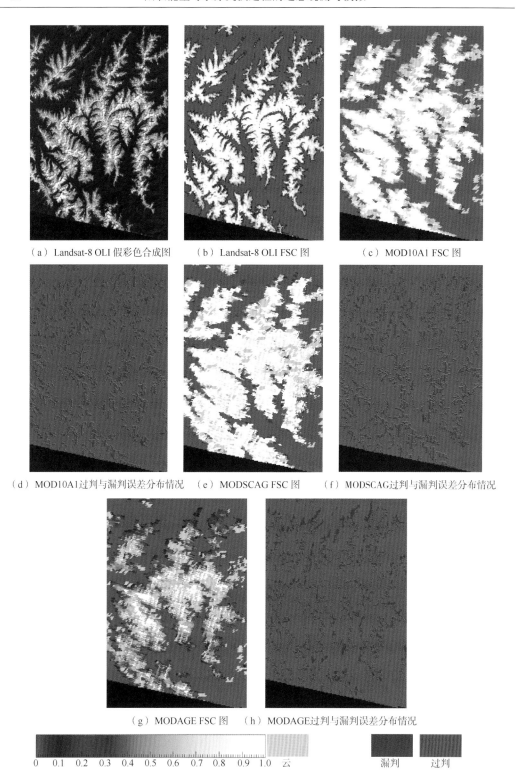

（a）Landsat-8 OLI 假彩色合成图　　（b）Landsat-8 OLI FSC 图　　　（c）MOD10A1 FSC 图

（d）MOD10A1过判与漏判误差分布情况　（e）MODSCAG FSC 图　　（f）MODSCAG过判与漏判误差分布情况

（g）MODAGE FSC 图　　（h）MODAGE过判与漏判误差分布情况

0　0.1　0.2　0.3　0.4　0.5　0.6　0.7　0.8　0.9　1.0　云　　　　　　漏判　　过判

图 3.14　三种 FSC 产品数据在森林地区过判与漏判误差分布图
（Landsat-8 2013 年 11 月 12 日；图像编号：131038）

　　Rittger 等(2013)研究发现，在森林地区，由于植被冠层的遮蔽 MODSCAG 会漏判积雪。因此，Raleigh 等(2013)发展了冠层校正模型以提高 MODSCAG 在植被地区的反演精度。冠层校正模型假设积雪在冠层下方和冠层间隙的分布情况完全相同，利用冠层间隙积雪计算冠层遮蔽处的积雪覆盖度。然而，在积雪累积季和消融季，受冠层类型、陆表温度、辐射强度等条件影响，冠层下和冠层间积雪分布情况并不相同(Varhola et al.，2010)，不适合利用冠层间隙积雪代表冠层下积雪校正植被区域的积雪覆盖度。图 3.14(e)和图 3.14(f)可以佐证在植被间隙处，MODSCAG 会错判植被像元为积雪。

　　相较于 MOD10A1 与 MODSCAG 而言，MODAGE 过判误差较小。其主要归因于其算法采用影像自动端元选取方法，从每景图像中分别选取地物端元，确保算法可以较为精确区分积雪和非雪地物。

　　图 3.15 展示了裸土区域的一景(path No. 147，row No. 037)图像，成像时间为 2013 年 6 月 21 日，该区域主要地类为草甸，从图 3.15(a)假彩色合成图像中也可以看出，背景主要为植被。该示例表明，MOD10A1 和 MODSCAG 相较于 MODAGE 而言，在积雪边界处更容易错判植被为积雪。

（a）Landsat-8 OLI 假彩色合成图

（b）Landsat-8 OLI FSC 图

（c）MOD10A1 FSC 图

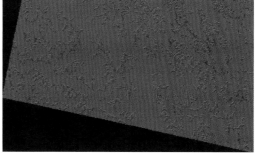
（d）MOD10A1 过判与漏判误差分布情况

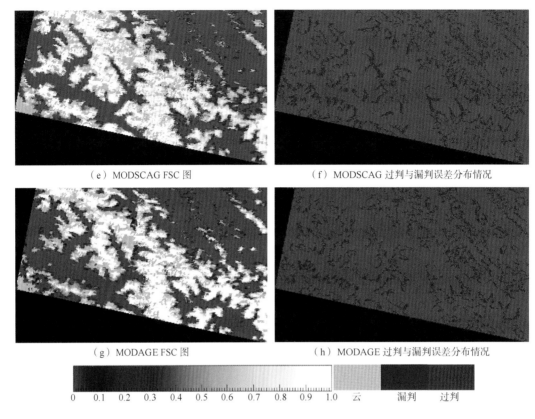

（e）MODSCAG FSC 图　　　　　　　（f）MODSCAG 过判与漏判误差分布情况

（g）MODAGE FSC 图　　　　　　　（h）MODAGE 过判与漏判误差分布情况

0　0.1　0.2　0.3　0.4　0.5　0.6　0.7　0.8　0.9　1.0　云　漏判　过判

图 3.15　三种 FSC 产品数据在裸土地区过判与错判误差分布图
（Landsat-8 2013 年 6 月 21 日；图像编号：147037）

2. 覆盖度反演精度评价结果

在二值化积雪判识精度评价中，研究使用阈值 0.15 区分积雪和非雪像元，该值只能反映产品在 FSC 低值处的精度表现，因此还需要定量比较产品的积雪覆盖度反演精度。分别利用 2×2，4×4 和 10×10 的像元窗口对数据进行聚合升尺度处理。表 3.5 展示了三种产品在 500 m、1 km、2 km 和 5 km 空间分辨率下的 RMSE 值。在 500 m 观测尺度下，MODAGE 在山区森林、喜马拉雅山脉和裸土区域 RMSE 较小，精度最高。MODSCAG 则在草甸区反演精度最高。MOD10A1 利用全球适用的线性回归算法反演 FSC，因此在青藏高原局地地区，计算单个像元积雪覆盖度的能力不如用混合像元分解算法的 MODSCAG 和 MODAGE。

表 3.5　不同空间分辨率下三种算法结果的 RMSE 值

陆表覆盖类型（图幅数）	空间分辨率	MOD10A1	MODSCAG	MODAGE
山区森林（15）	500 m	0.193	0.190	0.158
	1 km	0.162	0.159	0.126
	2 km	0.153	0.151	0.107
	5 km	0.174	0.185	0.115

续表

陆表覆盖类型(图幅数)	空间分辨率	MOD10A1	MODSCAG	MODAGE
草甸(30)	500 m	0.139	0.131	0.133
	1 km	0.112	0.099	0.101
	2 km	0.094	0.089	0.082
	5 km	0.108	0.114	0.086
喜马拉雅山脉(53)	500 m	0.159	0.155	0.132
	1 km	0.138	0.127	0.105
	2 km	0.131	0.116	0.089
	5 km	0.143	0.129	0.088
裸土(51)	500 m	0.191	0.171	0.164
	1 km	0.156	0.128	0.120
	2 km	0.145	0.118	0.097
	5 km	0.181	0.157	0.111
研究区总和(149)	500 m	0.170	0.157	0.142
	1 km	0.141	0.124	0.111
	2 km	0.132	0.114	0.092
	5 km	0.152	0.143	0.098

虽然 MODSCAG 和 MODAGE 采用的混合像元分解算法可以在一定程度上改善混合像元问题，更准确地反演像元积雪覆盖度。但是在 500 m 空间分辨率下，RMSE 仍分别达到 0.157 和 0.142。MODAGE 和"真值数据"Landsat-8 OLI FSC 使用了相同的反演方法。其区别在于 MODAGE 直接基于 500 m 空间分辨率的陆表反射率数据 MOD09GA 的积雪覆盖度，Landsat-8 OLI FSC 则是算法先反演 30 m 空间分辨率 Landsat-8 积雪覆盖度，随后聚合至 500 m。忽略不同传感器敏感度、大气条件等因素，反演结果的差异可归因于算法反演时观测数据的空间尺度差异，即观测相同陆表范围时，不同的观测尺度会得到不同的观测结果，这种尺度效应为其后反演结果带来了误差。对于积雪覆盖度的尺度效应以及如何纠正尺度效应带来的误差，已有研究涉及较少。

3.3.3　结　果　分　析

本节主要分析不同陆表覆盖类型、观测尺度、有效太阳入射角和积雪破碎度等对三种产品精度的影响。

1. 陆表覆盖类型对产品反演精度的影响

从二值化积雪判识精度评价结果可以看出，三种产品均在草甸地区漏判积雪最严重。其中，MODAGE 和 MOD10A1 漏判误差较大，UE 分别达到 0.324 和 0.330，MODSCAG 漏判误差最小，为 0.198。其次，三者在山区森林、裸土和喜马拉雅山脉漏判程度逐渐减轻。本书首先推测产品对积雪的漏判差异主要来源于不同的陆表覆盖类型、地形异质性和积雪的分布特征。二值化积雪判识精度评价过程中，NDSI 受地形异质性影响较小，不会由于地形的剧烈变化对运算精度带来太大影响。同时，由于喜马拉雅山脉的积雪覆盖度较高，积雪破碎度低，混合像元影响较小，算法在此处漏判积雪概率最小。

从表 3.6 中可以看出，草甸研究区地势相对较为平缓，但却具有最大的高程平均值 4763 m。在青藏高原，高海拔和相对平缓的地势使得该区域陆表接收到的太阳辐射能量较大，因此积雪在此处变化快，停留时间短，积雪斑块化程度高。正如本书所指出的，不同覆盖类型研究区中，低 FSC 值像元的占比越大，产品在该区域漏判积雪越严重。草甸地区的低 FSC 像元比例最大，即积雪破碎程度最严重，因此产品在草甸区漏判最明显。图 3.16 展示了草甸地区的一景图像(path No. 133，row No. 036)，从图 3.16(c)～(e)可以看出，三种产品均易将破碎的浅雪判识为无雪，其中 MOD10A1 漏判积雪最明显。

表 3.6　各陆表覆盖类型地区的地形特征

项　目	山区森林	草甸	喜马拉雅山脉	裸土
最小高程/m	210	1018	0	985
最大高程/m	7143	7353	8806	7809
平均高程/m	3372	4763	2915	4231
高程标准差/m	744	320	1539	1054

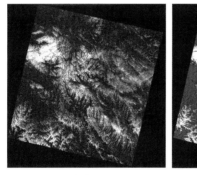

（a）Landsat-8 OLI 假彩色合成图　　　　　　（b）Landsat-8 OLI FSC 图

（c）MOD10A1 误差分布　　　（d）MODSCAG 误差分布　　　（e）MODAGE 误差分布

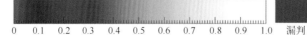

0　0.1　0.2　0.3　0.4　0.5　0.6　0.7　0.8　0.9　1.0　　漏判　　过判

图 3.16　三种 FSC 产品数据在草甸地区过判与错判误差分布图
（Landsat-8 2013 年 12 月 28 日；图像编号：133037）

2. 观测尺度对产品反演精度的影响

三种产品的反演精度随观测尺度大小而变化。表 3.7 显示了产品在不同空间分辨率下反演结果的误差 RMSE。当空间分辨率从 500 m 减小至 2 km 时，RMSE 显著减小，即产品的计算精度升高。在 2 km 尺度下，MODSCAG 和 MODAGE 的 RMSE 分别可达 0.114 和 0.092，MOD10A1 RMSE 则稍大，为 0.132。2 km 尺度 FSC 产品精度相对较为理想，因此对于一些大区域范围的水文模型或者气候研究而言，可考虑将其选作输入数据。而对于一些区域性水循环系统或者融雪径流模型等尺度较小的研究工作而言，1 km 尺度的 FSC 产品也可以作为理想的输入参数。当 FSC 产品进一步聚合至 5 km 时，RMSE 则逐渐增大。该变化趋势同样可以由表 3.7 和图 3.17 得到佐证。表 3.7 显示，在空间分辨率从 500 m 上升至 2 km 的过程中，三种产品的 RMSE 和误差标准差均减小，说明在该过程中，产品的整体误差缩小，误差的偏离程度也减少。随后，尺度增大至 5 km 时，RMSE 和误差标准差又显著增大。图 3.17 展示了所有产品数据在不同尺度下的反演误差直方图。本书推测有两个因素导致上述现象出现：①FSC 产品像元的聚合过程减少了 Landsat-8 OLI 数据与 MODIS 数据比较时由 MODIS 数据引入的地理坐标定位误差；②空间分辨率降低后，参与计算的像元个数大幅减少。图 3.18 的比较图更直观地展示了这两个因素的影响。图 3.18 显示，不同空间尺度下，Landsat-8 OLI FSC(x 轴)与三种产品 FSC(y 轴)的分布情况。大部分图幅数据呈现的散点分布情况相似，因此本书仅将成像时间 2013 年 5 月 16 日景 151033 的比较结果作为示例。在 1 km、2 km 和 5 km 尺度下，分别有将近 33000 个、8300 个和 1300 个像元参与统计。当空间分辨率从 1 km 降至 2 km 时，可以较为明显地看出散点的分布向 1∶1 函数线聚集，RMSE 减少，即产品的反演误差在逐渐减小。然而，当空间分辨率继续减小至 5 km 时，由于系统随机误差的存在，散点的分布不会再继续向 1∶1 函数线聚合，同时参与运算的像元个数缩减，RMSE 再次升高。因此，本书推测，随着空间分辨率变粗，反演结果偏差会由于地理定位误差的减小而逐步缩小至某一程度并不再变化，此时若继续增大空间分辨率即像元格网变大，系统随机误差仍然存在，而参与运算的像元个数更少，RMSE 随即增大。

表 3.7 不同空间分辨率下的 RMSE 和误差标准差

空间分辨率	精度指标	MOD10A1	MODSCAG	MODAGE
500 m	RMSE	0.170	0.157	0.142
	误差标准差	0.295	0.259	0.272
1 km	RMSE	0.141	0.124	0.111
	误差标准差	0.248	0.222	0.212
2 km	RMSE	0.132	0.114	0.092
	误差标准差	0.221	0.199	0.169
5 km	RMSE	0.152	0.143	0.098
	误差标准差	0.224	0.206	0.173

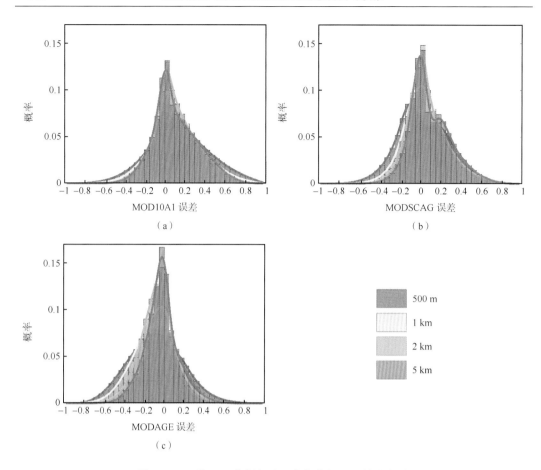

图 3.17　三种 FSC 数据相对"真值数据"误差分布图

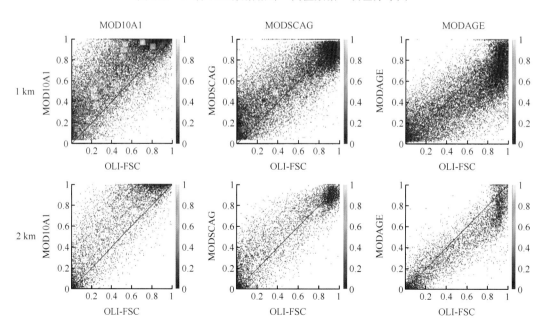

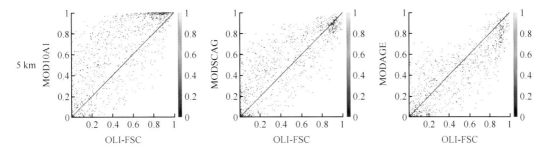

图 3.18　Landsat-8 图像编号 151033，裸土地区，2013 年 5 月 16 日，三种 FSC 数据与"真值数据"
在 1 km、2 km 和 5 km 空间分辨率下的比较图

3. 有效太阳入射角对产品反演精度的影响

每个像元的本地有效太阳入射角随着地形和太阳照射角的变化而变化。不同的本地有效太阳入射角可能会引起 FSC 反演算法出现误差（Painter et al.，2009；Rosenthal and Dozier，1996；Salomonson and Appel，2004；Klein et al.，1998；Dozier，1989）。本书利用 SRTM（Farr et al.，2007）提供的高程数据（空间分辨率 90 m）（Jarvis et al.，2008）分别计算了每景图像的地形坡度、坡向，与 Landsat-8 OLI 图像进行地理位置匹配，结合 Landsat-8 OLI 图像中的太阳天顶角、太阳方位角数据，利用式（3.6）计算每个像元本地有效太阳入射角的余弦值（Robinson et al.，1966），随后分析产品精度对有效太阳入射角的敏感性。

$$\cos\beta(x, y) = \cos\theta_s\cos\theta_n(x, y) + \sin\theta_s\sin\theta_n\cos\{\phi_s - \phi_n(x, y)\} \tag{3.6}$$

式中，(x, y) 代表像元在图像中的坐标位置；θ_s 和 ϕ_s 分别为太阳天顶角和太阳方位角。θ_n 和 ϕ_n 则分别为地形坡度和坡向。$\cos\beta$ 值越大则表示入射角 β 越小，太阳越直射地物。

本书分析认为，在 2 km 观测尺度下，地理定位带来的误差已几乎消除，反演结果偏差相对较小，因此选取该尺度数据分析有效太阳入射角给算法带来的影响。本书首先计算每景图像中所有像元有效太阳入射角余弦值的标准差，表征该景图像中入射角变化的剧烈程度。标准差越大，说明该图像像元入射角的变化越剧烈。图 3.19 显示了有效太阳入射角余弦值的标准差与三种产品反演结果 RMSE 的相关性。图 3.19（a）和图 3.19（b）表明 MODSCAG 和 MOD10A1 的估算误差与每幅图像中太阳入射角变化的剧烈程度相关性较高，相关系数分别为 0.51 和 0.39。随着有效太阳入射角的变化，地物接收到的太阳辐射也发生变化。对于位于山区阴影或冠层下方的地物而言，由于接收到的辐射能量小，其反射的能量也远小于未被遮蔽处的地物。MOD10A1 利用基于 NDSI 和 FSC 之间的线性关系反演 FSC，虽然 NDSI 可以在低 FSC 区域部分消除阴影遮蔽带来的影响，但在 FSC 的中高值区域，较大的有效太阳入射角依然会给反演结果带来影响。MODSCAG 算法中采用的端元库来自于实验室/野外测量数据，所有图像反演积雪覆盖度时，均采用这一相同的端元库。因此，在分析阴影区像元地物组分时，算法结果准确度降低。相比之下，从图像自动提取端元的 MODAGE 算法体现了一定优势，其提取的像元包含不同图像中地形、光照条件等因素的特点，可以在一定程度上消除反演过程中有效太阳入射角变化带来的影响。

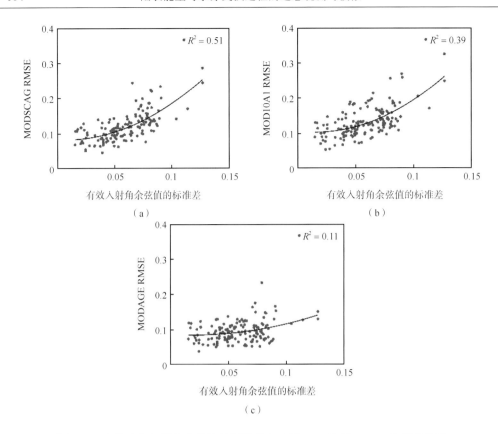

图 3.19　有效太阳入射角余弦值的标准差和三种 FSC 数据 RMSE 的相关关系
(a) MODSCAG；(b) MOD10A1；(c) MODAGE

　　图 3.19 显示 MODSCAG 和 MOD10A1 的反演误差与有效太阳入射角变化的剧烈程度相关，故产品在不同有效太阳入射角范围内形成何种误差可进一步探究。图 3.20 显示了三种产品位于喜马拉雅山脉的 53 景影像在不同有效太阳入射角范围的 FSC 对比图。当有效太阳入射角介于 0°～30°时，MODSCAG 反演结果的 RMSE 仅为 0.0865，当 "FSC 真值"超过 0.7 时，产品略低估积雪。MOD10A1 反演结果的 RMSE 则为 0.0963，精度略低于 MODSCAG。在这 53 景图像中，大部分像元的有效太阳入射角介于 30°～60°，然而此时 MODSCAG 和 MOD10A1 均显示较为明显的过估误差。当真值大于 0.4 时，MOD10A1 的反演值已在 0.8 左右，RMSE 也增大至 0.1359。此时 MODSCAG 反演精度稍高于 MOD10A1，RMSE 为 0.1213，过估主要出现在真值介于 0.2～0.8 时。当有效太阳入射角在 60°～90°时，两者的过估误差更为明显。真值大于 0.2 时，MOD10A1 的反演结果即达到 0.9 左右，RMSE 达到 0.2839。MODSCAG 过估程度比 MOD10A1 稍缓，RMSE 为 0.2678。MODAGE 得益于其从每幅影像中单独提取端元建立端元库，因此对每景影像中的不同光照条件更为敏感，误差分布几乎不随有效太阳入射角的变化而变化。

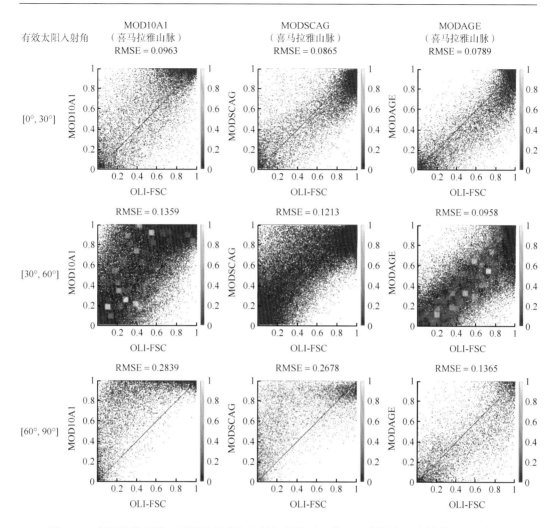

图 3.20　喜马拉雅山脉，不同有效太阳入射角范围下三种 FSC 数据与"真值数据"比较图

4. 积雪破碎度对产品反演精度的影响

本小节将量化表征积雪的破碎程度，并分析其对反演精度带来的影响。Chen 等 (2014b)利用平均最邻近斑块距离量化表示积雪破碎度并证明破碎的积雪是使得 IMS 产品出现高估误差的重要原因之一。本书定义破碎度指标 Fragmentation 定量表达积雪分布的破碎形态。

积雪破碎度指标 Fragmentation 可统计每幅图像中积雪的斑块密度。首先仍以 0.15 为阈值将 FSC 真值数据转换为二值化积雪数据，图像只显示有雪或无雪。积雪破碎度计算方法有四联通和八联通两种模式。四联通模式忽略了斜向相连接的积雪像元，将其视为两个分离的积雪斑块。八联通模式则将斜向相连接的积雪视为同一斑块。通常情况下，四联通模式统计的积雪斑块个数大于八联通模式。如图 3.21 所示，图 3.21(a)使用的四联通模式统计图中共有 5 个积雪斑块，而图 3.21(b)使用的八联通模式则将其统计为 4 个积雪斑块。

在实际情况中，斜向分布的积雪像元相连并不够紧密，对于算法而言斑块仍然较破碎。因此，本书仅利用四联通模式计算积雪破碎度指标 Fragmentation。其计算公式如下：

$$积雪破碎度 = \frac{积雪斑块数}{积雪像元数} \tag{3.7}$$

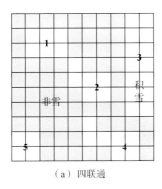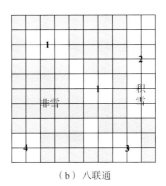

（a）四联通　　　　　　　　　　（b）八联通

图 3.21　积雪破碎度指标 Fragmentation 的两种模式示意图

表 3.8 列出了三种产品二值化积雪判识精度指标与积雪破碎度指标的相关性。由表 3.8 可以看出，积雪破碎度与产品漏判误差的相关性明显高于过判误差。其中，斑块化积雪对 MODAGE 和 MOD10A1 的影响大于 MODSCAG。破碎积雪为中分辨率观测数据带来大量混合像元，非雪地物的反射信号干扰算法对积雪的监测。MOD10A1 基于 NDSI 和线性经验回归关系反演 FSC，算法无法排除非雪地物 NDSI 值偏低的影响，易漏判积雪。MODAGE 虽然采用了混合像元分解算法反演积雪覆盖度，然而破碎度较高的积雪图像中，算法难以自动提取到纯净积雪像元作为端元，只能自动搜索利用参考端元光谱库进行替代。现有参考端元光谱库设定的积雪端元则较为单一，分析不同粒径、不同密度等各种状态积雪的能力有限，因此容易漏判破碎积雪。MODSCAG 得益于其采用的混合像元分解算法和预先设立的较全面的光谱库，在反演高破碎度积雪时显示出一定优势。由于光谱库中记录了不同粒径大小的积雪反射特性，算法对不同状态的积雪更为敏感，在解混混合像元时，能更准确地分析像元的地物构成及组分，从而得到精度较高的积雪覆盖度。

表 3.8　积雪破碎度和三种 FSC 数据精度指标的相关性

项　目		相关系数		
		OE	UE	OU score
积雪破碎度	MOD10A1	0.28	0.62	0.64
	MODSCAG	0.36	0.51	0.56
	MODAGE	0.35	0.64	0.63

本节利用 Landsat-8 OLI FSC 真值数据从积雪二值化判识精度和覆盖度反演精度两个方面分别评价 MOD10A1、MODSCAG 和 MODAGE 在青藏高原地区的反演精度，并分析了产品对不同陆表类型、观测尺度、有效太阳入射角和积雪破碎度的敏感性。

3.4　MODIS 积雪指数改进

积雪在可见光波段和近红外波段具有较高的反射率，在短波红外波段具有较强的吸收特征，这一区别于其他地物的特殊波谱特性，是光学遥感积雪制图的理论基础。NDSI 正是基于积雪的这一光谱特性构建的。当下垫面为山区林地时，林地冠层与积雪的混合光谱与纯积雪像元的光谱有很大差异。其可见光波段的反射率明显降低导致 NDSI 值变小且分布离散，使用 NDSI 将明显低估森林地区的积雪面积。为了提高积雪识别的精度，需要发展针对特定下垫面的遥感积雪制图方法。本书基于此提出了一种通用型比值积雪指数（universal ratio snow index，URSI）（Wang et al，2021），与 NDSI 相比，URSI 更适合反演植被覆盖地区的积雪覆盖度。URSI 采用了对绿色植被信号敏感的近红外波段，具体形式是可见光波段反射率除以近红外与短波红外波段反射率之和。无论是在植被覆盖地区，还是在裸地地区，URSI 均随积雪覆盖度呈近似线性增加，且线性关系受陆表类型影响较小，故而这种比值积雪指数称为"通用型"。根据青藏高原地区的训练数据，建立了 NDSI 及 URSI 积雪覆盖度反演关系式，并对该关系式进行了不确定性分析。

3.4.1　归一化差值积雪指数（NDSI）的局限

NDSI 是常用的积雪光谱指数，充分利用了积雪可见光高反射、短波红外低反射的独特光谱性质，是进行积雪覆盖面积遥感制图的重要手段。NDSI 无量纲，理论上的取值范围是，除了液态水体、富含冰晶的冷云以外，一般非雪地物的 NDSI 小于 0，纯雪的 NDSI 一般在 0.3~1.0。NDSI 对冰雪信号非常敏感，不仅可以指示多光谱像元中积雪的有无，也可以指示像元中积雪面积的多寡。

照射条件不佳的地区，包括地形阴影和云阴影笼罩的地区，以及太阳天顶角较大的地区，如不进行校正，NDSI 也会比较大。NDSI 对冰雪信号非常敏感，不仅可以指示多光谱像元中积雪的有无，也可以指示像元中积雪面积的多寡。

Salomonson 和 Appel（2006）采用西伯利亚、阿拉斯加和拉布拉多地区共 3 幅 Landsat-7/ETM+传感器 SNOMAP 二值积雪覆盖数据和相应的 Terra/MODIS 传感器 NDSI 数据，训练了 NDSI 与积雪覆盖度的线性经验关系。该线性经验关系如下。

$$FRA6T = 1.45 \times NDSI - 0.01 \tag{3.8}$$

将式（3.8）表示为两点式，则为

$$FRA6T = \frac{NDSI - NDSI_{ground}}{NDSI_{snow} - NDSI_{ground}} = \frac{NDSI - 0.0069}{0.6950 - 0.0069} \tag{3.9}$$

式中，$NDSI_{snow}$ 和 $NDSI_{ground}$ 为纯雪和无雪陆表的 NDSI 阈值。

NASA MODIS 的积雪覆盖产品 MOD10 第 5 代中即采用了 FRA6T 积雪覆盖度反演公式，在第 6 代中不直接提供经该关系式计算的积雪覆盖度，这是由于土地覆盖类型的异质性会导致 NDSI 积雪面积估算的系统误差，尤其是在森林地区，植被会遮挡积雪反射信号，从而导致积雪像元的 NDSI 偏低。

3.4.2 通用型比值积雪指数(URSI)

考虑到积雪、植被的反射率从近红外到短波红外呈快速下降趋势，而土壤的反射率呈上升趋势，则三者各自的近红外与短波红外反射率之和相差不大，可以使最终的积雪指数与积雪覆盖度接近线性关系。为了使积雪的比值指数指标明显高于非雪地物，考虑到可见光波段积雪反射率极高而植被、土壤反射率较低的特征，将可见光波段反射率作为分子，即确定了 URSI 的形式：

$$URSI = \frac{VIS}{NIS + SWIR} \tag{3.10}$$

URSI 是可见光反射率除以近红外和短波红外反射率之和，植被和土壤的 URSI 的理论取值范围是 0 至正无穷，无雪陆表的 URSI 一般在 0.8 以下，纯雪的 URSI 一般在 0.8~1.5，水体的 URSI 往往高于该范围。

3.4.3 积雪覆盖度与 URSI 及 NDSI 线性经验关系

采用了 9 景 Landsat-7/ETM+传感器在青藏高原的影像，用于积雪指数法的训练；另外 6 景数据用于新训练得到的反演方法的验证，这些影像的空间位置见图 3.22。

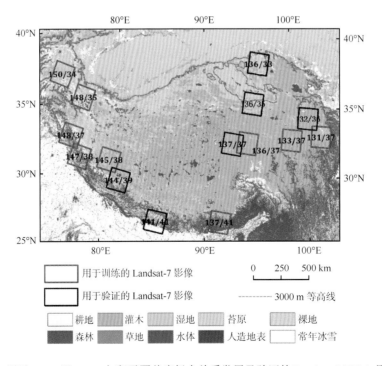

图 3.22 用于 NDSI 及 URSI 与积雪覆盖度拟合关系发展及验证的 Landsat-7/ETM+影像位置

　　这 9 景用作训练样本的影像包含森林、草地和裸地 3 种陆表类型，且跨越了秋季至春季，在青藏高原地区积雪的积累期和消融期基本都有涉及。

　　Salomonson 和 Appel（2004）在训练 MODIS NDSI 与 Landsat-7/ETM+积雪覆盖度的关系时，以 NDSI 为因变量，以积雪覆盖度为自变量，进行线性拟合，确定积雪覆盖度与 NDSI 的线性经验关系，本书将这种拟合方式记为"模型 MB"。本书采用模型 MB 进行线性拟合，并仅采用积雪覆盖度 1%～99%的数值。积雪覆盖度为 0%时，由于 Landsat 影像覆盖范围的缘故，有些无雪像元并不能代表混合像元中的无雪部分；影像积雪覆盖度为 100%的像元 NDSI 也有一定的变化，由于这些像元的样本量很大，也会影响拟合过程。Salomonson 和 Appel（2006）采用了新的积雪覆盖度阈值范围，即 10%～95%，用以训练样本的筛选，这里简记为"模型 NC"（new criteria）。这两种拟合的方法都用于积雪覆盖度与 NDSI/URSI 线性关系的发展，根据拟合的效果最终选定合理的阈值。

　　以 3 幅 Landsat-7/ETM+影像为例，分别说明森林、草地和裸地情况下，以不同拟合方法得到的 FSC 与 NDSI/URSI 的线性关系，如图 3.23 所示，第 1 景为摄于 2002 年 3 月 21 日、全球参考系统（WRS-2）条带号为 148/037 的 Landsat-7/ETM+影像。该景影像中存在着大面积的森林，Landsat-7/ETM+积雪覆盖度与 Terra/MODIS 的 NDSI 明显存在非线性关系，在较低积雪覆盖度时，积雪覆盖度对 NDSI 的变化不够敏感，而在积雪覆盖度较高时，积雪覆盖度随 NDSI 剧烈上升。Salomonson 和 Appel（2006）研究中的西伯利亚地区的训练数据也存在类似现象。该景影像中 Landsat-7/ETM+积雪覆盖度与 Terra/MODIS URSI 的关系接近线性，说明在森林地区，URSI 相对于 NDSI 反演积雪覆盖度时有一定的优势。其余 2 景影像中，NDSI 与 URSI 表现相似。对这 3 景影像的积雪指数与积雪覆盖度的散点拟合线进行比较，可以发现，采用模型 MB 与模型 NC 训练 FSC 与 URSI 线性拟合关系的结果相近，积雪覆盖度的低值对该关系的训练影响较小；FSC 与 NDSI 线性拟合更适合用模型 NC，因为模型 NC 的拟合关系比模型 MB 的结果更加稳定。

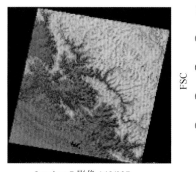

Landsat-7 影像 148/037

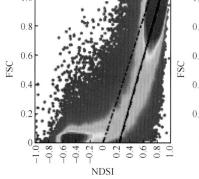

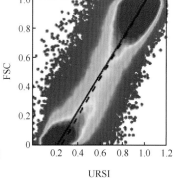

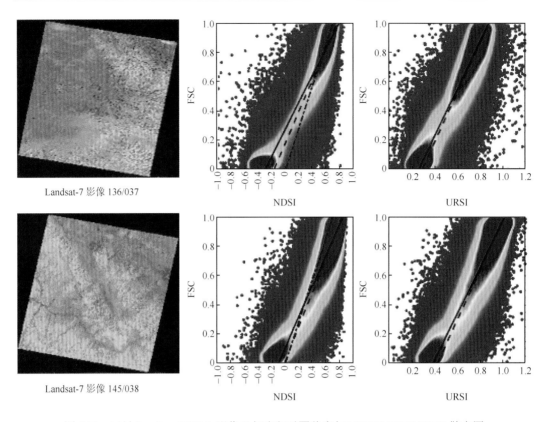

图 3.23　三景 Landsat-7/ETM+影像及相应积雪覆盖度与 MODIS NDSI/URSI 散点图
实线代表模型 MB 的拟合结果，短划线代表模型 NC，短划-点线代表 FRA6T

统计 9 景影像的 NDSI 及 URSI 与积雪覆盖度线性拟合关系训练结果对比见表 3.9。

表 3.9　NDSI 及 URSI 与积雪覆盖度线性拟合关系训练结果对比

WRS-2 坐标	线性拟合关系 (FSC vs NDSI 以及 FSC vs URSI)		拟合优度 (FSC vs NDSI 以及 FSC vs URSI)		
	非雪阈值	纯雪阈值	MAE	RMSE	R^2
148/037	0.25	0.86	0.12	0.18	0.66
	0.22	1.02	0.08	0.13	0.87
147/038	0.05	0.74	0.14	0.20	0.61
	0.20	0.93	0.11	0.16	0.83
137/041	0.19	0.74	0.16	0.22	0.52
	0.28	0.96	0.13	0.19	0.73
133/037	−0.28	0.75	0.15	0.20	0.52
	0.23	0.85	0.13	0.19	0.66
131/037	−0.18	0.85	0.14	0.18	0.56
	0.25	0.94	0.13	0.17	0.68
136/037	−0.16	0.76	0.11	0.15	0.70
	0.27	0.88	0.10	0.15	0.81

续表

WRS-2 坐标	线性拟合关系 （FSC vs NDSI 以及 FSC vs URSI）		拟合优度 （FSC vs NDSI 以及 FSC vs URSI）		
	非雪阈值	纯雪阈值	MAE	RMSE	R^2
150/034	−0.16	0.87	0.15	0.21	0.55
	0.32	1.07	0.13	0.20	0.73
145/038	−0.01	0.83	0.12	0.17	0.65
	0.38	1.01	0.11	0.16	0.78
148/035	−0.08	0.84	0.12	0.16	0.69
	0.36	0.98	0.11	0.16	0.81
平均	−0.04	0.80	根据线性拟合关系的两点式，积雪覆盖度为观测积雪指数与无雪阈值之差除以非雪阈值与纯雪阈值之差		
	0.28	0.96			

注：MAE 指平均绝对误差。

URSI 的积雪覆盖度反演公式由模型 MB 方法拟合得到，NDSI 的积雪覆盖度反演公式由模型 NC 方法拟合得到。综合 9 景影像的拟合关系结果和拟合优度结果，可以发现，在森林地区，URSI 与积雪覆盖度线性关系的拟合优度比 NDSI 的结果更好；在其他陆表类型覆盖地区，URSI 和 NDSI 在 MAE 和 RMSE 方面表现接近，而 URSI 的 R^2 更好；URSI 与积雪覆盖度线性关系的非雪阈值比 NDSI 的结果更加稳定，前者的变化范围是[0.20，0.38]，后者是[−0.28，0.25]；URSI 与积雪覆盖度线性关系的纯雪阈值变化范围比 NDSI 的结果稍大。

综合 9 景影像的积雪指数与积雪覆盖度的线性拟合关系，取非雪和纯雪阈值的各自均值，得到两种积雪指数包括 NDSI 和 URSI 与积雪覆盖度的线性关系，本书分别记为 FracNDSI 和 FracURSI：

$$FracNDSI = 1.17 \times NDSI + 0.07 \qquad (3.11)$$

$$FracURSI = 1.48 \times URSI − 0.41 \qquad (3.12)$$

3.4.4　积雪覆盖度与 URSI 及 NDSI 线性经验关系验证

采用了 6 景 Landsat-7/ETM+影像与对应日期和空间范围的 Terra/MODIS 影像数据，对 FRA6T、FracNDSI 和 FracURSI 进行验证对比。结果见表 3.10，发现 FRA6T 的误差最大，这可能与其所用的训练样本的代表性有关系，而 FracNDSI 和 FracURSI 的表现相比更好。

表 3.10　NDSI/URSI 积雪覆盖度线性关系的拟合结果对比

WRS-2 坐标	反演关系式	MAE	RMSE	R^2
144/039	FRA6T	0.07	0.15	0.91
	FracNDSI	0.06	0.13	0.92
	FracURSI	0.06	0.12	0.93

续表

WRS-2 坐标	反演关系式	MAE	RMSE	R^2
141/041	FRA6T	0.05	0.12	0.90
	FracNDSI	0.04	0.11	0.90
	FracURSI	0.04	0.10	0.92
132/036	FRA6T	0.07	0.15	0.65
	FracNDSI	0.07	0.14	0.67
	FracURSI	0.06	0.13	0.70
137/037	FRA6T	0.04	0.11	0.80
	FracNDSI	0.04	0.10	0.82
	FracURSI	0.04	0.10	0.83
136/035	FRA6T	0.07	0.13	0.89
	FracNDSI	0.06	0.11	0.90
	FracURSI	0.06	0.11	0.89
136/033	FRA6T	0.09	0.14	0.89
	FracNDSI	0.07	0.11	0.91
	FracURSI	0.08	0.12	0.89
平均	FRA6T	0.07	0.13	0.84
	FracNDSI	0.06	0.12	0.85
	FracURSI	0.06	0.11	0.86

为了更加细致地探讨 FracNDSI 和 FracURSI 在积雪覆盖度估算过程中的误差,制作了二者的 MAE 和 RMSE 在不同陆表类型下随积雪覆盖度变化的曲线图,即图 3.24。从图 3.24 中可以发现,在森林和草地覆盖地区,在积雪覆盖度接近 1 和 0 时,FracNDSI 和 FracURSI 的误差相近,在积雪覆盖度处于中等水平时,FracURSI 的误差相比 FracNDSI 更少。在裸地地区,FracNDSI 和 FracURSI 整体表现相近,在积雪覆盖度小于 0.2 时,FracURSI 的表现不如 FracNDSI。这可能是因为裸地尤其是沙漠和盐碱地的 URSI 与纯雪的 URSI 的差别与草地、森林相比较小,在低积雪覆盖度时容易产生高估。实际上,较低的积雪覆盖度的估算结果往往不够准确、可靠,如 MOD10A1 积雪覆盖度产品将 NDSI 小于 0.1(即积雪覆盖度小于 0.135)的积雪滤除掉,MODSCAG 产品也只给出范围为[0.15, 1.00]的积雪覆盖度结果。这里考虑 FracURSI 在低覆盖度时的误差,可以沿袭 MODSCAG 的积雪覆盖度范围。

积雪光谱指数法是光学遥感积雪制图的重要方法,然而对于积雪光谱指数法而言,NDSI 与积雪覆盖度固定的线性经验关系难以适应全球复杂陆表覆盖。本书研究对 NDSI 积雪覆盖度反演的局限性进行了理论分析,并在此基础上设计了一种 URSI,与 NDSI 相比,URSI 在植被覆盖地区与积雪覆盖度的关系更加接近线性,经验证 URSI 在裸土地区与 NDSI 相比精度相当,在稀疏林地地区 URSI 积雪指数法误差更小。

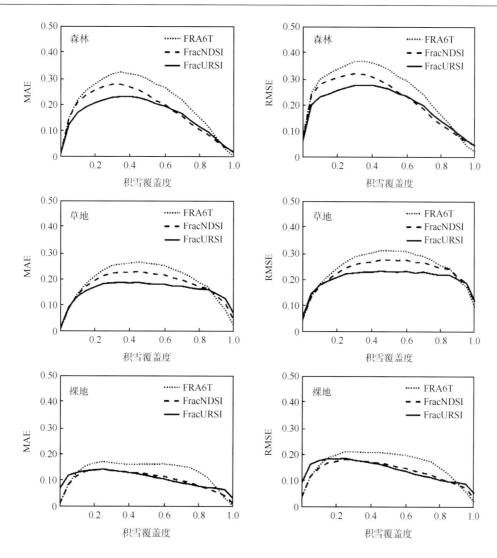

图 3.24　不同陆表类型 FRA6T、FracNDSI 与 FracURSI 积雪覆盖度的 MAE 和 RMSE

3.5　基于风云二号静止气象卫星的积雪覆盖度监测算法

　　风云二号(FY-2)系列国产气象卫星是覆盖中国地区乃至中亚地区重要的静止气象卫星,能够提供自 2005 年初 FY-2C VISSR 开始业务运行至今的逐日多时相观测数据,是未来进行长时间序列积雪面积时空完整性研究的重要数据源。

　　FY-2E 自 2008 年 6 月 15 日开始业务运行,FY-2F 和 FY-2G 分别于 2012 年 1 月 13 日、2014 年 12 月 31 日发射。FY-2F 目前位于 112°E,自 2015 年 7 月 1 日起,FY-2G 接替 FY-2E,占据 104.5°E 的位置。注意到 FY-2G 与 FY-2F 观测时间一致(均为整点观测)而非互补,因此本书没有选择 FY-2G。选择 FY-2E/F VISSR 进行中国地区积雪覆盖度反演与验证,这两颗卫星覆盖的时间跨度长,双星协同观测使时间分辨率达到 30 min。

3.5.1　FY-2/VISSR 数据

如表 3.11 所示，FY-2/VISSR 拥有 1 个可见光波段、1 个短波红外波段、1 个水汽波段、两个热红外波段，时间分辨率为 1 h，可见光波段星下点空间分辨率为 1.25 km，红外波段星下点空间分辨率为 5 km。FY-2E/F VISSR 昼间全圆盘多光谱观测数据可从风云卫星数据服务网订购下载。

表 3.11　FY-2/VISSR 技术规格(郭强等，2013)

波段	波长/μm	空间分辨率/km	辐射分辨率/bit
VIS	0.50～0.90	1.25	6
IR1	10.3～11.3	5	10
IR2	11.5～12.5	5	10
IR3	6.3～7.6	5	10
IR4	3.5～4.0	5	10

3.5.2　验证数据与辅助数据

选择 FY-2E/F VISSR 来进行风云二号积雪覆盖度反演与验证研究(Wang et al.，2017)，其算法有望在进行精确仪器交叉订正的情况下扩展应用于风云二号系列其他卫星的观测数据。为了验证 FY-2E/F VISSR 传感器 0.05°(约 5 km)空间分辨率的积雪覆盖度反演结果，选用 Landsat 8 OLI 传感器 30 m 空间分辨率地面反射率影像，生成 Landsat 8 OLI 传感器 30 m 分辨率二值积雪识别结果，采用最小邻距采样法将其由 UTM 投影转换至等经纬投影，再通过像元聚合，获取对应 FY-2E/F VISSR 影像 0.05°网格的积雪覆盖度。这里进行 Landsat 8 OLI 积雪制图的算法，基本与 SNOMAP 算法一致，选用第 5 波段反射率大于 0.2 来进行水体的剔除。选用的 Landsat 8 OLI 影像位置见图 3.25。

本书同时也选用了 Terra 和 Aqua 卫星 MODIS 传感器 500 m 分辨率地面反射率影像，根据 MESMA-AGE 算法获取积雪覆盖度，再通过重投影、像元聚合，使之与 FY-2E/F VISSR 积雪覆盖度在空间上匹配。在 5 km 空间尺度上，根据 MESMA-AGE 生成的 MODIS 积雪覆盖度的 RMSE 约为 0.05，基本能够满足评价 FY-2E/F VISSR 积雪覆盖度的要求 (Wang et al.，2017)。

这里采用了 MODIS 双星合成的土地覆盖分类产品 MCD12C1，其中陆表类型的标识为 IGBP 土地覆盖分类体系，见图 3.25。

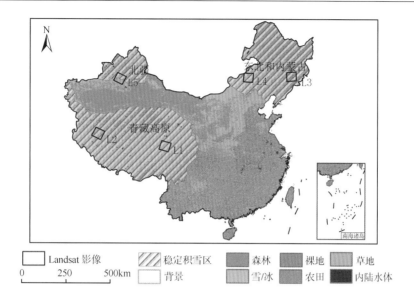

图 3.25　用于验证 FY-2E/F VISSR 积雪覆盖度的 Landsat 8 OLI 影像位置
基于国家测绘地理信息局标准地图服务系统的标准底图(审图号：GS(2016)2885 号)制作，底图无修改

3.5.3　FY-2/VISSR 积雪覆盖度反演算法

1. 基于决策树的积雪识别

本书采用了可见光波段的大气层顶反射率和红外波段的亮温数据，数据可由观测文件的 DN 值和查找表获得。可见光反射率和红外亮温数据都由静止星全圆盘投影转换为等经纬投影，网格大小为 0.05°。注意到 FY-2E/F VISSR 可见光波段反射率星下点的空间分辨率为 1.25 km，但是 FY-2E/F VISSR 在中国稳定积雪区的观测天顶角较大，会产生像元拉伸，实际的空间分辨率会低于星下点，同时 3 个红外波段数据的星下点空间分辨率为 5 km，因此所有波段重采样至 0.05°也不会造成太多信息损失。FY-2 E/F VISSR 第 4 红外波段(3.5～4.0 μm)获取的能量既包含了地面发射的热辐射，也包含了地面反射的太阳辐射。根据该波段、第 1 红外波段(10.3～11.3 μm)的亮温以及波谱响应函数，可以计算该波段的反射率(李三妹等，2007；Yang et al.，2014b)，从而替代光学遥感中积雪识别关键的 1.6 μm 波段。对可见光波段和第 4 红外波段的反射率进行角度归一化，这里采用简单的余弦方法，即反射率除以对应的太阳天顶角余弦值，从而抑制同一地物由于成像几何和方向反射特性带来的反射率日内波动。

FY-2E/F VISSR 提供的太阳反射光谱信息较为有限，仅有一个可见光波段和一个短波红外波段，而且空间分辨率也较低，直接从包含复杂地物的影像中反演积雪覆盖度难度较大。因此，首先进行初分类，即从影像中逐像元识别出云覆盖、水体、非雪陆地和积雪覆盖。Yang 等(2014a)发展了 FY-2D/E VISSR 与 FY-3B/MWRI 融合的积雪覆盖监测算法，2010/2011 年冬季和 2011/2012 年冬季的验证结果表明，其积雪识别精度为 91.28%。

注意到其 FY-2D/E VISSR 积雪识别算法是利用决策树对云与不同地物加以区分,决策树的规则是根据典型地物的光谱特征建立的,对应阈值是根据 FY-2D/E VISSR 观测样本分析得到的。随着时间推移,VISSR 仪器会不断衰减,因此对该决策树的阈值进行调整,结果见表 3.12 和图 3.26。

表 3.12　　FY-2E/F VISSR 积雪识别算法(阶段 1)

分类顺序	分类规则	分类结果
1	$TB_{IR1} \geqslant 290\,K$	无雪
2	$R_{VIS} \leqslant 0.2$ 且 $R_{IR4} \geqslant 0.25$	无雪
3	$R_{VIS} \leqslant 0.16$	无雪
4	$TB_{IR2} - TB_{IR4} \leqslant -6\,K$ 且 $R_{VIS} \leqslant 0.2$	无雪
5	$TB_{IR2} - TB_{IR4} \geqslant 3\,K$ 且 $R_{VIS} \leqslant 0.5$	有雪
6	$TB_{IR2} - TB_{IR4} \geqslant 10\,K$ 且 $TB_{IR1} \geqslant 250\,K$	有雪
7	$TB_{IR2} - TB_{IR4} \leqslant -38\,K$	云
8	$TB_{IR1} \leqslant 233\,K$	云
9	$TB_{IR2} - TB_{IR4} \leqslant -23\,K$ 且 $RSI \geqslant 4$	云
10	$R_{VIS} \geqslant 0.6$ 且 $R_{IR4} \geqslant 0.18$	云
11	$TB_{IR2} - TB_{IR4} \leqslant -20\,K$ 且 $TB_{IR1} \leqslant 232\,K$	云
12	$TB_{IR2} - TB_{IR1} \geqslant 12\,K$	云

表中, $RSI = R_{VIS} / R_{IR4}$ 。

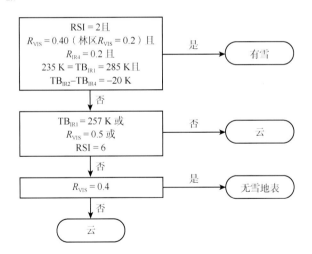

图 3.26　　FY-2E/F VISSR 积雪识别算法(阶段 2)

对 FY-2E/F VISSR 观测数据进行逐时相、逐像元积雪识别,每一个像元经过算法的第 1 阶段仍未完成分类的,将进入算法的第 2 阶段进行分类。该算法的阈值针对 FY-2F/VISSR 设计,FY-2E/VISSR 经过对 FY-2F/VISSR 交叉定标后,也可采用该系列阈值。为了抑制对中国南方积雪的错判现象,采用陆表温度测试,去除过暖的"雪"。其中，陆表温度是 2001～2006 年 MODIS 逐月陆表温度的多年平均，第 1 红外波段亮温超过月均陆表温度 20 K 的积雪将被剔除。

对 FY-2E/F VISSR 半小时时间分辨率的逐时相积雪判别结果进行日合成，以获取逐日云量较少的积雪覆盖面积。多时相积雪覆盖图合成的优先级为：积雪＞晴空非雪＞云。在合成过程中，为了避免对积雪的错判，尤其是青藏高原地区多沙漠、裸土，可见光反射率较高，比较容易与雪混淆，这里采用了更加严格的积雪判别规则，即当一天内判断积雪的次数大于 3 次才标记为积雪。

增加如前所述的一系列改进后，云雪混淆情况有所缓解。改进已有的积雪判别方法之后，利用观测角度和多时相信息可获取可信度较好、云量较少的每日积雪信息。在积雪破碎地区以及山区雪线附近，从粗分辨率影像得到的逐像元的积雪判识会导致一定误差。对于 5 km 分辨率的 FY-2/VISSR 影像而言，有必要进行积雪覆盖度反演。

2. 基于纯雪-非雪背景二端元模型的积雪覆盖度反演

FY-2E/F VISSR 积雪覆盖度反演在获得积雪判识结果的基础上进行，对日合成影像中的有雪像元可见光反射率，采用纯雪-非雪背景二端元模型，积雪覆盖度为纯雪端元和非雪端元在可见光波段的线性插值得到。纯雪端元从多时相影像中提取，每个有雪像元的对应时相的纯雪端元由该像元所在的陆表类型的纯雪端元众值决定；非雪端元从多日、多时相影像中提取，每个像元的非雪信息由其背景观测来代表，即对应时相的非雪信息由距离日期最近的非雪端元决定。

FY-2E/F VISSR 端元提取规则如下：

林区积雪——NDSI＞0.9 且 R_{VIS}＞0.35；

非林区积雪——NDSI＞0.9 且 R_{VIS}＞0.45；

低矮植被区无雪——NDSI＜0.45 且 R_{VIS}＜0.25；

非低矮植被区无雪——NDSI＜0.45 且 R_{VIS}＜0.35。

注意对于 FY-2E/F VISSR 而言，　NDSI = $(R_{VIS} - R_{IR4}) / (R_{VIS} + R_{IR4})$。

日合成积雪覆盖图中每个有雪像元的积雪覆盖度，由逐时相晴空观测的太阳天顶角最小时的积雪覆盖度决定。选择太阳天顶角最小时的估算值来代表当日 FY-2E/F VISSR 积雪覆盖度结果，其原因同 3.6 节 Himawari-8 AHI 积雪覆盖度反演。

3.5.4　FY-2/VISSR 积雪覆盖度验证对比

1. FY-2E/F VISSR 与 Landsat-8 OLI 积雪覆盖度对比

选用 Landsat-8 OLI 30 m 空间分辨率积雪覆盖度与 FY-2E/F VISSR 积雪覆盖度进行对比，以充分说明 VISSR 积雪覆盖度的精度情况。结果发现，FY-2E/F 积雪覆盖度的总体精度在青藏高原地区为 0.85～0.92，积雪覆盖度的 RMSE 在 0.19～0.22，R^2 在 0.46～0.80。验证影像处于中国三大稳定积雪区，基本均处于无云或少云的晴空观测条件。详细的验证结果见表 3.13。

表 3.13 以 Landsat 8 OLI 为参考数据的 FY-2E/F VISSR 积雪覆盖度验证结果

区域	影像	日期(年/月/日)	卫星	总体精度	RMSE	R^2
青藏高原	L1	2014/01/20	FY-2E	0.86	0.18	0.76
			FY-2F	0.87	0.20	0.72
	L2	2014/01/28	FY-2E	0.85	0.21	0.71
			FY-2F	0.85	0.21	0.72
东北地区	L3	2014/01/21	FY-2E	0.90	0.29	0.65
			FY-2F	0.92	0.26	0.66
	L4	2014/01/30	FY-2E	0.87	0.18	0.80
			FY-2F	0.91	0.22	0.62
新疆北部	L5	2014/01/10	FY-2E	0.68	0.28	0.46
			FY-2F	0.65	0.25	0.49

L1 和 L2 位于青藏高原，这两景影像的积雪覆盖度详细对比分别见图 3.27 与图 3.28。L1 地区地形比较陡峭，在雪线附近以及破碎的积雪分布地点，FY-2E/F VISSR 的精度较差；在积雪覆盖度数值较高地区，FY-2E/F VISSR 与 Landsat 8 OLI 比较吻合。如图 3.28 所示，L2 地区存在大量破碎的积雪和浅雪，Landsat 8 OLI 由于空间分辨能力较

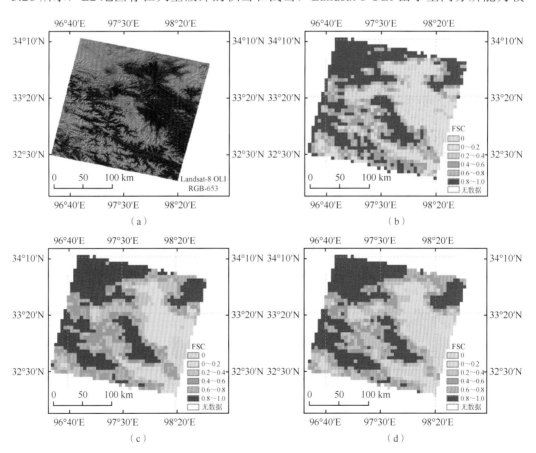

图 3.27　2014 年 1 月 20 日 L1 地区 FY-2E/F VISSR 与 Landsat-8 OLI 积雪覆盖度对比
(a) Landsat-8 OLI 影像；(b)～(d) Landsat-8 OLI、FY-2E/VISSR、FY-2F/VISSR 积雪覆盖度

强、光谱波段较为丰富，能够准确识别，但是 FY-2E/F VISSR 空间分辨率有限，较弱的
积雪信号在反射较强的裸地背景下难以准确提取，因此精度相对较差。

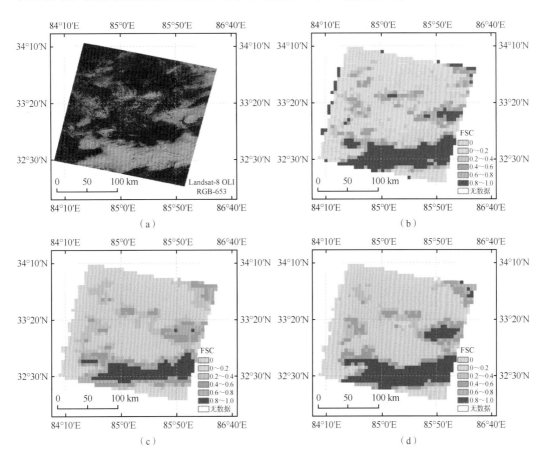

图 3.28　2014 年 1 月 28 日 L2 地区 FY-2E/F VISSR 与 Landsat-8 OLI 积雪覆盖度对比
(a)Landsat-8 OLI 影像；(b)～(d)Landsat-8 OLI、FY-2E/VISSR、FY-2F/VISSR 积雪覆盖度

L3 和 L4 位于东北地区，L3 为森林地区，如图 3.29 所示，FY-2E/F VISSR 在积雪
覆盖度的高值区相比 Landsat-8 OLI 有所低估，这与森林冠层在可见光波段的低反射率
有关，降低了森林地区纯雪像元与非雪像元的差异。如图 3.30 所示，L4 为草地地区，
FY-2E/F VISSR 积雪覆盖度与 Landsat-8 OLI 十分吻合。

L5 为位于新疆的天山地区，相比其他验证区域，这一景 FY-2E/F VISSR 积雪覆盖
度的精度最差。如图 3.31 所示，Landsat-8 OLI 可以探测到山地阴影地区的积雪，而这
种微弱的积雪信号难以在 FY-2E/F VISSR 影像中与非雪像元分辨，尤其是处于阴坡的像
元，其观测天顶角很大，观测条件不佳，因此造成了比较严重的低估。

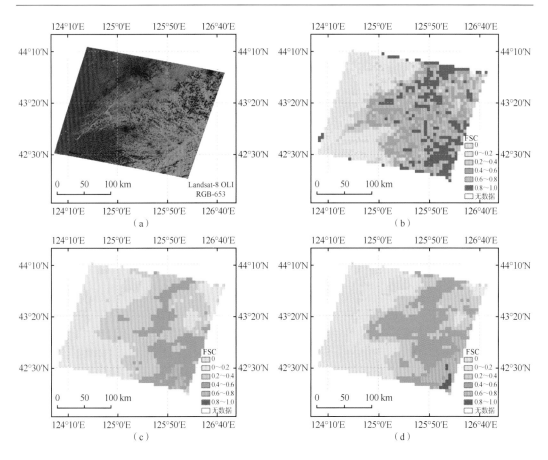

图 3.29　2014 年 2 月 21 日 L3 地区 FY-2E/F VISSR 与 Landsat-8 OLI 积雪覆盖度对比

(a) Landsat-8 OLI 影像；(b)~(d) Landsat-8 OLI、FY-2E/VISSR、FY-2F/VISSR 积雪覆盖度

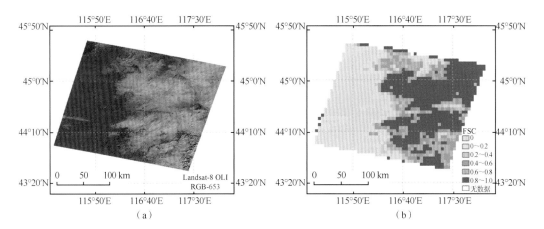

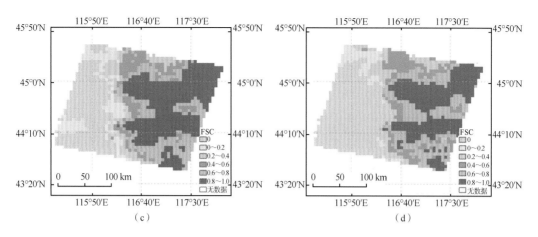

图 3.30 2014 年 1 月 30 日 L4 地区 FY-2E/F VISSR 与 Landsat-8 OLI 积雪覆盖度对比

(a) Landsat-8 OLI 影像；(b)～(d) Landsat-8 OLI、FY-2E/VISSR、FY-2F/VISSR 积雪覆盖度

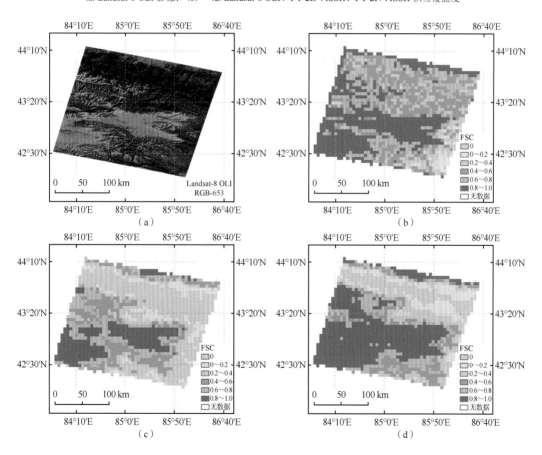

图 3.31 2014 年 1 月 10 日 L5 地区 FY-2E/F VISSR 与 Landsat-8 OLI 积雪覆盖度对比

(a) Landsat-8 OLI 影像；(b)～(d) Landsat-8 OLI、FY-2E/VISSR、FY-2F/VISSR 积雪覆盖度

2. FY-2E/F VISSR 与 MODIS 积雪覆盖度对比

选用基于 MESMA-AGE 方法反演的 Terra/MODIS 500 m 空间分辨率积雪覆盖度与 FY-2E/F VISSR 积雪覆盖度对比。如图 3.32 所示，由于采用了多时相日合成技术，FY-2E/F VISSR 积雪覆盖度分布图的云量相比 MODIS 较少，三者的云量分别为 33%、20%和51%。双星 FY-2E/F VISSR 积雪覆盖度融合后云量可减少至 15%。注意到 FY-2E/F VISSR 积雪覆盖度与 MODIS 在空间分布上基本吻合，但是雪量较少区域的 MODIS 积雪覆盖度没有被 VISSR 探测到。FY-2E/VISSR 与 MODIS 两者相关性的 R^2 为 0.67，FY-2F/VISSR 与 MODIS 的 R^2 为 0.66（Wang et al.，2017）。

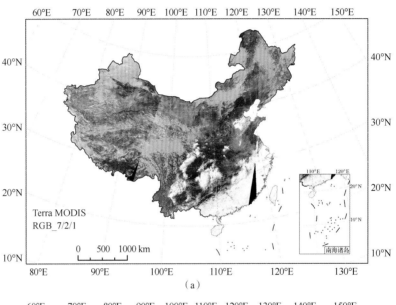

（a）

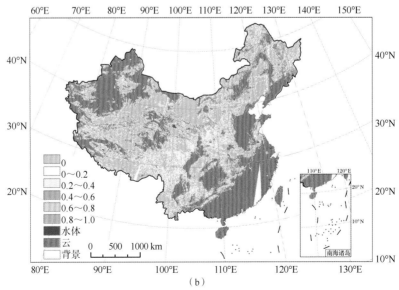

（b）

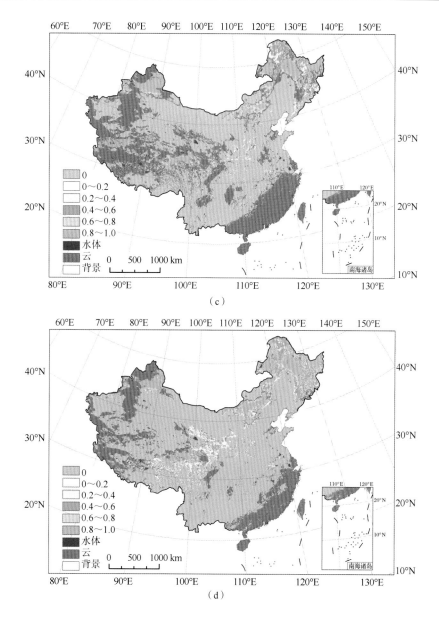

图 3.32　2014 年 2 月 19 日中国地区 FY-2E/F VISSR 与 MODIS 积雪覆盖度对比

（a）Terra/MODIS 影像；（b）Terra/MODIS 积雪覆盖度；（c）FY-2E/VISSR 积雪覆盖度；（d）FY-2F/VISSR 积雪覆盖度

图 3.33 为 FY-2E/F VISSR 与 MODIS 积雪覆盖度散点对比图，显示了在积雪覆盖度较低时，FY-2 相对 MODIS 有低估现象，这与 FY-2E/F VISSR 较粗的空间分辨率有关，破碎的积雪和积雪边缘在 FY-2E/F VISSR 像元中信号较弱。

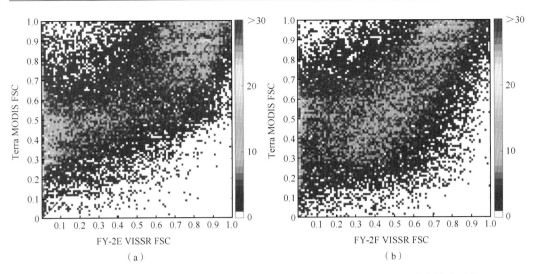

图 3.33　2014 年 2 月 19 日中国地区 FY-2E/F VISSR 与 MODIS 积雪覆盖度散点对比

3.6　基于新一代静止气象卫星积雪覆盖度反演算法

由于 FY-2 的 VISSR 传感器本身的性能和设计局限，其能够获取的地物光谱信息十分有限，因而在积雪识别、亚像元积雪覆盖面积提取方面具有一定的不确定性。日本新一代静止卫星 Himawari-8 搭载的可见光-红外成像仪器在空间分辨率、波段设置、时间分辨率等方面有了很大提升，为中国地区的高精度积雪覆盖(近)实时监测提供了重要数据源。

Himawari-8 于 2014 年 10 月 7 日发射成功，并于 2015 年 7 月 7 日开始业务运行，其搭载的 AHI 传感器可以观测到大部分中国地区。在中国的 FY-4A AGRI 业务运行之前，Himawari-8 AHI 是能够观测中国地区包括青藏高原地区最先进的静止气象卫星传感器。Himawari-8 AHI 与 FY-4A AGRI 波谱参数见表 3.14。

表 3.14　Himawari-8 AHI 与 FY-4A AGRI 波谱参数

波谱区	Himawari-8 AHI			FY-4A AGRI		
	波段序号	波长/μm	星下点分辨率/km	波段序号	波长/μm	星下点分辨率/km
可见光	1	0.45~0.49	1	1	0.45~0.49	1
	2	0.50~0.53	1	2	0.55~0.75	0.5~1
	3	0.60~0.68	0.5			
近红外	4	0.84~0.87	1	3	0.75~0.90	1
卷云				4	1.36~1.39	2

续表

波谱区	Himawari-8 AHI			FY-4A AGRI		
	波段序号	波长/μm	星下点分辨率/km	波段序号	波长/μm	星下点分辨率/km
短波红外	5	1.59～1.63	2	5	1.58～1.64	2
	6	2.24～2.28	2	6	2.1～2.35	2～4
	7	3.78～3.99	2	7a	3.5～4.0	2
				7b	3.5～4.0	4
水汽	8	5.83～6.65	2	9	5.8～6.7	4
	9	6.74～7.14	2	10	6.9～7.3	4
	10	7.25～7.44	2			
远红外	11	8.40～8.78	2	11	8.0～9.0	4
	12	9.45～9.82	2			
	13	10.19～10.61	2	12	10.3～11.3	4
	14	10.91～11.58	2			
	15	11.90～12.87	2	13	11.5～12.5	4
	16	13.00～13.56	2	14	13.2～13.8	4

目前，Himawari-8 AHI 与 FY-4A AGRI 积雪覆盖度反演基本停留在 2 km 空间分辨率积雪判别的层面(韩琛惠，2018)。考虑到公里级像元存在混合像元问题，尤其是青藏高原地区积雪分布比较破碎，混合像元问题更为严重。本节以青藏高原地区为例，选用 Himawari-8 AHI 在青藏高原地区的观测数据，利用基于无雪背景影像的动态积雪指数法和 MESMA-AGE 及 MESMA-Bic 进行积雪覆盖度反演，开展算法精度验证，并定量分析了 Himawari-8 AHI 高时相分辨率在去云方面的优势。同时，考虑到 FY-4A AGRI 在中国地区尤其是西部地区的成像几何条件更好，针对光谱波段设置相似的 FY-4A AGRI 数据进行积雪覆盖度反演与验证，对比分析其与 Himawari-8 AHI 在积雪覆盖度反演方面的表现，为以后利用国产静止气象卫星 FY-4A AGRI 进行高精度积雪监测提供参考。

3.6.1　研究区与 Himawari-8 AHI 数据

选择青藏高原地区作为研究区。青藏高原是世界上最高的高原，又称为"第三极"。青藏高原的纬度范围为 26°N～40°N，经度范围为 73°E～105°E(张镱锂等，2014)，其自然环境具有寒旱的特征。降水量基本上自东南向西北递减，拥有小面积的阔叶林和针叶林、大面积的草原草甸，在高原北部、西北部和山区裸地分布广泛，如图 3.34 所示。

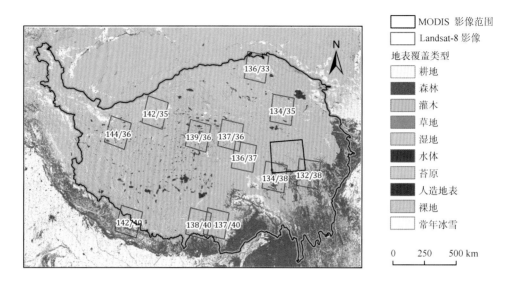

图 3.34　青藏高原土地覆盖类型与 Himawari-8 积雪覆盖度验证影像位置

　　青藏高原是中国三大稳定积雪区之一。图 3.35 显示了青藏高原多年平均积雪日数的空间分布，青藏高原约 34%地区的多年平均积雪日数超过 60 天(王建等，2018)，在唐古拉山和念青唐古拉山积雪日数可达 120 天以上。青藏高原周围的山脉包括喜马拉雅山脉、喀喇昆仑山脉、昆仑山脉以及祁连山脉等覆盖着大面积的冰川和多年积雪。青藏高原内陆的积雪多为大陆性积雪，且多浅雪、斑块状积雪。

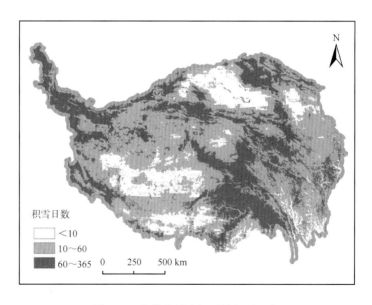

图 3.35　青藏高原多年平均积雪日数

日本气象厅负责管理 Himawari-8 观测数据的分发，数据格式包括 2 种：圆盘扫描数据 Himawari 标准数据格式(HSD)和格网数据 NetCDF 格式。格网数据 NetCDF 格式包括 2 种空间分辨率，分别是 0.02°和 0.05°，可以粗略地认为是 2 km 和 5 km。格网数据的纬度范围是 60°S～60°N，经度范围是 80°E～160°W。注意格网数据采用了等经纬投影，删去了全圆盘数据中 80°E 以西的部分，因此一部分青藏高原的观测数据不存在格网数据 NetCDF 格式。数据包含 6 个反射波段的大气层顶反射率，见图 3.36，以及 10 个红外波段的亮温，同时也包含太阳天顶角、太阳方位角、卫星天顶角、卫星方位角等信息。

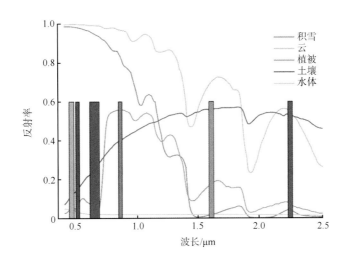

图 3.36　Himawari-8 AHI 波段与常见地物光谱

3.6.2　Himawari-8 积雪覆盖度反演算法——动态积雪指数法

利用固定的积雪光谱指数反演积雪覆盖度，会受到非雪陆表覆盖性质、积雪性质以及成像条件甚至传感器性质的影响，为了消除复杂陆表覆盖性质的时空变化对积雪覆盖度反演的影响，将静态积雪指数法发展为动态积雪指数法。

为了进一步减小陆表覆盖类型对积雪覆盖度反演的影响，根据时间序列影像合成技术生成无雪背景数据，将逐像元降雪前的陆表信息作为非雪信号，使基于积雪指数的反演算法能够反映陆表覆盖信号的动态变化，即为动态积雪指数法(Wang et al., 2019)。分别考虑 NDSI 和 URSI 积雪指数在不同陆表覆盖类型下的特点，建立积雪覆盖度估算关系式，具体如下：

$$\text{FSC} = \frac{\text{NDSI} - \text{NDSI}_{\text{soil}}}{\text{NDSI}_{\text{snow}} - \text{NDSI}_{\text{soil}}} \quad (\text{裸土背景}) \quad\quad (3.13)$$

$$\text{FSC} = \frac{\text{URSI} - \text{URSI}_{\text{veg}}}{\text{URSI}_{\text{snow}} - \text{URSI}_{\text{veg}}} \quad (\text{植被背景}) \quad\quad (3.14)$$

纯雪的 NDSI 和 URSI 同时受雪粒径、雪面杂质浓度和太阳-地面-传感器几何关系影响，若不考虑纯雪 NDSI/URSI 取值的时空分异，可取经过统计关系确定的数值。无雪陆表的 NDSI 及 URSI 是最临近日期的多日晴空无雪观测数据合成得到。

考虑到陆表覆盖类型的空间异质性，从传感器观测影像的时间序列中提取逐像元的降雪前背景信息，可以为动态积雪指数法以及多端元光谱混合分析法提供混合像元的非雪信号，从而减少积雪覆盖度反演的不确定性。

以 MODIS 陆表反射率观测数据为例，无雪背景信息可按以下多日合成方案获得。首先对 MODIS 陆表反射率的 QA 标识进行赋分，对 QA 标识赋分规则如下。

(1) 无效观测——0；

(2) 云——1；

(3) 云影——2；

(4) 水体——3；

(5) 冰雪（NDSI＞–0.1）——4；

(6) 植被（NDVI＞0.1）——5；

(7) 观测天顶角＞60°——6；

(8) 太阳天顶角＞85°——7；

(9) 其他——8。

根据多日影像时间序列的分值高低进行合成，合成规则如下。

(1) 得分高者优先；

(2) 均为雪者 NDSI 小者优先；

(3) 得分相同的非雪地物，以时相近者优先。

如图 3.37 所示，通过多日合成，可以有效获取大面积季节性积雪地区的降雪前背景信息，注意到由于合成日数、积雪持续日数的影响，部分像元的背景信息难以提取。

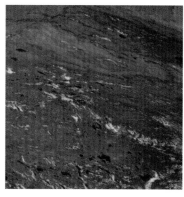

　　（a）多日合成反射率　　　　　　　　（b）2013年10月23日反射率

图 3.37　MODIS 多日合成无雪（少雪）背景影像

对于 Himawari-8 AHI 每 10 min 高时相分辨率数据而言，无雪背景影像按照日内成像时刻也分为多个时相，这样可以减少太阳-地面-传感器几何关系变化带来的不确定性。Himawari-8 AHI 无雪背景影像合成技术与 MODIS 类似，地物标识来自其云属性产品。图 3.38 显示了一例 Himawari-8 AHI 中国地区多日合成无雪（少雪）背景影像，是 2016 年 10～11 月共 61 天所有 04：20 UTC 时刻的影像合成结果，图 3.39 显示了该影像对应的"分数"（即地物标识）。注意到合成影像中存在着一定的积雪覆盖像元，这些像元在合成过程中受到一些云观测（薄云或冰云）的污染，由于没有反映无雪背景信息，在积雪覆盖度反演过程中会被摒弃。

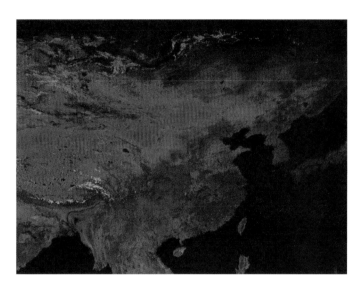

图 3.38　Himawari-8 AHI 2016 年 10～11 月 04：20 UTC 多日合成无雪（少雪）背景影像

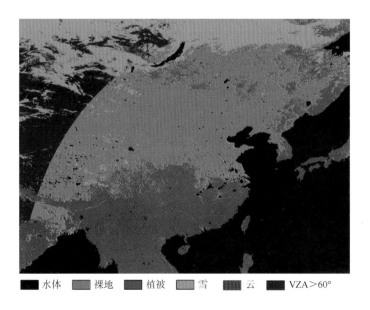

图 3.39　Himawari-8 AHI 2016 年 10～11 月 04：20 UTC 多日合成无雪（少雪）背景影像地物标识

3.6.3　Himawari-8 积雪覆盖度反演流程

根据 3.6.2 节发展的积雪覆盖度反演方法以及 Himawari-8 AHI 数据特点,设计了结合无雪背景先验知识的动态积雪指数法的 Himawari-8 AHI 积雪覆盖度反演算法,其技术流程见图 3.40。

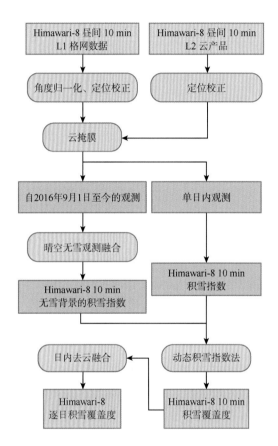

图 3.40　基于动态积雪指数法的 Himawari-8 积雪覆盖度反演流程

注意到 Himawari-8 AHI 影像在青藏高原地区存在一定的定位偏差,尤其是在东西向的偏差比南北向的偏差较严重,这可能是由偏离天底观测造成的,因此在青藏高原湖泊边界提取地面控制点,对 Himawari-8 AHI 影像进行定位校正,校正以后东西向平均绝对误差不超过 0.7 个像元,南北向平均绝对偏差不超过 0.5 个像元。

由于静止卫星影像的成像几何关系复杂,Himawari-8 AHI 在青藏高原地区观测天顶角较大,另外青藏高原地区的 MODIS 气溶胶产品经常处于缺失状态,为其多波段反射率大气校正带来困难,因此本书不对 Himawari-8 AHI 反射率进行大气校正。静止卫星影像像元的反射率随成像几何关系变化而波动,这对定量遥感反演带来一定的干扰,可通过二向性反射模型对角度进行定量准确校正。

积雪覆盖度反演之前一般需要把具有干扰性的像元掩膜，包括扫描坏线、光照条件太差的像元、云像元、水体像元等。这里采用 Himawari-8 AHI 云属性产品的 QA 图层，根据该图层的云识别置信水平确定云像元，并将太阳天顶角超过 70° 的像元掩膜去除。

利用多日晴空观测影像合成技术，获取逐像元无雪背景信息，具体而言，将自秋季 9 月 1 日至观测数据前一天的晴空观测进行最小 NDSI 合成，最终的合成影像可能会有少数积雪像元，尤其是在冰川和多年积雪区，对于 NDSI 大于 0 的像元进行空间插值处理。在获取逐像元无雪背景信息之后，根据 NDSI/URSI 与积雪覆盖度的线性关系式估算 Himawari-8 10 min 分辨率的瞬时积雪覆盖度，并且将积雪覆盖度小于 20% 且 1.6 μm 波段反射率大于 0.2 的像元重新归为无雪像元，以抑制无雪背景信息的噪声导致的积雪覆盖度反演误差。

对 Himawari-8 AHI 多时相瞬时积雪覆盖度进行日合成，以获取云量少、可靠性好的逐日积雪覆盖度估算结果。在进行多时相合成时，优先选取晴空观测积雪覆盖度，对于一日内有多次积雪覆盖度观测的像元，选取太阳天顶角最小时的结果。这是因为太阳高度较低时，观测数据质量更容易受到大气效应的影响，而且较高的太阳高度往往与较高的地面温度及较少的地形阴影面积相联系。另外，在光照条件较好时存在积雪表明其持续时间较长，这种策略也有利于去除对积雪高估的现象。

3.6.4　Himawari-8 反射率角度校正

为了消除成像几何特征对静止卫星观测反射率的影响，本节详细介绍根据二向性反射分布函数(BRDF)模型对反射率进行角度归一化。考虑到静止卫星的可见光至短波红外波段影像在整个白昼都有观测，并且观测空间范围非常大，而地物普遍具有各向异性反射特征，因此不同观测时间和观测地点的反射率会有系统性差异。可以借助半经验核驱动 BRDF 模型描述地物的各向异性光谱反射特征(Roujean et al.，1992；Lucht and Roujean，2000)：

$$R_\lambda(\theta, \vartheta, \varphi) = f_{\text{iso}} + f_{\text{vol}} K_{\text{vol}}(\theta, \vartheta, \varphi) + f_{\text{geo}} K_{\text{geo}}(\theta, \vartheta, \varphi) \tag{3.15}$$

式中，K_{vol} 为体散射核；K_{geo} 为几何光学核；f_{iso} 为各向同性项；f_{vol} 与 f_{geo} 为核系数。

采用罗斯厚核 K_{RT} 作为体散射核：

$$K_{\text{RT}} = \frac{(\pi/2 - \xi)\cos\xi + \sin\xi}{\cos\theta + \cos\vartheta} - \frac{\pi}{4} \tag{3.16}$$

$$\cos\xi = \cos\theta\cos\vartheta + \sin\theta\sin\vartheta\cos\varphi \tag{3.17}$$

图 3.41 显示了罗斯厚核的取值在主平面与主截面随太阳天顶角、观测天顶角的变化而变化的情况。对于主平面，观测天顶角负值指相对方位角为 180°，正值指相对方位角为 0°；对于主截面，观测天顶角负值指相对方位角为 270°，正值指相对方位角为 90°。

采用李氏稀疏互易核 K_{LSR} 作为几何光学核(Wanner et al.，1995)：

$$K_{\text{LSR}} = O(\theta_t, \vartheta_t, \varphi) - [\sec\theta_t + \sec\vartheta_t - 1/2(1 + \cos\xi_t)\sec\theta_t \sec\vartheta_t] \tag{3.18}$$

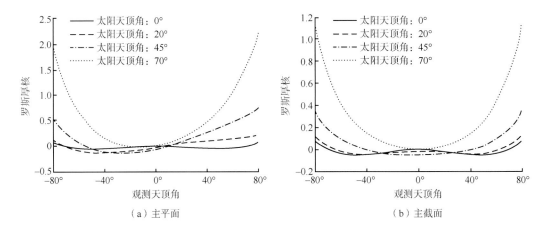

（a）主平面　　　　　　　　　　　　　　　（b）主截面

图 3.41　罗斯厚核在主平面(左)与主截面(右)随照射-观测条件的变化

O 为叠置函数：

$$O(\theta_t, \vartheta_t, \varphi) = \frac{1}{\pi}(k - \sin k \cos k)(\sec \theta_t + \sec \vartheta_t) \tag{3.19}$$

$$\cos \xi = \cos \theta \cos \vartheta + \sin \theta \sin \vartheta \cos \varphi \tag{3.20}$$

$$\cos k = \frac{h}{b} \cdot \frac{\sqrt{F^2 + (\tan \theta_t \tan \vartheta_t \sin \varphi)^2}}{\sec \theta_t + \sec \vartheta_t} \tag{3.21}$$

$$F = \sqrt{\tan^2 \theta_t + \tan^2 \vartheta_t - 2 \tan \theta_t \tan \vartheta_t \cos \varphi} \tag{3.22}$$

$$\cos \xi_t = \cos \theta_t \cos \vartheta_t + \sin \theta_t \sin \vartheta_t \cos \varphi \tag{3.23}$$

$$\tan \theta_t = \frac{b}{r} \tan \theta \tag{3.24}$$

$$\tan \vartheta_t = \frac{b}{r} \tan \vartheta \tag{3.25}$$

b/r 设定为 1，h/b 设定为 2。图 3.42 显示了李氏稀疏互易核的取值在主平面与主截面随太阳天顶角、观测天顶角的变化而变化的情况。

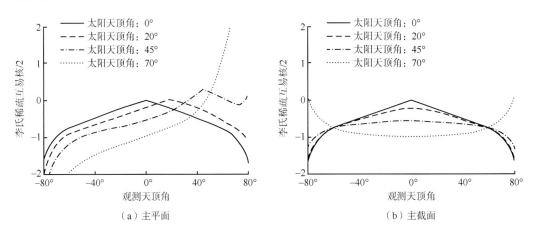

（a）主平面　　　　　　　　　　　　　　　（b）主截面

图 3.42　李氏稀疏互易核在主平面(a)与主截面(b)随照射-观测条件的变化

考虑积雪的方向反射特征，增加雪反射核（Jiao et al.，2019）：

$$R_\lambda(\theta, \vartheta, \varphi) = f_{\mathrm{iso}} + f_{\mathrm{vol}}K_{\mathrm{vol}}(\theta, \vartheta, \varphi) + f_{\mathrm{geo}}K_{\mathrm{geo}}(\theta, \vartheta, \varphi) + f_{\mathrm{snow}}K_{\mathrm{snow}}(\theta, \vartheta, \varphi) \quad (3.26)$$

雪反射核根据 ART 模型得出：

$$K_{\mathrm{snow}} = R_0(\theta, \vartheta, \varphi)[1 - \alpha \cos\xi \exp(-\cos\xi)] + 0.4067\alpha - 1.1081 \quad (3.27)$$

雪反射核的 α 参数可设定为 0.3。雪反射核在主平面和主截面的取值如图 3.43 所示。

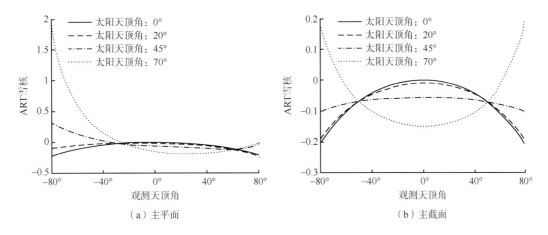

图 3.43 ART 雪核在主平面(a)与主截面(b)随照射-观测条件的变化

以 Himawari-8 AHI 在青藏高原的影像为例，说明可见光至短波红外反射率的角度效应校正过程。采用日内 UTC 时间 01：30～08：30 的观测数据，包括反射率、成像几何以及云识别数据，对式(3.22)的核系数进行线性拟合，并根据 NDSI 以及可见光单波段反射率确定的有雪像元和非雪像元，从而确定是否使用 ART 雪核。确定核系数后，将各时相、各波段所有像元反射率校正到太阳天顶角 45°、观测天顶角 45°、相对方位角 30°的成像几何关系。

图 3.44 显示了 2016 年 12 月 8 日 UTC 05：00 的 Himawari-8 AHI 在青藏高原东部的影像，以及角度校正后的影像，图 3.45 显示了 UTC 08：30 的结果。可以发现，角度校正

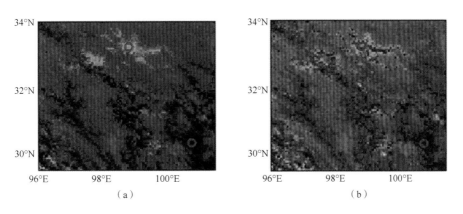

图 3.44 Himawari-8 AHI 2016 年 12 月 8 日 UCT 05：00 波段 5-4-3 合成影像(a)和角度校正后影像(b)

对当地中午的反射率影响相对较小；太阳高度较低时，较低的反射率在校正后有所升高。图 3.44 与图 3.45 中的红色圆圈标识了陆表类型为积雪、草地、森林共 3 个像元的位置，这 3 个像元的各波段反射率校正前后的时间波动曲线见图 3.46～图 3.48。

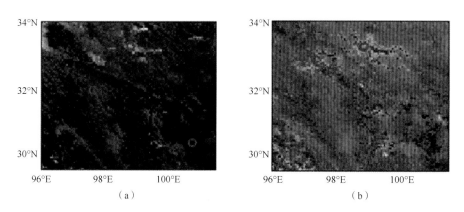

图 3.45　Himawari-8 AHI 2016 年 12 月 8 日 UCT 08∶30 波段 5-4-3 合成影像角度校正前(a)后(b)对比

　　图 3.46 显示了积雪像元角度校正前后反射率的时间波动曲线，可以发现，积雪在日内的可见光至近红外反射率波动基本被消除，说明 ART 雪核的有效性。图 3.47 和图 3.48 分别显示了草地和森林像元的角度校正效果，从中可以看出，草地和森林的日内反射率波动都有一定程度的削弱。

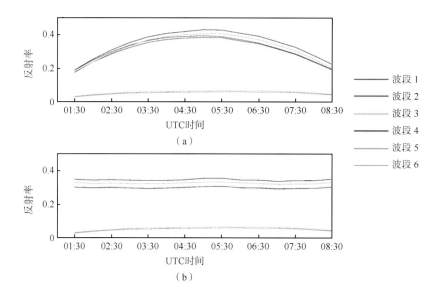

图 3.46　Himawari-8 AHI 积雪像元反射率角度校正前(a)后(b)对比

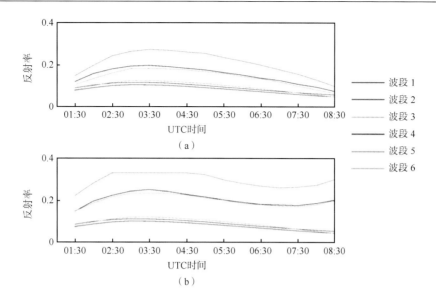

图 3.47　Himawari-8 AHI 草地像元反射率角度校正前（a）后（b）对比

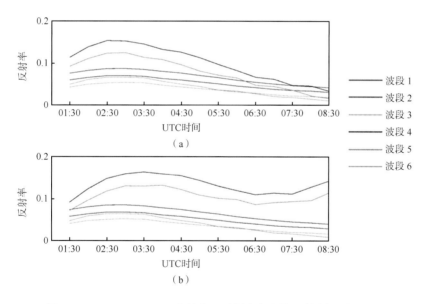

图 3.48　Himawari-8 AHI 森林像元反射率角度校正前（a）后（b）对比

3.6.5　Himawari-8 积雪覆盖度验证

这里将 Landsat 8 OLI 的 30 m 空间分辨率 MESMA-AGE 积雪覆盖度作为"真值"，对 Himawari-8 的 2 km 空间分辨率积雪覆盖度进行验证。也采用了 Terra MODIS 的 500 m 空间分辨率影像计算积雪覆盖度，与 Himawari-8 积雪覆盖度进行对比分析（Wang et al.，2019）。

1. 以 Landsat 8 数据为参考的积雪覆盖度验证

由于 Himawari-8 AHI 的时间分辨率为 10 min,因此采用与 Landsat 8 OLI 成像时间相差不超过 5 min 的 Himawari-8 AHI 上午观测数据进行对比,以避免观测时间差异带来的不确定性。由于 Himawari-8 AHI 在青藏高原地区有定位误差,另外偏离天底观测会造成 1.5~2 倍的像元拉伸现象,因此不仅对比了 Himawari-8 AHI 2 km 分辨率的积雪覆盖度结果,也对比了聚合像元至 4 km 分辨率的积雪覆盖度结果。

1)Himawari-8 积雪覆盖度精度统计结果

表 3.15 列出了以 12 景 Landsat 8 OLI 影像参考的基于动态积雪指数法的 Himawari-8 AHI 积雪覆盖度验证结果。

表 3.15 基于动态积雪指数法的 Himawari-8 AHI 积雪覆盖度验证结果

陆表覆盖类型	Landsat-8 影像	成像日期 (年/月/日)	判对率	查全率	总体精度	RMSE	R^2
			空间分辨率分别为 0.02° 与 0.04° 的统计结果				
林地	132/038	2016/02/29	0.86	0.91	0.86	0.13	0.85
			0.90	0.93	0.89	0.10	0.90
	134/038	2016/02/27	0.90	0.93	0.87	0.19	0.73
			0.93	0.93	0.90	0.15	0.82
草地	136/037	2016/10/22	0.86	0.89	0.87	0.16	0.76
			0.92	0.90	0.91	0.12	0.84
	134/035	2016/01/26	0.86	0.91	0.85	0.11	0.85
			0.87	0.92	0.89	0.10	0.89
	137/036	2017/11/01	0.92	0.92	0.90	0.13	0.87
			0.95	0.93	0.92	0.11	0.92
	139/036	2017/11/15	0.88	0.90	0.93	0.11	0.87
			0.91	0.90	0.94	0.09	0.92
裸地	136/033	2016/01/08	0.93	0.99	0.92	0.21	0.74
			0.95	0.99	0.94	0.19	0.81
	144/036	2016/10/14	0.88	0.93	0.90	0.15	0.87
			0.91	0.93	0.92	0.12	0.91
	142/035	2017/10/19	0.93	0.89	0.94	0.09	0.91
			0.92	0.90	0.95	0.07	0.94
裸地 (喜马拉雅)	138/040	2017/03/13	0.90	0.94	0.93	0.10	0.93
			0.94	0.98	0.96	0.08	0.96
	137/040	2017/03/22	0.86	0.89	0.88	0.16	0.80
			0.90	0.90	0.90	0.12	0.86
	142/040	2017/03/25	0.86	0.96	0.91	0.14	0.84
			0.91	0.97	0.94	0.11	0.89

这些影像涉及林地、草地、裸地共 3 种陆表类型以及喜马拉雅地区,验证结果不仅包括对积雪覆盖度的统计,也包括对二值积雪覆盖的统计,二值积雪覆盖是以 15% 为阈值对积雪覆盖度进行分割,进而确定像元中积雪有无的判别。这些影像基

本处于无雪区与积雪区的过渡地带，保证了纯雪像元、无雪像元以及混合像元数量的差异不至于过大，这是因为过大面积比例的无雪像元或纯雪像元可能会造成表面上较好的精度。

由表 3.15 可以发现，根据动态积雪指数法，Himawari-8 AHI 积雪覆盖度在 2 km 尺度的 RMSE 为 0.10～0.21，积雪判识的总体精度为 0.85～0.96。就陆表覆盖类型来看，该算法在草地的积雪覆盖度反演精度最高，在裸地和森林地区相对较差。这与 MOD10A1、MODAGE 以及 MODSCAG 在青藏高原地区积雪覆盖度在不同陆表覆盖类型下的表现一致（Hao et al.，2019）。

选择了 4 景 Landsat 8 OLI 影像来分析 Himawari-8 AHI 积雪覆盖度在不同陆表类型下的表现，这 4 景影像分别是：影像 134/038，代表林地；影像 137/036，代表草地；影像 144/036，代表裸地地区；影像 138/040，处于喜马拉雅地区。

2）森林地区 Himawari-8 积雪覆盖度精度

本书对 Himawari-8 积雪覆盖度在森林地区的表现进行验证，注意到对于光学遥感积雪覆盖范围制图而言，由于冠层对可见光、近红外和短波红外辐射的遮挡，冠层以下的积雪难以被星载成像仪观测到，因此光学遥感积雪覆盖范围在森林地区观测到的是"暴露"的积雪。图 3.49 显示了在青藏高原东部针叶林地一景 Landsat 8 OLI 影像以及对应的积雪覆盖度反演结果。图 3.49 为用于验证 Himawari-8 AHI 积雪覆盖度的 Landsat 8 OLI 数据情况，图 3.50 表明，Himawari-8 AHI 积雪覆盖度均与 Landsat 8 OLI 有所差异。基于动态积雪指数的 Himawari-8 积雪覆盖度在该地的 RMSE 为 0.19，经升尺度至 4 km 空间分辨率时，RMSE 为 0.15，总体精度也由 0.87 升至 0.90。森林地区积雪覆盖的空间范围估算历来是积雪制图的研究难点，即便利用了新的适用于植被地区的积雪指数，反演结果的 RMSE 仍然较高。

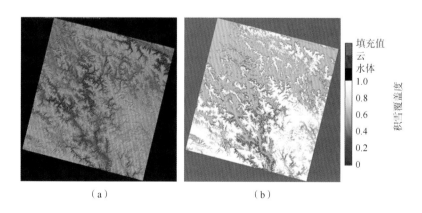

（a）　　　　　　　　　　　　　　（b）

图 3.49　2016 年 2 月 27 日 Landsat-8 OLI 134/038 第 6、第 5、第 4 波段合成
并经过 Gamma 校正的假彩色影像（a）与对应积雪覆盖度（b）

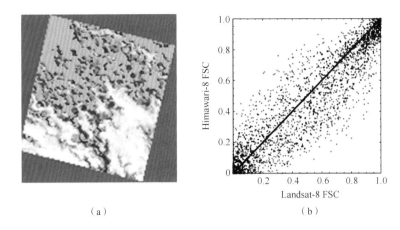

（a）　　　　　　　　　　　　　　　（b）

图 3.50　对应 Landsat-8 OLI 134/038 影像的 Himawari-8 积雪覆盖度与二者散点对比

3）草地地区 Himawari-8 积雪覆盖度精度

图 3.51 显示了青藏高原地区一例 Landsat-8 与 Himawari-8 积雪覆盖度对比结果，该地区大部分面积被草地覆盖，但是在冬季植被枯萎，反射光谱与裸地有些相似。图 3.52 表明该景影像中动态积雪指数法表现稍差，可能是因为动态积雪指数法仅能适应非雪信号的变化，不能体现纯雪信号的变异，所以在高值区造成了一定的低估现象。

4）裸地地区 Himawari-8 积雪覆盖度精度

图 3.53 显示了青藏高原地区一例 Landsat 8 与 Himawari-8 积雪覆盖度对比结果，该地区基本为裸地（主要是沙漠/戈壁），很少有植被生长。图 3.54 表明该景影像动态积雪指数法表现略差，说明该反演算法在裸地地区的效果不如草地地区。根据表 3.15 的精度统计结果，发现在该景影像中漏估现象较少，而错估现象较多。有些错估现象发生在湖泊的边缘，而青藏高原有众多大面积的湖泊，对积雪覆盖度反演带来一定干扰。

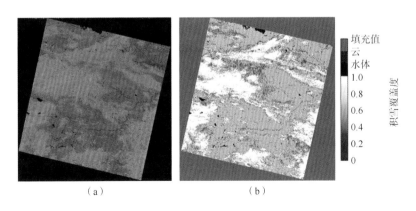

（a）　　　　　　　　　　　　　　　（b）

图 3.51　2017 年 11 月 1 日 Landsat-8 OLI 137/036 假彩色影像（a）与对应积雪覆盖度（b）

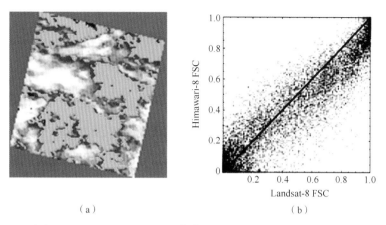

（a）　　　　　　　　　　　（b）

图 3.52　对应 Landsat-8 OLI 137/036 影像的 Himawari-8 积雪覆盖度与两者散点对比

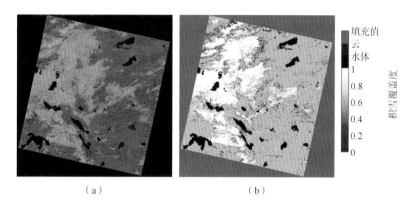

（a）　　　　　　　　　　　（b）

图 3.53　2016 年 10 月 14 日 Landsat-8 OLI 144/036 假彩色影像（a）及对应积雪覆盖度（b）

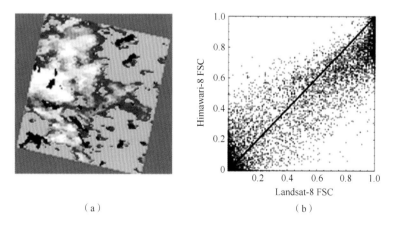

（a）　　　　　　　　　　　（b）

图 3.54　对应 Landsat-8 OLI 144/036 影像的 Himawari-8 积雪覆盖度与两者散点对比

5)喜马拉雅地区 Himawari-8 积雪覆盖度精度

喜马拉雅地区分布着众多冰川与常年积雪,在冬季会形成大面积的季节性积雪。图 3.55 显示了一例喜马拉雅地区 Landsat-8 OLI 影像与积雪覆盖度。图 3.56 可以发现,有些薄雪地区动态积雪指数法精度较高。

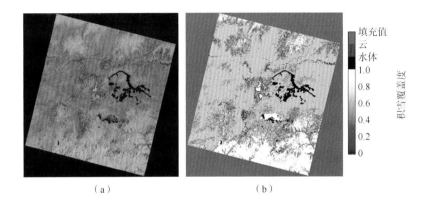

（a）　　　　　　　　　　　　　　（b）

图 3.55　2017 年 3 月 13 日 Landsat-8 OLI 138/040 假彩色影像(a)及对应积雪覆盖度(b)

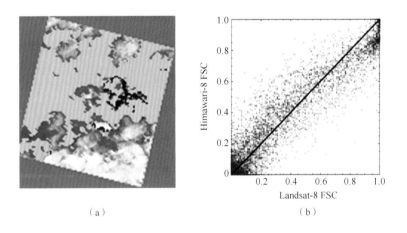

（a）　　　　　　　　　　　　　　（b）

图 3.56　对应 Landsat-8 OLI 138/040 影像的 Himawari-8 积雪覆盖度与两者散点对比

2. 以 MODIS 数据为参考的积雪覆盖度精度

本书也将 Himawari-8 积雪覆盖度与 Terra MODIS 积雪覆盖度进行了对比,这里采用了 2016 年 12 月 10 日青藏高原东部 MODIS 500 m 空间分辨率官方积雪覆盖度 MOD10A1 数据。如图 3.57 所示,该区域大部分面积为草地,也存在一定面积的林地,从 Himawari-8 AHI 与 Terra MODIS 积雪覆盖度分布图来看,Himawari-8 由于空间分辨率的缘故,难以准确探测破碎的积雪。

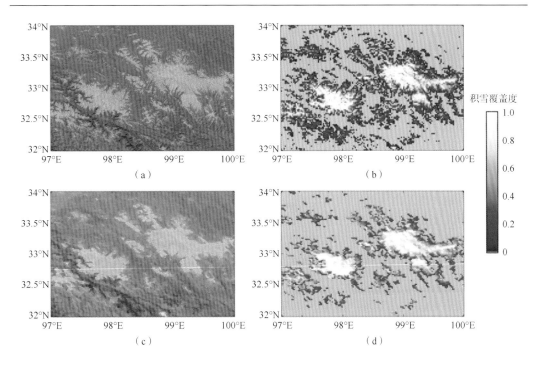

图 3.57　Himawari-8 积雪覆盖度与 MODIS 积雪覆盖度对比示例

(a) 2016 年 12 月 10 日 Terra MODIS 第 5、第 4、第 3 波段合成假彩色影像；(b) 对应影像的 MODIS 积雪覆盖度；
(c) Himawari-8 在 UTC 4∶20 时的假彩色影像；(d) 对应影像的 Himawari-8 积雪覆盖度

图 3.58 显示了 2 种空间分辨率下 Himawari-8 积雪覆盖度与 MODIS 积雪覆盖度散点对比图，从中可以发现，在低覆盖度时，Himawari-8 AHI 与 MODIS 积雪覆盖度差异较大，这是由多种原因造成的。为了避免对积雪的错判，摒弃了短波红外反射率过高的积雪覆盖度，再加上 Himawari-8 传感器性能的限制，因此部分破碎的积雪没有被成功探测到。另外，动态积雪指数法采用了逐像元无雪背景信号，这种背景积雪指数信息

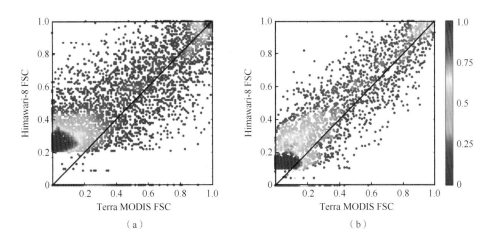

图 3.58　Himawari-8 积雪覆盖度与 MODIS 积雪覆盖度散点对比图

(a) 2 km 空间尺度对比图；(b) 4 km 空间尺度对比图

一般要比 MOD10A1 采用的无雪判断阈值更低,因此相比之下,Himawari-8 AHI 积雪覆盖度可能会有"高估"现象。以 MOD10A1 为基准,Himawari-8 AHI 的 RMSE 在 2 km 空间尺度为 0.19,在 4 km 空间尺度为 0.10,而 R^2 则由 0.79 升至 0.91。

3.6.6　Himawari-8 积雪覆盖度的时空连续性

由于云移动而地物本身不动,且云的变化一般快于雪的消失速度,因此利用 Himawari-8 AHI 的 10 min 时间分辨率的优势,可以实现时空连续性较好的逐日 Himawari-8 AHI 积雪覆盖度制图。注意到具体的去云效果,除了受云覆盖的时空变化的影响,同时也取决于云识别结果的精度。为了分析 Himawari-8 AHI 日合成数据的去云效果,将 2015/2016 年冬季与 2016/2017 年冬季青藏高原地区 Himawari-8 AHI 日合成云覆盖度(即云覆盖的面积比例)与 MODIS 的云覆盖度进行对比。MODIS 的云覆盖度来自 5 km 空间分辨率的积雪覆盖度产品 MOD10C1 与 MYD10C1。

如图 3.59~图 3.60 所示,Terra MODIS 两个冬季在青藏高原的平均云覆盖比例分别为 34%和 33%,Aqua MODIS 的分别为 44%和 43%,两者结合后两个冬季均为 27%,Himawari-8 AHI 两个冬季均为 14%。2016/2017 年 12 月青藏高原广泛多晴天天气,因此三个卫星传感器观测的云量都很少。

Terra 和 Aqua MODIS 在青藏高原探测到的云量处于 15%~45%,Aqua MODIS 经常比 Terra MODIS 的云量更多,这可能与过境时间有关。注意到在部分日期 Himawari-8 AHI 的云量比 MODIS 要多,这是因为 Himawari-8 AHI 云属性产品的云识别结果存在一定的误差,导致一些晴空陆表尤其是雪被判断为云。如图 3.61 所示,在 Himawari-8 AHI 日合成积雪覆盖度结果中,在青藏高原中部存在一定面积的"云",根据目视判读结果,这些"云"多数应该是积雪。

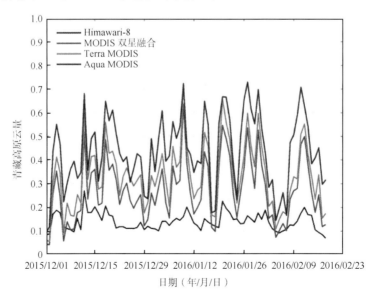

图 3.59　2015/2016 年冬季青藏高原 Himawari-8 AHI 云覆盖与 MODIS 云覆盖对比

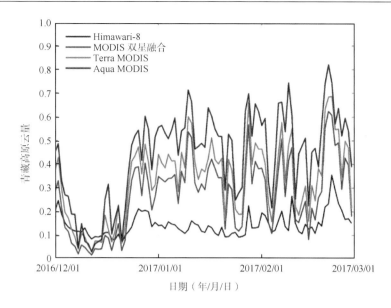

图 3.60 2016/2017 年冬季青藏高原 Himawari-8 AHI 云覆盖与 MODIS 云覆盖对比

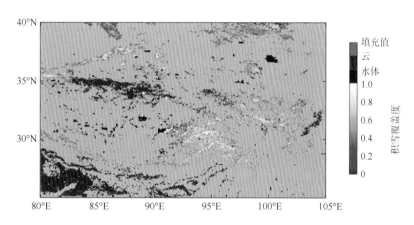

图 3.61 2016 年 1 月 17 日青藏高原 Himawari-8 AHI 积雪覆盖度日合成结果

3.6.7 Himawari-8 积雪覆盖度误差来源分析

积雪覆盖度数据是山区水文模型、陆面模式、数值天气预报等重要的输入数据。美国国家科学研究委员会建议积雪覆盖面积误差应不大于 10%(National Research Council，1989)。根据国际气象组织的报告，对于农业气象应用领域而言，积雪覆盖面积的误差应不大于 10%；对于冰冻圈应用领域而言，积雪覆盖面积的误差应不大于 20% (http：//www.wmo-sat.info/oscar/requirements)。基于动态积雪指数法的 Himawari-8 AHI 积雪覆盖度反演算法在 2 km 空间尺度 RMSE 为 0.08～0.20，在 4 km 空间尺度 RMSE 为 0.07～0.16，这些误差可能来自复杂陆表的时空不均一性、复杂照射-观测条件、观测数据的不确定性以及算法本身的局限。

　　由于静止气象卫星的运行轨道和观测的特点，其全圆盘观测影像中的观测天顶角和方位角是不均匀的。Himawari-8 居于 140.7°E 赤道上空 35793 km 的位置，其观测天顶角在青藏高原地区处于 55°～80°。由于静止卫星特殊的轨道特征，其影像的照射-观测几何条件较为复杂：静止卫星影像的观测天顶角和方位角不随时间变化，仅随空间位置变化；太阳天顶角和方位角则随观测时间和观测位置变化。

　　Himawari-8 AHI 所在的经度为 140.7°E，而 FY-4A AGRI 的经度为 114.7°E。如图 3.62 所示，在新疆和青藏高原地区，Himawari-8 AHI 的观测天顶角基本上大于 60°，而由于 FY-4A 所在的中心经度大致位于中国经度跨度的中间，全国除了新疆和东北地区的北部以外的观测天顶角都小于 60°。

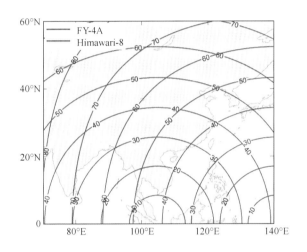

图 3.62　Himawari-8 AHI 与 FY-4A AGRI 观测天顶角的空间分布

　　静止卫星影像的观测天顶角的影响体现在两个方面：一是不同观测天顶角的大气路径不同，较低的观测天顶角下目前的大气校正算法包括 6S 存在一定不确定性；二是不同观测天顶角下像元的大小不同，像元的横向和纵向的尺寸会随天顶角的变化以不同的比例拉伸。

　　如图 3.63 所示，较大的观测天顶角导致大部分青藏高原地区的像元在南北方向和东西方向都有 1.5～3 倍的拉伸，因此 Himawari-8 AHI 2 km 空间分辨率的像元尺寸将被拉伸到 3 km 乃至 6 km。偏离天底观测不仅会造成像元形状、尺寸的畸变，也会使大气路径增加，大气效应的影响会更为严重。观测天顶角和方位角的空间不均一性，再加上非朗伯地物的复杂各向异性反射特征，即便经过了角度归一化，校正后残余的误差也会给积雪覆盖度反演带来不确定性。

　　中国地区新一代静止气象卫星 FY-4A 的中心经度位于 104.7°E，在中国西部地区，尤其是青藏高原、新疆地区，FY-4A AGRI 的观测天顶角比 Himawari-8 AHI 要小，没有十分严重的像元拉伸现象，如图 3.64 所示。利用 FY-4A AGRI 观测数据进行青藏高原乃至中国地区的积雪覆盖度反演，相比 Himawari-8 AHI 可以削弱观测天顶角的不利影响。

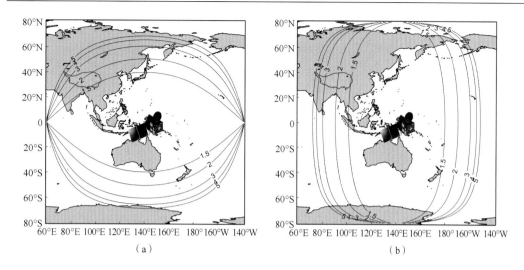

图 3.63　Himawari-8 AHI 像元在南北向(a)和东西向(b)的拉伸倍数

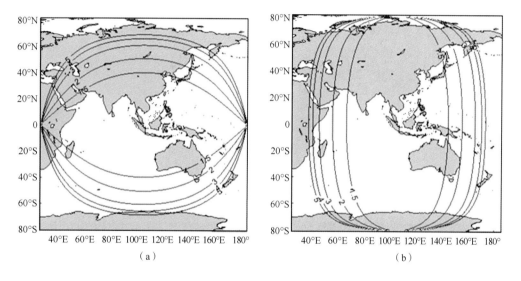

图 3.64　FY-4A AGRI 像元在南北向(a)和东西向(b)的拉伸倍数

　　云识别精度也会给积雪覆盖度反演带来影响，由于部分云尤其是冰云与雪的光谱特征非常相似，云雪区分目前仍然是一个尚未完全解决的问题，另外薄云的识别往往也比较困难，卫星多光谱影像中的薄云也包含了陆表的信息。因此，在季节性积雪地区，云的错估往往会造成雪的漏估，反之，云的漏估容易带来雪的错估。云识别精度还会直接影响积雪覆盖度数据中的云量，当云识别算法倾向于"激进"、尽量避免云的漏估时，静止气象卫星积雪覆盖度数据的去云优势可能会有所削弱。

　　动态积雪指数法相比传统的静态积雪指数法体现了非雪陆表覆盖类型的变化，在物理机制上更加合理。但是动态积雪指数法没有考虑到积雪本身性质包括积雪液态水含量、雪颗粒半径和形状、雪面杂质浓度、方向反射特征的影响，因此在某些情况下，固定纯雪反射率的代表性有一定缺陷。NDFSI 相比 NDSI 而言，对积雪覆盖度变化的敏感性稍有不足，因此有时会受到观测数据的噪声影响，造成积雪覆盖度的误差。

3.7　静止气象卫星与 MODIS 融合的积雪覆盖度

3.7.1　基于风云二号静止气象卫星与 MODIS 积雪覆盖度融合算法

实现积雪覆盖度时空连续是推进积雪遥感数据在气象、水文、气候等领域应用的重要需求。根据静止气象卫星传感器 FY-2/VISSR 以及极轨星传感器 MODIS 积雪覆盖度数据，构建时空连续积雪覆盖度的技术方案如图 3.65 所示。该方案主要依靠静止卫星高时相积雪覆盖度反演结果，极大程度上缓解云的遮掩问题，同时融合 MODIS 传感器积雪覆盖度，避免牺牲积雪覆盖度的精度，而非国际上已有研究中主要依靠时空插值类方法或融合粗空间分辨率雪深/雪水当量产品，减小去云过程中的不确定性。

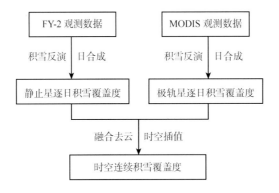

图 3.65　基于 FY-2/VISSR 与 MODIS 观测数据构建时空连续积雪覆盖度的技术方案

FY-2 E/F VISSR 双星联合观测的时间分辨率可达 30 min，双星合成后的 FY-2 每日积雪覆盖度可使 Terra 的 MODIS 积雪覆盖产品约 50%的云覆盖减少至约 15%，大大改善了光学积雪覆盖面积产品的数据缺失情况。

为了得到时空连续性好、精度较高的积雪覆盖数据，以 FY-2E/F 为例，对 MODIS 与 FY-2E/F VISSR 积雪覆盖反演结果进行融合。MODIS 分别搭载于 Terra 与 Aqua 两颗卫星，其中 Aqua/MODIS 的第 6 波段也是反演积雪覆盖度的 1.6 μm 关键波段，扫描丢线和坏线非常严重。利用局部空间窗口内的多波段线性回归关系，对坏像元进行修复，改进了基于 MESMA-AGE 的 Aqua/MODIS 的积雪覆盖度反演。

为了减少 MODIS 每日 500 m 积雪覆盖度的云量，改善其时空完整性，首先对 Terra 与 Aqua 的积雪覆盖度进行融合，其次进行 4 临域空间滤波(即取前后左右共 4 个积雪覆盖度的均值)、2 临域时间滤波(即前后共 2 天的均值)。然后对剩余的云像元以 FY-2E/F VISSR 双星观测来填补，最后利用 Hermit 平滑曲线(PCHIP)对少数的数据空缺进行时间序列插值。PCHIP 曲线与已有研究(Dozier et al.，2008)采用的样条曲线相比，保证了插值结果的单调性，因此在实现时空连续的积雪覆盖度的同时，抑制了噪声的影响，避免了出现积雪覆盖度合理范围之外的结果。

根据上述方法，对青藏高原的积雪覆盖度进行估算，得到结果如图 3.66 与图 3.67 所示。双星 MODIS 融合可以去除部分云覆盖，以及低纬度扫描间隙。FY-2E/F 双星在一天内有半小时的观测频率，可以很好地去除快速移动的云。通过 16 日为周期的依据太阳照射角以及卫星观测角的权重进行平滑插值，即可得到基本无云的积雪覆盖度。

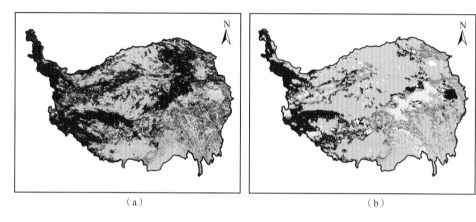

图 3.66　2014 年 2 月 19 日青藏高原双星 MODIS（a）、FY-2E/F VISSR（b）积雪覆盖度

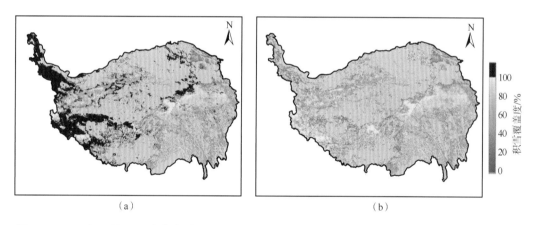

图 3.67　2014 年 2 月 19 日青藏高原 FY-2 E/F VISSR 与 MODIS 积雪覆盖度融合（a）及时序插值（b）结果

3.7.2　基于新一代静止气象卫星与中分辨率成像光谱仪积雪覆盖度融合算法

新一代静止气象卫星如日本 Himawari-8 和中国的风云-4A（FY-4A）在时间分辨率、波段设置和空间分辨率相较于 FY-2 系列均有所提升。例如，Himawari-8 的时间分辨率达到 10 min，可见光波段的空间分辨率可以达到 0.5～1 km，近红外和红外波段的空间分辨率可以达到 1～2 km，这为进一步捕捉移动的云带来了极大的便利，通过对积雪判识结果进

行多时相合成，可以消除移动云对积雪判识结果的影响，进而大大提高积雪判识的精度。

Himawari-8、FY-4A 和 MODIS 积雪覆盖度融合算法和 3.7.1 节相似，不同之处在于，将流程中的 FY-2 数据替换为 Himawari-8 和 FY-4A 数据。研究区为整个中国大陆区域，根据观测天顶角不同，在北疆和青藏高原区域以 FY-4A 积雪覆盖度反演结果为主填补 MODIS 云遮蔽区域，同时由于观测角度的问题，经度小于 80°E 的地区的 Himawari-8 数据不适合进行积雪监测，故该区域全部由 FY-4A 数据进行填充；而在东北区域 Himawai-8 和 FY-4A 的观测天顶角相近，故取二者均值进行 MODIS 云遮蔽区域积雪覆盖度结果的填充，相关结果如图 3.68 所示。

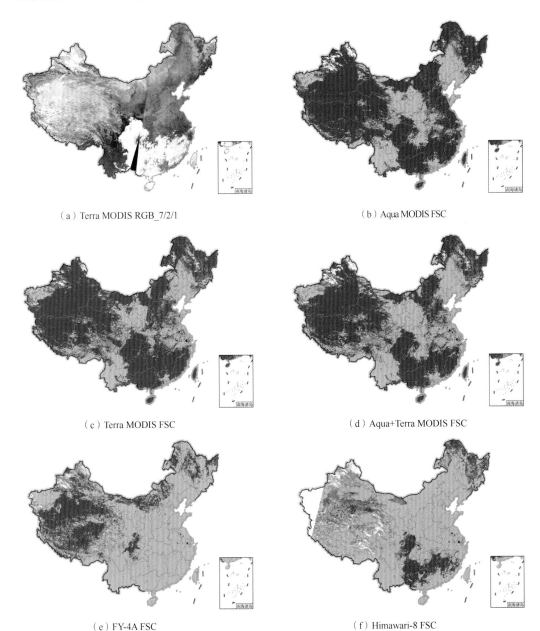

（a）Terra MODIS RGB_7/2/1

（b）Aqua MODIS FSC

（c）Terra MODIS FSC

（d）Aqua+Terra MODIS FSC

（e）FY-4A FSC

（f）Himawari-8 FSC

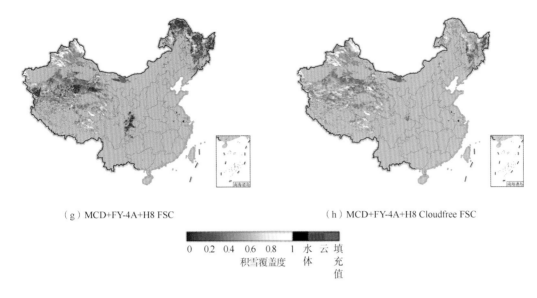

（g）MCD+FY-4A+H8 FSC　　　　　　　　　　　　（h）MCD+FY-4A+H8 Cloudfree FSC

图 3.68　MODIS/FY-4A/Himawari-8/无云积雪覆盖度结果对比示例(2019.01.17)

从图 3.68（c）可知，MODIS 双星融合可以去除部分云覆盖以及低纬度地区扫描间隙，但是仍然存在大量的云遮蔽区域；利用静止星 Himawari-8 和 FY-4A 高频次的观测可以实现最大化对陆表积雪的监测，结果如图 3.68（d）和图 3.68（e）所示，相较于图 3.68（c）云量大大降低；从图 3.68（f）中可以看出，MODIS 和 Himawari-8、FY-4A 融合后仅存在少量的云遮蔽区域；而后利用 Hermite 插值算法即可得到完全无云的积雪覆盖度结果，如图 3.68（g）所示。通过统计 2019 年 1 月共计 30 天的融合结果发现，MODIS 通过融合静止星观测可使云量由 50%左右下降到 10%左右，这充分证明了 MODIS 融合静止星在减少云遮蔽影响方面的优势。

3.8　本章小结

针对陆面模式的需求和当前遥感观测中存在的问题(现有 MODIS 积雪产品在应用中的主要问题为云覆盖带来的数据缺失)，本书综合多源遥感观测，发展和改进积雪产品的高时空分辨率和高精度的监测方法，以提高对其时空分布特征和变化规律的认识，并将这些控制状态变量作为边界条件直接引入不同尺度的陆面模式，以避免或减小这些控制状态变量的不确定性所造成的模拟误差和不确定性。

为了尽可能减少现有极轨卫星积雪产品数据缺失的问题，以及提高现有极轨卫星产品的精度，本书开发了基于多源传感器观测的高空间分辨率与时间分辨率的积雪覆盖度反演方法。在青藏高原地区建立了基于 Landsat8 卫星和 GF-1 号卫星的高分辨率积雪覆盖数据集，可用于多种积雪覆盖面积产品的验证，以及本书开发的积雪覆盖度算法验证。本书改进了风云二号(FY-2)静止气象卫星中国地区积雪判识方法，减少了中国南方的云雪混淆。在多时相积雪覆盖图日合成过程中进行了稳定性测试，优先选取较高的太阳高度下估测的积雪信息,在此基础上发展了 FY-2 积雪覆盖度算法,即利用无雪陆表反射率和纯雪反射率,估算亚像元积雪覆盖度。为了得到时空连续性好、精度较高的积雪覆盖数据,利用 MODIS 高空间分辨率和 FY-2 高时间分辨率的优势,对 MODIS 与 FY-2 VISSR 积雪覆盖结果进行融合。通过融合 FY-2 双星合成的信息,Terra/MODIS 积雪覆盖产品由约 50%的云覆盖减少至约 15%,大大改善了光学积雪覆盖面积产品的数据缺失情况。在进行时序积雪覆盖度重建时,考虑卫星观测高度对 MODIS 积雪估算值的影响,以及太阳高度对 FY-2 积雪估算值的影响,来获取较为可靠的每日连续无云的积雪覆盖度结果。此外,本书开发了新一代静止气象卫星 Himawari-8 和 FY-4A 的混合像元分解积雪覆盖度反演算法,通过在青藏高原地区的验证,这两者估算积雪覆盖度精度与 MODIS 相当,误差为 0.08~0.16。新一代静止气象卫星有望获取相比 FY-2 时空分辨率更高、不确定性更小的积雪覆盖度。

参 考 文 献

郭强, 陈博洋, 张勇, 等. 2013. 风云二号卫星在轨辐射定标技术进展. 气象科技进展, 3(06): 6-12.

韩琛惠. 2018. 新一代静止气象卫星积雪判识算法的改进与应用研究. 南京: 南京信息工程大学.

李三妹, 闫华, 刘诚. 2007. FY-2C 积雪判识方法研究. 遥感学报, 11(3): 406-413.

邱玉宝. 2018. 青藏高原 MODIS 逐日无云积雪面积数据集(2002-2015). https://doi.org/10.11888/Hydrol.tpe.00000026.file.2018.01.01.

施建成. 2012. MODIS 亚像元积雪覆盖反演算法研究——纪念杰出的地理学家、冰川学家施雅风先生逝世一周年. 第四纪研究, 32: 6-15.

王建, 车涛, 李震, 等. 2018. 中国积雪特性及分布调查. 地球科学进展, 33(1): 12-26.

闫玉娜, 车涛, 李弘毅, 等. 2016. 使用积雪遥感面积数据改善山区春季融雪径流模拟精度. 冰川冻土, 38(1): 211-221.

张镱锂, 李炳元, 郑度. 2014. 青藏高原范围与界线地理信息系统数据. https://doi.org/10.3974/geodb.2014.01.12.V1. 2018.01.01.

Bavay M, Grünewald T, Lehning M. 2013. Response of snow cover and runoff to climate change in high Alpine catchments of Eastern Switzerland. Advances in Water Resources, 55: 4-16.

Chen J, Ban Y, Li S. 2014a. China: open access to earth land-cover map. Nature, 514: 434.

Chen X Y, Jiang L M, Yang J T, et al. 2014b. Validation of ice mapping system snow cover over southern China based on Landsat Enhanced Thematic Mapper Plus imagery. Journal of Applied Remote Sensing, 8(1): 084680.

Crawford C J. 2015. MODIS Terra Collection 6 fractional snow cover validation in mountainous terrain during spring snowmelt using Landsat TM and ETM+. Hydrological Processes, 29: 128-138.

Czyzowska-Wisniewski E H, Leeuwen V W J D, Hirschboeck K K, et al. 2015. Fractional snow cover estimation in complex alpine-forested environments using an artificial neural network. Remote Sensing of Environment, 156: 403-417.

de Wildt M, Seiz G, Gruen A. 2007. Operational snow mapping using multitemporal Meteosat SEVIRI imagery. Remote Sensing of Environment, 109(1): 29-41.

Dobreva I D, Klein A G. 2011. Fractional snow cover mapping through artificial neural network analysis of MODIS surface reflectance. Remote Sensing of Environment, 115(12): 3355-3366.

Dozier J, Green R O, Nolin A W, et al. 2009. Interpretation of snow properties from imaging spectrometry. Remote Sensing of Environment, 113(1): S25-S37.

Dozier J, Painter T H, Rittger K, et al. 2008. Time-space continuity of daily maps of fractional snow cover and albedo from MODIS. Advances in Water Resources, 31(11): 1515-1526.

Dozier J. 1989. Spectral signature of alpine snow cover from the Landsat Thematic Mapper. Remote Sensing of Environment, 28: 9-22.

Farr T G, Rosen P A, Caro E, et al. 2007. The shuttle radar topography mission. Reviews of Geophysics, 45(2): 1-33.

Green R O, Dozier J, Roberts D, et al. 2002. Spectral snow-reflectance models for grain-size and liquid-water fraction in melting snow for the solar-reflected spectrum. Annals of Glaciology, 34(1): 71-73.

Hale G M, Querry M R. 1973. Optical constants of water in the 200 nm to 200 μm wavelength region. Applied Optics, 12(3): 555-563.

Hao S R, Jiang L M, Shi J C, et al. 2019. Assessment of MODIS-Based fractional snow cover products over the Tibetan Plateau. IEEE Journal of Selected Topics in Applied Earth Observations and Remote Sensing, 12(2): 533-548.

Hao S R, Jiang L M, Wang G X, et al. 2017. The Effect of Scale and Snow Fragmentation on the Accuracy of Fractional Snow Cover Data over the Tibetan Plateau. Texas, USA. 2017 IEEE International Geoscience and Remote Sensing Symposium.

Jarvis A, Reuter H I, Nelson A, et al. 2008. Hole-filled SRTM for the globe Version 4. available from the CGIAR-CSI SRTM 90 m Database. http://srtm. csi. cgiar. org, 2018.01.01.

Jiao Z T, Ding A X, Kokhanovsky A, et al. 2019. Development of a snow kernel to better model the anisotropic reflectance of pure snow in a kernel-driven BRDF model framework. Remote Sensing of Environment, 221: 198-209.

Klein A G, Hall D K, Riggs G A. 1998. Improving snow cover mapping in forests through the use of a canopy reflectance model. Hydrological Processes, 12: 1723-1744.

Ling F, Zhang T J. 2004. A numerical model for surface energy balance and thermal regime of the active layer and permafrost containing unfrozen water. Cold Regions Science and Technology, 38(1): 1-15.

Lucht W, Roujean J L. 2000. Considerations in the parametric modeling of BRDF and albedo from multiangular satellite sensor observations. Remote Sensing Reviews, 18(2-4): 343-379.

Martinec J. 1975. Snowmelt-runoff model for stream flow forecasts. Hydrology Research, 6(3): 145-154.

Metsämäki S, Pulliainen J, Salminen M, et al. 2015. Introduction to GlobSnow Snow Extent products with considerations for accuracy assessment. Remote Sensing of Environment, 156: 96-108.

Moosavi V, Malekinezhad H, Shirmphammadi B. 2014. Fractional snow cover mapping from MODIS data using wavelet-artificial intelligence hybrid models. Journal of Hydrology, 511: 160-170.

National Research Council. 1989. Prospects and Concerns for Satellite Remote Sensing of Snow and Ice. Washington, DC: The National Academies Press.

Painter T H, Dozier J, Roberts D A, et al. 2003. Retrieval of subpixel snow-covered area and grain size from imaging spectrometer data. Remote Sensing of Environment, 85(1): 64-77.

Painter T H, Rittger K, McKenzie C, et al. 2009. Retrieval of subpixel snow covered area, grain size, and albedo from MODIS. Remote Sensing of Environment, 113: 868-879.

Petzold A, Rasp K, Weinzierl B, et al. 2009. Saharan dust absorption and refractive index from aircraft-based observations during SAMUM 2006. Tellus B: Chemical and Physical Meteorology, 61B(1): 118-130.

Picard G, Libois Q, Arnaud L. 2016. Refinement of the ice absorption spectrum in the visible using radiance profile measurements in Antarctic snow. The Cryosphere, 10(6): 2655-2672.

Pomeroy J, Gray D, Shook K, et al. 1998. An evaluation of snow accumulation and ablation processes for land surface modelling. Hydrological Processes, 12(15): 2339-2367.

Raleigh M S, Rittger K, Moore C E, et al. 2013. Ground-based testing of MODIS fractional snow cover in subalpine meadows and forests of the Sierra Nevada. Remote Sensing of Environment, 128: 44-57.

Riggs G A, Hall D K. 2011. MODIS snow and ice products, and their assessment and applications, in: Land Remote Sensing and Global Environmental Change, Remote Sensing and Digital Image Processing 11, edited by: Ramachandran B, Justice C O, Abrams M J, Chap. 30, New York: Springer.

Rittger K, Painter T H, Dozier J. 2013. Assessment of methods for mapping snow cover from MODIS. Advances in Water Resources, 51: 367-380.

Robinson N. 1966. Solar Radiation. Amsterdam: Elsevier.

Romanov P, Tarpley D. 2007. Enhanced algorithm for estimating snow depth from geostationary satellites. Remote Sensing of Environment, 108(1): 97-110.

Romanov P. 2017. Global Multisensor Automated satellite-based Snow and Ice Mapping System(GMASI)for cryosphere monitoring. Remote Sensing of Environment, 196: 42-55.

Rosenthal W, Dozier J. 1996. Automated mapping of montane snow cover at subpixel resolution from the Landsat Thematic Mapper. Water Resources Research, 32: 115-130.

Roujean J L, Leroy M, Deschamps P Y. 1992. A bidirectional reflectance model of the Earth's surface for the correction of remote sensing data. Journal of Geophysical Research: Atmospheres, 97(D18): 20455-20468.

Salomonson V V, Appel I. 2004. Estimating fractional snow cover from MODIS using the normalized difference snow index. Remote Sensing of Environment, 89: 351-360.

Salomonson V V, Appel I. 2006. Development of the Aqua MODIS NDSI fractional snow cover algorithm and validation results. IEEE Transactions on Geoscience and Remote Sensing, 44(7): 1747-1756.

Siljamo N, Hyvärinen O. 2011. New geostationary satellite-based snow-cover algorithm. Journal of Applied Meteorology and Climatology, 50(6): 1275-1290.

Slater M T, Sloggett D R, Rees W G, et al. 1999. Potential operational multi-satellite sensor mapping of snow cover in maritime sub-polar regions. International Journal of Remote Sensing, 20(15-16): 3019-3030.

Varhola A, Coops N C, Weiler M, et al. 2010. Forest canopy effects on snow accumulation and ablation: an integrative review of empirical results. Journal of Hydrology, 392(3-4): 219-233.

Wang G X, Jiang L M, Shi J C, et al. 2019. Snow-covered area retrieval from Himawari-8 AHI imagery of the Tibetan Plateau. Remote Sensing, 11(20): 1-23.

Wang G X, Jiang L M, Shi J C, et al. 2021. A universal ratio snow index for fractional snow cover estimation. IEEE Geoscience and Remote Sensing Letters, 18(4): 721-725.

Wang G X, Jiang L M, Wu S L, et al. 2017. Fractional snow cover mapping from FY-2 VISSR imagery of China. Remote Sensing, 9(10): 1-20.

Wanner W, Li X, Strahler A H. 1995. On the derivation of kernels for kernel-driven models of bidirectional reflectance. Journal of Geophysical Research: Atmospheres, 100(D10): 21077-21089.

Warren S G, Brandt R E. 2008. Optical constants of ice from the ultraviolet to the microwave: A evised compilation. Journal of Geophysical Research, 113: 1-10.

Wiscombe W J. 1980. Improved Mie scattering algorithms. Applied Optics, 19（9）: 1505-1509.

Xiong C, Shi J. 2014. Simulating polarized light scattering in terrestrial snow based on bicontinuous random medium and Monte Carlo ray tracing. Journal of Quantitative Spectroscopy and Radiative Transfer, 133: 177-189.

Yang J T, Jiang L M, Shi J C, et al. 2014a. Monitoring snow cover using Chinese meteorological satellite data over China. Remote Sensing of Environment, 143: 192-203.

Yang J T, Jiang L M, Yan S. 2014b. Snow cover mapping over China using FY-2 and MTSAT-2 data.Beijing, China. SPIE Asia Pacific Remote Sensing, 9260（92603H）: 1-4.

Zender C, Flanner M, Randerson J, et al. 2006. Present and Last Glacial Climate Effects of Dust and Soot in Snow. http: //dust.ess.uci.edu/smn/smn cgd 200610.pdf, 2018.01.01.

第 4 章　陆表冻融状态的遥感观测

陆表冻融是指土层由于温度降到 0 ℃以下和升至 0 ℃以上而产生冻结和融化的一种物理地质作用和现象。由于冻融过程涉及土壤中的液态水和固态冰之间的相态交替作用，因此在众多的陆表过程中其显得极为独特。这种冻融相态交替即便仅发生在表面很薄的土层里，都会引起一系列复杂的陆表过程轨迹模式突变，对地-气间能量和水分交换过程产生重要影响。

微波遥感具有全天时、全天候的特点，并能够反映冻融过程中水分相态变化引起的土壤介电特性差异，因此在陆表冻融状态的监测中具有无可比拟的机理层面的优势(张廷军等，2009)。以微波辐射计为手段的被动微波遥感方式主要依赖于微波亮温所蕴含的温度变化和水分相态变化信息，但是算法判别阈值的确定受到复杂陆表环境和传感器工作频率的影响，造成不同算法之间或者不同传感器之间的判别精度存在差异；主动微波遥感方式通常假设短期内后向散射变化是由地表冻融转变引起的，而忽略了植被、积雪等在季节变化中的影响，限制了主动微波遥感的冻融判别精度和广泛应用。因此，如何在算法发展过程中考虑陆表环境要素的复杂多变，以及考虑不同传感器定标差异对长时间序列产品一致性的影响，是当前微波遥感陆表冻融状态研究中的难点问题。

与此同时，陆表冻融状态的变化及分布不仅受到纬度、海拔、地形的影响，还与土壤质地、土壤水分、地热、积雪、气温等条件紧密相关，陆表由此呈现的强烈空间异质性和复杂性也为冻融状态的监测带来诸多困难和不确定性(曹梅盛和晋锐，2006)。已有研究表明，陆表冻融状态的判别精度随着空间分辨率的提升而增加(Du et al.，2014)，主动微波遥感，如雷达虽然能够获取高空间分辨率的陆表冻融状态，但是其时间重访率较低，难以捕捉春秋季节的冻融日循环过程；光学遥感提供的陆表温度信息对于陆表冻融变化的敏感性较低，且容易受到天气条件的影响。因此，如何充分利用多源遥感数据在时间和空间分辨率上的优势，是陆表冻融状态遥感监测中亟待解决的问题。

本章内容首先是陆表冻融状态遥感概述，其次阐述近陆表冻融状态遥感判别算法，最后介绍高分辨率陆表冻融状态遥感判别方法。

4.1　陆表冻融状态遥感概述

4.1.1　陆表冻融过程观测方法与遥感原理

1. 陆表冻融过程观测方法

冻土是冰冻圈乃至整个地球系统中重要的组成要素之一，对于全球气候变化、陆表水热过程、生物地球化学循环以及能量平衡等起着至关重要的作用。根据冻土持续时间的差异，可以将冻土分为多年冻土和季节性冻土两大类。针对多年冻土的观测主要包括：①其本身的特征要素，诸如冻土的边界分布，冻土层的温度剖面，冻土的水热特性以及活动层厚度；②由于冻结作用而形成的石冰川、热喀斯特等特殊的地形地貌；③与工程稳定性密切相关的形变要素(冻胀、融沉等)。除此之外，针对季节性冻土的观测要素还包括冻结和融化深度，以及冻土与陆气交互相关的土壤冻融状态和水热动态等。陆表冻融过程监测的主要手段可分为地面和遥感两类。

钻孔勘察是多年冻土基本特征要素监测最直接和使用最为广泛的方法。以探地雷达、核磁共振、瞬变电磁法(TEM)等为代表的电法、声法和地震等地球物理勘察方法，具有无损和快速等特征，是在局地空间尺度上监测多年冻土分布、厚度、含冰量、未冻水含量等的重要手段。冻土的冻融状态和水热动态主要依赖于时域反射法(TDR)、频域反射法(FDR)等地面传感器获取的分层土壤温湿度；冻土的碳循环监测依赖于碳通量观测(包括闭路和开路)。冻土区陆表形变可通过水准仪、地基 GPS/GNSS、地基激光扫描仪等技术探测。然而这种基于野外作业的单点测量法存在着一些难以解决的弊端，例如一些地区(如青藏高原地区)气候条件恶劣，荒无人烟，对站点设备的维护和后期数据的获取都存在极大的挑战，同时一些站点由于布设位置会出现区域代表性问题，难以代表该区域的近陆表冻融状态。

自从 1962 年第一届国际环境遥感大会上提出"遥感"(remote sensing)一词以来，遥感科学作为一门集测绘、计算机、电子通信等领域的交叉学科逐渐出现在人们的视野中，随着遥感技术不断革新进步，朝着大尺度、多频段、高分辨率、高精度的方向发展，科研人员逐渐将其应用至陆表模式、水文模型、生态恢复等领域。在对近陆表冻融过程的遥感监测中，根据电磁波的频率和工作模式可以分为可见光-近红外遥感、热红外遥感、主动微波遥感、被动微波遥感四种方式。

由于可见光-近红外遥感不能穿透陆表，因此只能利用该遥感波段间接进行冻土分布的相关研究。研究表明，冻土的分布一般与地形、气候、陆表覆盖状况、积雪等环境因素有关系。例如，永久冻土一般存在于高纬度、高海拔的山区，并且在山区一般季节性冻土都会出现在阴面，而阳面则不会出现(Brown，1973)。当陆表有复杂的植被类型时，植被会有效地吸收太阳的能量，从而对冻土的形成造成影响(Lindsay and Odynsky，1965)。积雪也是陆表土壤与空气绝佳的隔离体，季节性积雪的出现很大程度上能够影响多年冻土的形成(Smith，1975)。国内外学者大多数也都是基于冻土形成与环境因素的关系，利用光学-近红外遥感来进行冻土分布的研究。Haugen 等(1972)尝试利用 Landsat-1上搭载的多光谱扫描仪影像来间接判别阿拉斯加地区永久冻土分布的可能性。同样在阿拉斯加地区，Anderson 等(1974)也利用同样的卫星影像提出了利用陆表地质以及植被类型的纹理特征来对该地区进行更高精度的冻土制图。Morrissey 等(1986)通过灵活组合地球资源卫星提取的植被图、TM 波段的热红外数据以及潜在太阳辐射量三种数据来编制冻土分布图，并且其最高精度能够达到 80%左右。许多学者也尝试使用不同的分类方法来对多年冻土分布进行识别。Peddle 和 Franklin(1993)利用 MERCURY 分类器，通过输入有效的环境因子，不仅识别了加拿大育空 Ruby 山脉的多年冻土，而且对该区域的活动层的厚度进行了有效的分类，并利用野外观测活动层厚度数据进行了验证。Leverington 等(1996)利用 3 种不同的分类器(神经网络、最大似然分类、证据理论分类法)以及所需要输入的地形、叶面积指数、TM 波段数据及植被覆盖等信息绘制了夏季结束时的育空中部森林的冻土分布图，精度均达到 85%以上。但是，研究发现使用可见光-近红外波段遥感数据监测冻土具有一定的局限性，首先是其极易受到云雨及昼夜变化的影响，需要多日甚至数月的遥感数据才能绘制较为完整的冻土分布图；其次，难以实时获取陆表冻融状态信息，如冻融开始/结束时间，冻融持续时间等；最后，不能用于大尺度的冻融状态遥感监测。

热红外遥感主要用来观测陆表的温度变化，而冻融循环的季节周期性变化与温度参数密切相关，美国地球观测系统 EOS 计划分别于 1999 年 12 月 18 日和 2002 年 5 月 4 日发射了 Terra 上午星及 Aqua 下午星两颗遥感观测卫星，这两个卫星平台皆搭载了中分辨率成像光谱仪 MODIS(moderate resolution imaging spectroradiometer)传感器，经验证，MODIS 官方(https://modis.gsfc.nasa.gov/)发布的多空间分辨率的陆表温度 LST(land surface temperature)产品有着较高的精度和较稳定的数据质量。Hachem 等(2009)和 Langer 等(2010)发现，MODIS 1 km 分辨率 LST 遥感数据产品与实测气温数据具有较强的相关性，并以此为理论基础完成了加拿大北部及北极苔原等高纬度地区的冻土分布图。然而由于青藏高原地区较为复杂的地形地势及其特殊的地理位置，MODIS LST 产品在该区域精度有所下降，同时由于受到云雨的影响，其数据完整性也较差。

相较于多年冻土层，冻土活动层内部对于全球气候的变化更为敏感。土壤内部的冰水相态的交替变化会使得土体的体积发生变化，从而导致冻土区陆表发生周期性的冻胀融沉现象，多年冻土的退化使得该现象不断发生变化，具体表现为冻土区的陆表发生沉降，土壤基底承载强度、紧实度降低，从而使得基础设施和工程建设受到巨大的影响。由于多年冻土区的陆表不均匀沉降是由多年冻土的地下冰融化所致，因此多年冻土表层的沉降(形变)从一定程度上反映了冻土活动层的变化，基于多时相 SAR 数据的 D-InSAR 技术可以有效地对多年冻土的陆表形变进行监测，通过差分干涉实验获取高精度的微小地形形变，从而在多年冻土区开展季节性和长时序的形变分析，为建立冻土区地质水文模型提供关键的输入数据。

以上几种探测手段一般常适用于较小尺度的冻土监测，而针对大范围的研究区域，诸如青藏高原地区或整个北极地区，一般使用基于微波遥感的星载散射计和辐射计进行监测，相较于光学波段，微波波段具有穿透性更强、全天时全天候、基本不受天气及云雨影响的特点，在全球的冻融状态监测方面独具优势，并且具有时间连续性强、反演精度高的特点。可以有效地在大范围尺度上监测永久冻土层与活跃层的地面特性，冻土衰减/增加时的地面变化，与永久冻土层性质有关的植被，陆表冻土的物理参数(温度、湿度、积雪)，以及冻土地下性质(活跃层深度，形变)等。当冻土活动层冻融循环交替事件发生时，其内部的液态水含水量发生剧烈变化，此时，不管是基于主动微波的后向散射系数还是基于被动微波的亮温，在其原本稳定的季节性时序变化上都会产生一个明显的突变，同时通过识别冻融发生时微波信号的时序变化特征来监测陆表冻融循环。

2. 陆表冻融状态的微波遥感原理

土壤冻融状态的转换实际上是土壤中固态冰和液态水相变的过程，因此土壤含水量的变化是衡量土壤冻融强度的一个重要指标，也是影响土壤冻融侵蚀和陆表能量平衡的关键参数。液态水复相对介电常数(包括实部和虚部)的变化能够敏感地反映液态水量变化，且液态水的复相对介电常数与土壤中的其他成分(干土、冰、空气、有机物等)区别较大。在控制温度变化的条件下，对 6 种从保定、张家口和郑州三地收集的土壤(具有不同的初始含水量和成分)的复相对介电常数进行了测量(Pan et al.，2012)。图 4.1 展示了土壤样本在不同初始含水量情况下，复相对介电常数与温度的变化关系。

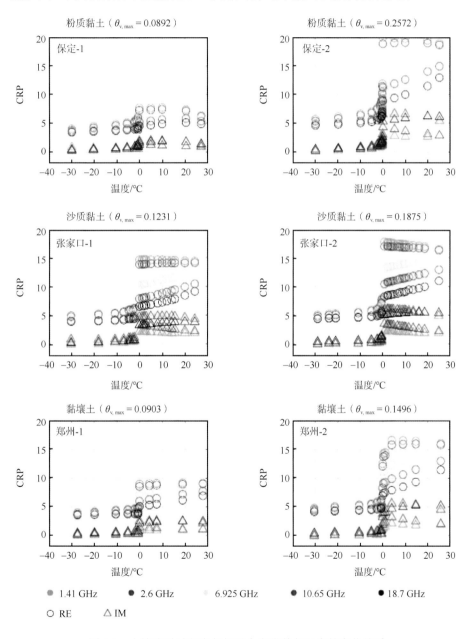

图 4.1　土壤冻融过程中复相对介电常数与温度的变化关系

注：CRP—复相对介电常数；RE—实部；IM—虚部；$\theta_{v,max}$—初始含水量

由此可见，复相对介电常数在土壤冻融过程中有着明显变化。土壤冻融循环中复相对介电常数的变化能够引起微波遥感观测信号的变化，因此主被动微波遥感技术能够对陆表冻融循环进行捕捉，也能够对陆表冻融状态进行判别。

近年来，随着对土壤冻融过程中电磁波交互作用的研究不断深入，微波遥感在土壤冻融领域中有着很大的进展，多层陆表土壤的冻融状态成为热点。以下介绍多层介质的土壤冻融土模型(Zhao et al.，2018)(图 4.2)，包含冻融土介电常数模型、多层介质相干模型和土壤表面粗糙度模型。

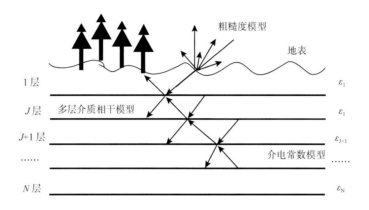

图 4.2　冻融土的微波辐射传输

1)冻融土介电常数模型

土壤冻融辐射建模所采用的冻融土介电模型是经过改进后的 Zhang 等(2003)的冻融土介电模型。该模型是在 Dobson 等(1985)半经验土壤介电模型的基础上建立的一种适用于冻融土的介电模型。冻融土的介电常数计算公式为

$$\varepsilon_{m}^{\alpha} = \begin{cases} 1 + \dfrac{\rho_{b}}{\rho_{s}}\left(\varepsilon_{s}^{\alpha} - 1\right) + m_{vu}^{\beta}\varepsilon_{fw}^{\alpha} - m_{vu} & T > 0\,℃ \\[2mm] 1 + \dfrac{\rho_{b}}{\rho_{s}}\left(\varepsilon_{s}^{\alpha} - 1\right) + m_{vu}^{\beta}\varepsilon_{fw}^{\alpha} - m_{vu} + m_{vi}\varepsilon_{i}^{\alpha} - m_{vi} & T \leqslant 0\,℃ \end{cases} \tag{4.1}$$

式中，ε 为相对介电常数；下标 m、s、fw、i 分别代表湿土、土壤中固体、自由水和冰；ρ_{b} 为容重(bulk density)；ρ_{s} 为比密度(specific density)；m_{v} 为容积式含量；下标 u、i 分别代表未冻水和冰；α 为形状因子常量。

在冻融土的介电模型研究中，土壤的含水量计算方法是整个研究的关键。Zhang 的冻融土介电模型中的未冻水含量是通过土壤的比表面积和温度的经验模型来计算的，在此基础上，对土壤冻融过程中的未冻水含量计算进行了改进，其计算公式为

$$m_{vu} = m_{min} + (m_{max} - m_{min}) \times e^{(-K \times |T_{s}|)} \tag{4.2}$$

式中，T_s（℃）为土壤物理温度；m_{max}（m³/m³）为冻结开始前土壤的初始含水量，也可以认为是土壤中的总含水量。此外，该模型使用根据土壤质地计算的比表面积（SSA）来参数化 K，K 是影响土壤中液态水冻结速度的一个重要系数，如下所示：

$$K = a - b \times \text{SSA} \quad 或 \quad K = a \times \text{SSA}^b \tag{4.3}$$

$$\text{SSA} = 0.042 + 4.23\text{Clay}\% + 1.12\text{Silt}\% - 1.16\text{Sand}\% \tag{4.4}$$

式中，Clay%、Silt%和 Sand%分别为土壤中黏土、淤泥和沙的占比。此外，根据实测数据对 K 和 SSA 之间的参数化方程进行了拟合和优化（Wu et al.，2022）。

2）多层介质相干模型

考虑到冻结土壤多层结构的影响，使用 Wilheit（1978）提出的模型来模拟辐射传输过程较为合理。该模型将相邻两层界面的辐射传输建立起关系式：

$$p_j^{\pm} = \exp\left[\pm\left(\frac{2\pi i}{\lambda}\right) n_j \delta_j \cos\theta_j \, p_{j-1}^{\pm}\right] \tag{4.5}$$

$$p_1^{\pm} = 1 \tag{4.6}$$

式中，n_j 为折射角；δ_j 为厚度；λ 为自由空间波长；θ_j 为入射波段与分层界的夹角；E 是辐射能量，正负号分别指射入传播介质能量和射出能量。通过该模型的计算能够得到多层土壤的等效介电常数、反照率（H 和 V 极化）和有效温度（H 和 V 极化）。每层界面上的电磁传播由图 4.3 表示，该模型的优势在于使用了一种更简单的形式，使得表达式、数值计算和物理意义之间的关系更加清晰，解决了多层介质中辐射传输的模拟问题。

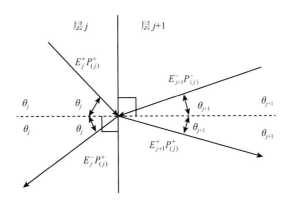

图 4.3　传输过程中第 j 层和第 $j+1$ 层界面反射和折射波的示意图

3）陆表粗糙度模型

自然土壤表面并非光滑表面，而是存在一定粗糙度的粗糙陆表（图 4.4）。微波辐射在土壤表面的散射情况由土壤与空气之间的界面粗糙度和介电性质的不连续性决定。图中，E 是辐射能量；θ 是辐射角度；$F^{(+)}$ 和 $F^{(-)}$ 分别是上行和下行的反射能量。因此，使用改进的高级积分方程模型 AIEM(Chen et al., 2003)来模拟粗糙陆表的微波辐射传输情况，最终得到粗糙陆表的发射率(H 和 V 极化)。

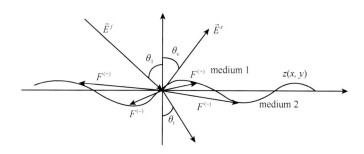

图 4.4　粗糙表面上辐射传输示意图

该模型在原有运用积分方程方法(IEM)表面散射模型中推导出单散射项更完整的表达式——通过去掉格林函数表示中的简化假设，重新推导了散射场的互补分量，经过数学运算，可以得到更加紧凑的系数表达式。最终表面发射率表达式为

$$\varepsilon\left(\theta_{i}, \phi_{i}\right)=1-\frac{1}{4\pi\cos\vartheta_{i}}\int_{0}^{2\pi}\int_{0}^{\pi/2}\sin\theta_{s}\left[\begin{array}{c}\sigma_{pp}^{s}\left(\theta_{i}, \phi_{i} ; \theta_{s}, \phi_{s}\right)\\ +\sigma_{qp}^{s}\left(\theta_{i}, \phi_{i} ; \theta_{s}, \phi_{s}\right)\end{array}\right]d\theta_{s}d\phi_{s} \tag{4.7}$$

该发射率计算公式体现了散射模型中能量守恒的特性，在使用该式进行发射率计算时，所处理的表面拓展到半个空间从而不存在传输。发展出的 AIEM 经过一种快速三维力矩方法验证了其在表面发射率计算问题上的适用性。

总而言之，陆表土壤冻融状态的转换引起其介电常数的剧烈变化，一旦介电常数发生变化，亮温也会随之改变。图 4.5 展示了上文六种土壤样本在冰融过程中的亮温模拟结果与温度变化的关系。显而易见，六种土壤在冻结(融化)过程中，亮温存在一种快速上升(下降)的现象。这种现象说明微波遥感技术对陆表冻融状态的监测和研究具有一定的潜力。

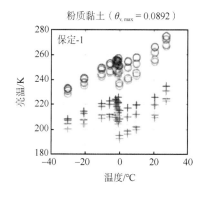

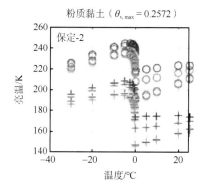

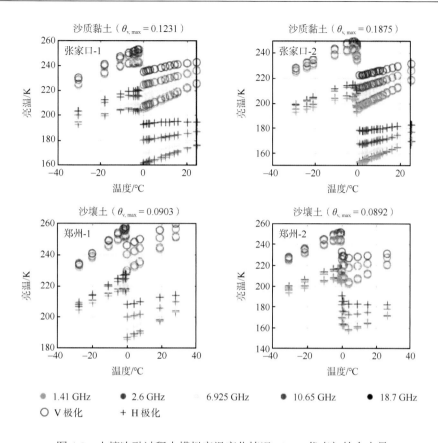

图 4.5　土壤冻融过程中模拟亮温变化情况($\theta_{v,max}$ 代表初始含水量)

4.1.2　陆表冻融状态微波遥感研究进展

1. 主动微波遥感技术

主动微波传感器是通过自身对陆表发射极化脉冲，并接收经陆表散射后返回传感器端的信号来进行对地观测的，而微波频率下陆表介电常数是多个陆表参量的函数，例如土壤水分、陆表温度等，而土壤水分在陆表介电特性中占主导地位，这是因为水作为极性分子，当土壤发生冻结，土壤中的自由水开始转化为固态冰，介电常数发生突变式降低，当土壤含水量较大时，这种断崖式突变更为明显。主动微波传感器如雷达、散射计直接观测得到的参数为后向散射系数，当土壤介电常数发生突变时，与土壤介电特性具有高敏感度的后向散射系数也随之发生突变式下降。在主动微波遥感机载实验的数据基础上，Way 等对阿拉斯加地区费尔班克斯北方森林的 L 波段航空合成孔径雷达 SAR (synthetic aperture radar) 的数据进行分析，发现当机载传感器对 1～9 ℃与−8～−15℃的陆表进行扫描时，雷达信号表现出对环境因子发生变化的高敏感度，SAR 所观测的后向散射系数表现出从 0～4 dB 到 5～8 dB (根据极化方式及冠层类型的不同有所不同)的偏差(Way et al.，1990；Way et al.，1997；Rignot et al.，1994)。

1991 年，欧洲空间局(ESA)的 ERS-1 卫星发射升空，被认为是当时最先进的携带 SAR 系统的地球观测卫星，主要工作波段为 5.3GHz(C 波段)，观测角度为 23°，发射与接收的极化方式皆为垂直极化(V-pol)方式(即 VV 极化)。Rignot 等在对阿拉斯加腹地的北方针叶林区后向散射系数观测值进行分析后发现，当土壤发生冻结时，ERS-1 卫星 SAR 后向散射系数出现了 3dB 的降低，同时将横穿阿拉斯加南北断面的重复过境 SAR 图像进行镶嵌和配准，提出以冻结时雷达后向散射系数减少 3dB 为检测因子的边缘检测算法，当选择不同种类的变异函数时，该方法不仅可以检测到季节性冻融事件，还可以检测到非季节性不显著冻融事件的发生(Rignot et al.，1994；Canny，1986)。Boehnke 等使用 ERS-1 卫星 C 波段雷达后向散射系数计算出垂直极化的标准雷达截面(normalized radar cross section，NRCS)作为检测因子来识别近陆表的冻融状态，首先将其重采样 50 km×50 km 网格后计算 3 天的平均值，当连续两个均值大于 7 月融土均值(或小于 2 月冻土均值)时，判定为陆表融化(冻结)(Boehnke and Wismann，1996；Wismann，2000)。

1996 年，搭载着美国 NASA 散射计 NSCAT 的日本先进地球观测卫星-1(ADEOS-1)发射升空，相比 ERS-1 传感器，NSCAT 有着更低的空间分辨率和更高的时间分辨率，更利于对近陆表冻融状态的监测，Gamon 等(2004)和 Frolking 等(1999)使用 NSCAT 传感器数据分别对加拿大北方生态系统大气研究 BOREAS(Boreal Ecosystem Atmosphere Study)研究区及美国阿拉斯加北方针叶林生态系统进行了近陆表冻融的判别。美国 NASA 发射 QuikSCAT 卫星同样搭载了 SeaWinds 传感器，数据由搭载于 ADEOS-2 卫星上的 SeaWinds 传感器提供。Mcdonald 等(2000)和 Kimball 等(2004)使用 QuikSCAT 卫星上的 SeaWinds 散射计数据对阿拉斯加和美国北部及亚高山常绿森林区使用移动窗判别法进行了近陆表冻融状态判别及转换过程分析，与生态系统过程模型结果进行对比，发现其判别出的冻融开始时间及持续时间与模拟数据较为一致，证明了 SeaWinds 传感器在近陆表冻融判别上的可行性。

Du 等(2014)使用一阶辐射传输模型对后向散射系数进行了模拟并改进了主动季节性阈值算法(seasonal threshold algorithm，STA)，并使用相控阵合成孔径雷达(phased array L-band synthetic aperture radar，PALSAR)对阿拉斯加地区的冻融状态进行了判别分析。欧洲太空局分别于 2006 年和 2012 年发射 MetOp-A 和 MetOp-B 卫星，其搭载的 ASCAT 吸取了 NSCAT、QuikScat 和 ERS 各方面的优势，Naeimi 等(2010)使用逐步阈值分析方法及异常检测模块，对 ASCAT 传感器的后向散射系数数据进行判别分析，结合了决策树的思想，制备了 SSF(surface state flag)产品，将近陆表状态分为冻土、非冻土、融雪、未知四种状态。

2. 被动微波遥感技术

微波遥感早期主要集中在土壤水分和雪水当量的反演研究方面，冻融过程微波遥感研究相对比较薄弱(晋锐和李新，2002；张立新等，2011)。进入 20 世纪 90 年代以后，利用被动微波遥感监测陆表冻融状态的研究工作逐步加强，并主要集中于低空间分辨率(25 km 左右)的扫描式多通道微波辐射计 SMMR、SSM/I 和 AMSR-E 提供的微波亮温数据的应用。

　　基于 SMMR、SSM/I 卫星数据发展的双指标算法认为，18/19GHz 和 37GHz 的负亮温谱梯度对土壤的冻结有良好的指示作用，结合对陆表温度变化敏感的 37GHz 亮温作为附加指标，可以对陆表冻融状态进行判别(Zuerndorfer and England，1992)。Zhang 和 Armstrong(2001)根据美国气象站点的土壤温度数据对双指标算法进行了修正，同时也发现该算法无法区分积雪覆盖陆表和冻结陆表，因为二者的辐射特性非常类似。Smith 和 Saatchi(2004)也根据 37 与 19/18GHz 亮温差的时间序列变化特征检测出 45°N 以北范围内陆表融化日期提前、冻结日期推后，相应的生长季延长等陆表变化特征。Jin 等(2015)基于中国气象站点对双指标算法的阈值进行了重新界定。

　　Jin 等(2009)还基于中国站点数据的分析，发展了适用于中国区域的决策分类树算法，该算法中考虑了沙漠与降雨等散射体的影响。Zhao 等(2011)利用 AMSR-E 数据，在前向建模时考虑积雪和植被覆盖等的影响，并选取 18GHz 与 37GHz 的比值对准发射率进行衡量，加上 37GHz 对于温度的有效估算发展了一种判别式算法。Chai 等(2014)利用中国气象站点数据对以上双指标、决策树以及判别式算法进行了对比，发现以上算法具备各自的优缺点并且分类精度存在一定差异，特别是在季节冻土区的冻融交替时期。

　　也有学者仅使用阈值判别法利用 37GHz 进行冻融判别，来获取长时间序列结果进行分析，如 Han 等(2010)对中国北部及蒙古地区进行分析，发现升轨和降轨数据需要采用不同的判别阈值；Kim 等(2011)利用全球气象再分析数据建立了 SSM/I 长时序陆表冻融数据集，并在全球范围内采用了动态阈值。由此可见，基于多频微波辐射计的陆表冻融监测主要依赖于温度信息，其次是水分相变信息；算法阈值的确定受表环境的影响较大，这也是造成不同算法之间或者不同传感器之间判别精度差异的主要因素。

　　总的来说，微波信号对土壤中液态水的变化非常敏感，而未冻水含量的变化是陆表冻融过程中的主要变化，因此在土壤冻融过程中，微波辐射信号会有比较大的变化。微波遥感分为主动微波遥感(雷达和散射计)和被动微波遥感(辐射计)，前者将后向散射系数作为辐射信号，后者将亮温作为辐射信号。表 4.1 对主被动微波遥感技术在陆表冻融状态判别中的应用进行了总结。

表 4.1　微波遥感的冻融监测算法

算法类型	接收信号形式	优势	劣势	算法名称
主动微波遥感	后向散射系数	空间分辨率高，对土壤相变更加敏感	传感器重访周期过长，单日观测覆盖范围较少，精度易受粗糙度及土层结构变化的影响	主动季节性阈值算法
				移动窗判别算法
				边缘检测算法
被动微波遥感	亮温	时间分辨率较高，能够实现全球的每日的陆表冻融判别	空间分辨率较低，混合像元问题造成精度降低	双指标算法
				决策树算法
				冻融判别式算法
				被动季节性阈值算法

4.2　近陆表冻融状态遥感判别算法

4.2.1　全球近陆表冻融状态的判别分析

1. 冻融过程的微波辐射特性

1) 冻融过程微波辐射观测实验

土壤冻融辐射观测实验在河北承德御道口牧场(42.3868°N, 117.2186°E)利用车载微波辐射计开展。该实验区处于内蒙古高原东南缘，属于滦河流域。实验区气候为温带大陆性季风气候，年平均降水量 452.6 mm，并且多集中在夏季。年平均气温约为 –1.4 ℃，1 月平均气温低至–21 ℃。主要的土地覆盖类型是有丘陵和山谷的草原。选择该实验站点是因为它受射频干扰的影响较小。实验在没有建筑物或丘陵的开阔区域(图 4.6)进行。

图 4.6　辐射计观测地点与周围环境

土壤冻融辐射观测实验中使用了 RPG-6CH-DP 辐射计(表 4.2)，并将其安装在中国科学院遥感与数字地球研究所(RADI)的厢式车中。它是工作在 L(1.4 GHz)、C(6.925 GHz)和 X(10.65 GHz)波段的三频双极化微波辐射计，半功率波束宽度分别为 11°、6.85°和6.11°。L 波段的天线为 64 方形贴片阵列，增益为 24.9 dB，而 C 和 X 波段使用抛物面反射器。辐射计接收器布置在高程方位定位器上，该定位器固定在液压升降平台的顶部。辐射计可以实现–90°(Nadir)～+90°(Zenith)以及 0°～360°方位角的移动。

辐射计测量入射角范围为 30°～60°，间隔为 5°。每 10 min 或 20 min 连续测量一次。C 和 X 波段的校准采用天空倾斜法，而 L 波段则通过指向天北极(约 6.5K)来校准。

表 4.2　RPG-6CH-DP 辐射计的参数配置

L 波段参数	参数设置
阵列规格	64 方形贴片阵列
天线尺寸	1200 mm×1200 mm×65 mm
半功率束宽度	11°
天线增益	24.9 dB
最小观测距离	5 m
工作温度范围	−40～50℃
工作湿度范围	100%

地面数据的采集使用 Decagon 5TM 传感器, 每 10 min 测量一次 3 cm、10 cm、20 cm、30 cm、50 cm 处的土壤湿度和温度。在辐射计的视场内共安装了三组该传感器 (图 4.7)。在每一套 5TM 传感器旁边埋设一根 1 m 长的土壤冻土管, 用于测量土壤冻土深度, 同时, 还设立了一个移动气象站来收集气象数据。

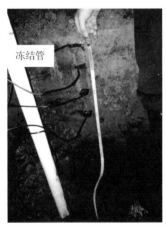  

（a）冻结管　　　　　　（b）Decagon 5TM 传感器　　　　　（c）移动气象站

图 4.7　传感器与气象站的架设

土壤冻融辐射观测实验测量了七个不同入射角度的亮温变化数据, 图 4.8 中仅展示了入射角为 40°的亮温变化。由图 4.8 可见, 实验捕捉了多次土壤冻融过程。2016 年 10 月 29 日开始下雪, 因此开始进行辐射测量时地面冻结。L 波段亮温随土壤温度的降低而升高, 而 C 和 X 波段保持稳定。当雪在中午融化时, 三个频率的亮温都会升高, 当土壤开始解冻时, 亮温会迅速下降。2016 年 11 月 2 日, 大部分积雪已经融化。结果表明, 与 C 和 X 波段相比, L 波段对土壤冻融过程的敏感性更强, X 波段的变化最小。值得注意的是, 当地面开始解冻时, 所有亮温立即变化。然而, 在结冻过程中, 只有 L 波段的亮温持续升高。这表明 L 波段因其穿透性而对深层土壤敏感。2016 年 11 月 6 日, 又开始下雪, 至 2016 年 11 月 8 日气温持续下降。仪器观测发现 L 波段亮温在这两天内持续增加。2016 年 11 月 9～13 日, 土壤保持冻结状态; 2016 年 11 月 13 日之后, 雪开始融化。2016 年 11 月 16～19 日，共经历了三次土壤冻融循环。

御道口土壤冻融辐射观测实验测量了 7 个不同入射角度亮温变化数据。通过数据捕捉到了 11 月 1～18 日多次陆表冻融过程。图 4.8 展示了该时间序列内亮温和表层土壤温度的变化情况以及发射率的计算结果。观察发现，在土壤发生冻融状态转化时，亮温和发射率发生明显的变化。可见，同一波段极化下，土壤发生冻结时发射率明显升高，并且能抑制温度降低对亮温的影响，最终导致亮温升高。这意味着，陆表土壤冻融状态变化会引起陆表发射率发生明显变化，从而对亮温产生影响，这使得我们能够通过亮温的变化情况来捕捉土壤的冻融状态转换，陆表冻融状态判别式算法在此基础上产生。

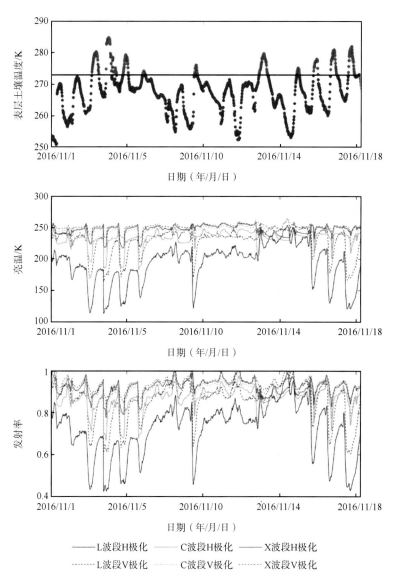

图 4.8　御道口实验表层土壤温度数据、亮温观测数据和发射率计算结果

2) 陆表冻融状态的判据分析

对于存在季节性冻土的区域来说，是否存在一种冻融判断依据成为对该地进行冻融状态监测和研究的关键要素。常见的陆表冻融状态判断依据有准发射率（Q_e）、归一化极化差异指数（NPR）和波段间差异指数（SDI），具体计算公式如下：

$$Q_e = \frac{TB_H}{TB_V} \tag{4.8}$$

$$NPR = \frac{1}{2}\frac{\Gamma_H + \Gamma_V}{\Gamma_H - \Gamma_V} \tag{4.9}$$

$$SDI = \sqrt{\frac{1}{n}\sum_1^n \left(TB_{L/C/X}^H - \overline{TB^H}\right)^2} \tag{4.10}$$

式中，TB_H 和 TB_V 分别为 H 和 V 极化的亮温；Γ_H 和 Γ_V 分别为 H 和 V 极化的亮温的反射率；下标 L、C 和 X 分别代表 L、C 和 X 三种波段。对时间序列内每套数据进行冻融判据指标计算后，通过和实测土壤温度数据进行对比，选取一个冻融判断最优阈值。当判据小于设定阈值且土壤温度低于 0℃ 时，陆表状态判别为冻结（Q_e 除外）。相反，当判据大于或等于阈值且土壤温度高于 0℃ 时，土壤为未冻结状态。此外，剩余两种情况为判别错误。与此同时，Q_e 判别过程与这一过程完全相反。当 Q_e 大于设定阈值且土壤温度小于 0℃ 时，土壤状态判别结果为冻结。反之，土壤状态判别结果为融化。图 4.9 展示了御道口实验数据集最佳阈值算法的土壤冻融状态判别结果与土壤温度的比较。可见，陆表微波辐射特性能够反映出一定的陆表冻融状态。对三种冻融判据指标的判别准确率进行了统计，其中，Q_e 的准确率最高，为 86.81%；NPR 和 SDI 的准确率分别为 84.33% 和 84.74%。

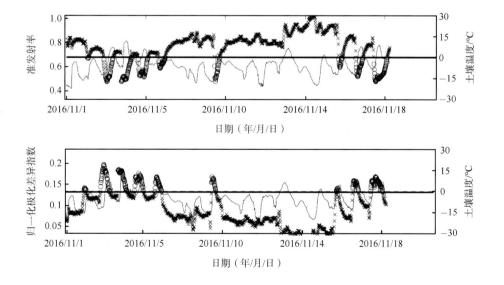

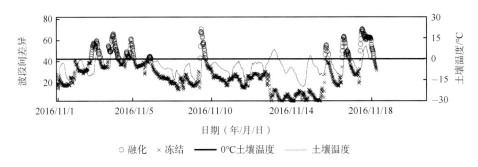

图 4.9　御道口土壤冻融状态判别结果与土壤温度比较

2. 冻融判别式算法的参数化

冻融判别式算法(Zhao et al.，2011)是以建立在遥感像元尺度上的各像元通用的判别方程为核心，反演出的是各像元内部冻结及融化状态的均态，该算法基于先进的微波扫描辐射计(AMSR-E)的信息，记录了下午和午夜之后的亮温(TB)。通过辐射计的观测和模型模拟，采用 Fisher 线性判别分析得到了判别函数，如下所示：

$$D_{\mathrm{F}} = 1.47 \times \mathrm{TB}_{36.5\mathrm{V}} + 91.69 \times Q_{\mathrm{e}18.7\mathrm{H}} - 226.77$$
$$D_{\mathrm{T}} = 1.55 \times \mathrm{TB}_{36.5\mathrm{V}} + 86.33 \times Q_{\mathrm{e}18.7\mathrm{H}} - 242.41$$
$$\tag{4.11}$$

$$Q_{\mathrm{e}18.7\mathrm{H}} = \mathrm{TB}_{18.7\mathrm{H}} / \mathrm{TB}_{36.5\mathrm{V}} \tag{4.12}$$

式中，Q_{e} 为准发射率；D_{F} 和 D_{T} 分别为冻土和融土的判别得分。若 D_{F} 大于 D_{T}，则判定该区域土壤为冻结状态，反之则为融化状态。经 TMMR 测量校正后，新的判别算法在 4 cm 土壤温度验证后的结果如表 4.3 所示，总体精度为 86%。多年的判别结果也与我国冻土分类图有很好的一致性。

表 4.3　青藏高原站点 4 cm 土壤温度观测验证结果

站点	有效判对	误判	正确率/%
D105	259	40	84.56
D110	136	13	90.44
D66	259	36	86.1
MS3608	255	38	85.1
共计	909	127	86.03

1)基于青藏高原地区观测的参数化

受限于"亚洲水塔"特殊的地理位置、复杂的地形地势以及多变的气象条件等各环境因素的影响，青藏高原的近陆表冻融状态监测的准确度一直存在问题。张子谦等(2020)基于青藏高原地区土壤温湿度密集观测站网的观测数据，对早期的冻融判别式进行了参数化调整。选取了 AMSR-E/2 星载微波辐射计数据的 C 波段(6.9 GHz)作为准发射率计算中的低频参量，同时使用简单阈值方法对 RFI 进行了处理，剔除了大于 320 K 的亮温数据，最终选择 C 波段(6.9GHz)水平极化亮温与 Ka 波段(36.5GHz)垂直极化亮温的比值，即 C 波段准发射率参数作为判别式中一个关键输入变量。而判别式的另一个输入变量则选取了 Ka 波段(36.5GHz)的垂直极化亮温，这是由于 Ka 波段的垂直极化亮温对陆表温度的变化最为敏感，同时结合陆表温度和发射率可以较为典型地反映土壤冻融状态的变化，因此该研究使用 AMSR-E/2 微波亮温数据中的 C 波段准发射率来表征陆表发射率，同时使利用 Ka 波段垂直极化亮温来表征陆表温度。

为了匹配 Aqua 卫星升、降轨的不同过境时间，选取了青藏高原地区土壤温湿度站网中各站点每日 13:30 和 1:30 两个时刻的观测数据，Aqua 升、降轨时间基本处于青藏高原当日陆表温度的最大值与最小值附近，较为完整地反映了该地区逐个像元的日变化情况。将各像元的冻融状态作为已知的分类明确的样本，提取 AMSR-E/2 亮温数据集中各对应像元的亮温值并计算其 C 波段准发射率，此时将得到一条时间链上的 4 套(对应 4 个站网)数据组序列，每个数据组内含 3 个元素：两个卫星数据变量作为判别依据，一个冻融样本作为判别类别。将数据样本代入 Fisher 判别机制，得到重新调整参数后冻融的升、降轨判别式如下：

$$FTI\_A = -0.1582 \times TB_{36.5V} + 15.8698 \times Q_{e6.9H} + 28.1885 \tag{4.13}$$

$$FTI\_D = -0.1917 \times TB_{36.5V} + 12.2953 \times Q_{e6.9H} + 37.4322 \tag{4.14}$$

式中,FTI_A 和 FTI_D 分别为升轨(ascend)时期和降轨(descend)时期的冻融指数(FTI)，将待判别像元的 Ka 波段垂直极化亮温和 C 波段准发射率代入方程中，当求得的 FTI>0 时，判定该像元为冻结像元，像元内部土壤整体情况呈冻结状态；反之，当 FTI≤0 时，判定该像元为融化像元，即

$$\Delta(t)_{thr'} = 0 \tag{4.15}$$

$$FTI \leq \Delta(t)_{thr'} \rightarrow 融化 \tag{4.16}$$

$$FTI > \Delta(t)_{thr'} \rightarrow 冻结 \tag{4.17}$$

处于冻融交替时期的像元在发射率和亮温值上存在较大波动，变化规律受到各方面环境因子及地域状况的影响出现短暂的突变，但随后会复位至常规规律的相位；另一方面，受积雪、降水及极端气候事件等影响，其中积雪的覆盖和融化对近陆表冻融状态判别的影响最大。当待判别像元大部分被积雪所覆盖时，其发射率会降低，但陆表温度却由于雪盖的保温作用而保持不变，不符合判别式算法的判别机理，而积雪融化时，冻融判别式算法理论上对该像元内冻融状态的判别对象并非土壤，而是对干湿雪状态的判别，判别结果也会带来相应的误差，这是因为微波不能够穿透湿雪来对湿雪下面的土壤进行观测与判别。

2)基于全球观测的参数化

新冻融判别式方程的发展优化是基于冻融判别式算法的。由于原算法具有实测数据范围小、数据量较小及升降轨公式单一等局限性，本书基于 AMSR-E/2 不同通道亮温数据以及收集的北半球 5 cm 深度的实测密集土壤温度数据对冻融判别式算法进行参数优化，北半球实测站点分布如图 4.10 所示，站网详细信息见表 4.4。

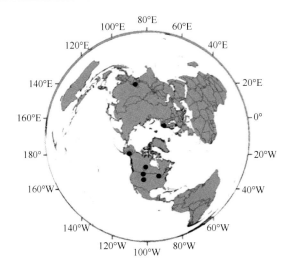

图 4.10　北半球实测站点分布

表 4.4　站网详细信息

站网名称	国家	像元数	站点数	列号	行号	站点数	使用站点数
CTP-SMTMN	中国	3	3	1087	233	1749	1749
			3	1087	236		
			5	1088	234		
USA_NET	美国	3	2	304	192	5484	5400
			2	292	170		
			2	123	86		
FLUXNET	加拿大	3	4	302	145	6409	5400
			3	300	145		
			4	297	143		
FMI	芬兰	1	7	827	91	3430	1800
APEX	美国	4	8	127	102	8167	7200
			1	139	105		
			1	119	118		
			1	120	112		

首先，根据不同通道亮温数据分别建立了 6.9GHz、10.65GHz、18.7GHz 通道下的新冻融判别式方程[式(4.18)~式(4.23)]，并且考虑了卫星不同轨道的影响(Wang et al.，2019)。

$$DFT_A = -0.119 \times TB_{36.5V} + 7.961 \times \frac{TB_{06H}}{TB_{36.5V}} + 23.626 \qquad (4.18)$$

$$DFT_D = -0.121 \times TB_{36.5V} + 4.857 \times \frac{TB_{06H}}{TB_{36.5V}} + 26.071 \qquad (4.19)$$

$$DFT_A = -0.120 \times TB_{36.5V} + 8.861 \times \frac{TB_{10.65H}}{TB_{36.5V}} + 22.956 \tag{4.20}$$

$$DFT_D = -0.138 \times TB_{36.5V} + 3.351 \times \frac{TB_{10.65H}}{TB_{36.5V}} + 31.877 \tag{4.21}$$

$$DFT_A = -0.123 \times TB_{36.5V} + 11.842 \times \frac{TB_{18.7H}}{TB_{36.5V}} + 20.650 \tag{4.22}$$

$$DFT_D = -0.209 \times TB_{36.5V} + 9.384 \times \frac{TB_{18.7H}}{TB_{36.5V}} + 43.697 \tag{4.23}$$

其次，通过对比新的冻融判别式算法与原来的冻融判别式算法在升轨和降轨的判别精度，对算法的精度进行了初步验证和分析。在升轨阶段，两个方程的判别精度都在 86%以上，但是新的判别式方程在冻结土壤的判别正确率上提高更加明显；在降轨阶段，原来的冻融判别方程式对冻结和融化的判别精度太失衡(冻土的判别精度为 98.3%，融土的却只有73.3%)，而新的判别式方程则有效地提升了融土的判别精度又没有大量地降低冻土的判别精度，使整体冻融土判别更加平衡，且相应地提高了总的判别精度。通过图 4.11 中实线及虚线的对比表现可以很直观地看到新的冻融判别方程对于判别冻融状态方面的提升作用。

此外，新冻融判别公式的判别结果与土壤水分主被动卫星(SMAP)的冻融产品进行比较，首先在 SMAP 的一个核心验证站点 Cambridge-Bay(69.15 °N，105.11 °W)对比了两种判别方式在 2016 年全年的冻融判别结果，发现新的判别方程的冻融判别结果与SMAP 的冻融产品具有很好的一致性。经过计算，如果将 SMAP FTP 判定的结果作为验证数据的话，新冻融判别式方程的判别精度在升轨上可以达到 84.9%，在降轨上可以达到 90.4%。除了比较图 4.11 中所展现的核心站点的判别情况外，我们还对比了 SMAP其他核心验证站点两种算法的冻融判别结果，新冻融判别方程式判定的陆表冻融状态在所有 SMAP 核心验证站点上的平均精度为 81.25%(升轨)和 81.11%(降轨)。

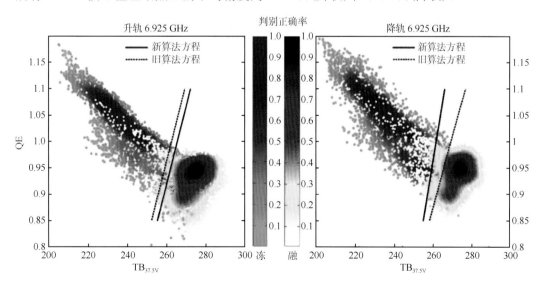

图 4.11　基于 6.925 GHz 频率的新的冻融判别式方程判别的冻融状态密度图

4.2.2　长时序陆表冻融状态的遥感判别

1. AMSR-E/2 冻融产品

为了得到长时间序列的冻融状态产品，胡同喜等(2016)首先需对 AMSR-E 和 AMSR-2 微波传感器进行校正，以获得长时间序列的亮温观测数据。这两个传感器在物理配置和卫星轨道参数方面极其相似，充分利用两传感器之间具有几乎同时同地的重叠观测数据的优势构建校正模型,完成 AMSR2 数据向 AMSR-E 的校正,这样基于 ASMR-E 开发的冻融状态反演算法便可移植到 AMSR2 校正后的观测数据上。

AMSR-E 因天线故障于 2011 年 10 月停止工作，在 2012 年 5 月天线重启，可提供 2012 年 12 月至 2015 年 12 月的 L1S 慢速扫描数据。本书的研究利用 AMSR-E L1S 慢速扫描数据和 AMSR2 重叠观测，进行交叉订正。

除了水体掩膜外，通过密度筛选法，选取 20 个观测点作为阈值进行过滤，剔除了异常数据点。最后采用线性相关分析，确定两种传感器观测值之间的差异，建立校正方程。如果两个传感器同时同地的观测之间只是存在系统性偏差，那么它们观测之间必然是线性相关的。因而，对观测数据对进行相关性分析，并使用 R^2 和均方根偏差(RMSD)以及平均偏差(Bias)来对两传感器之间的观测数据校正前后的差异做综合评价，其计算方法如下：

$$R^2 = \left(\frac{\mathrm{Cov}(\mathrm{TB_{AE}}, \mathrm{TB_{A2}})}{\sqrt{D(\mathrm{TB_{AE}})} \times \sqrt{D(\mathrm{TB_{A2}})}} \right)^2 \tag{4.24}$$

$$\mathrm{RMSD} = \sqrt{\frac{1}{n} \sum |\mathrm{TB_{AE}} - \mathrm{TB_{A2}}|^2} \tag{4.25}$$

$$\mathrm{Bias} = \frac{1}{n} \sum (\mathrm{TB_{AE}} - \mathrm{TB_{A2}}) \tag{4.26}$$

式中，$\mathrm{TB_{AE}}$ 和 $\mathrm{TB_{A2}}$ 分别为 AMSR-E 和 AMSR 2 的亮温数据；Cov 为两数据的协方差；D 为数据方差；n 表示筛选出来的数据对的个数。对数据质量控制后，使用线性回归方法对不同的通道分别建立校正方程。

校正结果显示，两传感器由于系统配置或者定标过程的不同，导致结果有 2～5 K 的偏差，这样的偏差在陆表参数的反演中不容忽视。针对判别式方程所用 18.7 GHz 水平极化(H)通道和 36.5 GHz 垂直极化(V)通道，采用以上方法建立了如下转换方程：

$$\mathrm{TB_{AE\_18.7H}} = 1.0189 \times \mathrm{TB_{A2\_18.7H}} - 5.2717 \tag{4.27}$$

$$\mathrm{TB_{AE\_18.7V}} = 1.0577 \times \mathrm{TB_{A2\_18.7V}} - 16.2042 \tag{4.28}$$

$$\mathrm{TB_{AE\_36.5H}} = 1.0073 \times \mathrm{TB_{AE\_36.5H}} - 4.7723 \tag{4.29}$$

$$\mathrm{TB_{AE\_36.5V}} = 1.0135 \times \mathrm{TB_{AE\_36.5V}} - 6.3914 \tag{4.30}$$

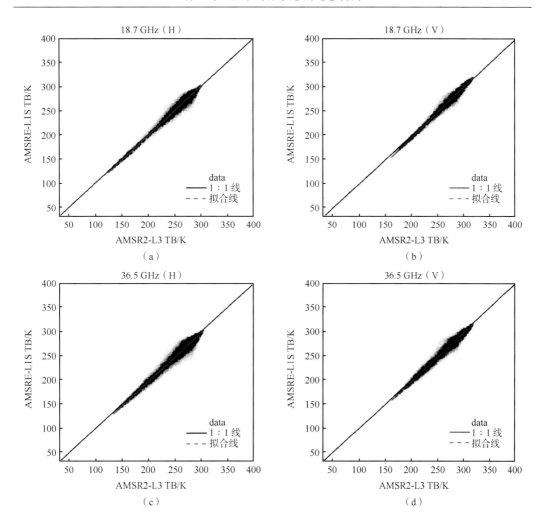

图 4.12 对比 AMSR-E 慢速 L1S 级产品及 AMSR 2 标准 L3 级产品亮温

通过交叉定标可以将 AMSR-E 和 AMSR 2 两传感器所测得的被动微波亮温数据连接成一套长时间序列数据，并应用到相应的冻融判别式算法中，最终得到一套长时间序列被动微波陆表冻融状态遥感产品，空间分辨率为 0.25°。图 4.13 和图 4.14 分别显示了 2010 年 1 月 1 日和 2010 年 6 月 30 日升轨情况下全球陆表冻融状态。

图 4.15 反映了全球陆表冻融循环主要发生在北半球的中高纬度地区，随着纬度的升高，冻结天数也逐渐增加，纬度在 80 °N 及以北地区基本属于全年冻结，随着纬度的降低，冻结天数逐渐减少，赤道附近地区冻结天数皆变为 0 天，属于全年融土状态。

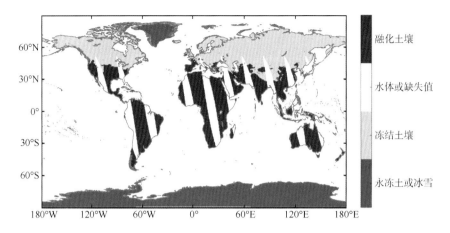

图 4.13　2010 年 1 月 1 日全球 0.25° 冻融状态判别结果(升轨)

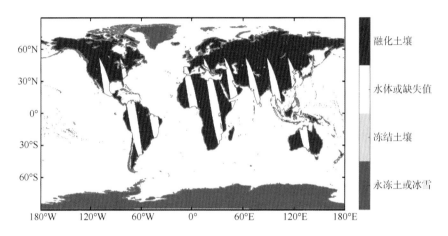

图 4.14　2010 年 6 月 30 日全球 0.25° 冻融状态判别结果(升轨)

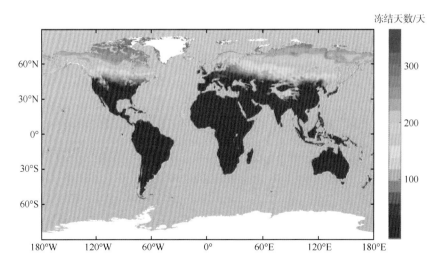

图 4.15　2010 全球陆表冻结天数(升轨)

2. 产品对比验证

Hu 等(2016)使用线性回归模型对微波扫描辐射仪(AMSR-E 和 AMSR 2)进行了卫星亮温校正,然后将判别算法应用于校正后的亮温。通过交叉定标的方式得到一套长时间序列亮温产品,并将其应用到冻融判别式算法,绘制 2002~2018 年的全球冻融状态图。新的全球冻融状态数据集使用现场空气和陆表温度,并模拟土壤温度。选取 2010 年的冻融判别结果同全球陆地数据同化系统(global land data assimilation system,GLDAS)数据进行比较验证,结果(图 4.16)显示其在升、降轨情况下吻合度分别为 89.74%及 87.6%。

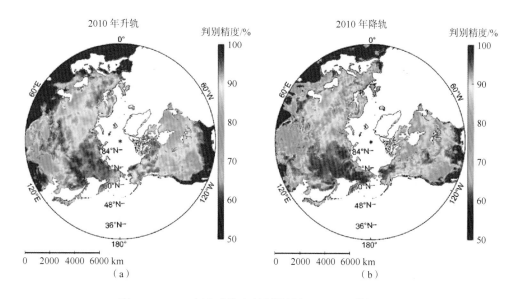

图 4.16　2010 年冻融状态判别结果与 GLDAS 数据对比

Wang 等(2020)对中国地区的 SMAP(L 波段)、AMSR2(Ku 和 Ka 波段)和 MEaSUREs (Ka 波段)的冻融状态产品的性能和影响因素进行了系统地评价和分析,包括东北地区、华北塞罕坝地区和青藏高原地区。

其中,SMAP 每天提供全球和北半球陆表冻融产品,空间分辨率分别为 36 km 和 9 km。研究中选择 36 km 空间分辨率的全球冻融产品(版本 2)进行验证和分析。AMSR 2 冻融检测算法基于能够反映表面温度和发射率的信息来检测冻融状态,研究中使用空间分辨率为 0.25°的 AMSR2 L3Tb 数据。AMSR2 冻融产品是通过参数化获得的。研究中使用的 MEaSUREs 冻融产品从美国国家冰雪数据中心(NSIDC)下载,使用 $TB_{36.5V}$ 和陆表空气温度(SAT)数据之间的经验线性回归来定义每个像素的冻融阈值。最终,通过以下三个指标(冻结判对率、融化判对率和总体判对率)来评价冻融产品的判断精度。

$$F_{right} = \frac{FF}{FF + FT} \times 100\% \tag{4.31}$$

$$T_{right} = \frac{TT}{TT + TF} \times 100\% \tag{4.32}$$

$$\text{Total}_{\text{right}} = \frac{\text{FF} + \text{TT}}{\text{FF} + \text{FT} + \text{TT} + \text{TF}} \times 100\% \tag{4.33}$$

式中，FF 和 TT 分别为冻结土壤和融化土壤的正确分类数量；FT 和 TF 分别为冻结土壤和融化土壤的错误分类数量。最终各地区冻结(融化)期各类冻融产品的判别统计结果见表 4.5 和表 4.6。

表 4.5　8 个研究区域三种冻融产品的判定精度统计(降轨)

冻融期间	冻融产品	根河	塞罕坝	阿里	那曲	大柴旦	天峻	曲麻莱	称多
冻结期间	SMAP	94.38	74.36	84.8	80.74	85.82	92.33	92.4	92.88
	AMSR2	96.15	91.67	61.6	93.33	79.85	89.55	90.87	83.52
	MEaSUREs	95.29	—	84.8	77.04	88.81	83.33	77.44	80.45
融化期间	SMAP	89.01	—	50.36	58.33	62.63	91.84	86.34	85.68
	AMSR2	92.31	—	84.17	81.41	88.58	92.55	82.29	84.95
	MEaSUREs	97.99	—	81.2	76.3	74.45	78.57	65.56	79.56

表 4.6　8 个研究区域三种冻融产品判定精度统计(升轨)

冻融期间	冻融产品	根河	塞罕坝	阿里	那曲	大柴旦	天峻	曲麻莱	称多
冻结期间	SMAP	94.71	57.64	49.54	46.43	73.99	94.58	90.18	86.45
	AMSR2	96.94	90.28	80.73	54.46	90.88	92.78	85.82	77.29
	MEaSUREs	95.53	—	64.22	83.93	95.16	96.49	73.99	90.7
融化期间	SMAP	88.79	—	71.79	94.07	76.7	91.16	88.64	86.68
	AMSR2	97.41	—	54.7	86.67	61.17	80.5	84.94	84.95
	MEaSUREs	89.29	—	85.61	76.92	90.34	89.36	84.44	58.09

4.3　高分辨率陆表冻融状态遥感判别

4.3.1　单变量降尺度模型

在使用冻融判别式进行 0.25° 分辨率近陆表冻融判别的过程中发现，冻融指数(FTI)可以作为对冻融状态反演结果进行降尺度的突破口，通过对其进行线性回归分析，解决冻融变量由于定性的二值性质所造成的在降尺度工作上的困难。随后尝试建立了 FTI 与 MODIS 陆表温度数据(LST)的线性关系：

$$\text{FTI} = A \times \text{LST} + B \tag{4.34}$$

式中，A 和 B 为线性回归系数，对于所建立的方程式，需要假设两个数据之间的回归系数与空间分辨率的变化无关。将高分辨率的 MODIS 陆表温度数据升尺度至低分辨率，与低分辨率的被动微波 FTI 建立联系，获得关系系数 A 和 B，然后将高分辨率的 MODIS LST 数据输入线性关系式，计算得到高分辨率的被动微波 FTI。首先，为了建立 FTI 与 MODIS 的陆表温度数据的关系，分别比较了 FTI、MODIS 陆表温度数据与那曲地区实测的 0～5 cm 土壤温度三者之间的相关性。

如图 4.17 所示，FTI 和实测土壤温度数据有强的负相关性，相关系数在–0.95～0.93 变化，MODIS 的陆表温度数据与实测的土壤温度数据具有强的正相关性，相关系数在 0.86～0.92 变化，相比于 FTI 与实测土壤温度的相关性稍微减弱了一些。MODIS 的陆表温度数据与实测的土壤温度数据的 RMSE 在 9.91～12.02 K 变化。将创建的线性模型运用到 MODIS 陆表温度数据上后，判定系数在 0.68～0.77 变化，这表明有 68%～77%的 FTI 可以通过 MODIS 的陆表温度数据来拟合得到。

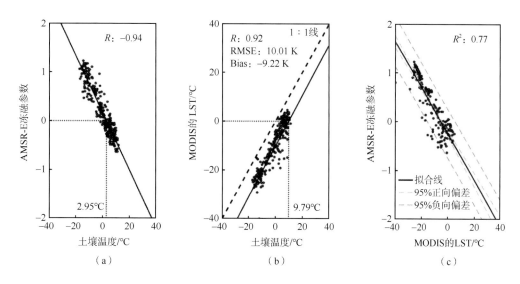

图 4.17　FTI、MODIS 的 LST 和土壤温度相关性图

通过联合高分辨率遥感数据(MODIS)与被动微波遥感数据(AMSR-E)对被动微波冻融判别结果进行降尺度，以获取高分辨率陆表冻融判别结果，其基本思路如图 4.18 所示。被动微波亮温数据反演得到的空间分辨率较粗(0.25°)，由该数据反演出的陆表冻融状态也具有相同的空间分辨率，被动微波判别冻融状态的算法计算出了每个像元的 FTI 值，同时对 MODIS 的 LST 数据产品升尺度到与微波相同的分辨率，以方便进行回归分析，通过一元回归模型得到高分辨率的 FTI，通过其正负值确定该高分辨率像元的冻融状态，对于高分辨率的冻融判别结果中缺失的 FTI 值使用粗分辨率的微波 FTI 值进行补全，最后经过各气象站的陆表温度数据对其进行标定。

将上述冻融判别算法应用到大面积区域(中国)，来融合 AMSR2 的被动微波遥感数据和 MODIS 的陆表温度产品，生成全国冻融地图(图 4.19)(Hu et al.，2017)。通过全国各地气象站的观测数据来评价冻融地图的准确性，并进一步检验冻融判别函数算法的可靠性。首先，它们之间的关系可以通过参数 FTI 使用线性回归模型来描述；其次，该结果填补了全球或大面积区域高分辨率冰融制图缺失的空白；最后，该高分辨率冻融制图与 0 cm 陆表温度高度一致，证实了这种高分辨率冻融制图的科学性和可靠性。

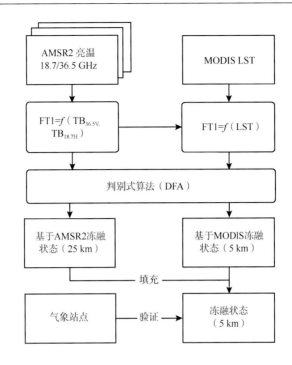

图 4.18　基于 LST 的高分辨率冻融判别算法流程图

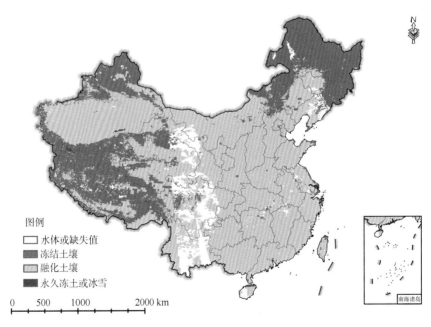

图 4.19　中国区域 2015 年 1 月 1 日 0.05°冻融状态判别结果(升轨)

4.3.2　双变量降尺度模型

单变量模型仅能衡量温度信息，丢失了水分对结果的影响，为进一步考虑水分的影响，发展了双变量模型，其关键在于寻找到水分信息对冻融指数 FTI 的影响。为此，在采用单解释变量模型后，继续进行基于双解释变量模型的降尺度研究，随后本书尝试建立了 FTI 与陆表温度和表观热惯量（apparent thermal inertia，ATI）的双解释变量模型：

$$FTI = A \cdot LST + B \cdot ATI + C \tag{4.35}$$

结合之前所进行的研究，通过对 2015 年全年冻融循环事件发生过程中各关键参量的变化趋势进行分析（图 4.20），发现除温度外，ATI 与土壤水分具有较强的相关性。土壤冻融的实质是土壤中固态冰与液态水相变的交替，冻融循环过程中土壤介电常数发生明显的突变，同时土壤温度与湿度皆发生相应的变化，两个关键参量对冻融事件的发生十分敏感且很具规律性，是反演陆表土壤冻融状态的理论依据。

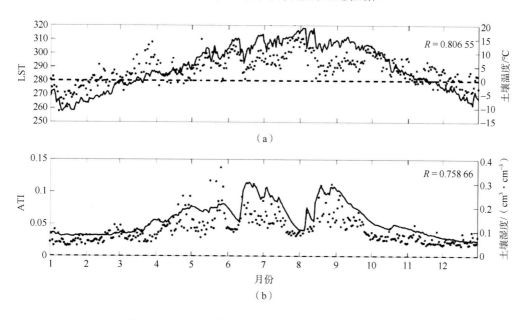

图 4.20　2015 年那曲地区 ATI 及陆表温度时序变化图

经研究表明，ATI 的变化可以很好地反映土壤中液态水分的变化，且与其形成很强的正相关关系（图 4.21），因此其常被用来定量反演土壤水分含量；然而，当土壤发生冻结时，ATI 随土壤中液态水在时间尺度上的变化与其形成相反的负相关关系。当陆表土壤内部液态水发生相变时，即发生土壤冻结事件，土壤液态水会在短时间内形成含量上的突变，土壤水分突然降低是冻结开始的关键信号，而表观热惯量在相关性上由正变负相较于其他参量可以更为直接地描述这一过程。

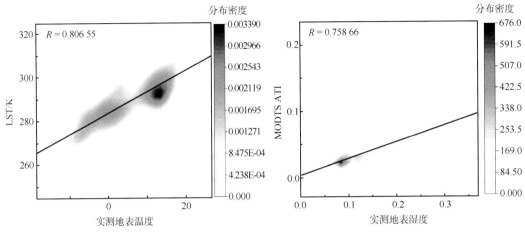

图 4.21　ATI 及陆表温度产品同陆表水分实测值相关性关系图

ATI 是土壤的一种热特性，它是引起土壤表层温度变化的内在因素，与土壤水分密切相关。Price 在 1985 年提出用 ATI 的概念，并将计算公式简化为 ATI=$(1-A)/\Delta T$，还将其应用到 MODIS 数据产品上，同时考虑了太阳辐射角度对其进行了一定修正，从而得到以下公式来计算该参量：

$$ATI = C \cdot (1 - a_0)/DTA \tag{4.36}$$

式中，C 为太阳修正因子，可根据当地纬度和太阳赤纬进行计算得到；a_0 为陆表反照率，为 GLASS MODIS 0.05°空间分辨率 8 天合成产品；DTA 为昼夜温差，使用搭载 MODIS 传感器的 Aqua 和 Terra 双星 LST 产品，过境时间段覆盖 1：30、10：30、13：30、22：30，通过温度正弦曲线进行分析计算，得到当日昼夜温差值。

太阳修正因子的计算公式具体如下，公式所需输入参数主要为太阳赤纬 δ 和当地纬度 φ：

$$C = \sin\varphi\sin\delta\left(1 - \tan^2\varphi\tan^2\delta\right)^{1/2} + \cos\varphi\cos\delta\arccos\left(-\tan\varphi\tan\delta\right) \tag{4.37}$$

太阳赤纬 δ 的计算公式（n_d 为该日在当年的第几天）：

$$\begin{aligned}\delta = {}& 0.006918 - 0.399912\cos(\Gamma) + 0.070257\sin(\Gamma) + 0.006758\cos(\Gamma)\\ & + 0.000907\sin(2\Gamma) - 0.002697\cos(3\Gamma) + 0.00148\sin(3\Gamma)\end{aligned} \tag{4.38}$$

$$\Gamma = [2\pi(n_d - 1)]/365.25 \tag{4.39}$$

由于受卫星重访周期的限制，使用极轨卫星数据对研究区域昼夜温差进行估算需要借助正弦曲线的方法进行昼夜温差的计算，MODIS 双星升降轨 LST 产品在其过境期间得到的温度并不一定为当地最高/低温度。根据之前的研究，以下公式被用来估算当地昼夜温差值：

$$DTA = 2\left(\frac{n\sum_{i=1}^{n}\cos(\omega t_i - \psi)T_i - \sum_{i=1}^{n}\cos(\omega t_i - \psi)\sum_{i=1}^{n}T_i}{n\sum_{i=1}^{n}\cos^2(\omega t_i - \psi)T_i - \left[\sum_{i=1}^{n}\cos(\omega t_i - \psi)\right]^2}\right) \tag{4.40}$$

$$\xi = \frac{(T_1 - T_3)(\cos\omega t_2 - \cos\omega t_4) - (T_2 - T_4)(\cos\omega t_1 - \cos\omega t_3)}{(T_2 - T_4)(\sin\omega t_1 - \sin\omega t_3) - (T_1 - T_3)(\sin\omega t_2 - \sin\omega t_4)} \tag{4.41}$$

式中，ψ 表示相位角，可由四个温度产品计算得到，即表示四个过境时间的 $t_{1\sim4}$（单位：s）和四个 LST 产品 $T_{1\sim4}$（单位：K），而 ω 表示地球自转角速度，为一个常数：

$$\omega = \frac{2\pi \cdot s}{(24 \cdot 60 \cdot 60)\text{rad}} \tag{4.42}$$

经过前期的数据收集及过程产品运算的预处理，进行降尺度。具体流程见图 4.22。

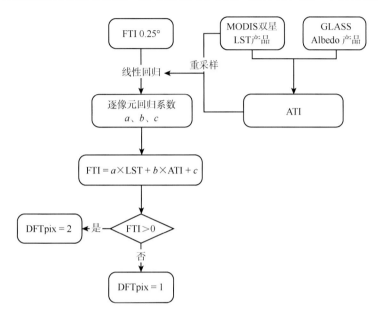

图 4.22　高分辨率冻融状态判别算法流程图

将冻融判别式算法中的过程变量 FTI 作为光学遥感与被动微波遥感之间的纽带，使用线性回归方法将其联系起来。为了保证时间上的一致性，选择 Aqua 星的 0.05°LST 数据产品（MYD11C1）作为陆表温度变量，因为两个传感器皆搭载于 Aqua 卫星上，因此它们之间升降轨的时间一致。将于 MODIS 计算所得的 ATI 和 LST 产品重采样至与 AMSR-E 以及 AMSR2 相同的空间分辨率，以保证两个数据空间上的一致性。重采样之前，因为 MODIS 温度数据易受到云、雨等因素的影响，同时部分地方存在数据缺失情况，此时使用被动微波方法所得 FTI 给予填充，以保证其在空间上的连续性。

考虑到先前一元线性回归方法对回归尺度的选择问题，二元线性回归方法也不可直接使用所有数据进行线性回归仅得到系数，所以考虑空间异质性选择像元尺度回归，大大减少空间差异带来的不确定性。最后将二元线性回归后所得 a、b、c 三个系数代入 MODIS 0.05°网格数据，使用高分辨率（0.05°）的 FTI 进行冻融状态判别。

由于微波数据空间分辨率较为粗糙，在使用全球冻融状态判别式得到一套全球 0.25° 逐日冻融状态产品后，通过对 MODIS 传感器所观测的光学数据同 AMSR-E/AMSR2 进行结合，基于 ATI 和陆表温度两个关键要素发展了一种高分辨率冻融判别算法。将交叉定标后的 AMSR-E/AMSR2 传感器所测得的 2002～2020 年长时间序列微波亮温数据应用至高分辨率冻融判别算法，最终得到一套长时间序列高分辨率的冻融状态判别产品

（图 4.23、图 4.24）。所得到的全球长时间序列高分辨率陆表冻融状态产品可用于研究其对农业生产、土壤侵蚀、气候变化及植被净初级生产力等所产生的影响。

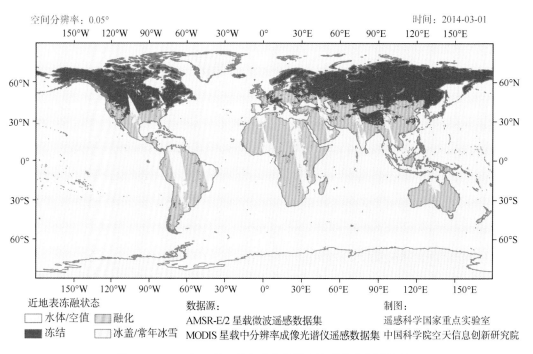

图 4.23 2014 年 3 月 1 日全球高分辨率冻融状态判别结果

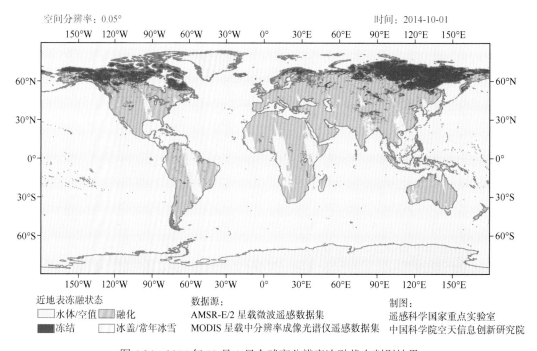

图 4.24 2014 年 10 月 1 日全球高分辨率冻融状态判别结果

从图 4.23 和图 4.24 中可以看出，冻融循环主要发生在北半球中高纬度地区，且随着纬度的升高，冻结天数也逐渐增加，纬度在 80°N 及以北地区基本属于全年冻结。右侧直方图反映了冻结发生的天数在北半球地区的变化规律，可以看到纬度与冻结天数呈梯状递减规律，即随着纬度的降低，冻结天数逐渐减少，赤道附近的地区冻结天数皆变为 0 天，属于全年融土状态。

泛北极地区是冻土分布最为广阔的地区，其冻土类型多为多年冻土，受到地形、气候及空间异质性的影响，从图 4.25 中可以看到，中高纬度地区冻结天数变化十分不稳定，在该区域季节性冻土及岛状冻土分布广泛，冻融交替变化发生频率较高。

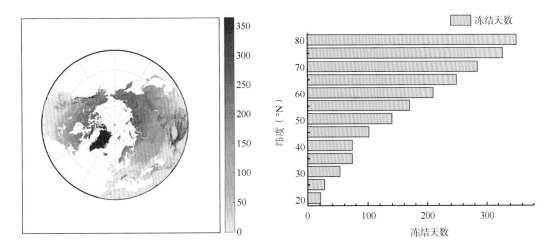

图 4.25　2015 年北半球地区高分辨率近陆表冻结天数(升轨)

对比 0.25° 冻融状态判别产品，高分辨率冻融产品在单独一个混合像元中可以解释更多的通过卫星数据反演所得的土壤冻融状态信息。

4.4　本　章　小　结

针对陆表冻融状态的应用需求及当前遥感模型中存在的问题，本书综合多源遥感观测数据、多种冻融模型，发展并优化了陆表冻融的微波辐射模型和全球陆表冻融状态的判别算法，以此来提高对陆表冻融过程的空间分布特征和时间变化规律的理解和认识。将上述模型的优化和算法的改进引入高分辨率陆表冻融状态遥感产品的生产，使得高分辨率陆表冻融状态遥感产品拥有更好的科学性和可靠性。

对于多层土壤冻融微波辐射传输模型的建立，首先对模型中冻融土介电常数模型进行优化改进。其次，把土壤作为多层结构，考虑到辐射传输情况并引入地表粗糙度模型来建立多层冻融土的微波辐射传输模型。对于陆表冻融状态的判别算法，本书将水分影响引入来改进只考虑温度影响的单变量降尺度模型即双变量的降尺度方法，以此为基础来生产高分辨率陆表冻融状态的遥感产品。

参 考 文 献

曹梅盛, 晋锐. 2006. 遥感技术监测海冰密集度. 遥感技术与应用, (3): 259-264.

胡同喜, 赵天杰, 施建成, 等. 2016. AMSR-E 与 AMSR 2 被动微波亮温数据交叉定标. 遥感技术与应用, 31(5): 919-924.

晋锐, 李新. 2002. 被动微波遥感监测土壤冻融界限的研究综述. 遥感技术与应用, 17(6): 6.

张立新, 蒋玲梅, 柴琳娜, 等. 2011. 陆表冻融过程被动微波遥感机理研究进展. 地球科学进展, 26(10): 1023-1029.

张廷军, 晋锐, 高峰. 2009. 冻土遥感研究进展: 被动微波遥感. 地球科学进展, 24(10): 1073-1083.

张子谦, 赵天杰, 施建成, 等. 2020. 青藏高原地区近陆表冻融状态判别算法研究. 遥感学报, (7): 904-916.

Anderson D M, Mckim H L, Crowder W K, et al. 1974. Applications of ERTS-1 Imagery to Terrestrial and Marine Environmental Analysis in Alaska. Paper presented at the Globecom Workshops (GC Wkshps, 2014).

Boehnke K, Wismann V. 1996. ERS Scatterometer land applications-detecting soil thawing in Siberia. Earth Observation Quarterly, (52): 4-7.

Brown R J. 1973. Influence of climatic and terrain factors on ground temperatures at three locations in the permafrost region of Canada. In Proceedings of the Second International Conference on Permafrost, Yakutsk, USSR, North American Contribution. National Academy of Science, Washington, DC. 27-34.

Canny J. 1986. A computational approach to edge detection. IEEE Transactions on Pattern Analysis and Machine Intelligence, (6): 679-698.

Chai L, Zhang L, Zhang Y, et al. 2014. Comparison of the classification accuracy of three soil freeze–thaw discrimination algorithms in China using SSMIS and AMSR-E passive microwave imagery. International Journal of Remote Sensing, 35(22): 7631-7649.

Chen K, Wu T, Tsang L, et al. 2003. Emission of rough surfaces calculated by the integral equation imulations. IEEE Transactions on Geoscience and Remote Sensing, 41(1): 90-101.

Dobson M, Ulaby F, Hallikainen M, et al. 1985. Microwave dielectric behavior of wet soil-part II: dielectric mixing models. IEEE Transactions on Geoscience and Remote Sensing, GE-23(1): 35-46.

Du J, Kimball J, Azarderakhsh M, et al. 2014. Classification of Alaska spring thaw characteristics using satellite L-band radar remote sensing. IEEE Transactions on Geoscience and Remote Sensing, 53(1): 542-556.

Frolking S, McDonald K C, Kimball J S, et al. 1999. Using the space-borne NASA scatterometer (NSCAT) to determine the frozen and thawed seasons. Journal of Geophysical Research: Atmospheres, 104(D22): 27895-27907.

Gamon J A, Huemmrich K, Peddle D, et al. 2004. Remote sensing in BOREAS: lessons learned. Remote Sensing of Environment, 89(2): 139-162.

Hachem S, Allard M, Duguay C, et al. 2009. Using the MODIS land surface temperature product for mapping permafrost: an application to Northern Quebec and Labrador, Canada, Permafrost and Periglacial Processes, 20(4): 407-416.

Han L, Tsunekawa A, Tsubo M, 2010. Monitoring near-surface soil freeze-thaw cycles in northern China and Mongolia from 1998 to 2007. International Journal of Applied Earth Observation and Geoinformation,

12(5): 375-384.

Haugen R K, Mckim H L, Gatto L W, et al. 1972. Cold regions environmental analysis based on ERTS-1 imagery. Paper presented at the Remote Sensing of Environment.

Hu T, Zhao T, Shi J, et al. 2017. High-resolution mapping of freeze/thaw status in China via fusion of MODIS and AMSR2 data. Remote Sensing, 9(12): 1339.

Hu T, Zhao T, Zhao K, et al. 2016. A continuous global record of near-surface soil freeze/thaw status from AMSR-E and AMSR2 data. International Journal of Remote Sensing, (2016): 1-24.

Jin R, Xin L, Che T. 2009. A decision tree algorithm for surface soil freeze/thaw classification over China using SSM/I brightness temperature. Remote Sensing of Environment, 113(12): 2651-2660.

Jin R, Zhang T, Li X, et al. 2015. Mapping surface soil freeze-thaw cycles in China based on SMMR and SSM/I brightness temperatures from 1978 to 2008. Arctic, Antarctic, and Alpine Research, 47(2): 213-229.

Kim Y, Kimball J S, McDonald K C, et al. 2011. Developing a global data record of daily landscape freeze/thaw status using satellite passive microwave remote sensing. IEEE Transactions on Geoscience and Remote Sensing, 49(3): 949-960.

Kimball J S, McDonald K C, Running S W, et al. 2004. Satellite radar remote sensing of seasonal growing seasons for boreal and subalpine evergreen forests. Remote Sensing of Environment, 90(2): 243-258.

Leverington D W, Duguay C R. 1996. Evaluation of neural network performance in land cover classification. Proceedings of 26th International Symposium on Remote Sensing of Environment and 18th Annual Symposium of the Canadian Remote Sensing Society. (1996): 22-30.

Langer M, Westermann S, Boike J, et al. 2010. Spatial and temporal variations of summer surface temperatures of wet polygonal tundra in Siberia-implications for MODIS LST based permafrost monitoring, Remote Sensing of Environment 114(9): 2059-2069.

Lindsay J D, Odynsky W. 1965. Permafrost in organic soils of northern Alberta. Canadian Journal of Soil Science. 45(3): 265-269.

McDonald K, Kimball J, Zimmerman R, et al. 2000. Application of spaceborne scatterometry to monitoring seasonal dynamics in boreal ecosystems at regional scales.

Morrissey L, Strong L, Card D, et al. 1986. Mapping permafrost in the boreal forest with thematic mapper satellite data, 256-267.

Naeimi V, Paulik C, Bartsch A, et al. 2010. ASCAT Surface State Flag(SSF): extracting information on surface freeze/thaw conditions from backscatter data using an empirical threshold-analysis algorithm. IEEE Transactions on Geoscience and Remote Sensing, 50(7): 2566-2582.

Pan J, Zhang L, Haoran W U, et al. 2012. Effect of soil organic substance on soil dielectric constant. Journal of Remote Sensing, (16): 1-24.

Peddle D R, Franklin S E. 1993. Classification of permafrost active layer depth from remotely sensed and topographic evidence. Remote Sensing of Environment, 44(1): 67-80.

Rignot E, Way J B, McDonald K, et al. 1994. Monitoring of environmental conditions in taiga forests using ERS-1 SAR. Remote Sensing of Environment, 49(2): 145-154.

Rignot E, Way J B. 1994. Monitoring freeze-thaw cycles along North-South Alaskan transects using ERS-1 SAR. Remote Sensing of Environment, 49(2): 131-137

Smith M W. 1975. Microclimatic influences on ground temperatures and permafrost distribution, mackenzie delta, Northwest territories. Canadian Journal of Earth Sciences, 12 (8): 1421-1438.

Smith N V, Saatchi. 2004. Trends in high northern latitude soil freeze and thaw cycles from 1988 to 2002. Geophys. Res, 109: D12101.

Wang J, Jiang L, Cui H, et al. 2020. Evaluation and analysis of SMAP, AMSR2 and MEaSUREs freeze/thaw products in China. Remote Sensing of Environment, (242): 111734.

Wang P, Zhao T, Shi J, et al. 2019. Parameterization of the freeze/thaw discriminant function algorithm using dense in-situ observation network data. International Journal of Digital Earth, 12 (8): 980-994.

Way J, Paris J, Kasischke E, et al. 1990. The effect of changing environmental conditions on microwave signatures of forest ecosystems: preliminary results of the March 1988 Alaskan aircraft SAR experiment. International Journal of Remote Sensing, 11 (7): 1119-1144.

Way J, Zimmermann R, Rignot E, et al. 1997. Winter and spring thaw as observed with imaging radar at BOREAS. Journal of Geophysical Research: Atmospheres, 102 (D24): 29673-29684.

Wilheit T. 1978. Radiative transfer in a plane stratified dielectric. IEEE Transactions on Geoence Electronics, 16 (2): 138-143.

Wismann V. 2000. Monitoring of seasonal thawing in Siberia with ERS scatterometer data. IEEE Transactions on Geoscience and Remote Sensing, 38 (4): 1804-1809,

Wu S, Zhao T, Pan J, et al. 2022. Improvement in modeling soil dielectric properties during freeze-thaw transitions. IEEE Geoscience and Remote Sensing Letters, 19: 1-5.

Zhang L, Shi J, Zhang Z, et al. 2003. The estimation of dielectric constant of frozen soil-water mixture at microwave bands. Proceedings of the IEEE International Geoscience & Remote Sensing Symposium, (2003): 2903-2905.

Zhang T, Armstrong R. 2001. Soil freeze/thaw cycles over snow-free land detected by passive microwave remote sensing. Geophysical Research Letters, 28 (5): 763-766.

Zhao T, Shi J, Zhao S, et al. 2018. Measurement and Modeling of Multi-Frequency Microwave Emission of Soil Freezing and Thawing Processes. In 2018 Progress in Electromagnetics Research Symposium (PIERS-Toyama).

Zhao T, Zhang L, Jiang L, et al. 2011. A new soil freeze/thaw discriminant algorithm using AMSR-E passive microwave imagery. Hydrological Processes, 25 (11): 1704-1716.

Zuerndorfer B, England A W. 1992. Radiobrightness decision criteria for freeze/thaw boundaries. IEEE Transactions on Geoscience & Remote Sensing, 30 (1): 89-102.

第5章 陆表辐射的遥感观测

太阳辐射为地球唯一的能量来源，地球通过吸收太阳辐射而加热，并通过发射红外辐射而冷却，地球气候与陆表辐射收支息息相关。遥感技术以较低成本提供大范围观测，是估算陆表辐射收支最有效的手段之一。

本章围绕陆表辐射分量的遥感观测，重点讨论陆表短波下行辐射、长波下行辐射以及陆表净辐射的遥感估算方法、对比和验证等内容。5.1 节介绍陆表短波下行辐射，对其现有产品进行验证与比较，并提出短波下行辐射的估算及复杂地形校正方法；5.2 节介绍陆表长波下行辐射估算方法；5.3 节介绍全波长净辐射的估算方法及其应用分析。

5.1 陆表短波下行辐射的遥感观测

5.1.1 引　　言

在太阳传播到地球的辐射中，99%以上的能量都处于波长小于 3 μm 的波谱范围内，通常情况下人们称这部分能量为短波下行辐射（shortwave downward radiation，SWDR）。

短波下行辐射是陆表能量来源的主要组成部分，支配着许多重要的陆表过程，如植物光合作用、冰雪融化以及陆表温度变化等；也是表征水文、生态和生物地球化学过程陆表模型的关键组成成分。可靠的短波辐射估计对于研究地球系统物质循环、气候变化、潜在蒸散发、太阳能资源评估等具有重要意义。

目前，地面站点观测是获取短波下行辐射数据最为直观和常用的手段之一。通常情况下，可以使用仪器设备直接测量或者通过经验关系由地面站点测得的其他气象数据计算出短波下行辐射（Yang et al.，2006，2010）。但是由于受到观测条件的限制，目前地面实测站点的数量较为有限且空间分布十分不均一，许多地区（如非洲、南美洲的广大区域内）依然缺少能够直接测量辐射数据的站点，且观测成本昂贵（Yu et al.，2019）。

通过再分析产品也可以获取连续长时间序列的短波下行辐射数据集。将站点实测数据、卫星观测资料等作为动态数值仿真模型的边界约束条件，再分析产品通常被认为是陆表与大气层过程模拟的最优选择（Decker et al.，2012）。这一方法的最大优点在于，可以在大区域尺度甚至全球尺度范围内提供时空连续且一致的短波下行辐射数据。然而，再分析产品通常高估短波下行辐射（Zhang et al.，2016），且空间分辨率相对较粗（通常不小于 0.2°）。综上所述，通过再分析数据获得的短波下行辐射难以满足许多应用所需的精度需求（Liang et al.，2010；Raschke et al.，2006；Decker et al.，2012）。

随着卫星传感技术的进步与发展，因其获取相对容易、成本低廉、周期短和可达性高等优势，利用遥感技术手段开展大区域尺度甚至全球尺度内短波下行辐射的时空分布与变化的研究已经越来越普遍(Wang et al.，2012，2018；Lu et al.，2010；Zhang et al.，2014；Evan et al.，2007；Gui et al.，2010；Pan et al.，2015；Zhang et al.，2015)。通常而言，利用不同传感器数据反演短波下行辐射的算法可以分为两大类。第一类方法为参数化方法，这类方法通常基于明确清晰的物理机制，考虑到大气对短波下行辐射的衰减作用(包括气溶胶的散射与吸收、云的反射、气体的吸收等)，根据各组分的物理特性，分别对不同大气部分的衰减作用进行参数化描述。此类方法大多需要将大气和云状态参数作为反演必需的输入数据，从而通过复杂的大气辐射传输模型或者参数化模型计算出短波下行辐射(Qin et al.，2015；Huang et al.，2018；Tang et al.，2016，2017；Wang and Pinker，2009；Zhang et al.，2004；Pinker et al.，2003；Deneke et al.，2008)。此类方法通常过于烦琐、复杂，且反演的短波下行辐射常常会因输入参数误差而引起不确定性。另一类方法通过建立大气顶层(top of the atmosphere，TOA)卫星观测值与地面短波下行辐射之间的相关关系进行反演(Tarpley，1979；Fritz et al.，1964)，这类方法操作简单且易于实现，但普适性差，反演精度会随着时间的推移和地区的变化而降低。

目前，几乎所有遥感辐射产品都只提供了短波下行总辐射。为满足定量化研究和应用需求，有必要进一步将总辐射划分为太阳直射辐射和散射辐射，以用于地形校正、反照率估算及生态学等相关研究(Dedieu et al.，1987；Huang et al.，2013；Liang et al.，2009，2010；Lu et al.，2010；Wang et al.，2010；Wang and Liang，2008；Zhang et al.，2014)。

5.1.2　几种典型陆表短波下行辐射的验证与比较

本章共使用了 3 种不同类型的短波下行辐射数据集，包括地面站点实测数据、遥感短波下行辐射产品和再分析短波下行辐射产品，下面将分别对这些数据进行简要的介绍。

1. 地面站点实测数据

本章所使用的地面站点实测数据来自 5 个不同的地面辐射观测网络，分别是：the Aerosol Robotic Network(AERONET)，the Australian Government Bureau of Meteorology (BOM)，the Baseline Surface Radiation Network(BSRN)，the Earth System Research Laboratory Global Monitoring Division(ESRL GMD)，以及 the Global Tropical Moored Buoy Array(GTMBA)。

本章节共使用了上述 5 个地面辐射观测网络的 34 个站点的数据，它们分别是：来自 AERONET 的 2 个站点，来自 BOM 的 9 个站点，来自 BSRN 的 6 个站点，来自 ESRL GMD 的 1 个站点以及来自 GTMBA 的 16 个站点。这些站点分别位于不同的气候区，对应着不同的陆表景观和水文条件。图 5.1 为 34 个站点的地理空间分布示意图，表 5.1 列出了每个站点的基本信息，考虑到不同观测网络的时间分辨率不同，在验证工作前对数据进行了预处理。

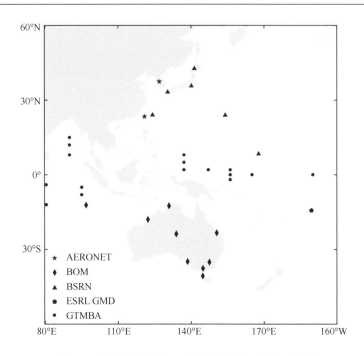

图 5.1　本章所使用的 34 个站点的空间分布示意图

表 5.1　本章所使用的 34 个站点的基本信息

站点名	纬度	经度	所属网络	站点名	纬度	经度	所属网络
Lulin	23.47°N	120.87°E	AERONET	American Samoa	14.25°S	170.56°W	ESRL GMD
Yonsei University	37.56°N	126.93°E	AERONET	4s80.5e	4°S	80.5°E	GTMBA
Adelaide	34.95°S	138.52°E	BOM	5s95e	5°S	95°E	GTMBA
Alice Springs	23.80°S	133.89°E	BOM	8n90e	8°N	90°E	GTMBA
Broome	17.95°S	122.24°E	BOM	8s95e	8°S	95°E	GTMBA
Cape Grim	40.68°S	144.69°E	BOM	12n90e	12°N	90°E	GTMBA
Cocos Island	12.19°S	96.83°E	BOM	12s80.5e	12°S	80.5°E	GTMBA
Darwin	12.42°S	130.89°E	BOM	15n90e	15°N	90°E	GTMBA
Melbourne Airport	37.67°S	144.83°E	BOM	0n156e	0°N	156°E	GTMBA
Rockhampton Aero	23.38°S	150.48°E	BOM	0n165e	0°N	165°E	GTMBA
Wagga Wagga	35.16°S	147.46°E	BOM	0n170w	0°N	170°W	GTMBA
Fukuoka	33.58°N	130.38°E	BSRN	2n137e	2°N	137°E	GTMBA
Ishigakijima	24.34°N	124.16°E	BSRN	2n147e	2°N	147°E	GTMBA
Kwajalein	8.72°N	167.73°E	BSRN	2n156e	2°N	156°E	GTMBA
Minamitorishima	24.29°N	153.98°E	BSRN	2s156e	2°S	156°E	GTMBA
Sapporo	43.06°N	141.33°E	BSRN	5n137e	5°N	137°E	GTMBA
Tateno	36.06°N	140.13°E	BSRN	8n137e	8°N	137°E	GTMBA

2. 遥感短波下行辐射产品

1)葵花-8 卫星及其短波下行辐射产品

葵花-8 是日本最新一代的静止气象卫星,配备有 Advanced Himawari Imagers(AHI)。AHI 共含有 16 个观测波谱通道(其中,可见光波谱通道 3 个,近红外波谱通道 3 个,红外波谱通道 10 个),可以提供从可见光到红外波谱的丰富光谱信息。JAXA 在 Frouin 和 Murakami(2007)工作的基础上,通过参数化方法生产了两种不同空间分辨率的葵花-8 短波下行辐射产品,分别是葵花-8(1 km,123°E~150°E、24°N~50°N)和葵花-8(5 km,80°E~160°W、60°N~60°S)短波下行辐射产品。在本章中,我们将使用地面站点数据同时对这两种辐射产品进行验证、分析与比较。

在验证 2016 年 3 月~2017 年 2 月的葵花-8(5 km)短波下行辐射产品时,我们使用了 JAXA 官方提供的葵花-8 云掩膜产品,并对每个像素相应的天气状况(晴空/有云)进行了标记,从而在全天候、晴空及有云三种不同的天气状态下分别对葵花-8(5 km)短波下行辐射产品进行验证,综合评估其在不同天气状态下的精度。

如图 5.2 所示,总体而言,葵花-8(5 km)短波下行辐射产品在瞬时尺度上与地面站点观测数据吻合得较好。全天候、晴空以及有云大气状态下,验证结果的决定系数分别为 0.89、0.97 和 0.78,与之相对应的偏差(Bias)和均方根误差(RMSE)分别为 19.7 W/m²、19.9 W/m²、18.7 W/m² 和 111.1 W/m²、66.2 W/m²、136.7 W/m²。在有云条件下,葵花-8(5 km)短波下行辐射产品的精度比全天候和晴空下更差,具体表现为其均方根误差明显增大,散点图中点对的分布更为散乱。另外,在三种不同的大气状态下,均可观察到明显的正偏差值,说明葵花-8(5 km)短波下行辐射产品存在明显的高估。可见,尽管在有云条件下葵花-8(5 km)短波下行辐射产品的精度不够理想,但其总体精度并不亚于甚至优于现有的部分产品和算法(Dedieu et al.,1987;Gui et al.,2010;Huang et al.,2011,2013;Zhang et al.,2014;Su et al.,2008)。

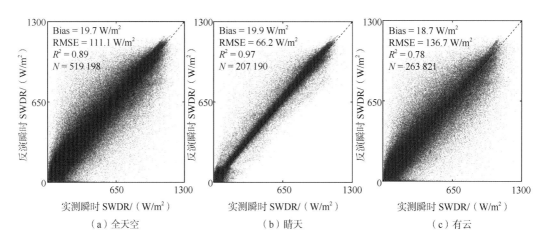

图 5.2　不同天气状态下瞬时尺度上葵花-8(5 km)短波下行辐射产品在 34 个站点的总体验证结果

N 为对应天气状态下点对的总数

JAXA 同时提供了葵花-8（1 km）短波下行辐射产品，由于其空间覆盖范围较小，我们只采用了 Fukuoka、Ishigakijima、Sapporo、Tateno 和 Yonsei University 这 5 个站点的实测数据进行了验证。由于没有可用的空间分辨率为 1 km 葵花-8 云掩膜产品，只能不作区分（晴空/有云）地对葵花-8（1 km）短波下行辐射产品进行总体验证。图 5.3 展示了葵花-8 短波下行辐射产品在这 5 个站点的总体验证结果，表 5.2 中列出了葵花-8（1 km）短波下行辐射产品在每个站点的验证结果。结果表明，与葵花-8（5 km）短波下行辐射产品类似，葵花-8（1 km）短波下行辐射产品也存在着明显的高估；虽然分辨率不同，但就两者的总体精度而言，葵花-8（1 km）短波下行辐射产品稍稍高于葵花-8（5 km）短波下行辐射产品。

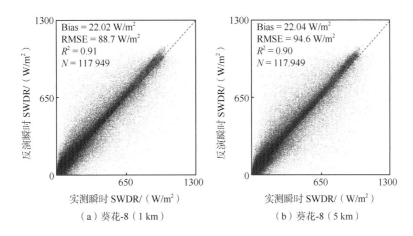

图 5.3　瞬时尺度上葵花-8 短波下行辐射产品在 5 个地面站点的总体验证结果

N 为点对的总数

表 **5.2**　瞬时尺度上葵花-**8**（1 km）短波下行辐射产品在每个地面站点的验证结果

站点名	Fukuoka	Ishigakijima	Sapporo	Tateno	Yonsei University	总计
# PTs	24639	25091	25378	24852	17989	117949
Bias/(W/m²)	32.0	24.2	1.4	21.8	34.8	22.0
RMSE/(W/m²)	87.0	101.7	87.8	76.5	88.9	88.7
R^2	0.92	0.89	0.89	0.93	0.91	0.91

许多生态、水文以及蒸散发模型需要日均短波下行辐射参数（Alexandrov and Hoogenboom，2000；Chen et al.，2007；Wolf et al.，1996）。因为葵花-8 卫星的高时间分辨率（能够每 10 min 生成一幅图像），本章也将这些不同时间分辨率的产品进行统一，在日均尺度上对葵花-8 短波下行辐射产品进行验证。AERONET 的 Lulin 站因瞬时数据缺失较多，且不提供日均短波下行辐射值，故未被用于日均尺度的验证。

葵花-8（5 km）短波下行辐射产品的总体验证结果如图 5.4 所示。结果表明，在日均尺度上，葵花-8（5 km）短波下行辐射产品与地面观测数据之间有较好的一致性，平均偏差值、均方根误差和决定系数分别为 8.4 W/m²、24.1 W/m² 和 0.92。

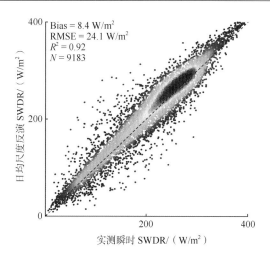

图 5.4　日均尺度上葵花-8(5 km)短波下行辐射产品在 33 个站点的总体验证结果

　　类似于瞬时尺度的验证，我们也用同样的 5 个站点的地面数据，对葵花-8(1 km)短波下行辐射产品以及相对应的葵花-8(5 km)短波下行辐射产品做了对比验证，总体验证结果如图 5.5 所示，表 5.3 中列出了葵花-8(1 km)短波下行辐射产品在每个站点的验证结果。结果表明，与瞬时尺度的验证结果类似，在日均尺度上两种葵花-8 短波下行辐射产品的精度相似，也存在着明显的高估现象。综合比较葵花-8 短波下行辐射产品在瞬时尺度和日均尺度的验证结果可知，随着时间分辨率的降低，均方根误差也在逐渐地下降，这说明通过降低时间分辨率，由云、三维辐射传输和地面站点验证数据造成的误差可以在一定程度上得到缓解，这与前人的研究结果是一致的(Dedieu et al.，1987；Frouin and Murakami，2007；Gui et al.，2010；Huang et al.，2016a；Kim and Liang，2010)。

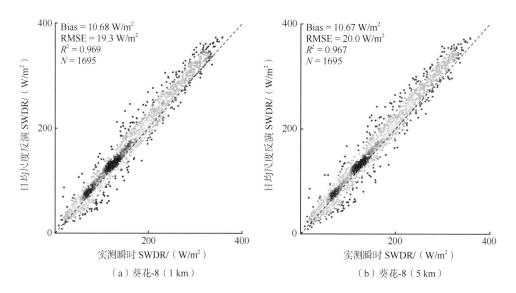

（a）葵花-8（1 km）　　　　　　　　（b）葵花-8（5 km）

图 5.5　日均尺度上葵花-8 短波下行辐射产品在 5 个地面站点的总体验证结果

N 为点对的总数

表 5.3　日均尺度上葵花-8(1 km)短波下行辐射产品在每个地面站点的验证结果

站点	Fukuoka	Ishigakijima	Sapporo	Tateno	Yonsei University	总计
# PTs	359	357	357	361	261	1695
Bias/(W/m²)	14.9	15.1	−1.1	9.7	16.1	10.7
RMSE/(W/m²)	19.9	22.4	19.7	14.9	23.1	20.0
R^2	0.98	0.97	0.96	0.98	0.96	0.97

2) Clouds and the Earth's Radiant Energy System Synoptic(CERES-SYN)

CERES-SYN 产品由 NASA Langley 研究中心的 CERES 科学团队生产并发布,这一产品旨在研究地球大气层顶、陆表以及大气层中的辐射收支情况。Aqua、Terra、地球静止卫星的数据以及再分析产品(Doelling et al., 2013；Kato et al., 2013)被作为必须的输入参数,驱动改进的 Langley Fu-Liou 传输模型(Kato et al., 1999),用以生产空间分辨率为 1°的 CERES-SYN 全球短波下行辐射产品。Rutan 等(2015)通过与地面站点测量数据验证,结果表明,CERES-SYN 产品在全球范围内具有较好的精度。

Rutan 等(2015)通过将多种遥感辐射产品与地面站点测量数据的对比发现,CERES-SYN 短波下行辐射产品在日均尺度上的精度要优于 ISCCP-FD 与 GEWEX-SRB 产品。本书选择 2016 年 3 月~2017 年 2 月的 CERES-SYN 产品进行了验证。

CERES-SYN 产品与地面实测数据以及葵花-8(5 km)的验证结果如图 5.6 所示。结果表明,CERES-SYN 和葵花-8(5 km)产品均高估了短波下行辐射；总体而言,葵花-8(5 km)产品的精度要优于 CERES-SYN 产品。CERES-SYN 产品较粗的空间分辨率可能是验证中的误差来源之一。

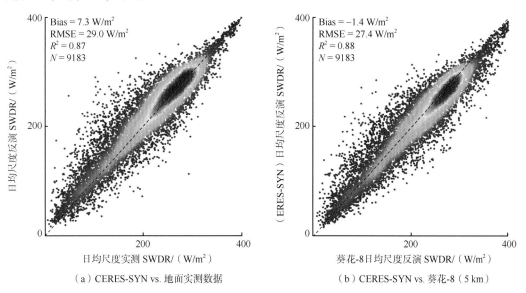

（a）CERES-SYN vs. 地面实测数据　　　　　（b）CERES-SYN vs. 葵花-8（5 km）

图 5.6　日均尺度上 CERES-SYN 与 33 个站点实测数据以及葵花-8(5 km)
短波下行辐射产品的验证结果
N 为点对的总数

3. 再分析短波下行辐射产品

MEERA-2 再分析产品是由 NASA 的全球建模与同化办公室(Global Modelling and Assimilation Office,GMAO)通过 Goddard 地球观测系统(Goddard earth observing system)与大气数据同化系统 v5.12.4(atmospheric data assimilation system with version 5.12.4)生产的(Gelaro et al.,2017),其空间分辨率为 0.5°×0.625°(纬度×经度),是 MERRA 再分析产品的更新与升级。

作为第二代再分析产品的代表,欧洲中等尺度天气预测中心(European Centre for Medium-Range Weather Forecasts,ECMWF)生产的 ERA-Interim 再分析产品被视为 ERA-40 再分析产品的升级替代品。ERA-Interim 的陆表辐射主要通过一个快速辐射传输模型(rapid radiation transfer model,RRTM)计算而得(Mlawer et al.,1997)。表 5.4 中列出了本章所使用的遥感与再分析短波下行辐射产品的部分特征参数。

表 5.4　本章所使用的短波下行辐射产品的部分特征参数

产品	空间分辨率	时间分辨率	时间跨度(年/月)
遥感产品			
葵花-8	5 km,1 km	每 10 分钟(瞬时)	2016/03～2017/02
CERES-SYN	1°×1°	日均	2016/03～2017/02
再分析产品			
MERRA-2	0.5°×0.625°	每小时	2016/03～2017/02
ERA-Interim	0.125°×0.125°	每 3 小时	2016/03～2017/02

本章使用 2016 年 3 月～2017 年 2 月的 MERRA-2 与 ERA-Interim 短波下行辐射产品,并分别将 1 小时平均的 MERRA-2 产品与 3 小时平均的 ERA-Interim 产品统一到日均尺度进行验证,验证结果的决定系数分别为 0.56 和 0.70(图 5.7)。显然,这一数字较葵花-8(5 km)短波下行辐射产品低了很多,而且这两种再分析产品验证点对的分布也更为散乱。

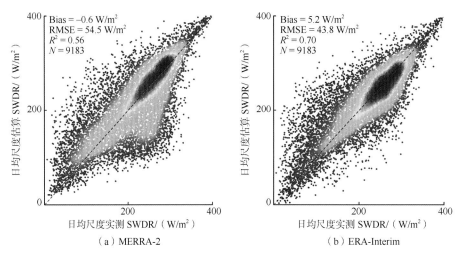

图 5.7　日均尺度上 MERRA-2、ERA-Interim 短波下行辐射产品与 33 个站点的总体验证结果

N 为点对的总数

4. 综合对比与分析

为了更好地比较这两种产品在空间分布上的差异,我们提取并计算了 2016 年 3 月~ 2017 年 2 月 CERES-SYN 与葵花-8(5 km)产品的日均短波下行辐射值。在比较中, CERES-SYN 产品的空间分辨率被重采样为 5 km,从而与葵花-8(5 km)产品相匹配。如 图 5.8(a)和图 5.8(b)所示,这两种产品日均短波下行辐射的空间分布极其相似;当然, 也有许多地方存在着巨大的差异[图 5.8(c)],如青藏高原和 45 °N 以北的地区存在着巨 大的正偏差,而华北平原地区则存在着明显的负偏差。

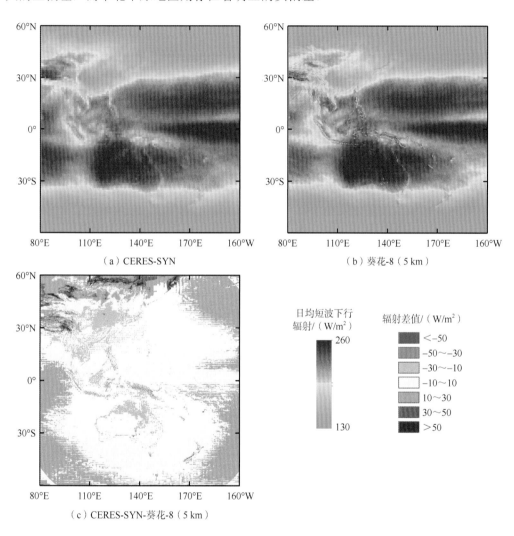

图 5.8　2016 年 3 月~2017 年 2 月 CERES-SYN 与葵花-8(5 km)产品的
日均短波下行辐射值的空间分布图及其差分图

类似地,MERRA-2 和 ERA-Interim 再分析产品也被重采样到 5 km,并与葵花-8(5 km) 产品做了比较。图 5.9(a)和图 5.9(b)分别展示了 MERRA-2 和 ERA-Interim 产品在 2016

年 3 月~2017 年 2 月日均短波下行辐射值的空间分布。结果表明,低纬度地区的日均短波下行辐射值较大,而高纬度地区的日均短波下行辐射值较小,这是赤道地区的太阳天顶角比中纬度和高纬度地区更小,接收更多的日均短波下行辐射的缘故。尽管这三种产品的空间分布图在一定程度上相似,但是也存在明显的差异:与葵花-8(5 km)相比,MERRA-2 和 ERA-Interim 产品在东南亚地区存在着明显的低估,特别是对于 ERA-Interim,其低估现象更为明显,如图 5.9(c)和图 5.9(d)所示,最大差异出现在中南半岛、南海、东南亚群岛、青藏高原以及 45°N 以北的地区。

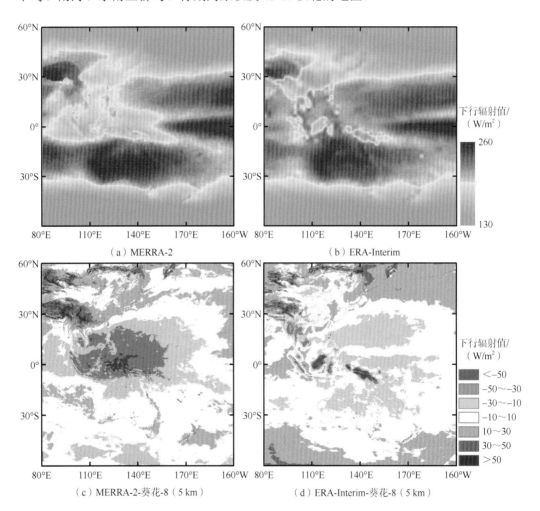

图 5.9　2016 年 3 月~2017 年 2 月 MERRA-2 和 ERA-Interim 产品的
日均短波下行辐射值的空间分布图及它们与葵花-8(5 km)的差分图

在本节中,我们使用了来自 AERONET、BOM、BSRN、ESRL GMD 和 GTMBA 观测网络 34 个地面站点的实测数据在瞬时尺度对葵花-8 短波下行辐射产品进行了验证,同时也对另外 3 种(包括 CERES-SYN、MERRA-2 和 ERA-Interim)典型短波下行辐射产品在日均尺度上进行了验证,并在此基础上进行了对比与分析。研究结果表明,葵花-8(1 km)短波下行辐射产品的精度表现稍微优于葵花-8(5 km)产品，这可能是因为前者具有更高的空间分辨率；在瞬时和日均尺度上，葵花-8(1 km)和葵花-8(5 km)均高估了短波下行辐射；而在 4 种短波下行辐射产品的对比中，葵花-8(5 km)具有最高的精度，其次是 CERES-SYN、ERA-Interim 和 MERRA-2，再一次确认了即使是目前最先进的再分析短波下行辐射产品，其在数量级和空间分布上的不确定性也要大于遥感产品(de Miguel and Bilbao，2005；Gomez et al.，2016；Jia et al.，2013；Kennedy et al.，2011；Lohmann et al.，2006；Zhang et al.，2016)；总之，葵花-8 短波下行辐射产品是可信的，其精度可媲美甚至优于现有的部分产品与算法(Dedieu et al.，1987；Gomez et al.，2016；Gui et al.，2010；Huang et al.，2011，2013，2016b；Lu et al.，2010；Rutan et al.，2015；Su et al.，2008；Zhang et al.，2014)。

5.1.3　短波下行总辐射与直射辐射的遥感估算

1. 算法的发展历史与基本原理描述

5.1.2 节验证结果表明，葵花-8 短波下行辐射产品具有较高的精度。但是，该产品仅包含短波下行总辐射，很多时候已不能满足在气候变化、水文学、生物物理与生物化学建模、太阳能应用和农业学科中的多应用需求，因而必须对短波下行总辐射的直射和散射分量作出区分。在本章中，我们提出了一种改进的查找表算法，从而可以利用不同的遥感卫星估算出短波下行总辐射和直射辐射。

Liang 等(2006)首先提出了查找表算法的基本框架，并将该算法应用于 MODIS 数据，以评估光合有效辐射(PAR)。该算法首先从多时相的 MODIS 图像中估算出陆表的反射率，然后再反演计算出每幅图像中的光合有效辐射值。在后续的一系列研究中，这种查找表方法又陆续得到了发展与改进。例如，Liu 等(2008)采用 MODIS 陆表反射率产品(MOD09)，从 MODIS 卫星数据中估算了中国地区的光合有效辐射；Zheng 等(2008)将这种算法应用到 GOES 卫星数据，以估算不同地形效应条件下的光合有效辐射；Lu 等(2010)进一步发展了查找表算法，并结合对地静止气象卫星(geostationary meteorological satellite，GMS)的图像数据估算出了不同水汽和高程条件下中国地区的短波下行辐射；Huang 等(2011)也基于大气辐射传输模拟软件 libRadtran 构建的查找表，结合 MODIS 产品(MOD08_D3、MOD10C1 和 MCD43C2)和 MTSAT1R 卫星的观测数据估算了短波下行辐射；在这些研究基础上 Zhang 等(2014)利用查找表算法，结合极轨卫星传感器 MODIS 和多颗对地静止卫星的数据生产了全球尺度范围内的 GLASS(global land surface satellite)短波下行辐射和光合有效辐射产品。

查找表算法的基本原理和思路总结如下。

遥感卫星的传感器在大气层顶观测到的辐亮度也称为大气层顶辐亮度(TOA radiance)，其通常包含两部分：一部分是程辐射(path radiance)和由大气中小颗粒以及分子等造成的后向散射入射到传感器后而被感知的辐射，这部分辐射只受到地球大气层状态和成分的影响，因而仅由大气的光学性质所决定，与陆表的状态无关。另一部分则是由从大气层顶入射后穿过大气层照到陆表,然后被陆表反射并返回大气层顶后最终被传感器响应到的辐射。

若假设陆表是一个表面平滑且各向均一的朗伯体,那么卫星观测到的辐亮度则可以用式(5.1)来表示(Kim and Liang,2010;Liang et al.,2006):

$$I(\mu_0,\mu,\phi) = I_0(\mu_0,\mu,\phi) + \frac{r_s}{1-r_s\overline{\rho}}\mu_0 E_0 \gamma(-\mu_0)\gamma(\mu) \tag{5.1}$$

式中,$I(\mu_0,\mu,\phi)$ 为在给定的照射与观测条件下,即在太阳天顶角为 $\theta_0(\mu_0=\cos\theta_0)$、观测天顶角为 $\theta(\mu=\cos\theta)$,以及相对方位角为 ϕ 时,遥感卫星传感器观测到的天顶辐亮度;$I_0(\mu_0,\mu,\phi)$ 为程辐射;$\frac{r_s}{1-r_s\overline{\rho}}\mu_0 E_0 \gamma(-\mu_0)\gamma(\mu)$ 为经陆表反射并返回大气层顶后最终被传感器响应到的辐射,其由太阳辐射入射方向大气层顶到陆表的总透过率 $\gamma(-\mu_0)$、卫星观测方向陆表到大气层顶的总透过率 $\gamma(\mu)$、大气球面反照率 $\overline{\rho}$、陆表反射率 r_s 以及大气层顶辐照度 E_0 等组成。

同样地,当陆表是一个表面平滑且各向均一的朗伯体时,对于给定的太阳天顶角,陆表的下行总辐射 $F(\mu_0)$ 可以表示为(Kim and Liang,2010;Liang et al.,2006)

$$F(\mu_0) = F_0(\mu_0) + \frac{r_s\overline{\rho}}{1-r_s\overline{\rho}}\mu_0 E_0 \gamma(\mu_0) \tag{5.2}$$

式中,太阳天顶角为 $\theta_0(\mu_0=\cos\theta_0)$;$F_0(\mu_0)$ 为不包含地面反射的陆表下行辐射,这部分仅仅与大气的状态和成分有关;$\frac{r_s\overline{\rho}}{1-r_s\overline{\rho}}\mu_0 E_0 \gamma(\mu_0)$ 为地面反射引起的陆表下行辐射,其由太阳辐射入射方向大气层顶到陆表的总透过率 $\gamma(\mu_0)$、大气球面反照率 $\overline{\rho}$、陆表反射率 r_s 以及大气层顶辐照度 E_0 等组成。而 $F_0(\mu_0)$ 又可以表示为直射 $F_0(\mu_0)_{\text{dir}}$ 和散射 $F_0(\mu_0)_{\text{dif}}$ 两个部分(Kim and Liang,2010;Zhang et al.,2018),即

$$F_0(\mu_0) = F_0(\mu_0)_{\text{dir}} + F_0(\mu_0)_{\text{dif}} \tag{5.3}$$

由上述内容可知,大气层顶的地外日辐射在经过地球大气时发生了吸收、散射等衰减作用后,最终成为到达陆表的下行辐射,而这种衰减作用同时由大气的状态和陆表的状况决定;卫星响应到的大气层顶辐亮度也经历了类似的过程。因此,在给定的照射/观测条件和陆表状况下,对于某种特定的大气状况,会有一组相对应的陆表下行波谱辐射和卫星观测值。当大气状况足够多时(N 种大气状况,且 N 足够大),会有 N 组相对应的陆表下行波谱辐射和卫星观测值,可以直接由大气层顶的卫星观测值得知相应的陆表下行波谱辐射值,而不再需要输入额外的大气状况参数(如云和气溶胶的光学厚度)。在这种思路的基础上,可以通过大气辐射传输模拟软件(如 MODTRAN、SBDART 和 libRadtran 等),设置一系列不同的照射/观测条件信息和大气状况参数,对 0.3~3 μm 和 0.4~0.7 μm 范围内的下行太阳波谱辐射分别积分,模拟出对应的短波下行辐射/光合有效辐射和卫星在大气层顶的辐亮度,从而建立查找表并最终估算出不同大气状态下的短

波下行辐射/光合有效辐射。

2. 利用 MODTRAN 构建查找表

经过多年的发展与改进（Huang et al.，2011；Liang et al.，2006，2007；Liu et al.，2008；Lu et al.，2010；Zhang et al.，2014；Zheng et al.，2008），查找表方法已经变得十分成熟而健壮，但其仍可以在下面几个方面得到发展：首先，这些研究中普遍只使用查找表方法估算了短波下行总辐射或者光合有效总辐射，而未对这些参数的直射与散射分量进行区分及验证；其次，Zhang 等（2014）在构建查找表估算短波下行辐射时并未充分考虑到大气中的水汽对短波下行辐射的削弱作用（仅使用了默认大气水汽值），而是在计算出短波下行辐射后，使用一种经验方法（Psiloglou and Kambezidis，2007），结合MOD08_D3 产品对水汽的影响进行后处理，这种后处理方法不仅需要更多的输入产品，而且还可能引入更多的不确定性；最后，原有的查找表方法需要对极轨卫星 MODIS 或者对地静止卫星进行时间窗口滤波以估算陆表反射率，这一操作过程十分复杂且烦琐。针对以上方面，我们做出了进一步的改进与发展：在构建查找表时直接将大气水汽含量对短波下行辐射的削弱作用考虑其中，不再需要额外的水汽产品输入，利用构建出的查找表，结合 MCD43A3 反照率产品估算出短波下行总辐射及短波下行直射辐射并进行验证。在本节中，我们将主要说明利用 MODTRAN 5 构建查找表的方法及其相关参数设置。

由于大气在晴空/有云情况下，影响短波下行辐射的最主要因素并不完全一致，故在具体构建查找表时，需要将大气分为晴空和有云两种基本类型，然后在不同的基本类型中分别设置不同的大气状态参数进行模拟，最终建立一个包含从晴空到有云状态下各种不同大气状态参数的查找表，以实现对短波下行辐射的估算。设置三个不同的陆表反射率的值（0、0.3 和 0.6），就可以通过式（5.1）～式（5.3）求解出每种照射/观测条件、大气状况下与大气层顶辐亮度 $I(\mu_0, \mu, \phi)$ 有关的变量 $[I_0(\mu_0, \mu, \phi)，\mu_0 E_0 \gamma(-\mu_0) \gamma(\mu)，\bar{\rho}]$ 和与短波下行辐射 $F_0(\mu_0)$ 有关的变量 $[F_0(\mu_0)_{dir}, F_0(\mu_0)_{dif}, \mu_0 E_0 \gamma(\mu_0)]$ 的值，从而最终构建出结构如表 5.5 所示的查找表。

表 5.5　利用 MODTRAN 5 构建出查找表的结构示意图

照射/观测条件	大气状态	高程	$I_0(\mu_0,\mu,\phi)$	$\mu_0 E_0 \gamma(-\mu_0)\gamma(\mu)$	$\bar{\rho}$	$F_0(\mu_0)_{dir}$	$F_0(\mu_0)_{dif}$	$\mu_0 E_0 \gamma(\mu_0)$
…	…	…	…	…	…	…	…	…

在构建出了查找表之后，便可以建立起遥感卫星传感器在大气层顶的观测值与陆表的下行辐射之间的联系，最终根据查找表和遥感卫星的辐亮度估算出陆表下行辐射。其具体的流程图如图 5.10 所示。

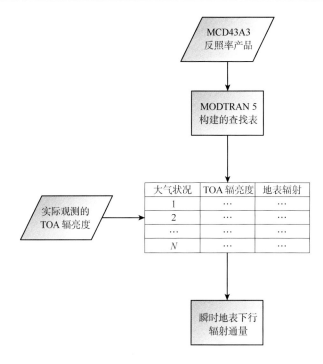

图 5.10　查找表方法估算瞬时陆表下行辐射的流程示意图

3. 使用的数据与验证结果

通过上面的描述，可以知道查找表方法的实质就是通过对辐射传输模式的模拟，建立起大气层的辐亮度和下行辐射之间的联系。对于不同遥感卫星的传感器，由于它们的波谱范围和光谱响应函数均不尽相同，因此在利用 MODTRAN 5 模式模拟时必须分别指定其波谱范围和光谱响应函数，针对每种传感器分别构建查找表。在本节中，我们选择了 MODIS 和日本最新一代的对地静止气象卫星葵花-8 的数据来反演短波下行总辐射和短波下行直射辐射。

中等分辨率成像光谱仪(MODIS)是搭载于美国地球卫星观测系统(earth observation system，EOS)Terra 和 Aqua 两颗极轨卫星上的一种重要传感器。它拥有 36 个观测波谱通道，覆盖了从可见光到红外(0.4～14 μm)的波段范围。Terra 是上午星，由北向南经过赤道，在地方时上午 10∶30 过境；Aqua 是下午星，由南向北经过赤道，在地方时下午 1∶30 过境。对于 MODIS 来说，每天至少可以 2 次获得同一地方的白天观测数据。查找表算法估算短波下行辐射时必须的输入参数有太阳天顶角、观测天顶角、相对方位角、高程、反照率以及卫星的 TOA 辐亮度，因此，我们选择了 MOD/MYD021KM、MOD/MYD03 以及 MCD43A3 作为 MODIS 传感器查找表算法的输入参数(表 5.6)。

表 5.6　**MODIS 和葵花-8 卫星查找表算法估算短波辐射的输入数据**

传感器	太阳天顶角	观测天顶角	相对方位角	陆表高程	陆表反照率	TOA 辐亮度
MODIS	MOD/MYD03	MOD/MYD03	MOD/MYD03	MOD/MYD03	MCD43A3	MOD/MYD021KM
葵花-8	L1 Gridded data	L1 Gridded data	L1 Gridded data	SRTM	MCD43A3	L1 Gridded data

为了验证 MODIS 数据查找表方法的反演结果，我们选择了 2016 年 1~12 月美国 SURFRAD 辐射观测网络的 7 个站点进行了验证。验证的散点图如图 5.11 和图 5.12 所示。对于短波下行总辐射和短波下行直射辐射，R^2 分别为 0.88 和 0.84，RMSE 分别为 104.06 W/m² 和 126.82 W/m²，验证的总体精度表现较好。

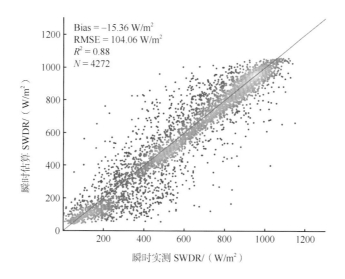

图 5.11　基于 Terra+Aqua 双星 MODIS 数据瞬时尺度短波下行总辐射在 SURFRAD 的验证结果

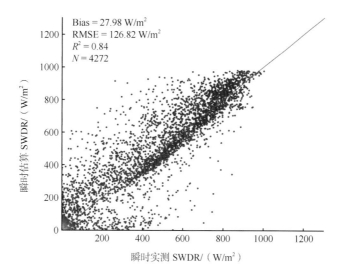

图 5.12　基于 Terra+Aqua 双星 MODIS 数据瞬时短波下行直射辐射在 SURFRAD 的验证结果

类似地,本书基于查找表方法对 2016 年 3~12 月的葵花-8 卫星数据进行了实验,在 14 个观测站上对实验结果进行了验证(表 5.7),瞬时估算验证结果的散点图如图 5.13 和图 5.14 所示,日均瞬时验证结果的散点图如图 5.15 和图 5.16 所示。结果表明,无论在瞬时尺度还是日均尺度上,总体验证结果明显优于葵花-8 官方短波下行辐射产品。

表 5.7 用于验证葵花-8 卫星数据反演结果的地面站点信息

站点	纬度	经度	所属网络
Yonsei University	37.56°N	126.93°E	AERONET
Adelaide	34.95°S	138.52°E	BOM
Alice Springs	23.80°S	133.89°E	BOM
Broome	17.95°S	122.24°E	BOM
Cape Grim	40.68°S	144.69°E	BOM
Darwin	12.42°S	130.89°E	BOM
Melbourne Airport	37.67°S	144.83°E	BOM
Rockhampton Aero	23.38°S	150.48°E	BOM
Wagga Wagga	35.16°S	147.46°E	BOM
Fukuoka	33.58°N	130.38°E	BSRN
Ishigakijima	24.34°N	124.16°E	BSRN
Lauder	45.05°S	169.69°E	BSRN
Sapporo	43.06°N	141.33°E	BSRN
Tateno	36.06°N	140.13°E	BSRN

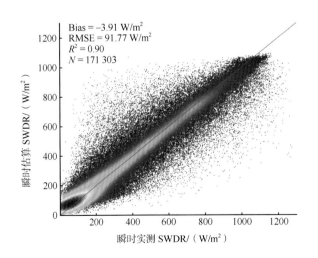

图 5.13 基于葵花-8 卫星数据瞬时尺度短波下行总辐射的验证结果

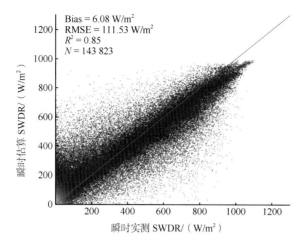

图 5.14　基于葵花-8 卫星数据瞬时尺度短波下行直射辐射的验证结果

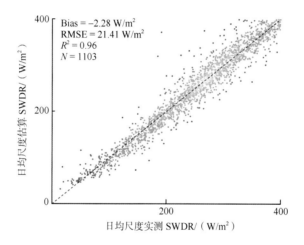

图 5.15　基于葵花-8 卫星数据日均尺度短波下行总辐射的验证结果

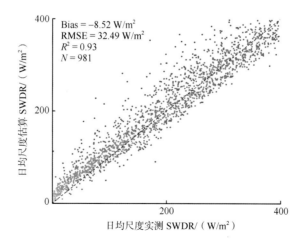

图 5.16　基于葵花-8 卫星数据日均尺度短波下行直射辐射的验证结果

在本节中，首先回顾了利用查找表估算短波下行辐射的方法的发展历史，并介绍了该方法的基本思路与原理，然后叙述了如何用大气辐射传输软件 MODTRAN 5 构建查找表。相较于原有的方法，修改后的查找表方法简化了估算时的流程与输入参数，同时可以反演出短波下行总辐射和短波下行直射辐射。从 MODIS 和葵花-8 数据反演所得的验证结果来看，该算法可以取得较好的反演精度。

5.1.4　复杂地形区短波辐射量建模与反演

1. 复杂地形区短波辐射简介

现有估算太阳短波辐射的理论研究大都假设陆表为理想的平面，忽视了地形影响，为短波辐射在复杂地形区应用带来了很大的不确定性。需要指出的是，复杂地形区所占全球陆地面积的比例约为 24%，考虑到短波辐射对物质与能量循环、气候变化等研究具有很大影响，因此在复杂地形区对短波辐射的精确估算将变得尤为重要。Dubayah 等（1989）指出，复杂地形区坡度与坡向、反照率随机发生变化，使得短波辐射在米尺度发生较大改变。Tovar 等（1995）通过在 $0.2° \times 0.1°$ 复杂地形区部署 10 个日射强度计来研究地面网络太阳辐射变化，结果表明，在复杂地形区由于地形影响，两个站点之间的短波辐射每小时之间可达 50%的差异。此外，Yang 等（2010）通过对青藏高原布设站点的数据进行分析，指出在高海拔地区开展短波辐射与长波辐射研究的必要性。基于以上分析可知，在复杂地形区短波辐射的空间分布与平面区别很大，因此对其数值的估算并不是一项简单的工作。

为了准确估算复杂地形区陆表接收的短波辐射，应当建立校正模型，还原出复杂地形区太阳辐射的空间分布状态、生产出高精度短波辐射产品。1989 年，Proy 等（1989）指出，在复杂地形区坡面所接收的短波辐射分量应划分为太阳直接辐射、天空漫散射以及周围地形的反射辐射。地形起伏变化具有随机性，使得在复杂地形区对短波辐射分量要分别单独计算。

2. 复杂地形区短波辐射校正模型

短波辐射的精度主要受云、气溶胶、大气水汽以及地形等多种因素影响。与平坦陆表相比，山区所接收的短波辐射差异主要体现为太阳直接辐射、天空漫散射、周围地形反射辐射等影响。山区坡面法线与太阳入射光线之间的夹角会随着坡度与坡向发生变化，给太阳直接辐射的估算带来困难。在平坦陆表所接收的天空漫散射来自于球面度为 2π 空间内的积分，由于地形起伏发生变化，山区斜面会因为周围地形的遮挡，导致只能接收天空中可见部分的漫散射。与平坦陆表相比，坡面所接收的辐射不仅要考虑地面与大气之间邻近效应的影响，还要估算出周围区域对目标像元的反射辐射贡献。基于以上分析，计算复杂地形区入射到陆表的短波辐射要对太阳直接辐射、天空漫散射以及周围地形反射辐射单独计算。

复杂地形区太阳直射辐射主要受地形遮蔽、太阳观测方向和坡面法线之间夹角的共同影响。假定在与复杂陆表同等高度上不存在地形遮蔽情况下，太阳直射辐射通量为

F_{dir}，则在复杂地形区某像元接受的太阳直射辐射 $F_{\text{dir}}^{\downarrow}$ 则可以表示为

$$F_{\text{dir}}^{\downarrow} = \Theta \times \text{cosis} \times F_{\text{dir}} \tag{5.4}$$

$$\text{cosis} = \cos(\text{SZA})\cos S + \sin(\text{SZA})\sin S\cos(\text{SAA} - A) \tag{5.5}$$

式中，Θ 为遮蔽函数；cosis 为照度角，即太阳入射方向与坡面法线之间的夹角；SZA 为太阳天顶角；SAA 为太阳方位角；S 为坡度；A 为坡向。

Θ 为二值函数，即当目标像元受到遮蔽时，Θ 值为 0；未受到遮蔽时，Θ 值为 1。遮蔽主要包含两种类型：自身遮蔽、阴影遮蔽。如图 5.17 所示，A 点区域由于受本身坡度、坡向等因素的影响，使得太阳光线照射不到，属于自身遮蔽；而 B 点虽然不存在 A 点的遮蔽状况，可以看到太阳位置，但由于地形起伏变化较大，此刻太阳照射山坡时 B 点位于阴影区，属于阴影遮蔽。一般对于自身遮蔽的计算采用太阳照度角来衡量，即太阳照度角余弦 cosis 小于或等于 0 时，则认为该像元发生自身遮蔽。

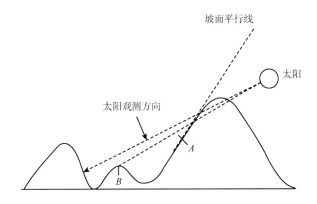

图 5.17　复杂地形区太阳入射方向地形遮蔽示意图

1)天空漫散射辐射

相较于平坦陆表，复杂地形区的目标像元会受到地形遮蔽影响，使得只能接收可视部分的短波天空漫散射。复杂地形区陆表所接收的天空漫散射 $F_{\text{sky}}^{\downarrow}$ 可由同等高度平坦陆表所接收的天空漫散射 F_{sky} 与该区域的天空视角因子 V_{d} 的乘积来表示。天空视角因子是指目标像元在立体空间内可视的天空部分所占的比例，其具体计算过程如式(5.7)所示。在复杂地形区坡面所接收的天空漫散射辐射分量可表示为

$$F_{\text{sky}}^{\downarrow} = V_{\text{d}} \times F_{\text{sky}} \tag{5.6}$$

$$
\begin{aligned}
V_{\text{d}} &= \frac{1}{\pi} \int_0^{2\pi} \int_0^{H_\phi} \eta_{\text{d}}(\theta,\phi)\sin\theta \left[\cos\theta\cos S + \sin\theta\sin S\cos(\phi - A)\right] \mathrm{d}\theta\mathrm{d}\phi \\
&\approx \frac{1}{2\pi} \int_0^{2\pi} \left[\cos S\sin^2 H_\phi + \sin S\cos(\phi - A)(H_\phi - \sin H_\phi\cos H_\phi)\right] \mathrm{d}\phi
\end{aligned} \tag{5.7}
$$

式中，$\eta_{\text{d}}(\theta,\phi)$ 被称为各向异性因子，表示天空漫散射辐射的各向异性。该变量是一个方向相关的量(即不同方向上的不同辐射变量)，假设天空漫散射辐射各向同性，此时

$\eta_{\mathrm{d}}(\theta,\phi)=1$，$H_{\phi}$ 为水平角。

2) 周围地形的反射辐射

周围地形的反射辐射即太阳下行辐射(包括太阳直接辐射、天空漫散射)入射到陆表 M 点，经过陆表 M 点反射后被周围陆表 N 点所接收的那部分能量。根据 BRDF 特性，平坦的陆表 N 点所接收来自 M 点的反射辐射可忽略，一般视为 0；但在复杂地形区，地形起伏较大、陆表反照率变化不定，使得估算 N 点所接收来自周围地形的反射辐射变得尤为困难。目前，对于估算复杂地形区周围地形的反射辐射主要有两种不同的思路：①一些学者(Dubayah et al.，1993；Dubayah and Loechel，1997)通过引入地形结构因子 C_{t}，并采用计算周围地形的平均反射率和平均下行辐射实现对周围地形的反射辐射估算。②以 Proy 等(1989)为代表的学者通过考虑目标像元与周围像元间的空间几何关系，采用逐像元计算的方式估算出目标像元所接收的周围地形的反射辐射。

一些学者(Dubayah et al.，1993；Dubayah and Loechel，1997)认为，复杂地形区周围地形的反射辐射 F_{ref} 可由平均上行辐射 $\bar{F}\uparrow$ 与地形结构因子 C_{t} 的乘积来表示，即

$$F_{\mathrm{ref}}=C_{\mathrm{t}}\bar{F}\uparrow \tag{5.8}$$

$$\bar{F}\uparrow=R_{0}\left[\bar{F}_{\mathrm{sky}}(1-V_{\mathrm{d}})+\bar{F}_{\mathrm{dir}}\right] \tag{5.9}$$

式中，R_{0} 为目标像元在一定范围内地物的平均反射率；同理 $\bar{F}_{\mathrm{sky}}$ 与 $\bar{F}_{\mathrm{dir}}$ 分别表示目标像元在一定范围内所接收的天空漫散射与太阳直接辐射的平均值；C_{t} 为地形结构因子，用于量化目标像元看到周围地形所占的比例。

此外，Sirguey(2009)提出了考虑多层反射效应的估算周围地形的反射辐射模型。该方法相比于一些学者(Dubayah et al.，1993；Dubayah and Loechel，1997)所提出的校正方案考虑了更多影响因素。该辐射分量可表示为

$$F_{\mathrm{ref}}=\frac{R_{0}C_{\mathrm{t}}(F_{\mathrm{dir}}+F_{\mathrm{sky}})}{1-R_{0}C_{\mathrm{t}}} \tag{5.10}$$

$$C_{\mathrm{t}}\approx\frac{1+\cos(S)}{2}-V_{\mathrm{d}} \tag{5.11}$$

$$C_{\mathrm{t}}\approx1-V_{\mathrm{d}} \tag{5.12}$$

关于周围地形反射辐射的估算，Proy 等(1989)在充分考虑周围各个像元与目标像元之间空间几何关系以及立体角的基础上，提出周围各个像元对目标像元的反射辐射 F_{ref} 计算公式，即

$$F_{\mathrm{ref}}=\sum_{P=1}^{N}\frac{L_{p}\cos T_{M}\cos T_{P}\mathrm{d}S_{P}}{r_{MP}^{2}} \tag{5.13}$$

式中，N 为像元点 M 在区域内可见的像元总数；L_{p} 为周围像元 p 的反射辐射；T_{M} 和 T_{P} 分别为对应法线方向和像元点 M 与点 P 连线之间的角度；$\mathrm{d}S_{P}$ 为像素点 P 所对应的坡面面积；r_{MP} 为像素点 M 与点 P 之间直线距离。

3. 复杂地形区短波辐射校正模型的应用

基于以上构建的复杂地形区陆表接收的太阳直接辐射、天空漫散射以及周围地形的反射辐射，在复杂地形区坡面所接收的短波下行总辐射 $F_{S_{down}}$ 可表示为

$$F_{S_{down}} = F_{dir}^{\downarrow} + F_{sky}^{\downarrow} + F_{ref} \tag{5.14}$$

Wang 等(2018)在 Dozier(1989)以及 Dubayah 和 Loechel(1997)模型基础上进行改进，提出对崎岖地形区短波辐射校正的 SWTRM 模型，其具体构成如下所示：

$$
\begin{aligned}
F_{S_{down}} &= F_{dir}^{\downarrow} + F_{sky}^{\downarrow} + F_{ref} \\
&= \Theta \times \cos is \times F_{dir} + V_d \times F_{sky} + \sum_{P=1}^{N} \frac{L_p \cos T_M \cos T_P \mathrm{d}S_P}{r_{MP}^2}
\end{aligned} \tag{5.15}
$$

通过与河北承德山区五个站点(表 5.8)的地面实际观测数据进行验证，结果显示，整体上基于 SWTRM 反演的短波辐射与地面观测的一致性较好，对于短波下行辐射而言，RMSE＜59.6 W/m²，Bias＜10.5 W/m²，验证结果如图 5.18 所示。此外，该模型可以与卫星所反演的辐射直接结合，实现对大面积崎岖地形区短波辐射的估算。

表 5.8　河北承德山区五个站点特征

站点	位置	纬度/(°N)	经度/(°E)	土地覆盖类型	坡度/(°)	海拔/m
P_1	山顶	42.39690979	117.39854746	草地	0	1867
P_2	山谷	42.390626464	117.3982703	草地	0	1777
P_3	东坡	42.39674490	117.39915583	草地	27	1861
P_4	西坡	42.39157228	117.4001292	草地	32	1845
P_5	南坡	42.39225858	117.3979534	草地	30	1860

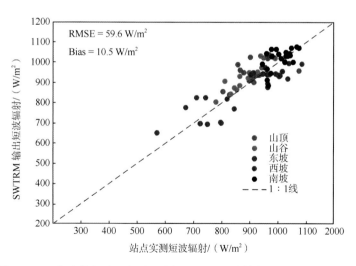

图 5.18　河北承德山区五个测站点与 SWTRM 估算短波辐射散点对比图

为了更好地了解崎岖地形区陆表接收短波辐射受地形效应影响的程度，获得更好的可视化效果，通过结合 MODIS 影像、DEM 等数据，实现了对 SWTRM 模型的驱动，

并输出如图 5.19 所示青藏高原局部区域的辐射地形校正影像。

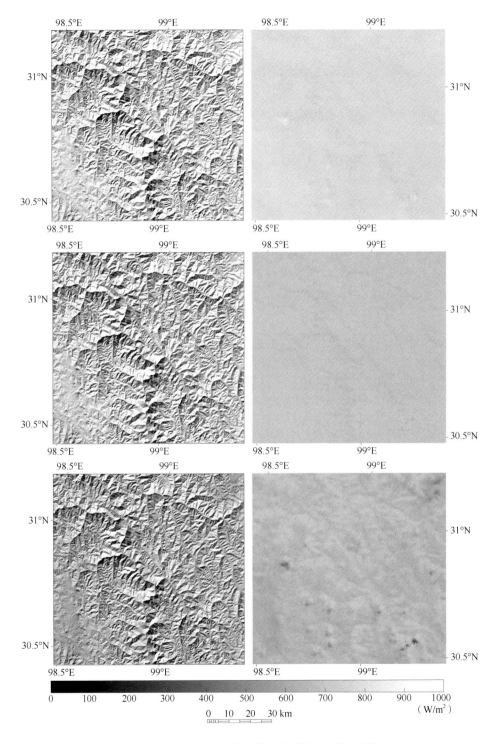

图 5.19　青藏高原局部区域短波辐射地形校正结果

自上而下：短波下行辐射、太阳直射辐射和净辐射；左侧：地形校正后；右侧：地形校正前

SWTRM 输出结果表明，考虑地形变化因素，短波下行辐射在青藏高原地形起伏较明显的区域显示出了较强的异质性，短波辐射的空间分布变化较大。另外，通过地形校正前后影像对比，可以发现，校正后的短波辐射在空间分布刻画得较明显，尤其在复杂地形区的阴坡、阳坡之间的辐射差异能够清晰可见。从短波下行辐射数值角度来看，校正后影像的辐射量对应的数值范围较大（大于 1000 W/m^2），而未进行地形校正的数据范围相对较小（小于 200 W/m^2），这也从侧面反映了未考虑地形效应的短波辐射具有平滑效应，即当某个像元被遮蔽时，被遮蔽的像元辐射会存在高估现象，而未被遮蔽的像元辐射被低估。

根据图 5.19 可知，太阳直射辐射和短波下行辐射类似，利用 SWTRM 模型所得的辐射分布图纹理较为清晰，而原始未进行地形校正的太阳直射图像相对较平滑。尽管后者可以反映出辐射量分布的大致趋势，但通过校正影像前后对比结果会发现，未校正的短波辐射数据很难反映阴坡、阳坡的辐射差异，而仅仅体现在遥感观测方向的平均辐射趋势上。在数值范围上，考虑地形效应的太阳直接辐射比地形校正前的数值范围要宽，另外，在晴空、不发生遮蔽情况下，一般太阳直射辐射在整个短波下行辐射中占有较大比例，因此，短波下行辐射的分布和太阳直射辐射分布整体上相似。

5.2　陆表长波下行辐射的遥感观测

5.2.1　引　　言

近年来随着各种自然灾害与极端天气不断发生，全球气候问题不断受到关注。陆表长波下行辐射（longwave downward radiation，LWDR）是大气向陆表发射的长波辐射，包括由大气中的水汽、云以及气溶胶颗粒等吸收太阳辐射后的热辐射，以及大气自身发射到达陆表的热辐射。长波下行辐射是地球表面除太阳辐射以外的另一个主要的能量来源，也是影响全球变暖与温室效应的重要变量（Wang and Dickinson，2013）。作为陆表辐射收支及能量平衡的关键要素之一，长波下行辐射是许多陆地、水文和气候模型的重要参数。夜间以及极地区域全年大部分时间里的陆表辐射收支以长波辐射为主导。获取陆表长波下行辐射的方式有地面观测、再分析与遥感技术。地面观测，如 BSRN（the baseline surface radiation network）、SURFRAD（the surface radiation budget network）和 FLUXNET 等观测网络都提供长波辐射测量。地面观测长波下行辐射在局部具有很高精度，但站点的数量与分布范围有限，且观测成本昂贵；再分析产品可以提供时空连续的长波下行辐射产品，但其空间分辨率较粗（如 ERA5 产品的空间分辨率为 0.25°），一致性较差，且经常有所低估（Stephens et al.，2012；Wang and Dickinson，2013），难以满足对全球高时空分辨率的研究及应用需求；遥感以较低成本提供全球覆盖的常规监测能力，为大面积估算长波下行辐射提供了新的手段。

通常而言，利用卫星观测数据反演陆表长波下行辐射的方法可以分为三类：基于大气廓线的方法（物理方法）、混合模型方法和参数化方法。基于大气廓线的方法使用辐射传输模型及卫星遥感数据估算的大气廓线数据，或者无线电探空仪探测的大气廓线数据进行陆表下行辐射估算。混合模型方法不需要大气和陆表特性的明确输入，一般利用辐射传输模型和大量大气廓线模拟特定传感器的长波下行辐射和某一特定传感器相应的TOA 辐亮度，然后使用统计分析将长波下行辐射和 TOA 辐亮度或亮温联系起来，建立两者的经验关系得到参数化模型，从而得到可接受的长波下行辐射结果。参数化方法使用气象观测数据对陆表下行辐射进行估算，使用有限时间、空间跨度的数据进行开发。

基于以上方法，通过遥感手段获取长波下行辐射已有大量研究，但大多集中在晴空条件下，只有少数研究致力于在有云天空下获取长波下行辐射。从遥感观测中获得的长波下行辐射产品的时空不连续性严重限制其广泛应用。晴空条件下估算长波下行辐射通常使用的参数多基于经验公式，从大气剖面估算气温、气压或相对湿度（Bisht and Bras，2010；Carmona et al.，2014；Crawford and Duchon，1999；Iziomon et al.，2003），这些参数不容易从卫星数据中获得。多云天空下的长波下行辐射由两部分组成，除了来自云下大气的热辐射外，还有来自云层的辐射，云的热贡献和云层的大气状态是未知的，这导致对多云天空下的长波下行辐射估算非常复杂且具有挑战性（Stephens et al.，2012；Wang et al.，2018b）。许多研究指出，在多云天空下，云底高度和温度是影响长波下行辐射估算的重要因素之一（Kato et al.，2010；Stephens et al.，2012；Wild et al.，2001；Zhang et al.，2004）。有研究在参数化中引入云属性（如云底温度）来估算长波下行辐射（Forman and Margulis，2009；Gupta et al.，2010；Wang et al.，2018b）。由于一些云属性相对难以获得，也有研究使用替代参数，如使用云覆盖度、云水路径或冰水路径对云在辐射中的贡献进行量化（Carmona et al.，2014；Crawford and Duchon，1999；Duarte et al.，2006；Iziomon et al.，2003；Zhou and Cess，2001）。需要注意的是，虽然对参数获取做出了大量努力，并发展出了一些替代参数方法，但这些参数的获取仍然困难或烦琐。为了满足日益提高的研究及应用需要，有必要发展新方法，满足多云天空下估算长波下行辐射的需要，同时获取时空连续的高分辨率全球长波下行辐射。

5.2.2　长波下行辐射的光学与微波融合估算方法

本节提出了一种新方法，通过融合 Aqua 卫星上搭载的 MODIS 和 AIRS/AMSU 测量数据，估算空间连续的高分辨率全球长波下行辐射。

1. 数据

本节所使用的数据来自 MODIS、CERES 和 AIRS/AMSU。通过进一步融合 AIRS/AMSU的温度廓线，使用 MODIS 大气温度和湿度廓线（MYD07）以及云产品（MYD06）来推导云底高度、云底温度和云下温度廓线（Kahn et al.，2014）。利用 MODIS L1B 辐亮度（MYD021KM）和地理定位（MYD03）数据，采用人工神经元网络方法估计晴空长波下行辐射，从而生成空间连续的（全天候）高分辨率长波下行辐射。在估算晴空长波下行辐射时，选择 MYD35 产品中的云掩膜数据来筛选云像元。AIRS 仪器包括 AIRS、AMSU 和HSB。由于结合了微波观测，这种仪器可以提供全天候三维大气温度和湿度垂直廓线，下面将利用这些剖面获取同位置 MODIS 图像中云底以下的大气廓线。CERES 的

CALIPSO-CloudSat-CERES-MODIS (CCCM) (Kato et al., 2010) 和 SSF 产品 (Team, 2015) 的长波下行辐射数据集也被用于进行比较分析。MERRA (Rienecker et al., 2011)、NCEP CFSR (Sorrel, 2010) 和 ERA-Interim (Dee et al., 2011) 典型再分析数据作为独立的数据源，用于与生产的长波下行辐射进行时空对比。除了上述数据，相应地收集了 2015 年在 SURFRAD 网络的 7 个站点的长波下行辐射进行验证 (Bondville、Boulder、Desert Rock、Fort Peck、Goodwin Creek、Sioux Falls、Penn. State Univ.) (Augustine et al., 2000)。表 5.9 列出了研究中使用的主要数据源。

表 5.9　研究中使用的遥感和再分析数据源

数据源	产品	空间分辨率	参数
MODIS	MYD021KM	1 km	辐射波段：20，22，23，27～29，31～33
	MYD07_L2	5 km	空气温度廓线、露点温度廓线
	MYD03	1 km	观测天顶角、高程
	MYD35	1 km	云掩膜
	MYD06	5 km	云顶温度、云顶高度、云光学厚度
CERES	CCCM	～20 km	CERES 陆表长波下行通量-Model C
	SSF	～20 km	CERES 陆表长波下行通量-Model B
AIRS/AMSU	AIRX2RET.006	～50 km	TAirStd
MERRA	—	$2/3° \times 1/2°$	陆表长波下行辐射
NCEP CFSR	—	0.3°	陆表长波下行辐射
ERA-Interim	—	0.75°	陆表长波下行辐射

2. 融合 MODIS 和 AIRS/AMSU 数据估计长波下行辐射的方法

下面介绍有云条件下融合 MODIS 和 AIRS/AMSU 数据估计长波下行辐射的方法。我们结合人工神经元网络 (ANN) 算法 (Wang et al., 2012) 估算的晴空长波下行辐射，来反演空间连续的长波下行辐射图。全天空长波下行辐射估算方法如图 5.20 所示。

多云天空长波下行辐射的关键控制因子是云底温度和云底比辐射率，它们与云底高度、大气温度廓线、云相态、云水路径和冰水路径密切相关 (Gupta et al., 1992；Kato et al., 2010；Zhou et al., 2007)。光学遥感很难提供云底的温度和发射率信息，而主要在云顶层提供。如果我们能够获得云像元的温度廓线，那么在给定云底高度 (或气压) 和云顶温度的情况下，就可以直接估计云底温度。

事实上，MYD07 产品只能提供高分辨率 (5 km) 晴空条件下的温度和湿度廓线，而 AIRS/AMSU 产生的全天空温度和湿度廓线的分辨率较低 (约 50 km)。一个可行的解决方案是融合这两个产品，从而获得高分辨率大气廓线，即假设在某个垂直高度上，AIRS 温度是 MODIS 在一个 AIRS 像元点内的晴空和有云部分的线性组合 (Wang et al., 2018a)。

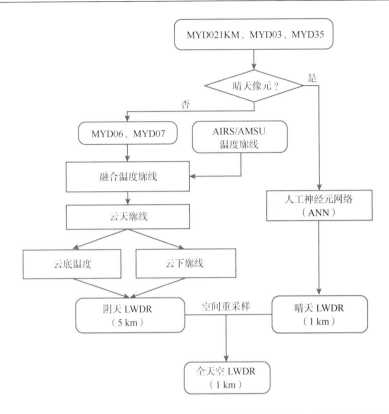

图 5.20　基于 MODIS 和 AIRS/AMSU 测量在全天空（即有云和晴天）条件下
估算长波下行辐射的流程图

虽然晴空数据用于生成空间连续的长波下行辐射图，但本章节没有涉及具体的技术细节

　　理论上，如果知道云的几何厚度（CGH，单位：hPa），给定云顶温度（T_{top}）、云顶压力（P_{top}）和温度剖面，就可以直接确定云底温度（T_{cb}）。如果云底的压强是用 P_{top}+CGH 确定，那么与 P_{top}+CGH 高度相应的温度接近于 T_{cb}。很明显，云的几何厚度对云底高度和温度的估计是非常关键的。这里考虑两种典型的计算云的几何高度的方法：一种是来自于 Gupta（1989）[式（5.16）]提出的方法，其中云顶压强作为判断因子。

$P_{top} > 700\ hPa, CGH = 50\ hPa;$

$$400\ hPa < P_{top} \leqslant 700\ hPa, CGH = 100\ hPa(30°N\sim30°N)\ 或\ 50\ hPa(其他区域) \quad (5.16)$$

$P_{top} \leqslant 400\ hPa, CGH = 50\ hPa$

　　另一种是 Minnis 等（2011）提出的，其中云水的厚度用式（5.17）近似计算，冰云的厚度用式（5.18）近似计算。

$$CGH = 0.39\ln\tau - 0.01\ (当\ \tau > 1)$$
$$CGH = 0.058\tau^{0.5}\ (当\ 0 < \tau \leqslant 1) \quad (5.17)$$

$$CGH = 7.2 - 0.024T_c + 0.095\ln\tau\ (T_c \leqslant 245) \quad (5.18)$$

式中，τ 和 T_c 分别为云光学厚度和云有效温度。使用的云顶温度、云顶压强、τ 和 T_c 由云产品 MYD06 提供。为了避免某一方法可能存在的较大不确定性，本节研究采用了上述两种方法的云的几何厚度平均值。

在有云天气下，长波下行辐射由两部分组成：①由云自身产生的辐射贡献（LWDR$_{cld}$）；②来自云下大气层的长波通量（LWDR$_{sub\ cld}$）。式（5.19）用于量化对总陆陆表面长波下行辐射的云贡献。

$$LWDR_{cld} = \sigma \varepsilon_{cd} T_{cd}^4 \times Tran_a \times cf \tag{5.19}$$

$$Tran_a = 1 - \varepsilon_a \tag{5.20}$$

$$\varepsilon_a = 0.74 + 0.0049 \times P_{vater} \tag{5.21}$$

$$LWDR_{sub\ cld} = \sigma \varepsilon_a T_a^4 \tag{5.22}$$

$$\varepsilon_a = 1.24 \times (P_{vapor} / T_a)^{1/7} \tag{5.23}$$

式中，σ 为斯蒂芬-玻尔兹曼常数[5.6703×10^{-8} W/($m^2 \cdot K^4$)]；ε_{cd} 为在云底层的比辐射率，为了便于操作，这里将其设置为 1；$Tran_a$ 为云下的大气透过率；cf 为来自 MYD06 产品的云覆盖度；ε_a 为大气比辐射率，等式（5.21）是 Anderson（1954）的方法，等式（5.23）是 Brutsaert（1975）的方法。P_{vapor} 和 T_a 分别是近陆表蒸汽压和空气温度。

在有云条件下，总陆表长波下行辐射的公式为

$$LWDR = LWDR_{cld} + LWDR_{sub\ cld} \tag{5.24}$$

3. 长波下行辐射与地面观测以及现有产品的对比验证

为验证算法的可行性和准确性，我们处理了 2015 年的 MODIS/Aqua 和 AIRS/AMSU 数据，并对 SURFRAD 网络的 7 个站点进行直接验证，对现有算法进行了比较，另外还与 CERES CCCM、CERES SSF、ERA-Interim、MERRA 和 NCEP CFSR 产品进行了时空比较。

图 5.21 为在 7 个 SURFRAD 站点地面长波下行辐射的验证结果。结果表明，该算法可以在有云天气下有效反演长波下行辐射，其偏差小于 8 W/m²，均方根误差小于 33 W/m²。这个精确度比较好，或者至少比现有的算法要好（Bisht and Bras，2010；Gupta et al.，1992；Zhou et al.，2007）。

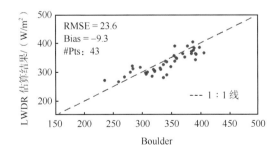
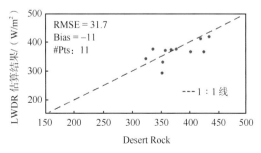

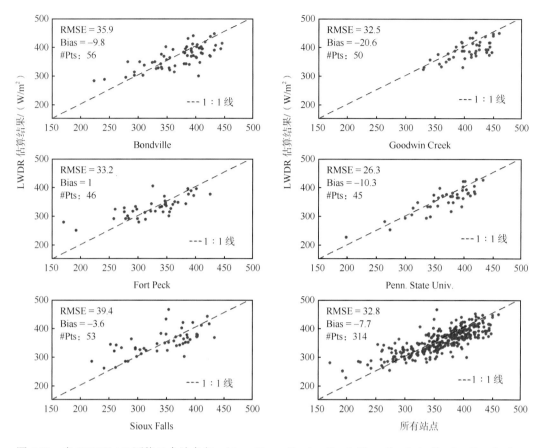

图 5.21　在 SURFRAD 网络 7 个站点(Boulder、Desert Rock、Bondville、Goodwin Creek、Fort Peck、Penn. State Univ. 和 Sioux Falls)测得的云天长波下行辐射与地面长波下行辐射的散点图

为了进一步验证该算法的时空特征,在 2010 年 1 月和 7 月随机选择 CCCM 产品(日间和夜间),将它与该算法得出的长波下行辐射进行了比较。结果如图 5.22 所示,在比较过程中,只有 CCCM 的云覆盖率大于 80%的数据被保留来进行对比。对比分析表明,该算法得到的长波下行辐射与 CERES CCCM 产品有较好的一致性,均方根误差小于 30 W/m²,偏差小于 7 W/m²。这种精度可以与现有的云天算法以及许多晴空算法相媲美,甚至更好。

另外,本书收集了 2010 年 7 月 29 日的数据,将该算法的长波下行辐射与CERES-SSF 产品以及 MERRA、NCEP-CFSR 和 ERA-Interim 再分析数据的空间特征进行了比较。考虑到高亚洲地区在亚洲季风乃至全球气候变化中的重要作用, 特选择其部分地区(62°E~110°E,25°N~46°N)作为研究区域。该算法的长波下行辐射和其他产品的验证结果表明,总体而言,五种长波下行辐射产品在高亚洲高海拔地区的长波下行辐射较低,而该地区以外具有较高的长波下行辐射。

本节提出了一种在有云条件下估算长波下行辐射的替代方案。算法是通过融合多个卫星观测反演高分辨率长波下行辐射。验证结果表明,在有云条件下,该算法计算精度较高,均方根误差小于 33 W/m²,偏差小于 8 W/m²。通过与 CERES 的 CCCM 和 SSF 产

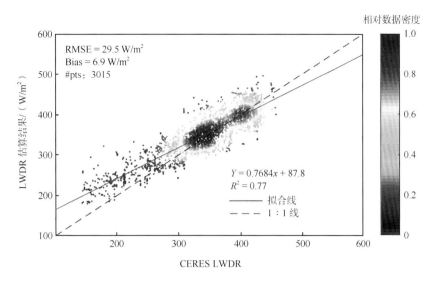

图 5.22　长波下行辐射与 CERES CCCM 长波下行辐射对比的散点图

品以及 MERRA、ERA-Interim 和 NCEP-CFSR 的再分析数据集比较，证明了该算法的优越性。以该算法的长波下行辐射为参考，一系列比较分析显示，其他四个长波下行辐射产品在时间变化、空间分布和具体辐射值上均存在差异。总体而言，CERES-SSF 和 NCEP-CFSR 产品在月平均尺度上与本书算法具有较好的一致性。

5.3　净辐射遥感估算

5.3.1　引　言

全波长净辐射(净辐射)是下垫面从短波到长波的辐射能收支代数和，它既包含直接太阳辐射、半球天空的散射辐射和反射辐射等短波部分，也包含大气逆辐射和地面射出辐射等长波部分，是陆表短波净辐射和长波净辐射的总和。净辐射是陆表能量平衡中最重要的一个参量，是气候变化乃至全球变化的重要驱动力，也是构建各类生态模式和重要过程(如蒸散、空气和土壤热量交换、光合作用等)的重要参数之一，高质量长时间序列的净辐射资料对于气候变化预测、蒸散的估算、植物生长发育过程、生态系统生物量的形成与累积等研究具有重要意义。

净辐射可从地面站点观测获取，但全球台站数量有限，且无法满足时空连续的要求，因此用户主要从模式模拟再分析资料及遥感辐射产品来间接获取净辐射(表 5.10)。总体来说，现有的这些辐射产品都具有很好的时空连续性，覆盖全球，且时间分辨率很高，但它们的空间分辨率太粗，产品间精度差异较大，并未达到全球能量平衡研究的要求(Zhang et al.，2016，2015)，且只能通过辐射分量间接获取净辐射，误差的传播和累积无法避免。

表 5.10　现有可提供净辐射的主流产品

产品	空间分辨率	时间分辨率	时间段	参考文献
模型再分析产品				
NCEP/CFSR	T382(38 km)	6 h	1979~2010 年	Decker et al.，2011；Saha et al.，2010
NASA/MERRA	$0.5° \times \frac{2}{3}°$	每小时	1979 年至今	Bosilovich et al.，2011
ERA40	T159(125 km)	6 h	1957~2002 年	Uppala et al.，2005
ERA-Interim	T255(80 km)	3 h	1980 年至今	Simmons et al.，2006
JRA55	T319(~ 55 km)	3 h	1958 年至今	Kobayashi et al.，2015
NCEP/NCAR RII	T62(200 km)	6 h	1979 年至今	Kanamitsu et al.，2002
遥感产品				
CERES-SYN	1°	3 h	2000 年至今	Wielicki et al.，1998
GEWEX-SRB	1°	3 h	1983~2007 年	Fu et al.，1997；Pinker and Laszlo，1992
ISCCP-FD	280 km	3 h	1983~2011 年	Zhang et al.，2004

卫星遥感数据由于其时空连续的优势和提供信息的客观性，一直受到辐射研究者的青睐。遥感数据在估算短波辐射方面取得了很大进展(Huang et al.，2012；Wang et al.，2014；Wang et al.，2015b)，但长波辐射的估算受云的影响很大，现有的研究仍主要针对晴空条件，有云条件下的估算精度较差。除了分量估算，近年来遥感数据在净辐射直接估算方面的研究也发展很快。Wang 等(2015a)利用 MODTRAN 5 辐射传输模型建立的训练数据集来建立陆表净辐射与遥感观测(短波及热红外观测数据)之间的回归关系，因此可以直接根据遥感观测数据得到对应的陆表净辐射，该方法已尝试用于 MODIS 数据反演，SURFARD 站点的验证结果证明了该方法得到的净辐射精度比通过传统的估算辐射分量再加和得到的净辐射的精度更高。尽管该方法具有很强的应用潜力，但是该方法的精度受训练数据集的影响很大，选择有足够代表性的训练数据非常重要，另外该方法现阶段只能用于晴空下的净辐射估算。还有一类直接估算方法则基于短波辐射与净辐射的统计关系建立，通常通过简单的线性回归方程从短波辐射估算净辐射，其最早在气象农业等研究领域发展，因此输入参数通常为站点的气象、辐射观测。Kjaersgaard 等(2009，2007)验证并评价了常用的净辐射估算统计模型，验证结果证明了这类简单的统计模型的模拟精度较好，且用于模型输入的参数较易获取，模型计算简单且成本不高，可用于全天空情况。Wang 和 Liang(2009)在这类传统模型的基础上尝试运用遥感的短波辐射、反照率等数据，并加入了遥感 NDVI 数据代表陆表信息，模型的验证精度得到了进一步提高。由于现阶段遥感反演的短波辐射的精度令人满意，因此基于遥感短波辐射直接转换为净辐射的研究思路适宜于全球净辐射数据的开发。

5.3.2　算　法

基于短波辐射估算净辐射的研究思路，首先收集全球多个站点长时间序列辐射观测数据，并分析站点实测短波辐射和净辐射在不同条件下的关系，结合模型再分析和其他遥感产品，发展用短波辐射直接估算净辐射的经验模型(图 5.23)。

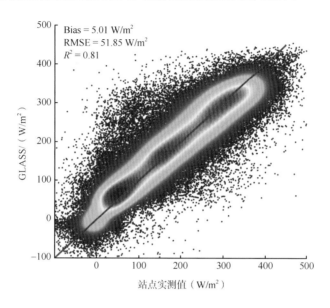

图 5.23　GLASS 日间净辐射训练站点验证密度散点图

算法发展中主要使用的数据分为三类：地面观测数据、遥感数据及再分析产品。本次算法发展中共收集了 513 个观测站点，遍布全球，且下垫面包含了 IGBP 定义的主要地物类型，站点高程也为–0.7～5063 m，因此具有很好的代表性及客观综合性。地面观测的短波辐射和净辐射数据都已经过严格的质量控制和时间转换等预处理，转换为日积(日出到日落)及日均时间尺度。遥感数据主要指 GLASS 系列的短波下行辐射(天均/0.05°)、反照率(天均)和 NDVI(天均/0.05°)。再分析数据 MERRA2 为算法发展提供了气象因子，主要包括空气温度、地面空气压强、风速、相对湿度和大气可降水等，同时，还计算了日地距离、晴朗指数等辅助信息用于算法发展。

四类经验模型在算法中得到了应用，主要包括线性模型(LM)、广义神经元网络(GRNN)、支持向量回归(SVR)及多元自适应回归样条(MARS)。经过多次试验，四种算法的估算精度及运行效率等总结在表 5.11 中。根据试验结果，最终确定 MARS 为日间净辐射数据集的生产算法，并生产了 2000～2017 年全球日间净辐射数据集，其空间分辨率为 0.05°(图 5.24)。

表 5.11　四种算法比较

模型	R^2	RMSE/(W/m^2)	Bias/(W/m^2)	训练时间	拟合时间
LM	0.90	39.57	−0.18	<60 s	<60 s
MARS	0.91	39.68	−0.26	<60 s	<60 s
GRNN	0.93	33.49	−0.62	>72 h	>72 h
SVR	0.94	32.28	−1.11	>72 h	>48 h

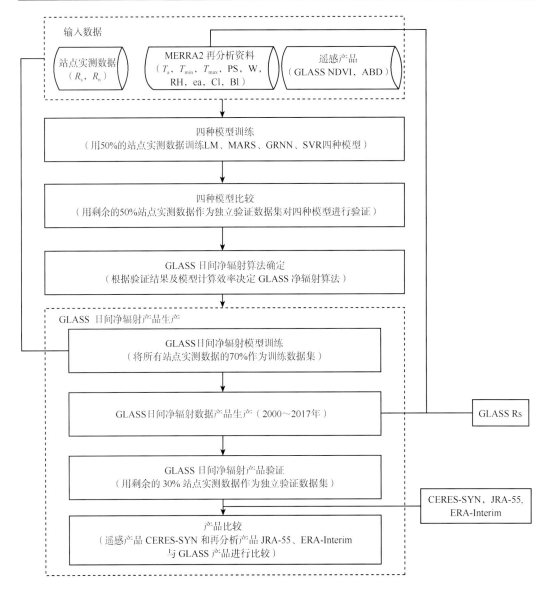

图 5.24　GLASS 日间净辐射算法确定净辐射产品生产流程图

5.3.3　产　品　验　证

为了客观验证算法发展的日间净辐射数据集，本书收集了全球分布的 142 个站点(共计 52176 个样本)用于直接验证(图 5.25)，同时还收集了 CERES、JRA-55 及 ERA-Interim 等同类产品用于客观评价。

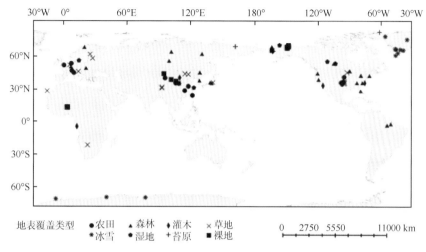

图 5.25　GLASS 日间净辐射产品验证站点空间分布图

图 5.26 所示为 GLASS、CERES、JRA-55 和 ERA-Interim 四套产品在 2008 年 6 月全球陆表(南极洲除外)的日间净辐射空间分布状况。从图 5.26 中可以看出，GLASS 日间

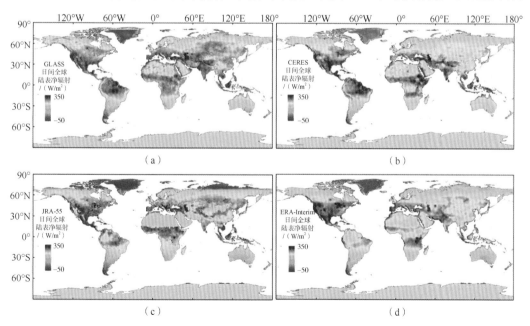

图 5.26　GLASS(a)、CERES(b)、JRA-55(c)、ERA-Interim(d)产品
在 2008 年 6 月日间全球陆表净辐射空间分布图

净辐射的空间分布情况与其他几套产品的净辐射空间分布非常相似，其中与 CERES 的日间净辐射空间分布最为相似，而 CERES 辐射通量数据作为目前国际上最可靠的通量数据之一（Jia et al.，2017），可以间接说明 GLASS 日间净辐射数据集具有合理的空间分布。

为了客观评价 GLASS 日间净辐射的整体精度，我们收集了图 5.25 中位于不同纬度带和下垫面的 142 个验证站点的实测净辐射数据集来验证 GLASS、CERES_Ed4A、JRA-55 以及 ERA-Interim 四套净辐射产品，验证结果见图 5.27。从图 5.27 中可以看出，GLASS 和 CERES 的日间净辐射数据的精度（MBE、RMSE、R^2）要远远优于 JRA-55 和 ERA-Interim 两套产品，其中以 GLASS 的精度表现最为优异（MBE = 0.20 W/m²，RMSE = 51.23 W/m²，R^2 = 0.80），而 CERES 的净辐射则很明显有一个高估的现象存在，所以我们的 GLASS 日间净辐射数据在目前的几套净辐射数据集中有着很大的优势。

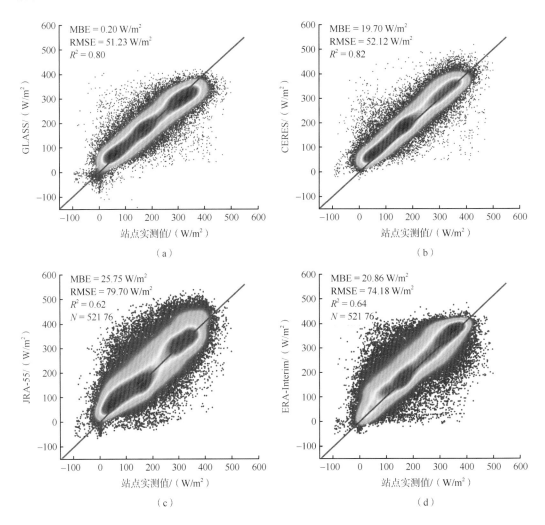

图 5.27　GLASS（a）、CERES（b）、JRA-55（c）和 ERA-Interim（d）整体验证精度

表 5.12 总结了 GLASS 日间净辐射在不同陆表、高程以及大气状况下的精度表现。

遵循 IGBP 的分类标准，我们将下垫面精简为 6 类，对 GLASS 日间净辐射的精度进行验证，分别是农田、森林、草地、灌木、裸地以及冰雪下垫面。从表 5.12 中的陆表类型部分可以看出，GLASS 日间净辐射在这 6 类陆表都有较好的精度表现，尤其是在农田下垫面上 GLASS 净辐射表现优异。为了检验在不同高程下净辐射的精度表现，将高程分为四部分（<200 m、200～500 m、500～1500 m、>1500 m）。从验证结果上看，GLASS 净辐射在高程大于 500 m 的情况下精度表现得更加优异，而在不同大气状况下（晴朗指数 CI 划分），GLASS 日间净辐射的精度也是呈现出较大的差异，从表 5.12 中晴空/云天部分可以看出，大气的透明度越好，净辐射的精度也会更加优异，而这也符合目前辐射研究的现状，即有云条件下辐射估算的精度远低于晴空条件下辐射估算的精度。总体来说，GLASS 日净辐射数据集在不同条件下的精度都比较稳定，而且都有不错的精度表现。

表 5.12 GLASS 日间净辐射在不同陆表、高程、大气状况的表现

分组	R^2	RMSE/(W/m^2)	MBE/(W/m^2)	样本数量
I. 陆表类型				
农田	0.84	41.11	−4.05	12655
森林	0.78	55.58	−4.54	28938
草地	0.80	51.34	20.21	6043
灌木	0.77	48.58	23.49	2079
冰雪	0.68	51.16	0.19	1691
裸地	0.73	50.41	12.61	808
II. 高程				
<200 m	0.80	52.69	9.01	16421
200～500 m	0.77	53.06	−4.50	26405
500～1500 m	0.84	43.60	−2.06	8593
1500 m	0.87	43.51	1.90	756
III. 晴空 / 云天				
0<CI<0.3	0.71	64.89	1.32	6352
0.3<CI<0.9	0.79	52.06	4.41	30789
0.9<CI<1	0.81	42.33	−8.82	15247

为了客观评价 GLASS 日间净辐射在不同条件下（下垫面、高程）的精度表现，我们将第 4 版的 CERES 表面辐射通量数据作为辅助数据集与 GLASS 的净辐射数据做比较分析，图 5.28 给出了两套数据集在相同验证站点数据下不同条件的精度表现。在 6 类陆表条件下，我们可以看到，GLASS 与 CERES_Ed4A 两套数据集在农田、森林、草地以及裸地都有相似的 RMSE 和 R^2，但是 GLASS 的净辐射数据整体上更接近于 1∶1 线，而 CERES 仍然存在着严重的高估现象（MBE）。在剩余的两类地类（冰雪和灌木）GLASS 精度都是远远优于 CERES_Ed4A 净辐射数据集，从以上分析可以看出，GLASS 净辐射在不同下垫面条件下的精度都存在着很大的优势。同样地，在不同高程条件下，我们也进行了 GLASS 和 CERES 数据集的精度比较，发现在<200 m、200～500 m、500～1500 m 三

个高程段条件下，GLASS 和 CERES 都有较低的不确定性，但是 GLASS 净辐射的 MBE 远远低于 CERES；而在＞1500 m 条件下，GLASS 净辐射的精度表现就远优于 CERES 数据集。通过与 CERES 数据集在不同条件下的综合比较，我们发现 GLASS 净辐射数据在不同陆表和高程条件下都有很好的精度，在目前的几套表面辐射数据中有着绝对优势。

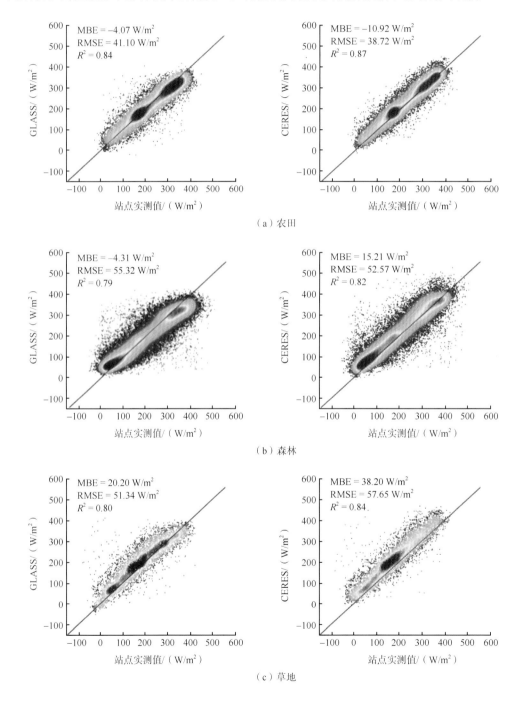

（a）农田

（b）森林

（c）草地

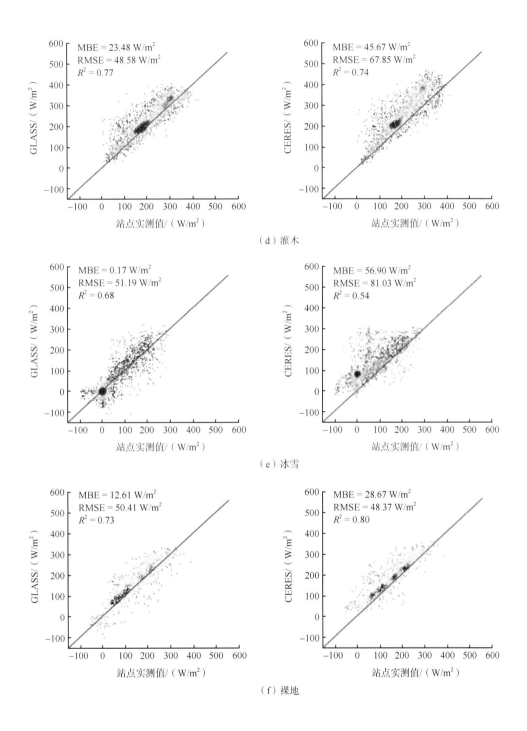

（d）灌木

（e）冰雪

（f）裸地

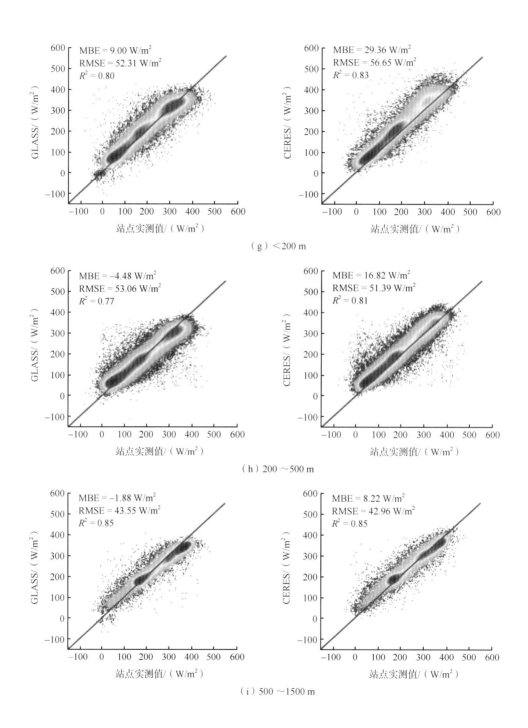

（g）＜200 m

（h）200～500 m

（i）500～1500 m

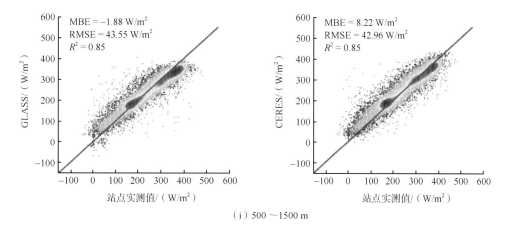

（ⅰ）500～1500 m

图 5.28　GLASS 与 CERES 在不同下垫面和高程下的精度验证结果

图 5.29 展示了 GLASS 日间净辐射在 ARM_E16(30.061°N，99.134°S) 和 Lath_CA-TP3(40.706°N，80.348°S) 两个站点的长时间序列曲线。从图中也可以看出，GLASS 日间净辐射能够很好地捕捉到站点实测数据的时间变化趋势，说明 GLASS 日间净辐射数据也具有合理的时间变化特性，提供了可靠的时间变化信息。

通过上述分析，证明了 GLASS 日间净辐射具有合理的时空变化特性，同时在目前的几套主流辐射数据产品中，GLASS 日间净辐射数据的精度也有着绝对的优势，为陆表能量平衡研究提供了数据的支持。

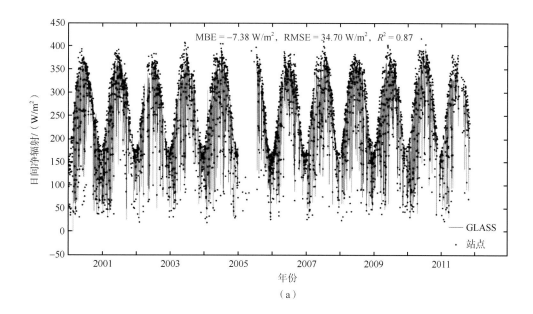

（a）

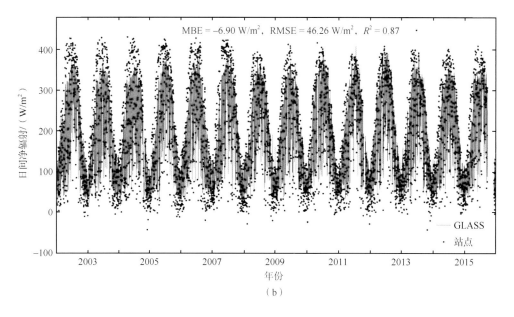

图 5.29　GLASS 日间净辐射在 ARM_E16（a）、Lath_CA-TP3（b）站点的时间序列图

5.3.4　应　用　分　析

青藏高原被称为"世界屋脊"，平均海拔在 4000 m 以上，是中国乃至全世界海拔最高、面积最大的高原。由于青藏高原的纬度位置、海拔以及地貌条件的独特性，在这里形成了从热带到寒带、从湿润到干旱等多种气候类型，形成了东南亚所有类型生态系统的集居地。而净辐射作为构建各类生态模式的重要参数之一，在生态系统的蒸散过程中起到非常重要的作用。研究陆表净辐射时空变化特征，对于气候变化预测、蒸散的估算、植物生长发育过程、生态系统生物量的形成与累计等研究具有重要意义。因此本节研究以青藏高原为研究区，分析 2001～2017 年陆表净辐射的时空变化，为青藏高原的气候和生态研究提供理论基础。

1. 青藏高原 2001～2017 年全年和四季年均线性回归趋势分析

通过全年线性回归显著性检验分析（图 5.30），2001～2017 年西藏南部喜马拉雅山脉、四川西部横断山脉、青海北部祁连山脉地区净辐射呈显著上升趋势，在 0.1～3.6 W/(m² · a)；而青藏高原中部昆仑山脉、唐古拉山脉地区净辐射呈下降趋势，在 −0.7～−0.1 W/(m² · a)。

图 5.31 为青藏高原 2001～2017 年四季陆表年均日间净辐射变化趋势。从图 5.31 中可得，2001～2017 年青藏高原春季西藏东部和北部、青海南部和西部、四川西北部呈显著下降趋势，西藏东南部和中部呈上升趋势，与青藏地区全年净辐射的下降趋势相联系，容易得出其春季净辐射的较少是全年下降趋势的主要原因；夏季西藏西部、青海西部呈显著上升趋势；秋季西藏东南和西南地区呈显著上升趋势；冬季西藏中部和南部、青海北部、四川西部呈上升趋势，西藏西北部呈下降趋势。

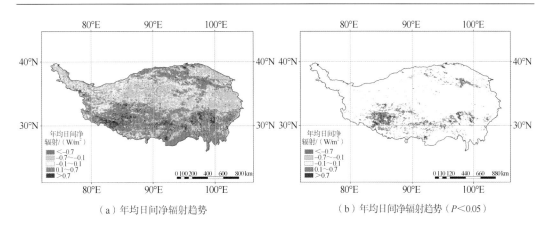

（a）年均日间净辐射趋势　　　　　　　　　（b）年均日间净辐射趋势（P<0.05）

图 5.30　青藏高原 2001～2017 年全年年均日间净辐射线性回归趋势和显著性检验

　　经分析，在全球变暖的大背景下，青藏高原变暖尤其冬季变暖，是其冬季南部相对高海拔地区净辐射增长的主要原因。另外，1981～2010 年地面雪深观测资料显示，冬季青藏高原西南大多台站观测到雪深减幅较大，使得地面反射率减少，净辐射增加。夏季高原积雪分布有限，仅在海拔和纬度高的高寒地区有积雪，但此时期内雪深减少趋势同样显著。

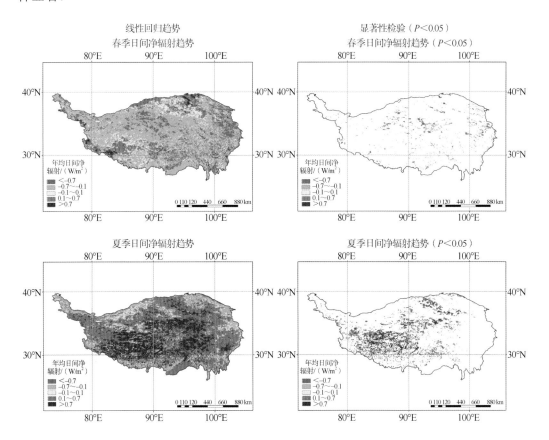

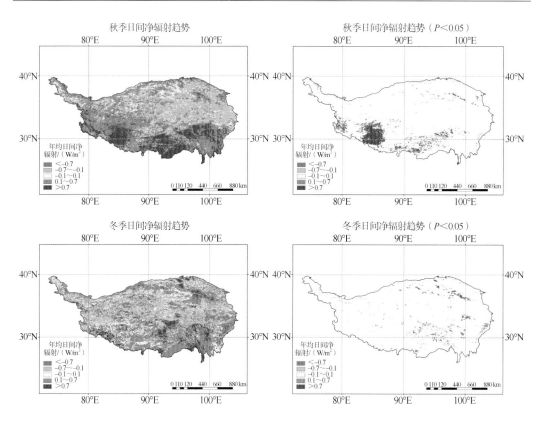

图 5.31　青藏高原 2001～2017 年四季年均日间净辐射线性回归趋势和显著性检验

2. 青藏高原 2003～2017 年陆表净辐射与 NDVI、反照率的时间变化分析

从距平值时间变化分析图(图 5.32)中可以看出,净辐射(R_n)变化曲线与 NDVI 变化

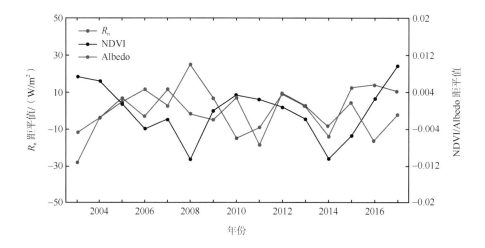

图 5.32　青藏高原 2003～2017 年 R_n、NDVI、Albedo 的距平值时间变化分析

曲线的走势大体一致，即 NDVI 增大，表征平均植被覆盖的增加趋势，陆表吸收的入射能量增多，最终净辐射增大，这在 2006 年后表现尤为明显；另外，净辐射变化曲线与 Albedo 曲线的走势大体相反，即 Albedo 增大，使反射的短波能量增多，导致净辐射减少，这在 2006～2010 年表现得尤为明显，说明此前对净辐射变化的原因分析有一定的合理性。

参 考 文 献

Alexandrov V A, Hoogenboom G. 2000. The impact of climate variability and change on crop yield in Bulgaria. Agricultural and Forest Meteorology, 104: 315-327.

Anderson E R. 1954. Energy-budget studies, water-loss investigations: lake hefner studies. Professional Paper, 269: 71-119.

Augustine J A, Deluisi J J, Long C N. 2000. SURFRAD—a national surface radiation budget network for atmospheric research. Bulletin of the American Meteorological Society, 81: 2341-2357.

Bisht G, Bras R L. 2010. Estimation of net radiation from the MODIS data under all sky conditions: Southern Great Plains case study. Remote Sensing of Environment, 114: 1522-1534.

Bosilovich M G, Robertson F R, Chen J. 2011. Global energy and water budgets in MERRA. Journal of Climate, 24: 5721-5739.

Brutsaert W. 1975. On a derivable formula for long-wave radiation from clear skies. Water Resour. Res, 11: 742-744.

Carmona F, Rivas R, Caselles V. 2014. Estimation of daytime downward longwave radiation under clear and cloudy skies conditions over a sub-humid region. Theoretical and Applied Climatology, 115: 281-295.

Chen B Z, Chen J M, Ju W M. 2007. Remote sensing-based ecosystem-atmosphere simulation scheme （EASS）-Model formulation and test with multiple-year data. Ecological Modelling, 209: 277-300.

Crawford T M, Duchon C E. 1999. An improved parameterization for estimating effective atmospheric emissivity for use in calculating daytime downwelling longwave radiation. Journal of Applied Meteorology, 38: 474-480.

de Miguel A, Bilbao J. 2005. Test reference year generation from meteorological and simulated solar radiation data. Solar Energy, 78（6），695-703.

Decker M, Brunke M A, Wang Z, et al. 2012. Evaluation of the reanalysis products from GSFC, NCEP, and ECMWF using flux tower observations. Journal of Climate, 25: 1916-1944.

Dedieu G, Deschamps P Y, Kerr Y H. 1987. Satellite estimation of solar irradiance at the surface of the earth and of surface albedo using a physical model applied to meteosat data. Journal of Climate and Applied Meteorology, 26: 79-87.

Dee D P, Uppala S M, Simmons A J, et al. 2011. The ERA-Interim reanalysis: configuration and performance of the data assimilation system. Quarterly Journal of the Royal Meteorological Society, 137: 553-597.

Deneke H M, Feijt A J, Roebeling R A. 2008. Estimating surface solar irradiance from METEOSAT SEVIRI-derived cloud properties. Remote Sensing of Environment, 112: 3131-3141.

Doelling D R, Loeb N G, Keyes D F, et al. 2013. Geostationary enhanced temporal interpolation for CERES flux products. Journal of Atmospheric and Oceanic Technology, 30: 1072-1090.

Dozier J. 1989. Spectral signature of alpine snow cover from the Landsat Thematic Mapper. Remote Sensing of Environment, 28: 9-22.

Duarte H F, Dias N L, Maggiotto S R. 2006. Assessing daytime downward longwave radiation estimates for clear and cloudy skies in Southern Brazil. Agricultural and Forest Meteorology, 139: 171-181.

Dubayah R, Dozier J, Davis F. 1989. The distribution of clear-sky radiation over varying terrain. 12th Canadian Symposium on Remote Sensing IGARSS'89. 885-888.

Dubayah R, Loechel S. 1997. Modeling topographic solar radiation using GOES data. Journal of Applied Meteorology, 36: 141-154.

Dubayah R, Pross D, Goetz S. 1993. A comparison of GOES incident solar radiation estimates with a topographic solar radiation model during FIFE. Proc. ASPRs. 1993 Annual Conf New Orleans, CA, Amer, Soc. Photogr and Remote Sensing: 44-53.

Dubayah R. 1992. Estimating net solar radiation using Landsat Thematic Mapper and digital elevation data. Water Resources Research, 28: 2469-2484.

Evan A T, Heidinger A K, Vimont D J. 2007. Arguments against a physical long-term trend in global ISCCP cloud amounts. Geophysical Research Letters, 34(4).

Forman B A, Margulis S A. 2009. High-resolution satellite-based cloud-coupled estimates of total downwelling surface radiation for hydrologic modelling applications. Hydrology and Earth System Sciences, 13: 969-986.

Fritz S, Rao P K, Weinstein M. 1964. Satellite measurements of reflected solar energy and the energy received at the ground. Journal of the Atmospheric Sciences, 21: 141-151.

Frouin R, Murakami H. 2007. Estimating photosynthetically available radiation at the ocean surface from ADEOS-II global imager data. Journal of Oceanography, 63: 493-503.

Fu Q, Liou K N, Cribb M C, et al. 1997. Multiple scattering parameterization in thermal infrared radiative transfer. Journal of the Atmospheric Sciences, 54: 2799-2812.

Gelaro R, McCarty W, Suarez M J, et al. 2017. The modern-era retrospective analysis for research and applications, Version 2(MERRA-2). Journal of Climate, 30: 5419-5454.

Gomez I, Caselles V, Estrela M J. 2016. Seasonal Characterization of solar radiation estimates obtained from a msg-seviri-derived dataset and a rams-based operational forecasting system over the western mediterranean coast. Remote Sensing, 8: 46.

Gui S, Liang S L, Wang K C, et al. 2010. Assessment of three satellite-estimated land surface downwelling shortwave irradiance data sets. IEEE Geoscience and Remote Sensing Letters, 7: 776-80.

Gupta S K, Darnell W L, Wilber A C. 1992. A parameterization for longwave surface radiation from satellite data: recent improvements. Journal of Applied Meteorology, 31(12): 1361-1367.

Gupta S K, Kratz D P, Stackhouse P W, et al. 2010. Improvement of surface longwave flux algorithms used in CERES processing. Journal of Applied Meteorology and Climatology, 49: 1579-1589.

Gupta S K. 1989. A parameterization for longwave surface radiation from sun-synchronous satellite data. Journal of Applied Meteorology, 2: 203-222.

Huang G H, Li X, Huang C L, et al. 2016a. Representativeness errors of point-scale ground-based solar radiation measurements in the validation of remote sensing products. Remote Sensing of Environment, 181: 198-206.

Huang G H, Li X, Ma M G, et al. 2016b. High resolution surface radiation products for studies of regional energy, hydrologic and ecological processes over Heihe river basin, northwest China. Agricultural and

Forest Meteorology, 230: 67-78.

Huang G H, Liang S L, Lu N, et al. 2018. Toward a broadband parameterization scheme for estimating surface solar irradiance: development and preliminary results on MODIS products. Journal of Geophysical Research-Atmospheres, 123: 12180-12193.

Huang G H, Ma M G, Liang S L, et al. 2011. A LUT-based approach to estimate surface solar irradiance by combining MODIS and MTSAT data. Journal of Geophysical Research-Atmospheres, 116: D22201.

Huang G H, Wang W Z, Zhang X T, et al. 2013. Preliminary validation of GLASS-DSSR products using surface measurements collected in arid and semi-arid regions of China. International Journal of Digital Earth, 6: 50-68.

Huang G, Liu S, Liang S. 2012. Estimation of net surface shortwave radiation from MODIS data. International Journal of Remote Sensing, 33: 804-825.

Ishida H, Nakajima T Y. 2009. Development of an unbiased cloud detection algorithm for a spaceborne multispectral imager. Journal of Geophysical Researc-tmospheres, 114: D07206.

Iziomon M G, Mayer H, matzarakis A. 2003. Downward atmospheric longwave irradiance under clear and cloudy skies: measurement and parameterization. Journal of Atmospheric and Solar-Terrestrial Physics, 65: 1107-1116.

Jia A, Liang S, Jiang B, et al. 2017. Comprehensive assessment of global surface net radiation products and uncertainty analysis. Journal of Geophysical Researc-tmospheres, 123: 1970-1989.

Jia B H, Xie Z H, Dai A G, et al. 2013. Evaluation of satellite and reanalysis products of downward surface solar radiation over East Asia: spatial and seasonal variation. Journal of Geophysical Researc-tmospheres, 118: 3431-3446.

Kahn B H, Irion, F W, Dong V T, et al. 2014. The atmospheric infrared sounder version 6 cloud products. Atmospheric Chemistry and Physics, 14(1): 399.

Kanamitsu, M, Ebisuzaki W, Woollen, J, et al. 2002. Ncep-doe amip-ii reanalysis(r-2). Bulletin of the American Meteorological Society, 83: 1631-1644.

Kato S, Ackerman T P, Mather J H, et al.1999. The k-distribution method and correlated-k approximation for a shortwave radiative transfer model. Journal of Quantitative Spectroscopy and Radiative Transfer, 62(1): 109-121.

Kato S, Loeb N G, Rose F G, et al. 2013. Surface Irradiances Consistent with CERES-Derived Top-of-Atmosphere Shortwave and Longwave Irradiances. Journal of Climate, 26(9): 2719-2740.

Kato S, Sun-Mack S, Miller W F, et al. 2010. Relationships among cloud occurrence frequency, overlap, and effective thickness derived from CALIPSO and CloudSat merged cloud vertical profiles. Journal of Geophysical Research: Atmospheres, 115(D4): D00H28.

Kennedy A D, Dong X, Xi B, et al. 2011. A Comparison of MERRA and NARR Reanalyses with the DOE ARM SGP Data. Journal of Climate, 24(17): 4541-4557.

Kim H Y, Liang S. 2010. Development of a hybrid method for estimating land surface shortwave net radiation from MODIS data. Remote Sensing of Environment, 114(11): 2393-2402.

Kjaersgaard J H, Cuenca, R H, Martínezcob, A, et al. 2009. Comparison of the performance of net radiation calculation models. Theoretical & Applied Climatology, 98: 57-66.

Kjaersgaard J H, Cuenca, R H, Plauborg, F L, et al. 2007. Long-term comparisons of net radiation calculation schemes. Boundary-Layer Meteorology, 123: 417-431.

Kobayashi S, Ota Y, Harada Y, et al. 2015. The JRA-55 Reanalysis: General Specifications and Basic Characteristics. J. Meteor. Soc. Japan, 93: 5-48.

Liang S, Wang K, Wang W, et al. 2009. Mapping High-Resolution Land Surface Radiative Fluxes from MODIS: Algorithms and Preliminary Validation Results. In D. Li, J. Shan, & J. Gong (Eds.), Geospatial Technology for Earth Observation (pp.141-176). Springer US.

Liang S, Wang K, Zhang X, Wild M. 2010. Review on Estimation of Land Surface Radiation and Energy Budgets From Ground Measurement, Remote Sensing and Model Simulations. IEEE Journal of Selected Topics in Applied Earth Observations and Remote Sensing, 3(3): 225-240.

Liang S, Zheng T, Liu R, et al. 2006. Estimation of incident photosynthetically active radiation from Moderate Resolution Imaging Spectrometer data. Journal of Geophysical Research: Atmospheres, 111: D15208.

Liang S, Zheng T, Wang D, et al. 2007. Mapping High-Resolution Incident Photosynthetically Active Radiation over Land from Polar-Orbiting and Geostationary Satellite Data. Photogrammetric Engineering and Remote Sensing, 73: 1085-1089.

Liu R, Liang S, He H, et al. 2008. Mapping incident photosynthetically active radiation from MODIS data over China. Remote Sensing of Environment, 112(3): 998-1009.

Lohmann S, Schillings C, Mayer B, et al. 2006. Long-term variability of solar direct and global radiation derived from ISCCP data and comparison with reanalysis data. Solar Energy, 80(11): 1390-1401.

Lu N, Liu R, Liu J, et al.2010. An algorithm for estimating downward shortwave radiation from GMS 5 visible imagery and its evaluation over China. Journal of Geophysical Researc-tmospheres, 115: D18102.

Minnis P, Sun-Mack S, Young D F, et al. 2011. CERES Edition-2 Cloud Property Retrievals Using TRMM VIRS and Terra and Aqua MODIS Data—Part I: Algorithms. IEEE Transactions on Geoscience and Remote Sensing, 49(11): 4374-4400.

Mlawer E J, Taubman S J, Brown P D, et al.1997. Radiative transfer for inhomogeneous atmospheres: RRTM, a validated correlated-k model for the longwave. Journal of Geophysical Research: Atmospheres, 102(D14): 16663-16682.

Pan X, Liu Y, Fan X. 2015. Comparative Assessment of Satellite-Retrieved Surface Net Radiation: An Examination on CERES and SRB Datasets in China. Remote Sensing, 7(4): 4899-4918.

Pinker R T, Laszlo I. 1992. Modeling surface solar irradiance for satellite applications on a global scale. Journal of Applied Meteorology, 31: 194-211.

Pinker R T, Tarpley J D, Laszlo I, et al. 2003. Surface radiation budgets in support of the GEWEX Continental-Scale International Project (GCIP) and the GEWEX Americas Prediction Project (GAPP), including the North American Land Data Assimilation System (NLDAS) Project. Journal of Geophysical Research-Atmospheres, 108:8844.

Proy C, Tanre D, Deschamps P Y. 1989. Evaluation of topographic effects in remotely sensed data. Remote Sensing of Environment, 30: 21-32.

Psiloglou B E, Kambezidis H D. 2007. Performance of the meteorological radiation model during the solar eclipse of 29 March 2006. Atmos. Chem. Phys., 7: 6047-6059.

Qin J, Tang W J, Yang K, et al. 2015. An efficient physically based parameterization to derive surface solar irradiance based on satellite atmospheric products. Journal of Geophysical Research-Atmospheres, 120: 4975-4988.

Raschke E, Bakan S, Kinne S. 2006. An assessment of radiation budget data provided by the ISCCP and GEWEX-SRB. Geophysical Research Letters, 33: L07812.

Rienecker M M, Suarez M J, Gelaro R, et al. 2011. MERRA: NASA's Modern-Era Retrospective Analysis for Research and Applications. Journal of Climate, 24: 3624-3648.

Rutan D A, Kato S, Doelling D R, et al. 2015. CERES Synoptic Product: methodology and validation of surface radiant flux. Journal of Atmospheric and Oceanic Technology, 32: 1121-1143.

Saha S, Moorthi S, Pan H L, et al. 2010. The NCEP Climate Forecast System Reanalysis. Bulletin of the American Meteorological Society, 91: 1015-1057.

Schmetz J, Pili P, Tjemkes S, et al. 2002. Supplement to an introduction to Meteosat Second Generation(MSG). Bulletin of the American Meteorological Society, 83: 991.

Simmons A, Uppala S M, Dee D P, et al. 2006. New ECMWF reanalysis products from 1989 onwards. ECMWF Newsletter, 110: 26-35.

Sirguey P J. 2009. Simple correction of multiple reflection effects in rugged terrain. International Journal of Remote Sensing, 30: 1075-1081.

Sorrel M. 2010. The NCEP Climate Forecast System Reanalysis. Bull Amer Meteor Soc, 91: 1015-1057.

Stephens G L, Wild M, Stackhouse P W, et al. 2012. The global character of the flux of downward longwave radiation. Journal of Climate, 25: 2329-2340.

Su H B, Wood E F, Wang H, et al. 2008. Spatial and temporal scaling behavior of surface shortwave downward radiation based on MODIS and in situ measurements. IEEE Geoscience and Remote Sensing Letters, 5: 542-546.

Tang W J, Qin J, Yang K, et al. 2016. Retrieving high-resolution surface solar radiation with cloud parameters derived by combining MODIS and MTSAT data. Atmospheric Chemistry and Physics, 16: 2543-2557.

Tang W J, Qin J, Yang K, et al. 2017. An efficient algorithm for calculating photosynthetically active radiation with MODIS products. Remote Sensing of Environment, 194: 146-154.

Tarpley J D. 1979. Estimating incident solar-radiation at the surface from geostationary satellite data. Journal of Applied Meteorology, 18: 1172-1181.

Team C S. 2015. CERES/Aqua Level 2, SSF, edition 4A. Hampton, VA, USA: NASA Atmospheric Science Data Center(ASDC).

Tovar J, Olmo F J, Alados-Arboledas, et al. 1995. Local-scale variability of solar radiation in a mountainous region. Journal of Applied Meteorology, 34: 2316-2322

Uppala S M, KÅllberg P W, Simmons A J, et al. 2005. The ERA-40 re-analysis. Quarterly Journal of the Royal Meteorological Society, 131: 2961-3012

Wang D, Liang S, He T, et al. 2015a. Estimating clear-sky all-wave net radiation from combined visible and shortwave infrared(VSWIR) and thermal infrared(TIR) remote sensing data. Remote Sensing of Environment, 167: 31-39.

Wang D, Liang S, He T, et al. 2015b. Estimation of daily surface shortwave net radiation from the combined modis data. IEEE Transactions on Geoscience & Remote Sensing, 53: 5519-5529.

Wang D, Liang S, He T. 2014. Mapping high-resolution surface shortwave net radiation from landsat data. IEEE Geoscience & Remote Sensing Letters, 11: 459-463.

Wang H, Pinker R T. 2009. Shortwave radiative fluxes from MODIS: model development and implementation. Journal of Geophysical Research-Atmospheres, 114: D20201

Wang K C, Dickinson R E, Wild M, et al. 2010. Evidence for decadal variation in global terrestrial evapotranspiration between 1982 and 2002: 1. model development. Journal of Geophysical Research-Atmospheres, 115: D20112.

Wang K C, Dickinson R E. 2013. Global atmospheric downward longwave radiation at the surface from ground-based observations, satellite retrievals, and reanalyses. Reviews of Geophysics, 51: 150-185.

Wang K C, Liang S L. 2008. An improved method for estimating global evapotranspiration based on satellite determination of surface net radiation, vegetation index, temperature, and soil moisture. Journal of Hydrometeorology, 9: 712-727.

Wang K, Liang S. 2009. Estimation of daytime net radiation from shortwave radiation measurements and meteorological observations. Journal of Applied Meteorology & Climatology, 48: 634-643.

Wang T X, Shi J C, Husi L, et al. 2017. Effect of solar-cloud-satellite geometry on land surface shortwave radiation derived from remotely sensed data. Remote Sensing, 9(7): 690.

Wang T X, Yan G J, Chen L. 2012. Consistent retrieval methods to estimate land surface shortwave and longwave radiative flux components under clear-sky conditions. Remote Sensing of Environment, 124: 61-71.

Wang T, Shi J, Yu Y, et al. 2018a. Cloudy-sky land surface longwave downward radiation (LWDR) estimation by integrating MODIS and AIRS/AMSU measurements. Remote Sensing of Environment, 205: 100-111.

Wang T, Yan G, Mu X, et al. 2018b. Toward operational shortwave radiation modeling and retrieval over rugged terrain. Remote Sensing of Environment, 205: 419-433.

Wielicki B A, Barkstrom B R, Baum B A, et al. 1998. Clouds and the earth's radiant energy system (CERES): algorithm overview. IEEE Transactions on Geoscience and Remote Sensing, 36: 1127-1141.

Wild M, Ohmura A, Gilgen H, et al. 2001. Evaluation of downward longwave radiation in general circulation models. Journal of Climate, 14: 3227-3239

Wolf J, Evans L G, Semenov M A, et al. 1996. Comparison of wheat simulation models under climate change .1. Model calibration and sensitivity analyses. Climate Research, 7: 253-270.

Yang K, He J, Tang W J, et al. 2010. On downward shortwave and longwave radiations over high altitude regions: observation and modeling in the Tibetan Plateau. Agricultural and Forest Meteorology, 150: 38-46.

Yang K, Koike T, Ye B S. 2006. Improving estimation of hourly, daily, and monthly solar radiation by importing global data sets. Agricultural and Forest Meteorology, 137: 43-55.

Yu Y C, Shi J C, Wang T X, et al. 2019. Evaluation of the himawari-8 shortwave downward radiation (SWDR) product and its comparison with the CERES-SYN, MERRA-2, and ERA-Interim Datasets. IEEE Journal of Selected Topics in Applied Earth Observations and Remote Sensing, 12: 519-532.

Zhang X T, Liang S L, Wang G X, et al. 2016. Evaluation of the Reanalysis Surface Incident Shortwave Radiation Products from NCEP, ECMWF, GSFC, and JMA Using Satellite and Surface Observations. Remote Sensing, 8(3): 225.

Zhang X T, Liang S L, Wild M, et al. 2015. Analysis of surface incident shortwave radiation from four satellite products. Remote Sensing of Environment, 165: 186-202.

Zhang X T, Liang S L, Zhou G Q, et al. 2014. Generating global land surface satellite incident shortwave radiation and photosynthetically active radiation products from multiple satellite data. Remote Sensing of Environment, 152: 318-332.

Zhang Y C, Rossow W B, Lacis A A, et al. 2004. Calculation of radiative fluxes from the surface to top of atmosphere based on ISCCP and other global data sets: Refinements of the radiative transfer model and the input data. Journal of Geophysical Research-Atmospheres, 109: D19105.

Zhang Y, He T, Liang S L, et al. 2018. Estimation of all-sky instantaneous surface incident shortwave radiation from Moderate Resolution Imaging Spectroradiometer data using optimization method. Remote Sensing of Environment, 209: 468-479.

Zheng T, Liang S L, Wang K C. 2008. Estimation of incident photosynthetically active radiation from GOES visible imagery. Journal of Applied Meteorology and Climatology, 47: 853-868.

Zhou Y P, Kratz D P, Wilber A C, et al. 2007. An improved algorithm for retrieving surface downwelling longwave radiation from satellite measurements. Journal of Geophysical Research-Atmospheres, 112: D15102.

Zhou Y, Cess R D. 2001. Algorithm development strategies for retrieving the downwelling longwave flux at the Earth's surface. Journal of Geophysical Research-Atmospheres, 106: 12477-12488

第 6 章 全球逐日内陆水体时间序列制图

本章 6.1 节回顾了国内外水体遥感提取技术及全球水体产品的发展；6.2 节重点讨论了全球逐日水体时间序列制图的算法开发，首先介绍了水体光谱、地形及温度特征，接着给出了本产品生产所需的各种类型数据特点，然后详细讨论了逐日水体制图算法原理，最后给出了精度验证的方法；6.3 节展示了基于三种不同来源的样本作为真值的精度验证结果；6.4 节主要讨论了数据产品，首先给出了全球水体时间序列的结果，然后讨论了产品中存在的问题，最后详细展示了该产品的数据特色；6.5 节对本章内容进行小结。

6.1 引　　言

地球表层水体的时空分布是地球科学系统中的基础变量之一，很大程度上决定了近地面的温湿度等大气状态变量，也决定了陆表土壤水分分布，是局地天气、气候的一种关键驱动要素。地球表层的水圈是连接大气圈、水圈、冰冻圈、岩石圈、土壤圈及生物圈的中间纽带，因此也成为水文气象学、生态水文学、生物地球化学、环境化学和地理学等相关学科的研究及关注重点(Downing et al.，2006；Jung et al.，2010；Pereira et al.，2013；Raymond et al.，2013；Schuur et al.，2015；Seekell et al.，2014)。准确、高频次和长期地对陆表水体进行时空监测具有重大意义(Sun et al.，2014)。此外，对于国家或区域水资源管理部门，高效、高精度、动态地获取关注区域水体覆盖变化，对了解国家或区域的水资源状况，评估和预测洪涝灾害、干旱灾害同样意义非凡(Pfister et al.，2011；Howells et al.，2013；Wada et al.，2014)。目前，要实现大范围水体制图，卫星遥感是唯一可行的技术(Gong et al.，2013)。

近年来，基于光学遥感数据进行水体提取的技术主要可以分为以下五类。

第一，基于水体指数。水体指数法主要是利用波段间运算进行水体判识，最常用的水体指数包括：①归一化差异水体指数(normalized difference water index，NDWI)，由 McFeeters(1996)提出的利用绿波段和近红外波段反射率的归一化比值指数是最早的水体指数；②修正的归一化差异水体指数(modified NDWI，MNDWI)，为克服 NDWI 在城镇区域使用时性能较差的现象，Xu(2006)将 NDWI 中的近红外波段替换为短波红外波段，可以增强水体与不透水层的对比度，同时有效地抑制植被和土壤噪声，得到更高的水体提取结果；③自动水体提取指数(automated water extraction index，AWEI)(Feyisa et al.，2014)，该指数主要针对 Landsat TM 影像提出，为了提高水体与阴影及暗地物的区分度，包括两个指数，分别为 AWEI$_{nsh}$ 和 AWEI$_{sh}$，下标"nsh"和"sh"分别代表"非阴影"和"阴影"，前者主要用于影像中无阴影的情形，而后者则适用于影像中阴影较多的情形，可以有效地去除容易被误判为水体的阴影区域；④WI 指数，该指数直接比较可见光与短波红外波段的反射率大小，与前面几个指数相比，WI 指数在进行水体提取时，无须设定阈值，其结果直接为水体分类结果(Ji et al.，2018)。水体指数法表达式简单明了，计算方便，因此在水体提取中得到了广泛应用。但是由于其仅仅利用了水体光谱的一个典型光谱特征——"可见光波段反射率值要高于近红外及短波红外"，而光学遥感影像中常见的云及冰雪也具有这一光谱特征，因此往往会同时提取云及冰雪像素，造成严重的过分现象(Ji et al.，2015c)。

第二，基于监督分类。与水体指数不同，监督分类法需预先给定影像类别数以及各个类别的训练样本，根据判别函数对影像进行分类。目前在水体提取中较常用的监督分类方法有：①最大似然法(Richards and Jia，2006)；②支持向量机(Burges，1998)；③随机森林(Liaw and Wiener，2002)；④最近研究广泛的卷积神经网络(Long et al.，2015；Ronneberger et al.，2015；Chen et al.，2017)。监督分类精度很大程度上取决于给定的样本，不同的分类器对样本的要求不尽相同。若利用监督分类进行水体提取，除水体样本外，还需选取其他地物类型的样本，样本制作工作量较大，且计算复杂度也较高，因此在全类别陆表覆盖制图中使用较多，而较少用于单独水体提取。

第三，基于无监督分类。与监督分类法不同，无监督分类不需要任何样本信息，主要利用地物在特征空间中的差异进行自动分类，大部分情况下只需给定类别数和一些特定参数。常用的无监督分类法包括 K 均值聚类(Lloyd，1982)、谱聚类(Luxburg，2004)、连通中心演化(Geng and Tang，2019)等。无监督分类方法计算复杂度通常较低、参数设置较少，但其结果并不能直接得到水体分类结果，还需对每个聚类对象或聚类中心进行进一步处理，可以采用阈值法、光谱相似度判别法等方法进行水体识别。

第四，基于目标检测。目标检测算法是在已知目标光谱的前提下，通过一定的准则将目标从背景中分离出来(耿修瑞和赵永超，2007)。常用的目标检测算法有约束能量最小化(Ren et al.，2000；Chein et al.，2001)、匹配滤波(Manolakis and Shaw，2002)、慧眼算法(Geng et al.，2016)等。与监督分类法类似，利用目标检测算法进行水体提取时同样需要选取水体光谱；但不同的是，目标检测算法不需要选取其他地物类型的样本，因此更加适用于单类地物类型提取，如水体(Ji et al.，2015b)。

第五，基于光谱解混。基于光谱解混的水体提取通常建立在线性光谱混合模型基础上，即认为遥感影像中的像元受分辨率限制普遍为混合像元，其光谱是多种纯地物光谱的线性组合，其中纯地物定义为端元，而相应的系数则为像元所含各个地物的比例系数或丰度。受物理属性限制，一个像元各个端元的比例系数满足非负约束与和为唯一约束。光谱解混是在已知端元的情况下，得到各个地物端元对应的比例，包括无约束解、部分约束解和全约束解(Heinz and Chein，2001；耿修瑞等，2006；Geng et al.，2010；Ji et al.，2015a；Geng et al.，2015)。利用光谱解混进行水体丰度求解的精度主要取决于对水体、非水体端元的选取。由于光谱混合往往发生在水-陆交界处，因此利用局部光谱解混往往优于全局光谱解混(Ji et al.，2015c)。

在水体产品方面，虽然卫星遥感在 20 世纪 70 年代就已覆盖全球，但直到 90 年代，才出现了第一套全球水体分布图[利用美国国家海洋和大气管理局(NOAA)气象数据，公里级分辨率]，但从严格意义来讲，这并不是专门针对陆表水体的制图研究，而是更具一般意义的全球土地覆盖类型图，水体只是其中的一类(Hansen et al.，2000；Loveland et al.，2000)。此后，随着卫星技术、计算机计算性能及分类算法的不断更新迭代，全球陆表覆盖制图如雨后春笋般涌现(Friedl et al.，2002；Arino et al.，2008；Gong et al.，2013；Wang et al.，2015；Liu et al.，2020)，空间分辨率逐步提升(从 500 m、300 m、250 m、30 m，最后到 10 m)。但在这些陆表覆盖制图中，水体仅是众多陆表覆盖类别中的一类，且作为陆表覆盖中的"小"类(这里的"小"是全球陆表水体面积占全球总面积的比例较低，约3%)，分类算法往往很难兼顾到"小"目标——水体的分类精度(Ji et al.，2015c)。

因此，从 2004 年开始，科学家们开始关注全球水体制图，同全球陆表覆盖制图类似，随着遥感技术发展，全球水体产品层出不穷，如表 6.1 所示，可以看到其总体发展趋势：①空间分辨率越来越高，从最初的公里级别到 30 m；②时间分辨率越来越高，从静态制图、逐年、逐月到逐日制图；③迭代更新时间越来越快，从第一套全球湖泊和湿地数据库产品(GLWD)(Lehner and Döll，2004)到 MOD44W(Carroll et al.，2008)花了4 年时间，但是 2014 年之后，基本每年都有性能更高的水体产品出现。但也可以发现一个有趣的现象，就是与陆表覆盖制图单线追求更高空间分辨率不同，水体制图是"多头并进"，即科学家并没有因为空间分辨率的限制而放弃对粗分辨率水体产品的研制，如25 km 的基于多源遥感数据的全球水淹估计数据(GIEMS)产品，2010~2020 年一直在进行产品更新(Papa et al.，2010，2012，2020)；同样如基于 MODIS 的水体制图，2008~2020 年均有新的水体产品推出。主要原因是水体是高度动态的，所以需要更高时间分辨率制图，而目前只有粗、中分辨率光学传感器具有高重访频率的观测能力和全球覆盖，因此基于中分辨率进行全球高精度逐日制图是当前的研究热点。

表 6.1　全球水体制图产品

名　称	空间分辨率	覆盖范围	时间分辨率	数据使用年份
全球湖泊和湿地数据库(GLWD)(Lehner and Döll，2004)	200 m、1000 m、5000 m、25000 m	全球	静态	2004
MOD44W(Carroll et al.，2008)	250 m	全球	逐年	2000~2015
基于多源遥感数据的全球水淹估计数据(GIEMS)(Papa et al.，2010；Prigent et al.，2012，2020)	25 km	全球	逐月	1992~2015
基于 SRTM 的水体数据集(SWBD)(USGS，2012)	30 m	60°N~54°S	静态	2000
Global Land 30-water(Liao et al.，2014)	30 m	全球	静态	2000、2010
全球水体数据集(GLOWABO)(Verpoorter et al.，2014)	14.25 m	全球湖泊	静态	2000
改进的 FROM-GLC 水层(Ji et al.，2015c)	30 m	全球	静态	2010
基于 GLCF 的陆表水体数据集(GIW)(Feng et al.，2015)	30 m	全球	静态	2000
JRC-Water(Pekel et al.，2016)	30 m	全球	每月	1984~2015
Global WaterPack(Klein et al.，2017)	250 m	全球	逐日	2013~2015
基于 Landsat 的全球河流宽度数据(GRWL)(Allen and Pavelsky，2018)	90 m	全球(河流)	静态	多年零散
全球陆表水体范围数据(GSWED)(Han and Niu，2020)	250 m	全球	8 天	2000~2018

6.2　算　法　开　发

6.2.1　水体典型特征

1. 水体光谱特征

图 6.1(a)给出了五种典型地物的光谱曲线,可以看到水体光谱有较为明显的光谱特征。

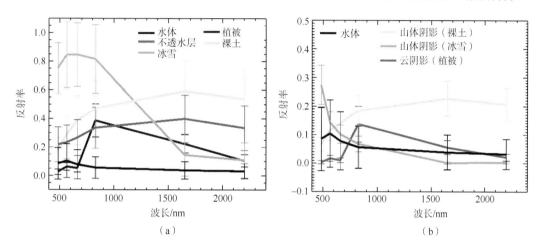

图 6.1　典型地物光谱曲线(均值±标准差)

(a)水体、植被、不透水层、裸土和冰雪; (b)水体、山体、云阴影

　　(1)"前高后低"。由于水体在可见光部分的吸收系数低于后面近红外-短波红外部分,因此其反射率光谱表现出在可见光部分的值要高于短波红外。冰雪反射率光谱也具有这一特点,但是其反射率值要远高于水体,特别是在可见光谱部分。

　　(2)"整体反射率较低"。虽然水体光谱在可见光范围内要略高于植被,但是在整个可见-短波红外范围内,其反射率总体较低,因此无论在哪个波段上,其都表现为"暗目标",特别是在短波红外波段。也正是因为这个原因,分类器往往容易将其与其他暗目标混淆,如阴影。图 6.1(b)给出了水体和三种类型阴影光谱对比图,可以看到,水体和阴影光谱反射率值都在同一水平,都比较低。但阴影光谱都基本保留了地物类型的光谱形状,如植被阴影的反射率曲线依然存在"绿峰""红边",因此在后续阴影剔除时光谱指数依然是有效的区分手段。

2. 水体地形特征

　　由于重力作用,水体总是会沿着山坡从高处向低处流入水库、湖泊、大海,因此水体无法长时间停留在坡度较大的区域。图 6.2 展示了基于 GLWD(Lehner and Döll, 2004)中的 9 种水体/湿地类型统计的全球水体坡度分布图(其中 9 种水体/湿地类型包括:①湖泊;②水库;③河流;④淡水沼泽、冲积平原;⑤森林湿地;⑥沿海湿地;⑦盐湖;⑧沼泽地；⑨中间态湿地/湖泊。坡度数据为 6.2.3 节第 1 小节计算所得)，可以看到，水体/湿地主要分布在坡度较小的区域(坡度小于 3°和 8°分别占总体水体/湿地总面积的 96.5%和 98.7%)，因此可以利用水体的这一地形特征来消除山体阴影的影响。

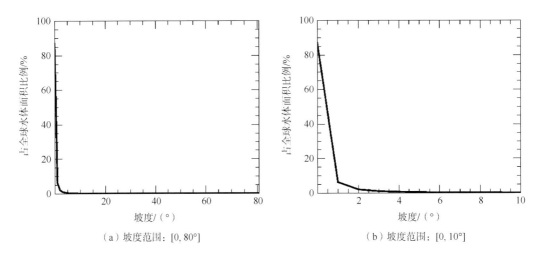

（a）坡度范围：[0, 80°]　　　　　　　　　（b）坡度范围：[0, 10°]

图 6.2　基于 GLWD 的全球水体坡度统计(这里统计的水体为 GLWD-3 中类别 1~9)

3. 水体温度特征

在标准大气压下，水结冰的温度是 0℃，水沸腾的温度是 100℃，因此在大部分情况下，陆表水体的温度在两者之间；在结冰的条件下，陆表温度通常会低于 0℃，甚至更低。以五大湖中的苏必利尔湖为例（图 6.3），在无结冰条件下 [Day of Year（DOY）= 150~265，其中 DOY 表示在一年中的第几天]，湖表面温度为 4~14 ℃；而结冰面积在 50%以上时，湖表面温度为–4~–1 ℃。因此，6.2.3 节第 1 小节中计算得到的陆表温度数据可以用来辅助判断湖泊结冰状况。

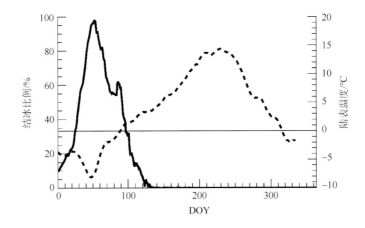

图 6.3　2015 年苏必利尔湖的结冰比例和陆表温度时间曲线

结冰比例来自 Coastwatch 网站(https://coastwatch.glerl.noaa.gov/statistic/statistic.html)，陆表温度来自 6.2.3 节第 1 小节

6.2.2　数　　据

1. MODIS 反射率时间序列

1）反射率波段

中分辨率成像光谱仪（moderate resolution imaging spectroradiometer，MODIS）是搭载在 EOS（earth observation system）Terra 和 Aqua 卫星上的重要传感器，其中前者为上午轨道卫星，于 1999 年 12 月 18 日发射，围绕地球从北向南在上午 10:30 穿过赤道；而后者为下午轨道卫星，于 2002 年 5 月 4 日发射，在下午 1:30 从南向北穿过赤道。MODIS 数据具有 36 个光谱波段，光谱范围为 0.405～14.385 μm，包括三种空间分辨率：250 m（红和近红外波段）、500 m（蓝、绿、近红外波段 1，近红外波段 2，短波红外 1，短波红外 2）和 1000 m（剩余 29 个波段）。

为实现全球水体逐日动态制图，本书研究使用 Terra 星的 MODIS 逐日陆表反射率时间序列——MOD09GA（https://lpdaac.usgs.gov/products/mod09gav006/）。该产品已经针对气体、气溶胶和瑞利散射等大气条件进行了校正，含有 7 个波段（表 6.2）。需要注意的是，原始的 MODIS 波段序号并不是按照波长大小设置的，为方便起见，本书中按照波长从低到高的顺序重新设置了波段号。MOD09GA 数据采用正弦投影，将全球陆地区域分成 331 景，如图 6.4 所示，在 500 m 分辨率条件下每景影像大小是 2400×2400。MOD09GA 时间范围从 2000 年 2 月 24 日到现在，平均一天是 300 景左右，一景影像约 85 MB。本书研究的时间范围是 2001 年 1 月 1 日到 2016 年 12 月 31 日，时间分辨率是逐日，因此总共约 $1.93×10^6$ 景，大小约 157 TB。

表 6.2　MOD09GA 的波段设置

波段名称	蓝	绿	红	近红外 1	近红外 2	短波红外 1	短波红外 2
光谱范围/nm	459～479	545～565	620～670	841～876	1230～1250	1628～1652	2105～2155
原始波段序号	3	4	1	2	5	6	7
设置序号	1	2	3	4	5	6	7

需要说明的是，MOD09GA 图像除了云覆盖外，还存在无效数据，包括两种类型。

（1）投影导致的无效数据类型 1，这类无效数据分布在图 6.4 中的处于边缘的景上，如 h00v08[图 6.5（a）]，在所有时间均无有效数据，且位置固定，因此这部分在后续处理中直接通过掩膜方式处理。

（2）轨道设置或南北极极夜导致的无效数据类型 2[图 6.5（a）和图 6.5（b）中均存在]，在每景中出现的位置不固定，图 6.6 给出了 2001～2016 年全球无效数据比例示意图，可以看到这类无效数据主要出现在 30°S～30°N、南北极等。对于这类无效数据，将在时间序列插值部分和被标志为云的像素一起进行修补。

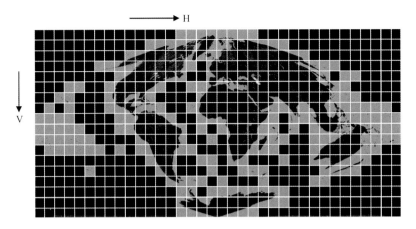

图 6.4　全球 MODIS 分区示意图（https://modis-land.gsfc.nasa.gov/MODLAND_grid.html）

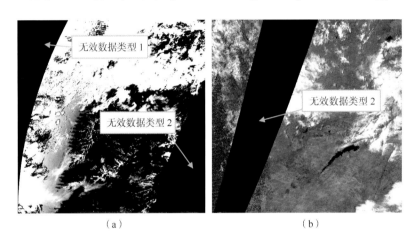

（a）　　　　　　　　　　　　　　　（b）

图 6.5　MOD09GA 无效数据示意图（近红外波段）

（a）数据 ID: MOD09GA.A2021278.h00v08.006；　（b）数据 ID: MOD09GA.A2021278.h20v10.006

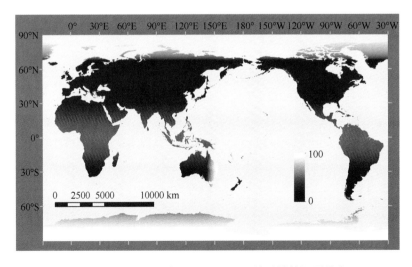

图 6.6　2001～2016 年 MOD09GA 平均无效数据覆盖度

2) 标志波段

MOD09GA 每景数据包是 HDF-EOS 数据格式，除了包括 7 个 500 m 分辨率的反射率数据层外，还包括 1000 m 数据标志描述层(名称为 MOD09GA ID+ state_1 km_1，图像大小为 1200×1200，16bit unsigned int)，给出了每个像素的云、云阴影、气溶胶、冰雪、水/陆等标志状态量，具体标志的含义如表 6.3 所示(来自 MOD09GA 数据官网 https://lpdaac.usgs.gov/products/mod09gav006/)。需要提出的是，这里的水/陆标志是一个静态值，并不能体现数据上水体真实的动态变化性。

表 6.3　MOD09GA 标志波段说明(16 bit)

位号	参数名称	值	含义
0～1	云标志	00	无云
		01	有云
		10	云混合像元
		11	未判断，假设无云
2	云阴影标志	1	是
		0	否
3～5	陆地/水体标志	000	浅海
		001	陆地
		010	海岸线/湖泊边界
		011	内陆浅水体
		100	短暂水体
		101	内陆深水体
		110	内海/中等海洋
		111	深海
6～7	气溶胶标志	00	气象学数据输入值
		01	低
		10	中等
		11	高
8～9	卷积云	00	无
		01	小
		10	中等
		11	多
10	内部云标志	1	有云
		0	无云
11	内部火标志	1	有火
		0	无火
12	MOD35 雪/冰标志	1	有雪/冰
		0	无雪/冰
13	云邻近标志	1	是
		0	否

续表

位号	参数名称	值	含义
14	盐湖	1	是
		0	否
15	内部雪标志	1	有雪
		0	无雪

2. MODIS 陆表温度时间序列

陆表温度(land surface temprature, LST)是区分水和低反射率冰雪像素的关键变量。MODIS 系列数据中与 MOD09GA 同步的陆表温度数据是 MOD11A1(https://lpdaac.usgs.gov/products/mod11a1v006/),同样是逐日产品,空间分辨率是 1000 m×1000 m,图像大小是 1200×1200(图 6.7),因此与 MOD09GA 产品是 1 对 4 的关系。在本书研究中,主要用到的是 MOD11A1 中的"LST_Day_1 km"层,与常规的以摄氏度为单位的温度存在以下关系:

$$LST = 0.02 \times LST_{MOD11A1} - 273.15 \tag{6.1}$$

式中, $LST_{MOD11A1}$ 为 MODIS 原始数据。需要指出的是,MOD11A1 会将所有被标志为云的像素设为无效数值(图 6.7),在后续使用中需要做进一步处理。

图 6.7　MODIS 陆表温度影像
数据 ID: MOD11A1.A2015010.h11v04.006,大小: 1200×1200

3. 地形数据

地形数据主要用于水体和山体阴影的区分。目前,全球覆盖的高分辨率地形数据主要有 SRTM 90 m 数字高程模型(digital elevation models, DEM)(https://srtm.csi.cgiar.org/srtmdata/)和 ASTER 30 m DEM(https://cmr.earthdata.nasa.gov/search/concepts/C1220567908-

USGS_LTA.html）。其中，SRTM DEM 数据覆盖了全球 60°N～60°S 的区域；而 ASTER DEM 数据为全球覆盖。ASTER DEM 空间分辨率更高、覆盖范围更全，但是一方面由于 SRTM DEM 数据质量更高，另一方面虽然 SRTM DEM 分辨率偏低，但是相较于 MOD09GA 空间分辨率（500 m），SRTM DEM 的 90 m 空间分辨率已足矣，因此仍然以 SRTM DEM 为主、ASTER DEM 为辅，在计算 SRTM DEM 没有覆盖的 60°N～80°N 地区的坡度时使用 ASTER DEM。

4. 高分辨率水体底图

对于尺寸接近甚至小于 MOD09GA 分辨率的水体，更高分辨率的水体制图能起到很大的辅助作用。清华大学地学系宫鹏教授团队首次生产了全球 30 m 陆表覆盖度产品（FROM-GLC），包括水体类型，因此其可直接用于后续高分辨率水体底图生成（Gong et al.，2013）。然而，Ji 等（2015c）发现该水层存在三方面问题（表 6.4）。

问题 1：水体-山体阴影混淆；

问题 2：水体-云阴影混淆；

问题 3：水-陆边界光谱混合问题。

针对问题 1，Ji 等（2015c）通过引入地形坡度信息消除了山体阴影的影响；针对问题 2，通过太阳-云-传感器三者相对位置计算云阴影位置，解决了云阴影混淆问题；针对问题 3，采用局部解混方式对水-陆边界像元进行光谱解混，重新对混合像元进行分类。实验结果表明，33%的水体被误分为阴影，空间分布如图 6.8 所示；而在水陆混合像元中，将 1.70%的水体像元修正为陆地像元，将 7.91%的陆地像元修正为水体像元，有效地提高了水体分类精度（用户精度从 81.97%提高到 88.39%，生产者精度从 85.66%提高到 86.17%，总体精度从 98.63%提高到 98.96%）（Ji et al.，2015c）。

表 6.4　**FROM-GLC 水层中存在的问题**

描述	位置	获取时间/图像大小	图像	FROM-GLC 结果
问题 1：水体-山体阴影混淆	阿拉斯加（62.66°N，152.16°W）	日期：2011 年 9 月 27 日 大小：400 × 400		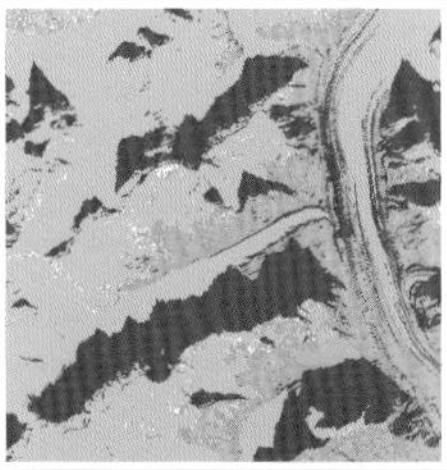
问题 2：水体-云阴影混淆	马鲁古群岛（3.03°S，128.72°E）	日期：2008 年 1 月 30 日 大小：400 × 400	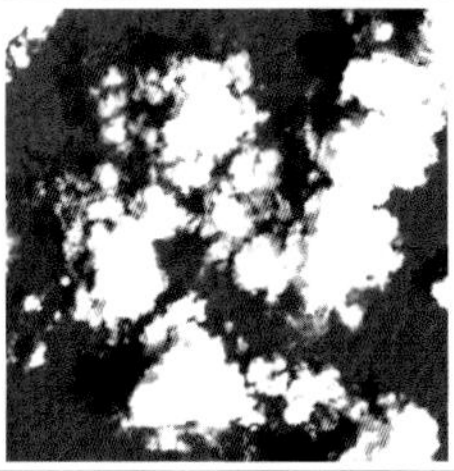	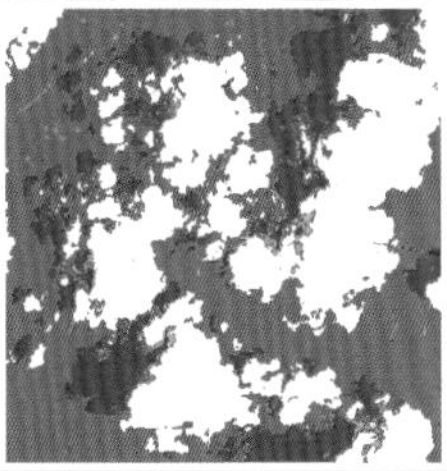

续表

描述	位置	获取时间/图像大小	图像	FROM-GLC 结果
问题 3：水-陆边界光谱混合问题	伊泰普 (27.36°S，56.32°W)	日期：2010 年 2 月 7 日 大小：50 × 50		

FROM-GLC 标志

■ 农田	■ 森林	■ 草地	■ 灌木	■ 水体	■ 不透水层	■ 裸地	■ 冰雪	□ 云

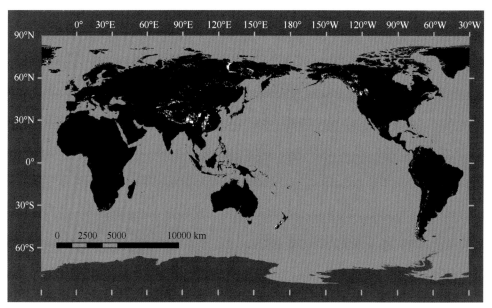

图 6.8　FROM-GLC 水层中误分为山体阴影(红色)、云阴影(绿色)、山体/云阴影(蓝色)的分布示意图

5. 验证数据

1）专家样本

在 2010 年制作全球陆表覆盖 FROM-GLC 时，宫鹏教授团队组织专业解译人员生产了全球 91433 个训练样本和 38664 个测试样本单元(Zhao et al.，2014)。训练样本的位置是由解释人员根据 Landsat 图像人工确定的，而测试样本的位置是通过预设的方式固定的，除南北极外，训练样本和测试样本均为全球分布(Gong et al.，2013)。随后，在 2015 年，为得到全球多季节陆表覆盖制图，宫鹏教授团队再次在原来样本位置组织原班人马开发了多季节样本集，包含四个季节的动态土地覆盖类型(Li et al.，2017)，如图 6.9 所示。

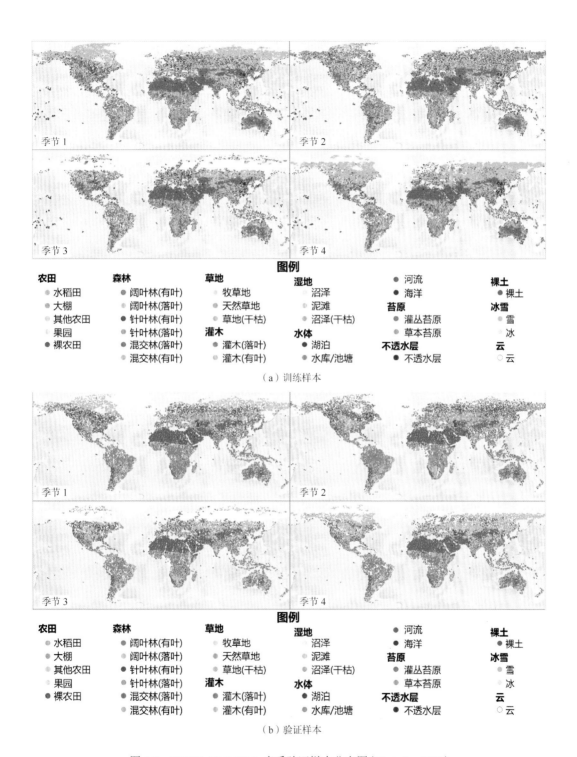

图 6.9　FROM-GLC 2015 多季验证样本分布图(Li et al.，2017)

无论是单季还是多季样本，每个样本点均包括位置、日期、样本大小和土地覆盖类型属性。FROM-GLC 2010 样本日期范围为 1984 年 9 月 13 日～2011 年 8 月 9 日，69.39% 的样本分布在 2009 年、2010 年，而 FROM-GLC 2015 的样本时间范围为 1985 年 2 月 26 日～2015 年 7 月 6 日，99.85%的样本分布在 2014 年、2015 年。考虑到时间一致性和对云样本的剔除，实际用于验证的样本如表 6.5 所示，可以看出，其中 FROM-GLC 水体验证样本的比例(如 2015 年的多季验证样本为 3.14%，2010 年单季为 3.78%)非常接近陆表内陆水实际比例($\approx 380 \times 10^4 \ \text{km}^2/149 \times 10^6 \ \text{km}^2 = 2.55\%$)，而 2015 年比例偏低的原因是 2010 年地球上的内陆水比 2015 年多(见 6.4.1 节中图 6.32)。

表 6.5 FROM-GLC 四套样本数目(除去云类别)

FROM-GLC 样本	所有类型	水体	比例/%
FROM-GLC 训练样本，2015，多季	305877	33345	10.90
FROM-GLC 验证，2015，多季	128584	4040	3.14
FROM-GLC 训练，2010	73839	9979	13.51
FROM-GLC 验证，2010	31827	1204	3.78
共计	540127	48568	8.99

2) 同步高分辨率卫星影像

同步成像、分辨率更高的遥感影像水体制图结果可作为可靠的真值图。这里，选择高信噪比的 30 m 分辨率 Landsat 8 影像进行验证。由于 MOD09GA 遥感影像中存在"无效数据"(图 6.5)，因此 Landsat 8 影像可能会落在这些"无效数据"范围内，由于 MODIS "无效数据"区域的水分类结果来自时间维最近邻插值，因此结果相对不可靠，选择这些 Landsat 影像进行精度评价对 MODIS 水分类结果不公平。因此，设计以下 Landsat 影像筛选准则。

准则 1：Landsat 影像一年中落在 MODIS 的无效数值范围内的比例 $\leqslant T_{\text{Landsat}}$；

准则 2：Landsat 影像整体落在一景 MODIS 影像内；

准则 3：Landsat 影像中含有水体。

理论上，T_{Landsat} 越小越好，但是当 $T_{\text{Landsat}} = 10\%$ 时，发现在 20°N～20°S 无可选的 Landsat 8 影像，因此最终将 T_{Landsat} 设定为 $T_{\text{Landsat}} = 80\%$，满足条件的 Landsat 8 在 2014 年的可选范围，如图 6.10 所示，主要集中在北半球和南半球的南部。在这些区域，随机选择了 55 个 Landsat 8 时间序列(图 6.10)。在实际选择 Landsat 8 影像时，同步设定 Landsat 云覆盖 $\leqslant 50\%$。最终选择 720 个影像，其中春季影像 196 景、夏季 203 景、秋季 176 景、冬季 145 景。

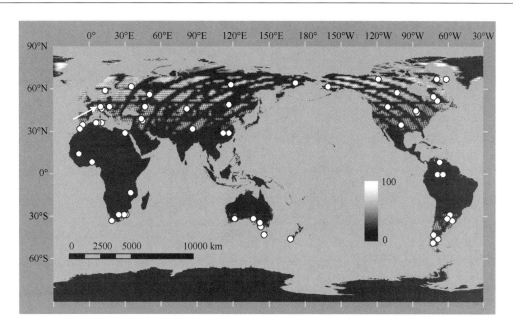

图 6.10　高分辨率验证图像 Landsat 8 选择位置分布示意图

背景为可选的 Landsat 影像比例，箭头所示位置 Landsat 8 影像水体分类存在的问题见图 6.22

6.2.3　方法与原理

1. 预处理

1) 反射率数据预处理

在 MODIS 影像的水体区域存在某些像素的某些波段是无效数值，如图 6.11(a) 和图 6.11(b) 所示，因此需要对这些波段进行修复，可采用前后波段信息进行修复，具体算法如下。

假设 MODIS 某个像素光谱为 $\boldsymbol{r} = [r_1, r_2, r_3, r_4, r_5, r_6, r_7]$，为 7 维行向量，对应的波长分别为 $\boldsymbol{x} = [x_1, x_2, x_3, x_4, x_5, x_6, x_7]$，假设其中第 j 个波段为无效数值（$1 \leqslant j \leqslant 7$），则

$$\begin{cases} r_j = r_{j+1}, & j = 1 \\ r_j = \left(r_{j+1} - r_{j-1}\right) \dfrac{x_j - x_{j-1}}{x_{j+1} - x_{j-1}}, & 1 < j < 7 \\ r_j = r_{j-1}, & j = 7 \end{cases} \tag{6.2}$$

图 6.11(c) 为利用式(6.2)对图 6.11(b) 中第 7 个波段进行修复后的光谱，可以看到修复之后，水体像元光谱各波段数值都在正常范围内，能较好地展示出水体光谱的真实形状，可以直接用于后续水体提取。需要指出的是，该算法仅能修复部分波段为无效数值的像元光谱，对于图 6.5 展示的两种无效数据类型（分别为"无效数据类型 1"和"无效数据类型 2"），均无法采用式(6.2)修复。

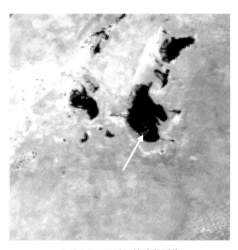

（a）MODIS近红外波段图像

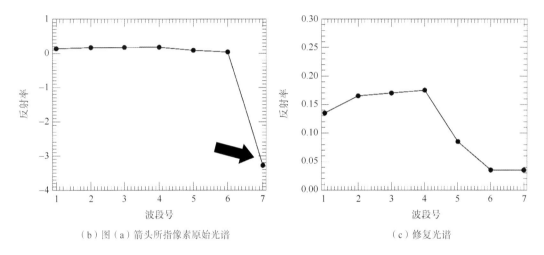

（b）图（a）箭头所指像素原始光谱

（c）修复光谱

图6.11 MODIS图像预处理结果示意图

2）陆表温度数据预处理

如6.2.2节中第2小节指出的，由于云覆盖等原因，MODIS的陆表温度数据中存在很多无效数据。如果某些区域（如高反射率水体）易被误判为云体，那么这些区域将存在长期数据缺失的现象。为解决该问题，可采取时空插值的方法进行MODIS陆表温度数据修补，具体流程图如图6.12所示。假设一定时间范围内的陆表温度时间序列数据为$\mathrm{LST}_{M \times N \times L}$，其中$M = N = 1200$，$L = 12 \times 365 + 4 \times 366$，那么陆表温度数据预处理包含以下步骤。

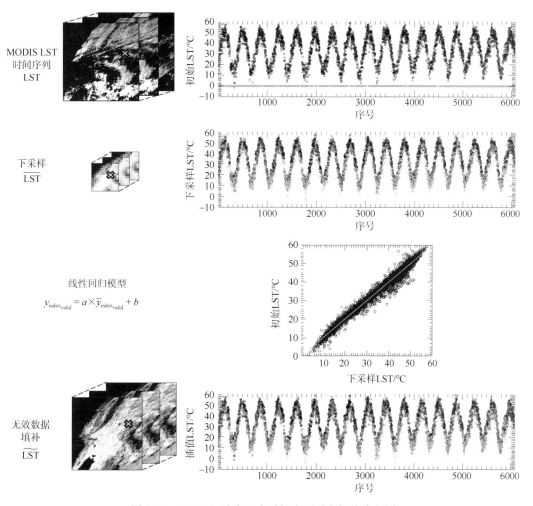

图 6.12　MODIS 陆表温度时间序列时空插值流程图

黑色：原始数据为有效值；浅色：原始数据为无效值

步骤 1　下采样。将图像划分成 $\overline{M} \times \overline{N}$ 个方格，其中 $\overline{M} = \mathrm{fix}(M/K)$，$\overline{N} = \mathrm{fix}(N/K)$，fix() 为取整函数。下采样系数 K 的选择原则为：保证每个 $K \times K$ 大小方格中至少存在一个有效值。在本研究中设置 $K = 100$。然后统计每一个小方格内有效数据的平均值，得到新的时间序列，$\overline{\mathrm{LST}}_{\overline{M} \times \overline{N} \times L}$。

步骤 2　线性回归模型。假设 $y_{i,j} = \mathrm{LST}_{i,j,:}$，$1 \leqslant i \leqslant M, 1 \leqslant j \leqslant N$，其对应的下采样时间序列为 $y_{\bar{i},\bar{j}} = \overline{\mathrm{LST}}_{\bar{i},\bar{j},:}$，$\bar{i} = \mathrm{fix}(i/K), \bar{j} = \mathrm{fix}(j/K)$。令 $\mathrm{index}_{\mathrm{valid}}$、$\mathrm{index}_{\mathrm{invalid}}$ 分别表示向量 $y_{i,j}$ 中有效数据和无效数据对应的位置，那么可以建立以下线性模型：

$$y_{\mathrm{index}_{\mathrm{valid}}} = a \times \overline{y}_{\mathrm{index}_{\mathrm{valid}}} + b \tag{6.3}$$

步骤 3　无效数据填补。通过上述回归系数 a, b，可以得到：

$$\widetilde{y}_{\mathrm{index}_{\mathrm{invalid}}} = a \times \overline{y}_{\mathrm{index}_{\mathrm{invalid}}} + b \tag{6.4}$$

因此，最终可以得到完整的陆表温度时间序列 $\widetilde{\mathrm{LST}}_{M\times N\times L}$：

$$\begin{cases} \widetilde{\mathrm{LST}}_{i,j,\mathrm{index}_{\mathrm{valid}}} = y_{\mathrm{index}_{\mathrm{valid}}} \\ \widetilde{\mathrm{LST}}_{i,j,\mathrm{index}_{\mathrm{invalid}}} = \tilde{y}_{\mathrm{index}_{\mathrm{invalid}}} \end{cases} \tag{6.5}$$

通过该时空插值法，既保持了原始的有效数值，同时也尽量利用时空信息对无效值进行了填补。

3) 云标志预处理

从表 6.3 可以看到，MOD09GA 数据的标志波段中包含两个云标志，分别为"云标志"和"内部云标志"，这两者对云的判断并不是完全一致，本书研究将两个云标志结合起来，得到综合云标志，如图 6.13 所示。对于 "不确定"云标志，在后续研究中将被当作有效像元参与到水提取流程中进行进一步判断。

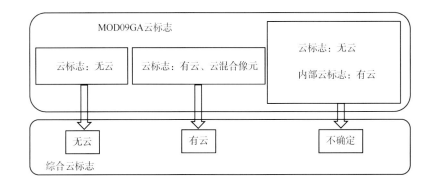

图 6.13　MODIS 云标志预处理流程

图 6.14 给出了 2001～2016 年全球平均云覆盖度，可以看到，在赤道附近(如亚马孙、印度尼西亚)、南北高纬度地区、中国四川盆地地区，云覆盖非常高，意味着这些地区的水体提取难度系数大，误差会较大；反之，在美国西部、墨西哥、非洲北部、非洲南部、中东地区、澳大利亚，云覆盖度较低，因此这些地区的卫星有效数据多，能有效地开展高时间分辨率水体提取。

4) 冰雪标志预处理

同云标志一样，MOD09GA 数据的标志波段同样包含两个冰雪标志，分别为"MOD35 雪/冰标志"和"内部雪标志"。同样，这两个标志对冰雪的标志也不完全一致，因此，对于冰雪标志，采用同样的方式得到综合冰雪标志，如图 6.15 所示。对于"不确定"冰雪标志，在后续研究中将被当作有效非冰雪像元参与到水提取流程中。需要指出的是，如果某个像元的云和冰雪标志同时标志为"有"，则冰雪标志有更高的优先权，即认为该像元为"有冰雪"。

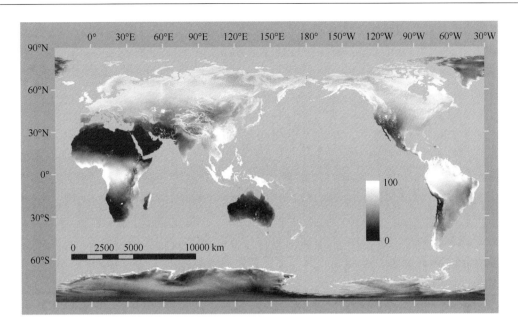

图 6.14　2001～2016 年全球平均云覆盖度

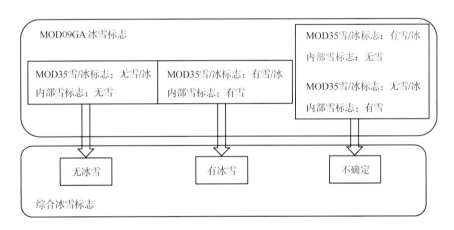

图 6.15　MODIS 冰雪标志预处理流程

但是，MOD09GA 的冰雪标志存在全球性的过分情况，如图 6.16 所示，可以看到，即使在热带地区，一年中仍有诸多像元被标志为冰雪，这显然是不合理的。为了剔除这些过分的冰雪像元，本书研究采用 MODIS 逐日陆表温度数据进行辅助，即满足以下条件的像元，即使综合冰雪标志为"有冰雪"，也认为是非冰雪像元，

$$\text{LST} > T_{\text{LST}} \tag{6.6}$$

在这里，$T_{\text{LST}} = 1℃$。

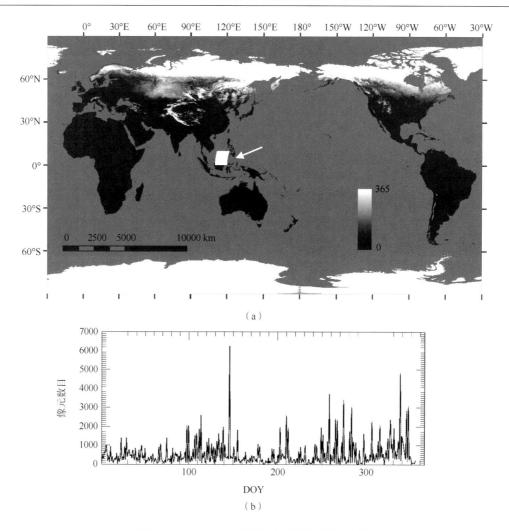

（a）

（b）

图 6.16　MOD09GA 冰雪标志过分现象示意图

（a）2010 年全球冰雪覆盖天数，（b）2010 年"h29v08"景中冰雪像元的分布
（该景位于热带地区，理论上不太可能存在结冰、下雪现象）

5）地形数据预处理

　　由于水体都分布在平坦区域，因此利用水体这一地形特征能较好地去除山体阴影的影响，而地形参数中的坡度能较好地反映地形的陡峭程度。基于栅格 DEM 图像的坡度计算可以通过 $n \times n$ 移动窗口来计算中心像元的坡度，本书研究采用的是应用较为广泛的 Horn（1981）算法，以 3×3 窗口为例，中心点坡度为

$$\text{slope} = \sqrt{\left[\frac{(d_3 + 2d_5 + d_8) - (d_1 + 2d_4 + d_6)}{8 \times \text{resolution}}\right]^2 + \left[\frac{(d_6 + 2d_7 + d_8) - (d_1 + 2d_2 + d_3)}{8 \times \text{resolution}}\right]^2} \quad (6.7)$$

式中，d 为 DEM 值，如图 6.17 所示；resolution 表示图像分辨率。

d_1	d_2	d_3
d_4	d	d_5
d_6	d_7	d_8

图 6.17　坡度示意图(d，$d_{1\sim8}$ 为 DEM 值)

基于 SRTM DEM/ASTER DEM 生成 MODIS 坡度数据的流程如图 6.18 所示，其主要包括以下 3 个步骤。

步骤 1　DEM 数据转投影。由于原始 SRTM DEM/ASTER DEM 均是经纬度投影，而坡度的计算需要局部等积投影，因此将 DEM 数据转换为 UTM 投影。

步骤 2　坡度计算。基于上述式(6.7)对每个像元计算坡度。

步骤 3　重采样。对于每个 500 m×500 m 大小的正弦投影的 MODIS 像元，在 UTM 投影坡度影像上生成相应区域，计算区域内平均坡度，赋予该 MODIS 像元。最后可以得到全球坡度分布，如图 6.19 所示。

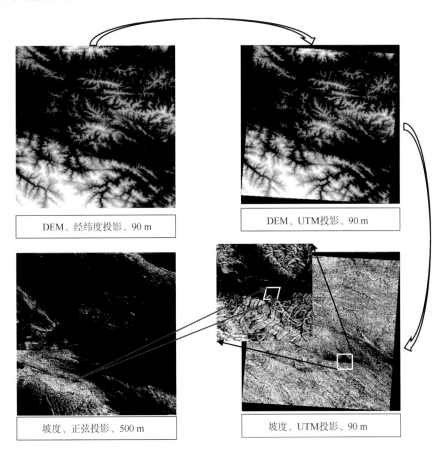

图 6.18　MODIS 坡度数据生产流程

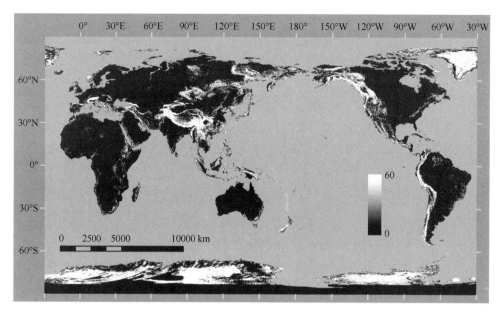

图 6.19 全球坡度分布图

6) 高分辨率水体底图预处理

改进的 FROM-GLC 水层是 UTM 投影，空间分辨率为 30 m，而 MODIS 图像为正弦投影，空间分辨率为 500 m，因此需生成全球正弦投影、500 m 分辨率的水体丰度底图作为后续水体提取的辅助数据，下采样的方式与上一小节中的步骤 3 相似，包括(图 6.20)：①对于每个 500 m×500 m 大小的正弦投影的 MODIS 像元，在 UTM 投影的改进的 FROM-GLC 水层影像上生成对应区域；②计算区域内水体比例(0~1)，然后赋给 MODIS 像元。最后可以得到全球水体丰度底图，如图 6.21 所示(需要注意的是，该底图是静态的)。

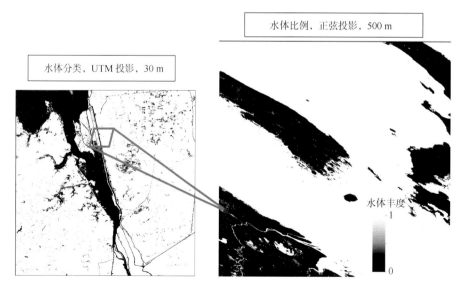

图 6.20 高分辨率水体底图生产流程示意图

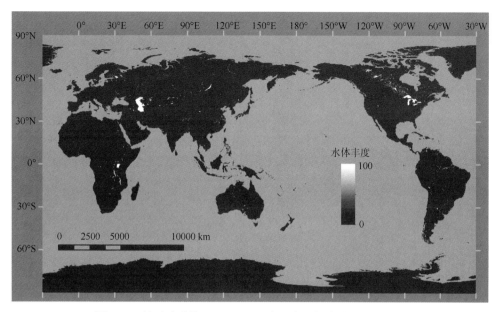

图 6.21　基于改进的 FROM-GLC 水层生成的全球水体丰度图

7) 基于同步高分辨率卫星影像的验证数据预处理

基于同步高分辨率水体样本主要来自 Landsat 8 自带的 cfmask 标志层，包含水体、冰雪、云及云阴影等类型的标志（Zhu and Woodcock，2012）。然而，通过比对 Landsat 8 反射率影像、cfmask 水标志、改进的 FROM-GLC 水层，可以发现，在无冰雪、无陡峭地形的影像上，cfmask 的水标志精度较高；然而，对于山地区域，cfmask 的水标志中存在大量将山体阴影误分为水体的情形，尤其是在冰雪覆盖的情况下（图 6.22）。而改进的 FROM-GLC 水层并不存在这一问题，因此将改进的 FROM-GLC 水层作为辅助数据，剔除 cfmask 水标志中过分的水体；此外还利用时间维信息对生成的 cfmask 水标志时间序列进行云修复，生成最终的 Landsat 水体分类时间序列结果（图 6.23）。最后采用与上文相似的下采样方法，得到正弦投影、500 m 分辨率的水体丰度图作为验证样本。

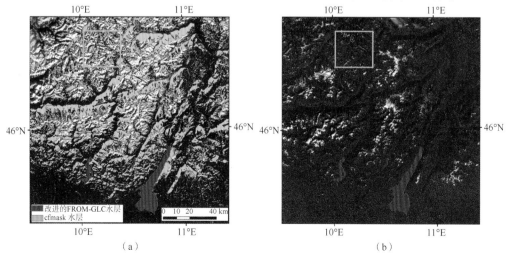

（a）　　　　　　　　　　　　　　　　　　　　（b）

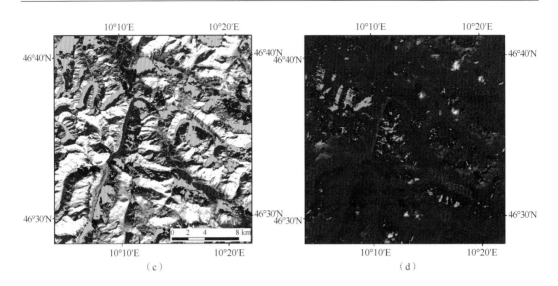

图 6.22　Landsat 图像自带 cfmask 中水标志存在的问题(path = 203，row = 028，位于图 6.10 箭头位置处)
(a) 2014 年，DOY = 001 假彩色图像(R：近红外，G：红，B：绿)；(b) 2014 年，DOY = 257 假彩色图像(玫红色：改进的 FROM-GLC 水体，绿色：cfmask 水体)；(c) 和 (d) 为 (a) 和 (b) 中矩形框放大图

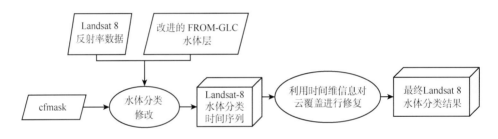

图 6.23　Landsat 8 时间序列水体分类改进流程

2. 基于专家知识的可见-短波红外遥感图像水体提取

基于 MODIS 逐日反射率时间序列的水体提取流程如图 6.24 所示，其主要包括以下三个步骤(Ji et al.，2018)：

(1) 基于规则的单景影像水体提取，主要进行水体、冰雪、陆地、云分类；

(2) 面向对象的分类后处理，主要用于阴影消除；

(3) 时间序列处理，主要进行云修补。

下面将对每个步骤具体展开。

1) 单景影像水体提取

如 6.2.1 节展示，在可见-短波红外范围内，水体光谱的典型特征是可见光波段范围的反射率值要高于短波红外(Ji et al.，2015c)。但是由于大气校正误差，某些低反射率水体像素的光谱曲线不一定表现出这种"前高后低"的特性，因此根据可见光反射率值将水体分成两种类型：高反射率水体和低反射率水体。假设 maxVIS = max{Band1，Band2，Band3}，

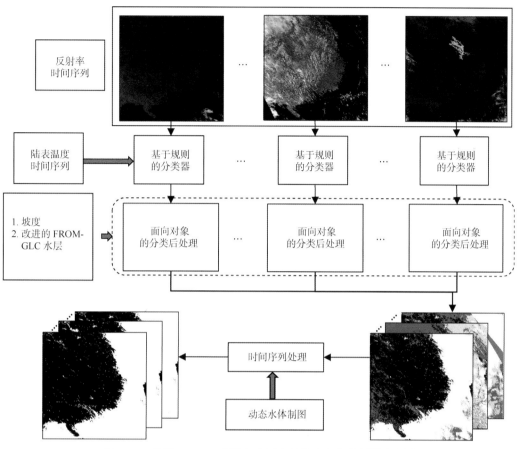

图 6.24 基于 MODIS 反射率时间序列的动态水体制图流程图

表示可见光波段范围最大反射率值，则

$$\begin{cases} \text{高反射率水体：} & \text{maxVIS} \geq T_{\text{VIS}} \\ \text{低反射率水体：} & \text{maxVIS} < T_{\text{VIS}} \end{cases} \qquad (6.8)$$

式中，阈值 T_{VIS} 设置为 0.05。对这两种水体的分类策略不同，具体如下。

A. 高反射率水体提取

高反射率水体光谱基本呈现"前高后低"的特性，因此可以用以下水体指数(WI)进行水体提取：

$$\text{WI} = \begin{cases} 0, & \text{若 maxVIS} \leq \text{maxSWIR} \\ 1, & \text{若 maxVIS} > \text{maxSWIR} \end{cases} \qquad (6.9)$$

式中，$\text{maxSWIR} = \max\{\text{Band6, Band7}\}$，表示短波红外的最大反射率值。

此外，由于水体在短波红外波段有很强的吸收性，因此水体在短波红外的反射率值往往非常低，而其他地物类型，如裸地、不透水层在短波红外均有较高的反射率值，即使是冰雪，在短波红外的反射率值也要比水体高很多[图 6.1(a)]，因此除了 WI 指数外，还可以利用短波红外反射率值辅助水体提取。综合起来，对高反射率水体的提取准则如下。

条件 1（高反射率水体）： $\max \mathrm{VIS} \geqslant T_{\mathrm{VIS}}$ 且 $\mathrm{WI}=1$ 且 $\max \mathrm{SWIR}<T_{\mathrm{SWIR}}$ ，其中 $T_{\mathrm{VIS}}=0.05$ ， $T_{\mathrm{SWIR}}=0.1$ 。

B. 低反射率水体提取

对于低反射率水体，由于大气校正误差，其光谱反射率不一定满足"前高后低"的特点，即其 WI 指数可能会存在 WI ＝ 0 ，如图 6.25 所示，可以看到，对于水体像素 $W_{2\sim4}$ ，理论上，其短波红外的反射率值应低于可见光，但实际反射率光谱却并不是这么表现的，如图 6.25 (a) 和图 6.25 (b) 所示，其短波红外的反射率值均要高于可见光波段的，导致这三个水体像素的 WI 指数均为 WI ＝ 0 ，所以对这些像素用 WI 指数就不合适。因此，对于低反射率水体，需要利用到水体的另一个光谱特征，即这类水体在可见光和短波红外波段的反射率值都比较低。但仅使用这一特征会导致水体过分，因为以植被为主的湿地像元，在不考虑近红外波段的条件下，其可见光、短波红外的反射率值同样很低，如图 6.25 中的植被像元，在可见、短波红外的反射率值和水体像素处于同一水平上，甚至在可见光部分，植被像元的反射率值更低。因此，需要利用归一化差异植被指数（normalized difference vegetation index，NDVI）来剔除这些暗植被的影响。根据 MOD09GA的波段设置（表 6.2），可以得到 NDVI 的计算表达式为

$$NDVI = (Band4 - Band3) / (Band4 + Band3) \tag{6.10}$$

式中， Band3 、 Band4 分别为红、近红外波段反射率值。

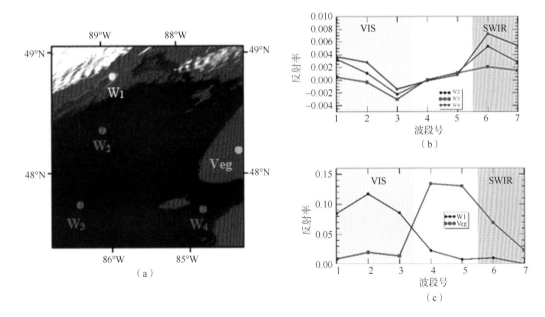

图 6.25　MOD09GA 大气校正存在的问题

图中：W 表示水体像素；Veg 表示植被像素。(a)像素点位置；(b)和(c)像素光谱对比图

综上，低反射率水体的判别标准如下。

条件 2(低反射率水体)： $\text{maxVIS} < T_{\text{VIS}}$ 且 $\text{NDVI} \leqslant T_{\text{NDVI}}$ 且 $\text{maxSWIR} < T_{\text{SWIR}}$，其中 $T_{\text{VIS}} = 0.05$，$T_{\text{NDVI}} = 0.2$，$T_{\text{SWIR}} = 0.1$。

需要指出的是，如果"未确定"的冰雪和云像素满足条件 1 或 2，同样会被重新判断为水体。因此，被 MODGA 标志波段误判的"云""冰雪"像元仍可以被该算法挽回。

2) 阴影消除

在图像中，云、山体阴影同样是"暗"目标。诸多分类器(如最大似然法、支持向量机等)极其容易将阴影误分为水体，导致结果存在严重过分现象。因此，在这里，采用面向对象的分类后处理算法进行阴影消除：首先，统计各个水体对象的地形、光谱特征，以及太阳-云-传感器三者的几何关系；然后，对每个水体对象进行综合判断，确定该对象是否为阴影。该算法已成功应用于 Landsat 水体制图中的阴影消除问题(Ji et al.，2015c)。

由于在"单景影像水体提取"小节中已经采用光谱信息(水体指数，WI)进行水体提取，因此这里只统计了每个水体对象的平均坡度和平均云阴影概率，前者使用 6.2.3 节第 1 小节中计算得到的坡度数据，而后者直接使用 MOD09GA 的标志波段中的云阴影标志。然后，通过以下两个条件进行阴影消除。

阴影消除条件 1(山体阴影)： 平均坡度 $> T_{\text{slope}}$。

阴影消除条件 2(云阴影)： 平均云阴影概率 $> T_{\text{shadow}}$。

在这里，采用高分辨率水体丰度底图(见 6.2.3 节第 1 小节)来得到自适应阈值：

$$T_{\text{slope}} = 4 \times S[10 \times (c_{\text{FROM-GLC}} - 0.5)] + 6 \tag{6.11}$$

$$T_{\text{shadow}} = 0.2 \times S[10 \times (c_{\text{FROM-GLC}} - 0.5)] + 0.8 \tag{6.12}$$

式中，$S(x) = 1/(1 + e^{-x})$ 为 Sigmoid 函数；$c_{\text{FROM-GLC}} \in [0, 1]$ 为高分辨率水体丰度，为基于改进的 FROM-GLC 水层得到的水体丰度。基于 Sigmoid 函数的阈值设置可以使得一些山区或多云区域的小水体有更大的概率被保留下来。

3) 时空最近邻插值

为了得到时空连续水体时间序列，所有云/无效数据采用时空最近邻插值的方式来进行填补。对于每个"云"/"无效数值"像元 (i, j, k)(其中，i、j 表示空间维坐标，而 k 表示时间维坐标)，分别计算一个空间限制范围 S 和时间限制范围 D。

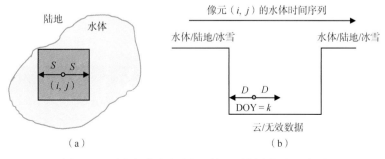

图 6.26　时空插值空间(a)、时间限制范围(b)示意图

(1)空间限制范围 S。首先通过阈值法，基于高分辨率水体丰度底图得到水体底图 $W_{\text{FROM-GLC}}$（$W_{\text{FROM-GLC}} = c_{\text{FROM-GLC}} \geqslant 0.3$）。如果像元$(i, j)$为水体，那么空间限制范围 S 定义为以像元(i, j)为中心点，外扩 S 个像元得到的矩形框中均为水体的最大 S 值，如图 6.26(a) 所示；如果像元(i, j)为非水体，那么 $S = 1$。需要指出的是，空间限制范围 S 适用于所有 k。在后续处理中，只使用像元(I, j)周边 $(2S+1) \times (2S+1)$ 个相邻像元进行时空插值。

(2)时间限制范围 D。对于"云"/"无效数值"像元 (i, j, k)，D 表示在时间维上像元(i, j)持续为"云"或"无效数值"的最大天数，如图 6.26(b)所示。

此外，利用投票法计算了逐年的月尺度水体覆盖时间序列 $\overline{W}^{\text{year}}_{M \times N \times \overline{K}}$（ year = 2001, 2002, $\cdots$, 2016；$\overline{K} = 12$），其包含三种陆表覆盖类型：水体、冰雪、陆地。如果整月都没有有效分类数值，则依旧设置为"云"/"无效数值"。然后，再对 $\left[\overline{W}^{2001}, \overline{W}^{2002}, \cdots, \overline{W}^{2016} \right]$ 进行时间维插值得到时空连续逐月水覆盖序列。

对"云"/"无效数值"像元 (i, j, k) 进行时空最近邻插值存在以下两种情况。

(1) 如果 $D < T_D$（$T_D = 7$），表明这是一个短"云"/"无效数值"期，在 $(2S+1) \times (2S+1) \times (2D+1)$ 数据立方体内，将最近的有效分类数值赋予像元 (i, j, k)；如果存在多个最近有效分类数值，那么遵循以下优先级：冰雪＞水体＞陆地。

(2) 如果 $D \geqslant T_D$，则表示为长"云"/"无效数值"期，将 $\overline{W}^{\text{year}}_{i, j, \overline{k}}$ 赋予像元 (i, j, k)。

6.2.4　精　度　验　证

本书研究主要基于二分类混淆矩阵(表 6.6)进行精度评价，包括生产者精度、用户精度和总体精度[具体定义见式(6.13)～式(6.15)](Xi et al.，2020，2021)。生产者精度是真值像素被正确分类的概率，因此体现了分类器的分类准确度；用户精度是分类像素中被正确分类的概率，因此体现了分类器的过分情况；总体精度则体现了分类器对目标和非目标的总体分类准确度。

表 6.6　二分类的混淆矩阵

项目		真值	
		目标	非目标
分类结果	目标	n_{11}	n_{12}
	非目标	n_{21}	n_{22}

$$\text{生产者精度：} \quad \text{PA} = \frac{n_{11}}{n_{11} + n_{21}} \times 100\% \tag{6.13}$$

$$\text{用户精度：} \quad \text{UA} = \frac{n_{11}}{n_{11} + n_{12}} \times 100\% \tag{6.14}$$

$$总体精度： OA = \frac{n_{11} + n_{22}}{n_{11} + n_{12} + n_{21} + n_{22}} \times 100\% \qquad (6.15)$$

6.3　验证结果

为了评估产品的准确性，本节分别使用了基于更高分辨率的遥感影像水体制图（Landsat 8 图像）和基于专家判断验证样本点数据集（FROM-GLC 样本集）来进行精度验证，并与其他水体产品进行比对，具体如下。

6.3.1　基于同步高分辨率卫星影像

每幅 Landsat 图像首先被分成水体和非水体两类，类似 6.2.3 节中第 1 小节，将 30 m Landsat 制图结果在正弦投影下重采样成 500 m 分辨率水体丰度图，最后将水体丰度不低于 50%的像素标注为水，生成 Landsat 8 真值图（具体见 6.2.3 第 1 节），与 MODIS 结果进行逐像素比较，并计算生产者精度（PA）、用户精度（UA）和总体精度（OA），结果见表 6.7。可以发现，PA 和 UA 均高于 93%。

表 6.7　基于 Landsat 高分辨率制图结果的混淆矩阵

项目		Landsat		
		非水体	水体	用户精度/%
MODIS	非水体	15393169	62166	
	水体	75022	1091581	93.57
	生产者精度/%		94.61	99.17

6.3.2　基于专家样本

FROM-GLC 训练样本中，考虑到样本时间、大小等因素，一共使用了 43541 个非水体样本和 6220 个水体样本。当使用所有的非水体样本时，生产者精度、用户精度和总体精度如表 6.8 所示。可以看到，用户精度和生产者精度均在 90%以上。在 6220 个水体样本中，有 488 个被分成了非水体，通过仔细检查，可以发现造成这种错分的主要原因是 MODIS 分辨率与样本大小不一致。根据 FROM-GLC 样本选择原则，如果一个样本覆盖范围达到 240 m×240 m，那么就认为是大样本。然而，MODIS 影像的空间分辨率是 500 m，因此，一些在 FROM-GLC 中的"大样本"到 MODIS 影像上可能是混合像元，如果这些混合像元的光谱特征偏向非水体，则该算法会倾向于将其分成非水体。

相比较而言，用户精度要低一些，主要是因为非水体样本数要远大于水体样本数。为了公平起见，在非水体样本中也随机选取 6220 个样本，重新计算各个精度，重复这个过程 20 次，结果如图 6.27(a)所示，可以看到用户精度大大提升（平均用户精度为 98.88%）。

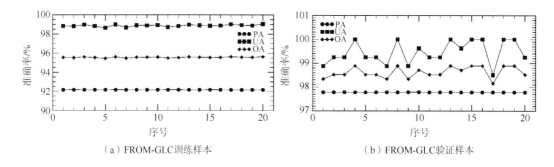

图 6.27 随机选择与水体样本数相同的非水体样本的 20 次验证结果

表 6.8 利用 FROM-GLC 训练样本的精度验证结果

项 目		FROM-GLC		
		非水体	水体	用户精度/%
MODIS	非水体	42915	488	
	水体	626	5732	90.1541
	生产者精度/%		92.1581	97.7613

　　对于 FROM-GLC 验证样本，一共使用了 8211 个非水体和 271 个水体样本。由于水体样本数比例较低，导致用户精度非常低(表 6.9)。类似地，当选择和水体样本一样多的非水体样本时，可以十分明显地提升用户精度(～98%)，如图 6.27(b)所示。总体而言，使用 FROM-GLC 验证样本进行精度验证，MODIS 动态水体产品的精度更高。

表 6.9 利用 FROM-GLC 验证样本的精度验证结果

项 目		FROM-GLC		
		非水体	水体	用户精度/%
MODIS	非水体	7905	7	
	水体	306	264	46.3158
	生产者精度/%		97.4170	96.3098

　　进一步地，分析不同 FROM-GLC 样本尺寸下该产品的精度，具体结果如图 6.28 所示。可以看出，在 FROM-GLC 所有样本中，超过一半的样本尺寸小于等于 90 m×90 m，而尺寸大于等于 500 m×500 m 的样本仅占 11%左右；随着样本尺寸的增加，该产品的 PA 和 UA 均呈现上升趋势；当样本尺寸大于等于 1000 m×1000 m 时，PA 和 UA 均超过了 90%，这表明该产品在较大水体中具有较高的精度。由于几何配准误差、混合像元等问题，当使用尺寸小于 1000 m×1000 m 的样本进行精度验证时，得到的用户精度、生产者精度均会偏低。因此，下面将利用这些大尺寸样本(面积大于等于 1000 m×1000 m)进行进一步精度分析。

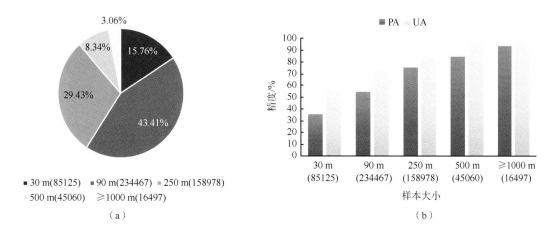

（a）

（b）

图 6.28　基于 FROM-GLC 样本的 MODIS 水体分类精度

（a）FROM-GLC 样本大小分布；（b）MODIS 水体的生产者精度和用户精度随着样本大小的分布（括号中的数字为样本数）

接下来，仅使用尺寸大于等于 1000 m×1000 m 的样本来分析不同季节的产品精度，相应的生产者精度和用户精度如图 6.29 所示。可以看出，冬季的生产者精度最低，约为 89%，比其他季节的生产者精度至少低 3%。究其原因，主要有以下几个方面：①北半球高纬度地区在冬季的太阳高度角较低，导致 MODIS 数据质量较差（信噪比较低），从而影响水体检出率；②FROM-GLC 样本中对水体结冰的判断存在较大误差。该产品将 35 个冬季 FROM-GLC 水体样本判断为冰雪，通过人工仔细检查，可以确认其中 23 个为冰雪（这也反映了该算法中使用的陆表温度产品进行水体–冰雪区分的有效性）；而剩下的 12 个样本是部分冻结的湖泊，或被有冰雪覆盖陆地包围的未冻结的湖泊、海面。

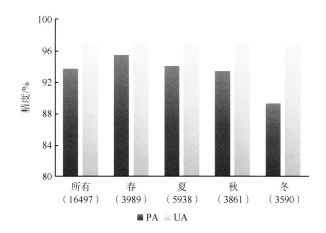

图 6.29　基于 FROM-GLC 大样本（大于等于 1000 m × 1000 m）的 MODIS 水体在春、夏、秋、冬四个季节的精度

北（南）半球四季的定义为：春：3～5 月（9～11 月）；夏：6～8 月（12 月至次年 2 月）；

秋：9～11 月（3～5 月）；冬：12 月至次年 2 月（6～8 月）

6.3.3 基于现有全球水体制图产品

表 6.10 展示了该产品数据集与不同数据源、不同时空分辨率的全球水体制图结果的比较，可以看出，与单时相产品相比，多时相水体制图总能探测出更多的水体范围，因此可得到最大水域面积图，这说明发展动态水体制图是必要的。各结果中，GIEMS 虽然空间分辨率最粗糙，但得到的水域面积最大，其可能原因是它们使用微波数据进行水体探测，可以捕捉到被淹没的，甚至有植被覆盖的水体区域，因此可以探测到更多的水体。

表 6.10　与全球不同水体制图产品面积对比

产品名称	主要数据源	空间分辨率	时间范围（年）	时间分辨率	水体面积/10^4 km^2
MOD44W（Carroll et al.，2008）	MOD44C（光学）	250 m	2000～2007	单时相	373
GIW（Feng et al.，2016）	Landsat（光学）	30 m	2000	单时相	365
改进的水层 FROM-GLC（Ji et al.，2015）	Landsat（光学）	30 m	2010	单时相	407
JRC-Water（Pekel et al.，2016）	Landsat（光学）	30 m	1984～2015	逐月	累计范围 [1]：452 永久水体 [2]（2015 年）：278
GIEMS（Prigent et al.，2012）	SSMI（被动微波） ERS（主动微波） AVHRR（光学）	～25 km	1993～2004	逐月	最小 [3]：210 最大 [4]：590
本产品	MOD09GA（光学）	500 m	2001～2016	逐日	最小：150 最大：380 累计范围：490 永久水体（平均）：125

注：1. 一定时间范围内所有出现过水体的像元面积总和；2. 一年内所有时间均被水体覆盖；3. 一段时间内全球水体覆盖面积最小值；4. 一段时间内全球水体覆盖面积最大值。

6.4　数　据　产　品

6.4.1　数据产品介绍

逐日 500 m 分辨率水体制图时间序列产品与 MOD09GA 数据产品相似，采用相同的正弦投影，其为栅格数据，有四个数值：0—陆地；61—水（未冻结）；62—水（冻结）；255—填充值（无效数据类型 1，图 6.5）。同时，本节会对每景 MODIS 水体制图结果中的水体区域生成一个数据质量层：如 1—高质量，2—低质量（原始数据为云或无有效数据）。目前该产品已公开，下载网站为 http://data.ess.tsinghua.edu.cn/modis_500_2001_2016_

waterbody.html。

图 6.30 给出了 2010 年全球水体覆盖天数的空间分布情况(包括冻结和未冻结两种状态),可以看到,全球水体主要分布在北半球(特别是 30°N 以北),东西半球的水体分布基本相当。图 6.31 给出了鄱阳湖和乍得湖这两个高度动态湖泊水体覆盖天数的空间分布图,与静态水体结果[GLWD(Lehner and Döll, 2004)]相比,该产品能够有效地揭示这些动态水体在时间维上的变化详情。

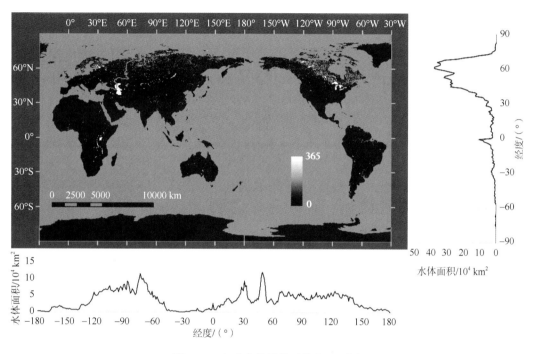

图 6.30　全球水体覆盖天数(2010 年)

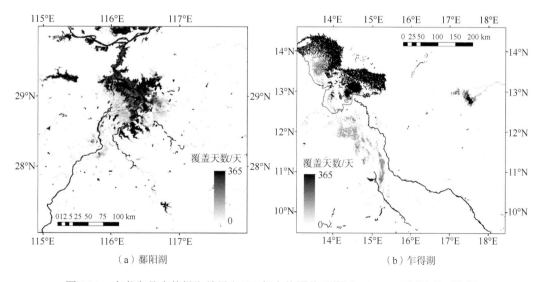

(a)鄱阳湖　　　　　　　　　　　(b)乍得湖

图 6.31　本书产品水体提取结果(2010 年水体覆盖天数)与 GLWD(黑色)的对比图

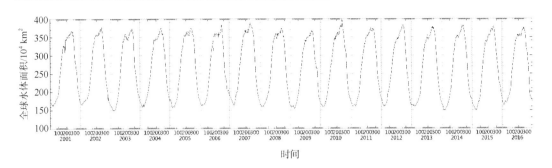

图 6.32　2001~2016 年全球逐日水体面积变化曲线

图 6.32 展示了全球逐日水体面积变化情况。总体上，全球水体面积在 9 月达到最大值(约 380×10^4 km^2)，在 2 月达到最小值(约 150×10^4 km^2)。这主要是由于大部分水体分布在北半球(图 6.31)，而在北半球的冬季很多水体会结冰。进一步地，该曲线还揭示了进行逐日水体制图的重要性。可以发现，在某些年份(如 2010 年)，水覆盖的面积比其他年份(如 2009 年)要大，这意味着在 2010 年世界上有一些国家/地区经历了洪灾。以巴基斯坦和墨西哥为例，图 6.33 给出了这两国在 2009 年和 2010 年的水覆盖天数，可以看到两国均在 2010 年都遭受了严重的洪灾。

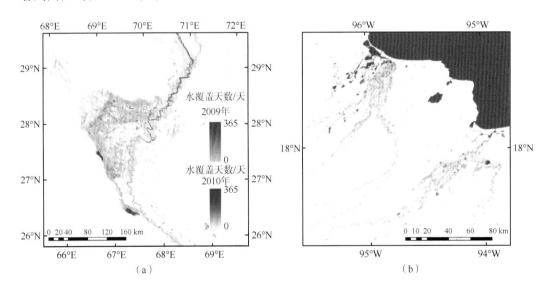

图 6.33　巴基斯坦和墨西哥在 2009 年和 2010 年的水体覆盖天数对比图

水体面积与水体覆盖天数和水体持续存在天数的分布关系如图 6.34 所示。整体上，水体面积随着水体覆盖天数及持续存在天数的增加而减少，但当水体覆盖天数/持续存在天数大于等于 360 天时除外，这是由于一些大型湖泊常年充满水，如里海、维多利亚湖、北美洲的五大湖等。从图 6.34 可以看出，高时间分辨率对于动态水体制图非常重要。

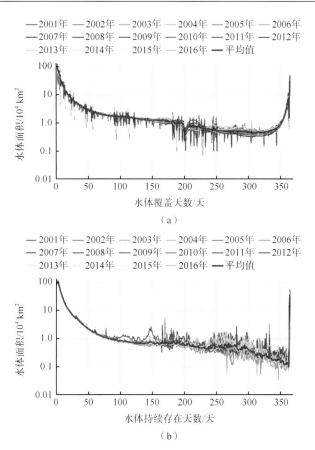

图 6.34 水体面积与水体覆盖天数关系图(a)以及水体面积与水体持续存在天数关系图(b)

6.4.2 数据产品存在的问题

1. 云及空间分辨率的影响

MOD09GA 产品中的标志波段有两个用于云描述的标志:"云标志"和"内部云标志",具体见表 6.3。图 6.35 和图 6.36 给出了两个区域中这两个标志的云年覆盖度。可以看出,"内部云标志"在较浅的盐碱湖区域存在云过分现象(图 6.35),而"云标志"在大型开阔水域对云有过度判定情况(图 6.36)。虽然该产品算法对云分类结果进行了改进(见 6.2.3 节中的第 1 小节),但是仍然无法完全消除这些云误判带来的影响。

受分辨率限制,MODIS 数据无法有效地提取小型湖泊、蜿蜒河流、狭窄的水体,也无法有效地识别半结冰水面中的未结冰小水面(图 6.37),因此在以 Landsat 水体制图结果作为真值进行精度验证时,会导致 MODIS 水体制图生产者精度降低;另外,大型水域中的小型岛屿或冰面在 MODIS 水体制图中更容易被识别为水体,会导致用户精度的降低。虽然对于小水体、小冰面的捕捉能力较弱,如对图 6.37(d)~图 6.37(f)所示的盐湖,MODIS 水体制图结果还是可以很好地捕捉除小水体以外的主要水体区域;此外,对于部分结冰的湖泊[图 6.37(g)~(i)],该产品对结冰的判断比 Landsat 的 cfmask 结果更准确。

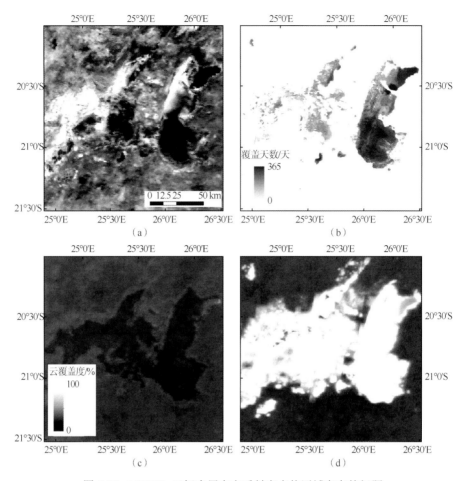

（a）　　　　　　　　　　　　（b）

（c）　　　　　　　　　　　　（d）

图 6.35　MODIS 云标志层在高反射率水体区域存在的问题

（a）SaltPans 盐湖 MODIS 近红外波段（2015 年，DOY = 003）；（b）2015 年水体覆盖天数；（c）基于 MODIS 标志层中 "云标志" 得到的 2015 年云覆盖度（"云标志" 值为 "有云" 或者 "云混合像元"）；（d）基于 MODIS 标志层中 "内部云标志" 得到的 2015 年云覆盖度（"内部云标志" 值为 "有云"）

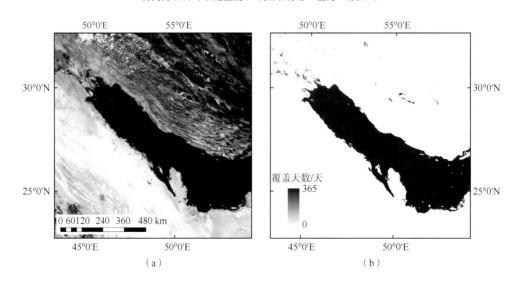

（a）　　　　　　　　　　　　（b）

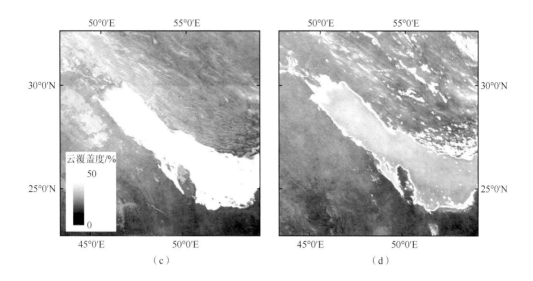

图 6.36　MODIS 云标志层在海岸带区域存在的问题

(a)波斯湾 MODIS 近红外波段(2015 年，DOY = 282)；(b)2015 年水体覆盖天数；(c)基于 MODIS 标志层中"云标志"得到的 2015 年云覆盖度("云标志"值为"有云"或者"云混合像元")；(d)基于 MODIS 标志层中"内部云标志"得到的 2015 年云覆盖度("内部云标志"值为"有云")

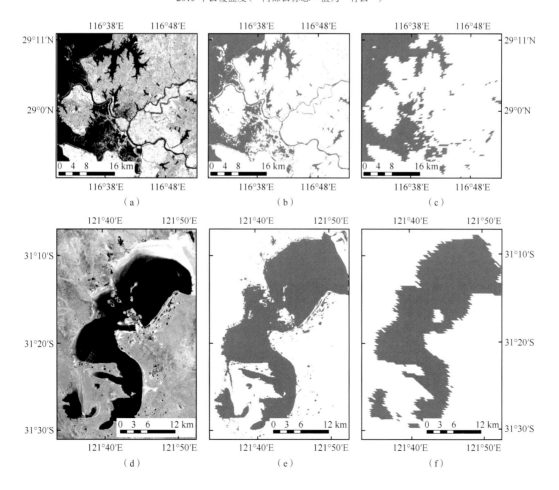

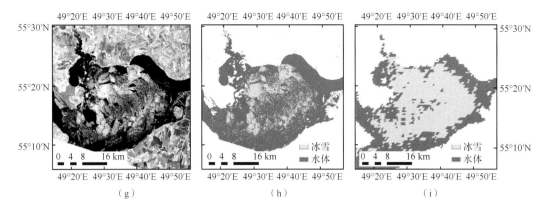

图 6.37　MODIS 数据空间分辨率对水体制图的影响

(a)～(c)洪泛湿地；(d)～(f)盐碱湖；(g)～(i)湖泊结冰。洪泛湿地：(a)Landsat 8 近红外波段(path = 121，row = 040，2014 年，DOY = 281)；(b)Landsat 水体提取结果；(c)MODIS 水体制图结果。盐碱湖：(d)Landsat 8 近红外波段(path = 109，row = 082，2014 年，DOY = 037)；(e)Landsat 水体提取结果；(f)MODIS 水体制图结果。湖泊结冰：(g)Landsat 8 近红外波段(path = 170，row = 021，2014 年，DOY = 112)；(h)Landsat cfmask 水标志；(i)MODIS 水体制图结果

2. 水体时间序列处理的精确度

6.2.3 节第 2 小节中的时间序列插值主要是为了解决 MOD09GA 中的云和无效数据问题，从处理流程可以发现，所采用的"时空最近邻插值"方法的精度在很大程度上取决于云/无效数据随时间的分布情况：当云/无效数据均匀分布时，如图 6.38(a)所示，云/无效数据造成的数据缺口更容易填补；然而，如果云/无效数据分布更集中时，如图 6.38(b)所示，云/无效数据窗口内的水体制图结果将很难恢复。

为了考察云/无效数据对结果精度的影响，设计了如下的云指数(I_{cloud})：

$$I_{\text{cloud}} = p_{\text{covered}}^{0.5} \times p_{\text{lasting}}^{0.5} \tag{6.16}$$

式中，p_{covered} = 标记为云或无效数据的天数/总天数×100%；p_{lasting} = 最长云或无效数据的持续天数/总天数×100%，该指数的取值范围为 $I_{\text{cloud}} \in [0, 1]$。

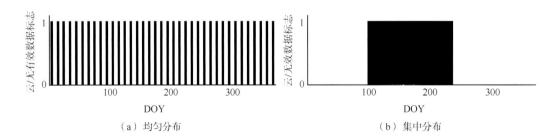

图 6.38　云/无效数据分布示意图

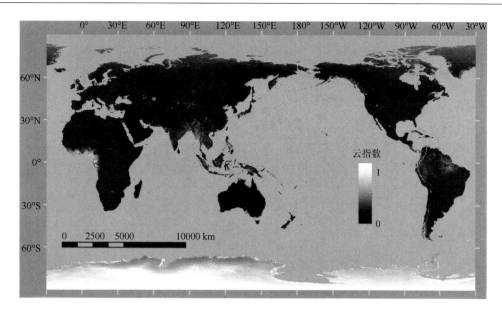

图 6.39　2001~2016 年全球平均云指数
图像拉伸方式：最大-最小

云指数的全球分布如图 6.39 所示，值越高表示通过时间序列插值精度越低。可以看出，I_{cloud} 在全球大部分陆地地区都很低，但是在南美洲北部、西非、赤道附近的东南亚地区和南极洲附近相对较高，这意味着这些地区的时间序列处理精度无法保证。如果加入 MODIS 下午星（Aqua）的反射率时间序列，这个问题则可以得到一定程度的改善。

6.4.3　数据产品特色

1. 可捕捉陆表水的短期变化

图 6.40 显示了 MODIS 逐日水体制图检测短期陆表水体的能力。该地区位于中东干旱地区，相应的云指数较低（图 6.39），因此理论上较容易捕捉到洪涝事件。从逐日水体面积曲线可以看出，2015 年，该地区存在三个水体蓄积过程，分别是 DOY = 78~96、DOY = 127~128 和 DOY = 337~354。而对于 Landsat 卫星而言，16 天的重访期和云覆盖使得其可能无法捕捉到这些存在时间很短的水面，更不用说获得这些短暂水体在高峰期的最大范围，例如，Pekel 等（2016）利用 32 年所有的 Landsat 序列获取的逐月水体结果（JRC-Water）无法抓捕这些短暂水体。

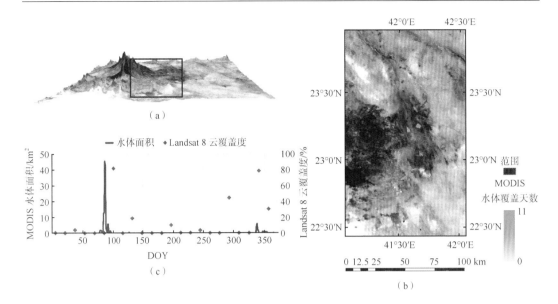

图 6.40　本产品(逐日水体制图)捕捉短暂水体的优势

(a)研究区域基于 SRTM DEM 的 3D 模型示意图(MODIS HV = 'h21v06'，2015 年，DOY = 086)；(b)水体覆盖天数，绿色：基于 MODIS 逐日水体，红色：JRC-Water 30 m 逐月水体的累计水体范围；(c)该区域 2015 年逐日水体覆盖曲线和 Landsat 8 云覆盖度

2. 可评估海平面上升情况

平均而言，海平面以每年大约 3.2 mm 的速度上升，因此对于相对平坦的海岸带，陆地部分会逐渐被海水吞噬。然而，全球海平面上升并不均匀，低纬度西太平洋地区是 1996～2010 年海平面上升最多的地区(Yang et al.，2013)。而由于潮汐效应，海岸线会随着潮水涨落而变化，因此只有在遥感观测次数充足的情况下，才能通过遥感影像来估计海平面上升的趋势。Li 和 Gong(2016)在佛罗里达西部一个植被覆盖的泥滩地区发现，Landsat 图像越多，确定海陆比例变化的精度越高。由于 MOD09GA 空间分辨率(500 m)的限制，因此该产品的逐日水体制图结果比较适合用来评估较平缓的海岸带变化情况，因为在平坦海岸带，轻微的海平面上升便可能淹没大片陆地。

为了研究海平面的长期变化趋势，以年为单位来估算海岸带海水侵袭速度是较为合适的。首先计算每年每个像素出现水的概率，然后计算年变化率。图 6.41 显示了西佛罗里达地区在 2001～2013 年，根据本产品每日 MODIS 数据确定的年变化率，以及根据 Landsat 数据确定的年变化率，可以看出，在空间上两者变化趋势是一致的，该区域大部分海岸带都显示出陆地被侵蚀、海平面在上升。

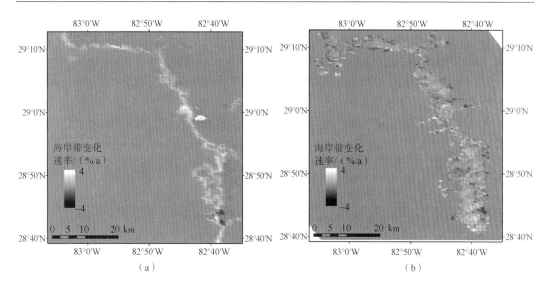

图 6.41　基于本产品（逐日水体制图）(a) 与基于 Landsat 数据(b) 得到的
西佛罗里达海岸带年变化速率对比图
(Li and Gong, 2016)

3. 可发现水稻田利用差异性

与天然湿地类似，依赖人工灌溉的水稻田在时间维上也存在汛期。图 6.42 给出了基于该产品得到的美国加利福尼亚州和中国黑龙江省的两种水稻田种植模式。通过对比这两个研究区的逐日水体面积变化曲线，可以观察到两个地区农民采用不同的水稻田种植方式：虽然两个地区水稻田都在 4 月进行灌溉（DOY = 100），然而不同的是，加利福尼亚州的水稻田在 9 月会再次被灌溉（DOY = 260），从秋天到第二年春天，加利福尼亚州的稻田里都会灌满水，这种方式可以为野生鸟类提供湿地环境，帮助野生动物越冬。此外，从图 6.42 (d) 可以观察到，我国黑龙江省水稻田的水体面积在 2012 年前逐年增加，随后缓慢减少，这表明截至 2012 年左右，我国黑龙江省水稻田种植规模一直处于扩张阶段，但此后，扩张趋势受到了遏制。这些结果表明，本产品逐日水体时间序列在研究不同水稻田种植方式和水稻田种植时机方面具有较大潜力。

4. 可得到更精确的湖泊结冰状态

虽然 MOD09GA 的标志波段有冰雪标志，但 6.2.3 节第 1 小节中指出，该冰雪标志存在问题，因此利用 MOD11A1 陆表温度数据辅助判断湖泊结冰状况。接下来，在北美五大湖研究区，利用官方公布的逐日湖泊结冰覆盖度数据[来自 CoastWatch 网站（https://coastwatch.glerl.noaa.gov/statistic/statistic.html）]，对该算法得到的结冰结果和原始冰雪标志进行精度比较，如图 6.43 所示，可以看到，该产品的结果与 CoastWatch 网站的数据吻合得非常好；五大湖大面积结冰情况主要发生在 2013～2014 年，而结冰覆盖度最低出现在 2011～2012 年。图 6.43 (b) 还给出了与 MOD09GA 原始冰雪标志的对比结果，可以发现，由于冰雪-云的混淆、无效数据等，MOD09GA 原始冰雪标志漏分了较多的冰雪像素。

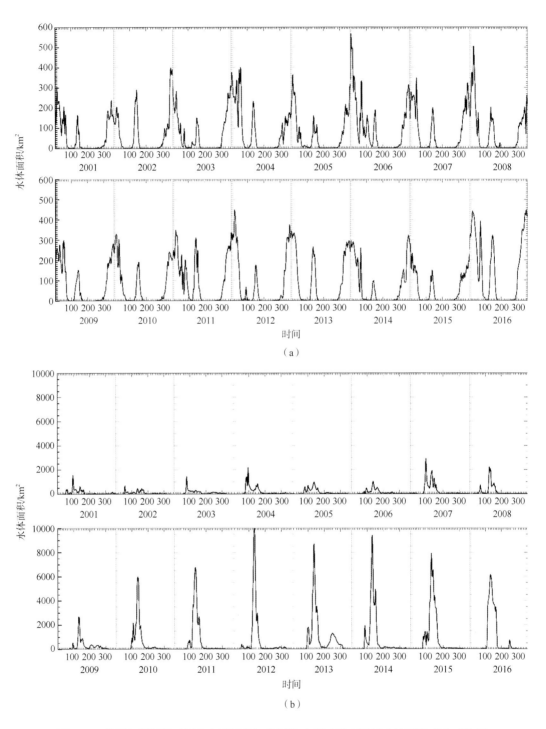

图 6.42　美国加利福尼亚州和中国黑龙江省两块水稻田研究区域水体面积变化对比图

(a) 美国加利福尼亚州水稻田逐日水体面积曲线；(b) 中国黑龙江省水稻田逐日水体面积曲线

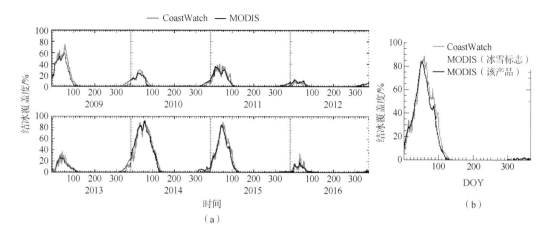

（a）

（b）

图 6.43　基于 MODIS 逐日水体产品的湖泊结冰示意图

（a）基于本产品统计的 2009~2016 年美国五大湖结冰覆盖度与美国官方 CoastWatch 网站公布的五大湖结冰覆盖度的对比图。（b）基于本产品、基于 CoastWatch 网站与基于 MODIS 标志波段(冰雪标志)得到的 2015 年五大湖结冰面积对比图

5. 可描述水体尺寸分布特点

依据该产品得到的全球水体尺寸分布如图 6.44 所示。如图 6.37 所示和 6.4.2 节第 1 小节所述，由于受 MOD09GA 产品 500 m 空间分辨率的限制，该产品无法提取陆表小型水体。因此，这里仅将面积大于等于 1000 m×1000 m 的水体纳入统计范围。可以看出，随着水体尺寸的增大，水体数量逐渐减少，这与前人研究结果完全一致(Lehner and Döll，2004；Downing et al.，2006)。此外，还可以发现，面积在[1，10 km^2]的水体数量虽然占到 87%以上，但在面积上仅占陆地总水体的 15%左右；另外，面积在[10^4，10^5 km^2]的水体虽然只占全球水体总数的 0.01%，但在面积上却占总水体的 15%以上。

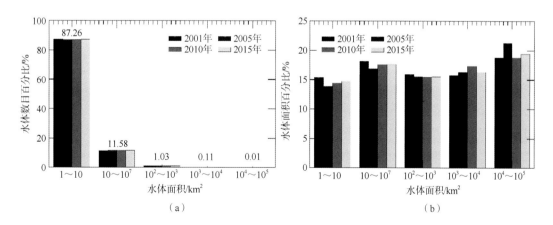

（a）

（b）

图 6.44　2001 年、2005 年、2010 年、2015 年全球水体数目百分比-尺寸分布图(a)

和水体面积百分比-尺寸分布图(b)

水体数目百分比 = 该尺寸下的水体数目/总水体数目× 100%；水体面积百分比 = 该尺寸下水体面积/总面积× 100%

6.5　本　章　小　结

　　陆表水体也是陆表水分和能量交换的重要影响因素。本章首先讨论了水体的光谱、地形、时间及温度特征，然后针对 MODIS 逐日反射率时间序列，提出了一套基于专家知识的可见–短波红外遥感图像水体提取自动流程，该流程包括单景影像水体提取、阴影消除及时空最近邻插值。其中，单景影像水体提取包括高反射率水体提取与低反射率水体提取，前者主要利用 WI 指数，而后者由于大气校正问题，不满足水体"前高后低"的光谱特征，因此主要利用水体反射率整体较低的特点；阴影消除主要利用全球坡度数据消除被误分为水体的山体阴影，同时利用云阴影标志去除被误分为水体的云阴影；时空最近邻插值利用邻近的时间、空间范围内的数据块对云/无效数据进行填补，得到时空连续的全球动态水体制图产品。在精度验证方面，分别利用同步高分辨率卫星数据、专家样本(FROM-GLC 训练和验证样本)及现有水体产品进行验证。结果均表明，该产品精度较高、质量可靠，可以用于后续科研及其他应用。最后讨论了该产品在捕捉陆表水短期变化、评估海平面上升、发现水稻田利用差异性、得到更精确湖泊结冰状态及描述水体尺寸分布等方面的能力及表现。

参 考 文 献

耿修瑞, 赵永超, 周冠华. 2006. 一种利用单形体体积自动提取高光谱图像端元的算法. 自然科学进展, 9: 1196-1200.

耿修瑞, 赵永超. 2007. 高光谱遥感图像小目标探测的基本原理. 中国科学(地球科学), 37(8): 1081-1087.

Allen G H, Pavelsky T M. 2018. Global extent of rivers and streams. Science, 361(6402): 585-588.

Arino O, Bicheron P, Achard F, et al. 2008. GLOBCOVER the most detailed portrait of Earth. European Space Agency Bulletin, 136: 25-31.

Burges C J C. 1998. A tutorial on support vector machine for pattern recognition. Data Mining and Knowledge Discovery, 2: 121-167.

Carroll M, Townshend J R, DiMiceli C M, et al. 2009. A new global raster water mask at 250 m resolution. International Journal of Digital Earth, 2(4): 291-308.

Chein I C, Ren H, Chiang S S. 2001. Real-time processing algorithms for target detection and classification in hyperspectral imagery. IEEE Transactions on Geoscience and Remote Sensing, 39(4): 760-768.

Chen L C, Papandreou G, Schroff F, et al. 2017. Rethinking atrous convolution for semantic image segmentation. arXiv: 1706, 05587.

Downing J A, Prairie Y T, Cole J J, et al. 2006. The global abundance and size distribution of lakes, ponds, and impoundments. Limnology and Oceanography. 51(5): 2388-2397.

Feng M, Sexton J O, Channan S, et al. 2016. A global, high-resolution(30-m)inland water body dataset for 2000: First results of a topographic‐spectral classification algorithm. International Journal of Digital Earth, 9(2): 113-133.

Feyisa G L, Meilby H, Fensholt R, et al. 2014. Automated water extraction index: a new technique for surface water mapping using Landsat imagery. Remote Sensing of Environment, 140: 23-35.

Friedl M A, McIver D K, Hodges J C, et al. 2002. Global land cover mapping from MODIS: algorithms and early results. Remote Sensing of Environment, 83(1-2): 287-302.

Geng X, Ji L, Sun K. 2016. Clever eye algorithm for target detection of remote sensing imagery. ISPRS Journal of Photogrammetry and Remote Sensing, 114: 32-39.

Geng X, Sun K, Ji L, et al. 2015. Optimizing the endmembers using volume invariant constrained model. IEEE Transactions on Image Processing, 24(11): 3441-3449.

Geng X, Tang H. 2019. Clustering by connection center evolution. Pattern Recognition, 98: 1-13.

Geng X, Zhao Y, Wang F, et al. 2010. A new volume formula for a simplex and its application to endmember extraction for hyperspectral image analysis. International Journal of Remote Sensing, 31(4): 1027-1035.

Gong P, Wang J, Yu L, et al. 2013. Finer resolution observation and monitoring of global land cover: first mapping results with Landsat TM and ETM+ data. International Journal of Remote Sensing, 34(7): 2607-2654.

Han Q, Niu Z. 2020. Construction of the long-term global surface water extent dataset based on water-NDVI spatio-temporal parameter sets. Remote Sensing, 12(17): 1-18.

Hansen M R, DeFries R, Townshend J R G, et al. 2000. Global land cover classification at 1 km spatial resolution using a classification tree approach. International Journal of Remote Sensing, 21(6-7): 1331-1364.

Heinz D C, Chein I C. 2001. Fully constrained least squares linear spectral mixture analysis method for material quantification in hyperspectral imagery. IEEE Transactions on Geoscience and Remote Sensing, 39(3): 529-545.

Horn B. 1981. Hill shading and the reflectance map. Proceedings of the IEEE, 69(1): 14-47.

Howells M, Hermann S, Welsch M, et al. 2013. Integrated analysis of climate change, land-use, energy and water strategies. Nature Climate Change, 3(7): 621.

Ji L, Geng X, Sun K, et al. 2015a. Modified N-FINDR endmember extraction algorithm for remote-sensing imagery. International Journal of Remote Sensing, 36(8): 2148-2162.

Ji L, Geng X, Sun K, et al. 2015b. Target detection method for water mapping using Landsat 8 OLI/TIRS imagery. Water, 7(2): 794-817.

Ji L, Gong P, Geng X, et al. 2015c. Improving the accuracy of the water surface cover type in the 30 m FROM-GLC product. Remote Sensing, 7(10): 13507-13527.

Ji L, Gong P, Wang J, et al. 2018. Construction of the 500-m resolution daily global surface water change database(2001–2016). Water Resources Research, 54(10): 270-292.

Jung M, Reichstein M, Ciais P, et al. 2010. Recent decline in the global land evapotranspiration trend due to limited moisture supply. Nature, 467(7318): 951-954.

Klein I, Gessner U, Dietz A J, et al. 2017. Global WaterPack–A 250 m resolution dataset revealing the daily dynamics of global inland water bodies. Remote Sensing of Environment, 198: 345-362.

Lehner B, Döll P. 2004. Development and validation of a global database of lakes, reservoirs and wetlands. Journal of Hydrology, 296(1-4): 1-22.

Li C, Gong P, Wang J, et al. 2017. The first all-season sample set for mapping global land cover with Landsat 8 data. Science Bulletin, 62(7): 508-515.

Li W, Gong P. 2016. Continuous monitoring of coastline dynamics in western Florida with a 30-year time series of Landsat imagery. Remote Sensing of Environment, 179: 196-209.

Liao A, Chen L, Chen J, et al. 2014. High-resolution remote sensing mapping of global land water. Science

China Earth Sciences, 57(10): 2305-2316.

Liaw A, Wiener M. 2002. Classification and regression by random forest. R News, 2/3: 18-22.

Liu H, Gong P, Wang J, et al. 2020. Annual dynamics of global land cover and its long-term changes from 1982 to 2015. Earth System Science Data Discussions, 12(2): 1217-1243.

Lloyd S P. 1982. Least squares quantization in PCM. IEEE Transactions on Information Theory, 28(2): 129-137.

Long J, Shelhamer E, Darrell T, 2015. Fully convolutional networks for semantic segmentation. IEEE Transactions on Pattern Analysis and Machine Intelligence, 39(4): 640-651.

Loveland T R, Reed B C, Brown J F, et al. 2000. Development of a global land cover characteristics database and IGBP DISCover from 1 km AVHRR data. International Journal of Remote Sensing, 21(6-7): 1303-1330.

Luxburg U V. 2004. A tutorial on spectral clustering. Statistics and Computing, 17(4): 395-416.

Manolakis D, Shaw G. 2002. Detection algorithms for hyperspectral imaging applications. IEEE on Signal Processing Magazine, 19(1): 29-43.

McFeeters S K. 1996. The use of the Normalized Difference Water Index(NDWI)in the delineation of open water features. International Journal of Remote Sensing, 17(7): 1425-1432.

Papa F, Prigent C, Aires F, et al. 2010. Interannual variability of surface water extent at the global scale, 1993–2004. Journal of Geophysical Research, 115: 1-17.

Pekel J F, Cottam A, Gorelick N, et al. 2016. High-resolution mapping of global surface water and its long-term changes. Nature, 540: 418-422.

Pereira H M, Ferrier S, Walters M et al. 2013. Essential biodiversity variables. Science, 339(6117): 277-278.

Pfister S, Bayer P, Koehler A, et al. 2011. Environmental impacts of water use in global crop production: hotspots and trade-offs with land use. Environmental Science and Technology, 45(13): 5761-5768.

Prigent C, Jimenez C, Bousquet P. 2020. Satellite-derived global surface water extent and dynamics over the last 25 years(GIEMS-2). Journal of Geophysical Research, 125(3): 1-4.

Prigent C, Papa F, Aires F, et al. 2012. Changes in land surface water dynamics since the 1990s and relation to population pressure. Geophysical Research Letters, 39(8): 1-5.

Raymond P A, Hartmann J, Lauerwald R, et al. 2013. Global carbon dioxide emissions from inland waters. Nature, 503(7476): 355-359.

Ren H, Wang C M, Chang C I, et al. 2000. Generalized constrained energy minimization approach to subpixel target detection for multispectral imagery. Optical Engineering, 39(5): 1275-1281.

Richards J A, Jia X P. 2006. Remote Sensing Digital Image Analysis. Berlin: Springer.

Ronneberger O, Fischer P, Brox T. 2015. U-Net: Convolutional Networks for Biomedical Image Segmentation. arXiv.

Schuur E A, Mcguire A D, Schädel C, et al. 2015. Climate change and the permafrost carbon feedback. Nature, 520(7546): 171-179.

Seekell D A, Carr J A, Gudasz C, et al. 2014. Upscaling carbon dioxide emissions from lakes. Geophysical Research Letters, 41(21): 7555-7559.

Sun F, Zhao Y, Gong P, et al. 2014. Monitoring dynamic changes of global land cover types: fluctuations of major lakes in China every 8 days during 2000-2010. Chinese Science Bulletin, 59(2): 171-189.

USGS. 2012. SRTM Water Body Dataset.

Verpoorter C, Kutser T, Seekell D A, et al. 2014. A global inventory of lakes based on high-resolution satellite imagery. Geophysical Research Letters, 41 (18): 2014GL060641.

Wada Y, Wisser D, Bierkens M. 2014. Global modeling of withdrawal, allocation and consumptive use of surface water and groundwater resources. Earth System Dynamics, 5 (1): 15-40.

Wang J, Zhao Y, Li C, et al. 2015. Mapping global land cover in 2001 and 2010 with spatial-temporal consistency at 250 m resolution. ISPRS Journal of Photogrammetry and Remote Sensing, 103: 38-47.

Xi Y, Ji L, Geng X. 2020. Pen culture detection using filter tensor analysis with multi-temporal Landsat imagery. Remote Sensing, 12 (6): 1-26.

Xi Y, Ji L, Yang W, et al. 2021. Multitarget detection algorithms for multitemporal remote sensing data. IEEE Transactions on Geoscience and Remote Sensing, 60: 1-15.

Xu H. 2006. Modification of normalised difference water index (NDWI) to enhance open water features in remotely sensed imagery. International Journal of Remote Sensing, 27 (14): 3025-3033.

Yang J, Gong P, Fu R, et al. 2013. The role of satellite remote sensing in climate change studies. Nature Climate Change, 3 (10): 875-883.

Zhao Y, Gong P, Yu L, et al. 2014. Towards a common validation sample set for global land-cover mapping. International Journal of Remote Sensing, 35 (13): 4795-4814.

Zhu Z, Woodcock C E. 2012. Object-based cloud and cloud shadow detection in Landsat imagery. Remote Sensing of Environment, 118: 83-94.

第二部分

陆表蒸散发遥感估算及尺度转换研究

地球表层的能量水分交换过程是连接大气圈、水圈、冰冻圈、岩石圈、土壤圈、生物圈之间及各圈层内部物质和能量交换，以及生物地球化学循环的中间纽带，通过对陆面过程的影响，直接控制了地球系统中三大自然循环（能量、水、生物地球化学循环）系统的时空分布特征，是地球系统科学研究中的重要课题之一，也是水文气象学、生态水文学、生物地球化学、环境化学和地理学等相关学科的中心和基础。地球表层的能量和水分交换是大气水热的重要源汇项，地表净辐射的再分配（湍流感热和潜热通量）决定近地面温湿度等大气状态，也决定土壤水分的演变，是局地天气和区域气候的一种驱动因素。地表能量和水分条件是驱动生态系统发展的关键要素，其时空分布特征直接决定了全球生态系统的格局及其变化和演替，并影响生物地球化学循环的进程。同时，地表是人类赖以生存和发展的主要空间，一系列的人类活动（如城市扩张、水利工程、土地利用变化、大气污染物排放等）直接影响了地球表层的能量水分交换过程，并对地球系统和全球变化产生作用与影响。深刻认识地表能量和水分交换过程的特征和变化规律，是带动整个地球系统科学发展的至关重要的科学问题，也是全球气候变化研究的迫切需求，同时关系到水资源的可持续利用、粮食安全以及社会经济可持续发展等国家重大需求。

当前遥感地表感热通量、潜热通量和蒸散发算法通常只适合于简单地表条件，较少考虑关键控制状态变量（如土壤水分、积雪、冻融和动态水体）的影响，随着遥感观测在高时空分辨率关键控制状态变量反演能力的提高和发展，需要从能量平衡和水分平衡等基本机理出发，克服现有模型的缺点，实现机理稳健性更强，更适于不同地表类型的陆表能量水分交换过程模型的发展和改进。利用高时空分辨率的控制状态变量观测和陆表能量水分交换过程模型的模拟，研究复杂非均一地表环境下不同时空尺度对能量和水分交换模拟的影响，揭示能量和水分交换过程的特征和主控因子的尺度效应，实现对尺度转换机理认识上的提高并建立相应的转换方法，进而为全球和区域陆面模式的参数优化及参数化方案提供理论和方法依据以及验证方法，是定量认识地球表层的能量和水分交换过程及理解全球能量和水循环过程时空变异性的重要途经。

第7章 陆表蒸散发遥感

蒸散发是水循环、能量循环和生物化学循环的重要组成部分，是陆表能量水分交换过程研究的关键。作为水循环过程的重要环节，降落到地球表面的大气降水中的60%通过蒸散发过程回到大气中，在干旱地区则达到90%。当已知降水量时，准确估算陆表蒸散发是准确预估陆地水资源总量的必要条件。准确、客观、及时地获取蒸散发量不仅对陆表水文机理模拟研究有重要的科学意义，同时对区域水资源评估和管理、农业灌溉管理、干旱监测等有着十分重大的应用价值。在过去的几十年中，已经发展了许多全球和区域陆表实际蒸散发遥感估算方法和陆面过程模型，并产生了一系列数据产品，期望通过对地观测提供大尺度陆表实际蒸散发估算所必需的时空连续的陆表变量和陆表参数信息。然而，由于复杂的控制因素和陆表异质性，陆表实际蒸散发仍然是水循环过程研究中面临挑战的组分(Lettenmaier and Famiglietti，2006；McCabe et al.，2016)。

本章将简要回顾陆表蒸散发基本理论和测算方法，相对于传统水文气象学方法，遥感技术具有空间上连续和时间上动态变化的特点，遥感数据多光谱信息能够提供与陆表能量平衡过程、陆表覆盖及水分状况密切相关的参量，利用遥感技术进行区域尺度非均匀下垫面陆表实际蒸散发估算，已成为遥感应用领域的重要方向。本章将重点介绍陆表蒸散发过程参量遥感估算方法，以及陆表关键状态变量对陆表蒸散发估算的影响。

7.1 陆表蒸散发基本理论和测算方法

7.1.1 蒸散发机理

蒸散发主要受控于以下因素：①可供蒸发的水量；②可供蒸发的能量，即水转化为气态需消耗的潜热；③近地面湍流交换条件，即大气湍流扩散能力；④陆表覆盖状况，包括植被类型及生长状况等。各因素对蒸散发的控制程度随时间和空间尺度、水分和热量条件而变(Brutsaert，1982)。

蒸散发的微观机理主要与陆表-大气相互作用有关，近地面层内风速、温度、湿度等气象要素随高度显著变化，湍流通量远大于大气边界层其他位置，并且几乎不随高度变化，因此通常被称为常通量层。近地面平均风向基本与陆表平行，受地面或植被阻滞而产生湍流，于是产生风速的瞬时垂向脉动，同时近地面液态水通过蒸散发而转化成水蒸气，水汽的多少取决于水量和能量供给的平衡，空气平均比湿也在其均值附近产生类似的湍流脉动，与风速垂直脉动呈正相关。大气湍流脉动频率直接决定着热量和水汽垂直输送通量大小(Shuttleworth，1993)。

莫宁-奥布霍夫相似理论用物理相似性观点，考察近地面层的大气湍流运动，通过稳定性普适函数将湍流通量和温度、湿度梯度连接起来，成功描述了大气湍流运动规律，极大地推动了湍流理论,其是现代微气象学的起点,并广泛应用于蒸散发(潜热通量)计算(Brutsaert,1982)。Penman-Monteith 公式则可认为是莫宁-奥布霍夫相似理论的进一步推导,并考虑了陆表能量平衡,在饱和水面蒸发方程的基础上,引入了气孔阻抗概念考虑陆表覆盖对蒸散发的影响,使其对高植被覆盖陆表具有较好的估算结果(Penman,1948;Monteith,1965)。

7.1.2　蒸散发观测方法

自 Bowen(1926)对关于干湿表面热传递定量化的研究工作开展以来,陆表湍流通量的观测和建模一直是研究的热点(Monteith,1965;Feddes,1971;Verma et al.,1976;Hall et al.,1979;Price,1982;de Bruin and Jacobs,1989;Beljaars and Holtslag,1991;Lhomme et al.,1994)。传统蒸散发观测方法主要是在点尺度上测量能量平衡/水量平衡组分,仅代表局地尺度,由于陆表的异质性、动态性及热传递在空间上的分布,传统方法难以扩展到大的区域尺度。

1. 蒸渗仪

蒸渗仪可以直接测量陆表蒸散发,其原理是把蒸渗仪埋在不被破坏的自然土壤中,通过称重来达到测量蒸散发的目的。该方法在小范围测量中十分有效,特别是在农田蒸散发测定中。这种方法要求把植被与其根系全部置于容器中,当植被体型较大时很难实际应用,如林地蒸散发测量。该方法基于称重方式,灵敏度较高,当风速较大时,会产生一定的噪声信息,影响测量陆表蒸散发的准确性,应用中必须注意。

2. 空气动力学方法

空气动力学方法又叫通量廓线方法或通量梯度方法,简称梯度法。通过测量近地层温度、湿度与风速等的垂直梯度,根据温度、湿度和风速廓线方程,用积分公式求解潜热和感热通量(Thornthwaite and Holzman,1939)。该方法对大气稳定度要求严格,需要在梯度扩散理论成立的条件下应用,在出现平流逆温的气象条件下或陆表粗糙度较大的植被覆盖以及植被冠层的内部将不再适用。该方法对观测场的要求十分严格,要求具有大面积平坦均一陆表等。

3. 波文比-能量平衡法

波文比-能量平衡法是基于陆表能量平衡方程与近地层湍流输送梯度理论估算陆表蒸散发。波文比的定义为感热通量与潜热通量的比值(Bowen,1926)。通过测量两层的温度、湿度差来计算波文比,最后结合陆表能量平衡方程来获得潜热通量。波文比-能量平衡法物理概念明确,计算方式相对简单,而且对大气层没有特殊的限制要求,广泛应用于农田蒸散发测定中。在无水平平流的条件下,观测数据比较准确,但热量扩散系数与水汽扩散系数相等的假设在夜间、灌溉与降水事件中、平流发生时不成立,波文比数据无法使用。

4. 涡动相关仪

涡动相关技术由于其先进性，已经成为研究陆地生态系统和全球变化的重要手段，在全球和区域通量观测网络，如 FLUXNET、AmeriFLUX、CarboEurope、AsiaFLUX、ChinaFLUX 等中都得到了广泛认可和应用(Foken，2008)。涡动相关仪只能观测到小的湍涡，但在大气边界层中，大的湍涡对能量平衡同样是有作用的。由于它尺度大、不接触陆表且处于准定常状态，很难被单台涡动相关仪器观测到。然而，在国际通量网多年观测和研究的基础上，目前涡动数据处理理论和方法已经比较成熟，同时涡动相关仪观测通量贡献源区与中高分辨率卫星遥感像元尺度接近，已成为卫星遥感估算陆表水热通量结果的最佳验证手段之一。

5. 闪烁仪法

大孔径闪烁仪可用来获取感热通量，微波闪烁仪可用于获取潜热通量(蒸散发)。闪烁仪分别由发射仪和接收仪两部分组成，发射仪和接收仪相隔一定距离分开放置，距地面高度几米到几十米，并在光程路径上设有自动气象站观测。基于光闪烁理论及莫宁-奥布霍夫相似理论，通过测量路径上的空气折射系数结构参数并结合相关气象数据，进而可推算出区域(几百米至 5 km 尺度)平均感热通量和潜热通量，闪烁仪在一定程度上改善了波文比–能量平衡法、涡动相关仪空间代表性有限的问题(de Bruin and Wang，2017；王介民，2021)。大孔径闪烁仪观测试验、观测数据处理与分析、观测数据的应用等方面都取得了长足进步，正发展成为监测大尺度陆表感热通量的一种有效手段，而直接用于观测潜热通量(蒸散发)的微波闪烁仪研究则刚刚起步。

7.1.3　蒸散发遥感估算常用方法

遥感具有在大范围内频繁重复观测陆表的能力，卫星对地遥感观测已经发展了 50 余年，可定性或定量获得与陆表水热通量相关的特征参数和变量，已成为监测土地和环境变化的广泛使用的强大工具。根据陆表能量平衡方程，如果忽略热存储及光合作用的能量，陆表可利用能量，即陆表净辐射减去陆表土壤热通量，必将被陆表感热通量和潜热通量所消耗。理论上，如果陆表的风速、气温、空气湿度等数据可以观测获得，陆表感热和潜热通量将能够通过风速、气温和空气湿度的梯度来确定。相较于经典陆面过程模型和水文模型，卫星遥感观测能够获取多时相和多光谱的遥感观测资料，包括热红外遥感陆表温度和微波遥感土壤湿度等信息，能够综合反映下垫面的几何特征及水热状况，结合其他资料能够更客观地反映近地面湍流热通量大小和下垫面干湿差异，使得运用遥感方法估算蒸散发精度更高、更易在各种尺度上实现估算，尤其是在非均质下垫面区域，基于遥感观测的高分辨率蒸散发估算具有明显的优势。

当前卫星遥感传感器尚不能直接观测陆表蒸散发，但借助可见光、近红外到热红外波段的辐射测量数据所反演的与蒸散发密切相关的陆表参量，如陆表温度、陆表覆盖类型、植被指数、土壤水分、积雪覆盖和雪水当量等，并结合气象数据(地面观测空间插值或者大气再分析数据），采用遥感蒸散发模型来估算陆表蒸散发（Kustas，1990；Bastiaanssen et al.，1998；Norman et al.，1995；马耀明等，1999；Su，2002；张仁华等，2002；王介民等，2003；刘绍民等，2004；Liu et al.，2012；Hu and Jia，2015；Wang et al.，2019；Zhang et al.，2019）。随着遥感技术迅速发展，利用遥感方法监测陆表水热通量已成为遥感应用领域的一个重要方向，发展出许多估算陆表蒸散发的模型（Li et al.，2009），常用的模型介绍如下。

1. 经验统计模型

通过建立对蒸散发敏感的和重要的气象和下垫面特征参数与蒸散发或蒸发比的关系估算区域蒸散发，具有所需参数少、易操作的特点（Wang et al.，2007；Yao et al.，2011）。

2. 陆表温度-植被指数特征空间模型

陆表温度 T_s 和归一化值被指数 NDVI 是描述陆表过程的重要参数，陆表温度 T_s 是土壤–植被–大气连续体中的物质和能量交换的结果，可以反映陆表湿度和蒸散发状况（Carlson et al.，1994；Wang et al.，2006；Tang et al.，2010），T_s–NDVI 构成的特征空间与陆表植被覆盖和土壤水分状况有着密切关系，经常被用于对陆表干湿状态及蒸散比的估算，其优势在于只利用遥感反演的陆表参数而不需要大气驱动数据即可实现对陆表蒸散发的估算。

3. 基于陆表能量平衡方法的参数化模型

不同遥感估算蒸散发模型在确定蒸散发过程中具有不同的角度和建构思想，刻画陆表净辐射通量和湍流热交换有两种方式：一种是将陆表能量界面当作组分均匀的单层"大叶"，对土壤和植被不做区分，只考虑一层密闭均匀的植被表面与外界空气交换动量、热量和水汽的过程，在植被完全覆盖、下垫面均匀的陆表估算蒸散发时精度较高，应用较为广泛（Bastiaanssen et al.，1998；Su，2002）；另一种是分别考虑土壤和植被水热传输特性及其相互作用的双层模型和多层模型，这样能够更真实地反映稀疏植被覆盖条件下土壤和植被湍流交换，定量描述陆表特征的空间非均匀性对陆表水热通量的影响，分别获得植被和土壤的蒸散发（Norman et al.，1995；Anderson et al.，1997；Kustas and Norman，1999；Jia，2004）。

4. 基于传统方程结合能量水分交换与植被生理的参数化模型

传统的经典方法如基于 Penman-Monteith 方程和 Priestley-Taylor 方程的方法，在遥感技术支持下，同样被广泛应用于区域和全球尺度陆表蒸散发的计算。当前 MOD16 和 ETMonitor 蒸散发产品算法就是基于 Penman-Monteith 方程和 Shuttleworth-Wallace 模型及一系列阻抗参数化方案构建的。其由于不受陆表温度的影响，更适用于日、月等长时间尺度时空连续陆表水热通量和蒸散发的估算（Shuttleworth and Wallace，1985；Cleugh et al.，2007；Mu et al.，2007，2011；Miralles et al.，2011；Hu and Jia，2015；Jia et al.，2018；Zheng et al.，2019；Zheng et al.，2022）。

7.2　陆表蒸散发过程分量遥感估算

中国科学院空天信息创新研究院自主研发了蒸散发遥感估算模型 ETMonitor，该模型是考虑了陆表能量-水分-植被生理过程的多过程参数化方案模型，其综合考虑主控陆表水热交换过程的水循环过程、能量交换过程和植被生理过程等，通过引进土壤水分胁迫因子、冰雪升华过程以及冠层截留模拟过程等的参数化方案，完善和提高当前将遥感观测作为驱动的蒸散发模型模拟能力，其模型框架如图 7.1 所示。ETMonitor 模型以多源遥感数据为驱动，适用于不同土地覆盖类型，其多过程参数化方案模型架构克服了遥感模型中使用单一参数化方法在复杂下垫面的不适用性，并克服了云的影响，生产了长时间序列时空连续的陆表蒸散发数据集，促进了遥感估算陆表蒸散发在水循环与气候变化等领域的应用(Hu and Jia，2015；Jia et al.，2018；Zheng et al.，2019；Zheng et al.，2022)。ETMonitor 针对不同下垫面类型计算的陆表蒸散发包括：①对于植被与土壤组成的混合下垫面，分别计算土壤蒸发、植被蒸腾和冠层截留蒸发；②对陆表动态水体计算水面蒸发；③对冰雪表面计算冰雪升华。像元(或模型网格)的总蒸散发表示为这些过程发生时蒸发(来自土壤、水面和植被冠层截留降水)、蒸腾(来自植被)和升华(来自冰雪)的总和：

$$ET = Ec + Es + Ei + Ew + Ess \qquad (7.1)$$

式中，ET 为蒸散发总量(mm/d)；Ec 为植被蒸腾(mm/d)；Es 为土壤蒸发(mm/d)；Ei 为冠层降雨截留损失(mm/d)；Ew 为水面蒸发(mm/d)；Ess 为冰雪升华(mm/d)。ETMonitor 模型在日尺度上开展计算。在实际应用中，首先计算能量驱动，包括净辐射和土壤热通量。采用土地覆盖数据区分 ET 来源，对不同来源的 ET 分量进行估算：对于土壤-植被下垫面，首先将净辐射分配给植被蒸腾、土壤蒸发和植被冠层降雨截留损

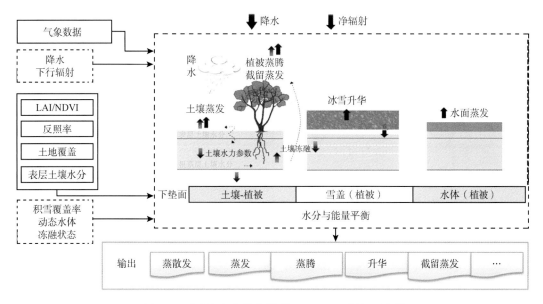

图 7.1　遥感陆表蒸散发模型 ETMonitor 框架示意图

失，根据 Shuttleworth-Wallace 模型（Shuttleworth and Wallace，1985）估算植被蒸腾和土壤蒸发，使用 Jarvis 模型及一系列阻抗参数化方案，根据土壤水分和其他环境因素估算植被蒸腾的冠层阻抗（Jarvis，1976；Steward，1988）；植被冠层降雨截留损失采用改进的遥感驱动 Gash 模型进行估算（Gash et al.，1995；Zheng and Jia，2020）；水面蒸发和冰雪升华采用 Penman 方程估算。最终，累计所有分量之和获得总蒸散发量。7.2.1～7.2.3 节介绍了 ETMonitor 模型的详细信息。

7.2.1　植被蒸腾和土壤蒸发过程

以往研究针对土壤-植被系统中土壤蒸发和植被蒸腾的估算发展了两种蒸散发方案：一种是认为土壤和植被相互独立平行地与大气进行水热交换，如 N95 模型等并联模型（Norman et al.，1995），这类模型认为在低植被覆盖情况下土壤和植被水热通量耦合关系较弱，可以做简化处理；另一种是认为土壤和植被之间的水热通量存在交互机制，如 Shuttleworth-Wallace 模型（简称 S-W 模型）（Shuttleworth and Wallace，1985）等串联模型。从本质上讲，并联模型和串联模型都承认土壤和植被之间存在水热交互作用，只是前者做了简化处理。

虽然土壤、植被间的交互耦合作用在某些条件下较弱（Norman et al.，1995），但根据现有的研究结论，在两种情况下必须要考虑两者之间的交互作用。第一种是表层土壤湿度较低时（干旱-半干旱地区的常态）[图 7.2（a）]，被土壤接收的辐射能量仅有一小部分用于蒸发，大部分能量以感热的形式返回大气，这部分能量往往被植被利用，用于植被的蒸腾作用，这在根区土壤湿度较高时尤其明显；第二种是植被覆盖度较高时[图7.2（b）]，由于植被接收了大部分太阳辐射而具有较高的温度，土壤由于接收太阳辐射较少而具有较低的温度，在土壤-植被系统内部形成逆温层，植被的感热通量向下传导，被

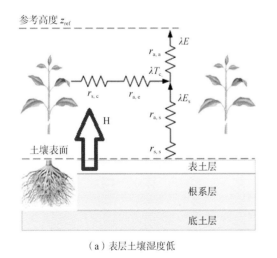
（a）表层土壤湿度低

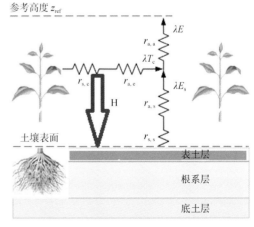
（b）植被覆盖度高

图 7.2　土壤-植被系统内部的水热交互作用示例

(a)来自土壤的感热通量被植被用于蒸腾作用；(b)来自植被的感热通量由于逆温作用向下传导用于土壤的蒸发作用。

土壤用于蒸发作用, 这在表层土壤湿度较高时(灌溉或降雨之后)尤其明显。因而, 针对区域尺度长时间序列的陆表蒸散发估算, 需考虑土壤和植被之间的水热交换, ETMonitor 以 S-W 双源模型作为土壤-植被系统的核心模块, 其中的一系列阻抗估算采用参数化方法, 用于估算土壤-植被系统的土壤蒸发和植被蒸腾。

1. 土壤-植被系统双源模型

考虑到土壤-植被冠层混合像元, ETMonitor 模型采用 Shuttleworth-Wallace 双源方案构建, 分别考虑土壤-植被冠层像元的植被和土壤组分的能量平衡, 区分土壤和植被之间的能量分配和水分通量(即土壤蒸发和植被冠层蒸腾)(图 7.2)。

假设空气动力混合层出现在植被冠层内的平均冠层"源"高度处, 采用 Penman-Monteith 方程的变异形式模拟, 引入冠层表面阻抗和土壤表面阻抗参数, 建立由植被冠层和冠层下的土壤两部分组成的双源蒸散发(潜热通量)模型。陆表蒸散发(潜热通量, λE, W/m^2)采用 Shuttleworth 和 Wallace(1985)方法, 公式如下:

$$\lambda E = C_c \, \mathrm{PM}_c + C_s \, \mathrm{PM}_s \tag{7.2}$$

$$\mathrm{PM}_c = \frac{\Delta(R_n - G) + [\rho C_p D - \Delta r_a^c (R_{n,s} - G)] / (r_a^a + r_a^c)}{\Delta + \gamma[1 + r_s^c / (r_a^a + r_a^c)]} \tag{7.3}$$

$$\mathrm{PM}_s = \frac{\Delta(R_n - G) + (\rho C_p D - \Delta r_a^s R_{n,c}) / (r_a^a + r_a^s)}{\Delta + \gamma[1 + r_s^s / (r_a^a + r_a^s)]} \tag{7.4}$$

$$C_c = \{1 + R_c R_a / [R_s (R_c + R_a)]\}^{-1} \tag{7.5}$$

$$C_s = \{1 + R_s R_a / [R_c (R_s + R_a)]\}^{-1} \tag{7.6}$$

$$R_a = (\Delta + \gamma) r_a^a \tag{7.7}$$

$$R_s = (\Delta + \gamma) r_a^s + \gamma r_s^s \tag{7.8}$$

$$R_c = (\Delta + \gamma) r_a^c + \gamma r_s^c \tag{7.9}$$

式中, λ 为蒸发汽化潜热(J/kg); Δ 为温度-饱和水汽压斜率(kPa/K); γ 为干湿表常数(kPa/K); R_n、$R_{n,s}$、$R_{n,c}$ 和 G 分别为陆表净辐射、土壤净辐射、冠层净辐射和土壤热通量(W/m^2); ρ 为空气密度(kg/m^3); C_p 为空气定压比热[J/(kg·K)]; D 为参考高度处的饱和水汽压差(kPa); r_s^s、r_s^c、r_a^c、r_a^s 和 r_a^a 分别为土壤表面阻抗、冠层表面阻抗、冠层的边界层空气动力学阻抗、土壤与冠层内汇源高度处($d + z_0$ 高度)之间的空气动力学阻抗、参考高度与冠层内汇源高度处之间的空气动力学阻抗(阻抗单位皆为 s/m); d 为零平面位移高度(m); z_0 为陆表空气动力学粗糙度(m)。对于其中的关键参数化方案, 主要包括净辐射估算与分配和阻抗参数化方法, 在以下内容分别介绍。

1)净辐射估算与分配

到达陆地表面的总净辐射(R_n), 即蒸散发过程的能量驱动力, 根据到达和反射出的所有波段的辐射通量之间的差异估算:

$$R_{n} = (1-\alpha)R_{s}^{\downarrow} + \varepsilon \cdot R_{l}^{\downarrow} - \delta \cdot \varepsilon \cdot T_{s}^{4} \tag{7.10}$$

式中，α 为陆表反照率；T_{s} 为陆表日均温度（K），可用日均气温代替；δ 为波尔兹曼常数 5.67×10^{-8} W/$(m^{2} \cdot K^{4})$；$R_{s}^{\downarrow}$ 为下行短波辐射（W/m^{2}）；$R_{l}^{\downarrow}$ 为下行长波辐射（W/m^{2}）；ε 为陆表发射率，针对土壤-植被系统的综合发射率可由式（7.11）计算：

$$\varepsilon = (1-\text{FVC})\varepsilon_{s} + \text{FVC}\varepsilon_{v} \tag{7.11}$$

式中，ε_{s} 为裸土发射率（0.96）；ε_{v} 为植被发射率（0.98）；FVC 为陆表植被覆盖度，可由归一化差值植被指数 NDVI 估算。

净辐射将垂直分配为用于冠层降雨截留蒸发的净辐射（$R_{n,i}$）、冠层蒸腾的净辐射（$R_{n,c}$）和下层土壤蒸发的净辐射（$R_{n,s}$）：

$$R_{n} = R_{n,i} + R_{n,c} + R_{n,s} \tag{7.12}$$

假设降雨截留损失仅发生在雨天，所消耗的能量 $R_{n,i}$ 仅在降雨时进行估算。降雨期间的截留损失受空气动力学交换主导，而不是辐射（van Dijk et al.，2015）。因此，首先估算空气动力学交换驱动下的截留损失，其被总截留损失减去后以获得辐射驱动的截留损失。然后根据辐射驱动的截留损失估算 $R_{n,i}$。下层可以是土壤、水或雪。冠层和下层的净辐射总和由 $R_{n} - R_{n,i}$ 的差来估算，并将其划分为

$$R_{n,c} = \text{FVC}(R_{n} - R_{n,i}) \tag{7.13}$$

$$R_{n,s} = (1-\text{FVC})(R_{n} - R_{n,i}) \tag{7.14}$$

式中，$R_{n,c}$ 为植被部分净辐射（W/m^{2}）；$R_{n,s}$ 为土壤部分净辐射（W/m^{2}）；$R_{n,i}$ 为植被降雨截留蒸发消耗能量（W/m^{2}）。

2）土壤表面空气动力学阻抗

土壤与冠层内汇源高度处之间的空气动力学阻抗（r_{a}^{s}）控制着水汽在土壤表面与汇源高度间的传输，冠层内汇源高度处与参考高度之间的空气动力学阻抗（r_{a}^{a}）控制着水汽在汇源处与参考高度处间的传输。零平面位移高度（d）和空气动力学粗糙度（z_{0}）对 r_{a}^{s} 和 r_{a}^{a} 有显著影响。对于密闭冠层，通常根据冠层高度进行取值（Mo et al.，2004；Monteith，1981），但这种方法不适用于稀疏植被。本书采用 Ben Mehrez 等提出的使用 LAI 表征植被稀疏情况的 d 和 z_{0} 计算方法（Ben Mehrez et al.，1992）：

$$d = 0.63\sigma_{\alpha}h \tag{7.15}$$

$$z_{0} = (1-\sigma_{\alpha})z_{0g} + \frac{\sigma_{\alpha}(h-d)}{3} \tag{7.16}$$

式中，z_{0g} 为裸土粗糙度（0.01 m）；h（m）为植被高度；σ_{α} 为动量分配系数，由式（7.17）计算：

$$\sigma_{\alpha} = 1 - \left(\frac{0.5}{0.5+\text{LAI}}\right)\exp\left[-\frac{(\text{LAI})^{2}}{8}\right] \tag{7.17}$$

针对稀疏和密闭冠层的 r_a^a 和 r_a^s，使用 Shuttleworth-Wallace 提出的分析方法计算（Shuttleworth and Wallace，1985）：

$$\begin{cases} r_a^a = \dfrac{1}{4} \text{LAI} \cdot r_a^a(\alpha) + \dfrac{1}{4}(4 - \text{LAI}) \cdot r_a^a(0) & (\text{LAI} \leqslant 4) \\ r_a^a = r_a^a(\alpha) \ (\text{LAI} > 4) \end{cases} \tag{7.18}$$

$$\begin{cases} r_a^s = \dfrac{1}{4} \text{LAI} \cdot r_a^s(\alpha) + \dfrac{1}{4}(4 - \text{LAI}) \cdot r_a^s(0) & (\text{LAI} \leqslant 4) \\ r_a^s = r_a^s(\alpha) \ (\text{LAI} > 4) \end{cases} \tag{7.19}$$

式中，$r_a^a(0)$ 和 $r_a^a(\alpha)$ 为对应于裸土和密闭冠层（$\text{LAI} = 4$）的 r_a^a 值（s/m）；$r_a^s(0)$ 和 $r_a^s(\alpha)$ 对应于裸土和密闭冠层的 r_a^s 值（s/m）：

$$\begin{cases} r_a^a(\alpha) = \dfrac{\ln[(z - d) / z_0]}{\kappa^2 u} \{ \ln[(z - d) / (h - d)] + \dfrac{h}{n(h - d)} [\exp[n\{1 - (d + z_0) / h\}] - 1] \} \\ r_a^a(0) = \ln^2(z / z_{og}) / (\kappa^2 u) - r_a^s(0) \end{cases} \tag{7.20}$$

$$\begin{cases} r_a^s(\alpha) = \dfrac{\ln[(z - d) / z_0]}{\kappa^2 u} \dfrac{h}{n(h - d)} [\exp(n) - \exp[n\{1 - (d + z_0) / h\}]] \\ r_a^s(0) = \ln^2(z / z_{og}) \ln[(d + z_0) / z_{og}] / (\kappa^2 u) \end{cases} \tag{7.21}$$

式中，u 为参考高度 z 处风速（m/s）；κ 为卡门常数，取值为 0.41；n 为涡流扩散系数的衰减常数，取值为 2.5（Shuttleworth and Wallace，1985）。

3）冠层的边界层空气动力学阻抗

冠层的边界层空气动力学阻抗 r_a^c 控制着水汽在植被冠层与汇源处的输送，由式（7.22）计算（Shuttleworth and Wallace，1985）：

$$r_a^c = r_b / (2\text{LAI}) \tag{7.22}$$

式中，r_b 为平均边界层阻抗，取值为 25 s/m。

4）冠层表面阻抗

冠层表面阻抗 r_s^c 在植被蒸腾中起着重要作用，控制着植被从根区吸取的水分到大气的输送。r_s^c 表示冠层整体的气孔阻抗，与所有叶片气孔阻抗有关，采用 Jarvis（1976）提出的考虑了多个环境因子，如气温、饱和水汽压差、太阳短波辐射和根区土壤水等因素的参数化方案：

$$r_s^c = \dfrac{r_{s,\min}}{\text{LAI}_{\text{green}} f(T_0) f(R_{s,d}) f(\text{VPD}) f(\theta_2)} \tag{7.23}$$

式中，$r_{s,\min}$ 为最小气孔阻抗（s/m），表示绿色叶子在最佳环境中的阻抗最小值；$\text{LAI}_{\text{green}}$ 为有效叶面积指数；$f(T_0)$、$f(R_{s,d})$、$f(\text{VPD})$ 和 $f(\theta_2)$ 分别为气温 T_0、短波辐射 $R_{s,d}$、

饱和水汽压差 VPD 和根区土壤含水量 θ_2 的胁迫因子，采用式(7.24)～式(7.27)计算(Dickinson，1984；Gentine et al.，2007；Noilhan and Planton，1989；Sellers et al.，1986；Stewart，1988)：

$$f(T_0) = 1 - [(T_0 - T_{opt})/T_{opt}]^2 \tag{7.24}$$

$$f(R_{s,d}) = 1 - \exp(-R_{s,d}/R_{sd,opt}) \tag{7.25}$$

$$f(VPD) = 1 - K_{VPD} \cdot VPD \tag{7.26}$$

$$f(\theta_2) = \begin{cases} 1 & \theta_2 > \theta_{cr} \\ \dfrac{\theta_2 - \theta_{wilt}}{\theta_{cr} - \theta_{wilt}} & \theta_{cr} \geqslant \theta_2 > \theta_{wilt} \\ 0 & \theta_2 \leqslant \theta_{wilt} \end{cases} \tag{7.27}$$

式中，T_{opt} 为植被绿色叶片蒸腾最优温度(℃)，不同类型的植被具有不同的值；K_{VPD} 为水汽压亏缺影响系数(kPa)，与植被类型有关；θ_{cr} 为土壤含水量阈值(cm³/cm³)，低于阈值植被蒸腾作用将受到土壤水胁迫，取土壤田间持水量 θ_{fc} (cm³/cm³)(Gentine et al.，2007)；θ_{wilt} 为植被凋萎点土壤含水量(cm³/cm³)。

5) 土壤表面阻抗

土壤表面阻抗 r_s^s 控制着土壤的蒸发，是一个与表层土壤含水量 θ_1 相关的量，采用Bastiaanssen 等(2012)提出的方法计算：

$$r_s^s = b\left(\frac{\theta_1 - \theta_{res}}{\theta_{sat} - \theta_{res}}\right)^c \tag{7.28}$$

式中，θ_{sat} 为土壤饱和含水量(cm³/cm³)；θ_{res} 为土壤剩余含水量(cm³/cm³)；b 和 c 为土壤阻抗参数，b 表示土壤最小阻抗，c 为土壤阻抗增量系数，分别取 50 s/m 和–3；这两个参数的取值使得处于田间持水量状态的土壤具有 100 s/m 的阻抗，这与前人的研究相一致(Anadranistakis et al.，2000；Szeicz et al.，1969；Thompson et al.，1981)。

2. 基于数据同化的蒸散发算法改进

在模拟陆表能量水分交换时，目前最重要的问题之一是如何表征土壤水分胁迫因子。由微波遥感观测反演得到的陆表土壤水分产品通常具有较粗的空间分辨率，需对其进行空间降尺度以获取更高分辨率的数据。另外，植被根区的土壤水分尚没有可用的产品，因而采用陆面过程模型的思路建立土壤水分运移模型模拟土壤表层和根区的土壤水分。然而，过程模型在长时间序列上运行时，由于误差的累积效应，某些状态参数会发生相对于真值的偏移，使得模型结果产生较大误差，如果不加以纠正，模型的稳定性和可靠性会逐渐降低。在对微波反演的表层土壤水分降尺度和利用土壤水分运移模型估算根区土壤水分方法的基础上，通过引入数据同化方法降低模型模拟土壤水分的不确定性，从而合理表征土壤水分胁迫对土壤-植被系统蒸散发的影响，准确估算区域蒸散发。同时，模型中考虑了陆表冻融状态对陆表实际蒸散发估算的影响，考虑了春季土壤中固态水向液态水的转化过程，从而解决春季冻融过渡期陆表蒸发的低估问题。该方案总体示意图如图 7.3 所示。

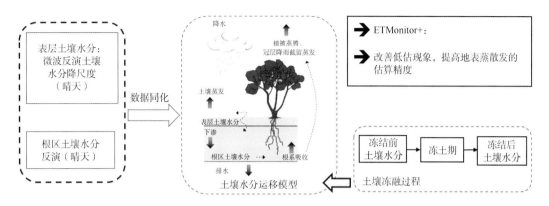

图 7.3　陆表实际蒸散发估算(ETMonitor 模型)中同化土壤水分方案示意图

在模拟土壤湿度时，土壤被划分为三层结构：表层、根区和深层，表层土壤湿度与土壤蒸发有关，根区土壤湿度与植被蒸腾有关。深层土壤除了向下进行水分交换以外，随着根的生长，部分深层土壤会转换为根区土壤，起到了扩展根区的作用。大气降水进入土壤-植被系统，首先被植被拦截，经过蒸发，造成降水的损失(由植被降雨截留模型描述)。然后，未被拦截降水(称为净降水量)进入土壤表层，当表层土壤饱和后，多余的降水进入根区土壤层，如果根区土壤层也达到饱和，多余的降水进入深层。各层土壤含水量的变化，主要受净降水量、蒸散发和土壤水在各层间运动的影响，最终的土壤湿度通过三者间的水量平衡计算。

土壤水在各层间的输送，通常情况下通过下渗(由 Richard 方程来描述)完成，但当土壤处于冻结状态时情况会变得复杂，土壤冻结时土壤水分以固态形式存在，下渗作用较弱，主要的水分运动通过土壤冻结锋面的变化实现，即土壤水分不仅可以向下输送，也可以向上输送，而描述水分运动的 Richard 方程不完全适用。水分向上输送不仅对冬季蒸散发的估算产生影响，更重要的是会影响土壤水分模拟的连续性，特别是在土壤冻结状态消失的一段时间内。为描述两种不同的土壤水运动方式，时间上依据土壤状态分为土壤冻结期和土壤非冻结期。土壤非冻结期的水分运动由 Richard 方程描述，土壤冻结期需对水分运动进行修订(假定表层和根区土壤湿度均一)来描述土壤水分向上/下的输送过程。相应地，降水依据土壤状态可分为降雨(土壤非冻结期)和降雪(土壤冻结期)。降雪会在土壤-植被系统中形成雪盖，积雪期间的蒸散发主要为雪面升华。

3. 土壤-植被系统蒸散发估算精度评估

基于黑河流域 2009～2011 年 WATER 实验(Li et al.，2009)和 2012 年 HiWATER 实验(Li et al.，2017)的陆表水热通量观测，验证了通过数据同化考虑土壤水分胁迫前后的陆表实际蒸散发估算结果，如图 7.4 和表 7.1 所示。引入同化过程后，在 2009～2011 年通量观测站点与未同化的结果精度总体相当，但对于春季农田灌区冻土融化期间的模拟结果略有改善[图 7.4(a)]；而在戈壁、荒漠、沙漠下垫面，基于 2012 年的验证结果，可以发现模型通过数据同化过程考虑土壤水分胁迫后估算的陆表实际蒸散发精度明显提高[图 7.4(d)～图 7.4(f)]。总体来说，基于站点通量观测的验证表明，考虑土壤水分胁迫后的陆表实际蒸散发精度较高，具有更高的 R^2 和更小的 RMSE(表 7.1)，说明引入土壤水分运移模拟和数据同化过程后所估算的陆表实际蒸散发与地面实测值具有更好的一致性和更小的误差。

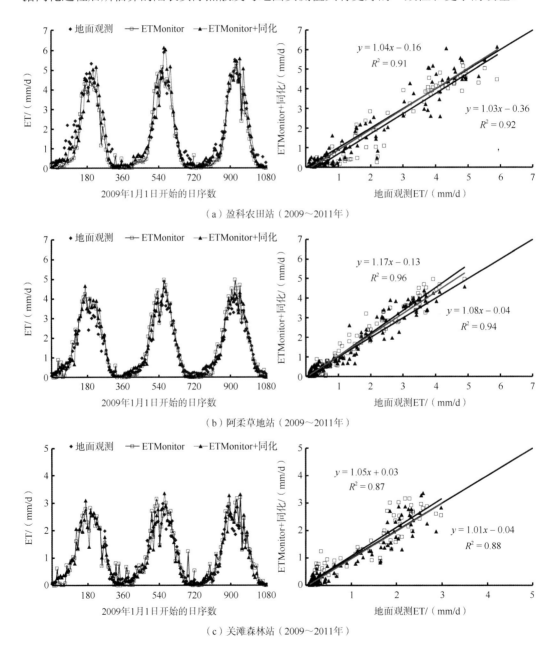

（a）盈科农田站（2009～2011年）

（b）阿柔草地站（2009～2011年）

（c）关滩森林站（2009～2011年）

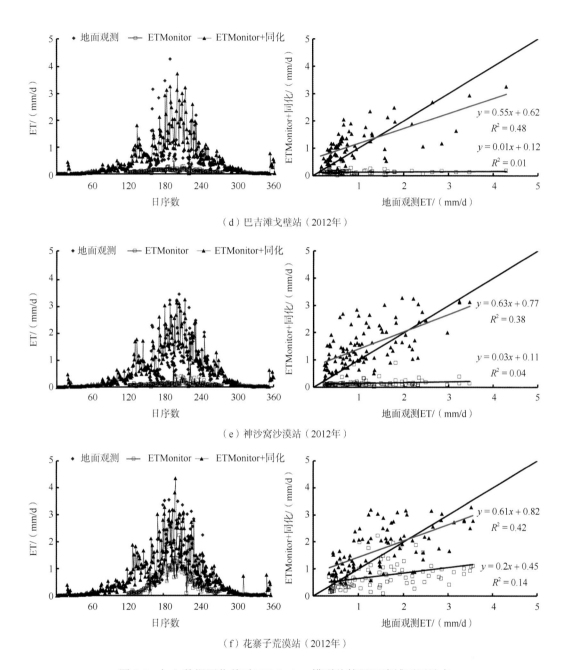

（d）巴吉滩戈壁站（2012年）

（e）神沙窝沙漠站（2012年）

（f）花寨子荒漠站（2012年）

图 7.4　加入数据同化前后 ETMonitor 模型估算黑河流域不同站点
2009～2012 年陆表实际蒸散发结果对比

表 7.1 通过数据同化过程考虑土壤水分胁迫前后 ETMonitor 模型估算黑河流域不同站点
2009～2012 年陆表实际蒸散发验证结果统计表

站点	年份	R^2		RMSE/(mm/d)	
		ETMonitor	改进 (ETMonitor +同化)	ETMonitor	改进 (ETMonitor +同化)
盈科农田站	2009～2011	0.92	0.91	0.59	0.58
阿柔草地站	2009～2011	0.96	0.94	0.39	0.39
关滩森林站	2009～2011	0.87	0.88	0.38	0.35
巴吉滩戈壁站	2012	0.01	0.43	1.12	0.66
神沙窝沙漠站	2012	0.04	0.29	1.24	0.83
花寨子荒漠站	2012	0.14	0.36	1.1	0.82

与像元蒸散发真值(基于 2012 年大孔径闪烁仪 LAS 通量观测数据获得了干旱区绿洲灌溉农田像元尺度蒸散发真值)进行比较,结果如图 7.5 所示。通过数据同化过程考虑土壤水分胁迫后的模拟结果精度显著高于未加入数据同化过程的结果,并优于 NASA MOD16 蒸散发产品。

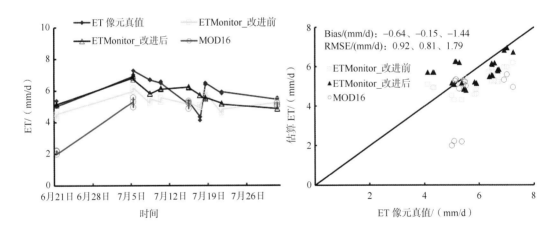

图 7.5 加入数据同化过程改进前后黑河流域中游 2012 年陆表实际蒸散发估算结果
与像元蒸散发真值对比

基于加入数据同化过程改进后的模型估算了西北干旱区黑河流域 2000～2015 年逐日陆表实际蒸散发空间分布,其中 2012 年改进前后的比较结果如图 7.6 所示。其中,改进后的模拟结果在干旱区绿洲灌溉农田的实际蒸散发显著高于改进前的结果,与陆表观测升尺度结果(下文中 ETMap 结果)一致,改进了对绿洲灌区陆表蒸散发低估的现象(图 7.7)。

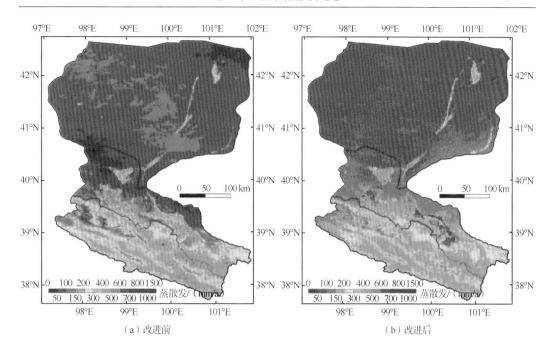

图 7.6　通过数据同化过程考虑土壤水分胁迫前后 ETMonitor 模型估算 2012 年黑河流域陆表
实际蒸散发空间分布

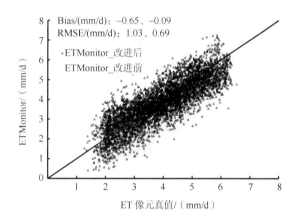

图 7.7　通过数据同化过程考虑土壤水分胁迫前后 ETMonitor 模型估算 2012 年黑河流域
中游陆表实际蒸散发与地面观测升尺度结果对比

7.2.2　冠层降水截留过程

大气降水落到植被下的土壤表面之前，受到植物冠层茎、叶的截留和吸附作用，引起降水的第一次分配。单位时间内到达植被上方的降水：一部分穿过冠层的间隙，直接降落到其下的土壤表面，称为直接降水量；另一部分则被冠层截留，称为截留降水量。截留的降水，部分用于蒸发，部分滞留在冠层上，当冠层积累的滞留总水量超过冠层可容纳的最大持水量时，多余的截留部分以水滴的方式沿树干顺流或直接降落到土壤表面。

在降水丰富的湿润气候区，对于高大植被冠层(尤其是森林)，冠层截留降水蒸发占有重要的比例。降水截留蒸发主要发生在降水期间及降水后的一段时间内，是控制植被–大气之间能量和水分交换的主要因子，因此从冠层截留降水的物理过程入手，基于遥感观测所具有的高空间分辨率的特点，利用降水强度、植被覆盖度、叶面积指数及植被聚集度指数等遥感反演参数，发展了在不同降水过程及降水强度下、不同冠层结构下降雨截留蒸发的参数化方法。

1. 基于遥感驱动的冠层降雨截留估算方法

用于估算冠层降雨截留的 Gash 解析模型最初是基于中高纬度林区的茂密森林建立的，其可适用于稀疏森林冠层(Gash，1979；Gash et al.，1995)。该模型假设降雨在离散的降水事件期间被截留，截留的水在下一次降水事件之前完全流失。降雨截留损失分为三个阶段：①降雨到达树冠时的湿润阶段；②当树冠达到其最大蓄水能力时的饱和阶段；③降雨停止后的干燥阶段。它是一个基于降雨事件的模型，已成功地应用于每天一场降雨的假设(Cui and Jia，2014；Zheng and Jia，2020)。不同于在站点尺度上发展的原始 Gash 模型(分别估计树冠和树干的降雨截留量)，ETMonitor 模型将树冠和树干作为一个整体来估计总降雨截留损失：

$$E_i = \begin{cases} \text{Fc} \cdot P_g & P_g < P_g' \\ \text{Fc}\{nP_g' + \overline{\text{ER}}(P_g - P_g')\} & P_g \geqslant P_g' \end{cases} \tag{7.29}$$

$$P_g' = -S_v \cdot \log(1 - \overline{\text{ER}}) / \overline{\text{ER}} \tag{7.30}$$

$$S_v = S_L \cdot \text{LAI} + S_T \tag{7.31}$$

式中，P_g 为总降雨量(mm)；P_g' 为饱和植被所需的降雨阈值(mm)，用于确定截留阶段，是控制截留损失的主要因素；$\overline{\text{ER}}$ 为月平均湿冠层蒸发率($\overline{E}$)与月平均降雨率($\overline{R}$)的比值，一般假设该比率在一个月内保持不变；S_v 为植被的持水能力(mm)，为冠层持水能力($S_L \cdot \text{LAI}$)和树干持水能力(S_T)之和。S_L 代表根据植物功能类型(PFT)给出的单位叶面积的树冠储存容量；S_T 通过与树冠高度的线性关系进行估算(Zheng and Jia，2020；van Dijk and Bruijnzeel，2001)。当 $P_g < P_g'$ 时，降雨到达树冠时为湿润阶段，截留主要由树冠覆盖和降雨量决定；当 $P_g > P_g'$ 时，即为饱和期或干燥期，即冠层达到最大蓄水量，降雨停止后干燥，截留主要由冠层蒸发率和植被持水能力决定。

月平均降雨强度和湿冠层蒸发速率是 Gash 模型中两个重要的参数，在站点尺度上一般采用气象站观测数据获取或根据截留观测进行反推。前期研究在开展区域或全球截留估算时，根据降水类型与降雨强度的经验关系获得降雨强度，而湿冠层蒸发速率则赋予固定值或基于 Penman-Monteith 公式进行估算。基于全球遥感降水数据提供的逐时降水数据直接估算降雨强度，能有效提高月平均降雨强度参数的获取能力。对于湿冠层蒸发速率，研究表明，净辐射在湿冠层蒸发中起次要作用，由于云层覆盖，净辐射通常非常小，而维持湿冠层蒸发所需的能量主要归因于平流能量(van Dijk et al.，2015)，于是进一步提出了采用 Dalton 方程来估算湿冠层蒸发速率(Carlyle-Moses and Gash，2011；Pereira et al.，2009)。如图 7.8 所示，Dalton 方程减小了降雨期间可利用能量估算误差造成截留估算的不确定性，提高了截留率(截留量与降雨量的比值)估算精度(Zheng and Jia，2020)。

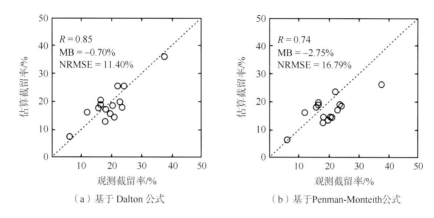

图 7.8　基于 Dalton 公式和 Penman-Monteith 公式估算截留率对比

R 表示相关系数；NRMSE 表示归一化均方根误差(%)

2. 不同模型估算冠层降雨截留结果评估

在黑河流域，对比了不同的植被降雨截留估算方法，主要包括 ETMonitor 中发展的遥感驱动 Gash 解析模型(Zheng and Jia，2020)、基于冠层消光系数和潜在蒸散发的 Beer-PET 模型(Mo et al.，2004)、基于空气相对湿度和潜在蒸散发的 RH-PET 模型(Mu et al.，2011)，结果如图 7.9 和表 7.2 所示，可以得出：①遥感驱动 Gash 模型的系统偏差最小，具有较好的稳定性，与地面实测结果相关关系较好，整体上优于另外两种模型；②在高植被覆盖区，三个模型估算的植被拦截降雨的比例(降雨截留率)分别为 7.4%、7.9%和 5.4%；③降雨较多地区，三个模型估算结果表现相当。

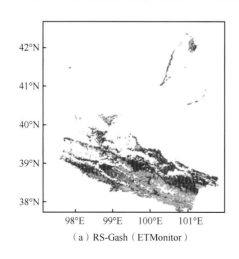
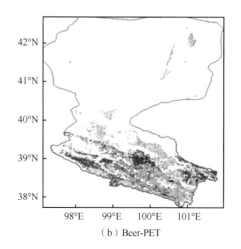

（a）RS-Gash（ETMonitor）　　　　　　　　　　（b）Beer-PET

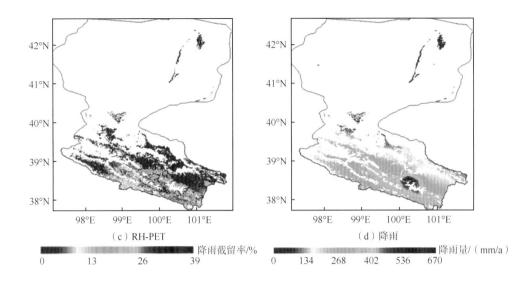

图 7.9　不同模型估算黑河流域 2003～2012 年降雨截留率和降雨分布图

截留率(%)为年降雨截留量(mm/a)与降雨量(mm/a)比值

表 7.2　不同模型估算黑河流域 **2003～2012** 年降雨截留率误差统计

项　　目	RS-Gash 模型	Beer-PET 模型	RH-PET 模型
Bias/%	−1.45	8.30	−6.21
RMSE/%	6.82	13.27	14.07
SLOPE	0.75	0.55	0.78
R^2	0.57	0.17	0.20

3. 冠层降雨截留算法的全球应用

利用基于遥感驱动的 Gash 降雨截留模型，估算了 2001～2015 年逐日 1 km 分辨率全球植被冠层降雨截留，包括植被冠层降雨截留蒸发量及截留率（= 截留蒸发量/降雨量）(Zheng and Jia, 2020)。采用的主要数据源包括：GLASS LAI 产品、CMORPH 降水产品、MODIS 陆表覆盖数据产品、GLAS 全球树冠高度数据，以及 ERA5 再分析气象数据。研究发现，在热带雨林地区，如亚马孙地区、中非和东南亚，冠层的降雨截留量较大，多年平均降雨截留损失在亚马孙盆地为 290 mm/a，最大值超过 600 mm/a[图 7.10(a)]。热带雨林地区的冠层降雨截留率相对较低，如亚马孙盆地平均为 14%。北半球北方森林地区冠层降雨截留率较高，与该区域森林覆盖率较高有关，同时降雨强度较小，有利于降雨截留[图 7.10(b)]。

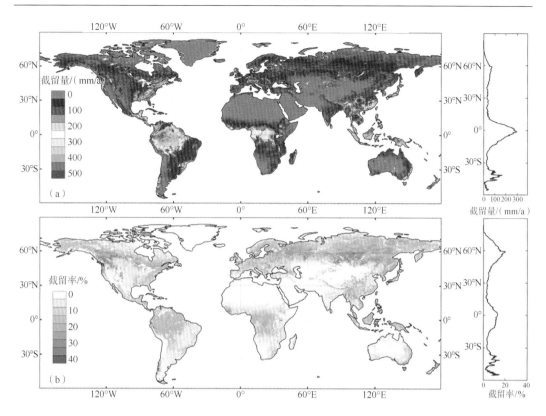

图 7.10　遥感驱动 Gash 模型估算的 2001～2015 年多年平均全球降雨截留量及截留率

7.2.3　冰雪升华过程

冰雪升华是高寒山区和中高纬度地区冰雪面物质-能量平衡的重要组成部分，对这些地区能量和水量平衡有重要影响（Marks and Dozier，1992；Pomeroy et al.，1993；Bintanja，2001；MacDonald et al.，2010）。在高寒地区，冰雪覆盖占有较大比重，冰雪升华和融化对于冰雪下垫面能量物质交换以及产汇流具有较大的影响。从辐射平衡角度来看，冰雪面反照率显著大于土壤-植被系统，从而对陆表的辐射收支和能量分配产生极大影响；另外，冰雪消融显著影响其下游区域的湖泊和河流径流（图 7.11）。当前已有的遥感蒸散发模型未考虑冰雪面辐射状况和水分交换过程，尤其是升华过程，极大地阻碍了其在高寒地区的应用。

1. 冰雪升华估算方法

在冰雪覆盖区域，冰雪（固态水）可通过升华过程转变为气相。尤其是在极地和高海拔地区，升华可能是陆表水分流失的主要原因。升华主要由风、空气湿度和辐射控制（Kuchment and Gelfan，1996；Strasser et al.，2008；Schmidt et al.，1998）。根据世界气象组织的建议，可使用 Kuzmin（1953）的公式估算冰雪升华。Penman 公式是由英国科学

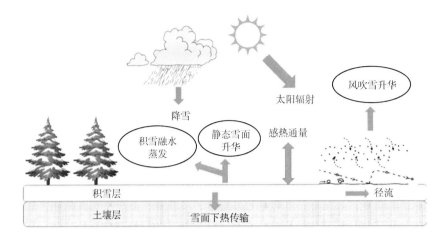

图 7.11　积雪升华物理过程示意框架图

家 Penman 提出的计算蒸发能力(饱和面蒸发)的半经验半理论公式,相关研究表明,Penman 公式也能够捕捉积雪升华的时空变化(Wang et al.,2017)。应用 Penman 公式估算升华时,G 被视为雪下表面(即积雪和土壤表面之间的界面)的传导热流,并作为雪表面净辐射的恒定比例计算。Penman 公式计算升华采用以下公式

$$\lambda E_{ss} = \frac{\Delta\left(R_n - G_s\right) + \rho C_p\left(e_{sat} - e\right)/r_a}{\Delta + \gamma} \tag{7.32}$$

雪面下热传输通量(G_s)是雪面能量平衡中重要的一项,但是由于积雪会发生升华、融化以及物理性质的改变,雪面的能量平衡研究较少且基本都在站点尺度,在区域尺度上,雪面下热传输通量还没有相关的参数化方案。研究中一般在站点尺度通过观测积雪温度廓线、积雪密度、积雪含水量等要素,通过计算获得雪面下热传输通量,这种方法要求较高的积雪物理性质观测精度。在缺少以上观测要素的情况下,假设雪面能量平衡闭合,可以采用雪面能量平衡方程余项法计算雪面下热传输通量。参考区域土壤热通量的参数化方法,在站点尺度建立雪面下热传输通量和净辐射通量之间的函数关系,并推广到区域尺度,计算区域雪面下热传输通量。通过日内能量平衡项变化动态分析(图 7.12),发现积雪下热通量与净辐射具有较好的线性关系,对白天 G_s 与 R_n 进行线性拟合得到拟合系数为 0.575～0.595(图 7.13)。

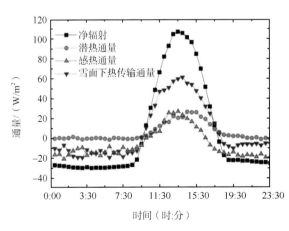

图 7.12　冰雪面能量平衡平均日变化
数据来自 2014 年 11 月～2015 年 1 月黑河大冬树山垭口站观测

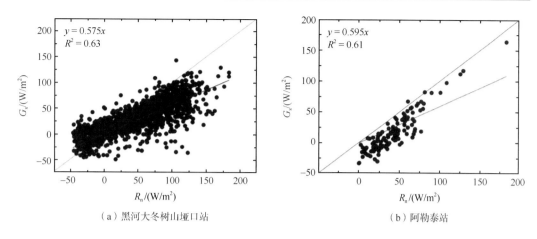

（a）黑河大冬树山垭口站　　　　　　　　　（b）阿勒泰站

图 7.13　积雪面向下传导热通量与净辐射散点图

2. 站点尺度积雪升华估算方案对比及敏感性分析

　　站点尺度上，一般认为空气动力学法精度较高，与地面观测一致性较好，因此将运用 Penman 公式估算积雪面升华的方案与总体空气动力学法进行对比。Penman 公式法和总体空气动力学法都是假设雪面的水汽始终处于饱和状态，由此可以方便地获得雪面饱和水汽压。基于 2014 年 11 月～2015 年 1 月黑河上游大冬树山垭口积雪观测站的观测进行模型模拟结果验证如图 7.14 所示。结果表明，Penman 公式法精度与总体空气动力学法精度基本相当，均方根误差（RMSE）分别为 10.48 W/m² 和 10.21 W/m²，决定系数（R^2）分别为 0.65 和 0.54。

　　对 Penman 公式法和总体空气动力学法的输入气象数据开展敏感性分析（图 7.15 和表 7.3），表明二者均对风速最敏感，其次为相对湿度，最后是气温和雪面温度。由于 Penman 公式法考虑了太阳辐射对雪面升华的影响，所以净辐射的影响不能忽略。总体上，Penman 公式法相比总体空气动力学法对输入气象驱动数据的敏感性较小，能一定程度减小气象驱动误差对升华估算造成的影响，同时能够考虑净辐射对雪面升华的影响，更适合区域尺度的升华估算。其不足之处是模型需要更多的输入数据，计算较为复杂。

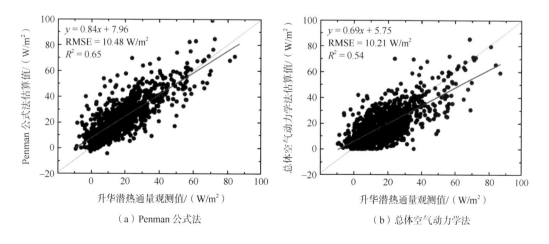

（a）Penman 公式法　　　　　　　　　　（b）总体空气动力学法

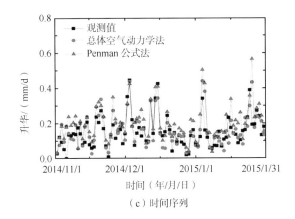

（c）时间序列

图 7.14　Penman 公式法和总体空气动力学法估算雪面升华对比及其时间序列

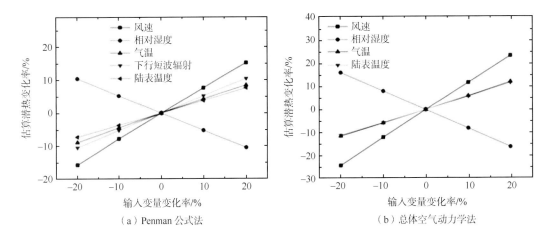

（a）Penman 公式法　　　　　　　　　　（b）总体空气动力学法

图 7.15　Penman 公式法和总体空气动力学法估算雪面升华敏感性分析

表 7.3　冰雪升华模型敏感性斜率统计

项目	风速	相对湿度	气温	雪面温度	净短波辐射
参考值	4.52 m/s	44.72%	−12.29 ℃	−14.78 ℃	101.67 W/m²
Penman 公式法敏感性斜率	0.77	−0.52	0.43	0.37	0.52
总体空气动力学法敏感性斜率	1.2	−0.81	0.59	0.57	—

　　两种方法对风速都最为敏感，然而气象驱动数据中风速精度一般相对较差（Dadic et al.，2013；Hu and Jia，2015），相比来说，Penman 公式法对风速敏感性（斜率 = 0.77）比总体空气动力学法（斜率 = 1.2）小，使得 Penman 公式法在计算冰雪升华时具有一定的优势。

3. 区域积雪升华估算及验证

　　在确定 Penman 公式法更适合区域尺度的估算后，将 Penman 公式法扩展到区域尺度估算积雪升华。黑河流域上游 2014 年 11 月 8 日(11：30)瞬时积雪升华的估算结果(以潜热通量表达)如图 7.16 所示，结果发现，Penman 公式法计算结果大部分在 0~30 W/m², 部分区域达到 70 W/m²。

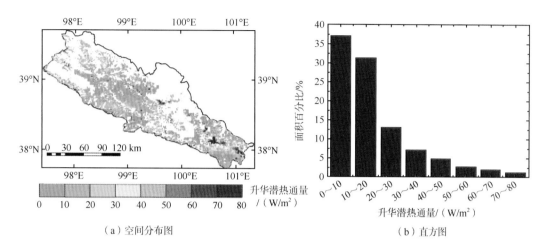

(a) 空间分布图　　　　　　　　　　　　(b) 直方图

图 7.16　黑河流域上游 Penman 公式法估算积雪升华分布图
(2014 年 11 月 8 日 MODIS 过境时刻)

利用黑河上游大沙龙站和大冬树山垭口站的积雪升华站点观测验证区域尺度积雪升华的估算，结果如图 7.17 所示。在大沙龙站和大冬树山垭口站，决定系数(R^2)分别为 0.75 和 0.36，均方根误差(RMSE)分别为 8.40 W/m² 和 9.10 W/m²。大冬树山垭口站精度不高的原因是地形因素使大气驱动数据中风速的模拟精度在该站较差，造成区域估算结果存在较大误差。

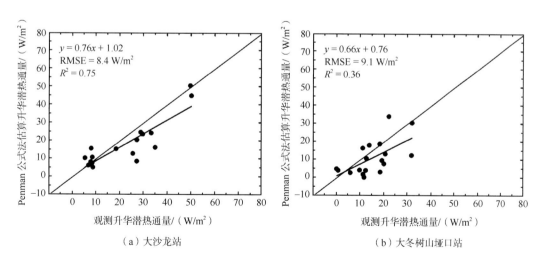

(a) 大沙龙站　　　　　　　　　　　　(b) 大冬树山垭口站

图 7.17　Penman 公式法区域尺度积雪升华验证

7.3　遥感观测陆表关键状态变量对陆表蒸散发估算的改进

7.3.1　遥感观测净辐射对蒸散发估算的改进

全球陆表辐射平衡是全球气候形成和变化的基本驱动力，直接决定了碳、水等生物地球化学循环过程，陆表辐射平衡是研究一系列全球变化问题的基础，同时陆表辐射各个分量在检测、表征陆表变化，驱动全球及区域气候系统模式方面发挥着至关重要的作用(IPCC，2007)。陆表辐射包括短波下行辐射、短波上行辐射、长波下行辐射、长波上行辐射，四个分量算术之和构成陆表净辐射，陆表接收到的净辐射能量以湍流交换和热传递的方式分配到陆表潜热、感热通量以及用于陆表加热、深层土壤加热之中。

既往蒸散发估算多采用再分析辐射数据作为驱动，采用更高精度的遥感估算净辐射数据作为驱动来提高蒸散发估算精度(Jiang et al.，2018，2016)。基于全球 98 个地面通量站点观测的蒸散发的验证显示，采用遥感估算逐日净辐射数据(本书第 5 章)时估算蒸散发精度更高(图 7.18)，在日尺度上蒸散发估算的 RMSE 从 1.17 mm/d 降至 1.03 mm/d，偏差从 0.22 mm/d 降到 0.18 mm/d。

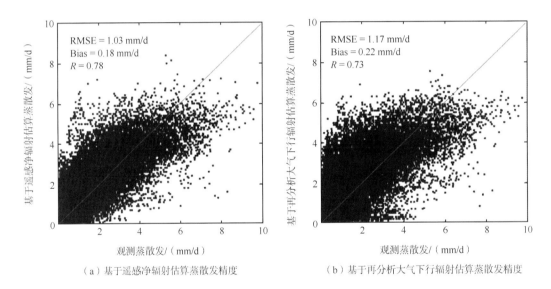

（a）基于遥感净辐射估算蒸散发精度　　　　　（b）基于再分析大气下行辐射估算蒸散发精度

图 7.18　基于遥感净辐射估算蒸散发和基于再分析大气下行辐射估算蒸散发与地面站点观测的对比

全球尺度上，引入遥感估算逐日全天候净辐射数据(本书第 5 章)，相比采用 ERA5 再分析辐射数据估算的全球蒸散发量来说，采用遥感净辐射数据驱动估算全球蒸散发整体偏低 3.52%，并存在显著区域差异，约 61%的区域传统估算值偏大，主要集中在中非、北美、东亚、北亚等区域，而约 39%的区域原估算值偏小，主要集中在南美、欧洲等区域(图 7.19)。

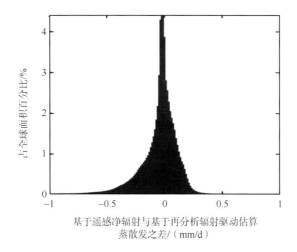

图 7.19　基于遥感净辐射与基于再分析辐射驱动估算全球 2013 年逐日平均陆表
实际蒸散发差值分布直方图

在复杂地形区域，天空可视比例、周围山区反射辐射、地形遮蔽、太阳和云阴影等因素会影响到达陆表的辐射量，若不进行地形校正会对辐射估算精度造成重要影响（Wang et al.，2018），尤其是下行短波辐射，进而对蒸散发估算造成影响。图 7.20 以 2017 年 7 月 1 日青藏高原东部地区为例，展示了考虑山地地形的下行短波辐射(本书第 5 章)对蒸散发估算的影响。

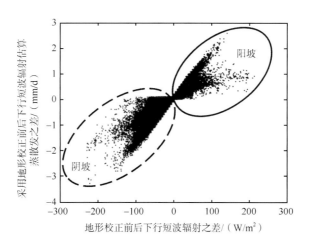

图 7.20　地形校正前后的下行短波辐射造成估算陆表实际蒸散发的差异

7.3.2　动态水体对蒸散发估算的改进

陆面模式通常是在不同尺度下每一个陆面网格上运行的，主要根据植被功能型分类图、土壤分布图等预先准备好的数据描述每一个网格与次网格的地表特征。在大多数陆面模式中，陆表覆盖类型、土壤质地等是不随时间变化的。其中，水体面积一般通过土地覆盖/土地利用图确定，在模拟期间通常保持不变。事实上，由于降雨或干旱的影响，许多地区陆表覆盖中的水体面积或在不同时空尺度下的覆盖度会发生显著变化。由于水体和非水体在陆表能量和水分交换过程中的显著差异，这种固定不变的设置方式也是当前陆面模式产生不确定性的一个重要原因。由于许多陆表覆盖类型具有动态变化的特征，新发展的模型也在尝试融入动态植被模型，但其植被动态规律通常是预先设定的，与长期发生的全球变化事实相差依然很大。这样的"静态"设置通常会导致模拟的不确定性。

不同于传统的陆面过程模式，以遥感数据为主要驱动的蒸散发模型更加灵活，能够克服"静态"设置导致的蒸散发估算的不确定性。ETMonitor 估算蒸散发过程中，采用每年更新的陆表覆盖类型图调整陆表覆盖类型，使得估算蒸散发能够反映年际间土地覆盖或土地利用变化导致的蒸散发变化。同时，对于季节变化更为剧烈的过程，如水体面积的变化，根据逐日更新的水体覆盖数据(本书第 6 章)，逐日调整土地覆盖分类中水体分类的输入信息，将逐日变化的动态水体作为输入(Ji et al.，2018；Han and Niu，2020)，使得估算的蒸散发能更好地反映动态水体的变化。相比于采用固定水体分类数据作为输入的方式(NASA MODIS MCD12Q1 土地覆盖分类中的水体分类)，ETMonitor 采用动态水体能够更好地反映季节性水体存在区域水体蒸发的变化。结果表明，若不考虑水体动态，全球陆表水体蒸发会被低估 25%(图 7.21)。

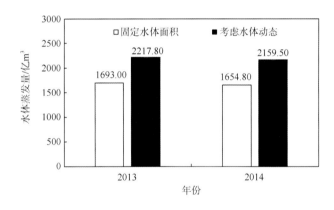

图 7.21　是否采用逐日动态水体为输入时估算全球陆表水体蒸发量差异(2013～2014 年)

以中国东部季风区鄱阳湖区和青藏高原地区冰川湖普尔错湖区为典型案例，分析采用与不采用动态水体分类数据造成的对蒸散发估算的差异，结果如图 7.22 与图 7.23 所示。未采用动态水体分类和采用动态水体分类情况下，鄱阳湖区年水面蒸发量从 34.6 亿 m^3 增加到 41.8 亿 m^3，相对偏差达 17%；普尔错湖区年水面蒸发量从 0.89 亿 m^3 增加到 1.82 亿 m^3，相对偏差达 51%。在水体动态较大的区域和时期，蒸散发估算结果差异较大。由于 MODIS 水体分类没有考虑水体分布的年内分布动态，因此在夏季水面覆盖较大时，易造成对蒸散发估算的低估现象。

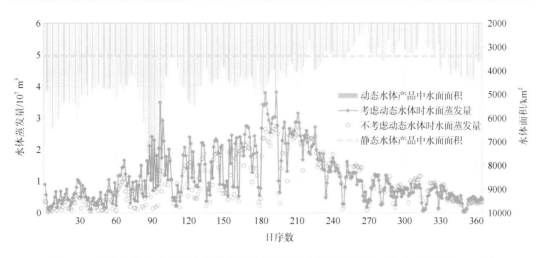

图 7.22　采用动态/静态水体分类数据估算鄱阳湖湖区水面蒸散发时间序列差异(2013 年)

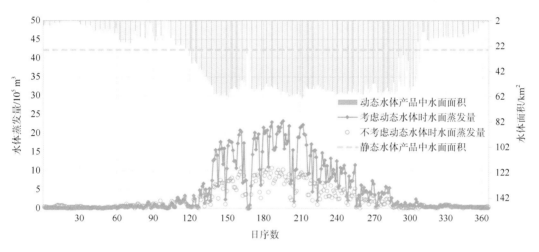

图 7.23　采用动态/静态水体分类数据估算青藏高原冰川湖普尔错湖区水面蒸散发时间序列差异(2013 年)

7.3.3　积雪覆盖度对蒸散发估算的改进

陆表积雪覆盖是一个时空变化较大的变量,对陆表的能量和水分交换过程起着关键性的控制作用。积雪覆盖通过影响陆表反照率,调节陆表和大气之间的能量和水分交换过程,由于积雪的反照率高,因此其对陆表辐射平衡影响很大。同时,积雪的低热扩散能力对陆表的水热通量有着显著影响,积雪覆盖的存在几乎隔绝了土壤对大气的水分输出。而当前的陆面模式中常用的雪盖面积参数化方案是利用积雪深度和陆表粗糙度来计算积雪覆盖度。在全球尺度的粗网格下,积雪深度和粗糙度的误差较高,造成雪盖面积模拟具有很大的不确定性(Wu T W and Wu G X,2004)。目前,基于卫星遥感技术,综合利用静止、极轨卫星的光学传感器和被动微波辐射计,以及时间序列的变化信息,能较好地反演出地面积雪覆盖,获得积雪覆盖分类数据(0/1 分类),以及逐日积雪覆盖度

(%)，为积雪升华以及蒸散发遥感估算提供了更好的基础数据。

为了减少模拟积雪过程对升华估算造成的不确定性，ETMonitor 模型采用卫星观测的逐日积雪覆盖数据作为输入，以确定升华过程是否发生：仅当像元标记为有冰雪覆盖时，才估算升华；而当像元标记为非冰雪覆盖时，则不估算升华。在缺乏逐日积雪覆盖度(%)时，ETMonitor 只能采用 0/1 积雪覆盖二值分类数据，即默认有积雪覆盖像元的积雪覆盖度为 100%，该像元蒸散发等于积雪升华量；当能够获取质量较高的逐日积雪覆盖度(%)时，ETMonitor 视每个像元为冰雪和非冰雪(其他陆表要素，如裸土、植被等)的组合，该像元蒸散发等于冰雪升华与其他陆表要素蒸散发的面积加权平均，这样机理上更加合理。

如图 7.24 所示，基于逐日 500 m 分辨率积雪覆盖度(%)(本书第 3 章)可以发现青藏高原 2013 年 1～2 月冰雪覆盖度在南部和东部高山区较高。采用 0/1 积雪覆盖(NASA MODIS 官方积雪分类 MOD10A2 产品)估算青藏高原总蒸散发和积雪升华均存在较大误差，积雪升华绝对误差达到总升华量的约 9%。两者差异最大的区域出现在积雪覆盖度接近 50%的区域，而在积雪覆盖度较大或者较小时估算蒸散发差异不大。

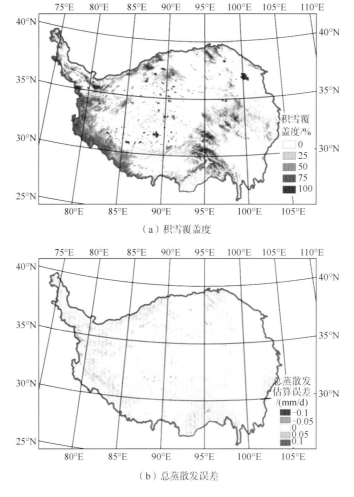

（a）积雪覆盖度

（b）总蒸散发误差

图 7.24　青藏高原逐日积雪覆盖度(a)和采用 0/1 二值积雪覆盖分类估算总蒸散发偏差(b)

7.3.4　冻融状态对蒸散发估算的改进

陆表冻融过程也是控制陆表能量分配、蒸散发等水分交换过程的关键状态变量之一，季节性冻融过程动态性强。冻融过程实质是土壤中水冰相变的过程，由于液态水和固态冰的物理性质存在巨大差异，土壤的热导率、热容量在冻结和融化状态下具有明显差异，影响着陆表向下传导的土壤热通量，也影响着陆表感热和潜热的分配。当土壤处于融化状态时，陆表水热交换过程活跃；当土壤处于冻结状态时，陆表水热交换过程进入缓慢活动期或休眠期。

冻融过程影响土壤热通量，进而影响蒸散发估算，但这方面的研究相对不足。土壤冻结期间，由于白天陆表温度升高，表层冻土出现融化现象；夜间陆表温度降低，融化的冻土又冻结。在这期间，深层的冻土一直处于冻结状态。研究认为，冰完全融化时的液态含水量与开始融化时的液态含水量之差是由于冰融化增加的土壤水分。观测数据表明，冰完全融化时土壤液态水含量达到一种平衡状态。陆表冻结期间和冻融转换期间，表层冰含量对土壤热通量影响最大，所以表层冰含量估算的准确与否直接关系到土壤热通量的估算精度。以我国西北内陆黑河流域盈科站为例，观测结果表明，表层土壤在 11 月进入冻结期，1 月陆表温度几乎低于 0 ℃，所以 1 月表层土壤已完全冻结。利用基于土壤温湿度资料的陆表土壤热通量方法（热扩散方程校正法，thermal diffusion equaiton correction，TDEC）（阳坤和王介民，2008；李娜娜等，2015），输入冻结期间土壤温湿度和含冰量等数据，估算盈科站陆表土壤热通量，表明考虑冰含量与不考虑冰含量对热通量的差异在中午最大，最大误差减小了 20 W/m² （日最大值 110 W/m²），相对误差为 4.7%（图 7.25）。因为考虑了冰含量（冰的热容量比土壤热容量大）后土壤热容量增加，土壤热存储增加，从而由热传导方程计算的陆表土壤热通量也增加。

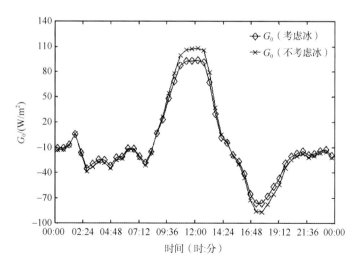

图 7.25　盈科站冬季考虑与不考虑冰含量时估算得到的陆表土壤热通量差异（2008-1-6）

同时，考虑土壤冰含量后的陆表土壤热通量提高了陆表能量平衡闭合率。结合涡动相关仪和四分量辐射计等观测结果，用月平均感热通量、月平均潜热通量、月平均净辐射和月平均土壤热通量得到 2008 年盈科站 1～3 月(冻结期)的陆表能量平衡闭合率(表7.4)。1 月观测误差使得可利用能量减小，感热通量和潜热通量之和大于陆表可利用能量。2 月冻土厚度最大可达到 80 cm，冰含量较大，冻土对陆表能量平衡的影响较显著。2 月的白天不考虑冻土影响时能量平衡闭合率为 71.9%，考虑冻土后的闭合率升高到75.0%，提高了 3.1%。

表 7.4　2008 年盈科站白天陆表能量平衡闭合率

项目	1 月	2 月	3 月
不考虑冻结期土壤中冰含量	$H+LE>R_n-G_0$ ($66.2\ \text{W/m}^2>60.0\ \text{W/m}^2$)	71.9%	87.8%
考虑冻结期土壤中冰含量	$H+LE>R_n-G_0$ ($66.2\ \text{W/m}^2>43.7\ \text{W/m}^2$)	75.0%	88.6%

一般来说，目前的土壤热通量估算方法在非冻融期计算效果比较好，冬季由于冻融情况比较复杂，导致计算结果不理想。这也是目前多数研究集中在夏季/植被生长季，而冬季研究甚少的一个原因。若要得到较准确的冻融过程中陆表土壤热通量，不仅需要考虑冰的热容量的影响，还需要进一步考虑土壤冻融过程对水热传输的影响。

考虑到陆表冻结对陆表水热交换的隔离作用，在陆表冻融状态被判断为冻结时，陆表蒸散发量(尤其是土壤蒸发)较小。以青藏高原 2014 年 1 月(典型冻结期)为例，当引用遥感判定逐日陆表冻融状态时(本书第 4 章)，可以改进对区域蒸散发的估算，研究发现若不考虑陆表冻融状态，青藏高原蒸散发估算总体可能偏高 7.3%(图 7.26)。

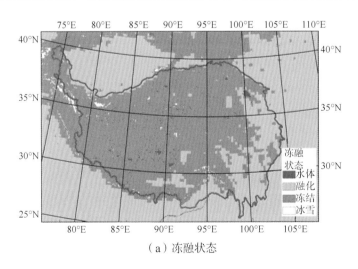

（a）冻融状态

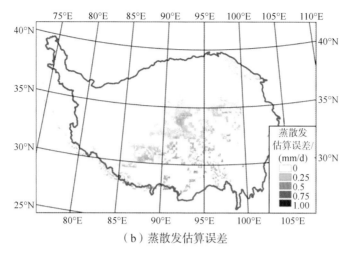

（b）蒸散发估算误差

图 7.26　2014 年 1 月青藏高原陆表冻融状态(a)及不考虑冻融状态时蒸散发估算误差(b)

7.4　全球蒸散发产品

7.4.1　全球蒸散发产品生产

　　利用多源卫星反演的高精度陆表能量水分交换过程关键控制状态变量的观测优势，考虑了土壤水分胁迫 ETMonitor 模型，实现了对高时空分辨率陆表实际蒸散发及其分量的模拟，较先前算法机理更稳健，更适于对复杂陆表及多时空尺度陆表能量水分交换过程的模拟。基于国家重大科学研究计划项目"全球陆表能量与水分交换过程及其对全球变化作用的卫星观测与模拟研究"完成的数据以及公开获取遥感数据等(表 7.5)，并结合欧洲中期天气预报中心的 ERA5 全球大气再分析数据等其他辅助数据，采用 ETMonitor 模型完成了 2013～2014 年全球蒸散发的估算，并在国家青藏高原科学数据中心公开共享(https://doi.org//10.11888/Hydro.tpdc. 270298)。

表 7.5　估算全球蒸散发主要卫星数据产品来源列表

变量	分辨率	时间跨度(年)	来源	参考文献
净辐射	逐日，5 km	2013～2014	本书第 5 章	Jiang et al.，2018
动态水体	逐日，500 m	2013～2014	本书第 6 章	Ji et al.，2018
叶面积指数	8 日，500 m	2013～2014	GLASS- MODIS	Xiao et al.，2014
植被覆盖度	8 日，500 m	2013～2014	GLASS- MODIS	Jia et al.，2015
陆表覆盖	逐年，500 m	2013～2014	MODIS MCD12	Sulla-Menashe et al.，2019
积雪覆盖	8 日，500 m	2013～2014	MODIS MOD10	Hall and Riggs，2016
表层土壤湿度	逐日，0.25°	2013～2014	ESA CCI	Gruber et al.，2019
降水	逐日，0.1°	2013～2014	GPM	Huffman et al.，2019
冠层高度	—，1 km	—	GLAS	Simard et al.，2011

在全球尺度上模拟陆表实际蒸散发时,蒸散发计算首先在逐日 1 km 分辨率上开展,最终聚合到 5 km 分辨率,进一步用于陆面过程模拟的验证。图 7.27 展示的是全球 2013~2014 年日平均陆表实际蒸散发的空间分布,ETMonitor 估算全球蒸散发能够实现全球陆表全覆盖,合理地反映陆表蒸散发时空分布特征。

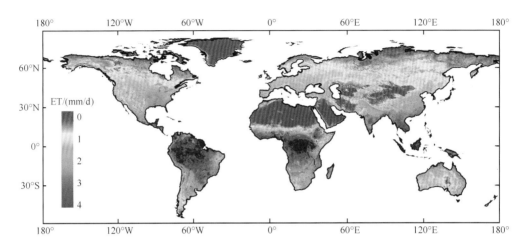

图 7.27　全球 2013~2014 年日平均陆表实际蒸散发空间分布

7.4.2　全球蒸散发产品验证

本章收集筛选了全球 98 个地面通量塔提供的 2013~2014 年潜热通量观测数据,对估算全球蒸散发数据产品进行了验证。图 7.28 显示了按照下垫面类型分组对估算逐日蒸散发的验证结果,可以看到,估算逐日蒸散发 RMSE 整体约为 1.03 mm/d(介于 0.71~1.24 mm/d)。ETMonitor 估算逐日蒸散发聚合到 8 天(与 MOD16 产品相同)之后 RMSE

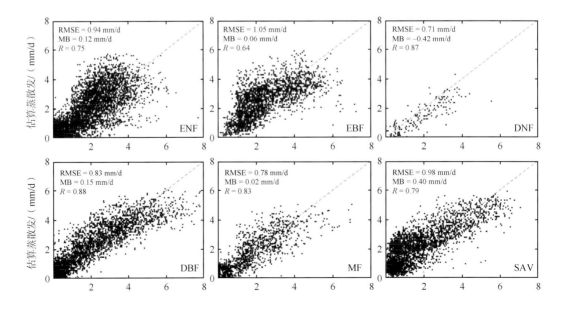

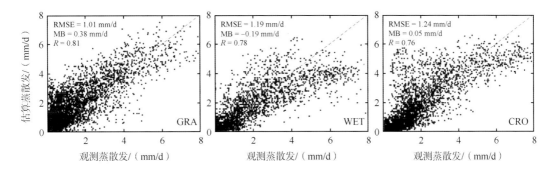

图 7.28　ETMonitor 估算逐日蒸散发与地面观测对比

ENF：常绿针叶林；EBF：常绿阔叶林；DNF：落叶针叶林；DBF：落叶阔叶林；MF：混交林；
SAV：萨瓦纳稀树草原；GRA：草地；WET：永久湿地；CRO：农田

整体为 0.85 mm/d（图 7.29），估算逐日蒸散发精度明显优于 MOD16 产品（8 天平均蒸散发 RMSE 整体为 1.12 mm/d，在农田和湿地 RMSE 达到 1.80 mm/d）。

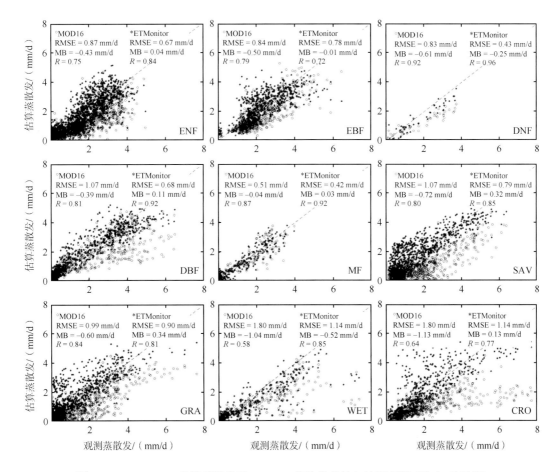

图 7.29　ETMonitor 估算蒸散发及 MOD16 蒸散发产品与地面观测对比（8 天平均）

  图 7.30 对比了 ETMonitor 估算全球陆表实际蒸散发与其他不同来源蒸散发产品(空间分辨率统一到 0.25°),主要包括 FluxCom(地面观测升尺度蒸散发产品)、GLEAM(遥感蒸散发产品)、MOD16(遥感蒸散发产品)和 GLDAS(陆面过程模型同化蒸散发产品)。结果发现,ETMonitor 估算蒸散发产品与 FluxCom 和 GLEAM 产品关系较好,相关系数达到 0.92 和 0.89,而与 MOD16 和 GLDAS 产品关系略差。FluxCom 产品由地面观测蒸散发升尺度获取,一般认为其陆表实际蒸散发产品精度最高,说明 ETMonitor 估算蒸散发空间分布具有很好的合理性。然而,目前 FluxCom 公布的产品空间分辨率仅为 0.5°,难以达到高分辨率的应用需求。而 MOD16 蒸散发产品空间分辨率为 500 m,时间分辨率为 8 天,具有较高的空间分辨率,但是在湿润地区存在高估现象,在干旱地区存在低估现象。因此,ETMonitor 估算的全球陆表实际蒸散发与其他主流的精度较高的蒸散发产品具有良好的一致性,并具有兼顾较高时间和高空间分辨率的优势(可达到逐日 1 km)。

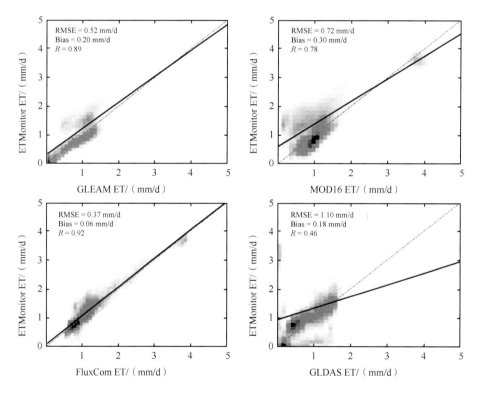

图 7.30 ETMonitor 估算实际蒸散发与其他蒸散发产品对比散点图

7.5 本 章 小 结

  针对当前利用卫星遥感观测作为驱动的高分辨率陆表能量和水分交换过程模型中的主要问题,本章介绍了陆表蒸散发遥感的基本理论和方法以及国家重大科学研究计划

"全球陆表能量与水分交换过程及其对全球变化作用的卫星观测与模拟研究"在此方面的研究进展。以自主研发的陆表蒸散发估算模型 ETMonitor 为基础，在土壤-植被系统中蒸散发模拟、区域尺度冠层截留蒸发遥感模型、积雪升华遥感估算等方面开展了改进研究，解决当前遥感观测驱动的能量水分交换模型不适用于复杂陆表多尺度、多物理过程的问题，利用多源卫星反演的高精度陆表能量水分交换过程关键控制状态变量的观测优势，实现机理更稳健、更适于复杂陆表、高时空分辨率、多时空尺度的陆表能量水分交换过程模拟。

ETMonitor 模型利用多源卫星观测反演的高精度陆表能量与水分交换过程关键控制状态变量的观测优势，从主控陆表能量与水分交换过程的能量平衡、水分平衡及植物生理过程的机理出发，引进土壤水分运移模型模拟土壤水分胁迫，改进对植被蒸腾和土壤蒸发估算的参数化方法，引入雪面吸收辐射能量的经验关系改进对雪面升华过程的模拟估算，引进遥感观测反演的冠层结构参数发展了区域尺度植被冠层截留估算方法，实现了高时空分辨率的陆表实际蒸散发及其分量的模拟，更适于复杂陆表、多时空尺度陆表能量水分交换过程的模拟。进一步地，在对微波反演的表层土壤水分进行降尺度和利用土壤水分运移模型估算根区土壤水分的基础上，通过引入数据同化方法降低模型模拟土壤水分的不确定性，更准确地估算区域蒸散发。基于站点通量观测的验证结果表明，改进后的方案估算的灌溉农田实际蒸散发精度略有提高，而在荒漠、戈壁等下垫面的陆表实际蒸散发精度明显提高，其 RMSE 从大于 1 mm/d 减小至 0.6~0.8 mm/d，加入根区土壤水分模拟和数据同化方案后估算的陆表实际蒸散发具有更小的误差。

利用本书第一部分完成的较当前再分析数据空间分辨率更高的陆表辐射、动态水体面积、积雪覆盖度、陆表冻融状态等卫星反演数据，进一步提高了复杂陆表条件下区域实际蒸散发的估算能力和精度。发展和改进以遥感观测为驱动的陆表蒸散发估算方法兼顾较高的时间和空间分辨率，在全球尺度上实现模拟估算，生产全球逐日 1 km 和 0.05°（5 km）分辨率陆表蒸散发产品，其估算精度明显优于当前同类遥感陆表蒸散发产品，并在国家青藏高原科学数据中心公开共享。

参 考 文 献

李娜娜, 贾立, 卢静. 2015. 复杂下垫面陆表土壤热通量算法改进: 以黑河流域为例. 中国科学: 地球科学, 45(4): 494-507.

刘绍民, 孙睿, 孙中平, 等. 2004. 基于互补相关原理的区域蒸散量估算模型比较. 地理学报, 59(3): 331-340.

马耀明, 王介民, Menenti M, 等. 1999. 卫星遥感结合地面观测估算非均匀陆表区域能量通量. 气象学报, 57(2): 180-189.

王介民, 高峰, 刘绍民. 2003. 流域尺度 ET 的遥感反演. 遥感技术与应用, 18(5): 332-338.

王介民. 2021. 面积平均通量与光闪烁方法. 高原气象, 40(6): 1-17.

阳坤, 王介民. 2008. 一种基于土壤温湿资料计算陆表土壤热通量的温度预报校正法. 中国科学（D 辑: 地球科学), 38(2): 243-250.

张仁华, 孙晓敏, 朱治林, 等. 2002. 以微分热惯量为基础的陆表蒸发全遥感信息模型及在甘肃沙坡头地区的验证. 中国科学(D 辑: 地球科学), 32(12): 1041-1050.

Anadranistakis M, Liakatas A, Kerkides P, et al. 2000. Crop water requirements model tested for crops grown in Greece. Agricultural Water Management, 45: 297-316.

Anderson M C, Norman J M, Diak G R, et al. 1997. A two-source time-integrated model for estimating surface fluxes using thermal infrared remote sensing. Remote Sensing of Environment, 60(2): 195-216.

Bastiaanssen W G M, Cheema M J M, Immerzeel W W, et al. 2012. Surface energy balance and actual evapotranspiration of the transboundary Indus Basin estimated from satellite measurements and the ETLook model. Water Resources Research, 48(11): W11512.

Bastiaanssen W G M, Menenti M, Feddes R A, et al. 1998. A remote sensing surface energy balance algorithm for land(SEBAL). 1. Formulation. Journal of Hydrology, 212: 198-212.

Beljaars A C M, Holtslag A A M. 1991. Flux parameterization over land surface for atmospheric models. Journal of Applied Meteorology, 30: 327-341.

Ben Mehrez M, Taconet O, Vidalmadjar D, et al. 1992. Estimation of stomatal-resistance and canopy evaporation during the hapex-mobilhy experiment. Agricultural and Forest Meteorology, 58: 285-313.

Bintanja R. 2001. Modelling snowdrift sublimation and its effect on the moisture budget of atmospheric boundary layer. Tellus, 53A: 215-232.

Bowen I S. 1926. The ratio of heat losses by conduction and by evaporation from any water surface. Physical Review, 27(6): 779.

Brutsaert W. 1982. Evaporation into the Atmosphere: Theory, History, and Applications. Dordrecht: Reidel.

Carlson T N, Gillies R R, Perry E M. 1994. A method to make use of thermal infrared temperature and NDVI measurements to infer surface soil water content and fractional vegetation cover. Remote Sensing Reviews, 9(1-2): 161-173.

Carlyle-Moses D E, Gash J H. 2011. Rainfall interception loss by forest canopies// Levia D F, Carlyle-Moses D, Tanaka T, et al. Forest Hydrology and Biogeochemistry: Synthesis of Past Research and Future Directions. New York: Springer, 407-423.

Cleugh H A, Leuning R, Mu Q, et al. 2007. Regional evaporation estimates from flux tower and MODIS satellite data. Remote Sensing of Environment, 106(3): 285-304.

Cui Y, Jia L. 2014. A modified gash model for estimating rainfall interception loss of forest using remote sensing observations at regional scale. Water, 6(4): 993-1012.

Dadic R, Mott R, Lehning M, et al. 2013. Sensitivity of turbulent fluxes to wind speed over snow surfaces in different climatic setting. Advances in Water Resources, 55: 178-189.

de Bruin H A R, Jacobs C M J. 1989. Forest and regional scale processes. Philosophical Transactions of the Royal Society B, 324: 393-406.

de Bruin H A R, Wang J. 2017. Scintillometry: a review. Access from https: //www.researchgate.net/ publication/316285424_Scintillometry_a_review [2019-01-01].

Dickinson R E. 1984. Modeling evapotranspiration for three-dimensional global climate models. Geophysical Monograph Series, 29: 58-72.

Feddes R A. 1971. Water, Heat and Crop Growth. Wageningen: Wageningen Agricultral University, The Netherlands.

Foken T. 2008. The energy balance closure problem: an overview. Ecological Applications, 18(6): 1351-1367.

Gash J H. 1979. An analytical model of rainfall interception by forests. Quarterly Journal of the Royal

Meteorological Society, 105: 13.

Gash J H C, Lloyd C R, Lachaud G. 1995. Estimating sparse forest rainfall interception with an analytical model. Journal of Hydrology, 170(1): 79-86.

Gentine P, Entekhabi D, Chehbouni A, et al. 2007. Analysis of evaporative fraction diurnal behaviour. Agricultural and Forest Meteorology, 143: 13-29.

Hall A E, Canell G H, Lawton H W. 1979. Agriculture in Semi-Arid Environments. Berlin: Springer-Verlag.

Han Q, Niu Z. 2020. Construction of the long-term global surface water extent dataset based on water-NDVI spatio-temporal parameter set. Remote Sensing, 12: 2675.

Hu G, Jia L. 2015. Monitoring of evapotranspiration in a semi-arid inland river basin by combining microwave and optical remote sensing observations. Remote Sensing, 7(3): 3056-3087.

IPCC. 2007. IPCC Fourth Assessment Report: Climate Change 2007(AR4). http: //www.ipcc.ch/ publications_and_data/publications_and_data_reports.shtml. [2009-01-01]

Jarvis P G. 1976. The interpretation of the variations in leaf water potential and stomatal conductance found in canopies in the field. Philosophical Transactions of the Royal Society of London B: Biological Sciences, 273(927): 593-610.

Ji L, Gong P, Wang J, et al. 2018. Construction of the 500-m resolution daily global surface water change database(2001–2016). Water Resources Research, 54(12): 54.

Jia K, Liang S, Liu S H, et al. 2015. Global land surface fractional vegetation cover estimation using general regression neural networks from MODIS surface reflectance. IEEE Transactions on Geoscience and Remote Sensing, 53(9): 4787-4796.

Jia L, Zheng C, Hu G C, et al. 2018. Evapotranspiration//Comprehensive Remote Sensing. Oxford: Elsevier: 25-50.

Jiang B, Liang S L, Ma H, et al. 2016. GLASS daytime all-wave net radiation product: algorithm development and preliminary validation. Remote Sensing, 8: 17.

Jiang B, Liang S, Jia A, et al. 2018. Validation of the surface daytime net radiation product from version 4.0 GLASS product suite. IEEE Geoscience and Remote Sensing Letters, 16: 509-513.

Kuchment L S, Gelfan A N. 1996. The determination of the snowmelt rate and the meltwater outflow from a snowpack for modelling river runoff generation. Journal of Hydrometeorology, 179: 23-36.

Kustas W P. 1990. Estimates of evapotranspiration with a one-and two-layer model of heat transfer over partial canopy cover. Journal of Applied Meteorology, 29(8): 704-715.

Kustas W P, Norman J M. 1999. Evaluation of soil and vegetation heat flux predictions using a simple two-source model with radiometric temperatures for partial canopy cover. Agricultural and Forest Meteorology, 94(1): 13-29.

Kuzmin P P. 1953. On method for investigations of evaporation from the snow cover. Transactions of the State Hydrology Institute. 41: 34-52.

Lettenmaier D P, Famiglietti J S. 2006. Water from on high. Nature, 444: 562-563.

Lhomme J P, Monteny B, Amadou M. 1994. Estimating sensible heat flux from radiometric temperature over sparse millet. Agricultural and Forest Meteorology, 68: 77-91.

Li Z L, Tang R L, Wan Z, et al. 2009. A review of current methodologies for regional evapotranspiration estimation from remotely sensed data. Sensors, 9(5): 3801-3853.

Liu Y, Hiyama T, Yasunari T, et al. 2012. A nonparametric approach to estimating terrestrial evaporation:

validation in eddy covariance sites. Agricultural and Forest Meteorology, 157: 49-59.

MacDonald M K, Pomeroy J W, Pietroniro A. 2010. On the importance of sublimation to an alpine snow mass balance in the Canadian Rocky Mountains. Hydrol. Earth Syst. Sci, 14: 1401-1415.

Marks D, Dozier J. 1992. Climate and energy exchange at the snow surface in the Alpine region of the Sierra Nevada 2. Snow cover energy balance. Water Resources Research, 28: 3043-3054.

McCabe M F, Ershadi A, Jimenez C, et al. 2016. The GEWEX LandFlux project: evaluation of model evaporation using tower-based and globally gridded forcing data. Geoscientific Model Development, 9(1): 283-305.

Miralles D G, Holmes T R H, de Jeu R A M, et al. 2011. Global land-surface evaporation estimated from satellite-based observations. Hydrol. Earth Syst. Sci, 15(2): 453-469.

Mo X G, Liu S X, Lin Z H, et al. 2004. Simulating temporal and spatial variation of evapotranspiration over the Lushi basin. Journal of Hydrology, 285: 125-142.

Monteith J L. 1965. Evaporation and environment. Symposium of the Society of Experimental Biology, 19: 205-234.

Monteith J L. 1981. Evaporation and surface-temperature. Quarterly Journal of the Royal Meteorological Society, 107: 1-27.

Mu Q, Heinsch F A, Zhao M, et al. 2007. Development of a global evapotranspiration algorithm based on MODIS and global meteorology data. Remote Sensing of Environment, 111(4): 519-536.

Mu Q, Zhao M, Running S W. 2011. Improvements to a MODIS global terrestrial evapotranspiration algorithm. Remote Sensing of Environment, 115(8): 1781-1800.

Noilhan J, Planton S. 1989. A simple parameterization of land surface processes for meteorological models. Monthly Weather Review, 117: 536-549.

Norman J M, Kustas W P, Humes K S. 1995. Source approach for estimating soil and vegetation energy fluxes in observations of directional radiometric surface temperature. Agricultural and Forest Meteorology, 77(3): 263-293.

Penman H L. 1948. Natural evaporation from open water, bare soil and grass. Proceedings of the Royal Society of London A: Mathematical, Physical and Engineering Sciences, 193(1032): 120-145.

Pereira F L, Gash J H C, David J S, et al. 2009. Evaporation of intercepted rainfall from isolated evergreen oak trees: do the crowns behave like wet bulbs? Agricultural and Forest Meteorology, 149(3-4): 667-679.

Pomeroy J W, Gray D M, Landine P G. 1993. The prairie blowing snow model characteristics, validation, operation. Journal of Hydrology, 144: 165-192.

Price J C. 1982. On the use of satellite data to infer surface fluxes at meteorological scales. Journal of Applied Meteorology, 21: 1111-1122.

Schmidt R A, Troendle C A, Meiman J R. 1998. Sublimation of snowpack in subalpine conifer forests. Canadian Journal of Forest Research, 28(4): 501-513.

Sellers P, Mintz Y, Sud Y, et al. 1986. A simple biosphere model (SiB) for use within general circulation models. Journal of the Atmospheric Sciences, 43: 505-531.

Shuttleworth W J. 1993. Evaporation//Maidment D R. Handbook of Hydrology. New York: Mc Graw-Hill.

Shuttleworth W J, Wallace J S. 1985. Evaporation from sparse crops-an energy combination theory. Quarterly Journal of the Royal Meteorological Society, 111(469): 839-855.

Stewart J B. 1988. Modelling surface conductance of pine forest. Agricultural and Forest Meteorology, 43(1): 19-35.

Strasser U, Bernhardt M, Weber M, et al. 2008. Is snow sublimation important in the alpine water balance? The Cryosphere, 2: 53-66.

Su Z. 2002. The Surface Energy Balance System(SEBS)for estimation of turbulent heat fluxes. Hydrology and Earth System Sciences, 6(1): 85-100.

Szeicz G, Endrödi G, Tajchman S. 1969. Aerodynamic and surface factors in evaporation. Water Resources Research, 5: 380-394.

Tang R L, Li Z L, Tang B H. 2010. An application of the Ts-VI triangle method with enhanced edges determination for evapotranspiration estimation from MODIS data in arid and semi-arid regions: implementation and validation. Remote Sensing of Environment, 114(3): 540-551.

Thom A S, Thony J L, Vauclin M. 1981. On the proper employment of evaporation pans and atmometers in estimating potential transpiration. Q. J. R. Meteorol. Soc., 107: 711-736.

Thompson N, Barrie I, Ayles M, et al. 1981. The Meteorological Office Rainfall and Evaporation Calculation System: MORECS(July 1981). Meteorological Office.

Thornthwaite C W, Holzman B. 1939. The determination of evaporation from land and water surfaces. Monthly Weather Review, 67(1): 4-11.

van Dijk A I J M, Bruijnzeel L. 2001. Modelling rainfall interception by vegetation of variable density using an adapted analytical model. Part2. Model validation for a tropical upland mixed cropping system. Journal of Hydrology, 247(3-4): 239-262.

van Dijk A I J M, Gash J H, van Gorsel E, et al. 2015. Rainfall interception and the coupled surface water and energy balance. Agricultural and Forest Meteorology, 214: 402-415.

Verma S B, Rosenberg N J, Blad B L, et al. 1976. Resistance-energy balance method for predicting evapotranpiration, determination of boundary layer resistance, and evaluation of error effects. Agronomy Journal, 68: 776-782.

Wang K, Li Z, Cribb M. 2006. Estimation of evaporative fraction from a combination of day and night land surface temperatures and NDVI: a new method to determine the Priestly-Taylor parameter. Remote Sensing of Environment, 102(3-4): 293-305.

Wang K, Wang P, Li Z, et al. 2007. A simple method to estimate actual evapotranspiration from a combination of net radiation, vegetation index and temperature. Journal of Geophysical Research, 112(D15): D15107.

Wang N, Jia L, Zheng C, et al. 2017. Estimation of subpixel snow sublimation from multispectral satellite observations. Journal of Applied Remote Sensing, 11(4): 046017.

Wang T, Yan G, Mu X, et al. 2018. Toward operational shortwave radiation modeling and retrieval over rugged terrain. Remote Sensing of Environment, 205: 419-433.

Wang Y, Li R, Min Q, et al. 2019. A three-source satellite algorithm for retrieving all-sky evapotranspiration rate using combined optical and microwave vegetation index at twenty AsiaFlux sites. Remote Sensing of Environment, 235: 111463.

Wu T W, Wu G X. 2004. An empirical formula to compute snow cover fraction in GCMS. Advances in Atmospheric Sciences, 21(4): 529-535.

Xiao Z, Liang S, Wang J, et al. 2014. Use of general regression neural networks for generating the GLASS leaf area index product from time-series MODIS surface reflectance. IEEE Transactions on Geoscience and Remote Sensing, 52 (1): 209-223.

Yao Y J, Qin Q M, Fadhil A M, et al. 2011. Evaluation of EDI derived from the exponential evapotranspiration model for monitoring China's surface drought. Environmental Earth Sciences, 63 (2): 425-436.

Zhang Y, Kong D, Gan R, et al. 2019. Coupled estimation of 500 m and 8-day resolution global evapotranspiration and gross primary production in 2002-2017. Remote Sensing of Environment, 222: 165-182.

Zheng C, Jia L. 2020. Global canopy rainfall interception loss derived from satellite earth observations. Ecohydrology, 13 (2): e2186.

Zheng C, Jia L, Hu G, et al. 2019. Earth observations-based evapotranspiration in Northeastern Thailand. Remote Sensing, 11 (2): 138.

Zheng C, Wang Q, Li P. 2016. Coupling SEBAL with a new radiation module and MODIS products for better estimation of evapotranspiration. Hydrological Sciences Journal, 61 (8): 1535-1547.

第8章 陆表蒸散发观测和模拟的尺度效应与尺度扩展

地面站点观测技术可以准确测量蒸散发，但是其观测受到时空覆盖范围的限制，而使用模型模拟的方法在流域或者区域尺度上精确估算蒸散发仍存在较大挑战。

在过去 20 年里已经发展了多种区域尺度估算蒸散发方法，如基于遥感数据的方法（Song et al.，2016；Yao et al.，2014）、陆面过程模型（Dai et al.，2003；Niu et al.，2011）、变分数据同化方法（Bateni et al.，2013；Xu et al.，2014），以及陆面数据同化系统（Xia et al.，2012；Xu et al.，2011）。尽管这些方法可以进行流域或全球尺度蒸散发的估算，但是，基于这些算法的蒸散发日估计值表现出了显著差异（Long et al.，2014），和陆表测量值相比，相对误差在 14%～44%（Kalma et al.，2008；Velpuri et al.，2013；Yao et al.，2013）。

由于陆表蒸散发区域模拟存在较大的不确定性，所以基于多种方法得到的陆表蒸散发产品需要进行进一步验证。基于陆表的观测网络（如 FLUXNET）和加强实验（如 TERENO 和 HiWATER）已经被应用于精确获取植被和气候变化下的蒸散发（Baldocchi et al.，2001；Bogena et al.，2006；Li et al.，2013）。这些观测值虽然可以用于验证不同土地覆盖类型的蒸散发产品，但是，它们在空间和时间尺度上都很稀疏，这些测量值的空间代表性主要来自从通量塔尺度到公里尺度（Liu et al.，2016）。

为了量化从陆表到大气的蒸散发并在区域尺度上评价蒸散发产品，需要将蒸散发的尺度从通量塔扩展到流域或者区域尺度上。卫星传感器探测的陆表二维信息是将蒸散发从通量塔扩展到更大尺度的有效方法。

从大尺度应用角度来讲，遥感模型和陆面过程模型均可提供空间上宽覆盖的陆表能量和水分交换产品，是全球及区域尺度陆表能量和水分交换研究的重要方向（Sellers，1991；Sellers et al.，1995b；Randall et al.，1996；Su，2002；Jia et al.，2003；Liu et al.，2016）。在遥感和陆面过程模型向着更具完备物理机制方向发展的同时，对异质性陆表下能量和水分模拟的尺度效应及尺度转换机制认识的缺乏，严重制约了遥感和陆面过程模型的进一步发展。

8.1 陆表蒸散发观测和模拟的尺度效应概述

8.1.1 陆表蒸散发观测尺度效应

陆表与大气间的水热通量交换过程发生在不同时间和空间尺度上，其时间尺度从与大气湍流相关的秒间瞬变延伸到日、月及年尺度，其空间尺度从厘米到数千公里级变化

(Stull，1984；Bloschl and Sivapalan，1995)。涡动相关(EC)观测技术诞生之前局地尺度观测主要采用的是基于风速、温度、物质浓度梯度测量的空气动力学方法以及基于能量平衡的波文比法。目前，广泛应用的陆表和大气间水热通量观测方法主要有基于地面塔站的涡动相关观测法、大孔径闪烁仪(LAS)测量法和机载涡动相关观测法。

基于地面塔站的涡动相关观测技术，通过对瞬时风速、温度、水汽和二氧化碳等其他痕量气体浓度的高频观测(通常为10～20 Hz)，应用雷诺平均和分解理论(Reynolds，1895)，在泰勒假设及常通量层假设条件下，求得垂直风速和水平风速协方差、水汽浓度、温度及痕量气体浓度的协方差，计算陆表动量通量、水、热通量及二氧化碳等其他痕量气体通量，是目前陆表通量观测精度最高且最常用的方法。1980 年以来，基于地面塔站的涡动相关观测技术被广泛应用于国际上的各大陆面过程观测试验，如Hydrological and Atmospheric Pilot Experiment-HAPEX(Andre et al.，1986，1988)、First ISLSCP Field Experiment - FIFE(Sellers et al.，1988，1992，1995a)、HAPEX-Sahel(Andre，1997)、Cold Land Process Experiment-CLPX(Cline et al.，2009)、Stratosphere-troposphere Process and their Role in Climate 2004-SPARC 2004(van der Kwast et al.，2009)、Sentinel-2 and Fluorescence Experiment-SEN2FLEX(Sobrino et al.，2008)、EAGLE2006(an intensive filed campaign for the advances in land surface)(Su et al.，2009)、"黑河地区地-气相互作用观测试验"(HEIFE)(胡隐樵，1994)、"黑河综合遥感联合试验"(WATER)(Li et al.，2009)、"黑河流域生态-水文过程综合遥感观测联合试验"(HiWATER)(Li et al.，2013)，以及在内蒙古草原开展的"内蒙古半干旱草原土壤-植被-大气相互作用试验"(IMGRASS)(Lu et al.，1997；王介民，1999)等。此外，涡动相关观测技术的发展还促成了区域和国家层次的长期通量观测网络的建立。欧洲通量网(CarboEuro，http：//www.europe-fluxdata.eu/home)(Aubinet et al.，1999；Valentini et al.，2000)、美国通量网(AmeriFlux，http：//ameriflux.lbl.gov)(Running et al.，1999；Law et al.，2002)、中国通量网(ChinaFLUX，http：//www.chinaflux.org)(于贵瑞等，2006)是国际通量观测网络(FLUXNET)的重要组成部分。目前，FLUXNET 已经汇集了全球 900 多个站点的通量观测资料，这些观测资料对全球及区域尺度陆-气相互作用的研究发挥着重要作用(Baldocchi et al.，2001；Falge et al.，2002；Bonan et al.，2011；Melaas et al.，2013)。地基塔站涡动相关观测具有较高的观测精度，常被作为验证遥感和陆面过程模型水热通量模拟的重要数据源。但其观测源区仅有几十米到几百米，仅能获取局地尺度的水热通量观测(贾贞贞，2014)。

LAS 由接收端和发射端组成，通过测量光路上受气压、湿度和温度影响的折射指数结构参数表征大气的湍流强度，并基于相似理论结合气象数据计算观测源区内的感热通量(Wang et al.，1978；白洁，2012)。与基于地面塔站的涡动相关观测相比，LAS 最大的优点是具有较大的通量观测源区，可以提供非均匀下垫面上千米级的通量观测(卢俐等，2005，2010；陈继伟等，2013；孙根厚等，2016)。研究表明，当下垫面较均匀时，LAS 观测的感热通量与地基塔站涡动相关观测的感热通量差异较小(Mcaneney et al.，1995；Anandakumar，1999；Cain et al.，2001；Hoedjes et al.，2007)；非均匀下垫面上LAS 测量与地基涡动相关测量的差异同 LAS 的观测高度、下垫面的均匀程度、两者的源区差异、地基涡动相关观测的能量闭合率等因素相关(Meijninger et al.，2002；Liu et al.，2011)。LAS 观测也常出现在国际上的大型陆面过程试验中，如 SALSA(Semi-Arid Land-Surface-Atmosphere Program)(Goodrich et al.，2000)、CASES(Cooperative Atmosphere-Surface Exchange Study)(Moeng et al.，2010)、EBEX(Energy Balance EXperiment)(Oncley et al.，2002)等。2012 年 HiWATER 试验中在黑河流域中游绿洲区农田下垫面上建立了 4 套 LAS 观测系统，用于观测生长季区域平均的陆表感热通量，结合地面涡动相关矩阵观测和高空间分辨率遥感观测，期待解决非均匀陆表蒸散发尺度扩展等问题(Liu et al.，2011，2013)。虽然 LAS 具有相对较大的通量观测源区，但观测空间分布密度相对较低，且其公里级的观测依然不能满足区域尺度陆表水热通量获取及陆面过程模式粗网格尺度水热通量模拟验证的需求。

8.1.2　陆表蒸散发模拟的尺度效应

陆表与大气间的能量与水分交换是一个涉及土壤状况、植被生理、大气边界层湍流机制，以及土壤-植被-大气间物质交换与能量平衡的复杂过程。在较大的空间尺度上，陆表的土壤、植被状况及近地面气象条件等能量与水分交换主控因子及能量与水分交换过程本身常呈现高度的空间非均一性和随时间变化的特点。

遥感模型和陆面过程模型均可提供空间上宽覆盖的陆表能量和水分交换产品，是全球及区域尺度陆表能量和水分交换研究的重要方向。其中，遥感模型借助于遥感反演的陆表覆盖类型、植被指数、陆表温度、土壤水分等陆表状态数据来实现对陆表水、热通量瞬时或天尺度均值的模拟。相对于地面观测和遥感模型，陆面过程模型具有通过动态模拟土壤-植被-大气连续体内的多物理过程，可以获取区域及全球尺度时空连续的陆表水、热通量模拟的优势。陆面过程模型具有物理机制清晰，同时涉及地球系统能量平衡、水量平衡和物质平衡过程的特点，是水文、气候相关研究的重要工具(Sellers et al.，1997a；Chen and Sun，2002)。一方面，由于输入数据空间分辨率不足、计算资源耗费较大等原因，陆面过程模型在区域及全球尺度应用时，其计算格网空间分辨率受到限制(Avissar and Pielke，1989)。另一方面，模型中的物理机理大多是基于均质下垫面条件和小尺度的观测资料发展起来的，当被应用到大尺度复杂下垫面时，由于复杂陆表非均一性和陆面过程的高度非线性特征，用平均参数和小尺度上建立的方程来求解大尺度网格内的物理方程将导致较大失真，引起能量与水分模拟的尺度效应。尺度效应是目前遥感和陆面过程模型进行能量与水分模拟的最重要的误差来源之一。

粗格网陆面过程模拟存在着较严重的尺度效应问题，主要表现为：粗格网模拟时往往忽略次格网尺度异质性，使得逐格网的模拟结果不能充分表达陆表水、热通量的真实空间异质性；在陆面过程复杂非线性结构的作用下，格网/次格网尺度均质假设给格网/次格网尺度陆表水热通量均值的模拟带来一定的不确定性(Seyfried and Wilcox，1995；姜金华等，2007)。

陆表能量与水分交换模拟的尺度效应还表现在模型的验证环节。现阶段受输入数据，尤其是陆表温湿度数据的限制，遥感模型和陆面过程模型的空间分辨率或网格尺度通常分别被限制在千米和数十千米级别，而传统的陆表通量观测的源区范围仅为数百米，模拟和观测尺度差异过大，使得直接利用传统的局地尺度通量观测开展模型验证存在一定的不确定性。

8.2　蒸散发地面观测到遥感像元尺度扩展

8.2.1　蒸散发观测到遥感像元尺度扩展概述

蒸散发(ET)是从地球表面到大气的土壤蒸发和植被蒸腾的总和。蒸散发是陆表面过程中的重要气象参数，因为它可以连接陆表能量平衡(潜热通量)、水循环(蒸发)以及碳循环(蒸腾-光合作用交换)(Fisher et al.，2017)。对流域、大陆或者全球尺度上的蒸散发定量分析可以帮助我们提高对陆地-大气之间的水、热量、碳交换过程的理解，这对于水资源管理以及全球变化研究有重要意义。

通过使用遥感数据进行站点观测蒸散发尺度扩展的方法，目前主要有四种：①将通量塔观测到的蒸散发与植被指数建立关系[如归一化植被指数(NDVI)、增强型植被指数(EVI)]、陆表温度(LST)观测值以及气象参数(如净辐射、气温、降水量等)(Fang et al.，2016；Sun et al.，2011；Wang and Liang，2008；Wang et al.，2007)，用最小二乘法估计公式中的参数，预测公式通常是由经验关系发展而来的。②是基于克里金理论框架(Ge et al.，2015；Hu et al.，2015)或贝叶斯理论框架(Gao et al.，2014；Qin et al.，2013)的"地统计方法"。③用半理论模型(Liu et al.，2016)或理论模型(Heinemann and Kerschgens，2005)扩展湍流通量的尺度。④基于机器学习算法(Jung et al.，2011；Li et al.，2018；Lu and Zhuang，2010；Wang et al.，2017；Xiao et al.，2014；Xu et al.，2018；Yang et al.，2006)。

基于机器学习算法进行站点观测蒸散发尺度扩展是目前研究的热点，Yang 等(2006)利用美国通量网(AmeriFlux)的通量塔观测数据、三种遥感数据(陆表温度、增强型植被指数以及土地覆盖)以及地面短波辐射数据，使用支持向量机(SVM)方法来估算美国 8 天平均的蒸散发。Lu 和 Zhuang(2010)使用人工神经网络(ANN)技术，利用遥感数据、气象和通量塔观测数据，生产了美国的日尺度蒸散发产品。Jung 等(2011)通过模型树聚集(MTE)方法，利用 FLUXNET 观测值、气象和植被状态数据，获取了全球范围内的月尺度感热和潜热通量。Xiao 等(2014)利用基于 Cubist 的分段回归方法(Xiao et al.，2008)，将北美地区 2000～2012 年蒸散发的测量值由通量塔尺度扩展到大陆尺度。Wang 等(2017)利用了三种机器学习算法：人工神经网络、支持向量机以及多元自适应回归(MARS)，估算了北美不同植物功能类型(PFT)的日尺度潜热通量。所有这些研究都利用了通量观测值以及其他一些同蒸散发或者感热潜热通量相关的陆表测量参数来对机器学习的模型进行训练。然后，将这些经过训练的模型通过区域遥感和气象输入在大陆或全球尺度上生成蒸散发。尽管机器学习技术已经被广泛应用于通量观测蒸散发数据的尺度扩展中，但是一些常用的机器学习模型[如 Cubist、深度信念网络(DBN)、随机森林(RF)等]

还没有被系统地验证和比较。而且，预测的区域蒸散发估计值未通过大规模的独立地面观测进行检验(如来自大孔径闪烁仪的蒸散发测量值)。除此之外，这些方法的相对不确定性还没有在区域尺度上得到很好的评估。

在本章节中，五种常用的机器学习算法被应用于将通量塔尺度的蒸散发观测值扩展到卫星像元尺度。这些机器学习方法包括人工神经网络、Cubist、深度信念网络、随机森林以及支持向量机。利用涡动相关仪对我国西北部黑河流域 36 个通量塔站点(65 个站年)进行了蒸散发观测，对所选择的机器学习方法进行了站点尺度测试。三角帽(TCH)方法被用于评估卫星像元尺度上每种方法的相对不确定性。最佳的机器学习方法被用来生成整个流域内 2012～2016 年日尺度的蒸散发(定义为 ETMap)。将来自于 ETMap 的蒸散发产品同来自八组大孔径闪烁仪的蒸散发观测值进行比较。最后，利用 ETMap 作为参照，对来自双温差(DTD)法和 ETMonitor(2018 年版本)的蒸散发产品进行评估。

8.2.2　陆表蒸散发尺度扩展与真实性检验研究方法

1. 机器学习算法

在机器学习方法中，蒸散发是目标变量，与蒸散发相关的变量为解释变量。本节对五种机器学习算法包括人工神经网络、Cubist、深度信念网络、随机森林以及支持向量机等进行训练和测试。

人工神经网络算法是一种模拟人脑中神经网络行为的算法，由输入层、隐藏层和输出层构成。在人工神经网络算法中，数据被放入输入层中对模型进行训练，在隐藏层中获取权重，在输出层中生成预测结果。隐藏层中的权重表达的是在没有实际物理意义的隐藏单元之间的连接强度(Kumar et al.，2002)。人工神经网络算法可以根据系统的复杂性，通过调节隐藏层中大量结点之间的关系来处理信息。人工神经网络具有自适应性、自我组织和自主学习的能力，这些都可以表达输入和输出之间复杂的非线性关系。

Cubist 是一种基于修正回归树理论的强大工具。Cubist 可以生成一系列基于规则的预测模型，以平衡准确预测的需求和可理解性的要求(RuleQuest，2008)。Cubist 模型表示为规则集合，其中每个规则都有一个相关的多元线性模型。只要案例与规则的条件匹配，关联的模型就会用于计算预测值。Cubist 模型通常比简单技术，如多元线性回归，产生的结果更好，同时也比神经网络更容易理解。Cubist 旨在以高速和易用的特点分析包含数以百万记录的大数据。

深度信念网络是由 Hinton 等(2006)提出的一种深度学习方法。深度信念网络通过建立一种具有多重隐藏层和大量训练数据的机器学习模型，从而学习更多有用的特性并生成更精确的预测值。深度信念网络模型由多个限制玻尔兹曼机器(RBM)串联的深层网络堆栈构成。在训练过程中，将限制玻尔兹曼机器从低层训练到高层，生成次优模型初始参数。之后，采用机器学习算法对网络进行微调，使模型收敛到最优值。

随机森林算法通过自动随机选择训练样本生成独立回归树(Breiman，2001)，每一个独立回归树都是使用自举抽样法选择的样本生成的。在修复实体中的单个树之后，通过平均输出确定最终预测。随机森林可以解决高维数据和强非线性问题。由于每个独立树之间的相关度很低，随机森林方法在实际应用中可以避免陷入过度拟合的问题。

支持向量机是一种基于结构风险最小化原则的机器学习方法，并且可以解决非线性回归关系(Vapnik，1999)。一般来说，原始问题用非线性的有限维空间表示，支持向量机利用核函数将原有限维空间的数据集投影到更高维空间中，实现线性回归，通过求解凸二阶规划问题得到全局最优解。常用的核函数有多项式核函数、高斯核函数和径向基核函数。由于径向基核函数在以前的研究中表现出的性能优于其他核函数(Wang et al.，2017)，因此在本章节中使用径向基核函数。

2. 三角帽方法

三角帽(TCH)方法(Tavella and Premoli，1994)可以在没有任何先验知识的情况下，应用于估算卫星像元尺度上来自不同模型的蒸散发数据集的不确定性。TCH方法的理论和细节如下。

蒸散发数据集的时间序列可以被存储为$\{X_i\}(i=1, 2, \cdots, N)$，下标$i$表示第$i$个蒸散发数据集；$N$为要评估的产品的总数。$X_i$假设由两个部分组成：真值($X_t$)和误差($\varepsilon_i$)，

$$X_i = X_t + \varepsilon_i, \quad i=1, 2, \cdots, N \tag{8.1}$$

为了获得每个蒸散发数据集的不确定性(ε_i)，我们需要知道每个数据集的真值(X_t)。但是，在实际应用的过程中很难获得蒸散发数据集的真值。TCH方法定义了蒸散发数据集(X_i)和参照数据集(X_R)之间的差值：

$$Y_{(i, M)} = X_i - X_R = \varepsilon_i - \varepsilon_R, \quad i=1, 2, \cdots, N-1 \tag{8.2}$$

式中，Y存储在一个$M\times(N-1)$的矩阵中，M为时间样本。用于参照的蒸散发数据集可以在X_i中随机选择。矩阵Y的协方差矩阵可以通过$S=\mathrm{cov}(Y)$获得。单个噪声R的未知$N\times N$协方差矩阵与S有关，

$$S = J\cdot R\cdot J^T, \text{其中 } J=[Z-A^T] \tag{8.3}$$

式中，Z为一个$(N-1)\times(N-1)$的单位矩阵；A为一个有$N-1$列的行矩阵$[1\ 1\cdots1]\_((1\times(N-1)))$。由于未知元素的个数比方程的个数多，所以式(8.3)还无法求解。剩下的自由元素需要用一个合理的方法来获取其唯一值。Galindo 和 Palacio(1999)通过 Kuhn-Tucker 定理提出了约束最小化问题。

最后，通过以上的计算过程可以得到R矩阵。矩阵R的对角线元素平方根即时间序列$\{X_i\}(i=1, 2, \cdots N)$的不确定性，并且记为$\{\sigma_i\}(i=1, 2, \cdots, N)$。将$X_i$的均值与$\sigma_i$的比值定义为相对不确定性。

3. 地面通量矩阵观测

地面通量塔站获取的潜热通量观测是目前用于验证模型模拟结果的常用观测手段。常规通量塔站往往选择在陆表相对均匀的生态系统建立，而一些加强实验观测则通过建立地面通量的矩阵式观测网络研究陆表通量的尺度效应及尺度转换方法，如 2008～2011 年

在黑河流域(HRB)开展的"黑河综合遥感联合试验"(WATER)，建立了一个原型水文气象观测网络(Li et al., 2009)。

黑河流域是我国西北地区第二大内陆河流域，总面积约为 $1.43 \times 10^6 \ km^2$。黑河流域上游为山区，降水量较大，主要为草地和森林覆盖；沙漠绿洲景观存在于相对干燥的中游和下游，主要植被类型为下游灌溉农田和下游灌木林[图 8.1(a)]。

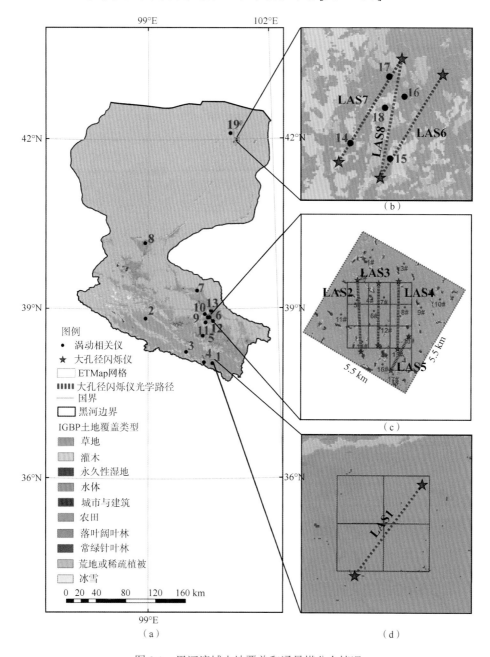

图 8.1　黑河流域土地覆盖和通量塔分布情况

"黑河综合遥感联合试验"中,在上游和中游地区建立了三个长期观测的涡动相关(EC)仪、三个自动气象站(AWSs)以及一套大孔径闪烁仪。2013年在"黑河生态水文遥感试验"(HiWATER)中建立了一个综合水文气象观测网。在黑河流域的上、中、下游试验区建立了三个超级站、18个普通站(Li et al., 2013),而且为了更好地理解非均匀下垫面的蒸散发过程,从2012年5~9月在中游进行了专题试验(非均匀下垫面多尺度陆表蒸散发观测试验,HiWATER-MUSOEXE)(Li et al., 2017;Liu et al., 2016)。在"非均匀下垫面多尺度陆表蒸散发观测试验"中,设立了两个嵌套试验区:一个大试验区(30 km×30 km)和核心试验区(5.5 km×5.5 km)。大试验区包含了一个超级站、4个普通站。核心试验区包含了17个站点和四台大孔径闪烁仪[图8.1(c)]。除了"黑河综合遥感联合试验"和"黑河生态水文遥感试验",在葫芦沟(Chen et al., 2014)、临泽(Ji et al., 2011)和金塔(Wen et al., 2012)地区也进行了其他的水文观测试验。

在黑河流域内收集总共来自36个通量塔位置(65个站年)的湍流通量观测数据。表8.1总结了19个长期通量塔站点,图8.1(a)显示了这些站点的分布位置。1~5号站点位于黑河流域的上游,6~13号站点位于中游,14~19号站点位于下游。并且,在黑河流域内还收集了从2012年5~9月非均匀下垫面多尺度陆表蒸散发观测试验中5.5 km×5.5 km区域内17个通量塔站点(15个农田站点、1个果园站点、1个裸地站点)的湍流热通量。利用涡动相关仪测量了黑河流域内36个通量塔(65个站点年)的半小时感热通量和潜热通量,同时获取了来自安装在通量塔上的自动气象站测量的半小时气象数据(如风速、气温、相对湿度、太阳辐射、降水等)。除此之外,还通过八组大孔径闪烁仪测量了黑河流域内的感热通量。大孔径闪烁仪测量沿图8.1所示光路的平均感热通量。图8.1显示了大孔径闪烁仪的位置,表8.2总结了每个大孔径闪烁仪的具体信息。1号大孔径闪烁仪位于黑河流域的上游,靠近阿柔站;2~5号大孔径闪烁仪位于中游,靠近大满站;6~8号大孔径闪烁仪位于下游,靠近四道桥站。

表 8.1　黑河流域通量塔站点概述

序号	站点	时间(年. 月)	土地覆盖	经度(°E)	纬度(°N)	高程/m
1	阿柔	2008.6~2016.12	草地	100.4643	38.0473	3033
2	大沙龙	2013.8~2016.12	草地	98.9406	38.84	3739
3	葫芦沟	2011.9~2016.12	草地	99.8667	38.25	3232
4	垭口	2015.1~2016.12	草地	100.2421	38.0142	4147
5	关滩	2008.1~2011.12	森林	100.2503	38.5333	2835
6	盈科	2008.1~2011.12	农田	100.4103	38.8571	1519
7	临泽	2013.4~2014.12	农田	100.1408	39.3281	1399
8	金塔	2008.6~2008.8	农田	98.9287	40.1722	1252
9	大满	2012.9~2016.12	农田	100.3722	38.8555	1556
10	巴吉滩	2012.6~2015.4	荒地	100.3042	38.915	1562
11	花寨子	2012.6~2016.12	荒地	100.3186	38.7652	1731

续表

序号	站点	时间(年.月)	土地覆盖	经度(°E)	纬度(°N)	高程/m
12	神沙窝	2012.6～2015.4	荒地	100.4933	38.7892	1694
13	张掖	2012.6～2016.12	湿地	100.4464	38.9751	1460
14	胡杨林	2013.7～2015.12	森林	101.1239	41.9932	876
15	混合林	2013.7～2016.12	森林	101.1335	41.9903	874
16	四道桥	2013.7～2016.12	灌木	101.1374	42.0012	873
17	农田	2013.7～2015.10	农田	101.1338	42.0048	875
18	裸地	2013.7～2016.3	荒地	101.1326	41.9993	878
19	荒漠	2015.5～2016.12	荒地	100.9872	42.1137	1054

表 8.2　黑河流域大孔径闪烁仪站点概述

站点名称	仪器类型/制造商	持续时间(年.月)	光学路径长度/m	高度/m
LAS1	BLS450，Scintec Germany	2008.3～2016.12	2390	9.5
LAS2	BLS900，Scintec Germany	2012.6～2012.9	3256	33.45
LAS3	BLS900，Scintec Germany	2012.6～2012.9	2841	33.45
LAS4	BLS900，Scintec Germany	2012.6～2012.9	3111	33.45
LAS5	BLS450，Scintec Germany	2012.6～2016.12	1854	22.45
LAS6	BLS900，Scintec Germany	2013.7～2015.4	2390	25.5
LAS7	BLS900，Scintec Germany	2013.9～2015.4	2380	25.5
LAS8	BLS900，Scintec Germany	2015.4～2016.12	2350	25.5

　　根据涡动相关仪的半小时潜热通量(LE)测量值计算日尺度蒸散发，并采用查找表(LUT)法(Falge et al.，2001)填补通量测量值的空白。同时，采用波文比闭合法进行涡动相关仪数据的能量闭合订正(Twine et al.，2000)。将大孔径闪烁仪测得的日尺度潜热通量作为植被生长季节陆表能量平衡方程($LE = R_n - G - H$)的残差，采用非线性回归方法(NLR)填补缺失数据的空白。采用四分辐射计测量净辐射，用地热通量板测量土壤热通量。具体的数据处理过程可以参见 Liu 等(2011，2013)和 Xu 等(2013)。

　　叶面积指数(LAI)数据产品由全球陆表卫星产品获得(Xiao et al.，2014)(http://glass-product.bnu.edu.cn)；土地覆盖数据由 Zhong 等(2014)提供；由气象研究和预报模型(WRF)生成区域气象变量(气温、相对湿度、降水和太阳辐射)(Pan et al.，2012)；并且还收集了黑河流域内由 DTD(Song et al.，2018)和 ETMonitor(Hu and Jia，2015)(2018 年版本)获得的区域蒸散发产品。这些数据的具体信息见表 8.3。用重采样法将土地覆盖数据从 30 m×30 m 汇总到 1 km×1 km；对区域气象参数从 5 km×5 km 到 1 km×1 km 进行重采样；用插值方法将叶面积指数数据从 8 天扩展到每天；气温、相对湿度以及太阳辐射取每日均值；降水量从每天累积到 30 天。

表 8.3　黑河流域内收集的区域数据概况

产品	空间分辨率	时间分辨率	参考文献
土地覆盖	30 m×30 m	Monthly	Zhong et al.，2015
叶面积指数	1 km×1 km	8 day	Xiao et al.，2014
气温	5 km×5 km	Hourly	
相对湿度	5 km×5 km	Hourly	
降水	5 km×5 km	Hourly	Pan et al.，2012
太阳辐射	5 km×5 km	Hourly	
DTD	1 km×1 km	Daily	Song et al.，2018
ETMonitor	1 km×1 km	Daily	Hu and Jia，2015

4. 数据处理与敏感性分析实验

蒸散发受大气因素影响，包括能量、水和陆表植被覆盖条件，因此，气温(T_a)、相对湿度(RH)、太阳辐射(R_s)、降水量(P)以及叶面积指数(LAI)都被应用于预测黑河流域内日尺度蒸散发。在模型训练方面，黑河流域内所有上述的参数以及由 36 个站点涡动相关仪测得的蒸散发都被输入 5 种机器学习算法中。在模型应用方面，通过使用训练模型，结合表 8.3 中的区域解释变量，估算得到区域日尺度蒸散发(空间分辨率为 1 km×1 km)。

由于用于训练模型的五种输入数据的数量级不同，所以需要对这些数据进行标准化处理，以剔除数据之间数量级的差异。否则，机器学习算法可能会受到输入变量的巨大影响。使用下面的公式将所有数据的范围标准化处理为[–1，1]。

$$N_i = (X_i - X_{avg}) / (X_{max} - X_{min}) \tag{8.4}$$

式中，N_i 为经过标准化的数据；X_i 为初始数据；X_{avg}、X_{max} 和 X_{min} 分别为初始数据的平均值、最大值和最小值。

使用下面的公式训练并计算不同土地覆盖类型下的蒸散发：

$$ET_i = M(R_{si}, \Sigma\_(i-30)^i P_i, LAI_i, T_{ai}, RH_i) \tag{8.5}$$

式中，$M(\bullet)$ 代表训练模型；ET_i 为目标变量；R_s、P、LAI、T_a 以及 RH 为解释变量；P 为第 i 天前 30 天的累积降水量；下标 i 表示的是第 i 天。

采用全局 k 折测试方法对每种机器学习方法的性能进行了测试，36 个(65 个站点年)通量塔观测站点被分为了 k 个部分(此处 k = 10)。在每一次的训练过程中，取数据的 k–1 个部分作为训练数据，剩下的一部分作为验证数据。重复交叉验证 k 次(所有的数据都被进行训练和验证)，然后将评价指标的结果均值作为评价结果。虽然 k 折叠测试在实际应用中较为费时，但在数据的充分利用和模型的预测方面比剩余测试方法更准确(Karimi et al.，2018；Marti et al.，2011；Shiri et al.，2014)。

通过使用不同的解释变量进行了 5 次敏感性测试，以检验蒸散发预测的性能(图8.2)。使用决定系数(R^2)和均方根误差(RMSE)来描述五种机器学习算法的不同表现。

在试验 1 中使用 R_s；从试验 2 到试验 5 依次添加 P、LAI、T_a 和 RH。如图 8.2 所示，R^2(RMSE) 随着解释变量的依次加入而增加(减少)。在包含了所有变量的试验 5 中，R^2(RMSE) 达到了最大(小)值 0.9(0.55)，说明可以利用所选的解释变量精确预测蒸散发。

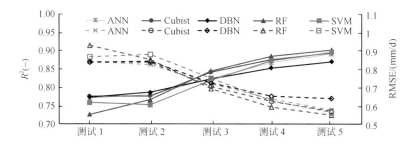

图 8.2　使用不同解释变量对蒸散发预测值进行的敏感性测试

8.2.3　尺度扩展与真实性检验结果分析

1. 陆表蒸散发观测到遥感像元尺度扩展结果

图 8.3 显示了在所有土地覆盖类型下，包括人工神经网络(ANN)、Cubist、深度信念网络(DBN)、随机森林(RF)以及支持向量机(SVM)的五种机器学习方法的 k 折测试结果。由五种机器学习模型预测的日尺度蒸散发与涡动相关仪的观测值非常符合，主要落在 1：1 线附近。ANN、Cubist、RF 以及 SVM 的表现几乎相同，DBN 方法的 RMSE(0.64 mm/d) 和 MAPE(12.47 %)略高，R^2(0.87)略低。模型预测值和观测值之间的差异主要来源于机器学习方法和观测数据的不确定性。机器学习算法训练的是没有物理意义的预测模型，并且忽略了解释变量与目标变量之间的实际相互作用。因此，机器学习算法会造成日尺度蒸散发预测的不确定性。另外，由涡动相关仪导出的湍流通量观测也存在不确定性(Wang et al.，2015)。

图 8.4 显示了利用三角帽(TCH)方法得到的五种机器学习方法预测的蒸散发的不确定性。一般来说，随机森林算法产生的相对不确定性略低于 ANN、Cubist 和 DBN，远低于 SVM。SVM 方法在荒漠区域内的相对不确定性最大。由于大部分通量塔位于上游

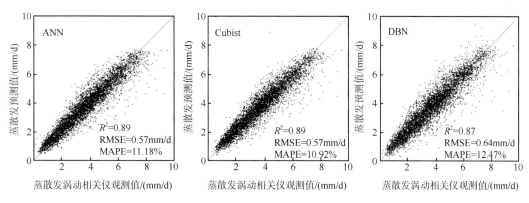

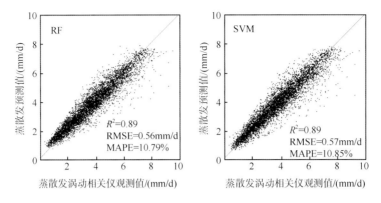

图 8.3　五种预测蒸散发机器学习算法在 36 个通量塔站点的性能

和中下游的绿洲地区,所以这些区域蒸散发的相对不确定性较低。北部的荒地由于通量塔站点数目较少,不确定性最大。因此,选择 RF 方法生产黑河流域内 2012～2016 年的日尺度蒸散发。根据 RF 算法预测的流域蒸散发被称为"ETMap"。

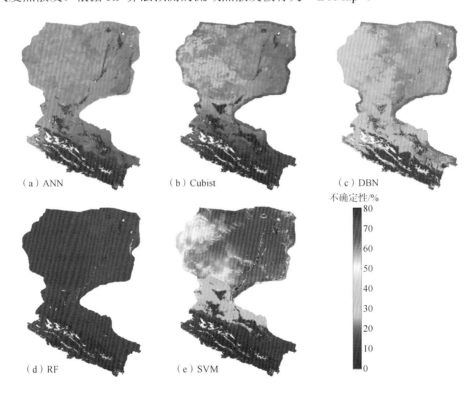

图 8.4　基于五种机器学习算法预测的黑河流域蒸散发的不确定性

图 8.5 显示了在 2012～2016 年黑河流域内生长季 ETMap 的空间分布及季节性变化。可以清楚地看到,在上游地区和中下游的绿洲地区整个区域内的蒸散发在 5～7 月呈增长趋势,在 7～9 月呈减少趋势。在 7 月和 8 月,蒸散发从南到北(从上游到下游)出现锐减。在黑河流域的上游地区(祁连山地区),由于降水量大,植被覆盖高,蒸散发值很

大，但是在中下游的荒地由于雨水匮乏，植被稀疏，蒸散发值很小。在中游绿洲地区，由于黑河的大量灌溉，蒸散发值较大。在黑河沿岸，由于稀疏河岸森林的蒸腾作用和陆表蒸发作用，蒸散发值也很高。同样，由于灌木/森林(胡杨和红柳)的蒸腾作用，在黑河流域的尾闾湖周围也发现了较高的蒸散发。

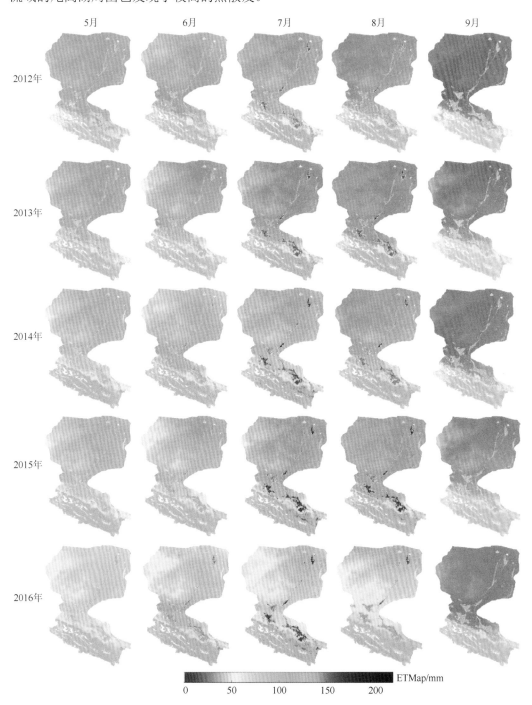

图 8.5　黑河流域 2012～2016 年随机森林方法预测蒸散发(ETMap)空间分布

图 8.6 描述了由 ETMap 得到的整个黑河流域内蒸散发的空间分布，其中图 8.6(a) 为从南到北剖面的平均值，图 8.6(b) 为黑河流域上游地区(祁连山地区)从低海拔到高海拔剖面的平均值，图 8.6(a) 和图 8.6(b) 中同时显示了降水量和植被覆盖度。蒸散发在上游地区(南)最大并且从上游地区下降到下游地区(北)。影响蒸散发分布的关键因素(降水与植被覆盖)和蒸散发的分布模式相似。在 39.5 °N～40.3 °N 和 42.0 °N～42.5 °N 出现了两个蒸散发的峰值，与黑河流域的两个大型绿洲地区相对应。黑河流域上游海拔 900～3000 m 的地区，由于降水量和植被覆盖度的增长，蒸散发随着海拔的升高而增长；在海拔高于 3000 m 的地区，由于降水量和植被覆盖度的减少，蒸散发随着海拔的升高而减少。蒸散发最大值出现在海拔 2800～3200 m 的位置，该区域的植被覆盖度和降水同样也达到了峰值。这些结果显示，ETMap 中蒸散发的空间模式与黑河流域内的水文和植被条件非常符合。

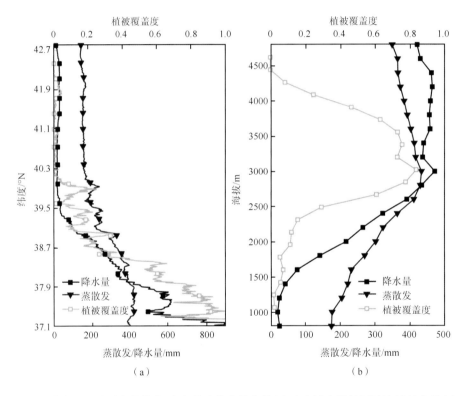

图 8.6 整个黑河流域内蒸散发/降水量随纬度的变化(a) 及流域上游地区随海拔的变化(b)

空间平均蒸散发显示了主要土地覆盖类型的季节性变化：农田、草地、胡杨林、青海云杉和荒漠(图 8.7)。蒸散发 5～7 月增长，然后 7～9 月开始减少。农田表现出了明显的季节性变化，但是荒漠地区由于降水量较小，蒸散发在 5～9 月都没有明显变化。由于灌溉量大，在所有土地覆盖类型中，农田的蒸散发最大。此外，农田蒸散发的空间变化(如箱图中的四分位数范围)大于其他土地覆盖类型(如草地)。

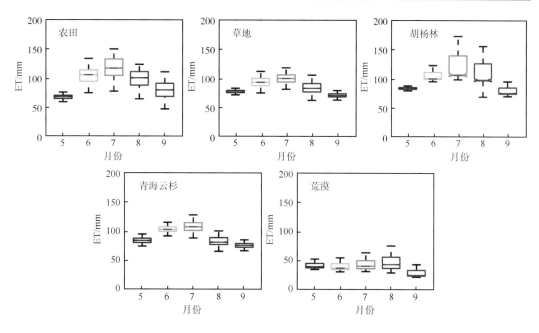

图 8.7　ETMap 获取的黑河流域主要土地覆盖区蒸散发的季节变化

2. 尺度扩展结果的不确定性分析

将 ETMap 获取的黑河流域日尺度蒸散发与独立大尺度地面测量结果(8 组大孔径闪烁仪观测结果)进行比较(图 8.8)。大孔径闪烁仪可以沿光学路径测量空间平均陆表通量。如图 8.1 所示，1 号大孔径闪烁仪覆盖了 2×2 网格[图 8.1(b)]；2～4 号大孔径闪烁仪覆盖了 3×1 网格；5 号和 8 号大孔径闪烁仪覆盖了 2×1 网格；6 号大孔径闪烁仪覆盖了右侧 2×2 网格；7 号大孔径闪烁仪覆盖了左侧 2×2 网格[图 8.1(d)]。将大孔径闪烁仪观测值与具有相同空间代表性的模型预测的空间平均蒸散发值进行比较。如图 8.8 所示，ETMap 得到蒸散发与大孔径闪烁仪的观测值非常符合，主要落在 1:1 线附近。上游(1 号大孔径闪烁仪)、中游(2～5 号大孔径闪烁仪)和下游(6～8 号大孔径闪烁仪)区域的 RMSE(MAPE)分别为 0.65 mm/d(18.86%)、0.99 mm/d(19.13%)和 0.91 mm/d(22.82%)。ETMap 和大孔径闪烁仪观测值的差异主要是训练数据、大孔径闪烁仪观测值和非均匀地面的不确定性造成的。此外，上游地区(1 号大孔径闪烁仪)的 RMSE 和 MAPE 比中游(2～5 号大孔径闪烁仪)、下游(6～8 号大孔径闪烁仪)地区的小。1 号大孔径闪烁仪所处陆表以草地为主，相对均匀。但是，在 2～5 号大孔径闪烁仪(土地覆盖由农田和建筑组成)和 6～8 号大孔径闪烁仪(土地覆盖主要由农田、荒地、森林、灌木等组成)周围的陆表是不均匀的。陆表的不均匀性是造成 ETMap 和大孔径闪烁仪观测值之间差异的一个关键因素。

图 8.9 显示了在 2014 年植被生长季节期间，1 号大孔径闪烁仪、5～7 号大孔径闪烁仪站点观测以及 ETMap 获得的日尺度蒸散发时间序列。从 ETMap 获取的日尺度蒸散发与大孔径闪烁仪观测结果在数量级和日变化方面均一致，说明使用随机森林方法训练的

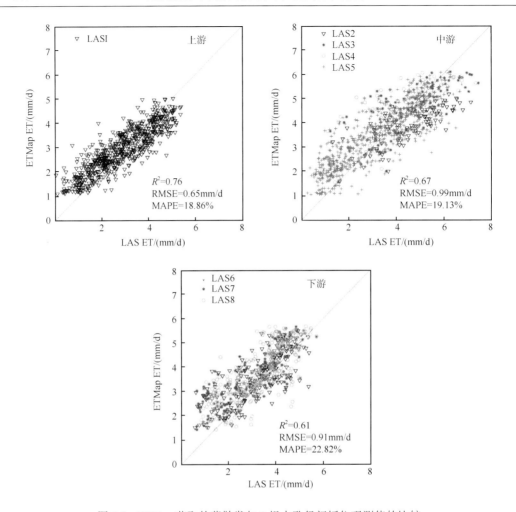

图 8.8　ETMap 获取的蒸散发与 8 组大孔径闪烁仪观测值的比较

模型在区域尺度上表现良好。ETMap 获取的日尺度蒸散发在雨天（有降水）会下降。ETMap 蒸散发预测值与大孔径闪烁仪观测值的符合，说明使用涡动相关仪地面测量值进行尺度扩展可以有效地估算卫星像元尺度上不同水文和植被条件下的蒸散发值。

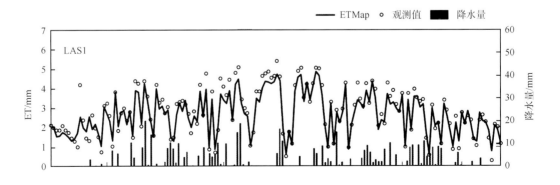

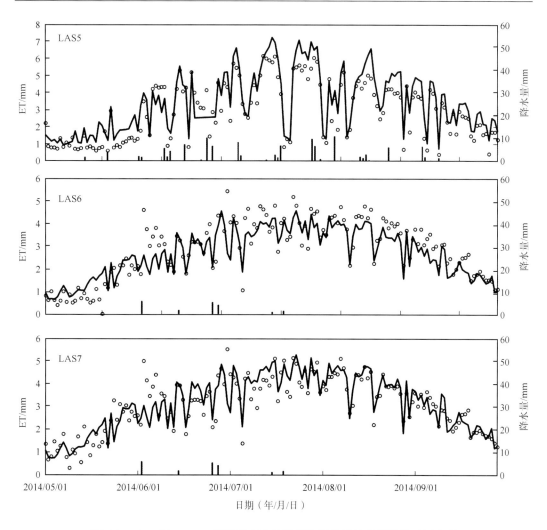

图 8.9　2014 年 ETMap 获得和大孔径闪烁仪测得日尺度蒸散发时间序列

表 8.4 统计了基于 8 组大孔径闪烁仪观测数据得到的 DTD、ETMonitor(2018 年版本)和 ETMap 估算蒸散发的 RMSE 和 MAPE，平均 RMSE(MAPE)分别为 1.32 mm/d (27.89%)、1.49 mm/d(31.55%)和 0.92 mm/d(20.69%)。所有站点中，ETMap 结果的 RMSE 和 MAPE 最低。ETMap 得到的蒸散发 RMSE(MAPE)比 DTD 低 30.3%(25.8%)，比 ETMonitor 低 38.3%(34.4%)。ETMap 是充分利用通量塔观测数据对的蒸散发进行升尺度，因此它的 RMSE 和 MAPE 比 DTD 和 ETMonitor 更低。这些统计结果表明，ETMap 在 8 组大孔径闪烁仪站点上的效果优于 DTD 和 ETMonitor。

表 8.4　DTD、ETMonitor 和 ETMap 估算蒸散发的统计指标

站点	RMSE/(mm/d)			MAPE/%		
	DTD	ETMonitor	ETMap	DTD	ETMonitor	ETMap
LAS1	1.64	0.83	0.65	37.38	23.34	18.86

站点	RMSE/(mm/d)			MAPE/%		
	DTD	ETMonitor	ETMap	DTD	ETMonitor	ETMap
LAS2	1.26	1.48	1.01	25.31	25.90	18.42
LAS3	1.29	1.65	1.03	26.13	27.66	17.05
LAS4	1.52	1.44	1.01	24.97	26.87	17.72
LAS5	1.38	1.32	0.91	25.68	25.11	23.38
LAS6	1.24	1.82	0.85	30.05	48.54	20.20
LAS7	1.11	1.72	0.97	28.61	45.04	27.36
LAS8	1.13	1.63	0.92	24.95	29.95	22.56
均值	1.32	1.49	0.92	27.89	31.55	20.69

3. 多个遥感产品的真实性检验

图 8.10 显示了使用 TCH 方法评估由 DTD、ETMonitor 和 ETMap 估算蒸散发的相对不确定性的结果。总体而言，ETMap 在整个流域上的相对不确定性最低。DTD 模型在北部荒漠的相对不确定性较低，在东南草地的相对不确定性较大。ETMonitor 方法在南部草地(上游)的相对不确定性较低，在北部荒漠的相对不确定性较高。在相对干燥和稀疏的植被区域，DTD 表现优于 ETMonitor，而 ETMonitor 在相对潮湿和密集植被的条件下的表现优于 DTD。

（a）ETMap　　　　　　　　（b）DTD　　　　　　　　（c）ETMonitor

图 8.10　由 DTD、ETMonitor 和 ETMap 估算黑河流域蒸散发的相对不确定性

与 DTD 和 ETMonitor 相比，ETMap 获取的整个流域内(图 8.11)蒸散发的相对不确定性最低，且站点数据验证结果的 RMSE、MAPE(表 8.4)也最小。在整个流域(图 8.6)和主要土地覆盖(图 8.7)，上 ETMap 也显示出合理的蒸散发空间模式。这些都说明 ETMap 可以用来在卫星像元尺度上评估蒸散发产品性能。图 8.11 显示了在使用 ETMap

作为卫星像元尺度参考时，计算得到的 DTD 和 ETMonitor 蒸散发产品的 RMSE 和 MAPE。稀疏植被上 DTD 的 RMSE（MAPE）较低，密集植被（草地和农田）上 ETMonitor 的 RMSE（MAPE）较低。以 ETMap 作为参照的蒸散发数据时，整个流域 DTD 和 ETMonitor 的 MAPE 分别是 27.92%和 32.22%。

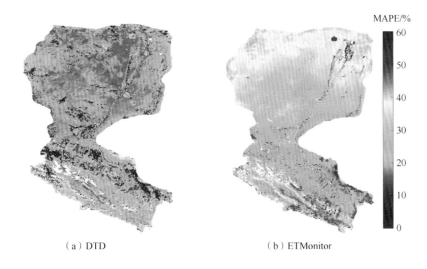

（a）DTD　　　　　　　　　　　　（b）ETMonitor

图 8.11　使用 ETMap 作为卫星像元尺度参考时 DTD 和 ETMonitor 得到的蒸散发对比
(a) DTD 和 ETMap 之间的 MAPE；(b) ETMonitor 和 ETMap 之间的 MAPE

8.3　蒸散发模拟尺度效应分析及真实性检验

8.3.1　陆表蒸散发模拟尺度效应分析

陆面过程模式在全球和区域尺度应用时，由于输入数据空间分辨率不足、计算资源耗费较大等原因，其计算网格常被限制在数十千米至百千米级别，对粗网格内陆表和气象条件的空间异质性只做简化处理。这些简化处理方式不仅不能充分表达真实的陆表水、热通量空间异质性特征，且在水、热交换非线性过程影响下，给网格/次网格尺度水热通量的估算带来一定的不确定性。

1. 陆面过程模型对陆表异质性的简化处理

目前，在区域及全球尺度应用时，陆面过程模型最常用的次网格尺度异质性处理方式为基于陆表覆盖类型数据的静态 Tile 划分方式。这种静态 Tile 划分方式对每个 Tile 尺度水热通量交换过程的模拟是利用该 Tile 内的平均陆表特征及所在网格的平均气象驱动独立进行。相对于早期的均匀网格处理方式，上述 Tile 处理方式在可接受的计算量增加范围内有效考虑了网格内不同 Tile 间陆表特征的差异，但同一 Tile 内部陆表特征异质性及同一网格内气象驱动的异质性依然被忽略。例如，CLM（community land model）

模型(Oleson et al., 2010)根据陆表覆盖类型数据首先将每个计算网格分为植被、城镇、湿地、水域及冰川五个次网格，然后将植被次网格进一步细分为不同的植被功能型，植被功能型内部植被生长状态的异质性则被忽略(即假设同类 tile 均质)(图 8.12)。现实中，在同种植被功能型内部，植被疏密、生长变化和关键控制状态变量(如陆表净辐射、降雨、土壤水分、积雪覆盖、冻融状态等)存在不同尺度的异质性，加之陆面过程的高度非线性特征，忽略同种植被功能型内部的异质性会对陆表能量和水分交换过程的模拟产生重要影响。

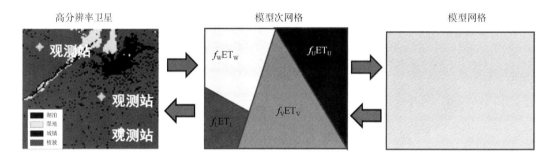

图 8.12　陆面模式网格和次网格均质性假设方案的尺度效应

2. 陆面过程模型尺度效应评估

当小尺度均匀陆表下模拟效果较好的模型应用于异质性陆表大网格模拟时，在陆面–大气水、热交换非线性过程作用下，利用平均的陆表状态及近地面气象驱动进行陆表水热通量模拟便会产生一定的误差。这种由忽略模型模拟单元内参数异质性而导致的尺度效应误差被称为"聚合误差"(Giorgi and Avissar, 1997)。

本节通过数值模拟试验的方式，借助 ETMonitor 蒸散发估算模型，在相同的模型框架下，不考虑模型参数化方案不确定性的影响，通过分析聚合误差定量研究能量和水分交换的尺度效应。

因表层土壤水分(SSM)和叶面积指数(LAI)是影响陆表能量和水分平衡的关键参数，所以本节针对 SSM 和 LAI 的异质性特征进行尺度效应分析，揭示 SSM 和 LAI 在同一 Tile 内的异质性对日尺度蒸散发估算的影响。

基于 Tile 划分方式的陆表蒸散发聚合误差可以用"通量聚合"与"参数聚合"方式的差异表征。如图 8.13 所示，路径 1 为"通量聚合"获取 Tile 内平均蒸散发的方式。该方法首先利用离散的陆表状态值计算各陆表状态值对应的蒸散发；然后以陆表状态离散值的概率分布函数为权重获取 Tile 尺度平均的蒸散发估算结果(表示为 ET_{FA})。"通量聚合"方式可表示为

$$ET_{FA} = \sum_i \left[ET(P_i) \times PDF_i \right] \tag{8.6}$$

式中，P_i 为 Tile 内各均质地块的陆表状态参数；PDF_i 为其对应的概率分布函数；ET_{FA} 为各均质地块的蒸散发量以概率分布函数为权重所计算的 Tile 尺度蒸散发的平均值。

　　路径 2 为"参数聚合"获取 Tile 内平均蒸散发的方式。该方法首先以陆表状态参数的概率分布函数为权重获取 Tile 尺度平均的陆表状态；然后依据 Tile 尺度平均的陆表状态计算 Tile 尺度平均的蒸散发日值（表示为 ET_{PA}）。"参数聚合"方式可表示为

$$ET_{PA} = ET\left(\sum_i \left[P_i \times PDF_i \right]\right) \tag{8.7}$$

式中，ET_{PA} 由各均质地块的加权平均参数通过 ETMonitor 模型计算获取。

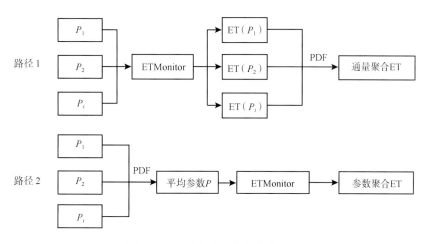

图 8.13　通量聚合和参数聚合方式

　　因"通量聚合"方式在通量层面上应用概率分布函数对蒸散发实施加权平均，该方法获取的 Tile 尺度平均蒸散发符合能量平衡原理，在不考虑模型误差的前提下，可以看作 Tile 尺度蒸散发真值。上述"通量聚合"与"参数聚合"采用的蒸散发估算模型相同，"参数聚合"相对于"通量聚合"结果的偏差可以看作是采用 Tile 尺度平均的陆表参数进行蒸散发估算而导致的，即反映了基于 Tile 的陆面过程模式中 Tile 尺度陆表状态均质假设的不确定性。以绝对偏差形式和相对偏差形式表示的聚合误差分别由式(8.8)和式(8.9)表示：

$$ET_{bias} = ET_{PA} - ET_{FA} \tag{8.8}$$

$$ET_{rel\_bias} = \frac{ET_{bias}}{ET_{FA}} \tag{8.9}$$

　　为模拟同一 Tile 内叶面积指数（LAI）和表层土壤水分（SSM）不同的异质性分布情景，我们分别选用了 7 种概率分布函数，来模拟 LAI 和 SSM 不同取值时所对应均质地块占整个 Tile 的面积比例。图 8.14 展示了 SSM 和 LAI 的概率分布函数。需要指出的是，这里所模拟的 SSM 为相对于土壤饱和含水量的归一化土壤含水量指数，即：

$$SSM = \frac{SM_{real} - SM_{wilting}}{SM_{saturated} - SM_{wilting}} \tag{8.10}$$

式中，SM_{real}、$SM_{wilting}$ 和 $SM_{saturated}$ 分别为土壤的体积含水量、萎蔫含水量和饱和含水量。针对归一化土壤含水量指数 SSM 的异质性特征所获取的分析结果，可以免受不同土壤类型下饱和含水量和萎蔫含水量差异的限制，结果更具普适性。

根据上述 SSM 的定义，排除极值情景，这里考虑 SSM 的模拟范围为 0.1～0.9，以 0.1 为步长。LAI 的模拟范围为 0.2～4.8 m²/m²，0.2 m²/m² 为步长。LAI 的取值范围大致代表了草地、作物和部分森林下垫面的 LAI 情况。图 8.14 中，PDF 1 和 PDF 2 由正态概率密度分布函数离散化得到，此类分布可以表征同一 Tile 内多数地块的 SSM 和 LAI 为中等水平的异质性情景。PDF 3 和 PDF 4，由正偏态概率密度分布函数离散化得到，此类分布可以表征同一 Tile 内多数地块的 SSM 和 LAI 为较低水平的异质性分布情景。PDF 5 和 PDF 6 由负偏态概率密度分布函数离散化得到，此类分布可以表征同一 Tile 内多数地块的 SSM 和 LAI 为较高水平的异质性分布情景。PDF 7 由矩形概率密度分布函数离散化得到，此类分布对应于同一 Tile 内陆表 SSM 和 LAI 极不均一、各数值均等可能出现的情景。由连续的正态、正偏态、负偏态和矩形概率密度分布得到各 SSM 和 LAI 离散值出现概率的方法见表 8.5。表 8.6 统计了样本数为 10000，服从图 8.14 中各离散概率分布函数时样本的均值、中值、方差、峰度和偏度情况。

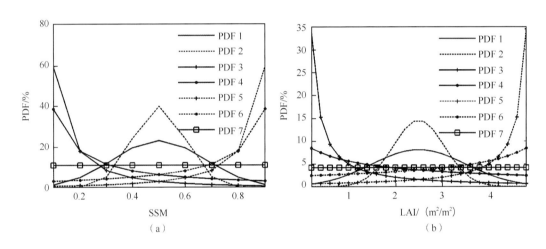

（a）　　　　　　　　　　　　　　　　　　（b）

图 8.14　SSM 和 LAI 的概率分布函数

表 8.5　连续概率密度分布函数归一化方式获取 SSM 和 LAI 离散点处概率分布的方法

项目			SSM		LAI	
类型	连续概率密度分布函数	参数	离散概率密度分布函数获取方法	参数	离散概率密度分布函数获取方法	
PDF1	$f(x\|u,\sigma)$ $=\dfrac{1}{\sqrt{2\pi}\sigma}\exp\left[\dfrac{-(x-u)^2}{2\sigma^2}\right]$	$u=0.5$ $\sigma=0.03$	$f_{\mathrm{d}}\left(\mathrm{SSM}_i\|u,\sigma\right)$ $=\dfrac{f\left(\mathrm{SSM}_i\|u,\sigma\right)}{\sum\limits_{i=1}^{9}f\left(\mathrm{SSM}_i\|u,\sigma\right)}$	$u=2.5$ $\sigma=1$	$f_{\mathrm{d}}\left(\mathrm{LAI}_i\|u,\sigma\right)$ $=\dfrac{f\left(\mathrm{LAI}_i\|u,\sigma\right)}{\sum\limits_{i=1}^{24}f\left(\mathrm{LAI}_i\|u,\sigma\right)}$	
PDF2		$u=0.5$ $\sigma=0.01$		$u=2.5$ $\sigma=0.3$		
PDF3	$f(x\|u,\sigma)$ $=\dfrac{1}{\sqrt{2\pi}\sigma}\exp\left[\dfrac{-(\ln x-u)^2}{2\sigma^2}\right]$	$u=-5.64$ $\sigma=2.25$	$f_{\mathrm{d}}\left(\mathrm{SSM}_i\|u,\sigma\right)$ $=\dfrac{f\left(\mathrm{SSM}_i\|u,\sigma\right)}{\sum\limits_{i=1}^{9}f\left(\mathrm{SSM}_i\|u,\sigma\right)}$	$u=-4.85$ $\sigma=4.42$	$f_{\mathrm{d}}\left(\mathrm{LAI}_i\|u,\sigma\right)$ $=\dfrac{f\left(\mathrm{LAI}_i\|u,\sigma\right)}{\sum\limits_{i=1}^{24}f\left(\mathrm{LAI}_i\|u,\sigma\right)}$	
PDF4		$u=-8.05$ $\sigma=8.02$		$u=3.56$ $\sigma=2.43$		

续表

类型	项目 连续概率密度分布函数	SSM 参数	SSM 离散概率密度分布函数获取方法	LAI 参数	LAI 离散概率密度分布函数获取方法
PDF5	$f(x\mid u,\sigma,m)$ $=\dfrac{1}{\sqrt{2\pi}\sigma}\cdot$	$u=-5.64$ $\sigma=2.25$ $m=0.5$	$f_{\mathrm d}(\mathrm{SSM}_i\mid u,\sigma,m)$ $=\dfrac{f(\mathrm{SSM}_i\mid u,\sigma,m)}{\sum\limits_{i=1}^{9}f(\mathrm{SSM}_i\mid u,\sigma,m)}$	$u=-4.85$ $\sigma=4.42$ $m=2.5$	$f_{\mathrm d}(\mathrm{LAI}_i\mid u,\sigma,m)$ $=\dfrac{f(\mathrm{LAI}_i\mid u,\sigma,m)}{\sum\limits_{i=1}^{24}f(\mathrm{LAI}_i\mid u,\sigma,m)}$
PDF6	$\exp\left\{\dfrac{-[\ln(2m-x)-u]^2}{2\sigma^2}\right\}$	$u=-8.05$ $\sigma=8.02$ $m=0.5$		$u=3.56$ $\sigma=2.43$ $m=2.5$	
PDF7	$f(x\mid \max,\min)$ $=\dfrac{1}{\max-\min}$	$\max=0.9$ $\min=0.1$	$f_{\mathrm d}(\mathrm{SSM}_i\mid \max,\min)$ $=\dfrac{f(\mathrm{SSM}_i\mid \max,\min)}{\sum\limits_{i=1}^{9}f(\mathrm{SSM}_i\mid \max,\min)}$	$\max=4.8$ $\min=0.2$	$f_{\mathrm d}(\mathrm{LAI}_i\mid \max,\min)$ $=\dfrac{f(\mathrm{LAI}_i\mid \max,\min)}{\sum\limits_{i=1}^{24}f(\mathrm{LAI}_i\mid \max,\min)}$

表 8.6 各 SSM 和 LAI 概率分布函数在样本数为 10000 时的统计特征值

项目	LAI/(m²/m²) 均值	中值	方差	偏度	峰度	SSM 均值	中值	方差	偏度	峰度
PDF1	2.5	2.5	0.89	0.0	2.57	0.5	0.5	0.028	0.0	2.67
PDF2	2.5	2.5	0.30	0.0	3.0	0.5	0.5	0.01	0.0	2.99
PDF3	1.0	0.6	1.21	1.67	5.04	0.2	0.1	0.029	2.12	7.30
PDF4	2.0	1.8	1.90	0.44	1.99	0.3	0.2	0.055	1.09	3.08
PDF5	4.0	4.4	1.21	−1.67	5.04	0.8	0.9	0.029	−2.12	7.30
PDF6	3.0	3.2	1.90	−0.44	1.99	0.7	0.8	0.055	−1.09	3.09
PDF7	2.5	2.5	1.92	0.0	1.80	0.5	0.5	0.067	0.0	1.77

试验中，采用 7 种 SSM 异质性分布函数与 7 种 LAI 异质性分布函数模拟 SSM 和 LAI 的异质性情况。采用 4 种风速（1 m/s、3 m/s、5 m/s 和 7 m/s）、4 种气温（5 ℃、15 ℃、25 ℃ 和 35 ℃）、4 种相对湿度（20%、40%、60% 和 80%）和 4 种下行短波辐射（100 W/m²、200 W/m²、300 W/m² 和 400 W/m²）形成 4×4×4×4 种组合，模拟可能的气象条件。遍历 7 种 SSM 异质性情景、7 种 LAI 异质性情景及 256 种气象条件得到的案例总数为 7×7×256（= 12544）。

试验中每个案例 SSM 和 LAI 的联合概率分布函数为

$$\mathrm{PDF}(\mathrm{LAI}_i,\mathrm{SSM}_j)=\mathrm{PDF}(\mathrm{LAI}_i)\times\mathrm{PDF}(\mathrm{SSM}_j) \tag{8.11}$$

每个案例通过"通量聚合"方式和"参数聚合"方式获取 Tile 尺度平均蒸散发可分别表示为

$$\mathrm{ET}_{\mathrm{FA\_group3}}=\sum_j\sum_i\left[\mathrm{ET}(\mathrm{LAI}_i,\mathrm{SSM}_j)\times\mathrm{PDF}(\mathrm{LAI}_i,\mathrm{SSM}_j)\right] \tag{8.12}$$

$$\mathrm{ET}_{\mathrm{PA\_group3}}=\mathrm{ET}\left(\sum_j\sum_i[\mathrm{LAI}_i,\mathrm{SSM}_j]\times\mathrm{PDF}(\mathrm{LAI}_i,\mathrm{SSM}_j)\right) \tag{8.13}$$

式中，$i,j=1,2,3,\cdots,7$。

每个案例的下行长波辐射值按照 Crawford 和 Duchon(1999)方法，由空气温度、相对湿度和下行短波辐射进行估算。

在同时考虑 SSM 和 LAI 异质性的情景中，我们期待找出可能导致蒸散发估算偏差最大的 SSM 和 LAI 异质性分布类型组合。图 8.15 展示了 49 种 SSM 和 LAI 异质性分布类型组合下蒸散发估算的最小和最大相对偏差，以及最小和最大绝对偏差。每一种 SSM 和 LAI 组合各包含 256 种气象条件。可以看出，与 LAI 异质性分布类型相比，SSM 的异质性分布类型是主导较大相对/绝对误差出现的主要因素，且当 SSM 异质性分布类型属于 PDF3、PDF4 时会出现较严重的相对/绝对偏差。最大负相对偏差(–51%)出现在 SSM-PDF3 和 LAI-PDF3 时。这与单因素试验中，SSM 或 LAI 异质性分布类型属于 PDF3 且相应的 LAI 或 SSM 背景值较低时会产生较大的低估相一致。最大正相对偏差(+29%)出现在 SSM-PDF4 时，且当 SSM 分布类型属于 SSM-PDF4 时，造成高估的相对偏差值受 LAI 异质性分布类型的影响并不明显。造成高估的较大相对偏差案例中风速均低于 3 m/s、相对湿度大于等于 60%，这种气象特征表征较低的湍流状态和大气水汽亏缺状态，即相对较低的潜在蒸发环境。气象条件/潜在蒸发对蒸散发估算相对偏差的影响类似于单因素试验(图 8.16)。对造成低估的最大绝对偏差和造成高估的最大绝对偏差出现在 SSM-PDF4 时，与 SSM-PDF3 相比，SSM-PDF4 具有与 SSM-PDF3 相同的分布类型，但 SSM 及最终的蒸散发水平更高，因此易导致更大的绝对误差出现。

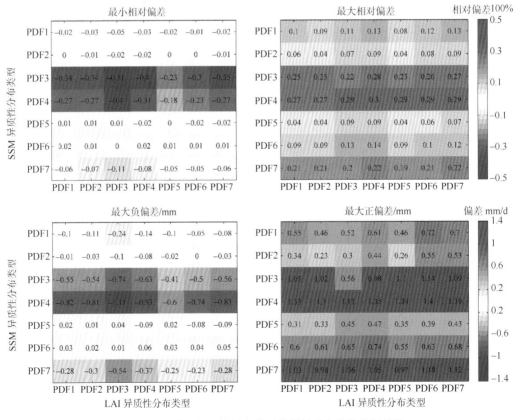

图 8.15　蒸散发相对偏差和绝对偏差的最大高估和低估值

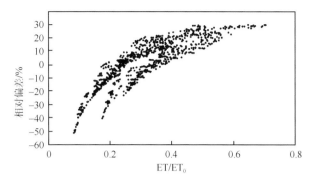

图 8.16　SSM 和 LAI 异质性类型属于 PDF3 时参考蒸发对相对偏差的影响

8.3.2　陆面过程模型粗网格蒸散发模拟的真实性检验

陆面过程模型通常基于陆表覆盖类型进行次网格划分，采用次网格尺度平均的陆表状态和网格尺度平均的气象条件来进行陆表水热通量的估算（见 8.3.1 节）。对于陆面过程模型在较粗网格（>1 km）的模拟验证，发展了基于遥感像元尺度（~公里级）相对真值验证粗网格模型模拟结果的升尺度和降尺度的验证方法（图 8.17），该方法以遥感高精度、高分辨率水热通量模拟为桥梁，通过水热通量升、降尺度转换方法逐步建立地面观测与陆面过程模型粗网格模拟之间的联系，最终实现在一致的空间尺度上对陆面过程模型水热通量产品进行精度验证的目的，为陆面过程模型参数优化与参数化方案的进一步完善提供更合理的验证方法支持。

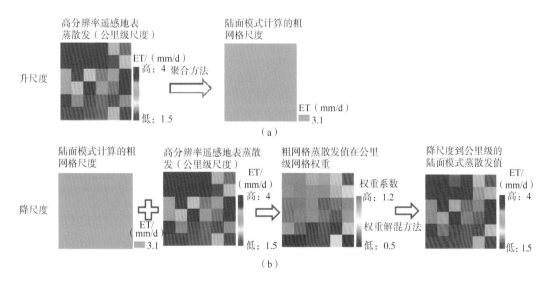

图 8.17　陆面过程蒸散发模拟验证方法

(a)基于通量聚合的升尺度方法；(b)基于权重解混的降尺度方法

1. 尺度一致的粗网格蒸散发模拟验证方法

基于高分辨率遥感陆表蒸散发估算模型,从升尺度与降尺度两个方向发展了陆面模式粗网格模拟验证方法(图 8.17)。升尺度方法是利用基于能量守恒的通量聚合方式,将逐像元的遥感估算聚合到陆面模式粗网格尺度,获取与粗网格尺度一致的验证数据集。由遥感高分辨率高精度逐像元蒸散发模拟获取升尺度验证数据公式为

$$ET_{Grid\_real} = \overline{ET_i} \tag{8.14}$$

式中, ET_i 为陆面模式粗网格范围内逐像元遥感估算; ET_{Grid_real} 为升尺度方式获取的网格尺度相对真值。

降尺度方法是基于高分辨率遥感像元值的解混方法,即利用遥感高精度陆表蒸散发,计算陆面过程模型的粗网格模拟值在遥感像元尺度的权重值,基于该权重分布可将陆面模式粗网格模拟线性解混降尺度至遥感像元尺度,进而实现在高分辨率尺度上陆面过程模式的验证。粗网格内蒸散发为网格内各位置处蒸散发的线性混合值,站点处蒸散发占粗网格总体蒸散发的权重为

$$W_{site} = ET_{site} / ET_{Grid} \tag{8.15}$$

式中, ET_{site}、 ET_{Grid} 和 W_{site} 分别为站点所在像元处的遥感高精度蒸散发模拟值、陆面模式粗网格模拟值及站点所在遥感像元对应权重。基于站点权重 W_{site} 的陆面模式粗网格蒸散发模拟在站点处的降尺度值为

$$ET_{Downscaled} = ET_{Grid} \times W_{site} \tag{8.16}$$

降尺度验证方法在站点尺度进行粗网格模拟和观测结果的比对,权重计算时同样考虑了粗网格内蒸散发的异质性特征,理论上同样优于直接验证。

以 FLUXNET 中德国 DE-RuR 草地站点(50.6219°N, 6.3041°E)为例,图 8.18 展示了基于 ETMonitor 遥感像元尺度聚合值的网格尺度验证、基于站点像元蒸散发通量权重进行粗网格蒸散发估算降尺度后的像元尺度验证及基于站点观测的直接验证结果比较。DE-RuR 站点建立于草地之上,但站点周围更大空间尺度上分布有林地、裸土和人工建筑等多种陆表覆盖类型,各陆表覆盖类型间陆表与大气的水分和热量交换特征差异明显。假设粗网格模拟空间分辨率为 0.25°,站点所在粗网格位于 50.5°N~50.75°N 和 6.25°E~6.5°E,粗网格所在范围内蒸散发呈现出较大的空间差异。为比较三种验证方式之间差异,这里粗网格值由遥感高分辨率模拟聚合得到。结果显示,基于站点观测的直接验证方式与其他两种空间尺度一致的验证方式存在明显的差异。利用站点观测数据对粗网格模拟进行直接验证,结果显示,日尺度蒸散发模拟的均方根误差(RMSE)为 0.74 mm,相关系数 R 为 0.91,而升、降尺度两种验证方式显示日尺度蒸散发模拟的 RMSE 分别仅为 0.43 mm 和 0.54 mm,相关系数分别为 0.94 和 0.95,说明粗网格蒸散发模拟的验证存在尺度效应问题,获取与模拟结果时空尺度一致的验证数据集对模型验证和参数化方案的改进至关重要。

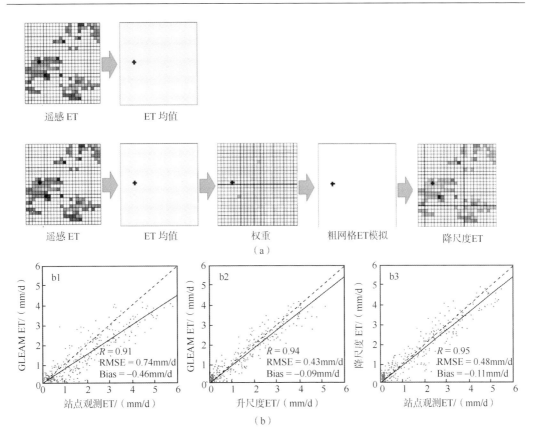

图 8.18　模型模拟结果的站点直接验证(b1)、粗网格尺度验证(升尺度验证)(b2)
与卫星像元尺度验证(降尺度验证)(b3)比较

由遥感像元尺度 ET 聚合至粗网格尺度及粗网格 ET 降尺度至遥感像元方法示例(a)

2. 蒸散发验证数据集的构建

基于发展的尺度一致的蒸散发模拟验证方法和第 7 章公里级 ETMonitor 蒸散发估算
结果,在全球 43 个 FLUXNET 通量观测站点处分别生产了空间网格为 0.0625°、0.125°、
0.25°、0.5°的不同空间尺度上的陆表蒸散发验证数据集。

图 8.19 为基于本书研究的升尺度和降尺度方法对 2013 年 GLEAM 0.25°分辨率逐日
蒸散发产品进行了验证。整体来说,采用升尺度及降尺度方法对模拟结果的评估呈现出
较好的一致性。对欧洲和北美多数站点,采用基于站点观测的直接验证方法与采用升降
尺度验证方法结果一致性较好,但在非洲北部、澳大利亚等干旱和半干旱区域,忽略观
测与模拟值尺度差异的直接验证方法与采用升、尺度及降尺度方法的验证结果差异较大
(更大的相关系数及更小的 RMSE),后两者整体好于直接利用单站观测值的验证。但在
个别站点,表现出单站验证结果比升、降尺度验证更佳。在干旱、半干旱区域,在模型
验证中考虑观测与模拟值的尺度差异尤为重要。

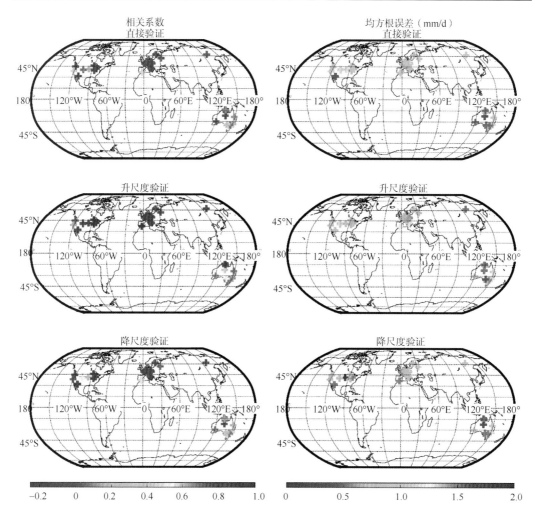

图 8.19　2013 年 GLEAM 陆表蒸散发产品（0.25°分辨率，逐日）的
直接验证、升尺度验证和降尺度验证的结果

8.4　本章小结

　　本章总结和分析了陆表蒸散发在观测和模拟方面存在的尺度效应，阐述了将地面观测升尺度到遥感像元尺度（公里级），再升尺度到陆面过程模型粗网格尺度（公里至百公里网格尺度）的蒸散发尺度转换方法。

　　本章使用五种机器学习算法将蒸散发（ET）从通量站尺度上升到卫星像元尺度。在估算蒸散发方面，随机森林、Cubist、人工神经网络和支持向量机方法的表现相当，且 RMSE和 MAPE 都略低。经过训练的模型被应用于估算黑河流域内 2012～2016 年每一个网格单元的日尺度蒸散发。使用三角帽方法（TCH）量化每一种机器学习算法估算蒸散发的不确定性，随机森林算法得到的不确定性比其他几种方法都低。通过对 36 个通量塔点上观测值利用随机森林算法进行升尺度,得到了流域蒸散发值(ETMap)。根据大孔径闪烁仪测量的蒸散发数据验证,经过尺度扩展的蒸散发具有较高的精度,且根据 TCH 方法,其相对不确定性最低。以大孔径闪烁仪观测值为地面真值,ETMap 中蒸散发的 RMSE(MAPE)比 DTD 低 30.3%(25.8%),比 ETMonitor(2018 年版本)低 38.3%(34.4%)。由 TCH 方法可知,ETMap 的相对不确定性最低。利用 ETMap 作为参照数据,评估了由 DTD 和 ETMonitor(2018 年版本)生成的蒸散发产品性能。稀疏植被(荒地)上 DTD 的 RMSE(MAPE)较低,密集植被(草地和农田)上 ETMonitor 的 RMSE(MAPE)较低。ETMap 是蒸散发相关研究(如蒸散发空间分布、碳-水相互作用等)和黑河流域物理模型蒸散发产品验证的实用产品。

陆面过程模型在区域和全球尺度运行时通常假设次网格内(即 Tile,为模型最小计算单元)陆表特征均一,因而不可避免地受到最小计算单元内陆表特征空间分布异质性的影响,在水热通量过程非线性特征作用下,次网格陆表特征异质性会引起陆面过程模型的陆表能量和水分交换的模拟误差(即聚合误差)。针对土壤水分和植被状态这两个影响陆表能量与水分交换特征的关键控制状态变量,通过分析它们在现实中可能发生的情景统计,设计了包含多种陆表植被和土壤水分特征的异质性情景,分析了不同陆表特征异质性情景下聚合误差的相对大小,对易出现较大聚合误差的情景进行了识别,揭示了气象因素与陆表状态对聚合误差的交互影响。该研究为陆面过程粗网格模拟时经常采用的次网格内下垫面陆表特征均一这一假设而带来的模拟误差来源具有启示意义,并为进一步发展粗网格模型模拟结果的验证方法提供了科学依据。

当前通常利用站点观测资料对陆面过程模式进行参数率定与验证,但由于观测站点数目有限且空间分布不均以及缺失次网格内的高时空分辨率观测资料的问题,模式的验证只能在网格内陆表属性空间分布均匀时开展。通过发展基于观测和高分辨率遥感陆表蒸散发相结合的陆面过程模式的验证方法,可以更加客观地评估各种粗网格尺度下陆面过程模型的模拟结果,其搭建了单点(或多点)地面观测与陆面过程模型粗网格模拟之间的桥梁。

参 考 文 献

白洁. 2012. 遥感估算感热通量验证中的尺度问题研究. 北京: 北京师范大学.

陈继伟, 左洪超, 王介民, 等. 2013. LAS 在西北干旱区荒漠均匀下垫面的观测研究. 高原气象,(1): 56-64.

胡隐樵. 1994. 黑河实验(HEIFE)能量平衡和水汽输送研究进展. 地球科学进展,9(4): 30-34.

贾贞贞. 2014. 遥感估算陆表蒸散发的尺度效应研究. 北京: 北京师范大学.

姜金华, 胡非, 李磊. 2007. Mosaic 方法在非均匀下垫面上的适用性研究. 高原气象,26(1): 83-91.

卢俐, 刘绍民, 孙敏章, 等. 2005. 大孔径闪烁仪研究区域陆表通量的进展. 地球科学进展. (9): 932-938.

卢俐, 刘绍民, 徐自为, 等. 2010. 大孔径闪烁仪和涡动相关仪观测显热通量之间的尺度关系. 地球科学进展,(11): 1273-1282

孙根厚, 胡泽勇, 王介民, 等. 2016. 那曲地区两种空间尺度感热通量的对比分析. 高原气象,(2):

285-296.

王介民. 1999. 陆面过程实验和地气相互作用研究——从 HEIFE 到 IMGRASS 和 GAME-Tibet/TIPEX. 高原气象, 18(3): 280-294.

于贵瑞, 伏玉玲, 孙晓敏, 等. 2006. 中国陆地生态系统通量观测研究网络(ChinaFLUX)的研究进展及其发展思路. 中国科学(D 辑: 地球科学), (A01): 1-21.

Anandakumar K. 1999. Sensible heat flux over a wheat canopy: optical scintillometer measurements and surface renewal analysis estimations. Agricultural and Forest Meteorology, 96(1-3): 145-156.

Andre J C, Goutorbe J P, Perrier A, et al. 1988. Evaporation over land-surfaces: First results from hapex-mobilhy special observing period. Annales Geophysicae-Atmospheres Hydrospheres and Space Sciences, 6(5): 477-492.

Andre J C. 1997. HAPEX-Sahel-De ia naissance a l'age adulte, from birth to adulthood - Preface. Journal of Hydrology, 189(1-4): 1-3.

Andre J C, Goutorbe J P, Perrier A. 1986. Hapex-mobilhy: a hydrologic atmospheric experiment for the study of water-budget and evaporation flux at the climatic scale. Bulletin of the American Meteorological Society, 67(2): 138-144.

Aubinet M, Grelle A, Ibrom A, et al. 1999. Estimates of the annual net carbon and water exchange of forests: the EUROFLUX methodology. Advances in Ecological Research, 30: 113-175.

Avissar R, Pielke R A. 1989. A parameterization of heterogeneous land surfaces for atmospheric numerical-models and its impact on regional meteorology. Monthly Weather Review, 117(10): 2113-2136.

Baldocchi D, Falge E, Gu L H, et al. 2001. FLUXNET: a new tool to study the temporal and spatial variability of ecosystem-scale carbon dioxide, water vapor, and energy flux densities. Bulletin of the American Meteorological Society, 82(11): 2415-2434.

Bateni S M, Entekhabi D, Castelli F. 2013. Mapping evaporation and estimation of surface control of evaporation using remotely sensed land surface temperature from a constellation of satellites. Water Resources Research, 49: 950-968.

Bloschl G, Sivapalan M. 1995. Scale issues in hydrological modeling: a review. Hydrological Processes, 9(3-4): 251-290.

Bogena H, Schulz K, Vereecken H. 2006. Towards a network of observatories in terrestrial environmental research. Advances in Geosciences, 9: 1-6.

Bonan G B, Lawrence P J, Oleson K W, et al. 2011. Improving canopy processes in the Community Land Model version 4(CLM4)using global flux fields empirically inferred from FLUXNET data. Journal of Geophysical Research-Biogeosciences, 116.

Breiman L. 2001. Random forests. Machine Learning, 45(1): 5-32.

Cain J D, Rosier P T W, Meijninger W, et al. 2001. Spatially averaged sensible heat fluxes measured over barley. Agricultural and Forest Meteorology, 107(4): 307-322.

Chen H S, Sun Z B. 2002. Review of land-atmosphere interaction and land surface model studies. Journal of Nanjing Institute of Meteorology, 25(2): 277-288.

Chen R, Song Y, Kang E, et al. 2014. A cryosphere-hydrology observation system in a small alpine watershed in the Qilian Mountains of China and its meteorological gradient. Arctic, Antarctic, and Alpine Research, 46: 505-523.

Cline D, Yueh S, Chapman B, et al. 2009. NASA cold land processes experiment(CLPX 2002/03): airborne remote sensing. Journal of Hydrometeorology, 10(1): 338-346.

Crawford T M, Duchon C E. 1999. An improved parameterization for estimating effective atmospheric emissivity for use in calculating daytime downwelling longwave radiation. Journal of Applied Meteorology, 38(4): 474-480.

Dai Y J, Zeng X B, Robert E. 2003. The common land model. Bulletin of the American Meteorological Society, 84: 1013-1023.

Falge E D, Baldocchi R, Olson R, et al. 2001. Gap filling strategies for long term energy flux data sets. Agricultural & Forest Meteorology, 107: 71-77.

Falge E, Baldocchi D, Tenhunen J, et al. 2002. Seasonality of ecosystem respiration and gross primary production as derived from FLUXNET measurements. Agricultural and Forest Meteorology, 113(1-4): 53-74.

Fang Y, Sun G, Caldwell P, et al. 2016. Monthly land cover-specific evapotranspiration models derived from global eddy flux measurements and remote sensing data. Ecohydrology, 9(2): 248-266.

Fisher J B. 2014. Land-atmosphere interactions, evapotranspiration//Njoku E. Encyc lopedia of Remote Sensing. New York: https: //doi. org/10. 1007/978-0-387-36699-9_82.

Fisher J B, Melton F, Middleton E, et al. 2017. The future of evapotranspiration: global requirements for ecosystem functioning, carbon and climate feedbacks, agricultural management, and water resources. Water Resources Research, 53: 2618-2626.

Galindo F J, Palacio J. 1999. Estimating the instabilities of N correlated Clocks. Dana Point, California: 31st Annual Precise Time and Time Interval (PTTI) Systems and Applications Meeting.

Gao S G, Zhu Z L, Liu S M, et al. 2014. Estimating the spatial distribution of soil moisture based on Bayesian maximum entropy method with auxiliary data from remote sensing. International Journal of Applied Earth Observation and Geoinformation, 32(1): 54-66.

Ge Y, Liang Y Z, Wang J H, et al. 2015. Upscaling sensible heat fluxes with area-to-area regression kriging. IEEE Transactions on Geoscience and Remote Sensing, 12(3): 656-660.

Giorgi F, Avissar R. 1997. Representation of heterogeneity effects in earth system modeling: experience from land surface modeling. Reviews of Geophysics, 35(4): 413-437.

Goodrich D C, Chehbouni A, Goff B. et al. 2000. Preface paper to the Semi-Arid Land-Surface-Atmosphere (SALSA) program special issue. Agricultural and Forest Meteorology, 105(1): 3-20

Heinemann G, Kerschgens M. 2005. Comparison of methods for area-averaging surface energy fluxes over heterogeneous land surfaces using high-resolution non-hydrostatic simulations. International Journal of Climatology, 25(3): 379-403.

Hinton G E, Osindero S, Teh Y W. 2006. A fast learning algorithm for deep belief nets. Neural Computation, 18(7): 1527-1554.

Hoedjes J C B, Chehbouni A, Ezzahar J, et al. 2007. Comparison of large aperture scintillometer and eddy covariance measurements: can thermal infrared data be used to capture footprint-induced differences? Journal of Hydrometeorology, 8(2): 144-159.

Hu G, Jia L. 2015. Monitoring of evapotranspiration in a semi-arid inland river basin by combining microwave and optical remote sensing observations. Remote Sensing, 7(3): 3056-3087.

Hu M G, Wang J H, Ge Y, et al. 2015. Scaling flux tower observations of sensible heat flux using weighted area-to-area regression kriging. Atmosphere, 6(8): 1032-1044.

Ji X B, Zhao W Z, Kang E S. 2011. Carbon dioxide exchange in an irrigated agricultural field within an oasis, northwest China. Journal of Applied Meteorology & Climatology, 50(11): 2298-2308.

Jia L, Su Z B, van den Hurk B, et al. 2003. Estimation of sensible heat flux using the Surface Energy Balance System(SEBS)and ATSR measurements. Physics and Chemistry of the Earth, 28(1-3): 75-88.

Jung M, Reichstein M, Margolis H A, et al. 2011. Global patterns of land-atmosphere fluxes of carbon dioxide, latent heat, and sensible heat derived from eddy covariance, satellite, and meteorological observations. Journal of Geophysical Research, 16: G00J07.

Kalma J D, Mcvicar T R, Mccabe M F. 2008. Estimating land surface evaporation: a review of methods using remotely sensed surface temperature data. Surveys in Geophysics, 29(4): 421-469.

Karimi S, Shiri J, Kisi O, et al. 2018. Forecasting daily streamflow values: assessing heuristic models. Hydrology Research, 49(3): 658-669.

Kumar M, Raghuwanshi N S, Singh R, et al. 2002. Estimating evapotranspiration using artificial neural network. Journal of Irrigation & Drainage Engineering, 128(4): 224-233.

Law B, Falge E, Gu L, et al. 2002. Environmental controls over carbon dioxide and water vapor exchange of terrestrial vegetation. Agricultural and Forest Meteorology, 113(1): 97-120.

Li X, Cheng G D, Liu S M, et al. 2013. Heihe Watershed Allied Telemetry Experimental Research (HiWATER): scientific objectives and experimental design. Bulletin of the American Meteorological Society, 94: 1145-1160.

Li X, Li X, Li Z, et al. 2009. Watershed allied telemetry experimental research. Atmospheres, 114(D22103): 1-19.

Li X, Liu S M, Li H X, et al. 2018. Intercomparison of six upscaling evapotranspiration methods: From site to the satellite pixel. J. Geophys. Res. , 123: 6777-6803.

Li X, Liu S M, Xiao Q, et al. 2017. A multiscale dataset for understanding complex eco-hydrological processes in a heterogeneous oasis system. Scientific Data, 4: 170083.

Liu S H, Su H B, Zhang R H, et al. 2016. Regional estimation of remotely sensed evapotranspiration using the surface energy balance-advection(SEB-A)method. Remote Sensing, 8(8).

Liu S M, Xu Z W, Song L S, et al. 2016. Upscaling evapotranspiration measurements from multi-site to the satellite pixel scale over heterogeneous land surfaces. Agricultural and Forest Meteorology, 230: 97-113.

Liu S M, Xu Z W, Wang W Z, et al. 2011. A comparison of eddy-covariance and large aperture scintillometer measurements with respect to the energy balance problem. Hydrology and Earth System Sciences, 15(4): 1291-1306.

Liu S M, Xu Z W, Zhu Z L, et al. 2013. Measurements of evapotranspiration from eddy-covariance systems and large aperture scintillometers in the Hai River Basin, China. Journal of Hydrology, 487: 24-38.

Long D, Longuevergne L, Scanlon B R. 2014. Uncertainty in evapotranspiration from land surface modeling, remote sensing, and GRACE satellites. Water Resource Research, 50: 1131-1151.

Lu D, Chen Z, Wang G, et al. 1997. Inner mongolia semi-arid grassland soil-vegetation-atmosphere interaction. Climatic & Environmental Research, 2: 2.

Lu X L, Zhuang Q L. 2010. Evaluating evapotranspiration and water-use efficiency of terrestrial ecosystems in the conterminous United States using MODIS and AmeriFlux data. Remote Sensing of Environment, 114(9): 1924-1939.

Marti P, Manzano J, Royuela A. 2011. Assessment of 4 input artificial neural network for ET0 estimation through data set scanning procedures. Irrigation Science, 29: 181-195.

Mcaneney K J, Green A E, Astill M S. 1995. Large-aperture scintillometry: the homogeneous case. Agricultural and Forest Meteorology, 76(3-4): 149-162.

Meijninger W M L, Hartogensis O K, Kohsiek W, et al. 2002. Determination of area-averaged sensible heat fluxes with a large aperture scintillometer over a heterogeneous surface-flevoland field experiment. Boundary-Layer Meteorology, 105(1): 37-62.

Melaas E K, Richardson A D, Friedl M A, et al. 2013. Using FLUXNET data to improve models of springtime vegetation activity onset in forest ecosystems. Agricultural and Forest Meteorology, 171: 46-56.

Moeng C H, Poulos G S, Lemone M A. 2010. Cooperative atmosphere-surface exchange study-1999. J. Atmos. Sci, 60(2003): 2429.

Niu G Y, Yang Z L, Mitchell K E, et al. 2011. The community Noah land surface model with multiparameterization options(Noah-MP): 1. model description and evaluation with local-scale measurements. Journal of Geophysical Research, 116: D12109.

Oleson K W, Lawrence D M, Bonan G B, et al. 2010. Technical Description of version 4. 0 of the Community Land Model(CLM)(No. NCAR/TN-478+STR). Boulder: University Corporation for Atmospheric Research.

Oncley S P, Foken T, Vogt R, et al. 2002. The energy balance experiment EBEX-2000. Part I: overview and energy balance. Boundary Layer Meteorology, 123(1): 1-28.

Pan X D, Li X, Shi X K, et al. 2012. Dynamic downscaling of near-surface air temperature at the basin scale using wrf-a case study in the heihe river basin, china. Frontiers of Earth Ence, 6(3): 314-323.

Qin J, Yang K, Lu N, et al. 2013. Spatial upscaling of in-situ soil moisture measurements based on MODIS-derived apparent thermal inertia. Remote Sensing of Environment, 138: 1-9.

Randall D A, Dazlich D A, Zhang C, et al. 1996. A revised land surface parameterization(SiB2) for GCMs . 3. the greening of the Colorado State University general circulation model. Journal of Climate, 9(4): 738-763.

Reynolds O. 1895. On the dynamical theory of incompressible viscous fluids and the determination of the criterion. Philosophical Transactions of the Royal Society of London, 451(1941): 5-47.

RuleQuest. 2008. http: //www. rulequest. com. [2007-10-18].

Running S, Baldocchi D, Turner D, et al. 1999. A global terrestrial monitoring network integrating tower fluxes, flask sampling, ecosystem modeling and EOS satellite data. Remote Sensing of Environment, 70(1): 108-127.

Sellers P. 1991. Modeling and observing land-surface-atmosphere interactions on large scales. Surveys in Geophysics, 12(1-3): 85-114.

Sellers P J, Dickinson R E, Randall D A, et al. 1997. Modeling the exchanges of energy, water, and carbon between continents and the atmosphere. Science, 275(5299): 502-509.

Sellers P J, Hall F G, Asrar G, et al. 1988. The first ISLSCP field experiment(Fife). Bulletin of the American Meteorological Society, 69(1): 22-27.

Sellers P J, Hall F G, Asrar G, et al. 1992. An overview of the 1st international satellite land surface climatology project(ISLSCP)field experiment(FIFE). Journal of Geophysical Research-Atmospheres,

97(D17): 18345-18371.

Sellers P J, Heiser M D, Hall F G, et al. 1995a. Effects of spatial variability in topography, vegetation cover and soil moisture on area-averaged surface fluxes: a case study using the FIFE 1989 data. Journal of Geophysical Research-Atmospheres, 100(D12): 25607-25629.

Sellers P J, Meeson B W, Hall F G, et al. 1995b. Remote-sensing of the land-surface for studies of global change-models, algorithms, experiments. Remote Sensing of Environment, 51(1): 3-26.

Seyfried M S, Wilcox B P. 1995. Scale and the nature of spatial variability-field examples having implications for hydrologic modeling. Water Resources Research, 31(1): 173-184.

Shiri J, Marti P, Singh V P. 2014. Evaluation of gene expression programming approaches for estimating daily evaporation through spatial and temporal data scanning. Hydrological Process, 28(3): 1215-1225.

Sobrino J A, Jimenez-Munoz J C, Soria G, et al. 2008. Thermal remote sensing in the framework of the SEN2FLEX project: field measurements, airborne data and applications. International Journal of Remote Sensing, 29(17-18): 4961-4991.

Song L S, Kustas W P, Liu S, et al. 2016. Applications of a thermal-based two-source energy balance model using Priestley-Taylor approach for surface temperature partitioning under advective conditions. Journal of Hydrology, 540: 574-587.

Song L S, Liu S M, Kustas W P, et al. 2018. Monitoring and validating spatio-temporal continuously daily evapotranspiration and its components at river basin scale. Remote Sensing of Environment, 219: 72-88.

Stull R. 1984. Turbulence in the atmospheric boundary layer. Air Progress, 46(8): 12.

Su Z. 2002. The Surface Energy Balance System (SEBS) for estimation of turbulent heat fluxes. Hydrology and Earth System Sciences, 6(1): 85-99.

Su Z, Timmermans W J, van der Tol C, et al. 2009. EAGLE 2006-Multi-purpose, multi-angle and multi-sensor in-situ and airborne campaigns over grassland and forest. Hydrology and Earth System Sciences, 13(6): 833-845.

Sun G, Alstad K, Chen J, et al. 2011. A general predictive model for estimating monthly ecosystem evapotranspiration. Ecohydrology, 4(2): 245-255.

Tavella P, Premoli A. 1994. Estimating the instabilities of N clocks by measuring differences of their readings. Metrologia, 30(5): 479-486.

Twine T E, Kustas W P, Norman J M, et al. 2000. Correcting eddy-covariance flux underestimates over grassland. Agricultural and Forest Meteorology, 103: 279-300.

Valentini R, Matteucci G, Dolman A, et al. 2000. Respiration as the main determinant of carbon balance in European forests. Nature, 404(6780): 861-865.

van der Kwast J, Timmermans W, Gieske A, et al. 2009. Evaluation of the surface Energy Balance System (SEBS) applied to ASTER imagery with flux-measurements at the SPARC 2004 site (Barrax, Spain). Hydrology and Earth System Sciences, 13(7): 1337-1347.

Vapnik V N. 1999. An overview of statistical learning theory. IEEE T. Neural Networ, 10(5): 988-999.

Velpuri N M, Senay G B, Singh R K, et al. 2013. A comprehensive evaluation of two MODIS evapotranspiration products over the conterminous United States: using point and gridded FLUXNET and water balance ET. Remote Sensing of Environment, 139(4): 35-49.

Wang J M, Zhuang J X, Wang W Z, et al. 2015. Assessment of uncertainties in eddy covariance flux measurement based on intensive flux matrix of HiWATER-MUSOEXE, IEEE Geosci. Remote Sensing,

12: 259-263.

Wang K, Liang S. 2008. An improved method for estimating global evapotranspiration based on satellite determination of surface net radiation, vegetation index, temperature, and soil moisture. Journal of Hydrometeorology, 9(4): 712-727.

Wang K, Wang P, Li Z, et al. 2007. A simple method to estimate actual evapotranspiration from a combination of net radiation, vegetation index, and temperature. Journal of Geophysical Research, 112(D15107): 1-14.

Wang T I, Ochs G R, Clifford S F. 1978. Saturation-resistant optical scintillometer to measure C-N(2). Journal of the Optical Society of America, 68(3): 334-338.

Wang X Y, Yao Y J, Zhao S H, et al. 2017. MODIS-based estimation of terrestrial latent heat flux over North America using three machine learning algorithms. Remote Sensing, 9(12): 1326.

Wen X, Lyu S, Jin J. 2012. Integrating remote sensing data with WRF for improved simulations of oasis effects on local weather processes over an arid region in northwestern China. Journal of Hydrometeorology, 13(13): 573-587.

Xia Y L, Mitchell K, Ek M, et al. 2012. Continental-scale water and energy flux analysis and validation for the North American Land Data Assimilation System project phase 2(NLDAS-2). 1: intercomparison and application of model products. J. Geophys. Res. , 117: D03109.

Xiao J F, Ollinger S V, Frolking S, et al. 2014. Data-driven diagnostics of terrestrial carbon dynamics over North America. Agricultural and Forest Meteorology, 197: 142-157.

Xiao J F, Zhuang Q, Baldocchi D D, et al. 2008. Estimation of net ecosystem carbon exchange for the conterminous United States by combining MODIS and AmeriFlux data. Agricultural and Forest Meteorology, 148(11): 1827-1847.

Xiao Z, Liang S, Wang J, et al. 2014. Use of general regression neural networks for generating the GLASS leaf area index product from time-series MODIS surface reflectance. IEEE Transactions on Geoscience & Remote Sensing, 52(1): 209-223.

Xu T R, Bateni S M, Liang S, et al. 2014. Estimation of surface turbulent heat fluxes via variational assimilation of sequences of land surface temperatures from Geostationary Operational Environmental Satellites. Journal of Geophysical Research, 119: 10780-10798.

Xu T R, Guo Z X, Liu S M, et al. 2018. Evaluating different machine learning methods for upscaling evapotranspiration from flux towers to the regional scale. Journal of Geophysical Research, 123: 8674-8690.

Xu T R, Liang S, Liu S. 2011. Estimating turbulent fluxes through assimilation of geostationary operational environmental satellites data using ensemble Kalman filter. Journal of Geophysical Research, 116: D09109.

Xu Z, Liu S, Li X, et al. 2013. Intercomparison of surface energy flux measurement systems used during the HiWATER-MUSOEXE. Journal of Geophysical Research-Atmospheres, 118(23): 13140-13157.

Yang F, White M A, Michaelis A R, et al. 2006. Prediction of continental-scale evapotranspiration by combining MODIS and AmeriFlux data through support vector machine. IEEE Transactions on Geoscience & Remote Sensing, 44(11): 3452-3461.

Yao Y, Liang S, Cheng J, et al. 2013. MODIS-driven estimation of terrestrial latent heat flux in China based on a modified Priestley–Taylor algorithm. Agricultural & Forest Meteorology, 171: 187-202.

Yao Y, Liang S, Li X, et al. 2014. Bayesian multimodel estimation of global terrestrial latent heat flux from eddy covariance, meteorological, and satellite observations. Journal of Geophysical Research D Atmospheres Jgr, 119（8）: 4521-4545.

Zhong B, Ma P, Nie A, et al. 2014. Land cover mapping using time series HJ-1/CCD data. Science China（Earth Sciences）, 57（8）: 1790-1799.

第三部分

基于遥感观测的
陆表能水循环模拟研究

对于全球和区域尺度的陆表能量和水分交换过程研究而言，模式和集成多源遥感数据的综合对地观测，是开展全球变化研究的两大重要研究手段。经过近一个世纪的发展，模式已能较为客观地描述地球系统的状态，并开展不同情景的未来预估；遥感观测也已实现全球高精度、各种分辨率的多变量综合观测。但是，模式和遥感观测的融合还处在一个较为初步的阶段。此外，随着模式的不断发展，为了增强模式的物理真实性，更好地呈现出地球系统的空间变异性，模式中包含的物理、生物、化学等参数化过程越来越多、越来越精细、越来越复杂，进而导致模式对参数的要求也越来越高。然而，模式目前采用的参数化方案通常是在点尺度或者实验室尺度发展出来的，其对应的参数也通常为站点观测的参数或者在有限区域收集到的参数。当把这些参数化过程应用到区域或者全球模式时，一方面，模拟所采用的格网尺度远远大于所用参数获取时的尺度，造成参数与模拟格网的尺度不匹配；另一方面，由于参数的来源有限，在开展区域和全球尺度应用时，全球所有格网通常只有有限的参数可以选择，某些情况下，某些参数在全球甚至设置为一个常数值，压制了模式对地球系统空间变异性的模拟能力和模拟精度。

本部分针对上述当前陆面模式模拟中存在的参数设置与模拟网格尺度不匹配的问题，开展了基于遥感观测的陆面模式优化研究，研发了全球参数优化方法、系统和数据集，并在区域尺度开展了应用分析，探究了如何通过遥感观测与模式模拟两大研究工具的有机结合，提升在全球变化背景下的陆表能量和水分交换过程的研究能力。其主要内容包括：

(1) 遥感在陆表能水循环模拟中的应用。系统回顾了遥感在改进驱动数据、提高模拟精度、验证模拟结果、改善模型状态变量、改善模型参数等方面的应用情况，进而引出本部分所关注的两大应用：陆面数据同化应用和基于遥感的参数优化应用。

(2) 基于高分辨率高精度遥感观测数据的陆面模式"面源"参数优化方法、系统和优化参数集。该参数优化方法通过使用代理模型，可以高速稳定地实现多目标、多变量全局参数优化；以全球覆盖的高精度高分辨率遥感数据(陆表土壤湿度、土壤冻融状态和陆表蒸散量)为优化目标，建立了陆面模式(CoLM 和 CLM)多参数(共 38 个参数)多目标全局优化系统；通过运用该参数优化系统，分别在黑河流域生成 0.1°分辨率陆面优化参数集，在全球尺度生成 1°分辨率陆面优化参数集。

(3) 遵循能量和水分守恒的弱约束陆面数据同化系统研发。基于该同化系统，一方面将遥感观测融入模型模拟中，提高模拟精度；另一方面，该系统改善了数据同化结果的守恒性，可为数值模拟提供更加稳定的初始场。利用该同化系统，分别在蒙古高原开展了点位尺度的同化试验、在青藏高原开展了空间分辨率为 0.25°的区域同化试验，以及在全球尺度开展了空间分辨率为 1°的全球同化试验；将同化输出结果与站点观测、再分析数据等进行比较评估，验证了该弱约束同化系统能提高陆表能量和水分通量模拟的精度，为数值预报模型提供初始场，以改善预报精度。

(4) 青藏高原高分辨率的陆-气耦合模拟应用。将优化的参数输入陆气耦合模型中，开展区域和天气尺度的应用评估。首先，利用集成最新研究进展的 CLM4.5 模型进行青藏高原高分辨率陆面过程离线模拟，分析青藏高原陆表能量和水文循环的时空分布特征。其次，利用现有的具有空间代表性的观测资料对模拟结果进行真实性检验。发现中小尺度地形湍流拖曳物理过程在 WRF 中的表达不完善可能是模式在青藏高原地区对降水和温度的模拟存在较大偏差的原因之一。

第9章 遥感在陆表能水循环模拟中的应用

9.1 引　言

在全球气候系统中，陆面的能量平衡过程、水循环和碳循环过程对气候系统变化起到不可低估的作用。发生在陆面的蒸发、径流、下渗等水文过程直接影响大气降水、大气温度和大气运动等天气、气候状况，并会对区域天气、气候的形成及变化产生影响。同时，气候变化会影响不同时间尺度上的降水、蒸发、径流及水循环特征，如大气增暖影响径流等水资源量的变化等。蒸发和径流是陆面水文循环中两个重要分量，陆地的蒸发影响气候系统能量在潜热和感热之间的分配，对大气环流和全球气候系统产生直接的作用。径流作为水循环的另一重要分量，它通过影响陆面蒸发和进入海洋的河川径流同样对气候系统产生重要影响。

当前，研究人员通过建立陆面过程模型来模拟研究上述复杂的陆表能量、水分和物质的交换过程。陆面过程包含发生在陆面上所有的物理、化学、生物过程，以及这些过程与大气的关系。陆面过程涉及生物圈、冰冻圈、水圈。它实际上是一个气象学、生物学、生态学、水文学和农林学等多学科交叉的新的研究领域。

陆面过程模型是气候模式和水文模型的共同界面，是大气环流模式(GCMs)和区域气候模式系统(RCMs)的重要组成部分。在大气模式中发展更加详尽的陆面过程模式已成为气候研究中的热点问题。发展适合不同大气模式的陆面过程模式并将它们分别耦合于相应的大气模式中是大气模式发展和完善的必然趋势。然而，陆面要素在模式格点内存在着明显的次网格变化，特别是陆面水文过程，它包括的降水、径流、蒸发和下渗过程都存在很强的次网格不均匀性。降雨和有效能量的时空变化和陆陆表面的异质性导致与水文有关的各种过程更加复杂。因此，如果在全球尺度上精确地模拟陆面过程并把它与全球大气环流模拟相结合以提高对天气、气候的模拟和预测，就必须充分利用全球遥感资料，在此基础上发展陆面水文过程模型。

因此，利用全球遥感资料，深入研究发生在地-气交界面上的各种物理、化学和生物过程，并将这些过程参数化用于数值模拟，可以在数值模式中更准确地反映真实的陆地和大气之间的相互作用，进而提高气候模式对区域乃至全球气候的模拟和预测能力。同时，加强陆面水文过程研究，有助于弥补大气环流模型中原有参数化方案中径流计算的不足，提高大气模式和水文模式的预报精度及延长水文模式的预报期，并可用于研究水循环对气候变化及人类活动的响应；对于实时洪水预报预警、水资源可持续利用、缓解水资源供需矛盾及促进区域经济规划和发展等方面具有重要的科学意义和广阔的应用前景。

9.2　陆面模型简介

9.2.1　陆面模型的发展历史

陆面过程模型是气候模式和水文模型的共同界面，是大气环流模式和区域气候模式系统的重要组成部分。陆面过程包括发生在陆面上的所有水文过程、生物化学过程、植被过程、辐射传输过程以及边界层湍流输送过程等，都属于多学科交叉研究领域。

Philip(1966)提出的 SPAC(土壤植物大气连续体)系统理论，开始了农田生态系统中陆-气相互作用机理的研究。我国学者在 SPAC 各界面上水分与能量的交换过程、计算方法与人工调控等方面开展了大量研究(康绍忠等，1994；刘昌明和孙睿，1999)。Eagleson(2002)从土壤-植被-大气系统中的水热传输过程入手，研究了气候、土壤和植被之间的相互作用。Rodriguez-Iturbe 等(2006)在不同时空尺度上研究水文过程和生态过程之间的动态联系。

国际地圈生物圈计划(IGBP)的核心项目之一——水文循环的生物圈方面(BAHC)，在更大尺度上研究大气与陆地各种源汇之间的物质和能量传输，在全球和区域气候模式的陆面参数化方案中，对土壤-植被-大气传输过程(soil vegetation atmosphere transfer，SVAT)进行了不同详细程度的描述。陆面过程的描述由最初简单的半经验的能量分配Bucket 模型(Manabe，1969)发展而来，到各种能量通量的物理模拟(Henderson-Sellers et al.，1995)，到耦合的碳水循环模拟(Bonan et al.，2002；Dai et al.，2003)，再到考虑横向地下水流动的影响的综合模拟(Chen and Dudhia，2001；Seuffert et al.，2002)。在改进的陆面模型中，重点主要放在蒸散量的模拟上，这不仅考虑了水文过程(如浅层土壤中横向地下水流动)，而且还考虑了光合作用对土壤湿度和蒸散发的影响。特别是从Ball(1988)的研究以来，一致认为蒸腾作用是植物光合作用的反面结果，因而常常通过光合作用来计算植物蒸腾量(蒸散量的主要部分)。这种生物控制陆表能量分配的认识彻底改变了陆面模式的构造(Sellers et al.，1996；Dai et al.，2003)。目前，大多采用第二代陆面过程模型，包括 BATS(Dickinson et al.，1986)、SiB(Sellers et al.，1986)、LSM(Bonan，1996)和 SiB2(Sellers et al.，1996)等模型，这些模型都包含了陆-气相互作用的物理描述，以及光合作用和蒸散作用的计算。图 9.1 所示的美国国家大气研究中心的陆面模式 CLM4.5 是其地球系统模式 CESM 的主要组成部分之一。

在计算光合作用和蒸散作用中有两个植被参数是很重要的。一个参数是叶面积指数，定义为单位陆表面积上方植物单面叶面积之和(Chen and Black，1992)；另一个参数是叶片聚集度指数，表征叶片空间分布的非随机性(Nilson，1971)。叶面积指数确定叶面积的数量，可用于计算植被的辐射吸收和降水截留以及与大气的感热、潜热交换，而叶片聚集度指数可以表征叶片空间分布的格局。叶片聚集度指数影响树冠的总辐射拦截和分布，并极大地改变冠层的能量平衡。这两个参数在区域和全球碳水循环模拟中有着同等重要的作用(Chen et al.，2009)，并能通过多光谱、多角度的光学遥感数据生成空间分布图(Myneni et al.，2002；Chen et al.，2002，2005；Deng et al.，2006；Baret et al.，2006，2007)。

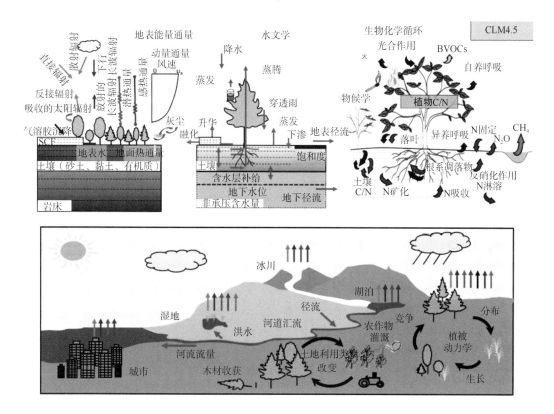

图 9.1　美国国家大气研究中心(NCAR)陆面模式 CLM4.5 中的生物物理学、生物地球化学与景观过程

　　尽管叶面积指数在陆面过程模拟中的重要性得到了认可，但叶片聚集度指数却没有在现有的陆面模型中开始使用，可能是因为模型中缺乏有效量化空间冠层结构影响不同陆面过程的全球数据集，而冠层结构不仅是指叶片量(叶面积指数)，而且还指叶片空间分布格局。在微观气象领域中，叶片聚集度指数对于辐射拦截、潜热通量、生产力的重要性已经得到了长期的验证(Nilson，1971；Miller and Norman，1971；Norman and Jarvis，1974；Baldocchi and Harley，1995；Chen et al.，1997)。Chen 等(2005)通过使用 POLDER 传感器上的多角度光学遥感数据，第一次制作出了分辨率为 7 km 的全球叶片聚集度指数分布图，并且于 2007 年在加拿大大陆地区验证了考虑叶片聚集度指数对于 ET 和 GPP 模拟的重要性。He 等(2011)用 MODIS BRDF 产品生成了全球 500 m 分辨率的叶片聚集度指数图。Chen 等(2011)研究表明，叶片聚集度指数对全球总初级生产力的影响为 9%～12%。考虑叶片聚集度指数影响的重要性将是改进陆面模型、提高数值天气预报精度的一个至关重要的方向。

9.2.2　主流陆面模式简介

陆表水分和能量交换过程是影响气候变化最基本的物理过程之一，它包括热力过程（如辐射和热交换过程）、动量交换过程（如摩擦及植被的阻挡等）、水文过程（如降水、蒸发和蒸腾、径流等）、陆表和大气的物质交换过程以及陆表以下的热量和水分输送过程。下垫面状况在很大程度上决定了表面的能量和水分平衡，从而影响着局地、区域乃至全球大气环流和气候的基本特征。

陆面过程参数化方案直接影响地-气间各种通量的计算，而这些通量往往会影响到模式对各个气象要素的模拟，如热量通量会影响陆表温度的变化，动量通量会影响大气中风速的分布，水汽通量会影响空气中的水分含量和降水。

1. BATS

Dickinson 等（1986）设计了一个生物圈-大气圈传输方案（the biosphere-atmosphere transfer scheme，BATS），经过不断地改进和完善，最后发展成 BATS1e 陆面模式，这是目前国际上比较流行的一个陆面模式。该模式为典型的单层大叶模式，它是在一系列可以直接观测到的陆面参数基础上，根据物理概念和理论建立起来的关于植被覆盖表面上空的辐射、水分、热量和动量交换以及土壤中水热过程的参数化方案（黄安宁等，2007）。它可以：①计算不同表层吸收的太阳辐射部分，以及各表层之间热红外辐射的相互交换；②计算陆-气间动量、显热和水汽输送量；③计算大气、树冠内以及一些复杂表层的风速、湿度和温度；④计算地球表面温度值和水汽量（Dickinson et al.，1993）。

BATS 陆面模式有一层植被、一层雪盖和三层土壤，其中第一层土壤厚 10 cm，第二层土壤深 1～2 m，第三层土壤深 3 m。在陆面模式每一格点处分别定义陆面状况和土壤类型参数，区分不同的陆地和不同的植被物理特性，模式中考虑了降水、降雪、蒸发蒸散、径流、渗透、融雪等过程，利用强迫-恢复法计算各土壤层温度，土壤湿度采用的是达西定律。植被冠层温度和湿度通过求解包含有感热通量、辐射通量和潜热通量的能量平衡方程和包括降水、蒸发、蒸散等的水分平衡方程得到。土壤湿度由求解各土壤层含水量的预报方程得到，考虑了降水、融雪、叶面下滴、蒸发、表面径流，植被根系以下的水分渗透、土壤层间水分的扩散交换等过程。根据土壤湿度、植被覆盖状况、雪盖（包括植被对雪的遮挡）计算陆表反照率，陆表的感热通量、水汽和动量通量是由根据相似理论导出的地面拖曳系数公式来计算的，拖曳系数依赖于表面的粗糙度和大气稳定度，而表层的蒸发率依赖于土壤湿度。在 BATS 陆面模式中，按照 Dickinson 等（1986）的分类方法，将陆表植被划分为 20 种类型，土壤质地分为 12 类（沙土 1～黏土 12），土壤颜色分为 8 类（淡 1～黑 8）。

2. VIC

可变下渗能力（variable infiltration capacity，VIC）模型是一个大尺度、半分布式、基于格点的水文模型，最初是应用于美国国家地球物理流体动力学实验室（GFDL）和MPI（马克斯-普朗克学会）的一个简单土壤模型，1994 年为了包含不同土壤层次以及植被和网格单元蒸发的空间变化，随后产生了两层及三层 VIC 模型，如今 VIC 模型可以根据需求选取土壤层次。

VIC 是一个用于大尺度陆面过程模拟的综合模型，包括陆表热力过程(包括辐射及热交换过程)、动量交换过程(如摩擦及植被的阻抗等)、水文过程(包括降水、蒸散发及径流等)以及陆表以下的热量和水分输送过程。VIC 模式的陆表用马赛克方式描述，即在每个格点上允许多种植被存在。

VIC 是计算格点上能量和水分平衡的宏观水文模型，主要特点为考虑两种产流，即超渗产流和蓄满产流机制，同时考虑陆-气间水分收支和能量收支过程，考虑次网格内降水空间不均匀性、土壤不均匀性对产流的影响，并用次网格土壤非均匀性地面径流参数化方案准确表征不均匀陆表的性质；考虑积雪融化及土壤冻融过程，实现对计算网格内分别考虑裸土及不同植被类型的描述。其中，VIC 4.0.5 有三层垂直土壤层。VIC 基于每个网格上的土壤性质和植被分类计算网格上的垂直能量与水分通量。它包括土壤入渗能力的次网格空间变率表示、网格上植被分类及其比率，降水的次网格空间变化。VIC 模型中土壤层之间的下泄完全由动力驱动，其非饱和水传导率是土壤饱和度的幂函数。基流是利用非线性 ARNO 形式，由最底层产生。为了计算入渗的次网格变率，VIC 模型利用了可变入渗容量方案，这个方案利用一个空间概率分布描述可获得入渗容量作为网格相对饱和面积的函数，超过可获得入渗容量的降水形成表面径流。

3. Noah

Noah LSM 是集气候研究和预测为一体的模型。Noah 最初开发是在 20 世纪 80 年代，是在俄勒冈州立大学的 OSU 陆面过程模式的基础上发展来的。该模型于 1990 年建立，1993 年以后在全球能量与水循环试验(GEWEX)下的大陆尺度国际项目(GCIP)和北美预测项目(GAPP)的支持下得到了快速发展，随后国家海洋和大气管理局与多位首席研究员、国家环境预测中心(NCEP)的环境模型中心、美国国家气象局水文办公室以及信息服务中心研究应用研究室合作，以改进模式使其适用于 NCEP 动态气候和环境预测模型。经过多年不断完善，Noah 已经被广泛用于陆面过程的综合模拟。其因为较低的复杂度和高的运算效率，常常运用在业务预报和气候模式中。

Noah 陆面模块对于单一网格的土地利用类型采用两种方法，即马赛克方法和主类型方法。马赛克方法中，模式网格可以根据陆表类型的不同分为若干块次网格单元，这些次网格单元独立计算陆面通量和状态量，最后再集合输出至模式网格。Noah LSM 模型将实际蒸散分为直接蒸发、冠层截留水分的蒸发以及植被蒸散。该模式将土壤分为 4 层，厚度分别为 0.1 m、0.3 m、0.6 m 和 1.0 m。陆表分为单层积雪和冠层，能够全面考虑大气、植被、积雪等局部因素对地面热状态的影响，描述了土壤-积雪-植被与大气的相互作用，能够模拟土壤温度、土壤含水量、冠层含水量、雪深、水汽、能量通量、向上长短波辐射强度。Noah-MP 已经耦合在 WRF 中，经过大量实验和研究，得到大量科研、业务工作者的认可。

4. CLM

CLM 起源于 20 世纪 90 年代中期。最初它是用来为美国国家大气研究中心(NCAR)

和通用气候系统模式(CCSM)的陆面组成部分提供框架的(Dai et al.，2003)。它是由 Dai 等(2003)综合现有各陆面模式的优点，以 BATS、LSM 和 IAP94 为原型发展的新一代通用陆面过程模式。模式中一个网格点被分为几个次网格，每一个次网格拥有一个单一的陆表覆盖类型，并于次网格内保持能量和水分交换的平衡，计算出来的热量和水汽通量通过面积加权平均得到整个网格点的数值。COLM 拥有 1 层植被、10 层土壤(0.007 m、0.028 m、0.062 m、0.119 m、0.212 m、0.366 m、0.620 m、1.038 m、1.728 m 和 2.865 m)和 5 层雪，采用的是 25 类美国地质勘探局(USGS)植被覆盖、17 类土壤质地和 8 种土壤颜色。模式采用了与半分布式水文模型 TOPMODEL 相近的径流方案，加入了处理气孔光合作用阻抗的两个大叶模型及基于二流近似方法的辐射传输方案(Dai et al.，2004)，被树冠削弱的太阳辐射也考虑在内，每个时间步长拥有完美的能量和水分平衡。CLM 基于 Monin-Obukhov 相似理论计算显热、潜热、动量通量。例如，显热和潜热通量采用空气动力学阻抗法计算。对于植被表面，湍流热量通量是指陆面和植被的热量通量之和。CLM 采用储能原则的连续方程计算所有层面上的土壤和积雪温度，并且采用达西定律的离散版本计算土壤层内垂直向下的水流量(Oleson et al.，2004)。

CLM 整体结构分为三个部分：①核心单柱土壤学-植被的生物物理编码；②陆面边界数据；③气候模式中的尺度转换过程，需将大气模式格点数据输入到陆面单柱过程中。把陆面模式和所需要的数据结构隔离开的接口程序很重要。这种功能性分离使得模式每一个要素都能使用最好的科学认知，特别是可以确保核心模式用单点数据进行测试，可以合并最新的卫星遥感数据和全球观测数据，以及可以采用最新的尺度转换程序(Dai et al.，2003)。

9.3　遥感在陆表能水循环模拟中的应用现状

遥感技术和产品在陆表能量和水分循环模拟中的应用主要包括：①利用遥感数据验证模拟结果，特别是在区域和全球尺度上的模拟结果；②基于遥感产品的驱动数据制备和验证；③通过数据同化技术，利用遥感产品改进陆面模型的状态变量模拟，进而提高模拟精度；④基于遥感观测的物理参数化过程研发与改进；⑤基于遥感观测的模型参数优化。

9.3.1　遥感产品在驱动数据中的应用

陆表能量和水分循环模拟需要大气驱动数据来驱动陆面模型，开展时间纬度上的积分。不同的陆面模式，所需要的大气驱动数据有所不同，但是基本上都可以从下述六个常规的陆表气象观测变量中获得，即降水、辐射(下行短波辐射和长波辐射)、风速、压强、温度、湿度。

1. 遥感降水产品的应用

降水是能量和水分循环中最关键的变量之一，是陆面模型、水文模型和生态模型等的重要输入之一。在站点尺度的陆表能量和水分循环模拟中，可以采用降雨站观测的降水数据驱动陆面模型开展模拟。然而，在区域和全球尺度的陆表能水循环模拟中，地面雨量站观测的降水数据可能在时空覆盖度上都面临较大的挑战，特别是在气候变化的关键区域，如海洋、极地和高山等，以及在欠发达区域，雨量站的布设和维护都很困难。因此，利用遥感观测的降水产品，开展全球和区域尺度的能量和水分循环模拟，已经逐渐成为当前研究的一个热点。

卫星遥感的降水主要是使用红外、被动微波和主动微波传感器的观测数据。红外传感器主要搭载在地球同步轨道(GEO)卫星上，可以提供高时空分辨率的降水估计，但是由于红外信号与降水的关系是间接性的，所以红外降水估计的精度有限。被动微波(PMW)传感器搭载在近地轨道(LEO)卫星上，被动微波信号和降水粒子具有较强的相关关系，因此被动微波降水估计的精度较高。主动微波传感器即星载雷达，也可以用来观测降水，并且它的观测精度最高，如 TRMM 卫星上的 Ku 波段降水雷达(PR)、Cloudsat 卫星上的 W 波段云剖面雷达(CPR)和全球降水观测计划(GPM)核心观测卫星上的 Ku/Ka 双频降水雷达(DPR)，但是它们的扫描宽度很小(CPR：1.4 km；PR/DPR：约 250 km)。

陆表能量和水分循环模拟研究对驱动数据的要求除了高精度以外，还需要较长的时间序列及精度的一致性和稳定性。针对这些需求，研究机构利用多源卫星遥感观测数据，开发具有高精度、长序列、高一致性和稳定性的气候数据记录(climate data record，CDR)。

NOAA 提供的降水资料 CDR 包括：CMOPH、GPCP 和 PERSIANN。CMOPH 降水资料包括 30 分钟、小时、日三个时间分辨率的产品，覆盖南北纬 60°内的全部范围，提供自 1998 年以来的 8 km(30 min)和 0.25°(小时和日产品)空间分辨率的降水格网观测数据。GPCP 月降水数据集通过集成遥感降水产品和站点雨量站观测数据，提供了全球自 1979 年以来的空间分辨率为 2.5°的数据集。GPCP 月降水资料使用的遥感观测数据包括被动微波的微波成像仪专用传感器/微波成像仪/探测器专用传感器(special sensor microwave imager/special sensor microwave imager sounder，SSMI/SSMIS)、红外的地球同步环境卫星(geostationary operational environmental satellite，GEOS)和极地轨道业务环境卫星(polar-orbiting operational environmental satellite，POES)等。在 GPCP 月降水产品的基础上，GPCP 还提供了全球自 1996 年以来的全球 1° 空间分辨率的日降水产品。基于人工神经网络的遥感降水估算(precipitation estimation from remotely sensed information using artificial neural networks，PERSIANN)提供自 1982 起的全球南北纬 60°以内的日降水产品，空间分辨率为 0.25°。该产品主要基于人工智能神经网络方法，从红外遥感观测数据中反演降水信息。

此外，基于热带降水观测计划(TRMM)的遥感数据，并结合 SSM/I、SSMIS、AMSR-E、AMSU-B 和 MHS 的微波观测信息，TMPA 多星降水分析(TRMM multi-satellite precipitation analysis)提供 1998 年起覆盖全球南北纬 50°以内区域的卫星降水数据，其时间分辨率为 3 h，空间分辨率为 0.25°。全球降水任务(GPM)是 TRMM 的后续卫星，它的第三级产品为 IMERG 的多卫星综合反演(integrated multi-satellite retrievals for GPM)。IMERG 通过率定、融合、插值微波降水估计、红外降水估计和地面实测数据以及其他可能的数据，生成时间分辨率为 30 分钟、空间分辨率为 0.1°的降水产品。目前，IMERG

产品自 2014 年起覆盖全球。

上述 CDR 降水产品提供了全球覆盖或者准全球覆盖的长时间序列格网降水数据集，已经广泛用于气候分析、灾害监测以及驱动陆面模式开展能量和水循环模拟研究。

2. 遥感辐射产品

太阳辐射是地球系统的能量来源，是陆表能量水分循环模拟中的重要输入项。下行的短波辐射和长波辐射可以利用辐射计进行观测，但由于仪器布设、维护等种种原因，下行辐射的观测比降水观测更加困难，其站点数据更加稀疏。因此，基于站点观测的辐射产品无法满足区域和全球尺度的能量水分循环模拟要求。

由于遥感具有时间和空间上连续的特点，因此，针对大尺度模拟的需求，目前已有利用遥感产品进行区域尺度太阳辐射变化的研究，进而生产出一系列的辐射产品。现有的全球辐射产品主要有：云与地球的辐射能量系统(clouds and earth's radiant energy systems，CERES)、全球能源与水循环实验-陆表辐射收支(global energy and water cycle experiment-surface radiation budget，GEWEX-SRB)、国际卫星云图气候学项目(international satellite cloud climatology project，ISCCP-FD)、全球地面卫星产品(global land surface satellite，GLASS)、马里兰大学-陆表辐射收支(the University of Maryland-surface radiation budget，UMD-SRB)、快速长波和短波辐射通量(fast longwave and shortwave radiative flux，FLASHFlux)。

GEWEX-SRB 是由 NASA WCRP/GEWEX(世界气候研究计划/全球能量与水循环试验)发布的陆表辐射收支(SRB)数据产品集(https://eosweb.larc.nasa.gov/project/srb/)，该产品的短波辐射数据集 3.1 版本，时间分辨率为月值，空间分辨率为 1°，数据时间跨度为 2000 年 1 月~2007 年 12 月。

能量平衡纠正与填补后的云和地球的辐射能系统(energy balanced and filled，CERES-EBAF)(https://eosweb.larc.nasa.gov/project/ceres/ceres_table)短波辐射数据集时间分辨率为月值，空间分辨率为 1°，数据的时间长度为 2000 年 3 月~2012 年 12 月。

GLASS 短波辐射产品(downward shortwave radiation，DSR)基于查找表算法，分别建立有云和无云两种情况的辐射传输模型，使用 MODIS 波段数据以及云产品，通过合并两种 MODIS 观测传感器反演结果，同时使用 GLASS 反照率产品生产全球短波辐射产品。GLASS-DSR 产品覆盖全球陆表，空间分辨率为 0.05°，时间分辨率为 1 天。

这些全球覆盖的辐射产品，通过与站点实测数据和模式模拟的有机结合，提高了陆表辐射数据的精度，在各类近陆表驱动数据集中都已经得到了广泛的应用。例如，在中国大气驱动数据集(CMFD)中，就部分采用了遥感的短波辐射数据集。

9.3.2　基于遥感产品改善模型初始状态

利用大气驱动数据，驱动陆面模型开展陆表能水循环模拟，输入数据根据模型的物理机制，迭代状态变量，输出通量结果。因此，状态变量是模拟中的关键中间步骤。通过改进状态变量的模拟精度，可以提高最终陆-气交换通量的模拟精度。基于此认识，研究人员开发了数据同化系统，通过利用遥感观测产品来修正模拟的状态变量，进而实现模拟的改善。

数据同化的基本假设是模型的模拟结果和观测都有一定的不确定性，最后通过一定的数据同化方法融合这两种来源的数据，得到一个更优的模型状态估计结果。卫星遥感只能提供瞬时的陆表状态观测，在时间上是不连续的。而且，由于当前辐射仪器能力的限制，微波遥感通常只能观测到陆表浅层的土壤水含量，其提供的信息相对于农业、水文、生态研究的要求是不完整的。另外，陆面模型可以提供连续的陆表过程时空演进信息，可以模拟根系层、深层土壤水含量，提供完整的陆面状态描述。模型和观测都具有自己的误差(Entin et al.，1999)，通过建立陆面同化系统，则可以将两者有机地融合起来，生成更高精度的、具有物理一致性和时空一致性的陆表状态估计(Reichle and Koster，2005)。陆面数据同化的目的是在陆面过程模型的动力框架内，通过数据同化算法融合时空上离散分布的不同来源和不同分辨率的直接与间接观测信息来辅助改善动态模型状态的估计精度。

近年来，陆面数据同化已日趋成为陆面过程和遥感反演研究中的热点和前沿，在理论和方法的探索、实用同化系统的建立等方面都取得了重要的进展。例如：Houser 等(1998)和 Reichle 等(2001)利用实地观测资料开展了初步的陆面同化系统研究。近年来，陆面同化技术已经渐趋于成熟(Reichle et al.，2004；Walker and Houser，2001)，并逐步建立几大区域陆面同化系统，包括：北美陆面数据同化系统(NLDAS)(Mitchell et al.，2004)、全球陆面数据同化系统(GLDAS)(Rodell et al.，2004)、欧洲陆面数据同化系统(ELDAS)(van den Hurk，2005)，以及中国陆面数据同化系统(李新等，2007)。

由于陆表土壤水分含量这一状态变量与陆表的能量和水分平衡都有重要的关联，传统测量技术的维护成本高、站点稀少，难以进行大范围连续的观测，而遥感技术则刚好弥补了这一不足。因此，遥感陆表土壤水分产品是目前陆面数据同化系统中主要融合的观测数据之一。针对目前可得的各种主流卫星遥感土壤水分产品，如 AMSR-E、AMSR2、SMOS 和 SMAP 的遥感产品都有相应的同化系统。

陆表温度是反映陆表能量收支状况的关键状态变量之一。但是，由于陆表温度的时间变异性比较大，受短波辐射和云覆盖影响严重，很难通过一两次的同化或者输入来获得较好的陆表温度初始状态。因此，一方面，陆表温度遥感产品，诸如 MODIS 提供的日尺度 LST 产品，通常被用来作为模型评估的依据；另一方面，研究人员则尝试在陆面数据同化系统中开展高频率的陆表温度数据同化，如逐小时的同化静止卫星陆表温度产品，以获得较好的陆表初始能量状态。

积雪覆盖比例、雪水当量和陆表冻融状态是冰冻圈陆面过程模拟中的重要状态变量。积雪的覆盖能够显著地影响陆表反照率，进而对陆表能量收支产生影响。陆表的冻结或融化，对土壤的热力学和水力学属性都有决定性的影响。因此，在冰冻圈陆面模式中，合理地设置积雪覆盖和陆表冻融情况，对模式的模拟结果有重要的影响。目前，遥感能够提供全球较高时空分辨率的陆表雪盖和冻融状态数据。但目前的研究中还很少直接在陆面模式中导入这些遥感产品以设置冰冻圈的初始状态。近年来，科研人员尝试同化遥感雪水当量产品以改进冰冻圈模拟并获得了初步成功。但是，积雪同化系统的进一步改善还有赖于雪水当量反演产品精度的进一步提高。

9.3.3　遥感产品在模型参数中的应用现状

陆面模式的模拟精度和能力受制于驱动数据、初始状态、模型参数和模型过程。其中，模型参数和模型过程的改进代表着我们对模型的物理机制认识的提升。同时，这两方面的改进是相辅相成的，改进模型过程的参数化方案或者引入新的物理/生物/化学过程方案，都需要对模型的参数进行更新甚至要引入新参数。在陆面模式发展的早期，模型过程和模型参数的研究通常依赖于测站资料或者田间试验。基于站点资料和试验数据，人们逐步完善了陆面模式中的能量循环、水分循环、碳循环等生物物理/生物地球化学过程，实现了土壤-植被-大气耦合(SPAC)。但是，当我们尝试把单点建立起来的陆面模式推广到区域和全球尺度的时候，就迫切需要基于遥感观测提供的全球分布参数。

陆面模式最基础的建模数据和参数来自于遥感的陆表覆盖图。无论是采用 IGBP 分类还是 USGS 的分类体系，陆面模式都需要按照一定分辨率，确定每一个计算格网的陆表覆盖类型、土地利用类型、植被类型和土壤类型。在这种情况下，只有遥感数据才能提供全球尺度的陆表覆盖分类信息，才能为陆面模式提供所需的分类资料和相应的参数。目前，基于各种可见光/红外传感器的观测数据，发展了各种分辨率和重访周期的陆表分类产品，常用的有基于 MODIS 数据的 1 km 逐年更新陆表分类产品、基于 AVHRR 数据的长时间序列陆表分类产品、基于 Landsat 影像的各种分辨率(从千米到 300 m，再到 30 m)陆表分类产品，以及最新的融合哨兵观测数据和机器学习的 3 m 分辨率全球陆表分类产品。遥感陆表分类产品目前正向着越来越高的空间分辨率、越来越短的时间重访周期、越来越细的分类体系，以及越来越高的分类精度发展，在遥感陆表分类产品的支持下，陆面模式才能往高分辨率甚至超分辨率的方向发展，以及往陆表模拟器、仿真器的方向发展。

遥感除了能给陆面模式提供静态的陆表覆盖参数外，还能提供植被的动态参数，如植被的叶面积指数(LAI)、有效光合作用辐射(fPAR)、植被覆盖比例(FVC)等，其对于陆面模式或者生态模型准确地开展植被动态模拟和碳循环模拟具有重要的作用。许多陆面模式具有植被模拟功能，甚至是全球动态植被模型，能够模拟植被属性(如 LAI)在一年内的变化，也能够模拟植被固定的碳在各个组分(果实、叶、茎、根等)的分配，甚至是植被类型和生态系统类型在多年尺度上的演替转换。但是，模型是对客观事物的抽象表达，模型的不确定性，会导致对植被状态的模拟存在较大的误差。用遥感观测的植被状态数据，无论是 LAI、FVC 还是多年的植被类型分布图，都能对陆面模式的模拟结果进行检验、精度评价、不确定性分析，进而为模型的改进和发展提供线索、方向。如果在模型中，关闭植被的动态模拟而直接输入遥感资料，则可以更准确地模拟植被对能量、水分、碳等循环过程的贡献和影响。

9.4　展望与小结

遥感资料已经广泛地在陆面模式中得以利用。但是，在使用遥感数据以及开发陆面同化系统的过程中，人们发现传统的模型机理与新的观测资料间存在明显的差异。其中包括：①传统理论与遥感观测数据的空间尺度匹配问题。在陆面模型中，很多的物理过程是基于点观测的结果发展出来的。例如，描述土壤水运动的 Richard 方程需要土壤的水力学参数。在传统的单站模拟情况下，该参数可以通过田间试验得到；但是在一个 50 km×50 km 的网格上，如何定义、获取描述地下水运动的水力学参数仍然是一个难题。②静态模型参数与陆表动态属性的匹配问题。当前，在全球尺度的陆-气交互模拟中，由于资料的限制，陆表状态通常用静态的数据进行表述，没有考虑人类活动、自然进化导致的时空变异性。例如，通用的土地利用和土地覆盖信息没有考虑人类活动的影响；常用的植被信息没有考虑植被的自然生长以及植被面积的季节变化。③新理论和新数据的采用问题。如上文提到的碳水循环耦合模拟理论和集聚度指数数据在陆面模型中的使用问题。

由于陆面数据同化系统的基础是陆面模型，因而上述模型存在的问题也被陆面数据同化系统所继承。除此之外，陆面数据同化系统还面临以下几个问题：①驱动数据的问题，包括数据的质量以及数据的时空分辨率。②误差矩阵的确定问题，包括观测系统的误差以及动态模型的误差。③物理量不守恒的问题，同化系统着眼于改进系统的状态变量，通常需要更改模拟值，所以会造成一定程度的物质和能量不守恒。

因此，在新的观测技术、新的观测资料以及新的研究手段下，如何更新发展陆面模型理论，如何获得时空尺度匹配的新的参数，如何提高模型对人类活动的模拟能力等已经成为当前地球科学研究领域中一个不容回避的关键问题。本书研究将探讨如何利用遥感资料和同化系统，来提高我们对陆面水文能量循环过程的认识，进而改善模型的结构以及其对物理过程的描述，发展新的陆面水文模型和同化系统，提高对客观世界的科学理解。

参 考 文 献

黄安宁, 张耀存. 2007. BATS1e 陆面模式对 P-σ 九层区域气候模式性能的影响. 大气科学, 31(1): 155-166.

康绍忠, 刘晓明, 熊运章. 1994. 土壤–植物–大气连续体水分传输理论及其应用. 北京: 水利电力出版社.

李新, 黄春林, 车涛, 等. 2007. 中国陆面数据同化系统研究的进展与前瞻. 自然科学进展, 14: 163-173.

刘昌明, 孙睿. 1999. 水循环的生态学方面: 土壤–植被–大气系统水分能量平衡研究进展. 水科学进展, 10(3): 251-259.

夏军, 王纲胜, 吕爱锋, 等. 2003. 分布式时变增益流域水循环模拟. 地理学报, 58(5): 789-796.

杨大文, 夏军. 2004. 中国 PUB 研究与发展: 水问题的复杂性与不确定性研究与进展. 北京: 中国水利水电出版社.

Abbott M B, Bathurst J C, Cunge J A, et al. 1986. An introduction to the European Hydrological System-Systeme Hydrologique Europeen, 'SHE', 1: history and philosophy of a physically-based, distributed modelling system. J. Hydrol. , 87(1-2): 45-59.

Allen M R, Ingram W J. 2002. Constrains on future changes in climate change: a sensitivity analysis for the Grand Forks aquifer, southern British Columbia. Canada. Hydrogeol. J. , 12: 270-290.

Arnold J G, Srinivasan R, Muttiah R S, et al. 1998. Large area hydrologic modeling and assessment part I: model development. Journal of the American Water Resources Association, 34(1): 73-89.

Baldocchi D D, Harley P C. 1995. Scaling carbon dioxide and water vapor exchange from leaf to canopy in a deciduous forest: model testing and application. Plant, Cell & Environment, 18(10): 1157-1173.

Ball J T.1988. An analysis of stomatal Conductance. Palo Alto, USA: Stanford University.

Baret F, Morisette J, Fernandes R, et al. 2006. Evaluation of the representativeness of network of sites for the Global Validation and Intercomparison of Land Biophysical Products. IEEE Transactions on Geoscience and Remote Sensing, 44(7): 1794-1803.

Baret F, Hagolle O, Geiger B, et al. 2007. LAI, FAPAR, and FCover CYCLOPES global products derived from Vegetation. Part 1: principles of the algorithm. Remote Sensing of Environment, 110(3): 275-286.

Bonan G B. 1996. A Land Surface Model (LSM Version 1.0) for Ecological, Hydrological, and Atmospheric Studies: Technical Description and User's Guide (No. NCAR/TN-417+STR). University Corporation for Atmospheric Research.

Bonan G B, Oleson K W, Vertenstein M, et al. 2002. The land surface climatology of the community land model coupled to the NCAR community climate model. Journal of Climate, 15: 3124-3149.

Chen F, Dudhia J. 2001. Coupling an advanced land surface-hydrology model with Penn State-NCAR MM5 modeling system. Part II: preliminary model validation. Monthly Weather Review, 129: 587-604.

Chen J M, Black T A. 1992. Defining leaf area index for non-flat leaves. Plant, Cell & Environment, 15: 421-429.

Chen J M, Rich P M, Gower T S, et al. 1997. Leaf area index of boreal forests: theory, techniques and measurements. Journal of Geophysical Research, 102(D24): 29429-29443.

Chen J M, Pavlic G, Brown L, et al. 2002. Derivation and validation of Canada-wide coarse-resolution leaf area index maps using high-resolution satellite imagery and ground measurements. Remote Sensing of Environment 80(1): 165-184.

Chen J M, Menges C H, Leblanc G. 2005. Global derivation of the vegetation clumping index from multi-angular satellite data. Remote Sensing of Environment, 97: 447-457.

Chen J M, Huang S E, Ju W, et al. 2009. Daily heterotrophic respiration model considering the diurnal temperature variability in the soil, J. Geophys. Res., 114(G01022): 1-11.

Chen J M, Mo H, Pisek J, et al. 2012. Effects of foliage clumping on global terrestrial gross primary productivity. Global Biogeochemical Cycles, 26(GB1019): 1-18.

Dai Y, Zeng X, Dickinson R E, et al. 2003. The common land model. Bulletin of the American Meteorological Society, 84: 1013-1023.

Dai Y, Dickinson R E, Wang Y. 2004. A Two-Big-Leaf Model for Canopy Temperature, Photosynthesis, and Stomatal Conductance, Journal of Climate, 17(12), 2281-2299.

de Silva S C, Weatherhead E K, Knox J W, et al. 2007. Predicting the impacts of climate change--a case study of paddy irrigation water requirements in Sri Lanka. Agricultural Water Management, 93(1-2): 19-29.

Deng F, Chen J M, Plummer S, et al. 2006. Global LAI algorithm integrating the biderectional information. IEEE Transactions on Geoscience and Remote Sensing, 44(8): 2219-2229.

Diaz-Nieto J, Wilby R. 2005. A comparison of statistical downscaling and climate change factor methods: impact on low flows in the River Thames, United Kingdom. Climatic Change, 69: 245-268.

Dickinson R E, Henderson-Sellers A, Kennedy P J, et al. 1986. Biosphere- Atmosphere Transfer Scheme (BATS) for the NCAR Community Climate Model. Boulder, CO: NCAR Tech. Note NCAR/ TN-275+ STR, National Center for Atmospheric Research.

Dickinson R E, Henderson-Sellers A, Kennedy P J. 1993. Biosphere Atmosphere Transfer Scheme(BATS) Version le as coupled to the NCAR Community Climate Model. NCAR Tech. Note, TN-387+STR :72.

Doll P, Kaspar F, Lehner B. 2003. A global hydrological model for deriving water availability indicators:

model testing and validation. J. Hydrol. , 270: 105-134.

Duan Q, Schaake J, Andreassian V, et al. 2006. Model Parameter Estimation Experiment(MOPEX): an overview of science strategy and major results from the second and third workshops. Journal of Hydrology, 320: 3-17.

Eagleson P. 2002. Ecohydrology: Darwinian Expression of Vegetation Form and Function. Cambridge: Cambridge University Press.

Entin J K, Robock A, Vinnikov, K Y, et al. 1999. Evaluation of global soil wetness project soil moisture simulation. Journal of Meteorological Society of Japan, 77(1B): 183-189.

Gosling S N, Arnell N W. 2011. Simulating current global river runoff with a global hydrological model: model revisions, validation, and sensitivity analysis. Hydrological Processes, 25: 1129-1145.

He L, Chen J M, Pisek J, et al. 2012. Global clumping index map derived from the MODIS BRDF product. Remote Sensing of Environment, 119: 118-130

Henderson-Sellers A, Pitman A J, Love P K, et al. 1995. The project for intercomparison of land surface parameterization schemes(PILPS): phases 2 and 3. Bulletin of the American Meteorological Society, 76(4): 489-503.

Houser P R, Shuttleworth W J, Famiglietti J S, et al. 1998. Integration of soil moisture remote sensing and hydrologic modeling using data assimilation. Water Resources Research, 34(12): 3405-3420.

Lakshmi V. 2004. The role of satellite remote sensing in the Prediction of Ungauged Basins. Hydrological Processes, 18: 1029-1034.

Liang X, Lettenmaier D P, Wood E F, et al. 1994. A simple hydrologically based model of land surface water and energy fluxes for general circulation models. J. Geophys. Res. , 99(14): 415-428.

Liang X, Xie Z. 2001. A new surface runoff parameterization with subgridscale soil heterogeneity for land surface models. Adv. Water Resour. , 24: 1173-1193.

Manabe S. 1969. Climate and ocean circulation: 1. The atmospheric circulation and the hydrology of the earth's surface. Mon. Weather Rev. , 97: 739-805.

Miller E E, Norman J M. 1971. A Sunfleck Theory for Plant Canopies I. Lengths of Sunlit Segments along a Transect. Agronomy Journal, 63(5): 735-738.

Mitchell K E, Lohmann D, Houser P R, et al. 2004. The multi-institution North American Land Data Assimilation System(NLDAS): Utilizing multiple GCIP products and partners in a continental distributed hydrological modeling system. Journal of Geophysical Research, 109(D07): 1-32.

Myneni R B, Hoffman S, Knyazikhin Y, et al. 2002. Global products of vegetation leaf area and fraction absorbed PAR from year one of MODIS data. Remote Sensing of Environment, 83(1-2): 214-231.

Nijssen B, O'Donnel G M, Lettenmaier D P, et al. 2001. Predicting the discharge of global rivers. J. Clim. , 14: 3307-3323.

Nilson T. 1971. A theoretical analysis of the frequency of gaps in plant stands. Agricultural Meteorology, 8: 25-38.

Norman J M, Jarvis P G, 1974. Photosynthesis in sitka spruce(Picea-sitchensis(Bong)carr). 3. Measurements of canopy structure and interception of radiation. Journal of Applied Ecology, 11(1): 375-398.

Oleson K, Dai Y, Bonan B, et al. 2004. Technical Description of the Community Land Model(CLM). NCAR Tech. Note TN-461+STR, Clim. and Global Dyn. Div., Natl. Cent. for Atmos. Res., Boulder, Colo.

Philip J R. 1966. Plant water relations: Some physical aspects. Annual Review of Plant Physiology, 17(1): 245-268.

Reichle R H, Entekhabi D, McLaughlin D B. 2001. Downscaling of radio brightness measurements for soil moisture estimation: A four-dimensional variational data assimilation approach. Water Resources Research, 37(9): 2353-2364.

Reichle R H, Koster R D, Dong J R, et al. 2004. Global soil moisture from satellite observations, land surface models, and ground data: implications for data assimilation. Journal of Hydrometeorology, 5(3): 430-442.

Reichle R H, Koster R D. 2005. Global assimilation of satellite surface soil moisture retrievals into the NASA catchment land surface model. Geophysics Research Letters, 32(L02404): 177-202.

Reichle R H, McLaughlin D B, Entekhabi D. 2002. Hydrologic data assimilation with the ensemble Kalman filter. Monthly Weather Review, 130: 103-114.

Rodell M, Houser P R, Jambor U, et al. 2004. The global data assimilation system. Bulletin of American Metrological Society, 85(3): 381-394.

Rodríguez-Iturbe I, Isham V, Cox DR, et al. 2006. Space-time modeling of soil moisture: Stochastic rainfall forcing with heterogeneous vegetation. Water Resources Research, 42(W06D05): 1-11.

Salvucci G D, Entekhabi D. 2011. An alternate and robust approach to calibration for the estimation of land surface model parameters based on remotely sensed observations. Geophysical Research Letters, 38(L16404): 1-6.

Schaake J, Duan Q Y, Koren V, et al. 2001. Toward improved parameter estimation of land surface hydrology models through the model parameter estimation experiment(MOPEX). IAHS Publ, 270: 91-97.

Sellers P J, Mintz Y, Sud Y C, et al. 1986. A simple biosphere model(SiB) for use within general circulation models. Journal of Atmospheric Sciences, 43(6): 505-531.

Sellers P J, Randall D A, Collatz G J, et al. 1996. A revised land surface parameterization(SiB2) for atmospheric GCMs. Part I: Model formulation. Journal of Climate, 9: 676-705.

Seuffert G, Cross P, Simmer C, et al. 2002. The influence of hydrologic modeling on the predicted local weather; two-way coupling of a mesoscale weather prediction model and a land surface hydrologic model. Journal of Hydrometeorology, 3: 505-523.

Sivapalan M, Takeuchi K, Franks S W, et al. 2003. IAHS decade on Predictions in Ungauged Basins(PUB), 2003-2012: Shaping an exciting future for the hydrological sciences. Hydrological Sciences Journal, 48(6): 857-880.

van den Hurk, B. 2005. ELDAS Final Report. Utrecht, KNMI, ECMWF.

Waliser D, Seo K-W, Schubert S, et al. 2007. Global water cycle agreement in the climate models assessed in the IPCC AR4. Geophys. Res. Lett. , 34(L16705): 1-6.

Walker J P, Houser P R. 2001. A methodology for initializing soil moisture in a global climate model: Assimilation of near-surface soil moisture observations. Journal of Geophysical Research, 106(D11): 11761-11774.

Werth S, Guntner A. 2010. Calibration analysis for water storage variability of the global hydrological model WGHM. Hydrology and Earth System Sciences, 14: 59-78.

Yang D, Herath S, Musiake K. 2002. Hillslope-based hydrological model using catchment area and width functions. Hydrological Sciences Journal, 47(1): 49-65.

第 10 章　基于遥感观测的陆面模式参数优化

10.1　单点 CoLM 陆面模式参数优化

10.1.1　多种抽样方法的比较

在参数估计与优化中，需要用抽样方法提取模型输入参数与模型输出结果之间的相关关系。一开始我们对输入和输出之间的关系知之甚少，因此需要通过一个尽量均匀的初始抽样来提取信息。样本点分布越均匀，越能用更少的点实现对参数空间的充分覆盖，这样能显著减少模型运行次数，节约计算资源。相关成果可以参考文献(Gong et al., 2015a)。

本书研究对多种常用的抽样方法进行了多个方面的比较。

(1)对比了多种常见的抽样方法。蒙特卡罗方法(Monte Carlo，MC)、拉丁超立方(Latin hypercube，LH)(McKay et al.，1979)、对称拉丁超立方(symmetric Latin hypercube，SLH)(Ye et al.，2000)、好格子点法(good lattice points，GLP)(Fang et al.，1994，2006；Korobov，1959a，1959b)、Sobol'伪随机序列(pseudorandom Sobol' sequence)(Sobol'，1967)、Halton 伪随机序列(pseudorandom Halton sequence)(Halton，1964)。

(2)对比了秩序格拉姆-施密特正交化 Ranked Gram-Schmidt(RGS)去相关化(de-correlation，dc)后处理对改进样本均匀性的贡献。RGS 后处理(Owen，1994)是将原始抽样的坐标轴进行旋转，去除原始抽样中的线性相关成分之后再重新排列，同时保持样本点之间的空间结构。

(3)对比了多种均匀性指标。差异性(discrepancy)是指在高维空间中，任意一个立方体占空间的总体比例与立方体内样本点数目占总数的比例的差异。差异性越小，表示样本分布越均匀。然而，计算差异性本身非常困难，因此出现了对差异性的多个变种，如改进差异性(modified discrepancy，MD)、中心差异性(centered discrepancy，CD)、对称差异性(symmetric discrepancy，SD)、对折差异性(wrap-around discrepancy，WD)。各种差异性指标在一些文献(Hickernell，1998a，1998b；方开泰和马长兴，2001)中有详细的论述。此外，还有基于差异性的均匀性指标，如最短距离 MinDist，样本点间的最短距离越大就越均匀；相关系数 Corr，线性相关系数越小的样本点越均匀。

(4)对比了不同维度和样本点数量下，多种常见抽样方法的差异。以包含 13 个参数的水文模型 SAC-SMA、包含 23 个参数的大气模型 WRF、包含 40 个参数的陆面模型 CoLM 作为三种典型情况，对比了 6 种抽样方法及其经过 RGS 处理后的多种均匀性指标。

(5)除了对比均匀性指标之外，还讨论了抽样方法对于替代模型和敏感性分析的影响。

图 10.1 列出了 8 种抽样方法在不同维度和样本数量下的 6 种均匀性指标。参与比较的抽样方法有拉丁超立方(LH)及其去相关化后处理(LH-dc)，对称拉丁方(SLH)及其去相关化后处理(SLH-dc)，好格子点法(GLP)及其去相关化后处理(GLP-dc)，Sobol'伪随机序列和 Halton 伪随机序列。这些方法均与同样维度、同样样本量的蒙特卡罗(MC)随机抽样相比，图中的颜色表示与 MC 相比是否更均匀，偏红色表示更均匀，偏蓝色表示

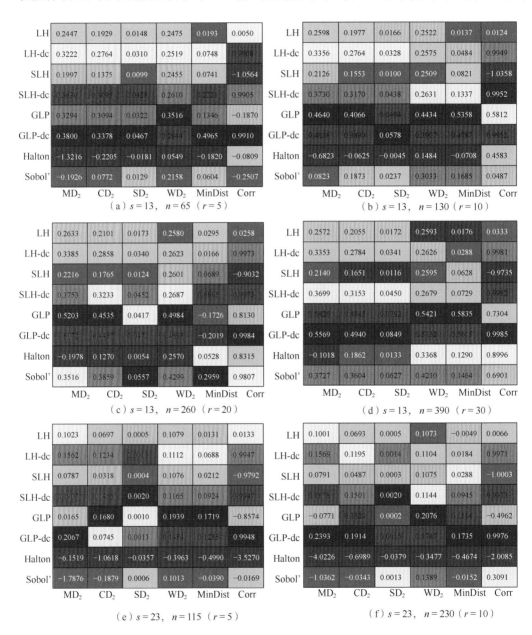

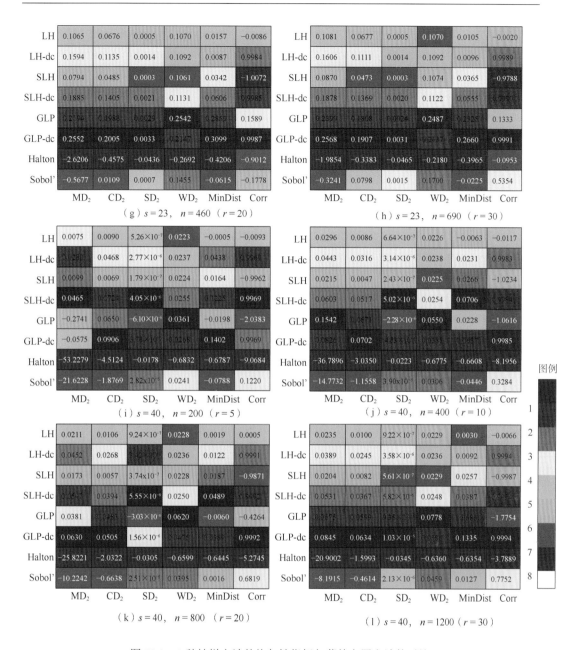

图 10.1　8 种抽样方法的均匀性指标与蒙特卡罗方法的对比

不均匀。图中每个格子里面的数字都是各种均匀性指标归一化之后的结果，数字为正表示比 MC 均匀，且越大越均匀；数字为负表示比 MC 不均匀，且越小越不均匀。S 表示问题的维度(变量数目)，n 表示样本数目。从图 10.1 中可以明显看出，经过 RGS 去相关化后处理的样本(以-dc 标记)往往更均匀，各种方法横向比较，SLH 和 GLP 方法更均匀。以 Sobol'和 Halton 为代表的伪随机序列，虽然理论上有很好的均匀性，但是在我们本次比较的结果中，甚至还没有随机蒙特卡罗抽样均匀。其原因可能是我们比较的样本量相对较小，不超过问题维度的 30 倍。在我们的结果中，当样本量增加时，Sobol'和 Halton 伪随机序列的均匀性均有所改善。我们比较的 6 种均匀性指标给出的结果略有区别但结论基本一致，差异不大。

　　图 10.2 展示了抽样方法对替代模型和敏感性分析的影响。使用基于替代模型的 RSMSobol'方法分析水文模型 SAC-SMA 的参数敏感性。图中颜色越深表示该参数越敏感，横坐标为参数名称标识，纵坐标为各种抽样方法。图 10.2(a) 和 (b) 分别列出了两种替代模型 MARS 和 GPR 的分析结果。替代模型是一类相对简单的统计模型，模拟输入和输出之间的相关关系。使用替代模型能大幅减少原模型的运行次数。这里的分析表明，抽样方法和替代模型对敏感性分析的结果都有影响，均匀性好的抽样方法敏感性分析结果也更可信，而替代模型的影响甚至更大一些，因此需要针对问题本身的特点选择合适的替代模型。

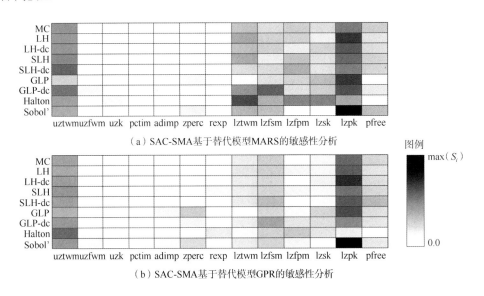

（a）SAC-SMA基于替代模型MARS的敏感性分析

（b）SAC-SMA基于替代模型GPR的敏感性分析

图 10.2　使用基于替代模型的 RSMSobol'方法分析水文模型 SAC-SMA 的参数敏感性

　　通过上述多个方面的对比，得到如下主要结论：在多种抽样方法中，好格子点法 (GLP) 和对称拉丁超立方(SLH)在大多数情况下均匀性更好，在替代模型和敏感性分析中表现也更好。RGS 去相关化后处理能够显著改善均匀性。几种均匀性指标给出的结论基本一致。理论上差异性更低的伪随机序列(Sobol'和 Halton 序列)实际上当样本点数目非常少的时候均匀性并不好，只有当样本点数目足够大时才能体现出好的均匀性。对于大复杂系统模型，GLP 和 SLH 方法更适合。

10.1.2　基于替代模型自适应抽样的多目标参数优化方法

　　现在的复杂动力模型通常有多个输出变量，因此需要多目标的方法进行参数优化。与单目标优化相比，多目标优化更加复杂，需要的模型运算次数也更多，因此对于大复杂动力模型来说，计算代价高。本书研究提出一种基于替代模型的自适应多目标参数优化（MO-ASMO）方法，用以减少计算成本并且有效地改进模型。动力模型通常有一套基于物理过程的初始化参数方案，我们希望通过参数优化令所有的物理过程都得到改进，也就是所有的目标函数都比默认参数化方案更好。本章主要介绍 MO-ASMO 方法的设计思想和测试结果，关于 MO-ASMO 方法的其他信息请参考相关文献（Gong et al.，2016）。

　　本节研究中，我们开发了 MO-ASMO 方法。该方法的特点有：①初始抽样和替代模型方法。在之前的研究中，我们对比了多种抽样方法和替代模型方法。在抽样方法中，好格子点法（GLP）（Fang et al.，1994，2006；Korobov，1959a，1959b）的均匀性最佳，通过去相关化后处理（RGS）（Owen，1994）之后均匀性更好。在替代模型中，高斯过程回归（GPR）（Rasmussen and Williams，2006）的拟合效果优于其他替代模型。在本节研究中，我们将 GLP 和 RGS 去相关结合作为初始抽样方法，并用 GPR 作为替代模型。②自适应抽样策略。我们仅仅用 Pareto 最优解的最具代表性的子集进行模拟。聚集距离代表最优解之间聚集的程度，聚集距离越大说明最优解约稀疏，多样性越好。经典的多目标遗传算法如 NSGA-II（Deb et al.，2002）等使用聚集距离来保持多样性。在 MO-ASMO 中，我们挑选聚集距离最大的一部分最优解用原模型进行模拟，这种自适应的抽样策略在收敛和多样性方面简单有效。③默认参数化方案用于约束优化结果。典型的地球物理模型，如陆面模型、天气和气候模型，有依赖于模型物理机制的默认参数化方案。有了参数的最优值，我们的目标是改善所有模型目标的表现。某几个目标函数比默认方案还差的解在本节研究中是没有用的。在本节研究中，我们开发了一种使优化集中于可以改进所有目标函数的区域的机制，用加权聚集距离代替传统的聚集距离。加权聚集距离是指如果该最优解在某一个目标函数上比默认参数化方案更差，那么就给它乘以一个很小的权重，让它的聚集距离降低，在最优性的排序中会下降。这样加权聚集距离可以给所有目标函数都比默认方案好的最优值以最优先的排序，比默认方案差的排在后面。使用加权聚集距离的替代模型多目标优化方法我们称为 WMO-ASMO。

　　使用 13 种测试函数评估了 MO-ASMO 的有效性和效率，并与经典的优化方法 NSGA-II（不使用替代模型）和使用替代模型的 SUMO 相比较。测试函数分为三组：①简单测试函数，包含 1～3 个输入变量和 2 个目标函数；②ZDT 测试函数，包含 10～30 个输入变量和 2 个目标函数；③DTLZ 测试函数，包含 6 个输入变量和 3 个目标函数。

　　表 10.1 列出了 NSGA-II 和 MO-ASMO 优化结果的收敛性和多样性指标。两种指标都是越低越好。为了公平比较，不使用替代模型的 NSGA-II 和使用替代模型的 MO-ASMO 的原始模型运行次数设定为完全一致，此外还增加了一种情况，让 NSGA-II 运行原始模型 10000 次以达到充分优化，在表中用 NSGA-II（large）标记。从表 10.1 中可以看出，MO-ASMO 在各项测试中均远远优于 NSGA-II。对于简单测试函数和 ZDT 测试函数，MO-ASMO 给出的最优解非常接近真正的全局最优，与 NSGA-II（large）相当。对于 DTLZ 测试函数，MO-ASMO 的优化结果比 NSGA-II 好，但不如 NSGA-II（large）。

表 10.1　NSGA-Ⅱ和 MO-ASMO 优化结果的收敛性和多样性

测试函数名称		优化方法	收敛性	多样性
简单测试函数	SCH1	NSGA-Ⅱ	0.0062	0.8279
		NSGA-Ⅱ (large)	0.0056	0.4280
		MO-ASMO	0.0056	0.6717
	SCH2	NSGA-Ⅱ	0.0122	1.0901
		NSGA-Ⅱ (large)	0.0085	1.0181
		MO-ASMO	0.0088	1.1170
	BIN	NSGA-Ⅱ	38.2874	1.1511
		NSGA-Ⅱ (large)	0.0923	0.5566
		MO-ASMO	0.0890	0.7301
	KIT	NSGA-Ⅱ	0.5227	0.9752
		NSGA-Ⅱ (large)	0.0143	0.5158
		MO-ASMO	0.0137	0.7416
	FON	NSGA-Ⅱ	0.0151	0.9718
		NSGA-Ⅱ (large)	0.0011	0.4109
		MO-ASMO	0.0017	0.5602
ZDT 测试函数	ZDT1	NSGA-Ⅱ	1.8454	0.9235
		NSGA-Ⅱ (large)	0.7619	0.8655
		MO-ASMO	0.7453	0.8096
	ZDT2	NSGA-Ⅱ	2.4971	1.0241
		NSGA-Ⅱ (large)	0.9967	1.0122
		MO-ASMO	1.1087	0.9717
	ZDT3	NSGA-Ⅱ	1.7332	0.8776
		NSGA-Ⅱ (large)	0.6738	0.8843
		MO-ASMO	0.8896	0.7926
	ZDT4	NSGA-Ⅱ	78.2058	0.9654
		NSGA-Ⅱ (large)	25.2251	1.0490
		MO-ASMO	38.5784	0.9204
	ZDT6	NSGA-Ⅱ	4.9350	1.0093
		NSGA-Ⅱ (large)	3.2077	1.0914
		MO-ASMO	3.5064	0.9531
DTLZ 测试函数	DTLZ1	NSGA-Ⅱ	43.6747	
		NSGA-Ⅱ (large)	7.1320	
		MO-ASMO	36.7536	
	DTLZ2	NSGA-Ⅱ	0.1487	
		NSGA-Ⅱ (large)	0.0304	
		MO-ASMO	0.0272	
	DTLZ3	NSGA-Ⅱ	107.4802	
		NSGA-Ⅱ (large)	16.3201	
		MO-ASMO	85.6173	

图 10.3 和图 10.4 直观地展示了 NSGA-II、SUMO 和 MO-ASMO 对简单测试函数和 ZDT 测试函数的优化结果。对于简单测试函数，MO-ASMO 和 SUMO 均优于 NSGA-II，非常接近真正的最优解；对于 ZDT 测试函数，SUMO 的收敛性比 MO-ASMO 更好，但多样性严重不足，只找到 1～3 个最优解。

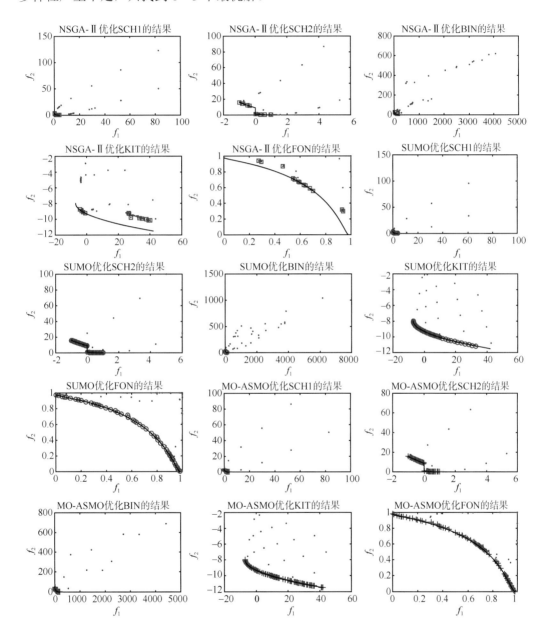

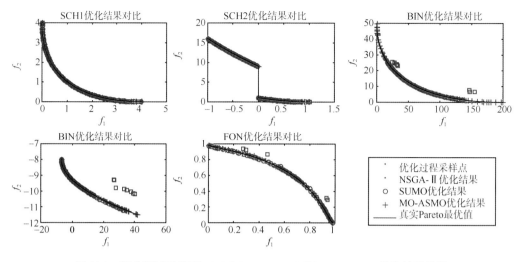

图 10.3　简单测试函数下，NSGA-II、SUMO 和 MO-ASMO 优化结果比较

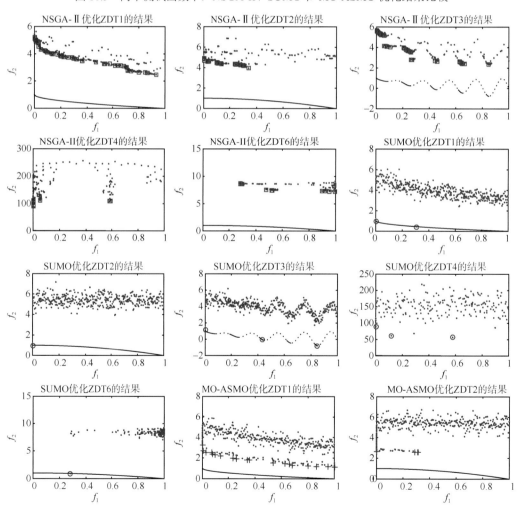

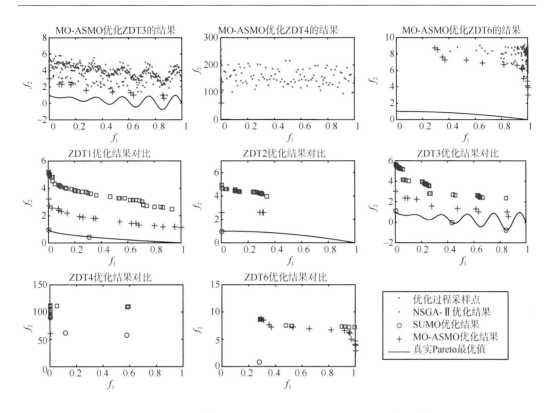

图 10.4　ZDT 测试函数下 NSGA-II、SUMO 和 MO-ASMO 优化结果比较

　　总之，对于简单测试函数，如果测试函数的运行次数非常少，MO-ASMO 和 SUMO 均优于 NSGA-II，并且非常接近真正的最优解。对于 ZDT 测试函数，MO-ASMO 在收敛性上不如 SUMO，在多样性上好于 SUMO，并且两者都优于 NSGA-II。对于 DTLZ 测试函数，MO-ASMO 和 SUMO 的表现同样接近，也都好于 NSGA-II，但是和真正的最优解仍有差距。此外，MO-ASMO 本身的运行时间远比 SUMO 更快。SUMO 由于每一步都需要计算超空间体积，每一轮重采样又只有一个点，计算时间很长，并且不好并行化。

　　使用 NSGA-II、MO-ASMO 和 WMO-ASMO 优化单柱陆面模型 CoLM（Dai et al.，2003）。其中 NSGA-II 的模型运行次数有 10000 次，而（W）MO-ASMO 只有 500 次。图 10.5 展示了由 NSGA-II、MO-ASMO 和 WMO-ASMO 所找到的 Pareto 最优参数值。由 SCE-UA、ASMO 得到的最优参数，还有默认参数也画在了同一幅图中。由 NSGA-II、MO-ASMO 和 WMO-ASMO 得到的目标函数值分别在图 10.6～图 10.8 中用红点表示，优化过程中取得的点用蓝点表示。显然，三种方法给出的目标值和参数的分布显著不同。由 NSGA-II 获得的优化目标展示了 Pareto 前沿的很多具体结构，这些细节是通过运行上万次动力模型提供的。对于 MO-ASMO，三种方法给出的目标值和参数分布大体相似，然而很多的细节丢失了，MO-ASMO 得到的参数分布比 NSGA-II 的更平滑，因为 NSGA-II 运行了 10000 次原模型去探索细节，而 MO-ASMO 仅仅用了 500

次的原模型运转次数并且使用 GPR 替代模型来预测其他区域中的目标。这种替代模型能有少量的样本点模仿原模型的行为，但它不可避免地会丢失一些细节，因为抽样次数有限。

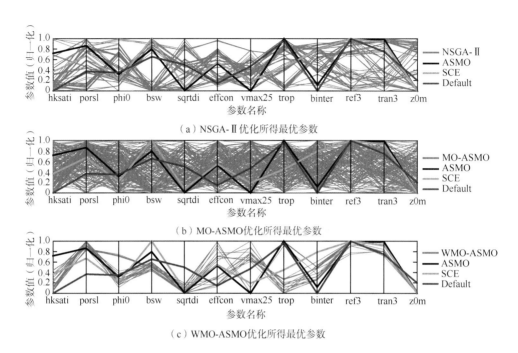

（a）NSGA-Ⅱ优化所得最优参数

（b）MO-ASMO优化所得最优参数

（c）WMO-ASMO优化所得最优参数

图 10.5　CoLM 的多目标优化结果：由 NSGA-Ⅱ、MO-ASMO 和 WMO-ASMO 给出的优化参数值

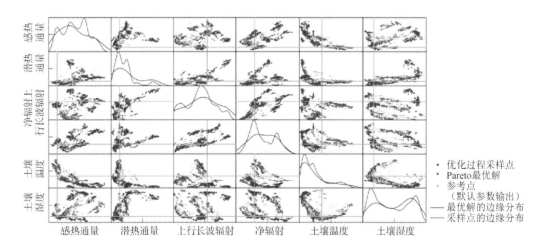

图 10.6　CoLM 的多目标优化结果：由 NSGA-Ⅱ给出的优化参数值

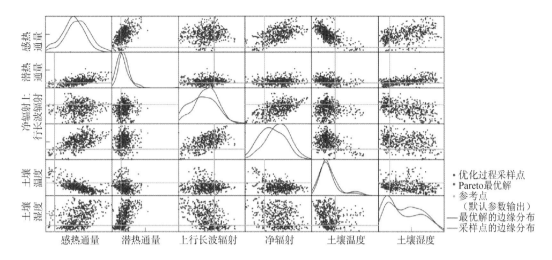

图 10.7　CoLM 的多目标优化结果：由 MO-ASMO 给出的优化参数值

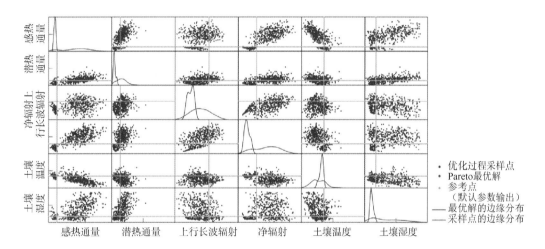

图 10.8　CoLM 的多目标优化结果：由 WMO-ASMO 给出的优化参数值

　　此外，我们还发现，对于 NSGA-II 和 MO-ASMO，两者找到的最优解很多都是改进了一个目标函数而使其他的变差，这些最优解对于我们改进模型来说是没有用的，浪费了计算资源。这些半优解布满了目标空间，描述它们的分布将需要大量的模型运转次数，但其实它们对改进模型几乎没什么用处。对于 WMO-ASMO，搜索区域集中于参考点的非劣解区域，也就是各个目标都比默认参数要好的区域。这样能集中有限的模型运行次数，用来探索所有目标都能提高的区域。与其他两种方法得到的分布相比，WMO-ASMO 提供的优化参数同样集中在相对小的区域中。

10.2 黑河流域 CoLM 模式的区域参数优化

10.2.1 CoLM 参数优化实施方案

CoLM 是由我国戴永久教授自主研发的陆面过程模式（Dai et al.，2003），包含完整的水文、陆表能量平衡、冻融过程和动态植被参数化方案，在国内外有很大影响，该模式已被纳入数值天气预报模式（WRF）和地球系统模式（CESM）中，为其提供陆陆表面边界条件，并得到不断改进，现已被发展为 CLM 模式。本章以黑河流域为研究对象，完成了全球遥感资料和再分析资料的收集；编写插值和格式转换程序完成驱动数据和验证数据的制备；整理一套适用于 CoLM 模式的驱动数据和验证数据，时间分辨率 30 min，空间分辨率 0.125°；确定 CoLM 的可调参数及其范围；改写 CoLM 程序，改默认参数化方案为从外部读取，且对不同的 PFT 读取不同的参数化文件，读取驱动数据的部分也做相应的修改；完成黑河全流域初始抽样，并在此基础上进行参数筛选和优化。

CoLM 需要的大气驱动数据有：温度、气压、风速、湿度、下行长波辐射、下行短波辐射、降水。收集整理的大气驱动数据有两个来源：①欧洲中期气象预报中心（ECMWF）提供的 ERA-Interim 全球水文气象再分析数据；②中国气象局（CMA）提供的全国陆面再分析数据 CLDAS 2.0。

ERA-Interim 提供 1979～2016 的陆面/大气多个物理场的数据，并将持续滚动更新，时间分辨率 6 h，空间分辨率 512×256 Longitude/Gaussian Latitude（即 0.703°×0.702°）。其可用于全球模拟和较低分辨率的区域模拟。已编写插值和转换程序，将原始数据转换为 CoLM 需要的格式和单位，并双线性插值到 0.125°×0.125°。ERA-Interim 的详细信息见表 10.2。

表 10.2　ERA-Interim 陆面驱动数据基本信息

变量名	单位	全名
d2 m	K	2 m 露点温度
t2 m	K	2 m 气温
u10	m/s	10 m U 风速分量
v10	m/s	10 m V 风速分量
cp	m	对流降水
csf	m 雪水当量	对流降雪
uvb	J/m^2	陆表下行紫外辐射
lsp	M	大尺度降水
lspf	S	大尺度降水分数
lsf	m 雪水当量	大尺度降雪
msl	Pa	平均海平面气压

续表

变量名	单位	全名
sp	Pa	陆表气压
ssrd	J/m²	下行陆表太阳辐射
strd	J/m²	下行陆表热辐射
tp	m	总降水量

CLDAS 2.0 提供 2008～2014 年的陆面强迫场数据，并将持续滚动更新，覆盖中国及其周边区域(0°～65°N，60°E～160°E)，空间分辨率 0.0625°×0.0625°，时间分辨率 1 h。CLDAS 2.0 驱动数据综合了多种遥感、再分析数据和全国 30000 个自动气象站的数据，可用于全国及周边地区较高分辨率的区域模拟。已编写插值和转换程序，将原始数据转换为 CoLM 需要的格式和单位。CLDAS 2.0 不包含下行长波辐射，需要通过经验公式计算。CLDAS 2.0 的详细信息见表 10.3。

表 10.3　CLDAS 2.0 陆面驱动数据基本信息

变量名	单位	全名	文件中的名称
PRE	mm/h	降水率	PRCP
PRS	Pa	海平面气压	PAIR
RHU	g/g	相对湿度	QAIR
SRA	W/m²	下行短波辐射	SWDN
TMP	K	2 m 气温	TAIR
WIN	m/s	10 m 风速	WIND

CoLM 的参数化方案建立在植被功能型(PFTs)的基础上，不同的 PFT 有不同的参数化方式。PFT 划分的主要依据是土地覆盖和植被类型。每个网格内，按照不同的土地覆盖和植被类型划分为多个 patch，每个 patch 对应一类 PFT。每个 patch 内还存在多种不同的土壤质地，土壤的物理参数根据经验公式从土壤质地求出。由于土地覆盖和土壤类型两者的分布相对独立，两者的参数化方案也是相对独立的。CoLM 中土壤的物理参数参见表 10.4。

表 10.4　CoLM 中的土壤物理参数列表

序号	变量名	说明	单位
1	albsol	不同颜色的土壤的陆表反射率	—
2	csol(nl_soil)	土壤固体的热容	J/(m³·K)
3	porsl(nl_soil)	土壤孔隙的比例	—
4	phi0(nl_soil)	最小土壤吸力	Mm
5	bsw(nl_soil)	Clapp and Hornbereger "b"参数	—
6	dkmg(nl_soil)	土壤矿物的热传导系数	W/(m·K)
7	dksatu(nl_soil)	饱和土壤的热传导系数	W/(m·K)
8	dkdry(nl_soil)	干土的热传导系数	W/(m·K)
9	hksati(nl_soil)	饱和导水率	mm/s

由于陆面-大气相互作用更多地依赖于 PFT，不同类别的参数差异较大，因此陆面模型的参数优化也要按照不同的 PFT 分别进行。但是土壤参数和植被参数相对独立，会造成优化结果与物理过程不一致的问题，这就需要统一处理土壤参数和植被参数。我们将土壤参数的经验公式系数作为参数，归并到每个 PFT 的参数列表中，这样对每个 PFT 就能同时调整土壤和植被参数。CoLM 土壤参数经验公式系数见表 10.5。

表 10.5 CoLM 模型中的土壤参数经验公式系数列表

序号	变量名	说明	单位	默认值	下限	上限
1	porsl_a	porsl 的截距	—	0.489	0.4401	0.5379
2	porsl_b	porsl 的斜率	—	0.00126	0.0011	0.0014
3	phi0_a	phi0 的截距	—	1.88	1.6920	2.0680
4	phi0_b	phi0 的斜率	—	0.0131	0.0118	0.0144
5	bsw_a	bsw 的截距	—	2.91	2.6190	3.2010
6	bsw_b	bsw 的斜率	—	0.159	0.1431	0.1749
7	hksati_a	hksati 的截距	—	0.884	0.7956	0.9724
8	hksati_b	hksati 的斜率	—	0.0153	0.0138	0.0168
9	csol_c1	csol 的系数 1	—	2.128	1.9152	2.3408
10	csol_c2	csol 的系数 2	—	2.385	2.1465	2.6235
11	dkmg_c1	dkmg 的系数 1	—	8.8	7.92	9.68
12	dkmg_c2	dkmg 的系数 2	—	2.92	2.628	3.212
13	d50	50%根深度	—	d50_s(i)	1	47
14	beta	根剖面系数	—	beta_s(i)	−3.245	−1

汇总 CoLM 模型的所有可调参数，将它们分为 5 类(土壤水、土壤热、雪盖、植被水、植被热)共计 53 个，CoLM 的可调参数及其范围如表 10.6 所示。

表 10.6 CoLM 的可调参数及其范围

序号	变量名	说明	单位	默认值	下限	上限
		土壤水				
1	porsl_a	porsl 的截距	—	0.489	0.4401	0.5379
2	porsl_b	porsl 的斜率	—	0.00126	0.0011	0.0014
3	phi0_a	phi0 的截距	—	1.88	1.6920	2.0680
4	phi0_b	phi0 的斜率	—	0.0131	0.0118	0.0144
5	bsw_a	bsw 的截距	—	2.91	2.6190	3.2010
6	bsw_b	bsw 的斜率	—	0.159	0.1431	0.1749
7	hksati_a	hksati 的截距	—	0.884	0.7956	0.9724
8	hksati_b	hksati 的斜率	—	0.0153	0.0138	0.0168
9	wtfact	高地下水位区域面积分数	—	0.3	0.15	0.45

续表

序号	变量名	说明	单位	默认值	下限	上限
10	cnfac	Crank Nicholson 系数	—	0.5	0.25	0.5
11	wimp	如果孔隙度小于 wimp 则不透水	—	0.05	0.01	0.1
12	pondmx	积水深度	mm	10.0	5	15
13	smpmax	以 mm 为单位的凋萎点	mm	-1.5×10^5	-2.0×10^5	-1.0×10^5
14	smpmin	土壤水分最小值的限制	mm	-1.0×10^8	-1.0×10^8	-0.9×10^8
15	trsmx0	湿润土壤+100%植被的最大蒸腾量	mm/s	2.0×10^{-4}	1.0×10^{-4}	100.0×10^{-4}
土壤热						
16	csol_c1	csol 系数 1	—	2.128	1.9152	2.3408
17	csol_c2	csol 系数 2	—	2.385	2.1465	2.6235
18	dkmg_c1	dkmg 系数 1	—	8.8	7.92	9.68
19	dkmg_c2	dkmg 系数 2	—	2.92	2.628	3.212
20	capr	将第一层 T 转换为表面 T 的调整因子	—	0.34	0.17	0.51
21	albsol	不同颜色土壤的陆表反照率	—		0.05	0.12
22	zlnd	土壤粗糙长度	m	0.01	0.005	0.015
23	csoilc	冠层下土壤的阻力系数	—	0.004	0.002	0.006
雪盖						
24	zsno	雪的粗糙长度	m	0.0024	0.0012	0.0036
25	ssi	雪的束缚水饱和度	—	0.033	0.03	0.04
26	tcrit	临界温度，用来决定下雨或下雪	℃	0	-2	2
植被水						
27	d50	50%根处的深度	—		1	47
28	beta	根剖面系数	—		-3.245	-1
29	dewmx	最大冠层持水	—	0.1	0.05	0.15
植被热						
30	z0m	空气动力学粗糙长度	m		0.05	3.5
31	displa	位移高度	m		0.333	23.333
32	sqrtdi	叶维数平方根的倒数	$m^{-0.5}$	5	2.5	7.5
33	effcon	植被光合作用的量子效率	$molCO_2/$ molquanta		0.05	0.08
34	vmax25	冠层顶 25 ℃最大羧化率	—		30×10^{-6}	100×10^{-6}
35	slti	s_3：低温抑制函数的斜率	—	0.2	0.1	0.3
36	hlti	s_4：低温抑制函数的 1/2 点	—		278	288
37	shti	s_1：高温抑制函数的斜率	—	0.3	0.15	0.45
38	hhti	s_2：高温抑制函数的 1/2 点	—		307	313
39	trda	s_5：电导的温度系数-光合作用模型	—	1.3	0.65	1.95

序号	变量名	说明	单位	默认值	下限	上限
40	trdm	s_6：电导的温度系数—光合作用模型	—	328	300	350
41	trop	s_7：电导的温度系数—光合作用模型	—	298	250	300
42	gradm	电导斜率—光合作用模型	—		4	9
43	binter	电导截距—光合作用模型	—		0.01	0.04
44	extkn	叶片氮分配因子		0.5	0.5	0.75
45	chil	叶倾角分布因子			−0.3	0.25
46	ref_sa	活体叶片的可见光反射率			0.07	0.105
47	ref_sd	枯叶的可见光反射率			0.16	0.36
48	ref_la	活体叶片的近红外反射率			0.35	0.58
49	ref_ld	枯叶的近红外反射率			0.39	0.58
50	tran_sa	活体叶片的可见光透过率			0.05	0.07
51	tran_sd	枯叶的可见光透过率			0.001	0.220
52	tran_la	活体叶片的近红外透过率			0.1	0.25
53	tran_ld	枯叶的近红外透过率	—		0.001	0.38

确定了可调参数及其范围之后，由于每个 PFT 的参数化方案都不同，对每个 PFT 通过修改 CoLM 代码文件 mkinidata/iniTimeConst.F90 改变参数值。模型运行过程中在 main/CLMMAIN.F90 屏蔽其他的 PFT。所有 PFT 运行完毕之后再按网格平均，在 main/flux_p2g.F90 中组装成全流域模拟结果。

10.2.2　CoLM 单点模拟与参数优化

为了测试使用遥感数据进行参数优化的可行性，首先在黑河上游阿柔冻融观测站进行了单点模拟与参数优化。大气驱动数据来自自动气象站观测，验证数据使用第七章提供的日尺度遥感蒸散发(ET)数据，进行单目标的敏感性分析、参数筛选与参数优化。模拟时间为 2008～2009 年，第一年作为预热，以第二年的 ET 的均方根误差(RMSE)作为目标函数。首先以日 ET 数据计算 RMSE，模拟结果和得到的最优参数分别如图 10.9～图 10.11 所示。

图 10.9 展示了日 ET 过程，其中蓝线为遥感 ET，红线为使用默认参数化方案模拟的 ET，绿线为优化后的参数化方案模拟的 ET。图 10.10 展示了月平均 ET 过程。表 10.7 展示了以日 ET 为目标函数，日、月、年三个不同时间尺度之下的模拟误差。从表 10.7 中可以明显看到，参数优化减小了日尺度和年尺度上的误差，但是月尺度的误差却严重变大了将近 20%。从图 10.10 中也能看到月 ET 误差反而变大了。

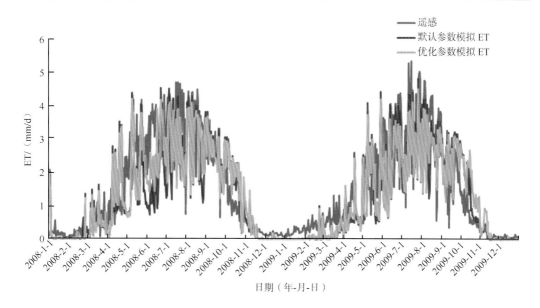

图 10.9　以日尺度遥感 ET 的 RMSE 为目标函数，模拟日 ET 过程，对比了遥感 ET、用默认参数化
方案模拟 ET、用优化后的参数模拟 ET

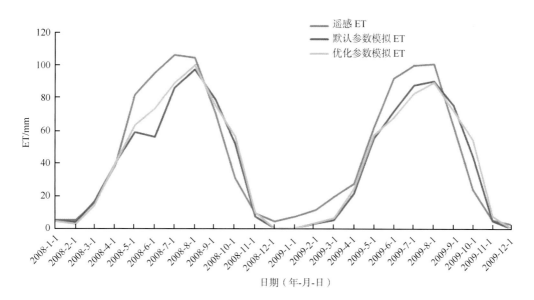

图 10.10　以日尺度遥感 ET 的 RMSE 为目标函数，模拟月 ET 过程，对比了遥感 ET、用默认参数化
方案模拟 ET、用优化后的参数模拟 ET

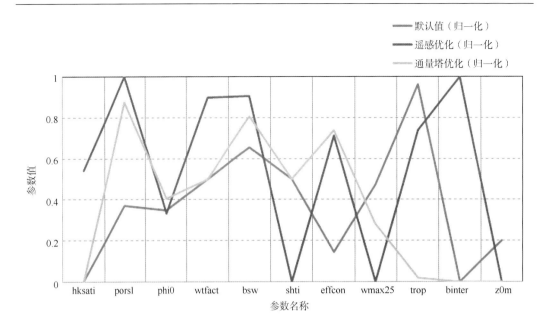

图 10.11　最优参数(以日尺度遥感 ET 的 RMSE 为目标函数，对比了遥感优化与通量塔优化)

表 10.7　以日 ET 为目标函数，不同时间尺度下的误差

项目	日 ET RMSE	月 ET RMSE	年 ET 总误差
默认参数化方案	0.86 mm/d	0.39 mm/d	55.44 mm
优化参数化方案	0.83 mm/d	0.46 mm/d	48.39 mm
改进百分比	2.54%	−19.26%	12.71%

　　考虑到每一天的遥感观测次数有限，日尺度遥感 ET 容易受到云层等随机因素的影响，因此考虑用月 ET 代替日 ET 作为目标函数。优化后的日 ET 过程、月 ET 过程、最优参数分别如图 10.12～图 10.14 所示。表 10.8 展示了以月 ET 为目标函数，日、月、年三个不同时间尺度之下的模拟误差。和表 10.7 相比，表 10.8 在日、月、年三个尺度上都有非常明显的改进。从图 10.13 也能看出，月尺度的误差明显减小。日尺度误差减小不明显，但从 RMSE 的数值上看还是减小了 1.76%。该结果表明用月尺度 ET 作为优化的目标，能够有效屏蔽随机误差，同时抓住 ET 年内不同季节的特征，有效反映物理过程。用月 ET 比用日 ET 优化的效果更好，在月尺度和年尺度上改进百分比都很高(分别为 25.48% 和 32.55%)，在日尺度上的改进量也和日尺度直接优化相当。这说明 CoLM 模型的参数优化对时间尺度是相当敏感的，即使用完全相同的驱动数据和验证数据，在不同的时间尺度下也会得到完全不同的最优参数，模型误差的改进量也有很大区别。

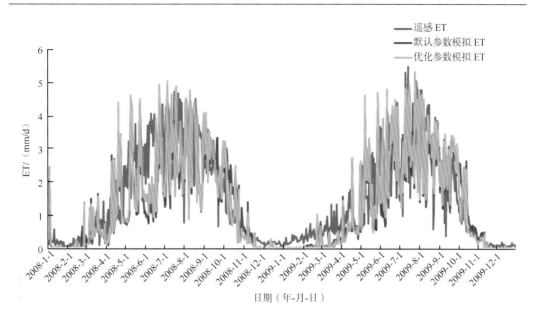

图 10.12　以月尺度遥感 ET 的 RMSE 为目标函数，模拟日 ET 过程，对比了遥感 ET、用默认参数化
方案模拟 ET、用优化后的参数模拟 ET

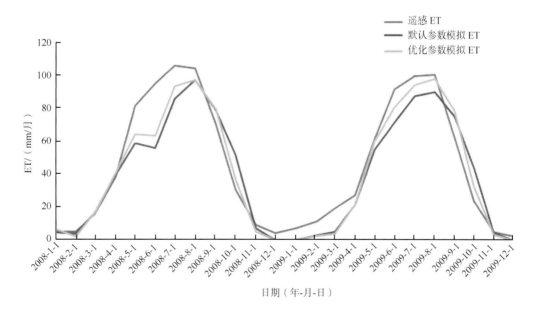

图 10.13　以月尺度遥感 ET 的 RMSE 为目标函数，模拟月 ET 过程，对比了遥感 ET、用默认参数化
方案模拟 ET、用优化后的参数模拟 ET

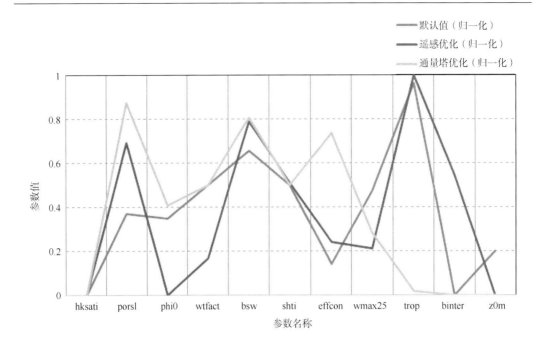

图 10.14　最优参数(以日尺度遥感 ET 的 RMSE 为目标函数，对比了遥感优化与通量塔优化)

表 10.8　以月 ET 为目标函数，不同时间尺度下的误差

项目	日 ET RMSE	月 ET RMSE	年 ET 总误差
默认参数化方案	0.86 mm/d	0.39 mm/d	55.44 mm
优化参数化方案	0.84 mm/d	0.29 mm/d	37.39 mm
改进百分比	1.76%	25.48%	32.55%

10.2.3　CoLM 黑河区域尺度参数优化

单点参数优化的结论表明，日尺度 ET 和月尺度 ET 做目标函数所得到的结果显著不同。用月尺度 ET 优化能够显著改善日、月、年多个尺度上的模拟误差，效果远远好于日尺度 ET 作目标。这是因为月尺度 ET 能够有效屏蔽日尺度上遥感观测的随机误差(如云的影响)，同时又能抓住季节变化的物理过程。因此，在区域参数优化中我们使用月尺度 ET 作为目标函数。

黑河流域区域参数优化，使用的驱动数据为 ERA-Interim，插值到空间分辨率 0.125°，时间分辨率 30 min，验证数据为第 7 章提供的月平均遥感 ET，单目标优化。对每个 PFT 单独进行参数筛选和参数优化，下面列出部分代表性结果。

表 10.9 列出了 CoLM 模型在黑河流域用默认参数化方案的蒸散发(ET)模拟误差、参数优化后的模拟误差，以及改进百分比，按不同的 PFT 分类列出。

表 10.9 黑河流域区域默认参数化方案与参数优化后的 ET 误差(RMSE)及改进百分比

序号	植被功能型	优化前平均 RMSE /(mm/d)	优化后平均 RMSE /(mm/d)	改进 百分比/%
1	城镇和建成区	1.11	0.91	17.36
2	旱地农田和牧场	1.33	1.05	21.01
3	灌溉农田和牧场	1.58	1.12	29.01
4	混和旱地/灌溉农田和牧场	0.00	0.00	
5	农田/草地混合	1.48	1.16	21.63
6	农田/林地混合	1.16	0.85	26.89
7	草地	1.43	1.10	23.20
8	灌木地	0.76	0.49	35.29
9	混合灌木林/草地	1.85	1.48	19.82
10	热带稀树草原	1.10	0.87	20.55
11	落叶阔叶林	1.17	0.92	20.82
12	落叶针叶林	1.11	0.86	22.43
13	常绿阔叶林	0.00	0.00	
14	常绿针叶林	0.00	0.00	
15	混交林	1.52	1.15	24.71
16	水体(含海洋)	3.30	3.13	5.25
17	草本湿地	0.00	0.00	
18	木本湿地	0.84	0.65	23.45
19	裸土或稀疏植被	0.64	0.52	19.70
20	草本苔原	0.00	0.00	
21	木本苔原	1.01	0.76	24.67
22	混合苔原	1.11	0.89	19.75
23	裸地苔原	0.00	0.00	
24	雪或冰	0.00	0.00	
25	海洋/无数据	0.00	0.00	

从表 10.9 中可以明显看出,除了 7 种该地区没有的 PFT 以外,其他各类 PFT 的模拟误差在参数优化后都有了相当大的改进。其中,水体的参数化方案最简单,误差减小了 5.25%,其他各类 PFT 的误差都减小了 20%左右,最高的改进了 35.29%(Shrubland)。该结果表明,使用遥感 ET 能够显著改进陆面过程模型的模拟效果,而且对区域模拟的改进非常明显。

由于驱动数据的不同(单点用自动气象站、区域用再分析),数据质量有很明显的差异,因此与单点模拟相比,区域模拟的误差会大 2~3 倍甚至更多。参数优化对区域模拟的改进很明显,但仍然不足以抵消驱动数据质量的影响。

图 10.15 和图 10.16 分别展示了冬季(2010 年 1 月)和夏季(2010 年 8 月)遥感 ET、默认参数模拟 ET、优化参数模拟 ET 的空间分布。从图 10.15 和图 10.16 中明显看出,

用默认参数化方案模拟的 ET 与遥感 ET 显著不同：冬季普遍偏大，黑河中游偏大较多；夏季中游蒸发偏小，尤其是中游灌区农田偏差较大，高原区蒸发显著偏大。经参数优化后误差有所降低，具体表现为：①冬季全区域蒸发量虽然比遥感 ET 偏大，但整体上明显减少，尤其是黑河中游地区蒸发降低了很多。②夏季黑河中游区域的遥感 ET 存在多个由农田、灌区对应的蒸发"热点"，这在默认参数化方案下并没有体现，优化之后蒸发量略有增加，但仍不够多。图中遥感 ET 中游区域存在红色"热点"，用默认参数模拟时完全体现不出来，优化后该区域呈浅蓝色，比周边蒸发量大，但与遥感 ET 仍有较大差距。③夏季高原区蒸发量偏大明显，经参数优化后蒸发量有所降低，在数量级上与遥感 ET 趋于一致，但仍然偏大。总之，通过参数优化能够明显改进区域蒸散发的模拟结果，但是与遥感 ET 相比误差仍然不小。这与单点参数优化的结论明显不一样，其原因可能是驱动数据质量之间的差异(单点模拟与优化用自动气象站数据驱动，区域模拟用 ERA-Interim 再分析数据驱动)。

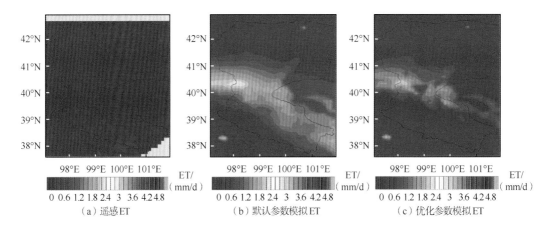

图 10.15　2010 年 1 月(冬季)遥感 ET、默认参数与优化参数模拟 ET

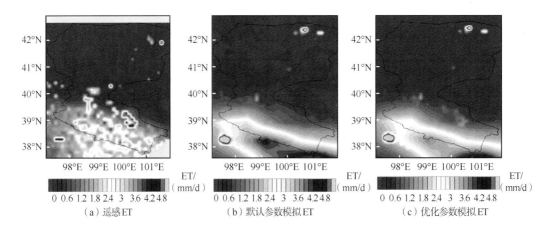

图 10.16　2010 年 8 月(夏季)遥感 ET、默认参数与优化参数模拟 ET

同时，不同的 PFT 的敏感参数、最优参数，以及误差改进百分比都有较大的区别。下面列出 3 个典型参数在优化前和优化后的空间分布(图 10.17～图 10.19)。3 个参数都是土壤相关参数，是经验公式中的系数。默认参数化方案中这三个参数都是常数，但经过优化后表现出了比较强的空间变异性，porsl_a 和 phi0_a 在黑河中游农田变异性较大，而 phi0_b 在整个区域都有比较大的变异性，而且和默认参数差异明显。

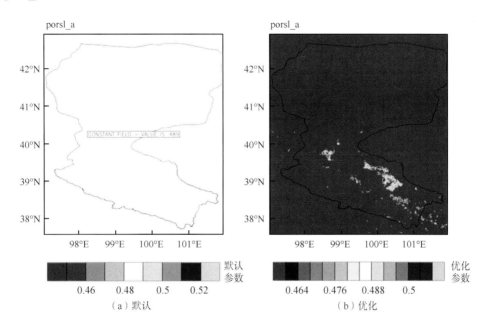

图 10.17　porsl_a(土壤孔隙度 porsl 经验公式中的截距)默认参数与优化参数的空间分布

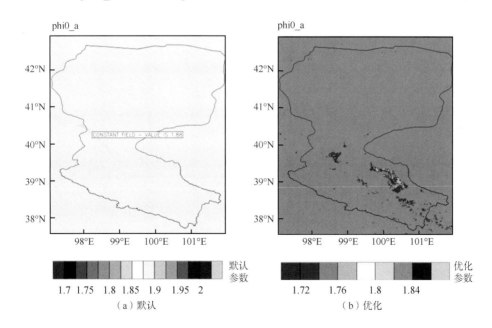

图 10.18　phi0_a(土壤最低吸附力 phi0 经验公式中的截距)默认参数与优化参数的空间分布

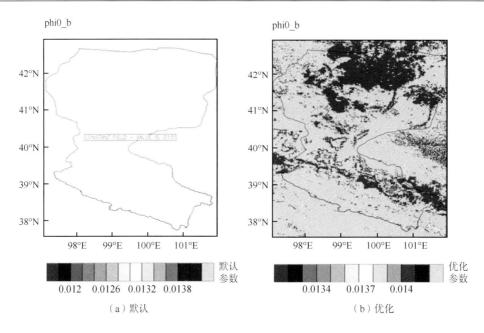

图 10.19　phi0_b(土壤最低吸附力 phi0 经验公式中的斜率)默认参数与优化参数的空间分布

10.3　陆面模式 CLM 在全球尺度的参数敏感性分析和优化研究

10.3.1　陆面模式简介

公用陆面模式(community land model，CLM)作为公用地球系统模式和公用大气模式的动态陆面模块，由美国国家大气研究中心全球气候动力学部和地球科学系联合开发，是当前第三代陆面模式中发展相对完善且具有发展潜力的陆面过程模式之一。它综合了中国科学院大气物理研究所陆面过程模式 IAP94(Dai and Zeng，1997)、美国国家大气研究中心生物圈-大气圈传输方案(BATS)陆面模式(Dickinson et al.，1993)和 LSM(Bonan，1996)等陆面过程模式逐步完善的物理过程，对 CLM 中物理过程的参数化方案进行了改进。它涵盖了水文循环、生物地球物理、生物地球化学和动态植被等子模块，可作为陆面过程子模块与大气、海洋、海冰等模块耦合为地球系统模式(Oleson et al.，2004，2010)。

早期 CLM 的研发引入了动态植被、河流汇流、碳循环、植被功能类型(替换原有生物群落类型)、叶面生理过程改进、植被反照率及光合作用与土壤含水量之间的限制关系之后，于 2002 年 5 月正式发布 CLM 2.0 版本(Zeng et al.，2002)。随后，为了能够支持基于矢量的计算平台，CLM 源码被重新编写。编写过程中校正了部分生物地球物理参数化方案，并根据冠层密度实现了从地面到冠层空气热湿传递的可变空气动力阻力，解决了半干旱区异常高温和 2 m 气温偏差等问题，并于 2004 年 6 月正式发布 CLM 3.0 版本(Hoffman et al.，2004；Oleson et al.，2004)。之后，有学者指出该版本中的水文过程参数化存在一些问题，导致与气候模式耦合的模拟结果存在偏差(Hack et al.，2006；Lawrence et al.，2007)。为修正偏差，CLM3.5 的发布对大量细节做了改进，其中采用了新的冠层截留、冠层积分、土壤蒸发等参数化方案，增加了描述氮对植被生产力限制的参数化方案，引入了新的中等分辨率成像光谱仪(MODIS)陆表数据集，加入了基于TOPMODEL 的可选径流模型和新的地下水模型，使模式对全球蒸散量、径流年循环、植被蒸腾和光合作用等方面的模拟效果有了较大的提升(Oleson et al.，2008；Stöckli et al.，2008)。

CLM 4.0 于 2010 年 6 月发布，采用了更复杂的土壤水文和降雪过程参数化方案，尤其对土柱-地下水相互作用、土壤蒸发、稀疏/密集冠层的空气动力学参数化、积雪植被的垂直埋藏、积雪覆盖度和老化、黑碳和灰尘沉积以及积雪的太阳能垂直分布进行了新的改进(Lawrence et al.，2011)。值得注意的是，该版本模式加入了碳氮循环模块来模拟陆表覆盖变化(Thornton et al.，2002)，并且采用了城市峡谷模型来对比城乡能量收支和气候差异。此外，还对全球植被功能类型、湿地和湖泊分布进行了细化，以更真实地反映草地和农田的光学特性。之后，在 2013 年 6 月发布的 CLM4.5 中进一步修改了冠层辐射方案、叶片过程冠层尺度、光合作用及相关参数和气孔传导模型(Bonan et al.，2011；Sun et al.，2012)，提高了模式对初级生产量和潜热通量的模拟，同时还扩展了作物模块，加入了甲烷的化学作用(Koven et al.，2013)，将 VIC 模式作为汇流可选方案加入模式中(Li et al.，2011)。

最新发布的 CLM 5.0 在保留原有参数化方案可自选切换的前提下，还加入了众多新的参数化方案，其改进集中在土壤和植物水文、雪密度、河流模拟、碳氮循环和耦合以及作物模拟方面。主要包括：引入了基于干表面层的土壤蒸发阻抗和修订的冠层截流参数化(Swenson and Lawrence，2014)；增加了土柱分层划分，尤其在顶部 3 m 处，以更明确陆表示永久冻土带的厚度模拟；固定土柱厚度修改为随地理位置变化(Brunke et al.，2016；Swenson and Lawrence，2015)，通过显式土壤厚度数据代替(Pelletier et al.，2016)，以至于原有含水层参数化方案被零通量边界划定的饱和带和非饱和带的显式模拟所取代；最大雪层数和雪量从 5 层、1 m 增加到 12 层、10 m，以允许在持续雪覆盖区形成积雪；河道洪水演进模型 RTM 替换为尺度自适应河道洪水演进模型 MOSART，实现对陆表径流流经山坡后与地下径流一起排入支流子网进入主河道的刻画(Li et al.，2013)。此外，CLM5.0 将许多硬编码的模型参数提取到参数文件或名称列表文件中，以便于用户可以更容易地校准模型或在特定区域使用时进行参数敏感性研究(Lawrence et al.，2019)。

10.3.2　可调参数与模拟变量

本次研究所选的 38 个参数包括 4 个水文参数、11 个土壤参数和 23 个植被参数；各参数的名称、默认取值和可调范围等信息如表 10.10 所示。

表 10.10 CLM 的可调参数及其范围

序号	参数名	详细描述	默认值	单位	可调范围	中文名
水文参数：陆表径流、地下径流、含水层参数						
P_1	f_{over}	Decay factor (m) of surface flow	0.5	m^{-1}	[0.1，5]	陆表径流衰减指数
P_2	f_{drai}	Decay factor (m) of sub-surface flow	2.5	m^{-1}	[0.1，5]	地下径流衰减指数
P_3	Q_{dm}	Maximum drainage when the water table depth is at the surface	0.0055	kg/m^2	$[1×10^{-6}, 1×10^{-1}]$	地下水排泄最大能力
P_4	Sy	The fraction of water volume that can be drained by gravity in an unconfined aquifer	0.2	—	[0.02，0.27]	潜水含水层给水度
土壤参数：土壤转换函数的斜率和截距						
P_5	poro_a	The slope of mineral soil porosity's PTF	0.00126	—	[0.001134, 0.001386]	矿质土孔隙度 PTF 斜率
P_6	poro_b	The intercept of mineral soil porosity's PTF	0.489	—	[0.4401, 0.5379]	矿质土孔隙度 PTF 截距
P_7	bsw_a	The slope of PTF of exponent B in clapp and hornberger (1987)	0.159	—	[0.1431, 0.1749]	指数 B 的 PTF 斜率
P_8	bsw_b	The intercept of PTF of exponent B in clapp and hornberger (1987)	2.91	—	[2.619, 3.201]	指数 B 的 PTF 截距
P_9	suc_a	The slope of PTF of saturated mineral soil matric potential	0.0131	—	[0.01179, 0.01441]	饱和矿质土基质势 PTF 斜率
P_{10}	suc_b	The intercept of PTF of saturated mineral soil matric potential	1.88	—	[1.692, 2.068]	饱和矿质土基质势 PTF 截距
P_{11}	xk1	Parameter 1 of PTF of saturated hydraulic conductivity for mineral soil	0.0070556	—	[0.00635004, 0.00776116]	矿质土饱和导水率 PTF 参数 1
P_{12}	xk2	Parameter 2 of PTF of saturated hydraulic conductivity for mineral soil	0.884	—	[0.7956, 0.9724]	矿质土饱和导水率 PTF 参数 2
P_{13}	xk3	Parameter 3 of PTF of saturated hydraulic conductivity for mineral soil	0.0153	—	[0.01377, 0.01683]	矿质土饱和导水率 PTF 参数 3
P_{14}	tk1	Parameter 1 of PTF of soil minerals' thermal conductivity	8.8	—	[7.92，9.68]	土壤矿物导热系数参数 1
P_{15}	tk2	Parameter 2 of PTF of soil minerals' thermal conductivity	2.92	—	[2.628, 3.212]	土壤矿物导热系数参数 2
空气动力参数						
P_{16}	z0mr	Ratio of momentum roughness length to canopy top height	1	—	[0.7，1.3]	动力糙率与冠层高度比值
P_{17}	displar	Ratio of displacement height to canopy top height	1	—	[0.7，1.3]	植物输水高与冠层高度比值
P_{18}	dleaf	Characteristic leaf dimension	1	m	[0.7，1.3]	叶片特征维度
气孔阻抗和光合作用参数						
P_{19}	mp	Slope of conductance-to-photosynthesis relationship	1	—	[0.7，1.3]	电导度与光合作用关系斜率
P_{20}	qe25	Quantum efficiency at 25 degrees Celsius	1	μmol CO_2/μmol photon-1	[0.7，1.3]	25℃量子效率
P_{21}	leafcn	leaf carbon-to-nitrogen ratio	1	gC/gN	[0.7，1.3]	叶片碳氮比

续表

序号	参数名	详细描述	默认值	单位	可调范围	中文名
P_{22}	flnr	Fraction of leaf N in Rubisco enzyme	1	—	[0.7，1.3]	叶片含氮量中 Rubisco 含氮量比例
P_{23}	fnitr	Foliage nitrogen limitation factor/a prescribed nitrogen availability factor	1	—	[0.7，1.3]	叶片氮素阈值
P_{24}	slatop	Specific Leaf Area (SLA) at top of canopy，projected area basis	1	m^2/gC	[0.7，1.3]	冠层顶部比叶面积
P_{25}	dsladlai	Through canopy，projected area basis：dSLA/dLAI	1	m^2/gC	[0.7，1.3]	冠层穿透面积
P_{26}	smpso	Soil water potential at full stomatal opening	1	mm	[0.7，1.3]	气孔全开土壤水势
P_{27}	smpsc	Soil water potential at full stomatal closure	1	mm	[0.7，1.3]	气孔闭合土壤水势
根系分布参数						
P_{28}	roota_par	CLM rooting distribution parameter	1	m^{-1}	[0.7，1.3]	根系分布参数 A
P_{29}	rootb_par	CLM rooting distribution parameter	1	m^{-1}	[0.7，1.3]	根系分布参数 B
反射/透射率参数						
P_{30}	xl	Leaf/stem orientation index	1	—	[0.7，1.3]	叶/茎方向指数
P_{31}	rholvis	Leaf reflectance：visible	1	—	[0.7，1.3]	叶片可见光反射率
P_{32}	rholnir	Leaf reflectance：near-IR	1	—	[0.7，1.3]	叶片近红外发射率
P_{33}	rhosvis	Stem reflectance：visible	1	—	[0.7，1.3]	叶茎可见光反射率
P_{34}	rhosnir	Stem reflectance：near-IR	1	—	[0.7，1.3]	叶茎近红外发射率
P_{35}	taulvis	Leaf transmittance：visible	1	—	[0.7，1.3]	叶片可见光透射率
P_{36}	taulnir	Leaf transmittance：near-IR	1	—	[0.7，1.3]	叶片近红外透射率
P_{37}	tausvis	Stem transmittance：visible	1	—	[0.7，1.3]	叶茎可见光透射率
P_{38}	tausnir	Stem transmittance：near-IR	1	—	[0.7，1.3]	叶茎近红外透射率

1. 参数信息

1）水文参数

$P_1 \sim P_4$ 为水文参数，分别为陆表径流衰减指数（fover，P_1）、地下径流衰减指数（fdrai，P_2）、地下水排泄最大能力（Qdm，P_3）和潜水含水层给水度（Sy，P_4）。4 个水文参数的选择参考 Hou 等（2012）和 Huang 等（2013）的研究成果，fover 与陆表径流过程密切相关，fdrai 和 Qdm 与地下径流过程相关，Sy 与地下水动态过程相关。

2）土壤参数

$P_5 \sim P_{15}$ 为土壤转换函数（pedotransfer functions，PTF）中的斜率、截距等参数。土壤转换函数是利用一定数量的土壤样本及实测数据，通过易获取的土壤理化参数（如土壤级配、粒级累计曲线、土壤容重和有机质含量等）来估算土壤水力性质的函数关系，其应用十分广泛。本次研究所选参数依次为：矿物土孔隙度 PTF 斜率（poro_a，P_5）、矿物土孔隙度 PTF 截距(poro_b, P_6)、指数 B 的 PTF 斜率(bsw_a, P_7)、指数 B 的 PTF 截距(bsw_b, P_8)、饱和矿质土基质势 PTF 斜率(suc_a, P_9)、饱和矿质土基质势 PTF 截距(suc_b, P_{10})、矿质土饱和导水率 PTF 参数 1(xk1, P_{11})、矿质土饱和导水率 PTF 参数 2(xk2, P_{12})、矿质土饱和导水率 PTF 参数 3(xk3, P_{13})、土壤矿物导热系数参数 1(tk1, P_{14})、土壤矿物导热系数参数 2(tk2, P_{15})。以上参数在不同土壤成分下控制 Clapp-Hornberger 方程中的饱和水势、饱和含水量、土壤导水率和土壤类型有关参数值,进而控制 Richards 方程表征的非饱和土壤水模型(Oleson et al., 2004, 2010)。

3)植被参数

P_{16}～P_{38} 为依托于植被功能类型的植被参数。P_{16}～P_{18} 为空气动力参数,P_{19}～P_{27} 为气孔阻抗和光合作用参数,P_{28}～P_{29} 为根系分布参数,P_{30}～P_{38} 为反射/透射率参数。各参数名称依次为:动力糙率与冠层高度比值(z0mr, P_{16})、植物输水高与冠层高度比值(displar, P_{17})、叶片特征维度(dleaf, P_{18})、电导度与光合作用关系斜率(mp, P_{19})、25℃量子效率(qe25, P_{20})、叶片碳氮比(leafcn, P_{21})、叶片含氮量中 Rubisco 含氮量比例(flnr, P_{22})、叶片氮素阈值(fnitr, P_{23})、冠层顶部比叶面积(slatop, P_{24})、冠层穿透面积(dsladlai, P_{25})、气孔全开土壤水势(smpso, P_{26})、气孔闭合土壤水势(smpsc, P_{27})、根系分布参数 A(roota_par, P_{28})、根系分布参数 B(rootb_par, P_{29})、叶/茎方向指数(xl, P_{30})、叶片可见光反射率(rholvis, P_{31})、叶片近红外发射率(rholnir, P_{32})、叶茎可见光反射率(rhosvis, P_{33})、叶茎近红外反射率(rhosnir, P_{34})、叶片可见光透射率(taulvis, P_{35})、叶片近红外透射率(taulnir, P_{36})、叶茎可见光透射率(tausvis, P_{37})、叶茎近红外透射率(tausnir, P_{38})。

参数可调范围的确定对参数敏感性分析以及后续的参数优化结果影响较大,应尽可能选择合理的参数范围。本次研究中,P_1～P_4 可调范围参考 Hou 等(2012)和 Huang 等(2013)的研究成果给定;其余参数可调范围按照默认值±30%浮动范围确定。值得注意的是,CLM 中不同植被功能类型对应的同一植被参数取值不同,为了在参数抽样中维持各植被功能类型间固有的物理特性差异,植被参数所有取值均按统一比例缩放。

2. 参数敏感性分析

本次研究拟定对 30 个 CLM 模拟变量进行参数敏感性分析,其中包括 15 个水循环相关变量(W_1～W_{15})和 15 个能量循环相关变量(E_1～E_{15})。30 个模拟变量的基本信息如表 10.11 和表 10.12 所示。

表 10.11　CLM 的模拟变量(水循环相关)

序号	变量名	描述	单位	中文名
W_1	ET	Summation of QSOIL, QVEGT and QVEGE	mm/s	蒸散量
W_2	H2OCAN	Intercepted water	mm	陆表截留量
W_3	QCHARGE	Aquifer recharge rate(vegetated landunits only)	mm/s	地下水补给量
W_4	QDRAI	Sub-surface drainage	mm/s	地下水排泄

续表

序号	变量名	描述	单位	中文名
W_5	QINFL	Infiltration	mm/s	陆面入渗率
W_6	QOVER	Surface runoff	mm/s	陆表径流
W_7	QRUNOFF	Total liquid runoff (does not include QSNWCPICE)	mm/s	液态水总径流
W_8	QSNOMELT	Snow melt	mm/s	融雪
W_9	QSOIL	Ground evaporation (soil/snow evaporation + soil/snow sublimation - dew)	mm/s	地面蒸发
W_{10}	QVEGE	Canopy evaporation	mm/s	冠层蒸发
W_{11}	QVEGT	Canopy transpiration	mm/s	冠层蒸腾
W_{12}	SOILICE	Soil ice (vegetated landunits only)	kg/m²	土壤冰
W_{13}	SOILLIQ	Soil liquid water (vegetated landunits only)	kg/m²	土壤含水量
W_{14}	WA	Water in the unconfined aquifer (vegetated landunits only)	mm	潜水位
W_{15}	WT	Total water storage (unsaturated soil water + groundwater，vegetated landunits)	mm	陆地总水储量

表 10.12　CLM 的模拟变量(能量循环相关)

序号	变量名	描述	单位	中文名
E_1	FCEV	Canopy evaporation	W/m²	冠层蒸发能量
E_2	FCTR	Canopy transpiration	W/m²	冠层蒸腾能量
E_3	FGEV	Ground evaporation	W/m²	地面蒸发能量
E_4	FGR	Heat flux into soil/snow including snow melt	W/m²	土壤热通量
E_5	FIRA	Net infrared (longwave) radiation	W/m²	净红外长波辐射
E_6	FIRE	Emitted infrared (longwave) radiation	W/m²	红外反照辐射
E_7	FSA	Absorbed solar radiation	W/m²	太阳辐射吸收量
E_8	FSH	Sensible heat	W/m²	感热通量
E_9	FSH_G	Sensible heat from ground	W/m²	地面感热
E_{10}	FSH_V	Sensible heat from vegetation	W/m²	植被感热
E_{11}	HCSOI	Soil heat content	MJ/m²	土壤热容量
E_{12}	SABG	Solar rad absorbed by ground	W/m²	太阳辐射地面吸收量
E_{13}	TG	Ground temperature	K	陆表温度
E_{14}	TSOI_10CM	Soil temperature in top 10cm of soil	K	10 cm 深土壤温度
E_{15}	TV	Vegetation temperature	K	植被温度

1)水循环相关变量

$W_1 \sim W_{15}$ 分别为：蒸散量(ET，W_1)、陆表截留量(H2OCAN，W_2)、地下水补给量(QCHARGE，W_3)、地下水排泄(QDRAI，W_4)、陆表入渗率(QINFL，W_5)、陆表径流(QOVER，W_6)、液态水总径流(QRUNOFF，W_7)、融雪(QSNOMELT，W_8)、地面蒸发(QSOIL，W_9)、冠层蒸发(QVEGE，W_{10})、冠层蒸腾(QVEGT，W_{11})、土壤冰(SOILICE，

W_{12})、土壤含水量(SOILLIQ，W_{13})、潜水位(WA，W_{14})、陆地总水储量(WT，W_{15})。其中，蒸散量为地面蒸发、冠层蒸发和冠层蒸腾之和(QSOIL+QVEGE+QVEGT)；同时考虑到表层土壤直接与大气相互作用，决定着土壤中水分的源和汇，对植被参数变化响应更敏感，土壤含水量仅考虑 15 层模拟结果的最上面两层(0~0.0451 m)。

2)能量循环相关变量

E_1~E_{15} 分别为：冠层蒸发能量(FCEV，E_1)、冠层蒸腾能量(FCTR，E_2)、地面蒸发能量(FGEV，E_3)、土壤热通量(FGR，E_4)、净红外长波辐射(FIRA，E_5)、红外反照辐射(FIRE，E_6)、太阳辐射吸收量(FSA，E_7)、感热通量(FSH，E_8)、地面感热(FSH_G，E_9)、植被感热(FSH_V，E_{10})、土壤热容量(HCSOI，E_{11})、太阳辐射地面吸收量(SABG，E_{12})、陆表温度(TG，E_{13})、10cm 深土壤温度(TSOI_10CM，E_{14})、植被温度(TV，E_{15})。

10.3.3 方法与数据

1. 敏感性分析方法

本次研究参数抽样选用拉丁超立方抽样法(McKay et al.，1979)，该方法已在 Gong 等(2015a)的研究中被证实其抽样结果在参数空间内具有较好的均匀性，适用于全局敏感性分析。同时，参数敏感性计算选用随机森林(Breiman，2001)和多元自适应回归样条法(Friedman，1991)，通过对比两种方法的计算结果，有利于提高参数敏感性评价的可靠度。下文详细阐述各方法的基本原理。

1)拉丁超立方抽样法

假设模型 $y = f(x_1, x_2, \cdots, x_m)$ 中含有 m 个参数，则参数空间的维度为 m。取每一个参数的上下取值范围为：$x_m \in [L_m, U_m]$，定义 x_m 为第 m 维参数变量，L_m、U_m 分别为 x_m 的取值下界和上界，则 m 个参数的抽样空间可以表示为

$$S = \prod_{i=1}^{m} [L_i, U_i] \tag{10.1}$$

假设参数抽样规模为 n，则首先对每一维 x_m 参数变量在定义的取值范围内等分为 n 个相等区间，即 $L_m = x_{m0} < x_{m1} < x_{m2} < \cdots < x_{mn} = U_m$。通过 n 个区间，可将初始 m 维的参数抽样空间划分为 m^n 个小拉丁超立方体，从而生成一个 $m \times n$ 的拉丁超立方矩阵。该矩阵中的每一列为 n 等区间划分值的随机全排列，每一行则对应于被选中的小超立方体。随后在每个被选中的小超立方体中产生一个参数抽点，再对参数点按行抽样得到 n 组针对 m 个参数的样本集。

2)随机森林

随机森林是一种应用到分类回归树的方法，该方法不直接通过特征值进行数据划

分，而是采用二叉树为模型结构，以基尼指数(Gini)为准则，通过递归操作选择训练数据的最优划分特征。当树模型得到充分生长出现过拟合现象时，再利用验证数据对树模型进行剪枝并选择最优化子树，剪枝标准以损失矩阵或复杂度最小为原则。针对某个属性某次值划分的基尼指数的计算公式为

$$\text{Gini}(A) = 1 - \sum_{i=1}^{n} P_i^2 \tag{10.2}$$

式中，P_i 为正负实例的概率，基尼指数变化范围为[0, 1]，其值越小说明数据集 A 的分类纯度越高，值越大说明分类程度越杂乱，与熵的定义类似。

随机森林的随机性主要体现在数据选取随机性和特征选取随机性两个方面。数据选取随机性主要指训练数据集采取从原始数据集中有放回的抽样方式构造，其样本大小与原始数据集相同，这意味着不同训练数据集元素、同一训练数据集元素均可重复使用；同时，利用某训练数据集构建子树后会将该数据集同时放入其他子树中，以投票的形式获得最终分类结果。特征选取随机性与数据选取随机性类似，主要指子树的每一次分裂过程中并未用到所有的待选特征，而是在随机选取的特征子集中确定最优特征，以便于确保所建立的各子树之间有所不同，进而提升整个系统的多样性和分类性能。

从参数敏感性分析来看，子树模型通过参数抽样值相对默认取值变化程度与模型输出结果相对默认输出变化程度来建立，树中的每一个节点是针对某一参数的特征条件。这些条件用来将数据集分成两部分，使得每一部分的响应值归为同一个集合，特征重要性则体现在每一参数特征变化对模型预测准确率的影响。其基本思想是重新排列某个参数特征值的顺序，观测降低了多少模型的准确率。对于不重要的特征，其对模型准确率的影响很小，但是对于重要特征却会极大降低模型的准确率。模型准确率变化为该特征形成的分支节点上基尼指数(或不纯度)下降程度之和，可理解为该特征的重要性。分别求得所有参数特征变化后基尼指数下降程度，以求和方式对所有值做归一化处理，最终结果表示每个参数的重要性，值越大参数越敏感，反之则相对不敏感。

3) 多元自适应回归样条法

多元自适应回归样条法采用回归自适应过程，适用于待回归项较多的高维问题，可看作逐步线性回归的推广，也可视为分类回归树法的改进(Friedman，1991)。该方法以样条函数的张量积作为基函数，分为前向建模、后向剪枝与模型选取三个步骤。假设 $x = \{x_1, x_2, \cdots, x_P\}$ 为输入变量，$y = f[f_1(x), f_2(x), \cdots, f_P(x)] + e$ 为输出变量。多元自适应回归样条法的目标则为基于已有的数据建立关于 y 的预测函数 $\hat{y}$。该方法首先对局部数据利用样条函数(又称为基函数)进行回归，拟合出变量间的关系尤其是复杂的非线性关系，从而将整体的数据区域进行划分，并对每个小区域数据用截断的样条函数进行拟合，参照截断样条性质每个小区域即为一个线性函数。

多元自适应回归样条采用的基函数形式为 $(x - t)_+$ 和 $(t - x)_+$，式中"$+$"表示函数取正值部分，两个函数并称为"反射对"，其表达式如下：

$$(x-t)_+ = \begin{cases} x-t, & x>0 \\ 0, & x \leqslant 0 \end{cases} \tag{10.3}$$

$$(t-x)_+ = \begin{cases} t-x, & x<0 \\ 0, & x \geqslant 0 \end{cases} \tag{10.4}$$

可以看出,每个基函数均为分段线性样条,在值 t 处有一个结点。对于每个输入变量的 n 个取值 x_j^n,将所有值作为结点可得到基函数集合 C 为

$$C = \{(x_j - t)_+, (t-x_j)_+\}; t \in \{x_j^1, x_j^2, \cdots, x_j^n\}; \quad j = 1, 2, \cdots, P$$

然后,使用集合 C 中的基函数及其基函数间的乘积进行前向建模,可获得回归模型:

$$\hat{y} = \beta_0 + \sum_{j=1}^{M} \beta_j B_j(\boldsymbol{x}) \tag{10.5}$$

式中,$\boldsymbol{x} = (x_1, x_2, \cdots, x_P)$;$B_j$ 为基函数集合 C 中的一个基函数或两个及多个基函数的乘积;B_j 为给定 B_j 后通过最小残差平方和估计的系数。前向建模的过程为从集合 C 中进行基函数的不断选择,每一步均会考虑模型中选择的基函数和未被选择的候选反射对间的所有乘积,整个过程通过最小二乘估计,确保残差下降最多的基函数乘积纳入模型中。其可以理解为通过将基函数拟合到各输入变量之间的不同区间,区间之间以结点的形式平滑地连接在一起。

通常情况下,前向建模所得模型结构会因函数组过多而过于复杂,对建立关系的数据往往存在过拟合现象,因此需通过后向剪枝过程对模型中的过拟合现象进行削弱。后向剪枝即删除模型中的基函数,删除原则为确保模型拟合的残差平方和增长量最小,删除过程完成一次,可以得到一个候选回归模型 f_λ。通常情况下,这一过程被用于寻找所有 f_λ 中最优的模型估计 $\hat{f}_\lambda$。因此,引入了广义交叉验证(GCV)来估计最优 λ,其表达式为

$$\mathrm{GCV}(\lambda) = \frac{\sum_{i=1}^{N}[y_i - \hat{f}_\lambda(x_i)]^2}{[1 - M(\lambda)/N]^2} \tag{10.6}$$

式中,$M(\lambda)$ 为针对模型复杂度的惩罚函数,其值等于模型中有效系数个数(λ)和基函数个数与惩罚系数(通常取值范围为[2, 4])乘积之和;y_i 为第 i 个观测值;$\hat{f}_\lambda(x_i)$ 为第 i 个变量 x_i 代入候选回归模型 f_λ 中计算得到的 y_i 估计值;所有候选模型中计算得到的 GCV 值最小的模型即最优模型。

对于参数敏感性分析而言,多元自适应回归样条需要刻意地将关于某一参数向量的所有基函数从基函数集合中剔除,然后计算删除基函数后所得模型与未删除基函数所得模型的 GCV 增加量,从而判断该参数的重要性,GCV 增加量越大,表明删除的参数对多元自适应回归样条模型拟合效果的影响越大,即说明该参数对输出变量越敏感,反之则相对不敏感。

2. 参数优化方法

鉴于本次研究为全球尺度参数优化问题，在优化过程中如果将每一次参数调整结果均代入真实陆面模式中进行运算，势必需要巨大的计算资源支持，几乎无法实现。因此，本次优化采样基于替代模型的多目标自适应优化算法 MO-ASMO（Gong et al.，2016），在不影响最终优化效果的前提下，有目的性地缩减真实模式的实际运行次数。

同时，考虑到全球优化空间尺度较大，通过简单区域平均所建立的目标函数值可能会导致优化效果在格网上分布不均的问题，即虽然优化结果在平均水平有所改善，但从空间上看，有的区域优化效果明显，而有的区域可能并没有优化甚至模拟效果更差。为使参数优化效果在地理空间分布上尽可能一致，本次研究引入基于格点均方根误差累积概率分布曲线的面积指数作为目标函数。

1）多目标自适应替代模型优化算法

多目标自适应替代模型优化算法 MO-ASMO 的设计思路包括：①利用替代模型，将在真实模式下求取最优解的问题转换为在替代模型响应曲面上求取最优解；②迭代过程中，基于自适应策略仅在可能包含最优解的参数空间进行搜索；③迭代优化中，维持参数样本多样性的同时通过精英保留策略确保最优参数筛选的目标性。

MO-ASMO 算法的流程如图 10.20 所示，整个算法实现 CLM 参数优化的步骤介绍如下。

(1) 首先对优化问题进行定义，即确定拟优化参数和可调范围；同时在模型输出变量与基准数据间建立目标函数（或代价函数）；目标函数用来定量描述模式模拟值与基准数据之间的偏差，在参数优化中作为优化判据。

(2) 确定参数抽样方法，对所选参数在可调范围内进行抽样，随后将生成的初始参数样本依次代入真实模式中进行运算。之后提取所关注模式输出变量数据，与基准数据结合计算目标函数值。

(3) 在参数样本值和目标函数值之间建立替代模型，替代模型选择拟合效果较好的高斯过程回归模型（Gong et al.，2015b）；

(4) 评价替代模型建立的超维响应曲面拟合优度，若拟合效果欠佳，则利用 SCE-UA（Duan et al.，1992；1994）对替代模型预设超参数进行迭代优化，直至拟合效果最优后停止迭代。

(5) 在替代模型中引入改进的非劣排序基因多目标优化算法 NSGA-II（Deb et al.，2002；Srinivas and Deb，2000），求取 Pareto 最优解。Pareto 最优解判别参照默认参数值所对应的目标函数值，通常用加权聚集距离判别 Pareto 最优解的离散程度。

(6) 若 Pareto 参数解集离散度较高不够理想，在考虑拥挤距离的同时选取出 Pareto 最优解集中的前 20%参数解，作为新的参数样本集重新代入真实模式中进行运算，重复上述步骤(2)～(6)，直至获得理想优化效果后终止迭代。

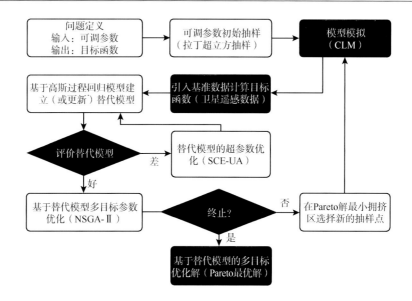

图 10.20　多目标自适应替代模型优化算法 MO-ASMO 实现 CLM 参数优化的流程

2) 均方根误差累计概率分布曲线面积指数

均方根误差累计概率分布曲线面积指数表示为 $S[\text{CDF}_{\text{RMSE}(i)}]$，如图 10.21 所示。其计算过程首先通过在区域单个格点上计算陆面模式输出变量与基准数据时间序列间的均方根误差，利用所有格点计算所得均方根误差建立累计概率分布曲线，然后计算分布曲线与纵轴之间的面积作为指数。若该面积指数减小，说明区域上均方根误差偏大的格点整体有所减小，反之则有所增大。

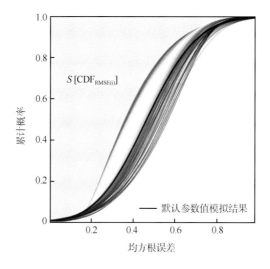

图 10.21　均方根误差累计概率分布曲线

从图 10.21 中可以看出，黑色曲线表示默认参数值模拟结果格点拟合均方根误差的累计概率分布曲线，曲线向红色曲线方向移动表示模式模拟结果相比默认模拟效果更差，向黄色曲线方向移动则表明模式模拟结果相比默认模拟得到了改善。

3. 卫星遥感数据

1）蒸散量

蒸散量数据来源于 ETMonitor 模型，由中国科学院遥感与地球数字研究所提供。蒸散量数据为全球 1 km 空间分辨率的日尺度数据集，数据时长为 2009～2011 年。通过在全球和局部地区与中分辨率成像光谱仪（MODIS）遥感蒸散量产品和涡动相关通量塔蒸散量观测数据对比，ETMonitor 评价的蒸散量与实测更为接近，表明该数据具有较高的可靠性（Zheng et al.，2016；Hu and Jia，2015）。

ETMonitor 为基于多源卫星遥感数据发展的过程模型，模型中包含对水体蒸发、冰/雪面升华、土壤-植被冠层蒸发、蒸腾作用的多个参数化模块。其中，水体蒸发采用 Penman 经典方程估计（Penman，1948）。冰/雪面升华量由 Kuzmin（1953）推荐的公式估算，涉及 10 m 风速、2 m 水汽压和饱和水汽压等变量和参数。土壤蒸发和植被蒸腾基于对 Shuttleworth-Wallace 双源模型的改进进行计算（Shuttleworth and Wallace，1985），模型在土壤-植被冠层不完全（部分覆盖）地区采用双源方案对土壤与植被之间的能量进行了分配和对水通量（即区分土壤蒸发和植被冠层蒸腾）进行了区分。陆表阻抗被划分为空气动力阻抗、土壤阻抗和冠层阻抗三部分；空气动力阻抗包括冠层源高与冠层上方参考高度之间的气动阻力、冠层与冠层源高之间的边界层气动阻力、土壤表面与冠层源高之间的气动阻力。土壤阻抗由与陆表土壤水分相关的简单方程估计，方程中的参数随土壤类型的不同而不同。冠层阻抗为冠层电导率的倒数，由随冠层叶面积的增大而增大的叶片气孔阻力表示。降雨截流方案则基于 Gash 分析模型发展得到，方案中考虑树冠结构和降雨强度，同时区分不同植被类型的截留差异（Gash et al.，1995；Cui et al.，2014）。

ETMonitor 模型涉及的陆表生物物理变量均来自微波和光学遥感观测，包括反照率、植被覆盖指数、土地覆盖类型、叶面积指数、土壤表层体积含水量和降水等。反照率数据采用全球陆陆表面卫星（GLASS）产品，该产品的空间分辨率为 1 km，正弦投影下的时间分辨率为 8 天，精度与 MODIS 类似。植被覆盖指数为 MODIS 植被指数产品 MOD13A2（1 km/16 天），数据中云量污染严重的时段通过 Jia 等（2011）提出的时间序列重构算法进行计算替代。土地覆盖类型、叶面积指数同样源于 MODIS 数据。土壤水分采用 Aqua 卫星上的微波辐射计 AMSR-E 的观测数据。降水量采用热带降雨测量任务（TRMM）多卫星降水分析产品 3B42V7，其被用于截留量估算。有关 ETMonitor 模型结构和数据源介绍详见 Hu 和 Jia（2015）。

2）土壤湿度

土壤湿度数据来源于通过 AMSR-E 和 AMSR-2 星载传感器微波数据融合得到的全球陆地参数第二代数据集（the version 2 global land parameter data record，LPDR-v2，下载地址：http：//files.ntsg.umt.edu/data/LPDR_v2/），该数据包括陆表部分开放水体覆盖、大气可降水量、日最大和最小表面气温、植被光学深度和陆表土壤湿度（Du et al.，2017a，2017b）。与可见光、红外遥感技术相比，微波遥感技术通过探测、接收地球表面圈层在微波波段的电磁辐射和散射特性识别表层特征，具有全天候昼夜工作能力；同时能穿透云层和植被，不易受气象条件、日照水平和下垫面植被遮挡的影响。但是，由于微波遥感的地物穿透力有效，针对土壤湿度的观测深度通常为陆表以下 5cm 左右。加上微波的波长比可见光、红外线大几百至几百万倍，微波遥感器所获得数据空间分辨力较低，以至于土壤湿度数据的空间分辨率为 25 km。

全球陆地参数第二代数据集的反演算法是基于第一代算法的框架和后期算法修订推导而来的（Jones et al.，2010；Du et al.，2016，2017a）。针对土壤湿度反演，其一级数据来源于 AMSR-E/2 数据中的 C 波段和 X 波段观测（Du et al.，2016），反演算法采用了加权平均策略和动态选择植被散射、反射率效应的改良算法，并以经验水体指数改进了土壤湿度的反演结果；同时第二代算法中对于干土辐射、水体辐射的参考系数和下行轨道 delta 参数等经验参数取值均进行了调整。通过与全球流域土壤湿度测量进行分布式验证，两者间取得了很好的吻合效果（Du et al.，2016）。数据导出的全球土壤湿度特征空间分布与已知的全球气候学特征一致，包括：北部高纬度地区潮湿的表层土壤水分条件；非洲撒哈拉沙漠、南加州沙漠和澳大利亚西部沙漠等沙漠和半干旱地区的干旱土壤水分极值特征等（Du et al.，2017b）。

3）冻融数据

冻融数据为利用新冻融判别式算法，根据 AMSR-2 数据计算的冻融数据集。数据时间：2012 年 7 月 3 日～2017 年 12 月 31 日，数据时间分辨率为日尺度，数据中参数含义如下：①0：水体或者 missing；②1：冻结像元；③2：融化像元；④3：降雨；⑤15：常年积雪或者冰盖。由于本次优化仅关注冻融过程，数据获取后经过二次处理，仅保留像元值为"1"和"2"的数据。

10.3.4　结果与分析

1. 全球参数敏感性分析

使用 2009～2011 年三年的 CRUNCEP 大气强迫数据驱动全球 1°分辨率的 CLM 模型，分别使用 RF 和 MARS 两种方法对 CLM 模型的 38 个参数、30 个模拟变量进行敏感性分析。图 10.22 列出了两种方法给出的全球整体的敏感性指数。从图 10.22 中可以明显看出，两种方法给出的敏感性指数略有区别，但基本一致。对于多达 30 个输出变量而言，每个输出变量的敏感参数都有所不同，但 P_2（地下径流衰减指数）和 P_4（潜水含水层给水度）两个参数是大部分输出变量的敏感参数。

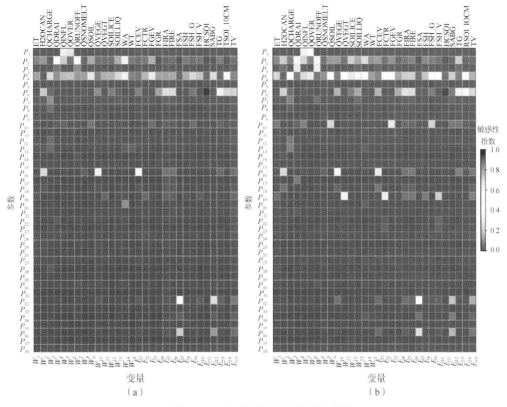

图 10.22　全球平均参数敏感性指数

(a) 为 RF 方法的结果；(b) 为 MARS 方法的结果

图 10.22 的结果仅考虑了全球整体的情况，还缺乏空间分布信息。图 10.23～图 10.25 分别列出了三个输出变量：蒸散发(ET)、土壤水(SOILLIQ)、土壤冰(SOILICE)全球逐个格点的敏感性分析指数，由 MARS 方法给出。从图 10.23～图 10.25 中可以看出，全球逐个格点的敏感性分析结果与全球整体平均的敏感性分析基本一致。全球平均值不敏感的参数，逐个格点看来也不敏感；全球平均值敏感的参数，逐个格点的敏感性会体现出明显的空间变异性。整体来看，土壤参数中 P_2(fdrai，地下径流衰减指数)和 P_4(Sy，潜水含水层给水度)较敏感，这与全球平均值的敏感性分析结果是一致的。PTF 的斜率和截距参数中，P_6(poro_b，矿物土孔隙度 PTF 截距)和 P_{10}(sub_b，饱和矿质土基质势 PTF 截距)比较敏感，P_7(bsw_a，指数 B 的 PTF 斜率)和 P_8(bsw_b，指数 B 的 PTF 截距)在干旱区比较敏感。对于蒸散发、土壤湿度和冻融过程而言，植被参数的敏感性并不高，因此后面的参数优化以调整土壤参数为主。

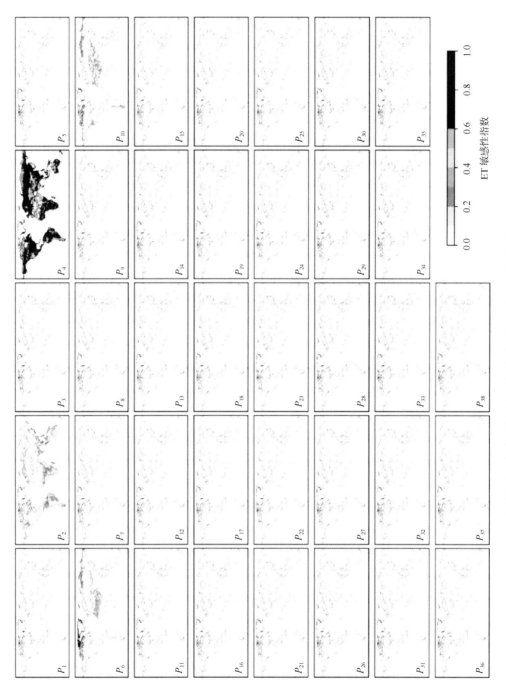

图10.23 全球逐个格点的敏感性分析结果：蒸散发(ET)

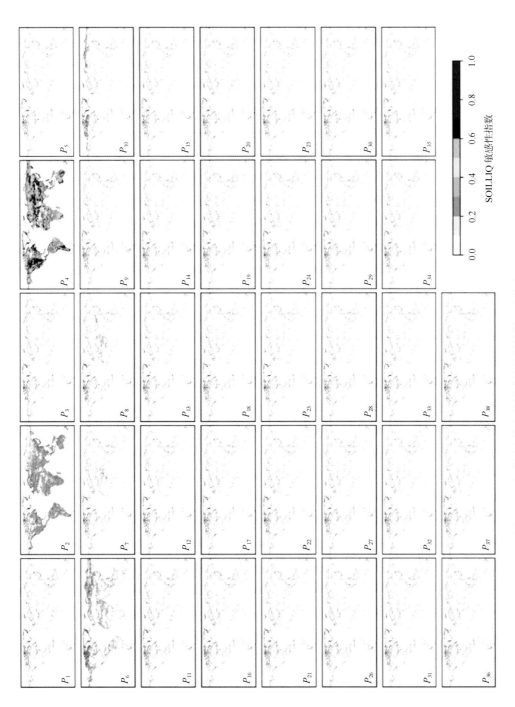

图10.24　全球逐个格点的敏感性分析结果：土壤水(SOILLIQ)

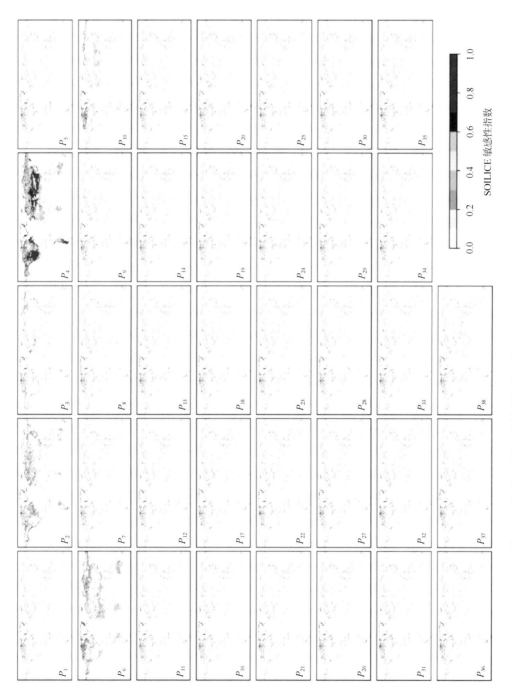

图10.25　全球逐个格点的敏感性分析结果：土壤冰(SOILICE)

2. 全球参数优化结果分析

首先使用基于替代模型自适应抽样的优化方法 ASMO（Wang et al.，2014）对蒸散发、土壤湿度和土壤冻融过程分别进行优化。优化过程中，植被参数使用 CLM 的默认参数化方案，只调整土壤参数。为了保证调整后的参数值与 CLM 的兼容性，我们仍然使用 CLM 原有的数据结构。图 10.26～图 10.31 对比了 CLM 默认参数和优化参数对蒸散发、土壤湿度和土壤

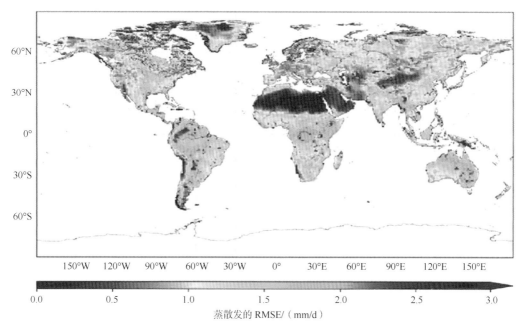

图 10.26　CLM 蒸散发模拟的 RMSE（默认参数）

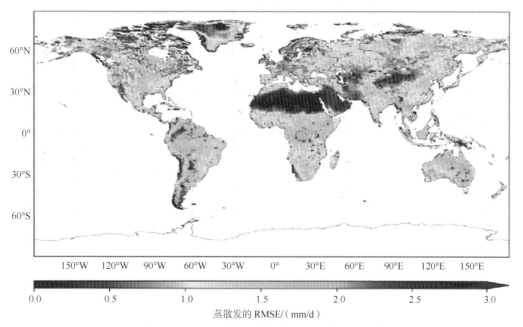

图 10.27　CLM 蒸散发模拟的 RMSE（优化参数）

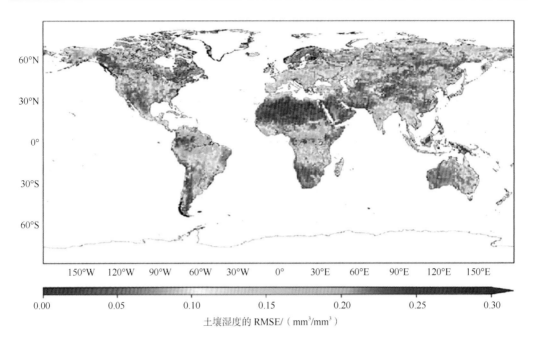

图 10.28 CLM 土壤湿度模拟的 RMSE(默认参数)

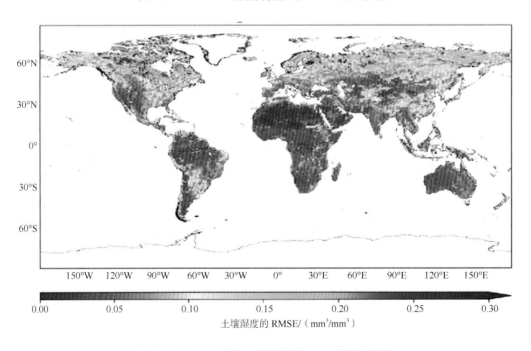

图 10.29 CLM 土壤湿度模拟的 RMSE(优化参数)

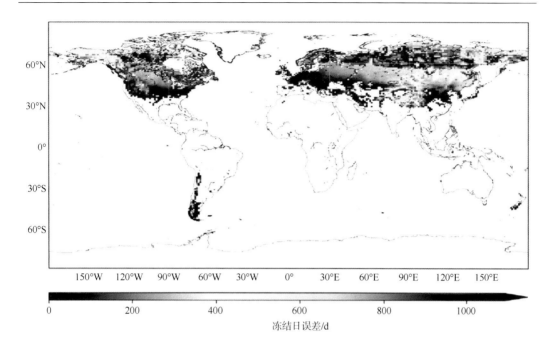

图 10.30　CLM 土壤冻融过程模拟的冻结日误差(默认参数)

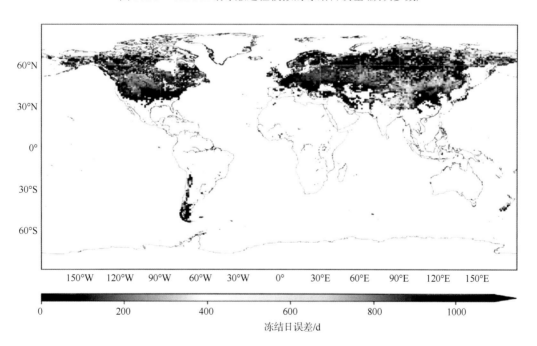

图 10.31　CLM 土壤冻融过程模拟的冻结日误差(优化参数)

冻融过程的模拟误差的空间分布。总体来讲，优化参数和默认参数相比，蒸散发的全球平均误差降低了 1%，土壤湿度误差降低了 26%，土壤冻融过程误差降低了 11%。

从误差的空间分布来看，根据图 10.26，CLM 默认参数化方案的蒸散发模拟在干旱区(如撒哈拉沙漠、中国西北地区),以及高海拔地区(如北美落基山脉、南美安第斯山脉)误差较低,在湿润区(如亚马孙、刚果、东南亚等地)误差较大。从图 10.27 可以看出,经过参数优化后的误差有略微的改进,但仍然不甚明显。

土壤湿度的模拟也是在干旱半干旱区域误差较小,湿润区误差较大(图 10.28)。经过优化后湿润区的土壤湿度误差有明显改进(图 10.29)。然而,考虑到湿润区尤其是植被丰富的热带雨林区,微波遥感反演土壤水的误差本来就很大,这部分地区的土壤湿度误差的改进可以说仍不确切,仍有待于进一步的实地验证。部分微波遥感土壤水产品并不提供植被覆盖较多的区域的反演数据,部分产品虽然提供但质量不高。因此,尽管从全球来看土壤湿度误差降低了 26%,但微波遥感数据本身是否可靠反而成为影响优化效果的决定性因素。

CLM 默认参数化方案土壤冻融过程的模拟误差在中国北部、蒙古国、西伯利亚南部、欧洲东部误差较大,呈明显的条带状分布(图 10.30)。经过优化后,这一条带状误差带明显减轻(图 10.31)。但青藏高原部分地区仍有一定的误差,且优化之后误差仍然存在,说明青藏高原作为低纬度高海拔地区,它的土壤冻融过程需要特别考虑。

上述优化工作是分别以蒸散发、土壤湿度、土壤冻融过程为单一目标的优化,所得的参数事实上是不一样的。要让上述三个过程能够同时获得改进,需要使用多目标优化方法。下面应用基于替代模型的 WMO-ASMO 方法(Gong et al.,2016)对蒸散发、土壤湿度、土壤冻融过程进行联合优化,试图同时改进上述三个目标变量。优化后得到 3 组参数能同时满足改进蒸散发、土壤湿度、土壤冻融过程三个目标的要求。其误差的相对改进量如表 10.13 所示。

表 10.13　使用基于替代模型的 WMO-ASMO 算法得到的 CLM 优化参数的误差相对改进量　(单位:%)

序号	蒸散发	土壤湿度	土壤冻融过程
参数组 1	0.97	0.67	1.94
参数组 2	0.08	8.90	1.30
参数组 3	0.30	6.44	1.35

从表 10.13 中可以看出,三个目标的改进量只有土壤湿度比较明显,找到的 3 组优化参数中,两组的改进量都超过了 5%。土壤冻融过程的改进量比较稳定但幅度不大,能稳定在 1% 以上。蒸散发的改进量并不明显,最高不超过 1%,最低仅有 0.08%。其中,蒸散发改进量最高的参数组,对土壤湿度的改进量是最低的(0.67%)。这表明在不同的目标之间存在互相冲突的现象,这是多目标优化中的难点:多个目标难以兼顾,必须有所取舍。

图 10.32～图 10.34 展示了多目标优化所得到的优化参数,以及优化过程中考察过的参数在三个目标上的误差。在这三幅图中,绿色"十"交叉线表示 CLM 默认参数的误差;蓝色点表示优化过程中考察过的参数的误差;红色点表示优化过程选择出的三个优化参数组合,这三组参数在三个目标上同时获得了改进。从这三幅图我们可以直观地看到,如果分别单独考虑蒸散发、土壤湿度、土壤冻融过程三个目标,则能够达到之前单目标优化的改进幅度。除了蒸散发改进量较小外,土壤湿度和土壤冻融过程都能有 10% 以上的改进。但

如果同时考虑三个目标，则改进量变得很小。可见，在全球尺度上，CLM 模型的默认参数化方案已经比较接近最优，改进空间不大。但是 CLM 模型的默认参数化方案并没有充分考虑土壤和植被参数的空间变异性，本章所涉及的土壤参数全部采取全球统一取值，植被参数按照纬度和植被功能型进行了分类，同类植被取统一值。可见，CLM 的默认参数化方案对空间变异性(土壤质地、纬度、气候带、植被类型的影响))的考虑并不充分，尤其是水文过程的空间变异性取全球统一值可能带来较大的误差。本实验结果表明，以全球统一值作为可调参数带来的改进并不明显，如果考虑参数的空间分布，可否有更大的改进呢？

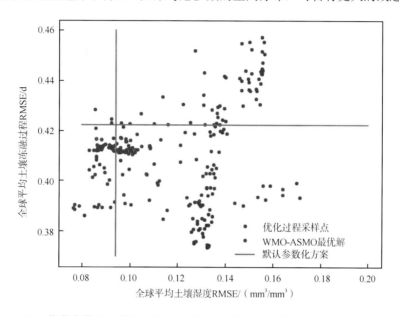

图 10.32　CLM 优化参数以及优化过程中考察过的参数在土壤湿度和土壤冻融过程上的误差

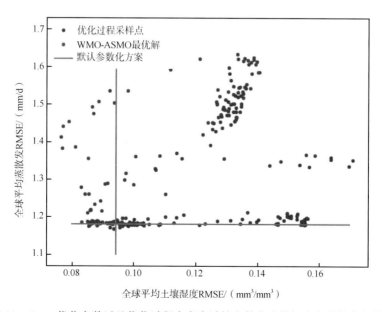

图 10.33　CLM 优化参数以及优化过程中考察过的参数在土壤湿度和蒸散发上的误差

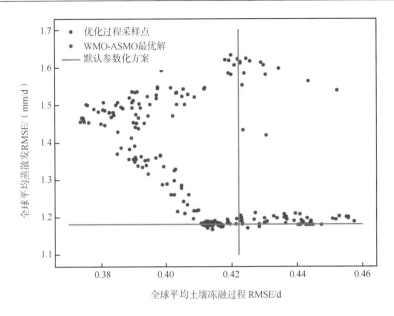

图 10.34　CLM 优化参数以及优化过程中考察过的参数在土壤冻融过程和蒸散发上的误差

3. 考虑参数空间变异性的全球逐格点优化

我们将 CLM 的数据结构更改为每个格点都有的独立的参数化方案，然后再进行多目标参数优化。这种做法的优点是能够显著降低大部分格点的模拟误差，蒸散发平均改善 23%，土壤湿度可以平均改善 52%，土壤冻融过程可以平均改善 34%，三项目标函数的改进量均远远超出了不考虑空间变异性的情况。图 10.35～图 10.37 分别展示了三项目标函数的 RMSE 概率分布和累计概率分布曲线。其中，黑色粗实线表示使用 CLM 原有默认参数化方案得到的 RMSE 概率分布和累计分布；彩色细线表示在不考虑空间变

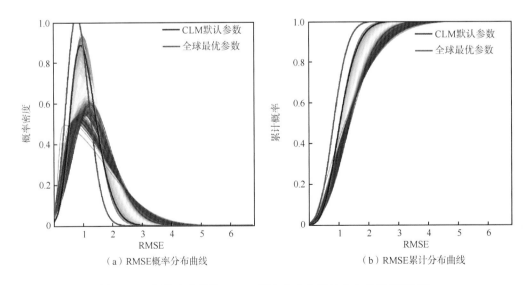

（a）RMSE 概率分布曲线　　　　　（b）RMSE 累计分布曲线

图 10.35　逐格点优化的 RMSE 概率分布和累计分布曲线(蒸散发)

异性的情况下，RMSE 在全球的概率分布曲线和累计分布曲线；红色粗实线表示经过多目标逐格点优化后的 RMSE 全球概率分布和累计分布曲线。如果不考虑空间变异性，让参数值取全球统一值，不论如何优化总会有一部分格点的 RMSE 变好，而另一部分变差，也即全球陆陆表面的空间分异决定了同一个陆面过程参数不可能在全球各处都适用，合理的参数化方案必须考虑到全球各地的空间变异性，按照气候带、植被类型、土地利用类型、土壤质地等因素为每个格点单独指定适合的参数值。

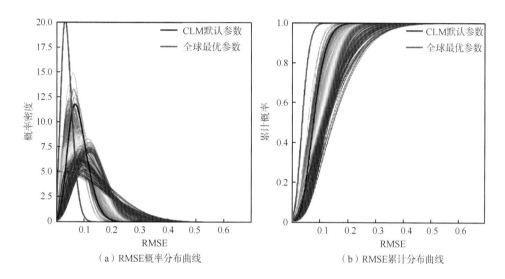

（a）RMSE概率分布曲线　　　　　　　（b）RMSE累计分布曲线

图 10.36　逐格点优化的 RMSE 概率分布和累计分布曲线（土壤湿度）

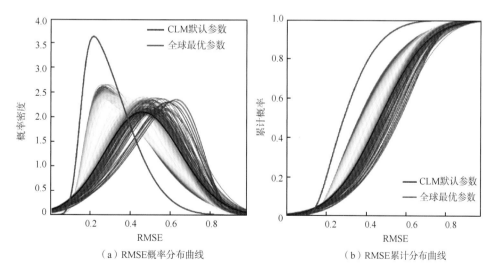

（a）RMSE概率分布曲线　　　　　　　（b）RMSE累计分布曲线

图 10.37　逐格点优化的 RMSE 概率分布和累计分布曲线（土壤冻融过程）

图 10.38～图 10.40 分别展示了逐个格点优化后的 CLM 模型在蒸散发、土壤湿度、土壤冻融过程上的模拟误差。其中，蒸散发误差全球各地都有统计，土壤湿度误差剔除了微波遥感反演质量较低的区域（主要是热带雨林等植被覆盖较多的区域），土壤冻融过

程误差只考虑了有冻融过程发生的区域。与默认参数化方案相比，蒸散发的改进在高纬度和高海拔地区尤其明显，土壤湿度的改进主要体现在低纬度干旱区，土壤冻融过程的改进则体现在高纬度地区。

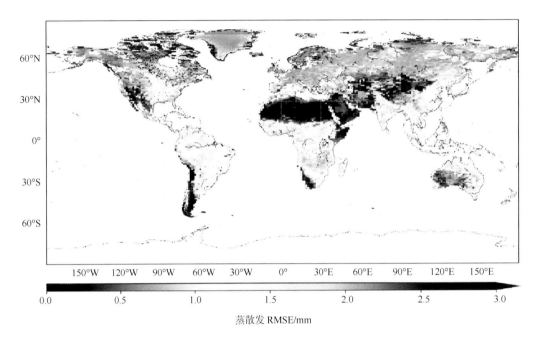

图 10.38　逐个格点优化后的 CLM 蒸散发模拟误差

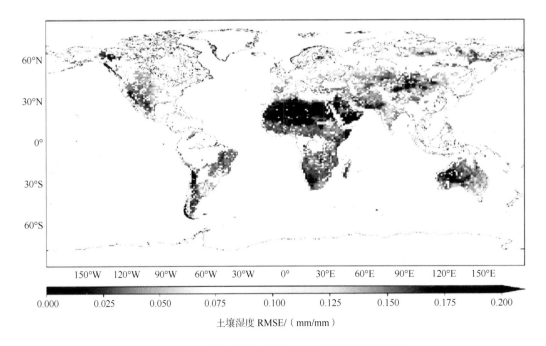

图 10.39　逐个格点优化后的 CLM 土壤湿度模拟误差

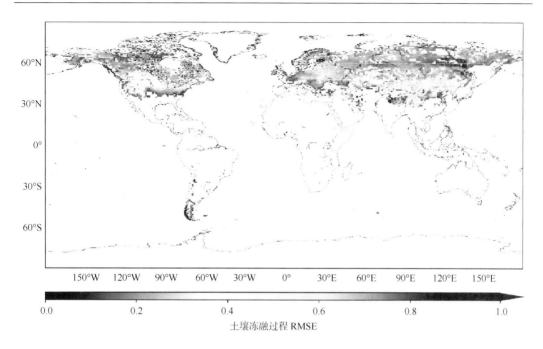

图 10.40　逐个格点优化后的 CLM 土壤冻融过程模拟误差

　　图 10.41～图 10.43 分别展示了以蒸散发、土壤湿度和土壤冻融过程为目标进行逐个格点优化所得到的优化参数。从图 10.41～图 10.43 中可以看出,对于同一个格点,三个目标给出的优化参数都不一样。这是因为我们只绘制了多组可能的参数中最优的一组。事实上,三个目标不可能同时达到最优,我们的优化方法是在不增大其他目标的前提下,找到改进某一个目标的参数组合。优化参数体现了非常明显的空间变异性,空间分异的程度非常高。例如,对于蒸散发而言,Sy 参数在干旱半干旱区域(中东北非、中国西北地区、澳大利亚西部和北美西部)倾向于较低的值,而在湿润区(中国东部南部地区、印度、撒哈拉以南非洲、南美洲等)和高纬度地区(西伯利亚、欧洲、北美北部和东部)倾向于较高的值。Qdm 的空间分异呈现另一种趋势,在湿润区和高纬度地区倾向于较低的值,而在干旱区倾向于较高的值。对于土壤湿度而言,Sy 的优化参数的空间分异与以蒸散发为目标时基本一致,但 Qdm 参数的倾向性却正好完全相反。这体现出了多目标参数优化中多个物理过程难以兼顾的特性在空间上的表现,不同的格点对参数值有不同的要求,从而进一步验证了逐个格点优化的优越性。

　　尽管考虑参数空间变异性的方法在敏感性分析结果中以格网最优的方式获得了较好的全球模拟结果,但仍有一些地区相比于默认参数模拟结果的改善效果并不明显。例如,澳大利亚东部地区的蒸散量模拟、高纬度地区的土壤湿度模拟和青藏高原地区的冻融模拟等。导致这些现象的原因主要有:①参数取值的等效性,即取值不同的参数向量代入陆面模式所模拟的结果差别不大;②陆面模式存在缺陷,即模式本身针对某些区域相关变量的物理参数化方案描述仍存在较大不足;③基准数据存在误差,即卫星遥感数据在地理和气候条件复杂的地区的精度存在较大偏差。

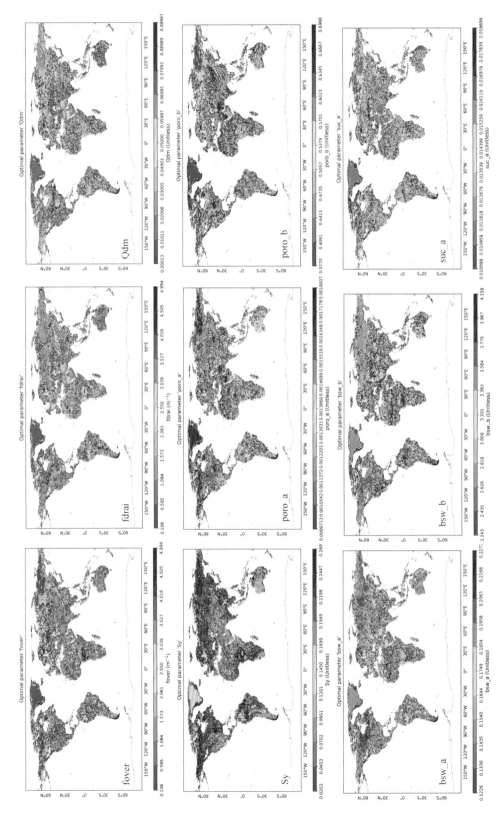

图10.41 CLM优化参数的空间分布(以蒸散发为目标)

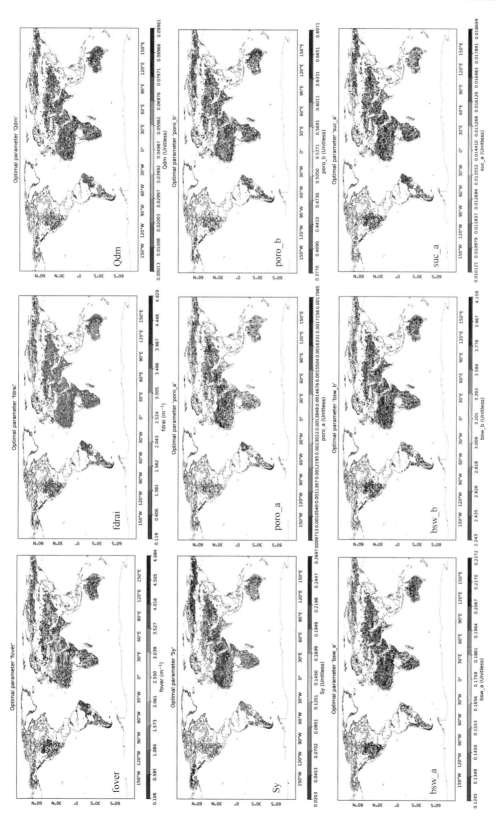

图10.42　CLM优化参数的空间分布(以土壤湿度为目标)

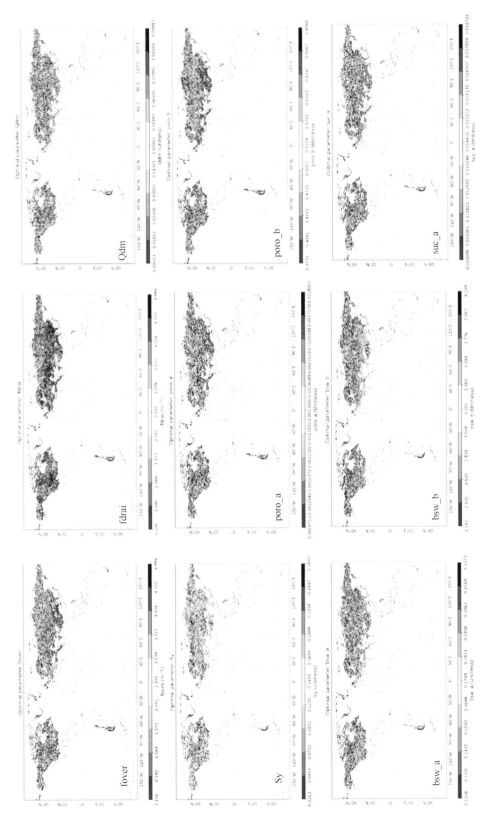

图10.43　CLM优化参数的空间分布(以土壤冻融过程为目标)

　　此外，逐个格点的优化方式尽管可以同时改进多个目标函数，但改进幅度的空间变异性依旧很大，也就是有的区域改进显著，有的区域改进不显著，而且同一组参数在某一目标上更优，而在其他目标上改进不大的情况是普遍存在的。图 10.41～图 10.42 展示的最大平均改进量对于多个目标而言不可能同时达到。对于陆面过程模型的众多输出而言，依旧存在多目标相互矛盾、难以兼顾的根本问题。本章仅仅考虑将 3 个输出变量作为目标，如果目标进一步增加，多目标之间的矛盾有可能更难协调。因此，还需要进一步研究更适合大型复杂模型的超多目标优化方法，在充分考虑空间变异性的前提下，充分发掘遥感数据提供的丰富的陆表特征信息，进一步改进陆面过程模式的模拟能力。

参 考 文 献

方开泰, 马长兴. 2001. 正交与均匀试验设计. 北京: 科学出版社.

Bonan G B, Lawrence P J, Oleson K W, et al. 2011. Improving canopy processes in the Community Land Model version 4(CLM4)using global flux fields empirically inferred from FLUXNET data. Journal of Geophysical Research: Biogeosciences, 116(G2): 1-22.

Bonan G D. 1996. A Land Surface Model(LSM Version 1. 0)for Ecological, Hydrological and Atmospheric Studies: Technical Description and User's Guide, NCAR Tech. Boulder, Colorado: Note NCAR/TN417+STR, National Center for Atmospheric Research.

Breiman L. 2001. Random forests. Machine Learning, 45: 5-32.

Brunke M A, Broxton P, Pelletier J, et al. 2016. Implementing and evaluating variable soil thickness in the community land model, Version 4. 5(CLM4. 5). Journal of Climate, 29: 3441-3461.

Dai Y J, Zeng Q C. 1997. A land surface model(IAP94)for climate studies, Part I: Formulation and validation in off-line experiments. Advances in Atmospheric Sciences, 14: 433-460.

Dai Y J, Zeng X B, Dickinson R E, et al. 2003. The common land model. Bulletin of the American Meteorological Society, 84(8): 1013-1023.

Deb K, Pratap A, Agarwal S, et al. 2002. A fast and elitist multiobjective genetic algorithm: NSGA-II. IEEE Transactions on Evolutionary Computation, 6(2): 182-197.

Dickinson R E, Henderson-Sellers A, Kennedy P J, et al. 1993. Biosphere–Atmosphere Transfer Scheme(BATS)version 1E as coupled to Community Climate Model. Boulder USA: NCAR Tech. Note, TN-387CSTR.

Du J, Jones L A, Kimball J S. 2017b. Daily Global Land Parameters Derived From AMSR-E and AMSR2, Version 2. Boulder, Colorado USA: NASA National Snow and Ice Data Center Distributed Active Archive Center.

Du J, Kimball J S, Jones L A, et al. 2017a. A global satellite environmental data record derived from AMSR-E and AMSR2 microwave earth observations. Earth System Science Data, 9: 791-808.

Du J, Kimball J S, Jones L A. 2016. Passive microwave remote sensing of soil moisture based on dynamic vegetation scattering properties for AMSR-E. IEEE Transactions on Geoscience and Remote Sensing, 54(1): 597-608.

Duan Q Y, Sorooshian S, Gupta V K. 1992. Effective and efficient global optimization for conceptual rainfall-runoff models. Water Resources Research, 28(4): 1015-1031.

Duan Q Y, Sorooshian S, Gupta V K. 1994. Optimal use of the SCE-UA global optimization method for calibrating watershed models. Journal of Hydrology, 158(3-4): 265-284.

Fang K T, Li R, Sudjianto A. 2006. Design and Modeling for Computer Experiments. Boca Raton, FL: Chapman & Hall/CRC.

Fang K T, Wang Y, Bentler P M. 1994. Some applications of number-theoretic methods in statistics. Statistical Sciences, 9(3): 416-428.

Friedman J H. 1991. Multivariate adaptive regression splines. Annals of Statistics, 19(1): 1-67.

Gash J H C, Lloyd C R, Lachaud G. 1995. Estimating sparse forest rainfall interception with an analytical model. Journal of Hydrology, 170: 79-86.

Gong W, Duan Q Y, Li J D, et al. 2015a. An intercomparison of sampling methods for uncertainty quantification of environmental dynamic models. Journal of Environmental Informatics, 28(1): 11-24.

Gong W, Duan Q, Li J, et al. 2015b. Multi-objective parameter optimization of common land model using adaptive surrogate modeling. Hydrology and Earth System Sciences, 19(5): 2409-2425.

Gong W, Duan Q, Li J, et al. 2016. Multiobjective adaptive surrogate modeling-based optimization for parameter estimation of large, complex geophysical models. Water Resources Research, 52(3): 1984-2008.

Hack J J, Caron J M, Yeager S G, et al. 2006. Simulation of the global hydrological cycle in the CCSM Community Atmosphere Model version 3(CAM3): mean features. Journal of Climate, 19: 2199-2221.

Halton J H. 1964. Algorithm 247: Radical-inverse quasi-random point sequence. Communications of the ACM, 7(12): 701-702.

Hickernell F J. 1998a. A generalized discrepancy and quadrature error bound. Mathematics of Computation, 67(221): 299-322.

Hickernell F J. 1998b. Lattice rules: how well do they measure up//Hellekalek P, Larcher G. Random and Quasi-Random Point Sets. Berlin: Springer-Verlag: 106-166.

Hoffman F, Vertenstein M, Thornton P, et al. 2004. Community Land Model Version 3. 0(CLM3. 0) Developer's Guide. https://info. ornl. gov/sites/publications/Files/Pub57319. pdf [2020-8-15].

Hou Z, Huang M, Leung L R, et al. 2012. Sensitivity of surface flux simulations to hydrologic parameters based on an uncertainty quantification framework applied to the Community Land Model. Journal of Geophysical Research, 117: D15108.

Hu G, Jia L. 2015. Monitoring of evapotranspiration in a semi-arid inland river basin by combining microwave and optical remote sensing observations. Remote Sensing, 7(3): 3056-3087.

Huang M, Hou Z, Leung L R, et al. 2013. Uncertainty analysis of runoff simulations and parameter identifiability in the Community Land Model: Evidence from MOPEX basins. Journal of Hydrometeorology, 14(6): 1754-1772.

Jones L A, Ferguson C R, Kimball J S, et al. 2010. Satellite microwave remote sensing of daily land surface air temperature minima and maxima from AMSR-E. IEEE Journal of Selected Topics in Applied Earth Observations and Remote Sensing, 3: 111-123.

Korobov N M. 1959a. Computation of multiple integrals by the method of optimal coefficients. Vestnik Moskow Univ. Sec. Math. Astr. Fiz. Him., 4. 19-25.

Korobov N M. 1959b. The approximate computation of multiple integrals. Dokl. Akad. Nauk. SSSR, 124: 1207-1210.

Koven C D, Riley W J, Subin Z M, et al. 2013. The effect of vertically-resolved soil biogeochemistry and alternate soil C and N models on C dynamics of CLM4. Biogeosciences Discussions 10: 7201-7256.

Kuzmin P P. 1953. On method for investigations of evaporation from the snow cover. Trans. State Hydrol. Inst., 41: 34-52.

Lawrence D M, Fisher R A, Koven C D, et al. 2019. The Community Land Model version 5: Description of new features, benchmarking, and impact of forcing uncertainty. Journal of Advances in Modeling Earth Systems, 11(12): 4245-4287.

Lawrence D M, Oleson K W, Flanner M G, et al. 2011. Parameterization improvements and functional and structural advances in version 4 of the community land model. Journal of Advances in Modeling Earth Systems, 3(3): M03001.

Lawrence D M, Thornton P E, Oleson K W, et al. 2007. The partitioning of evapotranspiration into transpiration, soil evaporation, and canopy evaporation in a GCM: impacts on land-atmosphere interaction. Journal of Hydrometeorology, 8(4): 862.

Li H Y, Huang M, Tesfa T, et al. 2013. A subbasin-based framework to represent land surface processes in an Earth System Model, Geoscientific Model Development Discussion, 6: 2699-2730.

Li H, Huang M, Wigmosta M S, et al. 2011. Evaluating runoff simulations from the Community Land Model 4. 0 using observations from flux towers and a mountainous watershed. Journal of Geophysical Research, 116: D24120.

McKay M D, Beckman R J, Conover W J. 1979. A comparison of three methods for selecting values of input variables in the analysis of output from a computer code. Technometrics, 21(2): 239-245.

Oleson K W, Dai Y, Bonan G, et al. 2004. Technical description of the Community Land Model(CLM). NCAR Tech. Note TN-461+STR, 174. https: //opensky. ucar. edu/islandora/object/technotes: 393 [2020-8-15].

Oleson K W, Lawrence D M, Bonan G B, et al. 2010. Technical Description of Version 4. 0 of the Community and Model. NCAR Tech. Note NCAR/TN-478+STR, 257. https: //opensky. ucar. edu/islandora/object/technotes: 493 [2020-8-15].

Oleson K W, Niu G Y, Yang Z L, et al. 2008. Improvements to the Community Land Model and their impact on the hydrological cycle. Journal of Geophysical Research 113: G01021.

Owen A B. 1994. Controlling correlations in latin hypercube samples. Journal of the American Statistical Association, 89(428): 1517-1522.

Pelletier J D, Broxton P D, Hazenberg P, et al. 2016. A gridded global data set of soil, intact regolith, and sedimentary deposit thicknesses for regional and global land surface modeling. Journal of Advances in Modeling Earth Systems, 8: 41-65.

Penman H L. 1948. Natural evaporation from open water, bare soil and grass. Proceedings of the Royal Society of London. Series A. Mathematical and Physical Sciences, 193(1032): 120-145.

Rasmussen C E, Williams C K I. 2006. Gaussian Processes for Machine Learning. Cambridge, Massachusetts, USA: MIT Press.

Sobol' I M. 1967. On the distribution of points in a cube and the approximate evaluation of integrals. USSR Computational Mathematics and Mathematical Physics, 7(4): 86-112.

Shuttleworth W J, Wallace J S. 1985. Evaporation from sparse crops-An energy combination theory. Quarterly Journal of the Royal Meteorological Society, 111: 839-855.

Srinivas N, Deb K. 2000. Multiobjective function optimization using nondominated sorting genetic algorithms. Evolutionary Computation, 2(3): 221-248.

Stöckli R, Lawrence D M, Niu G Y, et al. 2008. Use of FLUXNET in the Community Land Model development. Journal of Geophysical Research, 113: G01025.

Sun Y, Gu L, Dickinson R E. 2012. A numerical issue in calculating the coupled carbon and water fluxes in a climate model. Journal of Geophysical Research, 117: D22103.

Swenson S C, Lawrence D M. 2014. Assessing a dry surface layer-based soil resistance parameterization for the Community Land Model using GRACE and FLUXNET-MTE data. Journal of Geophysical Research, 119: 10 299-10 312.

Swenson S C, Lawrence D M. 2015. A GRACE-based assessment of interannual groundwater dynamics in the Community Land Model. Water Resources Research, 51 (11) : 8817-8833.

Thornton P E, Law B E, Gholz H L, et al. 2002. Modeling and measuring the effects of disturbance history and climate on carbon and water budgets in evergreen needleleaf forests. Agriculture and Forest Meteorology, 113: 185-222.

Wang C, Duan Q, Gong W, et al, 2014. An evaluation of adaptive surrogate modeling based optimization with two benchmark problems. Environmental Modelling & Software, 60: 167-179.

Ye K Q, Li W, Sudjianto A, et al. 2000. Algorithmic construction of optimal symmetric Latin hypercube designs. Journal of Statistical Planning and Inference, 90 (1) : 145-159.

Zeng X, Shaikh M, Dai Y, et al. 2002. Coupling of the common land model to the NCAR community climate model. Journal of Climate, 15 (14) : 1832-1854.

Zheng C L, Jia L, Hu G, et al. 2016. Global Evapotranspiration Derived by ETMonitor Model Based on Earth Observations. Beijing: IEEE International Geoscience and Remote Sensing Symposium (IGARSS) .

第 11 章　基于遥感观测的陆表初始状态优化

11.1　引　　言

土壤含水量是影响陆表水循环和能量平衡的重要变量之一，它与陆气相互作用，特别是蒸发和降水密切相关（马柱国等，1999；Han et al.，2014；Kumar et al.，2014；Pinnington et al.，2018）。获得准确的土壤水分水平和垂直分布信息可以为数值模式提供好的初始状态，从而明显地改进天气预报和气候预测（Delworth and Manabe，1988；马柱国等，1999；Pielke，2001）。除积雪外，土壤含水量是陆表气候系统中气象记忆要素的重要组成部分（Robock et al.，2000；Zhao and Yang，2018），也是陆地生态系统的主要水资源，能够影响径流等其他陆表要素（Gusev and Novak，2007）。通过土壤水分的陆-气反馈可以在不同时间尺度上放大如干旱、热浪和对流风暴等极端天气事件的强度和持续时间（McColl et al.，2019；Zhao et al.，2019）。

估计土壤水分通常有模式模拟、观测和数据同化等方法（李新等，2007；李新，2013）。陆面模式可以提供土壤含水量在时间和空间上的连续估计，但其模拟结果受到模型参数的不确定性、驱动数据误差和物理参数化方案等诸多限制（Dickinson et al.，1993；Bonan，1996；Dai et al.，2003；田向军和谢正辉，2008；Yang et al.，2009；Oleson et al.，2010；摆玉龙等，2011）。相对于模式模拟而言，站点观测可以提供更准确的土壤水分廓线（Robock et al.，2000；Bosilovich and Lawford，2002；Dorigo et al.，2011），但是站点的空间分布相对稀疏，以至难以获得区域尺度的土壤水分分布状况（Gruber et al.，2018；Loizu et al.，2018）。卫星遥感资料虽然可以在空间尺度上获得土壤水分的反演（Njoku et al.，2003；Bartalis et al.，2007；Entekhabi et al.，2010；Kerr et al.，2010；卢麾和施建成，2012），但其数据来源仅限于土壤浅层的范围，而且在植被覆盖区的质量较差（Yang et al.，2009；Pinnington et al.，2018）。

在区域尺度上改进土壤水分估算的一个更好的方法是通过遥感观测的数据来约束陆面模式的模拟，从而为陆面模式提供好的初值（Crow and Wood，2003；Reichle and Koster，2005；Crow and Loon，2006；贾炳浩等，2010；师春香等，2011）。将被动微波观测（如黑体亮度）同化到陆面模式中，通过对无观测时间和空间的插值和外推，能够提高土壤水分数据的时空覆盖，也能够提供各种陆表要素的状态量估计并减少其不确定性（李新等，2007；de Lannoy and Reichle，2016；Reichle et al.，2017）。因此，陆面资料同化可以显著提高土壤水分数据集的实用性（黄春林和李新，2006；韩旭军和李新，2008；Lu et al.，2012，2015；Crow et al.，2017），并能够为进一步改善陆面模式耦合短期数值天气预报提供初始条件（Chen et al.，2014；Santanello et al.，2016；Yang et al.，2016）。

在陆面资料同化中，准确估计预报误差方差矩阵对于观测误差和模式预报的不确定性的消减至关重要（Anderson J L and Anderson S L，1999；Wang and Bishop，2003；Miyoshi，2011；Miyoshi et al.，2012）。对于集合卡尔曼滤波（ensemble Kalman filter，EnKF）同化方法，其预报误差方差矩阵是由模式集合预报的样本误差方差矩阵来估计的（Dumedah and Walker，2014；Han et al.，2014）。但是，由于抽样误差和模式误差的存在，它通常是一个低估，从而会导致滤波算法不稳定甚至发散（Anderson J L and Anderson S L，1999；Constantinescu et al.，2007；Yang et al.，2015）。为了解决这一问题，通常会在模式集合预报的样本误差方差矩阵的基础上进行扩大调整，如乘以一个扩大因子（Dee and Da Silva，1999；Dee et al.，1999；Zheng，2009；Li et al.，2012）。前期研究表明，这种预报误差方差矩阵的调整是十分必要的，特别是对于陆面模式等误差较大的预报模式（Liang et al.，2012；Wu et al.，2013）。

基于改进后的集合卡尔曼滤波算法，我们首先在理想实验中进行方法的验证，然后将站点的浅层观测和卫星反演产品同化进陆面模式，提高陆面模式中对土壤水分初值的估计。在理想实验中，通过公用陆面模式（community land model version 4.0，CLM 4.0）生成土壤水分的"真值"，将通用陆面模式（common land model，CoLM）作为预报模式（Dan et al.，2020）。"真值"与预报的差值作为不完美的陆面模式的误差，信息统计量的-2 倍对数似然函数作为代价函数在每个观测时刻估计预报误差方差矩阵的扩大因子（Zheng，2009；Liang et al.，2012）。对于仅同化陆表附近的浅层观测，这种扩大方法可以提高对浅层土壤水分的预报误差方差矩阵的估计，但可能人为地破坏了深层的土壤水分的预报误差统计。为了改进这一缺陷，避免降低深层土壤水分的估算质量，采用了垂直方向上的局地化技术（Janjić et al.，2011）。局地化函数根据土壤层到观测点的距离分配各层土壤水分的权重，并根据最大似然估计方法来确定局地化函数的最优定位尺度因子，从而可以更好地预报深层土壤含水量。

对于具有系统偏差的不完美陆面模式，土壤水分同化方案通常通过重新调整观测值，以匹配模式预报值的平均和方差来解决模型和观测中的这些偏差（Reichle and Koster，2004；Koster et al.，2009）。其主要原因是，传统的资料同化方案通常是针对短期（随机）误差而非系统偏差而设计的，因此在存在偏差的情况下同化结果不会很理想。在我们的理想实验中，产生真值和同化使用了不同的预报模式是产生偏差的主要原因，在同化实验中可以使用前处理或后处理等技术来消除这种偏差（Baguis and Roulin，2017；Wang et al.，2018）。但是，我们的实验结果表明，在存在模式结构误差时，通过预报误差方差矩阵的扩大调整和垂直方向的局地化技术，可以同时减小系统偏差和随机误差。

除了提高同化精度外，在同化土壤水分过程中出现的水分收支平衡问题也是需重点关注的内容。水分平衡是全球水循环的重要组成部分，可以帮助提高对陆地大气水交换和相关物理机制的认识，从而提高模型开发的能力（Pan and Wood，2006）。在同化过程中，对土壤含水量的订正通常会破坏同化前后的土壤水分平衡（Pan and Wood，2006；Wei et al.，2010；Yilmaz et al.，2011，2012；Li et al.，2012）。这种不平衡可以通过重新分配模式预报和观测之间的权重来进行调整（Pan and Wood，2006），但这种水分平衡的强约束会导致对土壤水分不切实际的估计。为了均衡同化结果的误差和水分残差，带有水分平衡弱约束的集合卡尔曼滤波（weakly constraint EnKF，WCEnKF）是一个很好的选择（Yilmaz et al.，2011）。前期基于完美模式的研究表明，WCEnKF 算法的同化效果接近 EnKF 算法，但水分残差减小很多。本章将使用不完美陆面模式来验证各个同化方案在对陆表初始状态优化中的作用。

11.2　研　究　方　法

11.2.1　预报和观测系统

沿用 Yilmaz 等（2011）的符号，预报系统可以描述为

$$y_{n,t}^f = M_{n,t-1}\left(y_{n,t-1}^a\right) \tag{11.1}$$

式中，$t=1,\cdots,T$ 为时间步长；$n=1,\cdots,N$ 为集合数；$M_{n,t-1}$ 为由第 n 个扰动的驱动数据来驱动的陆面模式；y 为陆面模式中所包含的 126 维的状态变量；上标"f"和"a"分别表示预报值和分析值。用 x 表示 10 层土壤水分（SM）、10 层土壤冰（SIC）、冠层水分含量（CWC）和雪水当量（SWE）等与水分平衡有关的状态变量（土壤分层见表 11.1），x 在本研究中被同化，其他变量通过预报模式来改变。

表 11.1　CoLM 和 CLM 4.0 模式中土壤分层的节点深度

层次	1	2	3	4	5	6	7	8	9	10
深度/cm	0.7	2.8	6.2	11.9	21.2	36.6	62.0	103.8	172.8	286.5

在理想实验和站点实验中，土壤水分的观测 o_t 于当地时间的每天上午 6：00 在土壤表层以下 3 cm 处的土壤浅层获得，其观测方程可以表示为

$$o_t = hx_t + \varepsilon_t \tag{11.2}$$

式中，观测算子 h 为由相邻两层的土壤信息向 3 cm 处的插值；x_t 为在 t 时刻的真值；ε_t 为均值为 0、方差为 R_t 的观测误差。

11.2.2　水分平衡弱约束的同化系统

为减小同化前后的土壤水分不平衡问题，在同化的过程中采用水分平衡的弱约束方法来解决（Yilmaz et al.，2011）。在 t 时刻的水分残差可以表示为

$$r_{n,t} \equiv \beta_{n,t} - c^T x_{n,t}^a \tag{11.3}$$

其中，

$$\beta_{n,t} = c^T x_{n,t}^a + \text{Pr}_t - \text{Ev}_{n,t}^f - \text{Rn}_{n,t}^f \tag{11.4}$$

式中，c 为一个 22 维向量，用来对 x 的各分量求和；Pr_t、$\mathrm{Ev}_{n,t}^f$ 和 $\mathrm{Rn}_{n,t}^f$ 分别为每个像元降水量、蒸发量和径流量。

求解分析状态的带有水分平衡弱约束的目标函数为

$$J_{n,t}(x) = \left(o_t - hx\right)^{\mathrm{T}} R_t^{-1} \left(o_t - hx\right) + \left(x - x_{n,t}^f\right)^{\mathrm{T}} P_t^{-1} \left(x - x_{n,t}^f\right) \\ + \left(\beta_{n,t} - c^{\mathrm{T}} x\right)^{\mathrm{T}} \varphi_t^{-1} \left(\beta_{n,t} - c^{\mathrm{T}} x\right) \tag{11.5}$$

其中，

$$\beta_{n,t} = c^{\mathrm{T}} x_{n,t}^a + \mathrm{Pr}_t - \mathrm{Ev}_{n,t}^f - \mathrm{Rn}_{n,t}^f$$

$$\varphi_t = \frac{1}{N-1} \sum_{n=1}^{N} \left(\beta_{n,t} - \frac{1}{N} \sum_{j=1}^{N} \beta_{j,t}\right) \times \left(\beta_{n,t} - \frac{1}{N} \sum_{j=1}^{N} \beta_{j,t}\right)^{\mathrm{T}} \tag{11.6}$$

式中，φ_t 为 $\beta_{n,t}$ 的误差方差矩阵；P_t 为状态变量的预报误差方差矩阵。

由极小化目标函数[式(11.5)]，可获得水分平衡约束下的扰动的分析状态为

$$x_{n,t}^a = x_{n,t}^f + P_t^a h^{\mathrm{T}} R_t^{-1} \left(o_t + \varepsilon_{n,t} - hx_{n,t}^f\right) + P_t^a c \varphi_t^{-1} \left(\beta_{n,t} - c^{\mathrm{T}} x_{n,t}^f\right) \tag{11.7}$$

式中，$\varepsilon_{n,t}$ 为均值为 0、误差方差矩阵为 R_t 的随机数。从而可得

$$P_t^a = (h^{\mathrm{T}} R_t^{-1} h + P_t^{-1} + c \varphi_t^{-1} c^{\mathrm{T}})^{-1} \tag{11.8}$$

11.2.3　同化算法的改进

目标函数[式(11.5)]中的预报误差方差矩阵 P_t 通常由如下的预报状态的样本误差方差矩阵来估计：

$$P_t = \frac{1}{N-1} \sum_{n=1}^{N} \left(x_{n,t}^f - \frac{1}{N} \sum_{j=1}^{N} x_{j,t}^f\right) \left(x_{n,t}^f - \frac{1}{N} \sum_{j=1}^{N} x_{j,t}^f\right)^{\mathrm{T}} \tag{11.9}$$

当预报模式没有误差时，这是可行的(Yilmaz et al., 2011)。但是当预报模式不完美，特别是误差较大时，这个估计可能不够准确，需要做如下的进一步调整。

$$P_{\mu,t} = \left[\sqrt{\lambda_t}\right] \left[\rho_\mu\right] P_t \left[\rho_\mu\right] \left[\sqrt{\lambda_t}\right] \tag{11.10}$$

式中，$\left[\sqrt{\lambda_t}\right]$ 为对预报误差调整的对角型矩阵。对于土壤水分变量而言，λ_t 调整其预报误差；对于水分平衡中的其他变量，不做调整。$\left[\rho_\mu\right]$ 也是一个对角型矩阵，用于做垂直方向上的局地化，即

$$\rho_\mu(i) = \exp(-\mu \,|\, l(i) - l(o)\,|) \tag{11.11}$$

式中，$l(i)$ 和 $l(o)$ 分别为第 i 层土壤层和观测层的深度；$|\, l(i) - l(o)\,|$ 为两者的距离。

对于给定的 ρ_μ，扩大因子 λ_t 可由极大似然方法来估计(Dee and Da Silva, 1999；Dee et al., 1999)，即极小化如下的信息统计量的-2 倍似然函数(Dee and Da Silva, 1999；

Zheng，2009；Liang et al.，2012）。

$$-2L_t\left(\lambda_t\right) = \ln\left(hP_{\mu,t}h^{\mathrm{T}} + R_t\right) + \left(o_t - hx_t^f\right)^{\mathrm{T}}\left(hP_{\mu,t}h^{\mathrm{T}} + R_t\right)^{-1}\left(o_t - hx_t^f\right) \quad (11.12)$$

对于 μ 的估计，ρ_μ 为阈值层 s 的阶梯函数：

$$\rho_s(i) = \begin{cases} 1, & i \leqslant s \\ 0, & i > s \end{cases} \quad (11.13)$$

阈值层 s 的初始值为 2。扩大因子 λ_t 的估计值记为 $\hat{\lambda}_t$，从而目标函数[式(11.12)]的极小值记为 $-2L_{s,t}(\hat{\lambda}_t)$，来计算整个同化时期内的目标函数之和，即

$$L_s \equiv \sum_{t=1}^{T}[-2L_{s,t}(\hat{\lambda}_t)] \quad (11.14)$$

阈值层 s 的估计为使得 L_s 为 $\{L_2, L_3, \cdots, L_{s+1}\}$ 中的最小值的值，记为 $\hat{s}$。最后，μ 由极小化 $|\rho_\mu - \rho_{\hat{s}}|$ 来估计。

11.2.4　检验统计量

1. 模型误差

在理想实验中，模型误差为采用真实的初值模拟出的结果与真值 $\hat{x}_t$ 的差异；偏差为在模拟时间段内误差的平均，即

$$\text{Bias} = \frac{1}{5 \times 8 \times a_{\text{ts}}} \sum_{\text{lon}}^{8} \sum_{\text{lat}}^{5} \sum_{t}^{a_{\text{ts}}} \left\{ M_{t-1}\left[\hat{x}_{t-1}(\text{lat}, \text{lon}), \cdots\right] - \widehat{\text{SM}}_t(\text{lat}, \text{lon}, \text{lev}) \right\} \quad (11.15)$$

$$\text{err} = \sqrt{\frac{1}{5 \times 8 \times a_{\text{ts}}} \sum_{\text{lon}}^{8} \sum_{\text{lat}}^{5} \sum_{t}^{a_{\text{ts}}} \left\{ M_{t-1}\left[\hat{x}_{t-1}(\text{lat}, \text{lon}), \cdots\right] - \widehat{\text{SM}}_t(\text{lat}, \text{lon}, \text{lev}) \right\}^2} \quad (11.16)$$

式中，a_{ts} 为模式运行期间的时间步长；lat、lon 和 lev 分别表示纬度、经度和垂直的土壤层数；$M_{t-1}\left[\hat{x}_{t-1}(\text{lat}, \text{lon}), \cdots\right]$ 为 CoLM 模式模拟出的土壤水分；$\widehat{\text{SM}}_t(\text{lat}, \text{lon}, \text{lev})$ 为真值。在土壤水分同化中，以分析值来代替预报值，作为下一时刻模式运行的初值，以此来检验同化方法对初值的改进。

2. 状态变量误差

在理想实验中，分析状态和真值在水平方向上的 RMSE 为

$$h_{\text{RMSE}} = \sqrt{\frac{1}{T \times 5 \times 8} \sum_{\text{lon}}^{8} \sum_{\text{lat}}^{5} \sum_{t=1}^{T} \left[\text{SM}_t^a(\text{lat}, \text{lon}, \text{lev}) - \widehat{\text{SM}}_t(\text{lat}, \text{lon}, \text{lev})\right]^2} \quad (11.17)$$

在每个像元的垂直方向上的均方根误差为

$$v_{\text{RMSE}} = \sqrt{\sqrt{\frac{1}{T \times 10} \sum_{\text{lev}}^{10} \sum_{t=1}^{T} \left(\text{SM}_t^a(\text{lat, lon, lev}) - \widehat{\text{SM}}_t(\text{lat, lon, lev}) \right)^2}} \tag{11.18}$$

在整个区域上的均方根误差为

$$s_{\text{RMSE}} = \sqrt{\sqrt{\frac{1}{T \times 5 \times 8 \times 10} \sum_{\text{lev}}^{10} \sum_{\text{lon}}^{8} \sum_{\text{lat}}^{5} \sum_{t=1}^{T} \left[\text{SM}_t^a(\text{lat, lon, lev}) - \widehat{\text{SM}}_t(\text{lat, lon, lev}) \right]^2}} \tag{11.19}$$

式中，SM_t^a 为土壤水分的分析值。

在站点实验和区域实验中，用未做同化的观测资料作独立验证。分析值在各观测层上的 RMSE 为

$$l_{\text{RMSE}} = \sqrt{\frac{1}{T} \sum_{t=1}^{a_{\text{ts}}} \left[(Hx_t^a)(\text{lev}) - o_t(\text{lev}) \right]^2} \tag{11.20}$$

在每个站点上的垂直方向上的 RMSE 为

$$\text{stn}_{\text{RMSE}} = \sqrt{\frac{1}{T \times 4} \sum_{\text{lev}}^{4} \sum_{\text{ts}=1}^{T} \left[(Hx_t^a)(\text{lev}) - o_t(\text{lev}) \right]^2} \tag{11.21}$$

式中，ts 为除了有同化的时刻以外的所有预报时刻；H 为土壤水分的分析值向观测层的插值算子。

3. 水分平衡残差

沿用 Yilmaz 等 (2011) 的符号，在坐标为 (lat，lon) 处的水分平衡残差为

$$R = \frac{1}{T \times N} \sum_{t}^{T} \sum_{n=1}^{N} r_{n,t}(\text{lat, lon}) \tag{11.22}$$

图 11.1 为本同化系统的示意图。

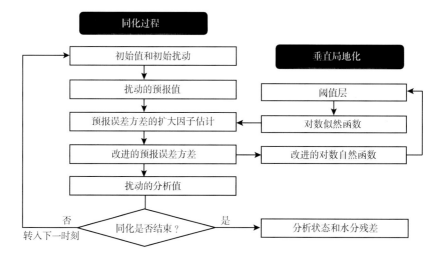

图 11.1　同化系统示意图

11.3　模型和数据

11.3.1　研究区域和观测资料

理想实验和站点实验的研究区域位于蒙古高原，经纬度位于 46°~46.5°N、106.125°~107°E，主要的植被类型是草原，并且没有河流流经该地区(图 11.2)。土壤水分的真实观测和大气驱动数据的观测由全球协调加强观测计划(CEOP)(Bosilovich and Lawford，2002；Lawford et al.，2004)的自动气象站获得。全球协调加强观测计划旨在开发一个综合的全球数据集，用于解决水和能源的模拟和预测、季风过程和河流流量预测等方面的有关问题，详见 http://www.ceop.net。本章研究中，站点尺度的验证在 Bayantsagaan(BTS 46.7765°N，107.14228°E)和 Delgertsgot(DGS 46.12731°N，106.36856°E)两个站点上进行。在 BTS 站点，土壤水分每半小时在土壤表层以下 3 cm、10 cm、20 cm 和 40 cm 处获得；在 DGS 站点，土壤水分每半小时在土壤表层以下 3 cm、10 cm、40 cm 和 100 cm 处获得。但是只将当地时间上午 6: 00 的土壤观测同化进陆面模式，其他时刻的用作验证。

卫星遥感资料采用 AMSR-E 数据，由阿姆斯特丹自由大学联合美国国家航空航天开发的陆表参数反演模型算法土壤水分产品(LPRM 产品)，2010 年 6~7 月的数据用于同化(展示的是平均值)，8 月反演产品用于比较验证。

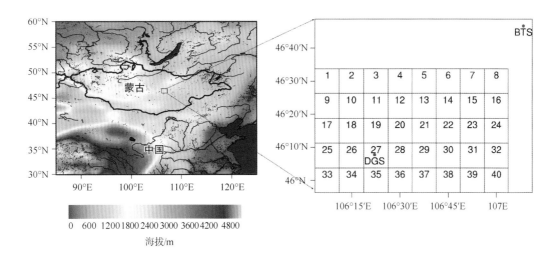

图 11.2　理想实验研究区域的地理位置及地形(左图)及站点实验(DGS 和 BTS)站点的位置(右图)

11.3.2　驱　动　数　据

离线运行陆面模式的驱动数据包括近地面 2 m 气温、陆表气压、近地面 2 m 相对湿度、近地面 10 m 风速、降水、下行短波和长波辐射 7 个变量。在理想实验和区域验证中, 驱动数据采用欧洲中期天气预报中心(ERA-Interim)的数据(Dee et al., 2011), 空间分辨率为 $0.125° \times 0.125°$, 时间分辨率插值到 1 h。

在 BTS 和 DGS 两个站点实验中, 近地面 2 m 气温、陆表气压、近地面 2 m 相对湿度、近地面 10 m 风速和降水采用小时尺度的直接观测值, 下行短波和长波辐射采用日本气象厅的资料(Huang et al., 2008)。

11.3.3 陆 面 模 式

通用陆面模式(CoLM)是(Dai et al., 2003)是在 LSM、BATS 和 IAP94 等模型的基础上发展起来的现在常用的模式之一。它考虑了大气、陆地、海洋、海冰等因子之间的相互作用, 增加了陆表径流、生物物理化学过程、植被动力学、碳循环等陆表过程, 涵盖了对植被、土壤、冰雪、冻土、湿地、湖泊等过程的参数化。CoLM 假定植被冠层是一片均匀的大叶, 即陆表植被为 1 层; 土壤垂直分 10 层, 由于表层土壤受大气影响大, 深层土壤水热状况变化小, 故靠近陆表的土壤分层较细, 土壤越深分层越粗; 雪盖根据实际厚度划分, 最多分 5 层(Dai et al., 2003)。

公用陆面模式(CLM 4.0)(Oleson et al., 2010; Lawrence et al., 2011)包括生物地球物理、水文循环、生物地球化学和动态植被等过程, 独立模拟每个子网格单元中的生物地球物理过程, 并保持其自身的预测变量。CLM 4.0 中使用的参数与 CoLM 中的不同。例如, 土壤质地数据来源于 IGBP 土壤数据, 土地利用数据来源于新罕布什尔大学 UNH 临时土地利用和土地覆盖变化数据集(http: //luh.umd.edu/)。但是这两个模式具有相同的土壤垂直分层(表 11.1), 这使得可以较为方便地比较两者的模拟效果。

11.4 理 想 实 验

11.4.1 实 验 设 计

为了检验弱约束的集合卡尔曼滤波(WCEnKF)算法的性能, 在理想实验中使用CLM 4.0 模式产生真值, 使用 CoLM 作为同化过程中的预报模式。使用不同模式的目的是引入同化过程中的预报模式误差。同化的时刻是每天上午 6: 00, 在同化实验中采用如下四种同化算法: ①带弱约束的集合卡尔曼滤波(WCEnKF); ②预报误差方差扩大调整的弱约束的集合卡尔曼滤波(WCEnKF-Inf); ③预报误差方差扩大调整和垂直局地化的弱约束的集合卡尔曼滤波(WCEnKF-Inf-Loc); ④预报误差方差扩大调整和垂直局地化的集合卡尔曼滤波(EnKF-Inf-Loc)。

在理想实验中, 模型的偏差和误差可以分别有公式(11.15)和公式(11.16)给出, 其结果显示在图 11.3 中。图 11.3(a)表明, 模型的偏差在各层基本上都是负值, 其表层的负值主要是 CoLM 中采用较低的陆表粗糙度和较大的叶面积指数, 导致更大的土壤浅层水分蒸发和更多的冠层截留, 引起渗透到土壤中的水量小于 CLM 4.0 模式中的水量。另外，CoLM 中的土壤孔隙度小于 CLM 4.0，导致土壤中保留了较少的水分，也造成模式在前 9 层的负偏差。但是在底层的偏差却增加到 2%，是由于两个模式使用了不同的边界条件。CLM 4.0 中包含土壤含水量与模式中土壤底层以下的地下水之间的相互作用（Oleson et al.，2010），但是 CoLM 却没有。图 11.3（b）中显示的模式误差的结构与偏差类似。为了与实际问题更相符，这些偏差没有在同化之前去除。尽管无偏的观测对于校正预报模式中的偏差是必要的，但这在许多实际应用中是不可能的，特别是在卫星遥感资料的同化中。这是由于遥感资料只能观测到浅层的土壤水分而无法获得深层的信息，而且地面的卫星观测数据也存在巨大的观测偏差（Reichle，2008）。

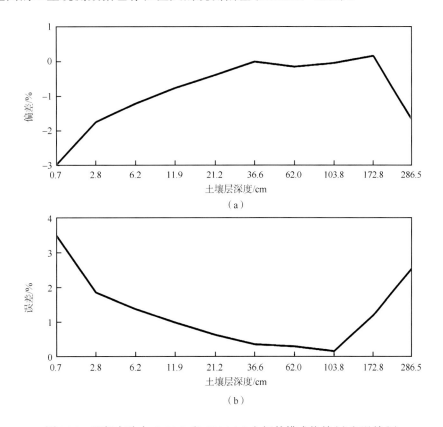

图 11.3　理想实验中 CoLM 和 CLM 4.0 之间的模式偏差（a）和误差（b）

理想实验的观测为将真值 $\widehat{\mathrm{SM}}_t$ 向陆表以下 3 cm 处做插值，然后加上正态分布 $N(\mu=0,\sigma=0.5\%)$ 的观测误差。在同化过程中，CoLM 模式从 2002 年 10 月 1 日运行到 2003 年 9 月 30 日，其中前 8 个月作为模式的预热过程，后面 4 个月用于同化观测的实验。

11.4.2　预报误差方差的扩大调整和垂直局地化

在理想实验中，研究区域总共包含 40 个格点。每个格点分别估计阈值层和垂直局地化因子 μ_s（表 11.2）。在实验结果中，最优方案为使得每个格点具有最小的均方根误差

（图 11.4）。图 11.4(a) 表明各个格点的阈值层基本上都是 5 或者 6，这是由于研究区域内有均匀的土壤结构和土地覆盖。在 WCEnKF-Inf-Loc 方案中，平均的扩大因子大小是 3.84，有 18 个格点与最优方案的阈值层相同，其他格点的阈值层与最优方案也只差了一层。图 11.4(b) 显示，WCEnKF-Inf-Loc 方案的均方根误差为 4.09%，与最优值的 3.84% 也是各个方案中最接近的。

表 11.2　预报误差方差的不同扩大调整层数对应的局地化因子

土壤层数	2	3	4	5	6	7	8	9	10
μ_s	0.2824	0.1256	0.0587	0.0300	0.0163	0.0093	0.0053	0.0025	0.0001

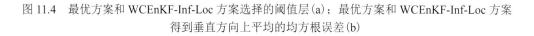

图 11.4　最优方案和 WCEnKF-Inf-Loc 方案选择的阈值层 (a)；最优方案和 WCEnKF-Inf-Loc 方案得到垂直方向上平均的均方根误差 (b)

图 11.5 显示了各个同化方案在各层水平方向上平均的 RSME。在 62.0 cm 以上的土壤层，带有预报误差方差扩大调整方案的分析误差明显小于不带调整的方案。这表明在接近观测的土壤层上，预报误差方差的扩大调整可以提供更好的分析值估计。当不进行扩大调整时，土壤水分的精度甚至没有比模式模拟的情况好。

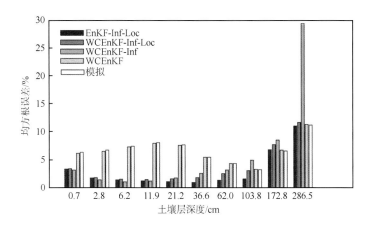

图 11.5　各个同化方案得到的水平方向上平均的均方根误差

　　图 11.5 还显示了带有垂直局地化的方案(WCEnKF-Inf-Loc)和不带垂直局地化的方案(WCEnKF-Inf)之间的差异。因为图 11.4 中显示在 40 个格点中有 27 个格点的阈值层是 6(36.6 cm),在 36.6cm 以上的土壤层中,WCEnKF-Inf-Loc 和 WCEnKF-Inf 在水平方向上平均的均方根误差几乎是一样的。但是在深层,WCEnKF-Inf 的均方根误差显著增大。因此,采用垂直方向上的局地化技术,可以在一定范围内控制深层的分析误差。

11.4.3　水分平衡约束

　　为了评估水分平衡约束对水分残差的效果,将带有水分平衡约束的方案(WCEnKF-Inf-Loc)和不带水分平衡约束的方案(EnKF-Inf-Loc)进行了比较。图 11.5 显示两者的均方根误差在 36.6cm 及以上的土壤层较为接近(WCEnKF-Inf-Loc 方案的平均值为 1.72%,EnKF-Inf-Loc 方案的平均值为 1.87%)。但是,在 36.6cm 以下的土壤层,EnKF-Inf-Loc 方案的均方根误差(4.60%)比 WCEnKF-Inf-Loc 方案的均方根误差(5.97%)还要小,这可能是由于 WCEnKF-Inf-Loc 方案在保持水分平衡时牺牲了一部分同化精度。

　　图 11.6 显示了带有水分平衡约束的方案(WCEnKF-Inf-Loc)和不带水分平衡约束的方案(EnKF-Inf-Loc)得到的水分残差,可以看出,带有水分平衡约束的方案能够明显地减小水分残差。图 11.6 还说明预报误差方差矩阵的扩大调整可能导致水分残差的增加,但是再加上垂直方向上的局地化技术(即 WCEnKF-Inf-Loc 方案),可以将水分残差控制在一定的范围内。带有水分平衡约束的方案 WCEnKF-Inf-Loc 的水分残差(平均值是 0.0742 mm)比不带水分平衡约束的方案 EnKF-Inf-Loc 的水分残差(平均值是 0.2259 mm)小很多。各个格点的水分残差的分布也更为集中,说明这种方案得到的水分残差更稳定。

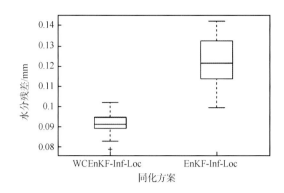

图 11.6　带有水分平衡约束的方案(WCEnKF-Inf-Loc)和不带水分平衡约束的
方案(EnKF-Inf-Loc)得到的水分残差分布

11.5　站点验证

选取蒙古高原上的 DGS 和 BTS,使用 CoLM 模式进行同化方法在站点尺度的验证。状态变量的初值于 1979 年开始从全球同化系统中选取(Rodell et al.,2004),然后模式于 2002 年 10 月 1 日至 2003 年 6 月 1 日运行,最后时刻输出的状态变量作为同化阶段模式运行的开始。站点实验中的初始扰动、观测误差和同化频率与理想实验一样。驱动数据为站点的实测数据。

表 11.3 和表 11.4 列出了这两个站点上不同的同化方案在各个观测层的均方根误差,最优方案同样是使得分析误差最小的方案。在 DGS 站点,最优方案的阈值层是 2,WCEnKF-Inf-Loc 方案的阈值层是 5,但两者得到的均方根误差非常相近。在 BTS 站点,最优方案和 WCEnKF-Inf-Loc 方案的阈值层都是 3,两者得到的均方根误差几乎相等。

表 11.3　DGS 站点在各观测层上的均方根误差　　　　　　　　(单位:%)

项　目	3 cm	10 cm	40 cm	100 cm	平均误差
EnKF-Inf-Loc	2.46	10.69	7.29	15.13	8.88
WCEnKF-Inf-Loc	2.44	4.74	7.76	15.12	7.51
最优	2.69	3.82	7.30	15.11	7.23
WCEnKF-Inf	2.46	8.47	7.45	13.47	7.96
WCEnKF	8.72	4.17	7.30	15.12	8.83

表 11.4　BTS 站点在各观测层上的均方根误差　　　　　　　　(单位:%)

项　目	3 cm	10 cm	20 cm	40 cm	平均误差
EnKF-Inf-Loc	4.13	6.16	6.24	10.95	6.87
WCEnKF-Inf-Loc	3.73	3.61	3.98	8.77	5.02
最优	3.73	3.61	3.98	8.77	5.02
WCEnKF-Inf	4.01	7.19	8.44	4.17	5.95
WCEnKF	8.35	5.35	4.41	8.91	6.75

同理想实验类似，带有垂直方向上的局地化技术的方案(WCEnKF-Inf-Loc)同没有局地化的方案(WCEnKF-Inf)相比，可以进一步减小分析误差。在观测层 3cm 处的均方根误差表明，带有预报误差方差扩大的同化方案(WCEnKF-Inf 和 WCEnKF-Inf-Loc)可以得到比没有扩大调整方案(WCEnKF)更小的均方根误差，说明预报误差方差扩大技术在减小分析误差方面是非常有效的。但是在 DGS 和 BTS 站点实验中，最深的观测层是陆表以下 100 cm 和 40 cm，没有到达预报模式的最底层(286 cm)，因此在最深观测层以下的土壤层的均方根误差无法验证。

在水分平衡方面，不带水分平衡约束的方案(EnKF-Inf-Loc)在 DGS 和 BTS 站点的水分残差分别是 0.1545 mm 和 0.1792 mm，分别在带有水分平衡约束的方案(WCEnKF-Inf-Loc)中减小到 0.0386 mm 和 0.0131 mm，说明水分平衡的弱约束限制在减小水分残差方面是有效的。

11.6　区　域　验　证

选取青藏高原区域进行区域范围的验证。AMSR-E 是具有 C 波段(5.6 GHz)的微波辐射计，穿透力较强，可以避免云的影响，能够用来反演浅层的土壤水分，可以提供全球范围的较长时序的卫星反演土壤湿度产品。本章研究采用的观测资料为阿姆斯特丹自由大学联合美国国家航空航天局开发的陆表参数反演模型算法土壤水分产品(LPRM 产品)，水平分辨率是 0.25°×0.25°。陆面模式的驱动数据采用的是北京师范大学研发的分辨率为 3 h、5 km 的近地面 2 m 气温、陆表气压、近地面 2 m 相对湿度、近地面 10 m 风速、降水、下行短波和长波辐射 7 个变量的数据集，并将其升尺度至 0.25°×0.25°。将 2010 年 6 月和 7 月每天的土壤水分反演数据同化进陆面模式，生成优化后的初始状态，并分别以同化后的分析值和不同化的预报值为初值往后再预报一个月，对比分析遥感资料同化对陆面模式初始状态估计的作用。

2010 年 8 月对浅层土壤水分的独立验证结果显示在图 11.7 中。通过将只预报不同化和同化后再预报的结果与观测资料即遥感反演产品进行对比，可以看出，模式对部分区域土壤水分存在低估现象，特别是在青藏高原的东南部等比较湿润的地区。经过同化后再预报的结果，则更靠近观测值，说明遥感资料同化可以改进对陆面模式初始状态的估计。

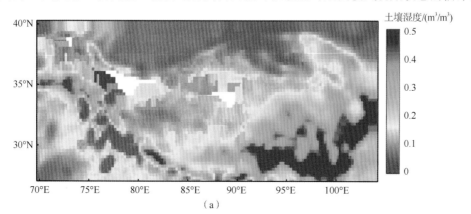

(a)

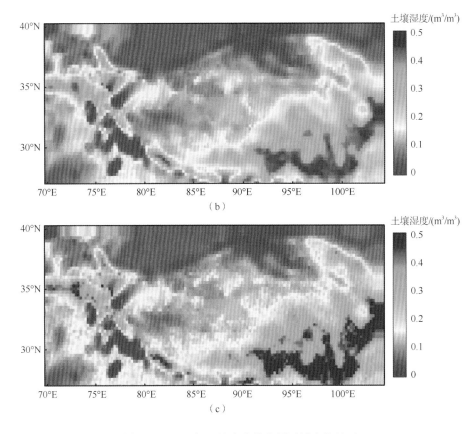

图 11.7　2010 年 8 月在青藏高原区域上的验证
(a) 遥感反演产品；(b) 只预报不同化；(c) 同化后再预报

11.7　讨论与小结

11.7.1　预报误差方差的调整

图 11.5 表明，无论是否应用垂直方向上的局地化，预报误差方差的扩大可以减小在同化中的土壤浅层的分析误差。这主要是因为观测层位于陆表以下 3cm 处，而观测算子为由相邻的土壤层 (2.8cm 和 6.2cm) 向观测层的插值。因此，估计扩大因子的似然函数 [公式 (11.12)] 只依赖于 3cm 处的观测值及第 2 层和第 3 层的预报值。这使得对浅层的预报误差的估计有了改进，从而改进浅层的土壤水分估计值。但是深层的土壤水分与扩大因子没有直接关系，用同一个扩大因子去调整会导致对深层土壤水分的预报误差方差的错误估计，从而导致深层的误差增加 (WCEnKF-Inf 方案)。因此，可以应用垂直方向的局地化技术，限制扩大因子对深层的预报误差的调整，避免深层的土壤水分误差的增加。

在 WCEnKF-Inf-Loc 方案中，尽管在每一步的同化中，对阈值层 (站点实验中大部分为第 5 层和第 6 层) 以上的土壤层的水分进行了更新，图 11.5 还显示了在阈值层以下的土壤层(特别是第 6 层和第 7 层)也得到了改进。这可能是因为在模式中土壤水分的向下传播,使得调阈值层以下的土壤水分也得到了调整。在前一个时间步长中,阈值层以上的土壤层的水分估计得到了提高,这一过程使得对阈值层以下的土壤层的水分有了更好的预测,从而减少了阈值层以下土壤层水分的误差。

11.7.2　偏差的校正

偏差的校正对于预报模式是非常重要的,前期的研究也有很多校正方法(Dee and Da Silva, 1997, 1998; De Lannoy et al., 2007)。图 11.3(a)显示了理想实验中偏差的存在,但是没有被去除。这主要是因为实际中很难获得准确的偏差估计值,尤其是对于遥感数据(Reichle, 2008)。来自不同的卫星遥感观测通常由于校准差异而具有偏差,来自同一卫星的遥感资料也会由于轨道漂移,导致观测的偏差会随时间变化。类似地,地球物理模型从来都是不完美的,通常会产生随时间和空间变化的预报偏差(Reichle, 2008)。由于本章研究的主要目的是将浅层观测资料特别是遥感资料同化进不完美的预报模式,来改进模式中土壤湿度初始状态的估计,因此没有深入探讨偏差的校正。

11.7.3　主 要 结 论

在本章研究中,浅层的土壤水分以改进的集合卡尔曼滤波方法被同化进陆面模式,以改进对模式中土壤水分初始状态的估计。首先,采用基于极大似然估计的预报误差方差的扩大化方法来减小分析误差,支持了预报误差方差矩阵的正确估计对于减少观测层附近的分析误差至关重要的观点。其次,结合预报误差方差的扩大调整,提出了一种适合于基于集合卡尔曼滤波的垂直局地化方法,以避免同化过程中对深层土壤水分的错误估计。最后,在不显著降低同化精度的前提下,利用水分平衡的若约束限制,减少了水分残差。综合理想和实际资料的实验结果表明,WCEnKF-Inf-Loc 同化方案可以减少分析误差,特别是在浅层,并且合理限制了的水分残差。在未来的研究中,我们将进一步分析对土壤温度、感热潜热通量等其他陆表要素的优化估计,以及对改进数值模式预报的能力,以提高对陆-气相互作用的认识。

参 考 文 献

摆玉龙, 李新, 韩旭军. 2011. 陆面数据同化系统误差问题研究综述. 地球科学进展, 26: 795-804.

韩旭军, 李新. 2008. 非线性滤波方法与陆面数据同化. 地球科学进展, 23: 813-826.

黄春林, 李新. 2006. 土壤水分同化系统的敏感性试验研究. 水科学进展, 17: 457-465.

贾炳浩, 谢正辉, 田向军. 2010. 基于微波亮温及集合 Kalman 滤波的土壤湿度同化方案. 中国科学, 40: 239-251.

李新. 2013. 陆地表层系统模拟和观测的不确定性及其控制. 中国科学, 43: 1735-1742.

李新, 黄春林, 车涛, 等. 2007. 中国陆面数据同化系统研究的进展与前瞻. 自然科学进展, 12: 163-173.

卢麾, 施建成. 2012. 基于遥感观测的 21 世纪初中国区域地表土壤水及其变化趋势分析. 科学通报, 57:

1412-1422.

马柱国, 魏和林, 符淙斌. 1999. 土壤湿度和气候变化关系研究的进展和展望. 地球科学进展, 14: 299-305.

师春香, 谢正辉, 钱辉, 等. 2011. 基于卫星遥感资料的中国区域土壤湿度 EnKF 数据同化. 中国科学, 41: 375-385.

田向军, 谢正辉. 2008. 考虑次网格变异性和土壤冻融过程的土壤湿度同化方案. 中国科学, 38: 741-749.

Anderson J L, Anderson S L. 1999. A Monte Carlo implementation of the nonlinear fltering problem to produce ensemble assimilations and forecasts. Monthly Weather Review, 127: 2741-2758.

Baguis P, Roulin E. 2017. Soil moisture data assimilation in a hydrological model: A case study in Belgium using large-scale satellite data. Remote Sensing, 9(8): 820.

Bartalis Z, Wagner W, Naeimi V, et al. 2007. Initial soil moisture retrievals from the METOP—a advanced scatterometer(ASCAT). Geophysical Research Letters, 34(20): L20401.

Bonan G B. 1996. Land surface model(LSM version 1.0) for ecological, hydrological, and atmospheric studies: Technical description and users guide. Technical note, National Center for Atmospheric Research, Boulder, CO(United States). Climate and Global Dynamics Div.

Bosilovich M G, Lawford R. 2002. Coordinated enhanced observing period(CEOP)international workshop. Bulletin of the American Meteorological Society, 83(10): 1495-1499.

Chen F, Crow W T, Ryu D. 2014. Dual forcing and state correction via soil moisture assimilation for improved rainfall-runoff modeling. Journal of Hydrometeorology, 15(5): 1832-1848.

Constantinescu E M, Sandu A, Chai T, et al. 2007. Ensemble-based chemical data assimilation I: general approach. Quarterly Journal of the Royal Meteorological Society, 133: 1229-1243.

Crow W T, Chen F, Reichle R H, et al. 2017. L band microwave remote sensing and land data assimilation improve the representation of prestorm soil moisture conditions for hydrologic forecasting. Geophysical Research Letters, 44(11): 5495-5503.

Crow W T, Loon E V. 2006. Impact of incorrect model error assumptions on the sequential assimilation of remotely sensed surface soil moisture. Journal of Hydrometeorology, 7: 421-432.

Crow W T, Wood E F. 2003. The assimilation of remotely sensed soil brightness temperature imagery into a land surface model using Ensemble Kalman filtering: a case study based on ESTAR measurements during SGP97. Advances in Water Resources, 26: 137-149.

Dai Y, Zeng X, Dickinson R E, et al. 2003. The common land model. Bulletin of the American Meteorological Society, 84(8): 1013-1023.

Dan B, Zheng X, Wu G, et al. 2020. Assimilating shallow soil moisture observations into land models with a water budget constraint. Hydrology and Earth System Sciences, 24(11): 5187-5201.

De Lannoy G J, Reichle R H. 2016. Global assimilation of multiangle and multipolarization SMOS brightness temperature observations into the GEOS-5 catchment land surface model for soil moisture estimation. Journal of Hydrometeorology, 17(2): 669-691.

De Lannoy G J, Reichle R H, Houser P R, et al. 2007. Correcting for forecast bias in soil moisture assimilation with the ensemble Kalman filter. Water Resources Research, 43(9): W09410.

Dee D P, Da Silva A M. 1998. Data assimilation in the presence of forecast bias. Quarterly Journal of the Royal Meteorological Society, 124(545): 269-295.

Dee D P, Da Silva A M. 1999. Maximum-likelihood estimation of forecast and observation error covariance parameters. Part I: Methodology. Monthly Weather Review, 127(8): 1822-1834.

Dee D P, Gaspari G, Redder C, et al. 1999. Maximum-likelihood estimation of forecast and observation error covariance parameters. Part II: Applications. Monthly weather review, 127(8): 1835-1849.

Dee D P, Uppala S M, Simmons A J, et al. 2011. The ERA-Interim reanalysis: configuration and performance of the data assimilation system. Quarterly Journal of the Royal Meteorological Society, 137(656): 553-597.

Delworth T L, Manabe S. 1988. The influence of potential evaporation on the variabilities of simulated soil wetness and climate. Journal of Climate, 1(5): 523-547.

Dickinson R E, Henderson-Sellers A, Kennedy P J. 1993. Biosphere Atmosphere Transfer Scheme(BATS) Version le as Coupled to the NCAR Community Climate Model. Technical Note, NCAR/TN-387 + STR: 72.

Dorigo W A, Wagner W, Hohensinn R, et al. 2011. The international soil moisture network: a data hosting facility for global in situ soil moisture measurements. Hydrology and Earth System Sciences, 15(5): 1675-1698.

Dumedah G, Walker J P. 2014. Evaluation of model parameter convergence when using data assimilation for soil moisture estimation. Journal of Hydrometeorology, 15(1): 359-375.

Entekhabi D, Njoku E G, O'Neill P E, et al. 2010. The soil moisture active passive(SMAP)mission. Proceedings of the IEEE, 98(5): 704-716.

Gruber A, Crow W T, Dorigo W A. 2018. Assimilation of spatially sparse in situ soil moisture networks into a continuous model domain. Water Resources Research, 54(2): 1353-1367.

Gusev Y, Novak V. 2007. Soil water–main water resources for terrestrial ecosystems of the biosphere. Journal of Hydrology and Hydromechanics, 55(1): 3-15.

Han E, Crow W T, Holmes T, et al. 2014. Benchmarking a soil moisture data assimilation system for agricultural drought monitoring. Journal of Hydrometeorology, 15(3): 1117-1134.

Huang C, Li X, Lu L. 2008. Retrieving soil temperature profile by assimilating MODIS LST products with ensemble Kalman filter. Remote Sensing of Environment, 112(4): 1320-1336.

Janjić T, Nerger L, Albertella A, et al. 2011. On domain localization in ensemble-based Kalman filter algorithms. Monthly Weather Review, 139(7): 2046-2060.

Kerr Y H, Waldteufel P, Wigneron J P. 2010. The SMOS mission: New tool for monitoring key elements ofthe global water cycle. Proceedings of the IEEE, 98(5): 666-687.

Koster R D, Guo Z, Yang R, et al. 2009. On the nature of soil moisture in land surface models. Journal of Climate, 22(16): 4322-4335.

Kumar S V, Peters-Lidard C D, Mocko D, et al. 2014. Assimilation of remotely sensed soil moisture and snow depth retrievals for drought estimation. Journal of Hydrometeorology, 15(6): 2446-2469.

Lawford R, Stewart R, Roads J, et al. 2004. Advancing global-and continental-scale hydrometeorology: Contributions of GEWEX hydrometeorology panel. Bulletin of the American Meteorological Society, 85(12): 1917-1930.

Lawrence D M, Oleson K W, Flanner M G, et al. 2011. Parameterization improvements and functional and structural advances in Version 4 of the Community Land Model. Journal of Advances in Modeling Earth Systems, 3(3): M03001.

Li B, Toll D, Zhan X, et al. 2012. Improving estimated soil moisture fields through assimilation of AMSR-E soil moisture retrievals with an ensemble Kalman filter and a mass conservation constraint. Hydrology and Earth System Sciences, 16(1): 105-119.

Liang X, Zheng X, Zhang S, et al. 2012. Maximum likelihood estimation of inflation factors on error covariance matrices for ensemble Kalman filter assimilation. Quarterly Journal of the Royal Meteorological Society, 138: 263-273.

Loizu J, Massari C, Alvarez-Mozos J, et al. 2018. On the assimilation set-up of ASCAT soil moisture data for improving streamflow catchment simulation. Advances in Water Resources, 111: 86-104.

Lu H, Koike T, Yang K, et al. 2012. Improving land surface soil moisture and energy flux simulations over the Tibetan plateau by the assimilation of the microwave remote sensing data and the GCM output into a land surface model. International Journal of Applied Earth Observation and Geoinformation, 17: 43-54.

Lu H, Yang K, Koike T, et al. 2015. An improvement of the radiative transfer model component of a land data assimilation system and its validation on different land characteristics. Remote Sensing, 7(5): 6358-6379.

McColl K A, He Q, Lu H, et al. 2019. Short-term and long-term surface soil moisture memory time scales are spatially anticorrelated at global scales. Journal of Hydrometeorology, 20(6): 1165-1182.

Miyoshi T. 2011. The Gaussian approach to adaptive covariance inflation and its implementation with the local ensemble transform Kalman filter. Monthly Weather Review, 139: 1519-1534.

Miyoshi T, Kalnay E, Li H. 2012. Estimating and including observation-error correlations in data assimilation. Inverse Problems in Science & Engineering, 32: 1-12.

Njoku E G, Jackson T J, Lakshmi V, et al. 2003. Soil moisture retrieval from AMSR-E. Geoscience and Remote Sensing, IEEE Transactions on, 41(2): 215-229.

Oleson K W, Lawrence D M, Gordon B, et al. 2010. Technical description of version 4.0 of the Community Land Model(CLM).

Pan M, Wood E F. 2006. Data assimilation for estimating the terrestrial water budget using a constrained ensemble Kalman filter. Journal of Hydrometeorology, 7(3): 534-547.

Pielke R A. 2001. Influence of the spatial distribution of vegetation and soils on the prediction of cumulus convective rainfall. Reviews of Geophysics, 39(2): 151-177.

Pinnington E, Quaife T, Black E. 2018. Impact of remotely sensed soil moisture and precipitation on soil moisture prediction in a data assimilation system with the JULES land surface model. Hydrology and Earth System Sciences, 22(4): 2575-2588.

Reichle R H. 2008. Data assimilation methods in the Earth sciences. Advances in Water Resources, 31: 1411-1418.

Reichle R H, De Lannoy G J, Liu Q, et al. 2017. Global assessment of the SMAP Level-4 surface and root-zone soil moisture product using assimilation diagnostics. Journal of Hydrometeorology, 18(12): 3217-3237.

Reichle R H, Koster R D. 2004. Bias reduction in short records of satellite soil moisture. Geophysical Research Letters, 31: L19501.

Reichle R H, Koster R D. 2005. Global assimilation of satellite surface soil moisture retrievals into the NASA Catchment land surface model. Geophysical Reasearch Letters, 32: L02404.

Robock A, Vinnikov K Y, Srinivasan G, et al. 2000. The global soil moisture data bank. Bulletin of the American Meteorological Society, 81(6): 1281-1299.

Rodell M, Houser P R, Jambor U, et al. 2004. The global land data assimilation system. Bulletin of the American Meteorological Society, 85(3): 381-394.

Santanello J A, Kumar S V, Peters-Lidard C D, et al. 2016. Impact of soil moisture assimilation on land surface model spinup and coupled land-atmosphere prediction. Journal of Hydrometeorology, 17(2): 517-540.

Wang S, Ancell B C, Huang G, et al. 2018. Improving robustness of hydrologic ensemble predictions through probabilistic pre- and post-processing in sequential data assimilation. Water Resources Research, 54(3): 2129-2151.

Wang X, Bishop C H. 2003. A comparison of breeding and ensemble transform kalman filter ensemble forecast schemes. Journal of the Atmospheric Sciences, 60: 1140-1158.

Wei J, Dirmeyer P A, Guo Z, et al. 2010. How much do different land models matter for climate simulation? Part I: Climatology and variability. Journal of Climate, 23(11): 3120-3134.

Wu G, Zheng X, Wang L, et al. 2013. A new structure for error covariance matrices and their adaptive estimation in EnKF assimilation. Quarterly Journal of the Royal Meteorological Society, 139: 795-804.

Yang K, Koike T, Kaihotsu I, et al. 2009. Validation of a dual-pass microwave land data assimilation system for estimating surface soil moisture in semiarid regions. Journal of Hydrometeorology, 10: 780-793.

Yang K, Zhu L, Chen Y, et al. 2016. Land surface model calibration through microwave data assimilation for improving soil moisture simulations. Journal of Hydrology, 533: 266-276.

Yang S, Kalnay E, Enomoto T. 2015. Ensemble singular vectors and their use as additive inflation in EnKF. Tellus A, 67.

Yilmaz M T, Delsole T, Houser P R. 2011. Improving land data assimilation performance with a water budget constraint. Journal of Hydrometeorology, 12(5): 1040-1055.

Yilmaz M T, DelSole T, Houser P R. 2012. Reducing water imbalance in land data assimilation: ensemble filtering without perturbed observations. Journal of Hydrometeorology, 13(1): 413-420.

Zhao L, Yang Z. 2018. Multi-sensor land data assimilation: Toward a robust global soil moisture and snow estimation. Remote Sensing of Environment, 216: 13-27.

Zhao M, Zhang H, Dharssi I. 2019. On the soil moisture memory and influence on coupled seasonal forecasts over Australia. Climate Dynamics, 52(11): 7085-7109.

Zheng X. 2009. An adaptive estimation of forecast error covariance parameters for Kalman filtering data assimilation. Advances in Atmospheric Sciences, 26(1): 154-160.

第12章 区域应用：青藏高原陆-气耦合模拟研究

12.1 引　言

青藏高原由于海拔高、太阳辐射强烈、陆表温度和气温日变化剧烈，是欧亚大陆感热输送最强的地区之一，其强烈的大气加热作用对周边地区水热循环和气候环境产生重要影响。具体表现在，青藏高原强烈的陆–气相互作用在亚洲季风过程中扮演着重要角色(叶笃正等，1979；Yanai and Wu，2006)；青藏高原陆表水热分配异常与周边地区气象/环境灾害密切相关。初步研究表明，青藏高原陆面过程的热力特征及其变化，对东亚夏季风环流以及我国华北地区和长江流域的气候异常有重要的影响(周连童和黄荣辉，2006)。因此，青藏高原强烈的热源作用和陆表水热收支的变化如何改变大气环流，乃至引起我国及南亚气候异常和出现极端天气事件，是一个重大的科学问题(Qian et al.，2003；Wu and Kirtman，2007)。

数值模式在青藏高原地区对温度和降水的模拟结果与观测资料一直存在较大偏差：大多数全球模式普遍明显低估了青藏高原地区的陆表温度，高估了降水(IPCC，2014)。区域模式和再分析资料同样存在对降水高估的现象(Gao et al.，2015；Ma et al.，2015)。这些问题可能源于复杂的地形影响和陆-气相互作用过程在数值模式参数化方案中表达不足，而地形特征的表达不足会对数值预报模式造成系统误差(Wu and Chen，1985)，从而降低气候模式的模拟和预报能力。

本章研究着重分析青藏高原陆表过程对上层大气过程的影响。利用集成最新研究进展的 CLM4.5 模型进行青藏高原高分辨率陆面过程离线模拟，分析青藏高原陆表能量和水文循环的时空分布特征，并利用现有的具有空间代表性的观测资料对模拟结果进行真实性检验。中小尺度地形湍流拖曳物理过程在 WRF 中的表达不完善可能是导致模式在青藏高原地区对降水和温度的模拟存在较大偏差的原因之一。本章研究评估了不同地形拖曳参数化方案在 WRF 模式中的表现，并基于改进 WRF 开展模拟分析。

12.2　高分辨率陆面过程模拟及交叉验证

12.2.1　高分辨率陆面过程模拟

使用由美国国家大气研究中心(NCAR)开发的最新版本的 CLM 模型(CLM4.5)开展了青藏高原高分辨率陆面过程模拟研究。该模型集成了当前陆面过程研究领域最新的研究成果，涵盖的陆面子过程也最为全面。在 CLM4.5 中，陆表空间异质性表示为嵌套的子网格层次结构，其中网格单元由多个陆地单元的雪/土柱和植物功能类型组成。CLM4.5

共包含了 15 层土壤，在本研究中选择前两个土层(0～4.51 cm，对应的土壤厚度最接近)的平均土壤含水量与观测资料和卫星遥感数据进行交叉验证。

在高分辨率模拟中，使用中国科学院青藏高原研究所水文气象研究组发展的中国近陆表气象强迫数据集(CMFD)(He，2010)来驱动 CLM4.5 模型。CMFD 是以全球陆面数据同化系统(GLDAS)的驱动数据为背景场，融合中国气象局的 740 个常规运行的气象站的观测资料而形成的。融合的其他数据还包括 TRMM 3B42 降水分析场、GEWEX-SRB 短波辐射。该驱动数据集的空间分辨率为 0.1°，时间分辨率为 3 h。目前，该数据集被认为是中国最好的强迫数据集之一，已被用于一系列陆面过程和水文模拟研究。模拟所需的其他数据，如土壤质地和叶面积指数等，均使用了 CLM4.5 的默认数据库，详细信息可参考 CLM4.5 技术文档(Oleson et al.，2013)。模拟时间从 1980 年开始，以提供足够的 spin-up 窗口来保障模拟达到平衡态。

青藏高原高分辨率陆面过程模拟的效果如何，需要用有空间代表性的陆表观测数据进行真实性检验。青藏高原由于环境条件十分恶劣，可用于验证的观测数据十分稀缺。建于青藏高原的包含 56 个观测站的那曲土壤温湿度观测网为卫星遥感和区域陆面过程模拟提供了宝贵的验证资料。

12.2.2　土壤水分观测

土壤水分是陆-气相互作用过程中的关键状态变量，土壤水分含量以及其冻融状态控制着陆表蒸散发，进而在陆地和大气间水、能量、及碳循环中扮演重要角色(Yang et al.，2005；Betts et al.，1996；Entekhabi et al.，1996；Robock et al.，2000)。这一点在干旱半干旱区域更为显著，因为土壤水分和降水的耦合关系更为紧密(Koster et al.，2004)。最近，全球气候观测系统(global climate observing system，GCOS)(http：//gosic.org/gcos)也着重指出土壤水分是全球气候系统中一个重要的气候变量。

因此，土壤水分的模拟精度成为模型是否能够准确模拟陆表水热传输过程的重要判据。本章利用中国科学院青藏高原研究所水文气象研究组建设的那曲土壤温湿度观测网(图 12.1)的土壤水分数据，对当前在轨的被动微波遥感土壤水分产品和高分辨率陆面过程模拟的土壤水分进行了精度验证。

那曲土壤温湿度观测网位于青藏高原中部 100 km×100 km 的范围内，所跨地理坐标是 31°～32°N，91.5°～92.5°E。实验区域总体地形平缓，局部区域地形起伏较大，平均海拔在 4650 m 以上。从长期的气候看，那曲土壤温湿度观测网夏季主要受南亚季风影响，冬季主要受西风影响。年均降水量为 400～500 mm，其中 75%的降水发生在夏季风时期。表层土壤水分呈现明显的季节变化，非季风期土壤干燥，随着季风带来的频繁降水，土壤含水量逐步升高。

那曲土壤温湿度观测网的建立是通过 2010～2012 年三次野外观测实验完成的。其中，30 个观测站点于 2010 年 7 月布设完成；20 个站点于 2011 年 6 月布设完成；6 个观测站点于 2012 年 6 月布设完成。目前，该观测网共包括 56 个站点，可提供 2010 年 8 月

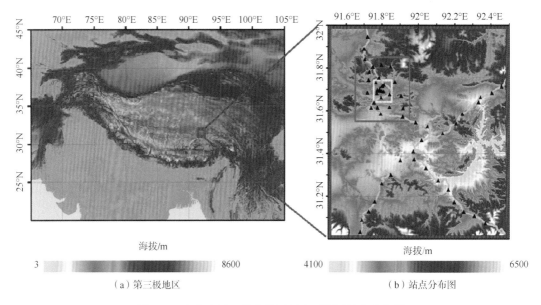

图 12.1　青藏高原那曲土壤温湿度观测网站点分布图

至今长时间序列的土壤温湿度和冻融状态实测数据集。有关该观测网的详细介绍可以参考 Yang 等(2013)。同时该观测网提供的数据也被用于土壤水分的空间尺度分析(Zhao et al.，2013)、土壤水分的空间升尺度研究(Qin et al.，2013)、评估 AMSR-E 土壤水分产品(Chen et al.，2013)。

　　观测土壤水分数据经过了严格的校正程序。该区域土壤中有机碳(SOC)含量高(Yang et al.，2013)，会显著影响土壤孔隙度和持水力等性质，因此校正过程考虑了土壤有机碳含量的影响；此外，还通过对比称重法测量的土壤含水量和探头测量值，建立线性校正关系。图 12.2 展示了该观测网中的一个站点在校正前后的 0～5 cm 层土壤水分序列对比。该站点表层有机碳百分比含量为 3.3%，可以很明显地看出，在冬季土壤干燥的情况下，仪器默认输出的土壤水分有较长时间序列的不合理负值，而经过校正后土壤水分回归到正常值范围内。这证明了对仪器测量的土壤水分进行校正的必要性。

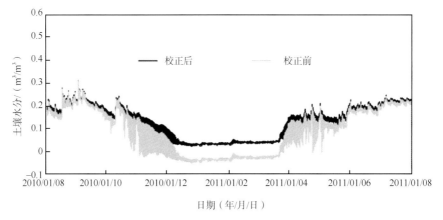

图 12.2　校正前后的 0～5 cm 土壤水分序列对比

12.2.3　交　叉　验　证

无论遥感产品还是模型模拟的验证都需要基于有空间代表性的观测数据给出客观的产品精度评估结果。本章研究使用升尺度算法(Qin et al.，2013)获得了那曲土壤温湿度观测网的具有像元和网格尺度代表性的土壤湿度观测数据，首先，在像元尺度上，准确评估了当前在轨的被动微波土壤水分产品的精度；接着，利用观测数据和上述评估中精度较高的遥感产品对高分辨率青藏高原土壤水分模拟数据进行交叉验证，给出其在网格尺度和区域尺度上的模拟性能。

1. 验证主流遥感土壤水分产品

利用那曲土壤温湿度观测网的数据，验证了美国国家航空航天局(NASA)2015 年初发射的 SMAP 卫星的土壤水分产品，以及欧洲空间局(ESA)的 SMOS 和日本宇航局(JAXA)的 AMSR2 的卫星土壤水分产品。在相对湿润的青藏高原高寒草甸区域，SMAP 产品系统性地低估了土壤水分(图 12.3、表 12.1)(Chen et al.，2017)，但很好地捕获了土壤水分的时间动态变化(较小的 ubRMSE 值，较高的相关系数)，无论其动态范围还是产品精度都好于 SMOS 和 AMSR2 土壤水分产品。SMOS 产品在那曲网络中表现较为良好，具有可接受的误差指标，但由于更易受到无线电信号干扰，SMOS 产品的缺测数据明显多于 SMAP 产品。AMSR2 产品显然夸大了那曲温湿度观测网土壤水分的时间变化，其结果与对 AMSR-E 土壤水分产品验证一致(Chen et al.，2013；Su et al.，2011)，其算法还需要进一步改进。

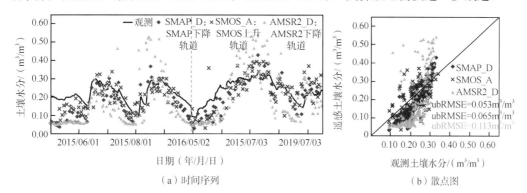

(a)时间序列　　　　　　　　　　　(b)散点图

图 12.3　那曲温湿度观测网实测土壤水分数据与 SMAP、SMOS、AMSR2 三种卫星土壤水分产品的比较

表 12.1　SMAP、SMOS 和 AMSR2 三种土壤水分产品在那曲温湿度观测网的误差统计

遥感产品	卫星轨道	ubRMSE/(m³/m³)	RMSE/(m³/m³)	Bias/(m³/m³)	R	No.
SMAP	降轨(D)	0.053	0.061	−0.030	0.866	143
SMOS	升轨(A)	0.065	0.068	−0.020	0.673	140
	降轨(D)	0.056	0.058	−0.013	0.733	146
AMSR2	升轨(A)	0.098	0.099	−0.011	0.798	209
	降轨(D)	0.113	0.121	−0.043	0.658	211

注：RMSE、ubRMSE 和 Bias 分别是均方根误差、无偏均方根误差和平均偏差。R 为相关系数，No. 为样本数。

　　去除 SMAP 产品的系统性偏差后，其精度显著提高。通过分析发现，SMAP 产品的这种系统性低估与其算法中使用的有效陆表发射温度误差有关。SMAP 反演算法使用GEOS-5 模型模拟的土壤温度作为土壤的有效温度来反演表层土壤水分含量，将该温度与相应的观测土壤温度相比，发现模拟的有效温度被低估(图 12.4)，这种低估会导致土壤发射率被高估，最终导致反演的土壤水分偏低。上述研究为卫星产品在青藏高原的改进提供了思路。

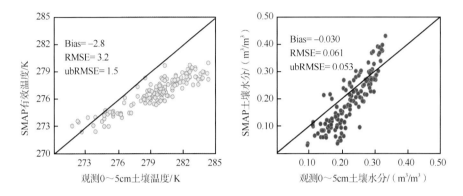

图 12.4　模拟 SMAP 有效土壤温度以及 SMAP 土壤水分值与那曲温湿度观测网
0～5cm 土壤温度以及观测土壤水分的散点图

2. 交叉验证

　　基于以上验证结果，利用观测土壤水分和 SMAP 土壤水分产品(SMAP L3_SM_P)对 CLM4.5 模拟的高分辨率青藏高原土壤水分进行了交叉验证。此外，对最新发布的9 km 分辨率的 SMAP 强化产品(SMAP L3_SM_P_E)也进行了交叉对比验证。

　　图 12.5 给出了基于那曲温湿度观测网观测(黑色实线)，SMAP L3_SM_P_E 产品(绿色圆圈)、SMAP L3_SM_P 产品(蓝色三角形)以及对应的 CLM4.5 模拟(橙色方形)土壤水分的时间序列和散点图(Li et al.，2018)。表 12.2 列出了统计误差指标的值。

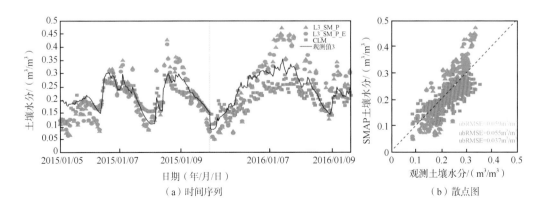

图 12.5　那曲温湿度网实测土壤水分数据与 SMAP L3_SM_P、SMAP L3_SM_P_E 遥感土壤水分产品，
以及 CLM4.5 模拟土壤水分之间的交叉对比

表 12.2　**SMAP L3_SM_P、SMAP L3_SM_P_E 遥感土壤水分产品，以及 CLM4.5**
模拟土壤水分在那曲温湿度观测网的误差统计

观测网	遥感产品	ubRMSE/(m³/m³)	RMSE/(m³/m³)	Bias/(m³/m³)	R
那曲	L3_SM_P	0.059	0.060	0.007	0.88
	L3_SM_P_E	0.055	0.055	0.005	0.88
	CLM	0.037	0.043	−0.022	0.79

可以看出，两个 SMAP 土壤水分产品和 CLM 模拟显然能反映那曲温湿度观测网土壤水分的时间动态变化(SMAP L3_SM_P 和 L3_SM_P_E 产品的 $R = 0.88$，CLM 的 $R = 0.79$)。CLM 模拟倾向于低估土壤水分(Bias $= -0.022$)；相比之下，两种 SMAP 产品略微高估了那曲温湿度观测网的土壤水分(Bias 分别为 0.007 和 0.005)。在经过误差校正后，两个遥感产品和 CLM 模拟均能达到适度的准确度(L3_SM_P 的 ubRMSE 值为 0.059，L3_SM_P_E 的值为 0.055，CLM 的值为 0.037)。图 12.5 和相关误差统计指标表明，CLM4.5 模拟的土壤水分和两个 SMAP 土壤水分产品均能抓住那曲温湿度观测网土壤水分的时间变化特征，而且三者精度接近。

在网格(像元)尺度上的验证结果表明，SMAP 土壤水分产品和 CLM 均能较好地反映那曲土壤观测网的土壤水分动态变化。鉴于青藏高原缺乏区域尺度土壤水分观测，因此本章研究比较了 SMAP L3_SM_P_E 产品的时间变化与 CLM 模拟产品的时间变化。图 12.6 给出了 CLM 模拟产品和 SMAP L3_SM_P_E 产品之间的时间相关系数的空间分布(仅显示在 95%置信水平下统计显著的相关性)。

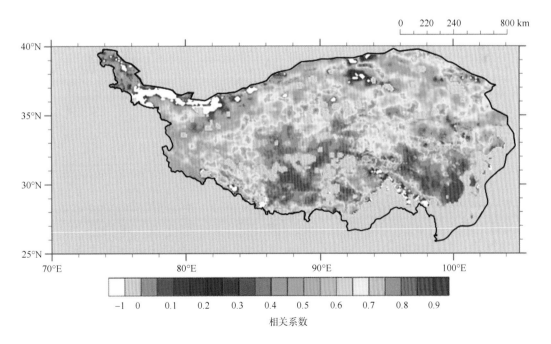

图 12.6　SMAP L3_SM_P_E 产品与 CLM 模拟的时间相关系数的分布

在 95%置信水平下相关性不显著的网格被设置为白色，检测不到土壤水分值的网格被设置为灰色

　　从图 12.6 可以看出，SMAP L3_SM_P_E 产品的时间变化通常与 CLM 模拟很好地吻合，在青藏高原上 97%的网格单元具有显著的相关性。这些网格单元的平均相关系数为 0.62。空间分布上，两者之间的相关系数在高原北部和西部要明显小于其他区域。通过分析发现，上述现象与 CLM 所用的 CMFD 驱动数据在青藏高原西北部的误差偏大有关。如前所述，CMFD 驱动数据融合了中国气象局 740 个气象站的常规观测资料，然而青藏高原上气象站绝大部分分布在高原中部、东部和南部，面积巨大的青藏高原西部和北部的羌塘高原上仅有 5 个常年值守的气象站，因此融合观测资料的 CMFD 驱动数据在青藏高原西部和北部具有较大误差，从而导致 CLM 模拟的青藏高原西北部土壤水分误差偏大。

　　此外，本章研究还比较了 SMAP 产品与 CLM 模拟之间的空间分布情况。图 12.7（a）、图 12.7（b）给出了 2016 年夏季（6～8 月）SMAP L3_SM_P_E 产品和 CLM 模拟的平均土壤水分的空间分布。可以看出，两者的空间分布格局非常接近，相关系数为 0.95。然而，对于大多数区域（76.3%），CLM 模拟比 SMAP 产品更湿润（平均偏差为 0.032 m^3/m^3。此外，SMAP L3_SM_P_E 产品在青藏高原西北部显示出明显的湿条带[图 12.7（a）、图 12.7（b）中的黑色方框]。图 12.7（c）、图 12.7（d）给出叠加了湖泊分布的该区域土壤水分空间分布图。SMAP L3_SM_P_E 产品可以反映出这些小湖泊周围的土壤较为潮湿，而 CLM 模拟无法捕获此特征，主要是由于模型使用的默认土地覆盖类型图中缺失了该区域中的许多湖泊，同时也与驱动数据在该区域的误差偏大有关。

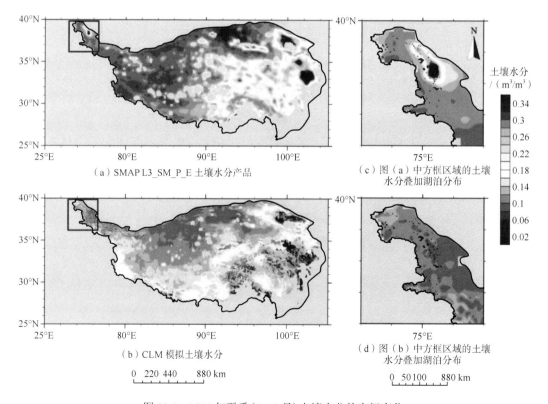

图 12.7　2016 年夏季（6～8 月）土壤水分的空间变化

12.3 基于 WRF 对次网格地形拖曳力参数化方案的评估

本节研究选用的次网格地形动力学参数化方案分别为重力波和绕流(gravity wave drag and flow blocking，GWD/FB)参数化方案和湍流尺度的次网格地形拖曳力(turbulent orographic form drag，TOFD)参数化方案。GWD/FB 参数化方案在参数化过程中考虑了大气稳定度的影响，它反映的空间尺度较大(大约 5~10 km)，适用于粗分辨率模拟，更详细过程可参考相关文献(Choi and Hong，2015)。该参数化方案在 WRF 中已经包含。但更小尺度的地形拖曳作用，即湍流尺度(<5 km)的地形起伏引起的拖曳力在 WRF 中缺失。本节研究将 Beljaars 等(2004)发展的 TOFD 参数化方案引入 WRF 模式中，使得模式对不同尺度的地形动力学作用表达更加完备。基于此，Zhou 等(2017)系统评估了这些参数化方案的不同匹配情况下对青藏高原冬季模拟的表现。

12.3.1 模 式 设 置

模拟区域为青藏高原以及周边，如图 12.8 所示。我们开展了四组集合模拟，集合方式采用选取不同的初始时间。这四组模拟的次网格地形参数化方案的选择如表 12.3 所示。

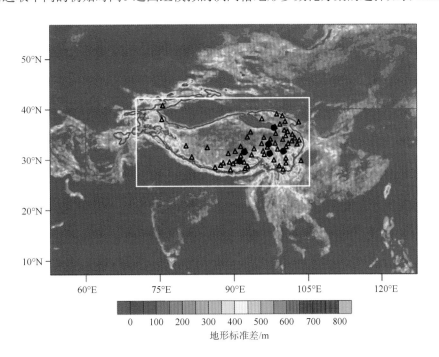

图 12.8 本工作的模拟区域示意图

黑色曲线为 3000 m 高度等值线；颜色为次网格地形起伏(格点内地形标准差)；白色方框为我们重点关注的区域；黑色三角为中国气象局(CMA)观测站所在位置；黑色圆点为探空站所在位置

表 12.3　　四组模拟中次网格地形参数化方案的设置

项目	GWD/FB(Choi and Hong，2015)	TOFD(Beljaars et al.，2004)
CTRL 试验	关	关
CH 试验	开	关
BBW 试验	关	开
CHBBW 试验	开	开

　　模拟时间段选取 2007 年 12 月。集合模拟初始时间分别为 2007 年 11 月 22 日、24 日、26 日、28 日和 30 日的 00：00(UTC)时刻。从观测站点平均降水的季节变化来看，冬季月份降水很少，温度最低，陆面基本处于积雪覆盖或者冻结状态。因此，陆面对大气的局地热力反馈作用比较稳定，直接分析地形相关的大气动力学过程比其他季节更加可信。模式的分辨率为 0.25°，从陆表到大气层高层(50 hPa)垂直分为 37 层。选取 ERA-Interim 再分析资料为初始和边界驱动数据，驱动频率为每 6 小时。同时，我们在模拟中选取了 Noah 陆面模块、Yonsei University 边界层方案和 RRTM 辐射传输方案。

12.3.2　风　　　速

1. 10 m 风速的评估

　　本工作将每个集合模拟的平均 10 m 风速(U_{10})以及其分量(u_{10} 和 v_{10})与中国气象局(CMA)站点观测数据进行了评估比较。图 12.9 给出了风速以及其二分量相对站点观测的偏差空间分布图。结果表明，CTRL 模拟中西风偏强，而 CH 和 CHBBW 模拟中西风偏弱。同时，BBW 模拟高原东部西风偏强。四组模拟中的总风速仍然存在系统性的偏差，而 CHBBW 中的总风速偏差相对最小。

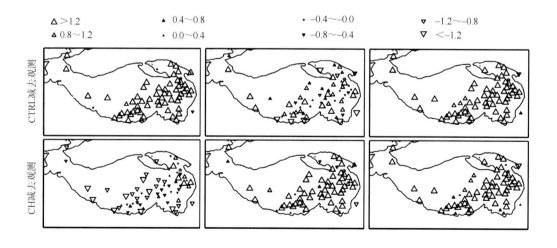

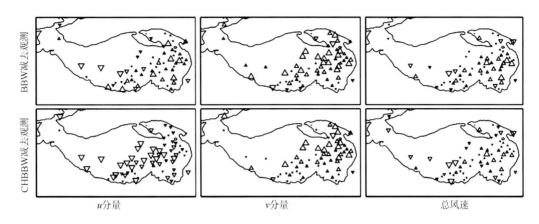

图 12.9　每个集合模拟的平均 10 m 风速(U_{10})以及其分量(u_{10} 和 v_{10})相对 CMA
观测数据在每个站点的偏差(m/s)

表 12.4 给出了四组模拟中总风速以及二分量的数值统计评估指标。可以看出，次网格地形参数化的引进，使模拟的总风速和风速东西分量的偏差显著降低。而与 CTRL 模拟相比，风速的南北分量的偏差在 CH 模拟中更大，在其他的模拟中有所减小。在四组模拟中，考虑总风速及其二分量的平均偏差(Bias)、均方根误差(RMSE)和相关系数(R)，CHBBW 的表现最好。

表 12.4　模拟的 10 m 风速以及其分量的数值统计评估指标(加粗为表现最好)

项目	u_{10}			v_{10}			U_{10}		
	Bias	RMSE	R	Bias	RMSE	R	Bias	RMSE	R
CTRL	3.24	3.26	0.33	0.49	1.33	0.30	3.24	3.57	0.11
CH	−0.45	0.87	0.67	1.55	1.77	0.40	2.18	2.50	0.24
BBW	0.19	0.66	0.69	0.68	1.02	0.31	0.27	0.80	0.70
CHBBW	**−1.01**	**1.04**	**0.69**	**0.61**	**0.90**	**0.34**	**−0.06**	**0.78**	**0.68**

2. 风速分量的垂直分布

10 m 风速由于太接近陆表，对周边地形的影响十分敏感，因此其代表性具有局限性。而模式的模拟代表了整个格点区域，两者的不匹配可能会对评估结果带来一定的不确定性。因此，将模拟的风速和探空数据与 ERA-Interim 进行了对比评估。ERA-Interim 数据没有作为参考数据来评估 10 m 风速的原因有二：①ERA-Interim 的模拟下垫面高度和复杂度与本节中四个模拟不一致；②ERA-Interim 并没有同化站点的 10 m 风速观测数据，因此其自身会有系统性的偏差。

图 12.10(a1) 和图 12.10(a2) 给出了观测的、ERA-Interim 和 4 组模拟的月平均风速二分量的垂直结构。图 12.10(b1) 和图 12.10(b2) 及图 12.10(c1) 和图 12.10(c2) 给出了 ERA-Interim 和 4 组模拟相对观测的偏差和均方根误差。对于风速二分量，与模拟相比，

ERA-Interim 和观测的吻合更好(与观测的垂直结构更加接近,偏差和均方根误差更小)。模拟结果与 Bao 和 Zhang(2013)的工作中得出的结论一致。这是由于 ERA-Interim 融合了探空站观测的风速。因此,用探空站和 ERA-Interim 两者同时评估模式的模拟风速是切实可行的,而且用 ERA-Interim 的评估可以覆盖高原整体。

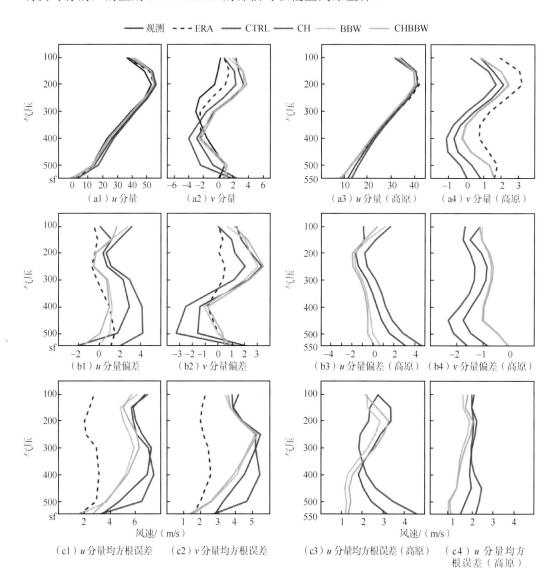

图 12.10　平均风速及二分量的垂直分布[(a1)和(a2)为所有站点的平均;(a3)和(a4)为高原(3000 m 线为边界)平均],以及模拟/ERA-Interim 的偏差[(b1)和(b2)为模拟/ERA-Interim 对比观测;(b3)和(b4)为模拟对比 ERA-Interim]和均方根误差[(c1)和(c2)为模拟/ERA-Interim 对比观测;(c3)和(c4)为模拟对比 ERA-Interim]

　　在模拟的时间段(冬季月份),青藏高原以西风为主导。所有数据都表现出很强的西风(从近陆表的大概 0.0 m/s 到大概 200 hPa 达到峰值的 55 m/s,然后向高层继续减小)。

而经向风的幅度在不同高度均很小，为–4.0～4.0 m/s。

　　和观测相比，CTRL 模拟系统性地高估了西风(尤其是在中低层大气)。使用 GWD/FB 方案的两个模拟(CH 模拟和 CHBBW 模拟)对近地层的西风有严重的低估，同时 CH 模拟中北风也过强。而只打开了 TOFD 方案的 BBW 模拟比其他模拟表现更好，具体表现在更小的偏差和均方根误差。同时，我们将风速二分量在整个高原面上做了平均并与 ERA-Interim 做了对比评估，所得结果与使用观测数据的评估结果基本一致。这进一步说明，模拟中选择次网格地形参数化方案有助于改进对大气环流(尤其是低层环流)的模拟。

12.3.3　2 m 气温和气压

　　次网格地形的动力学参数化方案不仅直接影响风速，并通过改变大气的水平流动和近地层的陆-气交换强度来影响其他大气状态变量。因此，用站点观测数据评估了四组模拟中的气温和气压两个变量。湿度和降水的评估并没有开展是因为在冬季，高原十分干燥，降水达到一年的极小值。而且，冬季以固态降水为主，观测仪器的不确定性和误差也很大，评估结果的可靠性值得商榷。在数值评估气温和气压之前，我们将二个变量均校正到观测站的高度。气温用 6.0 ℃/km 的常规递减率来校正，气压用 $\Delta p = -\rho g \Delta z$ 来校正。其中，ρ 为大气密度；$g = 9.8$ m/s^2 为重力常数；Δz 为模拟的地形高度与实际观测站点所在高度之差。

　　图 12.11 给出了四组模拟中 2 m 气温和陆表气压偏差的空间分布。同时，表 12.5 给出了数值统计评估指标。所有的模拟均表现出气温偏冷、气压偏高。CTRL 模拟的表现最差，具体表现为偏差、均方根误差最大。CHBBW 模拟的表现最好(气温偏差：–2.05 ℃；气压偏差：1.27 hPa；气温均方根误差：3.59 ℃；气压均方根误差：2.37 hPa)，CH 模拟和 BBW 模拟的表现折中。这一结果表明，次网格地形参数化通过改变大尺度环流和局地陆-气交换对气温和气压的影响不可或缺。

　　尽管如此，有模拟在青藏高原均表现出冷偏差和气压的高偏差。这些偏差可能源于局地陆-气能量交换过程以及其参数化方案的不确定性，并需要进一步分析。

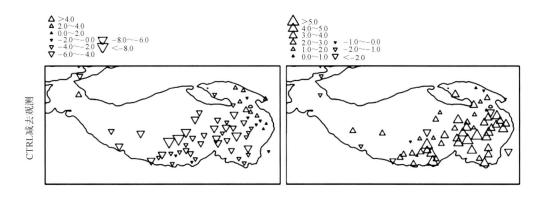

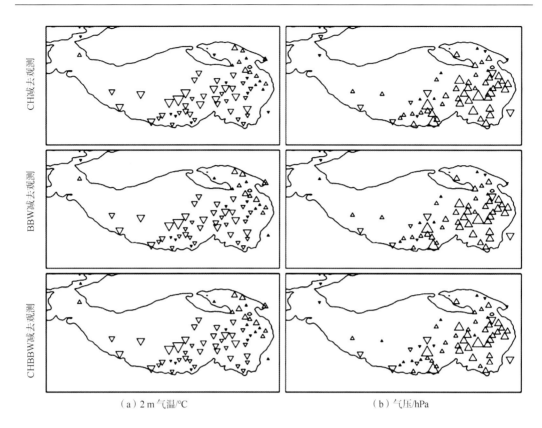

（a）2 m气温/℃　　　　　　　　（b）气压/hPa

图 12.11　四组模拟中 2 m 气温和陆表气压相对观测站点的平均偏差的空间分布

表 12.5　四组模拟的 2 m 气温和陆表气压的偏差（Bias）和均方根误差（RMSE）

项目	T_2		PSFC	
	Bias	RMSE	Bias	RMSE
CTRL	−3.40	4.29	2.32	3.28
CH	−2.79	3.95	1.69	2.76
BBW	−2.41	3.83	1.60	2.61
CHBBW	−2.08	3.66	1.29	2.40

12.3.4　讨　　论

次网格地形参数化方案在模拟中对风速的改变是通过加入拖曳力的形式来实现的。图 12.12 给出了五组模拟中选用的次网格地形参数化方案中的拖曳力的大小，其量值与 Sandu 等（2016）基于 ECMWF 模式的敏感性实验模拟结果一致。显然，拖曳力越强，风速衰减越厉害。同时，打开 GWD/FB 方案和 TOFD 方案的 CHBBW 模拟中的拖曳力，比分别打开 GWD/FB 方案和 TOFD 方案的模拟（CH 模拟和 BBW 模拟）中相应的拖曳力要小。这是因为拖曳力的大小直接与风速相关，而两者的作用都是减小风速，两者会互相抵消一部分。

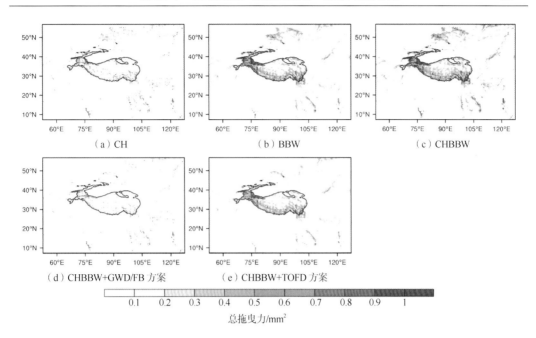

图 12.12　每个模拟中次网格地形引起的总拖曳力(N m² 每层大气的拖曳力的垂直积分)

图 12.13 给出了每个模拟中次网格地形引起的拖曳力导致的风速二分量的变化趋势的垂直分布状况。可以看出，GF 方案中的拖曳力在模式底层很强，在高层很弱。但是 TOFD 方案中的拖曳力在较高大气层(如第 13 层，大概 400 hPa 左右)仍然较强。这也解释了 CH 模拟和 CHBBW 模拟中的 10 m 纬向风速过低的现象。拖曳力对经向风的作用

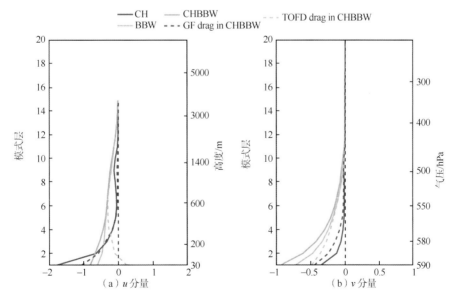

图 12.13　每个模拟中次网格地形引起的拖曳力导致的风速二分量的变化趋势(10⁻³ m/s)的垂直分布状况[从模拟的第一层(距地面大概 30 m 高度)到第 20 层(大概到海拔 11 km 处)]

更加复杂:经向风的幅度较小,垂直分布更加复杂。主要原因是,青藏高原冬季以西风为主,经向风受到风速和地转平衡的共同调试。次网格地形拖曳力一方面直接导致大气动量损失,减小低层风速;另一方面,也通过大气环流或者非线性作用影响到平坦地区。

　　地形拖曳力的加强同时通过动力学过程引起了气压和气温的变化,如图 12.14 和图 12.15 所示。可以看出,在 CH、BBW、CHBBW 这些敏感性试验中,次网格地形拖曳力会导致青藏高原南部以及以南地区的气压变低,导致青藏高原的东北方向气温变高。这可能与风速改变引起的大尺度环流有关。拖曳力最强的区域为地形最复杂的区域,即青藏高原南缘喜马拉雅山沿线。因此,我们给出了三组敏感性模拟中 u 和 v 分量在该区域差异的垂直分布状况(图 12.16)。青藏高原冬季以西风为主,因此 u 分量与总风速的变化一致。在 CH、BBW 和 CHBBW 的模拟中,地形拖曳力增强导致西风变弱,那么科里奥利力就会减小,南北向的气压梯度力的作用就更加显著,导致南风增强,进而南边的暖空气就更容易越过喜马拉雅山传输到青藏高原内部以及青藏高原东北的西风下游地区,从而解释了相应地区气温变高。

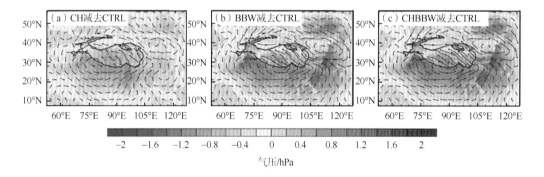

图 12.14　CH 模拟、BBW 模拟和 CHBBW 模拟的气压和大气环流与 CTRL 的差异

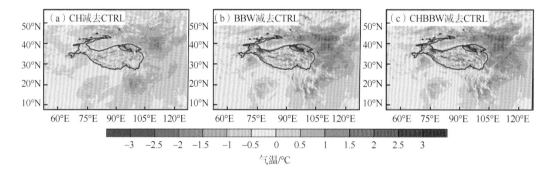

图 12.15　CH 模拟、BBW 模拟和 CHBBW 模拟的 2 m 气温与 CTRL 模拟的差异

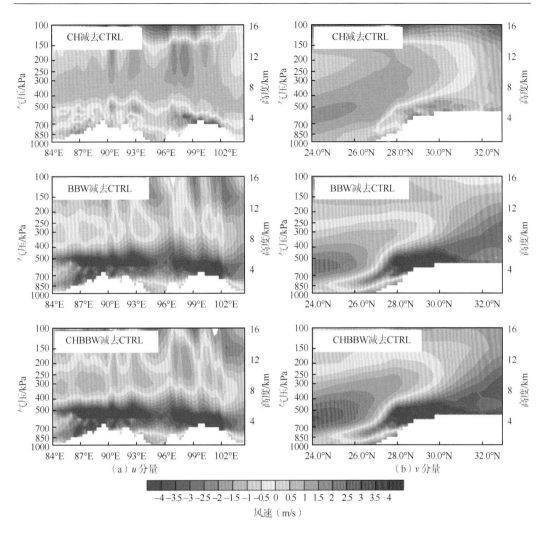

图 12.16　CH 模拟、BBW 模拟和 CHBBW 模拟的 *u* 和 *v* 分量与 CTRL 模拟的差异
在青藏高原南缘喜马拉雅沿线上的垂直分布

12.3.5　小　　结

本章研究选取了不同尺度的次网格地形拖曳力参数化方案的组合在青藏高原复杂地形区域开展了四组模拟(CTRL、CH、BBW 和 CHBBW)。模拟时间选在 2007 年 12 月，模拟结果与站点观测、探空和 ERA-Interim 进行了比较评估。评估结果表明：①Choi 和 Hong(2015)开发的 GWD/FB 方案有效地表达了较大尺度地形起伏，有效地减少了 10 m 风速偏差和均方根误差。②Beljaars 等(2004)开发的 TOFD 方案进一步完善了对中小尺度地形的表达，进一步显著减小了模拟风速的偏差和均方根误差。③这些次网格地形参数化方案的使用在提高风速模拟精度的同时，也提高了模式对温度和气压的模拟能力。

通过比较多个模拟之间环流场的差异，发现次网格地形的拖曳力参数化方案在模拟复杂地形区域，尤其是青藏高原以及周边地区的基本大气环流时非常重要。次网格地形拖曳力直接削弱了模式中的过强风速并进一步间接改进了气温和气压等其他变量的模拟。因此，我们建议，在粗分辨率模拟时次网格地形参数化应该打开。

12.4　TOFD 对青藏高原夏季降水的影响

前面系统性地评估分析了次网格地形拖曳力对青藏高原冬季模拟的影响。而青藏高原的显著湿偏差主要在夏季(IPCC，2014)，这一系统性偏差在 WRF 中同样存在(Gao et al.，2015；Ma et al.，2015)。本章研究工作中，我们将分别使用 Beljaars 等(2004)发展的 TOFD 方案(BBW 方案)和 WRF 原有的 JD12 方案，对青藏高原区域进行夏季模拟，并用中国气象局(CMA)气象站观测数据和探空数据对模拟结果进行统计评估(Zhou et al.，2018)。接下来，详细介绍所使用的两个 TOFD 参数化方案、模式设置、评估方法和观测数据来源，给出对模拟风场的评估，包括陆表风速分量、总风速和风速垂直剖面。然后给出对模拟的气温和降水的评估结果，同时给出关于两个参数化方案的评估结果的讨论分析。最后给出主要结论。

12.4.1　研究方法和数据

1. 模式设置

图 12.17 为我们选择的模拟区域。在 WRF 中使用两个 TOFD 方案对青藏高原区域进行了整个季风期的模拟。为了增强模拟结果的可信度，我们选取了三个不同的积云对流参数化方案对这两个 TOFD 方案进行了两组模拟，这三个积云对流参数化方案包括 Kain-Fritsch 方案、Grell 3D 和 Tiedtke 方案。本节针对这两组模拟的平均结果进行了比较和评估。

模拟采用的初始和边界驱动为 NCEP-FNL 再分析数据。模拟时间段为 2010 年 5 月 1 日~10 月 31 日，覆盖整个季风期。这两组模拟均采用 Noah 陆面模块、Yonsei University 边界层方案、RRTM 长波和短波辐射参数化方案及 Lin 开发的云微物理方案，并打开了次网格大尺度重力波和绕流拖曳力参数化方案。

2. 数据及评估指标

本节用于评估模拟结果的观测数据包括 CMA 气象站观测数据和探空数据。CMA 气象站观测数据可从中国气象数据网(http：//data.cma.cn/data/detail/dataCode/A.0012. 0001.html)下载；探空数据可从网站(https：//www1.ncdc.noaa.gov/pub/data/igra/)下载。探空站所在位置如图 12.17 中黑色圆点所示，具有 20 天以上观测记录的月平均值被用来对模拟结果进行评估。本节利用以上观测数据对风速、2 m 气温和降水进行了定量评估，评估指标包括平均偏差(Bias)、绝对偏差(MAB)、均方根误差(RMSE)和相关系数(R)。

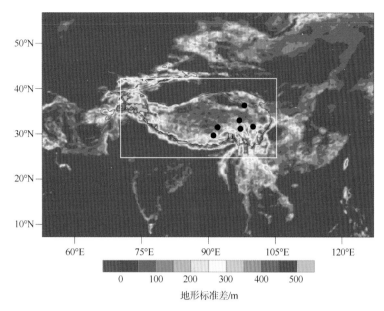

图 12.17　本工作的模拟区域

黑色等值线表示 3000 m 地形高度；颜色表示 BBW TOFD 参数化所使用的滤波后的地形标准差；
白色线框为我们重点关注的区域——青藏高原区域；黑色圆点表示探空站所在地理位置

12.4.2　风场的模拟结果

1. 对 10 m 风速的评估

　　BBW 和 JD12 模拟 10 m 总风速的季节平均相对 CMA 观测的偏差分布如图 12.18 所示。BBW 方案明显减小了 JD12 在青藏高原内部存在的总风速偏差，但是在青藏高原南部及喜马拉雅山脉处，BBW TOFD 方案对风速减弱作用过强。统计结果表明，BBW 方案明显低估了风速约 0.38 m/s，JD12 方案高估了风速约 0.37 m/s，但 BBW 将 MAB 从 JD12 的 0.80 m/s 减小到 0.55 m/s，并且将 RMSE 从 1.10 m/s 明显降低到 0.76 m/s，将空间相关性 R 从 0.44 提高到 0.64.

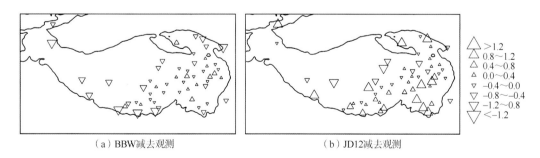

（a）BBW减去观测　　　　　　　　　　　　　　（b）JD12减去观测

图 12.18　BBW 和 JD12 方案模拟的平均 10 m 风速的偏差（BBW 平均和 JD12 平均减去台站观测值）

以上评估结果表明，总体来讲，BBW TOFD 方案明显改进了 WRF 模式对陆表风速分量和总风速的模拟。

2. 对风廓线的模拟和评估

由于台站观测的风速对所处位置的地形十分敏感，其代表性与模式的格点模拟的风速代表性存在不一致并且会导致评估的不确定性。因此，在本节我们用现有 6 个探空站观测数据(图 12.17 中黑色圆点表示)对 BBW 与 JD12 方案模拟的平均风速的垂直剖面进行了评估和对比。图 12.19 为风速分量相对于探空数据的偏差和 RMSE 的垂直分布。

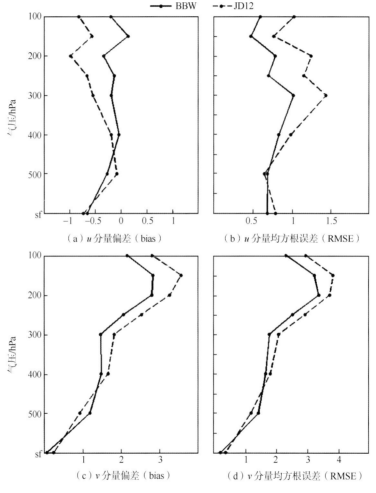

图 12.19　BBW 和 JD12 方案模拟的平均风廓线相对于探空站观测数据的偏差(bias)
和均方根误差(RMSE)[陆表(sf)到 100 hPa]

与 JD12 方案相比，BBW 方案更好地模拟了风速 u 分量，具体表现为：与观测相比，从陆表到 100 hPa(除了 500 hPa)，BBW 方案的模拟结果具有更小的偏差(−0.6～0.2 m/s)和 RMSE(<0.8 m/s)。而 JD12 方案的偏差从陆表的−0.7 m/s，到 500 hPa 的−0.1 m/s，到 200 hPa 的−1.0 m/s，RMSE 从陆表到 500 hPa 再到 300 hPa，分别为 0.8 m/s、0.7 m/s、

1.5 m/s。同样地，对于 v 风速分量，BBW 方案模拟的偏差从陆表的 0.1 m/s 增加到 500 hPa 的 1.5 m/s 再到 200 hPa 和 150 hPa 的 2.6 m/s，而 JD12 方案模拟的偏差从陆表的 0.2 m/s 增加到 150 hPa 的 3.5 m/s。BBW 方案模拟的平均 v 风速分量和 JD12 方案平均相比，总体来讲(除了 500 hPa)具有更小的偏差。

尽管探空站点有限，但以上评估结果足以表明 WRF 模式使用 BBW 方案对风廓线的模拟要优于 JD12 方案。

3. 对温度和降水的评估

台站观测及两种方案模拟的月平均 2 m 气温和降水如图 12.20 所示。结果表明，BBW 和 JD12 模拟的各月平均气温与观测相比改进不大，两者都有明显的冷偏差，但 BBW 方案对降水改进(尤其是 7 月)比较明显。

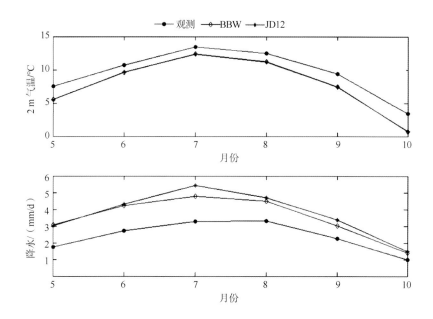

图 12.20　BBW 和 JD12 方案模拟及台站观测的月平均 2 m 气温和降水

经过计算，相对于 JD12 方案，BBW 方案减小了模拟降水平均偏差(从 1.34 mm/d 减小到 1.12 mm/d)，并且将不同站点降水 RMSE 从 2.90 mm/d 减小到 2.38 mm/d，将空间相关系数从 0.36 提高到了 0.47。时间序列统计评估指标表明，BBW 方案模拟的降水比 JD12 方案相对于 CMA 观测具有更高的平均时间相关性 R(0.32 对比 0.27)和平均 RMSE(4.95 对比 5.28)。以上统计结果表明，BBW 方案对 WRF 降水的模拟能力有明显改进。

12.4.3　讨　　论

以上评估结果表明，BBW 方案整体来讲比 JD12 方案提高了 WRF 在青藏高原区域的模拟能力，具体表现为：与观测相比，其模拟结果具有更好的空间和时间统计评估指标。同时，

BBW 方案和 JD12 方案的模拟偏差仍然存在,一方面可能源于区域气候模式对小尺度的物理过程的参数化不够准确,相关参数化方案需要进一步评估、分析和改进;另一方面,台站观测数据的代表性与模拟的不一致也会造成评估结果(尤其对风速的评估)的不确定性。

为了更好地解释 BBW 方案对青藏高原区域降水的改进,我们分析了两种方案对风速相关的青藏高原南部(喜马拉雅山沿线)水汽传输的影响差异。在季风气候影响下,青藏高原以东和以南区域(包括印度次大陆、孟加拉湾和东亚、南亚大陆等)为青藏高原水汽的主要来源。因此,我们计算了 7 月 BBW 方案和 JD12 方案模拟的青藏高原南坡经向水汽传输(图 12.21)的垂直廓线差异。在青藏高原南坡喜马拉雅山沿线,BBW 方案模拟的低层经向风明显比 JD12 方案模拟减小很多,纬向水汽传输减小的更明显。模式中,

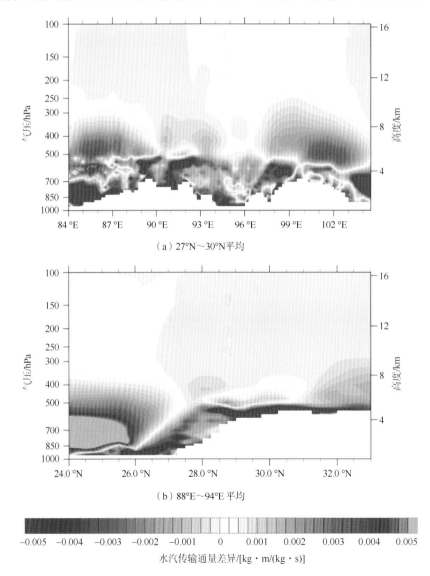

图 12.21　BBW 和 JD12 方案模拟的青藏高原南坡 7 月北向水汽传输通量差异廓线
(BBW 平均减去 JD12 平均)

风速的减弱直接减弱低层南亚水汽向青藏高原内部的传输，而模拟的外来水汽的减弱是导致青藏高原内部降水减少的直接原因。

12.4.4　小　　结

本章在 WRF 模式中作为一项独立的动力学过程引入了 BBW 参数化方案来替换原有的 JD12 方案，并分析了两者对夏季青藏高原区域模拟的影响。两者的主要区别在于 BBW 方案针对多层大气遵从指数衰减规律来参数化其拖曳力，而 JD12 方案只在模拟大气-陆表动量守恒方程中加入了动量损失修正项。

结果表明，BBW 方案的引入对陆表和高层大气风速的模拟有明显的影响。与 JD12 方案相比，BBW 方案减少了模拟的风速偏差，具体体现为 BBW 方案的模拟明显比 JD12 方案具有更小的偏差、均方根误差和更高的空间相关性(相对于 CMA 台站观测)，并且 BBW 方案对经向风速的改进比纬向更加明显。另外，BBW 方案更好地模拟了风速的垂直剖面，具体表现为在不同气压层(除了 500 hPa)具有更小的偏差和均方根误差。

对气温和降水的评估结果表明，BBW 方案对模拟的 2 m 气温的改进不大，但对模拟的降水改进效果比较明显。对模拟降水改进的直接原因可归因于 BBW 方案(相对于 JD12 方案)模拟的季风期青藏高原南缘纬向水汽传输的减弱。

以上结果说明，中小尺度地形拖曳力参数化方案的改进对青藏高原区域模拟十分重要。BBW 方案更加真实地反映了中小尺度地形(小于 5 km)对大气的直接拖曳作用和对降水的间接影响。然而，模式中模拟的风速仍然存在较大偏差，这可能源于现有 BBW 方案的局限性：该方案一直被用于 ECMWF IFS 全球模式，由于青藏高原区域的地形独特性，其中一些经验参数可能需要根据区域模拟重新优化。

参 考 文 献

叶笃正, 高由禧, 等. 1979. 青藏高原气象学. 北京: 科学出版社.

周连童, 黄荣辉. 2006. 我国华北地区春季降水的年代际变化特征及其可能原因的探讨. 气候与环境研究, 11: 441-450.

Bao X H, Zhang F Q. 2013. Evaluation of NCEP-CFSR, NCEP-NCAR, ERA-Interim, and ERA-40 reanalysis datasets against independent sounding observations over the Tibetan Plateau. Journal of Climate, 26: 206-214.

Beljaars A C M, Brown A R, Wood N. 2004. A new parametrization of turbulent orographic form drag. Quarterly Journal of the Royal Meteorological Society, 130: 1327-1347.

Betts A K, Ball J H, Beljaars A C M, et al. 1996. The land surface-atmosphere interaction: a review based on observational and global modeling perspectives. Journal of Geophysical Research: Atmospheres, 101: 7209-7225.

Chen Y Y, Yang K, Qin J, et al. 2013. Evaluation of AMSR-E retrievals and GLDAS simulations against observations of a soil moisture network on the central Tibetan Plateau. Journal of Geophysical Research: Atmospheres, 118: 4466-4475.

Chen Y Y, Yang K, Qin J, et al. 2017. Evaluation of SMAP, SMOS, and AMSR2 soil moisture retrievals against observations from two networks on the Tibetan Plateau. Journal of Geophysical Research: Atmospheres, 122: 5780-5792.

Choi H J, Hong S Y. 2015. An updated subgrid orographic parameterization for global atmospheric forecast models. Journal of Geophysical Research: Atmospheres, 120: 12445-12457.

Entekhabi D, Rodriguez-Iturbe I, Castelli F. 1996. Mutual interaction of soil moisture state and atmospheric processes. Journal of Hydrology, 184: 3-17.

Gao Y H, Xu J W, Chen D L. 2015. Evaluation of WRF mesoscale climate simulations over the Tibetan Plateau during 1979-2011. Journal of Climate, 28: 2823-2841.

He J. 2010. Development of Surface Meteorological Dataset of China with High Temporal and Spatial Resolution. Beijing, China: Master Dissertation. Institute of Tibetan Plateau Research, Chinese Academy of Sciences. (In Chinese)

IPCC. 2014. Contribution of Working Group I to the Fifth Assessment Report of the Intergovernmental Panel on Climate Change. New York, NY: Cambridge University Press.

Koster R D, Dirmeyer P A, Guo Z C, et al. 2004. Regions of strong coupling between soil moisture and precipitation. Science, 305: 1138-1140.

Li C, Lu H, Yang K, et al. 2018. The evaluation of SMAP enhanced soil moisture products using high-resolution model simulations and in-situ observations on the Tibetan Plateau. Remote Sensing, 10(4): 1-16.

Ma J H, Wang H J, Fan K. 2015. Dynamic downscaling of summer precipitation prediction over China in 1998 Using WRF and CCSM4. Advances in Atmospheric Sciences, 32: 577-584.

Oleson K W, Lawrence D M, Bonan G B, et al. 2013. Technical Description of Version 4. 5 of the Community Land Model (CLM). Boulder, CO, USA: National Center for Atmospheric Research. Climate and Global Dynamics Division.

Qian Y F, Zheng Y Q, Zhang Y, et al. 2003. Responses of China's summer monsoon climate to snow anomaly over the Tibetan Plateau. International Journal of Climatology: A Journal of the Royal Meteorological Society, 23: 593-613.

Qin J, Yang K, Lu N, et al. 2013. Spatial upscaling of in-situ soil moisture measurements based on MODIS-derived apparent thermal inertia. Remote Sensing of Environment, 138: 1-9.

Robock A, Vinnikov K Y, Srinivasan G, et al. 2000. The global soil moisture data bank. Bulletin of the American Meteorological Society, 81: 1281-1299.

Sandu I, Bechtold P, Beljaars A, et al. 2016. Impacts of parameterized orographic drag on the northern hemisphere winter circulation. Journal of Advances in Modeling Earth Systems, 8: 196-211.

Su Z, Wen J, Dente L, et al. 2011. The Tibetan Plateau observatory of plateau scale soil moisture and soil temperature (Tibet-Obs) for quantifying uncertainties in coarse resolution satellite and model products. Hydrology and Earth System Sciences, 15: 2303-2316.

Wu G X, Chen S J. 1985. The effect of mechanical forcing on the formation of a mesoscale vortex. Quarterly Journal of the Royal Meteorological Society, 111: 1049-1070.

Wu R, Kirtman B P. 2007. Observed relationship of spring and summer East Asian rainfall with winter and spring eurasian snow. Journal of Climate, 20: 1285-1304.

Yanai M, Wu G X. 2006. Effect of the Tibetan Plateau. Berlin: Springer.

Yang K, Koike T, Ye B, et al. 2005. Inverse analysis of the role of soil vertical heterogeneity in controlling surface soil state and energy partition. Journal of Geophysical Research: Atmospheres, 110(D8): 1-15.

Yang K, Qin J, Zhao L, et al. 2013. A multiscale soil moisture and freeze-thaw monitoring network on the third pole. Bulletin of the American Meteorological Society, 94: 1907-1916.

Zhao L, Yang K, Qin J, et al. 2013. Spatiotemporal analysis of soil moisture observations within a Tibetan mesoscale area and its implication to regional soil moisture measurements. Journal of Hydrology, 482: 92-104.

Zhou X, Beljaars A, Wang Y, et al. 2017. Evaluation of WRF Simulations With Different Selections of Subgrid Orographic Drag Over the Tibetan Plateau, Journal of Geophysical Research: Atmospheres, 122(18): 9759-9772.

Zhou X, Yang K, Wang Y, 2018. Implementation of a turbulent orographic form drag scheme in WRF and its application to the Tibetan Plateau, Climate Dynamics, 50(7-8): 2443-2455.